国家科学技术学术著作出版基金资助

动物病毒样颗粒技术

主　编　郭慧琛　孙世琪
副主编　白满元　殷　宏　罗建勋

科学出版社

北京

内 容 简 介

本书将纳米技术概念引入动物疫苗研究领域在国内尚属首次，共包括14章，详细介绍了病毒样颗粒的基本特征及其在基础研究、药物呈递、疫苗工程等方面的应用价值，系统描述了应用杆状病毒-昆虫细胞表达系统、酵母表达系统、活病毒载体表达系统、哺乳动物细胞表达系统、植物表达系统、原核表达系统、无细胞蛋白质合成表达系统等制备病毒样颗粒的策略、步骤或程序，同时还介绍了目的蛋白纯化鉴定的基本方法及产业化生产病毒样颗粒应注意的问题和解决思路。

本书从各个层面对病毒样颗粒技术进行了阐述，对从事生物学、动物学、兽医学的科学工作者及相关专业本科生、研究生、教师和企业研发机构的人员均具有重要的参考价值和启迪意义。

图书在版编目 (CIP) 数据

动物病毒样颗粒技术/郭慧琛，孙世琪主编. —北京：科学出版社，2022.11
ISBN 978-7-03-073385-6

Ⅰ. ①动… Ⅱ. ①郭… ②孙… Ⅲ. ①动物病毒–颗粒分析–研究
Ⅳ. ①S852.65

中国版本图书馆 CIP 数据核字(2022)第 189523 号

责任编辑：李 悦 薛 丽 / 责任校对：严 娜
责任印制：吴兆东 / 封面制作：北京图阅盛世文化传媒公司

科 学 出 版 社 出版
北京东黄城根北街 16 号
邮政编码：100717
http://www.sciencep.com

北京厚诚则铭印刷科技有限公司 印刷
科学出版社发行　各地新华书店经销
*

2022 年 11 月第 一 版　　开本：787×1092　1/16
2023 年 9 月第二次印刷　　印张：28 1/4
字数：670 000
定价：298.00 元
(如有印装质量问题，我社负责调换)

《动物病毒样颗粒技术》
编写人员名单

主　　　编　郭慧琛　孙世琪

副　主　编　白满元　殷　宏　罗建勋

参 编 人 员（按姓氏音序排序）

曹宏伟	曹随忠	常艳燕	丁耀忠	董　虎
杜　平	冯　霞	郜　原	关俊勇	李家俊
刘湘涛	刘新生	柳海云	马　莉	苗海生
穆素雨	邱昌庆	茹嘉喜	宋　品	宋建领
孙　普	汤建立	滕志东	王　蕊	王学飞
闻晓波	吴金恩	徐　进	闫　丹	杨志元
姚学萍	尹双辉	岳成鹤	张　韵	张莉萍
郑　亮	智晓莹			

审　校　人　邱昌庆　杜　平　常艳燕

参编人员单位　中国农业科学院兰州兽医研究所

四川农业大学

海南大学

四川省农业科学院巴中分院

盐城师范学院

云南省畜牧兽医科学院

资 助 单 位　中国农业科学院兰州兽医研究所（LVRI）

家畜疫病病原生物学国家重点实验室（SKL）

序

　　中国是一个农业大国，畜牧业一直是国民经济的重要组成部分，其健康发展与国家安全和社会稳定密不可分。随着养殖业的规模化、集约化和工厂化的稳步提升，对动物疫病防控水平的要求也极大提高。作为动物疫病防控的有力武器，动物疫苗及相关行业在市场推动下不断扩容和提质增效。以市场需求为导向，以我国动物疫病防治法和生物安全法为遵循，动物疫苗产业也将进一步破局求新，迎来全新的高质量发展阶段。病毒样颗粒突破了传统灭活疫苗需要完整病毒的抗原制备方式，改观了传统意义上的疫苗抗原属性，实现了新型防控产品的技术突破和重大创新，为重大动物疫病防控产品的研发开辟了新的方向。作为新型亚单位疫苗的典型代表，病毒样颗粒自诞生以来，在过去的几十年间得到了飞速发展，目前已在人类和动物的多种疾病中得到广泛应用，在疫病的防控与净化中发挥了关键作用。

　　当著者邀请我为《动物病毒样颗粒技术》一书做序时，我欣然接受。一方面，我与郭慧琛研究员结识已久，一直比较关注她们团队的科研工作，极其欣赏她们团队长期以来坚持从动物疫病防控、净化和消灭为出发点，围绕如何实现抗原有效递呈和展示等关键科学及技术问题，对动物病毒样颗粒的分子进行了一系列创新设计、优化及综合应用，历遍穷通，取得了较好的科研成果，特别是国际首个口蹄疫病毒样颗粒疫苗的创制成功，标志着以病毒样颗粒为抗原组分的新型口蹄疫疫苗跻身于疫病净化利器行列。另一方面，该团队还本着寻幽入微的科研创新思路和精神，在该书中除介绍了病毒样颗粒的基本技术之外，还将纳米生物学概念引入到动物病毒样颗粒的研究领域，从纳米尺度的角度，将动物病毒作为具有独特性质的生物纳米材料，研究其对生物个体的纳米效应，并从动物疫病防控的视角，以病毒样颗粒为纳米抗原结合自主创新的佐剂、纳米载体、新型功能性纳米材料，创制动物疫病防控与净化的优势功能制剂。为今后动物疫病新型疫苗的研发提供了科学思路和技术借鉴，这也是作者及其团队坚持创新并深耕这一领域多年的智慧结晶。

　　在新兴技术发展过程中，及时地归纳整理并系统地进行阐述是推动其进一步发展的举措之一，这不仅是对过往研究进展的总结和分析，也对随后工作快速顺利推进具有指导和借鉴意义。兴起于 20 世纪后期的纳米技术已经成为 21 世纪前沿科学技术的代表之一，以生物医药领域为例，纳米技术的应用有力促进了医学成像、靶向运输、临床诊断、疫苗设计等各个方向的跨越式发展，使得生物医药产业发生了革命性突破。

　　该书共 14 章，详细介绍了病毒样颗粒的基本特征及其应用价值，并着重描述了应用各个表达系统制备病毒样颗粒的方法策略。此外，还介绍了目的蛋白纯化鉴定的一些基本技术及产业化生产中需要注意的具体问题与解决思路。该书编写内容丰富、科学性强、知识脉络逻辑清晰，涵盖了病毒样颗粒在动物疫病甚至是人类疫病各个方面的发展进程及前沿知识，而且既有理论知识的支撑，又有具体的实践经验，可以说是兽医学、生物学、疫苗学相关学科和技术领域的科研工作者及大专院校师生必不可少的参考资料。

最后，文短意切，能够为《动物病毒样颗粒技术》一书做序，是我的荣幸，但并不能完全表达作者耕耘辛劳之万一，唯有期许该书尽快出版以飨读者。当然，科学的发展、知识的更新永无止境，希望作者能够继续及时归纳相关领域发展前沿，积极总结最新科技成果，能够做到与时俱进、精益求精，为广大读者提供系统、准确、及时的理论知识及技术指导，以科技兴农和服务"三农"为使命，为我国的动物疫病防控和公共卫生事业作出积极卓越的贡献！

中国科学院院士　陈化兰

2022 年 11 月 1 日

前　言

病毒样颗粒（virus-like particle，VLP）作为亚单位疫苗的一种，因具有安全、高效、可实现鉴别诊断的突出优势，且符合我国《国家中长期动物疫病防治规划（2012—2020年）》的战略需求，近年来被认为是最有可能替代传统灭活疫苗的最佳候选疫苗形式。随着技术的发展，VLP可以在多种表达系统中得以表达和组装，VLP的组装技术突破了传统灭活疫苗需要完整病毒的抗原制备方式，改观了传统意义上的疫苗抗原属性，为实现动物疫病防控产品的技术创新，建立动物疫病新型防控关键技术的平台提供了新的选择。

根据VLP自身具有的比表面积大、空间结构对称、生物相容性突出、表面功能基团易于修饰等生物纳米颗粒的优点，采用生物学、化学及材料学的理论和技术，使修饰后的VLP可成为介于生物科学与材料科学之间的新型功能单元，揭示其在感染及免疫机制研究中的优势，发挥其作为疫苗抗原之外的病毒模拟等生物功能具有重要意义，例如VLP可作为活病毒感染机制研究的模拟物，在病毒抗原早期识别、细胞内吞过程中实现病毒仿真性，用来揭示病毒对不同细胞的感染特性及动物体内的组织嗜性/生物分布，为病毒致病机制的研究提供新工具。这对于有严格生物安全级别限制的高致病性病毒的研究尤为重要，避免了研究过程中动用活病毒，降低了对人及其周围环境的危害。

动物VLP还可作为天然靶向载体用于细胞识别特性及靶向治疗的研究，这主要源于其母本病毒感染细胞的受体特性以及受体在靶标细胞中普遍超量表达的特性。动物病毒来源VLP作为天然靶向载体，克服了植物病毒来源的VLP需要额外步骤连接靶标细胞特异受体的配体分子所带来的步骤繁琐、成本增加，以及因额外修饰添加化学物质所带来的更大副反应等缺陷。将开拓动物病毒VLP作为友好型药物治疗靶向载体的生物应用新领域，为药物靶向及疾病的诊疗等提供优势载体。

总之，通过化学修饰VLP与功能纳米材料结合，将赋予VLP新的特性和功能，这种生物学与材料学、化学方法的复合，使VLP突破了非生命与生命物质的界限，将开辟兽医学、化学、材料学等在农业纳米领域的新方向。

基于编者团队在动物VLP中的研究基础和积淀，我们将相关知识和经验汇集成《动物病毒样颗粒技术》一书，共14章，详细介绍了病毒样颗粒的基本特征及其在基础研究、药物呈递、疫苗工程等方面的应用价值，系统描述了昆虫细胞-杆状病毒表达系统、酵母表达系统、活病毒载体表达系统、哺乳动物细胞表达系统、植物表达系统、原核表达系统、无细胞蛋白质合成表达系统等制备病毒样颗粒的策略、步骤或程序，同时还介绍了目的蛋白纯化鉴定的基本方法及产业化生产病毒样颗粒应注意的问题和解决思路。

目前，国内虽有诸多基因工程疫苗方面的专著，但在 VLP 方面的专著还未见面世，也没有对 VLP 技术单独详细介绍的图书。本书将纳米技术概念引入动物疫苗研究领域在国内尚属首次，从各个层面对 VLP 技术进行了阐述，对从事生物学、动物学、兽医学的科学工作者及相关专业本科生、研究生、教师和企业研发单位的人员均具有重要的参考价值和启迪意义。

本书参编者均属科研一线科技人员，由于个人实践经验、经历不同加上工作量大、时间紧，书中纰漏在所难免，希望广大读者批评指正。

郭慧琛

2022 年 5 月 12 日

目 录

第一章 绪 论

第一节 病毒样颗粒的概念及特点

一、病毒样颗粒的概念

病毒样颗粒（virus-like particle，VLP），广义上是指其在形态和粒子大小上与真正病毒粒子相同或相似；限于当时的研究水平，还无法进一步验证、分析其具体成分和特性，对这一类结构，统称为"病毒样颗粒"（Feller and Chopra，1968；Jokelainen et al.，1970）。目前，VLP 多指含有某种病毒的一个或多个结构蛋白的空心颗粒，不含有病毒核酸，俗称伪病毒颗粒或假病毒颗粒（Fuenmayor et al.，2017）。随着分子生物学技术的不断发展，利用非共价作用或共价作用修饰所获得的嵌合型 VLP，均属于病毒样颗粒的范畴。

二、病毒样颗粒的特点及优势

（1）VLP 疫苗是近年来新出现的一种基因工程亚单位疫苗形式，其优点包括不含核酸，不能自主复制，安全性好，因此可成为更安全、更经济的候选疫苗。VLP 形式的亚单位疫苗可以避免活病毒来源的或灭活疫苗所导致的潜在危险性，如人类免疫缺陷病毒（HIV）疫苗、人乳头状瘤病毒（HPV）疫苗，因此，具有更高的安全性。

（2）与单个蛋白质或肽相比，VLP 的构象表位与天然病毒更相似，因此，可以显著地提高免疫应答水平。由于其表面的结构分子高度重复，VLP 能够通过有效地交联 B 细胞上的特异性受体，在没有佐剂的情况下诱导强烈的 B 细胞免疫应答（Chackerian et al.，2002）。VLP 可以模拟病毒的天然结构而使构象依赖型抗原表位得以正确呈现，具有良好的免疫原性；与传统的亚单位疫苗相比，VLP 能像真实病毒粒子一样进入细胞，从而诱导有效细胞免疫应答（Greenstone et al.，1998；Sedlik et al.，1997）。甚至可以在较低剂量的情况下，即可诱导较强的免疫应答水平，从而显著降低疫苗成本。

（3）在不影响 VLP 结构的基础上，可以根据需要插入或删除某些氨基酸序列，对其进行人工改造，构建嵌合 VLP（Cuburu and Chackerian，2011；Kaufmann et al.，2001）。如果把自然病毒粒子中具有免疫抑制功能的特定蛋白分子剔除于 VLP 组成之外，可以显著增强该类疫苗的免疫效力。可以为实现多价和/或多种病毒抗原的同时免疫，构建多价或多联疫苗，实现一针多防的目的（Chu et al.，2016；Jennings and Bachmann，2008），如利用猪细小病毒 VP2 蛋白与疟原虫 CS 蛋白上的 CD8[+]T 细胞表位共表达（Rodriguez et al.，2012），利用乙型肝炎核心抗原展示Ⅱ型登革热病毒的囊膜蛋白 E Ⅲ区（ED3）（Arora et al.，2012）等，构建嵌合 VLP。

（4）可以利用 VLP 作为某些小分子或者药物递送的载体（Kim et al.，2019；Pretto and van Hest，2019；Zdanowicz and Chroboczek，2016），如基于载体递送病毒样颗粒 Caspase

8 至乳腺癌细胞，可以诱导肿瘤细胞的凋亡并抑制肿瘤生长（Ao et al.，2019）；另外，利用 VLP 作为 DNA 疫苗（Jin et al.，2007）或者 RNA 递送的载体（Finbloom et al.，2018），可以提高 DNA 疫苗的免疫效力或者用于基因治疗（Zhitnyuk et al.，2018）。

（5）VLP 除了作为疫苗和递送载体外，还可用于研究病毒蛋白装配及分子之间相互作用机制的工具（Chambers et al.，1996；Sabapathy et al.，2019；Tsukamoto et al.，2007）。尤其适用于高致病性病原的相关研究，如埃博拉病毒（Silvestri et al.，2007）、流感病毒（Makarkov et al.，2017）等，研究过程中不依赖于高等级生物安全防护设施，具有较高的便利性。

（6）在传统疫苗生产过程中某些具有高致病性的病原（如口蹄疫、高致病性禽流感）需要高等级的生物安全防护设施，存在着病原逃逸和泄漏的风险，生产成本较高。但是在相关 VLP 疫苗制备过程中，不需要操作病原，不需要高等级的生物安全防护设施，一次性投入成本不高。

三、病毒样颗粒的不足

（1）从某种程度上来说，VLP 疫苗仍属于亚单位疫苗范畴，其分子量和蛋白质结构复杂程度低于天然病毒，所以其免疫原性通常会低于天然病毒。

（2）某些 VLP 的衣壳蛋白需要翻译后修饰，需要真核表达系统进行 VLP 的生产和制备，所以制造成本相对较高。另外，利用真核表达系统进行 VLP 的生产和制备，通常需要较为复杂的纯化步骤，又增加了 VLP 疫苗的生产制造成本。

（3）不同表达系统对于相同的 VLP 的结构和生产过程都会造成一定的影响。Zhou 等（2006）对在中国仓鼠卵巢（Chinese hamster ovary，CHO）和多形汉逊酵母（*Hansenula polymorpha*）中产生的重组乙型肝炎病毒表面抗原（HBsAg）进行了鉴定，所制备的抗原颗粒的分子量、大小和单体数均表现出显著差异。在 CHO 细胞中，HBsAg 颗粒的分子量为 4.9 kDa，粒径为 22.1 nm，更接近于天然病毒，同时单体平均数为 155 个；酵母来源的抗原颗粒较小（分子量为 3.0 kDa，粒径为 18.1 nm），含有较少的单体（$n=86$）。因此证明，CHO 细胞更适合于生产乙型肝炎病毒表面抗原，并推测其应具备更好的免疫原性。这些现象也要求在生产 VLP 疫苗之前，需要对表达系统进行筛选，以此生成具有更好免疫原性的疫苗。

（4）VLP 疫苗生产和制备需要复杂的蛋白质纯化及浓缩工艺。例如，实验证明，CHO 中分离的重组 HBsAg 颗粒含有糖基化和非糖基化两种形式（Zhou et al.，2006），为了达到疫苗抗原均质化的要求，必须进行下游蛋白质纯化和浓缩。而酵母来源的 HPV VLP 由高度异质性的、大小分布不规则的 VLP 组成，因此，也需要复杂的蛋白质纯化工艺来满足质量要求。另外，细胞内组装的 VLP 可能含有宿主蛋白或 DNA 等杂质。污染物的水平不同，可能具有不同的不良生物反应，因此需要进一步处理以满足生物制药产品的严格要求。此外，VLP 本身可能与宿主细胞中的蛋白质结合，从而在一定程度上污染了 VLP 的外部，也因此增加了下游加工的复杂性。

（5）尽管可以通过与其他病原体的优势抗原表位共表达，构建嵌合 VLP，但是外源抗原表位或者抗原肽的长度受到一定限制，否则会干扰或者破坏 VLP 的空间构象

（Pumpens et al.，1995）。另外，由于空间位置的限制，引入的外源抗原肽的正确折叠存在一定的障碍，降低了重组蛋白的活性或免疫效力。

（6）在生产制备具有复杂结构的 VLP 时，制备产物的异质性较高，需要复杂的下游纯化工艺才能获得同质性较好的产品。例如，在昆虫细胞内共表达轮状病毒结构蛋白 VP2、VP6 和 VP7（很少同时共表达 VP2、VP6、VP4 和 VP7 四种结构蛋白）构建具有三层结构的 VLP 时（Istrate et al.，2008），通常同时存在有单层、双层和三层衣壳的 VLP（Vieira et al.，2005），通常需要较为复杂的纯化步骤去除细胞杂质、单层和双层 VLP，这极大地降低了目标产物的产量，并且增加了制备难度和成本（Mena et al.，2005；Peixoto et al.，2007；Roldao et al.，2012）。

第二节 病毒样颗粒的分类

基于母本病毒的结构特征，VLP 通常可以分为两大类：无囊膜 VLP 和有囊膜 VLP。无囊膜 VLP 通常由一个或多个衣壳蛋白自我组装而成，它们不包含任何宿主细胞成分。某些无囊膜病毒的一个衣壳蛋白单独表达即可自我装配成 VLP 结构，如人乳头状瘤病毒的 L1 蛋白（Harro et al.，2001；Hagensee et al.，1993）、猪细小病毒的 VP2 蛋白（Gilbert et al.，2006）、猪圆环病毒的 ORF2 蛋白（Wu et al.，2016）的单独表达即可以装配成与天然病毒较为相似的 VLP；而口蹄疫病毒、鸡传染性法氏囊病毒等则需要多个结构蛋白的参与才能装配成 VLP 结构。另外，尽管蓝舌病病毒、轮状病毒的 VP2 蛋白就可以形成 VLP 结构，但是中间层和最外层衣壳蛋白的参与是形成生物学活性更好的 VLP 所必需的。

相比于无囊膜 VLP，有囊膜 VLP 的结构较为复杂，其包含来源于宿主细胞的细胞膜成分。囊膜成分覆盖于 VLP 表面，表现出与天然病毒相似的结构和功能，包括人免疫缺陷病毒（Buonaguro et al.，2013；Delchambre et al.，1989；Gheysen et al.，1989）、流感病毒（Yamshchikov et al.，1995）、乙型肝炎病毒（McAleer et al.，1984）、丙型肝炎病毒（Baumert et al.，1998）、副黏病毒（Park et al.，2014）VLP 等。

此外，在无囊膜 VLP 和有囊膜 VLP 的基础上，构建表达异源抗原表位的重组嵌合 VLP，常用于获得无法形成 VLP 的特殊病毒衣壳蛋白或药物载体等（Chu et al.，2016；Li et al.，2016；Shen et al.，2013）。例如，利用对称模型结合计算机蛋白质-蛋白质界面设计的方法，获得具有四面体和八面体对称结构的精确蛋白质组件，这种组件可携带病毒特异的衣壳蛋白或具有免疫优势的抗原蛋白。有报道称，研究人员通过计算机设计从自组装的三聚体构架获得二十面体纳米笼，并可嵌合如绿色荧光蛋白（GFP）等高分子量蛋白质且保持结构稳定，不仅提高了内部体积，而且扩展了嵌合型 VLP 作为异源蛋白质递送系统的生物应用范围。

第三节 病毒样颗粒的发展历程

一、病毒样颗粒技术的进展

获得 VLP 的方法，可以根据非嵌合型和嵌合型来简单分类，对于非嵌合型的 VLP，主要直接将病原衣壳蛋白构建于表达载体，并在相应的真核或原核表达系统中组装获得，或者是在表达系统中表达出衣壳蛋白后，纯化蛋白并在缓冲液的环境中组装出 VLP，如目前应用的猪圆环病毒 VLP 疫苗，以及国内已获得国家一类新兽药证书的口蹄疫病毒 VLP 疫苗。但大多数病毒的衣壳蛋白或抗原蛋白必须通过不同的方式获得嵌合型 VLP，以保证获得比亚单位呈现更多构象表位的 VLP 疫苗，嵌合的方式包括基因融合及利用 VLP 上赖氨酸和抗原上半胱氨酸化学偶联的传统方式，也包括几种较新型的嵌合方式，如利用非共价作用的粘贴（stick）法；共价作用的非天然氨基酸生物正交点击（click）化学法和 spy tag/spy catcher 自发异肽键分子黏合（glue）法。传统嵌合方法具有挑战性，特别是对于复杂的、带有多种翻译后修饰的全长抗原分子。就基因融合而言，外壳蛋白氨基酸的末端是最需要弯曲的部分，因此与 VLP 的稳定性密切相关，融合其他外壳蛋白氨基酸的末端可能会使 VLP 不稳定。融合的外壳蛋白氨基酸末端伸入 VLP 的内部则不利于诱导抗体产生。环形的衣壳蛋白亚基可以耐受插入一些短肽，但是在环形衣壳蛋白亚基中插入一个完整抗原蛋白通常会影响衣壳蛋白亚基和/或蛋白质抗原的折叠。VLP 的组装过程通常是亚稳态，基因融合方法可能会对 VLP 的组装产生严重干扰。此外，抗原结构复杂、翻译修饰多样、构象多变、抗原序列容易变异等因素均导致基因融合方法很难有效推进。

新型嵌合方式获得 VLP 的方法统称模块化 VLP 组装，是指经过多个步骤生成基于 VLP 的疫苗，特别是，VLP 和抗原分别生成，然后偶联。与基因融合相比，模块化 VLP 的组装增加了一个额外的步骤，因此在理论上更为复杂，但在实践中，模块化 VLP 组装可以克服基因融合中的许多弊端，这种方式中，VLP 和抗原可以在不同的表达系统中产生，可以选择产量、构象和翻译后修饰的最佳表达系统。模块化 VLP 组装的方式除了使用交联剂使 VLP 和抗原上的亲核氨基酸侧链发生反应的经典方法，还包括以下新型方法。①VLP 的非共价作用粘贴法，主要包括 His-tag 与 Ni-NAT 之间的亲和连接、生物素-亲和素之间的亲和连接等。②VLP 的新型共价修饰方法，目标抗原与 VLP 之间的共价结合能提高 VLP 的稳定性，主要包括加入非天然氨基酸的正交点击（click）化学法、HaloTag 共价连接、SNAP-Tag 共价连接、转肽介导的共价连接、内含肽介导的反式剪接（trans-splicing）共价连接、静电相互作用锁（electrostatic interaction lock，EIL）形成的二硫键共价连接和 spy tag/spy catcher 自发形成异肽键分子黏合（glue）法。总的来说，VLP 的获得不仅仅限于完全来自病毒衣壳蛋白并直接组装出与自然病毒粒子完全相同的颗粒型抗原的方式，多种方式可以获得包括病毒特定抗原表位的非传统印象的 VLP。

二、病毒样颗粒相关表达系统的发展

VLP 的表达系统迄今为止可分为真核表达系统、原核表达系统，以及来自真核或原核表达系统的无细胞表达系统。真核表达系统包括哺乳动物细胞系统、杆状病毒-昆虫细胞表达系统、酵母细胞表达系统、植物表达系统，原核表达系统主要包括大肠杆菌表达系统。而无细胞表达系统则根据系统原料的来源，包括兔网织红细胞、麦胚细胞、大肠杆菌等，但因其有相同的特征统称为无细胞表达系统。目前已报道的 VLP 约 70%由真核表达系统制备，约 30% 由原核表达系统制备。哺乳动物细胞和植物细胞具有最完善的病毒蛋白翻译和翻译后修饰系统，能够精确地完成糖基化、磷酸化、二硫键形成、蛋白质折叠与空间构象的形成等翻译后加工过程，产生的病毒蛋白具有完整的结构和功能，有利于 VLP 的高效包装，并保证 VLP 的活性；毕赤酵母（*Pichia pastoris*）、酿酒酵母（*Saccharomyces cerevisiae*）和多形汉逊酵母（*Hansenula polymorpha*）是常用的酵母细胞，可以对表达的蛋白质进行翻译后修饰以使其具有正确的构象和生物活性，但由于酵母的翻译后修饰功能有限，特别是蛋白质糖基化的不足，常用于无囊膜 VLP 的制备。杆状病毒具有严格特异的感染嗜性，只能感染昆虫细胞，对脊椎动物不致病，也不产生内毒素，不存在生物安全问题；基因组较大，可以容纳较大片段的外源基因，蛋白质大都以可溶性表达，表达效率高；高表达的外源蛋白在昆虫细胞内可以进行与哺乳动物细胞内几乎相同的折叠、二硫键形成、糖基化、磷酸化、酰基化、信号肽切除及肽段的切割等，使重组蛋白具有良好免疫原性；此外，昆虫细胞还可以高密度悬浮连续培养，容易扩大生产规模，适合于重组蛋白的工业化生产。因此，杆状病毒-昆虫细胞表达系统制备各种类型 VLP 的优势使其成为疫苗开发者最新关注的 VLP 表达系统。利用大肠杆菌表达系统制备 VLP 的技术已经比较成熟，该系统的一个特点是表达量大，外源蛋白常常以包涵体形式存在。制备 VLP 需要对包涵体复性，研究者更多的是利用低温培养，或通过引入分子伴侣蛋白（如 SUMO）的策略促使目的蛋白以可溶性的方式表达，以便 VLP 的高效组装。在大肠杆菌表达系统中也可以同时表达多个结构蛋白实现多层蛋白 VLP 的共组装。由于大肠杆菌内没有与真核细胞类似的蛋白质翻译后修饰系统，因此不适合用于表达需经翻译后修饰而形成 VLP 的亚单位蛋白，也不能用于有囊膜 VLP 的生产。和以上表达系统相比，无细胞蛋白质合成系统（CFPS）的可控性更强，避免了烦琐的基因克隆和细胞培养操作等步骤，合成速度快、周期短，可满足目前蛋白质结构和功能的研究，但该系统蛋白质产量有限，特别是制备 VLP 规模化、产业化成本高。

VLP 的结构和免疫原性是选择 VLP 表达系统的关键因素，此外，成本问题也是需要考虑的因素。因此，无囊膜的单一蛋白 VLP 通常首选大肠杆菌或酵母细胞表达系统，其均具有表达产量高、易于放大培养等特点，而且酵母细胞表达系统可提供翻译后修饰。杆状病毒-昆虫细胞表达系统适合于生产复杂的有囊膜和无囊膜的 VLP，因为昆虫细胞可共表达多种蛋白质并将它们组装成结构复杂的 VLP。有囊膜 VLP 从宿主细胞中出芽时会获得脂质包膜，通常带有嵌入的免疫原性糖蛋白棘突，因此只能由真核表达系统产生。

三、病毒样颗粒组装技术的发展

VLP 由表达系统生产后或者在体内组装后进行纯化，或者表达纯化后在细胞外缓冲体系里组装。因此，表达系统的选择及纯化方式对下游工艺有很大影响，进而影响了总体生产成本。

VLP 纯化过程因为需要将 VLP 与来自宿主细胞大小相似的颗粒分离，有很大难度。同时，还必须解决外源病毒污染的问题。在细胞内组装的 VLP 可能还含有宿主蛋白或

DNA 等杂质，这些非特异蛋白的污染水平决定了 VLP 疫苗产品的副反应的严重程度，因此，在生产上需要进一步处理，以满足生物制药产品的严格要求。这将增加下游 VLP 产品加工的复杂性，因为在下一步处理之前必须破坏 VLP 和杂质间的物理作用。通常使用密度梯度超速离心来纯化细胞内组装的 VLP，虽然这种方法可以有效去除细胞内的杂蛋白和 DNA 污染物，但成本高，不经济。也有尝试利用离子交换（IE）色谱法从酿酒酵母中纯化 VLP 的，也有在 IE 之后使用陶瓷羟基磷灰石色谱法开发了新的纯化工艺，从而进一步提高了 VLP 的回收率和纯度。随着对大分子结构的纯化要求不断提高，又开发了新一代色谱介质，如 CIM Monoliths（BIA separations）和 Capto™ Core 700（Cytiva）。即使以上通过色谱法回收 VLP 取得了一些进展，但彻底解决细胞内组装 VLP 的异质性问题仍然是当前最大的挑战。

对 VLP 的解聚和重组可提升 VLP 形态的一致性、热稳定性、免疫原性。此外，对蛋白质进行修饰，以避免其在细胞中组装，可防止 DNA 被包装，也可提升纯化处理效率和产品纯度，如 GSK 公司昆虫细胞表达的 HPV 二价疫苗（cervarix），由截短的 L1 蛋白 C 端组成，可防止 VLP 在细胞中组装。除此之外，还需要考虑生物体组装过程的复杂性，通过更好地了解轮状病毒 VLP 的体外解聚和重组，将高度免疫原性的三层 VLP 与双层 VLP 分离，才能够获得更优质的 VLP。解决解聚和重组过程，将使黏附和包装于 VLP 的杂质被去除并将使 VLP 处理过程变得更加简单，特别是对于结构简单的 VLP，这个问题很容易被解决。随着生物制药工业的发展，大规模生产纯化蛋白质的技术已近成熟。因此，直接使用已纯化好的蛋白质去生产无囊膜 VLP 变得更有吸引力，这种方法可解决外源杂质的污染问题。如果在 VLP 形成之前去除杂质，就不会发生杂蛋白或基因的包装，特别有利于使用廉价、快速、易于扩大培养的大肠杆菌系统来制备高度纯化的衣壳蛋白，这在猪圆环病毒 VLP 及口蹄疫病毒 VLP 疫苗生产中已获成功，可达到每升克级蛋白的水平。

VLP 结构及功能的多样性，使其具有巨大的应用潜力，这促使更多强大优越的 VLP 生产平台不断涌现，以保证获得不同病原体的 VLP。目前 VLP 表达的主要挑战是如何利用异源表达系统获得结构上与亲本病原体相似的抗原表位，因此，VLP 疫苗设计越来越依赖构成 VLP 的亚基及计算机模拟，从而预测 VLP 表面插入其他表位后的结构，以指导设计有效的 VLP，这使在 VLP 表面表达大分子抗原得以实现。总之，生物分子工程技术的进步将大大缩短 VLP 疫苗的生产时间并减少生产成本，期待更多多功能 VLP 疫苗的研究成果涌现。

参 考 文 献

Ao Z, Chen W, Tan J, et al. 2019. Lentivirus-based virus-like particles mediate delivery of caspase 8 into breast cancer cells and inhibit tumor growth. Cancer Biother Radiopharm, 34: 33-41.

Arora U, Tyagi P, Swaminathan S, et al. 2012. Chimeric Hepatitis B core antigen virus-like particles displaying the envelope domain III of dengue virus type 2. J Nanobiotechnology, 10: 30.

Baumert T F, Ito S, Wong D T, et al. 1998. Hepatitis C virus structural proteins assemble into virus-like particles in insect cells. Journal of Virology, 72: 3827-3836.

Buonaguro L, Tagliamonte M, Visciano M L, et al. 2013. Developments in virus-like particle-based vaccines for HIV. Expert Rev Vaccines, 12: 119-127.

Chackerian B, Lenz P, Lowy D R, et al. 2002. Determinants of autoantibody induction by conjugated papillomavirus virus-like particles. J Immunol, 169: 6120-6126.

Chambers M A, Dougan G, Newman J, et al. 1996. Chimeric hepatitis B virus core particles as probes for studying peptide-integrin interactions. J Virol, 70: 4045-4052.

Chu X, Li Y, Long Q, et al. 2016. Chimeric HBcAg virus-like particles presenting a HPV 16 E7 epitope significantly suppressed tumor progression through preventive or therapeutic immunization in a TC-1-grafted mouse model. Int J Nanomedicine, 11: 2417-2429.

Cuburu N, Chackerian B. 2011. Genital delivery of virus-like particle and pseudovirus-based vaccines. Expert Rev Vaccines, 10: 1245-1248.

Delchambre M, Gheysen D, Thines D, et al. 1989. The GAG precursor of simian immunodeficiency virus assembles into virus-like particles. EMBO J, 8: 2653-2660.

Feller W F, Chopra H C. 1968. A small virus-like particle observed in human breast cancer by means of electron microscopy. J Natl Cancer Inst, 40: 1359-1373.

Finbloom J A, Aanei I L, Bernard J M, et al. 2018. Evaluation of three morphologically distinct virus-like particles as nanocarriers for convection-enhanced drug delivery to glioblastoma. Nanomaterials, 8(12): 1007.

Fuenmayor J, Godia F, Cervera L. 2017. Production of virus-like particles for vaccines. N Biotechnol, 39: 174-180.

Gheysen D, Jacobs E, de Foresta F T, et al. 1989. Assembly and release of HIV-1 precursor Pr55gag virus-like particles from recombinant baculovirus-infected insect cells. Cell, 59: 103-112.

Gilbert L, Toivola J, Valilehto O, et al. 2006. Truncated forms of viral VP2 proteins fused to EGFP assemble into fluorescent parvovirus-like particles. J Nanobiotechnology, 4: 13.

Greenstone H L, Nieland J D, de Visser K E, et al. 1998. Chimeric papillomavirus virus-like particles elicit antitumor immunity against the E7 oncoprotein in an HPV16 tumor model. Proc Natl Acad Sci USA, 95: 1800-1805.

Hagensee M E, Yaegashi N, Galloway D A. 1993. Self-assembly of human papillomavirus type 1 capsids by expression of the L1 protein alone or by coexpression of the L1 and L2 capsid proteins. J Virol, 67: 315-322.

Harro C D, Pang Y Y, Roden R B, et al. 2001. Safety and immunogenicity trial in adult volunteers of a human papillomavirus 16 L1 virus-like particle vaccine. J Natl Cancer Inst, 93: 284-292.

Istrate C, Hinkula J, Charpilienne A, et al. 2008. Parenteral administration of RF 8-2/6/7 rotavirus- like particles in a one-dose regimen induce protective immunity in mice. Vaccine, 26: 4594-4601.

Jennings G T, Bachmann M F. 2008. The coming of age of virus-like particle vaccines. Biol Chem, 389: 521-536.

Jin H, Xiao W, Xiao C, et al. 2007. Protective immune responses against foot-and-mouth disease virus by vaccination with a DNA vaccine expressing virus-like particles. Viral Immunol, 20: 429-440.

Jokelainen P T, Krohn K, Prince A M, et al. 1970. Electron microscopic observations on virus-like particles associated with SH antigen. J Virol, 6: 685-689.

Kaufmann A M, Nieland J, Schinz M, et al. 2001. HPV16 L1E7 chimeric virus-like particles induce specific HLA-restricted T cells in humans after *in vitro* vaccination. Int J Cancer, 92: 285-293.

Kim M C, Kim K H, Lee J W, et al. 2019. Co-delivery of M2e virus-like particles with influenza split vaccine to the skin using microneedles enhances the efficacy of cross protection. Pharmaceutics, 11(4): 188.

Li H, Li Z, Xie Y, et al. 2016. Novel chimeric foot-and-mouth disease virus-like particles harboring serotype O VP1 protect guinea pigs against challenge. Vet Microbiol, 183: 92-96.

Makarkov A I, Chierzi S, Pillet S, et al. 2017. Plant-made virus-like particles bearing influenza hemagglutinin (HA) recapitulate early interactions of native influenza virions with human monocytes/macrophages. Vaccine, 35: 4629-4636.

McAleer W J, Buynak E B, Maigetter R Z, et al. 1984. Human hepatitis B vaccine from recombinant yeast. Nature, 307: 178-180.

Mena J A, Ramirez O T, Palomares L A. 2005. Quantification of rotavirus-like particles by gel permeation chromatography. J Chromatogr B Analyt Technol Biomed Life Sci, 824: 267-276.

Park J K, Lee D H, Yuk S S, et al. 2014. Virus-like particle vaccine confers protection against a lethal Newcastle disease virus challenge in chickens and allows a strategy of differentiating infected from vaccinated animals. Clin Vaccine Immunol, 21: 360-365.

Peixoto C, Sousa M F, Silva A C, et al. 2007. Downstream processing of triple layered rotavirus like particles. J Biotechnol, 127: 452-461.

Pretto C, van Hest J C M. 2019. Versatile reversible cross-linking strategy to stabilize CCMV virus-like particles for efficient siRNA delivery. Bioconjug Chem, 30: 3069-3077.

Pumpens P, Borisova G P, Crowther R A, et al. 1995. Hepatitis B virus core particles as epitope carriers. Intervirology, 38: 63-74.

Rodriguez D, Gonzalez-Aseguinolaza G, Rodriguez J R, et al. 2012. Vaccine efficacy against malaria by the combination of porcine parvovirus-like particles and vaccinia virus vectors expressing CS of plasmodium. PLoS One, 7: e34445.

Roldao A, Mellado M C, Lima J C, et al. 2012. On the effect of thermodynamic equilibrium on the assembly efficiency of complex multi-layered virus-like particles (VLP): the case of rotavirus VLP. PLoS Comput Biol, 8: e1002367.

Sabapathy T, Helmerhorst E, Bottomley S, et al. 2019. Use of virus-like particles as a native membrane model to study the interaction of insulin with the insulin receptor. Biochim Biophys Acta Biomembr, 1861: 1204-1212.

Sedlik C, Saron M, Sarraseca J, et al. 1997. Recombinant parvovirus-like particles as an antigen carrier: a novel nonreplicative exogenous antigen to elicit protective antiviral cytotoxic T cells. Proc Natl Acad Sci USA, 94: 7503-7508.

Shen H, Xue C, Lv L, et al. 2013. Assembly and immunological properties of a bivalent virus-like particle (VLP) for avian influenza and Newcastle disease. Virus Res, 178: 430-436.

Silvestri L S, Ruthel G, Kallstrom G, et al. 2007. Involvement of vacuolar protein sorting pathway in Ebola virus release independent of TSG101 interaction. J Infect Dis, 196 (Suppl 2): S264-270.

Tsukamoto H, Kawano M A, Inoue T, et al. 2007. Evidence that SV40 VP1-DNA interactions contribute to the assembly of 40-nm spherical viral particles. Genes Cells, 12: 1267-1279.

Vieira H L, Estevao C, Roldao A, et al. 2005. Triple layered rotavirus VLP production: kinetics of vector replication, mRNA stability and recombinant protein production. J Biotechnol, 120: 72-82.

Wu P C, Chen T Y, Chi J N, et al. 2016. Efficient expression and purification of porcine circovirus type 2 virus-like particles in Escherichia coli. J Biotechnol, 220: 78-85.

Yamshchikov G V, Ritter G D, Vey M, et al. 1995. Assembly of SIV virus-like particles containing envelope proteins using a baculovirus expression system. Virology, 214: 50-58.

Zdanowicz M, Chroboczek J. 2016. Virus-like particles as drug delivery vectors. Acta Biochim Pol, 63: 469-473.

Zhitnyuk Y, Gee P, Lung M S Y S, et al. 2018. Efficient mRNA delivery system utilizing chimeric VSVG-L7Ae virus-like particles. Biochem Biophys Res Commun, 505: 1097-1102.

Zhou W, Bi J, Janson J C, et al. 2006. Molecular characterization of recombinant Hepatitis B surface antigen from Chinese hamster ovary and Hansenula polymorpha cells by high-performance size exclusion chromatography and multi-angle laser light scattering. J Chromatogr B Analyt Technol Biomed Life Sci, 838: 71-77.

第二章　杆状病毒-昆虫细胞表达系统

第一节　概　　述

杆状病毒-昆虫细胞表达系统（insect cell-baculovirus expression vector system，IBEVS）是以杆状病毒作为表达载体，昆虫细胞或幼虫作为蛋白质表达平台的真核表达系统，具有构建周期短、蛋白质表达水平高、易大规模生产和良好的蛋白质翻译后修饰机制等多种优势，是用来生产 VLP 疫苗的首选平台之一。

一、杆状病毒-昆虫细胞表达系统的优点

IBEVS 原理是通过转座作用将转移载体中的表达组件定点转座到杆状病毒穿梭载体（bacmid）中，形成重组穿梭质粒，然后转染昆虫细胞得到子代重组病毒，用重组病毒侵染昆虫细胞获得重组蛋白。该表达系统的主要组件包括：转移载体、杆状病毒载体和表达宿主（昆虫细胞或幼虫）。IBEVS 具有以下优点。

（1）可进行蛋白质翻译后加工修饰（如糖基化），有利于促进蛋白质正确折叠，并形成高级结构。

（2）具有对重组蛋白进行定位的功能，如分泌型蛋白的细胞外分泌，这将大大减少后期的蛋白质纯化过程。

（3）可进行较大的、带内含子的多个外源性基因的表达。

（4）昆虫细胞可悬浮培养，利于蛋白质的大规模表达。

（5）因杆状病毒具有高度特异的宿主范围，所以具有良好的安全性。

二、杆状病毒载体

1. 杆状病毒

杆状病毒核衣壳多呈杆状，直径 30～60 nm，长度 250～300 nm，有囊膜。病毒核酸为单分子环状双链 DNA，分子大小 80～230 kb。在自然界中以节肢动物作为专一性宿主。宿主主要包括昆虫纲的鳞翅目、双翅目及软甲纲的十足目等多种生物，因此是外源基因在昆虫细胞中表达的理想来源。杆状病毒区别于其他病毒的一个特点是其具有两种不同的病毒粒子形态：一种为芽生型病毒（budded virus，BV）粒子，主要介导细胞与细胞之间的系统感染，入侵细胞是通过受体介导的内吞作用；另一种为包涵体型病毒（occlusion-derived virus，ODV）粒子，在病毒的口服感染过程中，节肢动物肠道碱性环境使包涵体型病毒粒子外壳脱落，萌发成具有侵染能力的病毒并感染肠道细胞实现病毒传播。

根据国际病毒分类委员会第五次报告，杆状病毒科（Baculoviridae）主要分为两个亚科：真杆状病毒亚科和裸杆状病毒亚科，而真杆状病毒亚科分为核型多角体病毒属（*Nucleopolyhedrovirus*）和颗粒体病毒属（*Granulovirus*）。在感染细胞中，杆状病毒会形成包涵体。核型多角体病毒属的包涵体呈多角体形，大小在 0.5～15 μm，内含多个病毒粒子；颗粒体病毒属的包涵体呈卵圆形，大小为 0.3～0.5 μm，内仅含一个病毒粒子，极少有 2 个或更多粒子。包涵体中的粒子由 1 个或多个杆状核衣壳组成，核衣壳被包裹在囊膜中。核型多角体病毒属的核衣壳囊膜化发生在细胞核，而颗粒体病毒属的囊膜化发生在核膜破裂后的核-质环境中。

目前用作外源基因表达载体的杆状病毒主要为核型多角体病毒（nuclear polyhedrosis virus，NPV），根据包涵体中所含病毒粒子的数量又分为单粒包涵体型 NPV 和多粒包涵体型 NPV。单粒包涵体型 NPV 以家蚕核型多角体病毒（*Bombyx mori* nucleopolyhedrovirus，BmNPV）为代表；多粒包涵体型 NPV 以苜蓿银纹夜蛾核型多角体病毒（*Autographa californica* multicapsid nucleopolyhedrovirus，AcMNPV）为代表。

2. 杆状病毒的基因特征

目前研究较为深入的杆状病毒-昆虫细胞表达系统以 AcMNPV 为主，其基因组为单分子环状超螺旋双链 DNA，大小为 80～180 kb，约编码 154 个蛋白质，可容载相对较大的外源基因，一个杆状病毒可同时容载多个外源基因，且基因的表达基本互不干扰。杆状病毒的核衣壳呈杆状，可塑性较强，即使容载较大的外源基因也基本不改变病毒核衣壳的形状与结构。目前，商品化的杆状病毒表达系统通常含有两种高效的启动子，即多角体基因 *polh* 启动子和 *p10* 启动子，二者皆为极晚期启动子，其强启动子特性是其他启动子所不具备的。

AcMNPV 基因组较为复杂，其不同区域功能分化，基因的分布尚无规律可循。但 AcMNPV 基因组含有 8 个同源区，每区含有不等的重复或倒置重复序列，这些重复序列由位于中间的不完整回文序列及其两侧各约 20 bp 的序列构成。同源区是杆状病毒基因组普遍存在的功能域结构，对于基因表达的调节具有增强作用，同时也是 DNA 复制的原点。

3. 杆状病毒的感染过程

杆状病毒是一类特异性感染昆虫的大 DNA 病毒，在其感染周期中可形成两种不同类型的子代病毒粒子，即芽生型病毒粒子和包涵体型病毒粒子。在病毒有效感染的 72 h 之内，杆状病毒的核衣壳在细胞核内的病毒发生基质（virogenic stroma）上进行装配，通过细胞质膜出芽，从而获得具有囊膜的 BV 粒子，此时的 DNA 拷贝数大约是病毒成熟时的 16%；BV 粒子主要介导细胞与细胞之间的系统感染，其以受体介导的内吞作用进入淋巴系统中，然后感染其他部位的细胞或直接在邻近细胞内感染。在感染 72 h 之后，BV 粒子的释放量迅速减少，留在核内的核衣壳则被封入核内新装配的囊膜内，形成 ODV 粒子。

ODV 粒子是昆虫间水平感染的病毒形式，昆虫幼虫往往是通过摄入污染了 ODV 的食物后受到感染。ODV 粒子外层包裹的多角体蛋白能保证病毒粒子在外界传播过程中免遭环境因素的破坏，当其进入昆虫中肠后，多角体蛋白会在碱性环境作用下裂解而释放 ODV 粒子。释放出来的 ODV 粒子通过受体介导的膜融合作用感染中肠上皮细胞，受到感染的中肠上皮细胞会产生 BV 粒子。BV 粒子通过受体介导的细胞内吞作用进入其他组织细胞，在宿主细胞肌动蛋白微丝参与下，病毒粒子移向宿主细胞核，病毒粒子在核内脱去衣壳释放 DNA。随后宿主细胞核变大，并形成一个明显的高电子密度颗粒结构，称为病毒发生基质。这个结构与核基质结合形成病毒装配位点，病毒转录和复制就发生在这个区域。大约感染 12 h 后，子代 ODV 粒子开始产生并被释放到细胞外，成熟的 ODV 粒子被囊膜包裹形成大量的包涵体。最后昆虫幼虫会经历病理上的变化：表皮黑化、肌肉组织变软、虫体液化、多角体病毒粒子被释放。

4. 杆状病毒作为表达载体

杆状病毒的两个特性支持了它们作为表达载体的用途。首先，如果出芽的病毒被运送到幼虫宿主的血腔中，那么极晚期 *polh* 和 *p10* 基因启动子对于病毒在培养细胞和昆虫中的复制是可有可无的。其次，这两种病毒基因启动子都很强，如果与外源基因编码区结合，就能在昆虫细胞中产生大量重组蛋白。

最近的研究阐明了极晚期病毒基因启动子的性质也能衍生出新的表达载体，其中包含多个 *polh* 和 *p10* 启动子，以便在病毒感染细胞中能同时产生多个重组蛋白。这些载体在组装由一种以上蛋白质组成的昆虫细胞结构方面有着特殊的用途。昆虫细胞也具有真核细胞生产蛋白质所需的许多翻译后修饰过程的能力，从而生产出具有生物活性的产品。早先制备重组杆状病毒的方法需要用异源编码序列替换天然的多角体基因，从而得到多角体蛋白阴性病毒，这种缺乏多角体蛋白的病毒必须通过噬斑实验来识别。但是对于新手来说，这通常是非常难以判别的。幸运的是，这个问题已经通过各种新的方法得到解决，这些方法使得病毒基因组的修改变得更加容易。目前，制造重组杆状病毒的自动化系统正在设计中，有望促进数十种表达载体的同时生产。杆状病毒也成为将外源基因导入人类细胞的有力工具，在这种情况下，缺乏病毒扩增意味着不必担心基因传递载体的生物安全性（Possee and King，2016）。

三、宿主

1. 昆虫细胞作为宿主

IBEVS 目前最常用的鳞翅目昆虫细胞主要有以下三类（表 2-1）：来源于草地贪夜蛾蛹的卵巢组织的 Sf-9 和 Sf-21 细胞，来源于白菜尺蠖和粉纹夜蛾卵巢的 Tn-5 细胞（即 High-Five™ 细胞），来源于果蝇晚期胚胎的 S2 细胞（Fernandes et al.，2013）。昆虫细胞的适宜生长温度为 27～28℃，培养过程中不需要二氧化碳。继代培养后，昆虫细胞会经历滞后期、指数生长期、稳定期和衰退期 4 个典型的细胞生长阶段（图 2-1）。其中滞后期是继代培养到指数生长期之间的时间段，一般是由细胞培养环境的改变所引起的。

表 2-1　常用昆虫细胞及特点

细胞	来源	特点
Sf-9	Sf-9 细胞衍生于 IPLBSF21-AE 细胞系，来源于草地贪夜蛾蛹的卵巢组织	适于转染、纯化、生产高滴度病毒、铺板及表达重组蛋白
Sf-21	Sf-21 细胞衍生于 IPLBSF21 细胞系，来源于草地贪夜蛾蛹的卵巢组织	适于转染、纯化、生产高滴度病毒、铺板及表达重组蛋白；在某些情况下比 Sf-9 细胞表达蛋白量更高
High-Five™	High-Five™ 细胞来源于白菜尺蠖卵巢细胞和粉纹夜蛾卵巢细胞	适于转染、空斑纯化，且更适合表达分泌性重组蛋白
S2	S2 来源于果蝇晚期胚胎细胞，其中多为雌性四倍体细胞，也有双倍体细胞	适于重组蛋白的表达

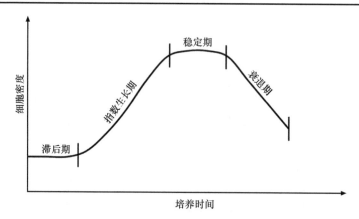

图 2-1　昆虫细胞生长阶段（侯云德，1990）

昆虫细胞作为一种真核表达系统，往往对外源蛋白具有适当的翻译后修饰作用，可以更好地模拟天然病原体抗原决定簇的空间构象，从而产生良好的免疫反应。昆虫细胞的蛋白质翻译后修饰作用主要包括糖基化、酰基化、磷酸化、蛋白质水解、多肽折叠及二硫键形成等。其中，糖基化是目前研究最为深入的修饰作用，昆虫细胞中外源蛋白的翻译后糖基化修饰作用位点与哺乳动物细胞中的一致，但修饰的寡糖种类并不完全一样。

2. 昆虫幼虫和蛹作为宿主

杆状病毒表达载体不仅可在昆虫培养细胞中表达外源蛋白，还可在昆虫幼虫和蛹内表达。外源基因表达宿主的选择，主要是根据外源蛋白的性质及其用途、表达水平的高低、分离纯化的难易程度、纯化要求的不同等因素来确定。由于昆虫血液内存在着能够显著促进病毒感染、提高外源蛋白表达量及天然生物活性的特殊蛋白质，并且不存在细胞培养基中降解蛋白质的蛋白酶，因此利用昆虫幼虫或蛹作为宿主能够显著提高外源基因的表达水平；同时培养昆虫幼虫和蛹远比培养细胞简单、廉价。因此，在条件成熟的前提下，如需要大量制备某类外源蛋白，最好采用昆虫幼虫或蛹。

四、外源基因的表达

AcMNPV 的基因表达分为 4 个阶段：立即早期基因表达（感染后 2 h）、早期基因表达（感染后 6 h）、晚期基因表达（感染后 10～12 h）、极晚期基因表达（感染后 15 h 以上）（侯云德，1990）。除立即早期外，后 3 个阶段均需要前一阶段表达的蛋白质参与。前两个阶段的基因表达早于 DNA 复制，而后两个阶段的基因表达则伴随着一系列的病毒 DNA 合成，其中在极晚期基因表达过程中有两种高效表达的蛋白——多角体蛋白和 P10 蛋白。多角体蛋白是形成包涵体的主要成分，感染后期在细胞中的累积可高达总蛋白含量的 30%～50%，主要对病毒粒子起保护作用。P10 蛋白可在细胞中形成纤维状物质，可能与细胞溶解有关。p10 基因和多角体基因均不是病毒复制的关键基因，并且这两个基因启动子具有较强的启动能力，因此这两个基因位点常作为杆状病毒表达载体的理想外源基因插入位点。

第二节 杆状病毒-昆虫细胞表达技术

最早的重组病毒构建使用的是野生病毒，当病毒与转移载体发生重组之后，病毒的多角体蛋白基因会受到破坏不能形成多角体，因此当细胞感染这种重组毒株后会形成空斑；然后通过多次重复筛选，可以对重组病毒进行纯化。但此过程费时费力，效率很低，是杆状病毒应用中一个重要的限制因素。因此，近年来开发了多种重组病毒构建改良技术，大大优化了杆状病毒的构建和筛选过程。

一、杆状病毒-昆虫细胞表达系统的发展

理论上有两种获得重组体的方式，即昆虫细胞内和昆虫细胞外两种方式。昆虫细胞内重组，在较早时期通常用未加修饰的野生型病毒和转移载体进行重组，后来渐渐被线性化的病毒 DNA 代替。这种线性病毒 DNA 不能在细胞内复制，因此不能启动感染，除非通过同源重组被拯救为环状的复制型。当线性病毒 DNA 与转移载体共转染昆虫细胞时，如果不发生同源重组就无野生型病毒背景出现，故该系统同源重组率在理论上可达 100%。近年来对经典方法进行了许多改良，如直接克隆。已有一些昆虫杆状病毒载体包含了一个不依赖于克隆技术的重组体系，该体系避免了在大肠杆菌中复制，加速了重组过程。昆虫细胞外重组，是在昆虫细胞外将外源基因重组到病毒基因组，并且仅用重组杆状病毒 DNA 转染昆虫细胞。昆虫细胞外重组技术至少已有三种：①在大肠杆菌胞内重组；②在酵母菌胞内重组；③不需要转移载体的体外重组。

1. 线性化杆状病毒

DNA 序列分析表明，AcMNPV 中不存在 Bsu36 I 酶切位点，Kitts（1995）通过同源重组的方法将 Bsu36 I 位点导入 AcMNPV 多角体蛋白基因，构建了修饰病毒 AcRP6-SC 和 BacPAK6。AcRP6-SC 经 Bsu36 I 酶切线性化后，与含 lacZ 转移载体质粒共转染昆虫细

胞进行同源重组，阳性重组率为10%～25%。*Bsu*36 I酶切修饰后的BacPAK6 DNA缺失了部分ORF1629，只有与转移载体共转染经同源重组修复了ORF1629才能形成活病毒，其重组率高达85%～99%（Kitts et al.，1995）。

2. Cre-loxP系统

为了解决传统的体内同源重组方法效率比较低的问题，Peakman等（1992）根据噬菌体p1编码的Cre重组酶能够催化特异位点lox发生酶促交换反应的原理，在杆状病毒多角体基因及重组载体上分别引入loxP位点。在体外将载体（酶切后）、杆状病毒及Cre酶混合温育后转染昆虫细胞，借助空斑实验及载体携带的β-半乳糖苷酶活性来筛选重组病毒。此法能得到绝对数量较多的重组病毒，所以适于高通量表达真核生物的cDNA文库；其缺点是会产生多轮重组而导致几个载体同时串联加载到杆状病毒上。

3. 酵母-昆虫细胞穿梭质粒载体

Patel等（1992）对杆状病毒基因组进行了改造，他们将酵母的*ARS*和*CNE*导入杆状病毒的多角体基因上，使得杆状病毒基因组能够在酵母体内进行复制和重组。*Sup4-0*、*ARS*、*URA3*及*CNE*是按顺序插入到修饰过的AcMNPV多角体蛋白基因中的，其中*Sup4-0*和*URA3*为筛选标记。转移载体中外源基因的5'端为病毒序列，3'端为酵母*ARS*序列。转移载体与病毒DNA在酵母细胞内发生同源重组导致*Sup4-0*缺失，而含有*Sup4-0*缺失重组子的酵母细胞可以在含有精氨酸类似物［刀豆氨酸（canavanine）］的培养基中生长，直接选择canavanine抗性的菌落，即为阳性重组子。抽提纯化重组病毒DNA，转染昆虫培养细胞，即可得到重组病毒。此方法周期短、操作简单、无须经过噬斑筛选，但需利用蔗糖密度梯度离心分离重组DNA。

4. 杆状病毒-S2系统

杆状病毒-S2系统的特点是利用重组杆状病毒转染果蝇的S2细胞。在自然界，杆状病毒仅在鳞翅目昆虫中复制，通常认为它不能在其他昆虫中复制；然而，在一定条件下杆状病毒也能感染果蝇细胞。Lee等（2000）在杆状病毒-S2表达系统中，利用果蝇的*Hsp70*基因启动子、肌动蛋白*5C*基因启动子、金属硫蛋白基因启动子等代替杆状病毒的多角体基因启动子，重组的病毒感染S2细胞后蛋白质表达水平与鳞翅目中相似，且不会引起宿主细胞裂解。

5. 大肠杆菌-昆虫细胞穿梭载体系统（Bac-to-Bac系统）

随着杆状病毒表达系统的进一步发展，已经不需要通过噬斑分析来分离和纯化重组病毒。Bac-to-Bac系统目前已在许多实验室中被广泛使用。Bac-to-Bac系统可以快速、高效产生重组AcMNPV，利用细菌转座子原理，依赖一个位点特异性的转座将一个完整的表达元件重组到杆状病毒的穿梭载体上，该技术在大肠杆菌内就能完成重组病毒的构建。取名为Bac-to-Bac系统，即从细菌（bacterium）到杆状病毒（baculovirus），革命性地改变了重组昆虫杆状病毒的构建方法。

Bac-to-Bac 表达系统的基本原理为：将一个改造后的 AcMNPV 基因组转化入大肠杆菌，使它像普通质粒一样能在细菌中复制，将其称为杆状病毒穿梭载体 [baculovirus shuttle vector，又称为杆状病毒质粒（baculovirus plasmid），将其首尾合写而成为 bacmid]，通过位点特异性转座，在大肠杆菌内完成病毒基因组的重组。杆状病毒穿梭载体（bacmid）含有细菌单拷贝数 mini-F 复制子、卡那霉素抗性选择标记基因及编码 β-半乳糖苷酶 α 肽的部分 DNA 片段。在 lacZα 基因的 N 端插入一小段含有细菌转座子 Tn7 整合所需的靶位点（mini-attTn7），但它的插入不影响 lacZα 基因的可读框。将杆状病毒穿梭载体（130 kb）转化入大肠杆菌 DH10β，获得的转化子命名为 DH10Bac。由此，杆状病毒穿梭载体像一个大号质粒一样，可以在大肠杆菌中增殖并使细胞获得卡那霉素抗性，且与受体菌染色体上的 lacZα 缺失产生互补，在异丙基硫代-β-D-半乳糖苷（IPTG）诱导和 X-gal 或 Blue-gal 生色底物存在下转化体产生蓝斑（lacZ$^+$）。

重组 bacmid 通过 pFastBac 供体质粒（donor plasmid）上的 mini-Tn7 转座子，在另一个辅助质粒（helper plasmid，13.2 kb）的作用下将外源目的基因插入到 bacmid 中。辅助质粒表达转座酶并含有四环素（tetracycline）抗性基因。pFastBac 系列供体质粒具有共同的特征：每个质粒都含有杆状病毒启动子（polh 或 p10 启动子），在 mini-Tn7 左右臂间有一个完整的可读框，包括庆大霉素（gentamincin）抗性基因、杆状病毒启动子、多克隆位点及 SV40 poly (A)。外源基因插入到杆状病毒启动子下游的多克隆位点，将此重组的供体质粒转化入含有辅助质粒和 bacmid 的 DH10Bac 中，由 mini-Tn7 转座子将供体质粒上的可读框插入到 bacmid 的靶位点，破坏 lacZα 基因的表达。在含有卡那霉素、庆大霉素、四环素和 X-gal 的培养板上进行培养，重组的 bacmid（即重组病毒基因组）转化体菌落呈白色，而非重组 bacmid 转化体菌落依然为蓝色，因此可以通过菌落的颜色进行重组病毒的筛选。通过单个菌落的培养，抽提得到重组 bacmid 基因，随后转染昆虫细胞获得重组病毒，即可进行重组蛋白的表达生产。

利用位点特异性转座作用将外源基因插入到能在大肠杆菌增殖的 bacmid，可实现重组病毒的构建。该方法的优点包括：①由于重组病毒的分离是通过蓝白斑筛选实现的，不存在野生型和非重组型病毒污染的问题，因此不需要烦琐的传统噬斑分析来纯化重组病毒；②缩短了重组病毒构建所需的时间。因此，该技术可以快速地同时分离多种重组病毒。这是目前最快捷的一种生产重组病毒的方法（Kost et al.，2005）。

二、高效表达策略

1. 宿主系统的选择

不同细胞系在对外界环境适应力、外源蛋白表达能力等方面表现各不相同，因此细胞系的选择对表达水平至关重要。例如，Sf-21 细胞在对渗透压、pH 及剪切力的耐受性方面与 Sf-9 细胞相比更加脆弱，且生长速度也更加缓慢，使其逐渐被后者所取代。High-Five^{TM} 细胞更占优势，表达量甚至比 Sf-9 细胞高 20 倍之多。High-Five^{TM} 细胞所表达的重组蛋白在糖基化修饰方面也比 Sf-9 细胞更为复杂，甚至能完成一些末端唾液酸化。Sf-9 和 High-Five^{TM} 细胞均具有贴壁与悬浮生长的双重特性，因此便于规模化培养。SF⁺细胞系起源于 Sf-9 细胞系，因其更适合大规模生产而得到广泛应用（凌同等，2014）。

2. 转基因昆虫细胞系及重组病毒的构建

在重组杆状病毒感染昆虫细胞的极晚期，外源蛋白可在杆状病毒的强启动子调控下大量表达，但同时，昆虫细胞也开始病变且逐渐液化裂解。所以，即使在极晚期启动子调控下外源蛋白能大量表达，但也只能维持相对较短的时间，这也是 IBEVS 在表达外源蛋白中应用的瓶颈之一。不过这种劣势可通过基因工程方法予以改变，如删除杆状病毒相关的液化基因（Hawtin et al.，1997）。

另外，昆虫细胞作为一种真核细胞，能对所表达的重组蛋白进行翻译后糖基化修饰，但鳞翅目昆虫细胞系缺乏功能性的糖基转移酶和唾液酸生物合成与利用途径，其产生的糖基化修饰通常缺乏末端唾液酸化，因此会对重组蛋白的结构产生影响。据报道，有科学家用人 N-乙酰氨基葡萄糖 II 基因（*hMGAT2*）、牛 β-1,4-半乳糖基转移酶 I 基因（*bB4GALT1*）、小鼠 α-2,3-唾液酸转移酶III基因（*mST3GAL3*）、鼠 α-2,6-唾液酸转移酶 I 基因（*rST6GAL1*）、鼠唾液酸合成酶基因（*rSAS*）和鼠 CMP-唾液酸合成酶基因（*rCMAS*）转化 Sf-9 细胞，从而构建出 SFSWT-4 细胞系，该细胞系在唾液酸前体 N-乙酰甘露糖胺存在的条件下能产生唾液酸化的糖蛋白。Geisler 和 Jarvis（2012）用 N-乙酰葡糖胺-6-磷酸-2′差向异构酶（GNPE）基因和一系列哺乳动物唾液酸化酶的基因转化 SF⁺细胞系，该细胞系所产生的重组糖蛋白能发生 N 端唾液酸化，因此不需要添加 N-乙酰甘露糖胺，从而可大大降低生产成本。随着转基因昆虫细胞系的不断建立，昆虫细胞表达的重组糖蛋白更加接近天然结构，且设计和生产周期相对较短，因此非常适于亚单位疫苗的研究和生产。

3. 重组蛋白降解的控制

IBEVS 中普遍存在重组蛋白容易降解的问题，而蛋白酶是重组蛋白降解的主要"元凶"。蛋白酶一方面来源于 IBEVS 自身的表达和分泌；另一方面当杆状病毒感染昆虫细胞后，细胞会因产生应激反应而表达蛋白酶，并随细胞裂解而释放。目前控制 IBEVS 所表达的重组蛋白水解问题的策略主要有：①构建蛋白酶基因缺失的载体，如缺少半胱氨酸蛋白酶和几丁质酶等基因的杆状病毒载体；②利用早期启动子代替多角体启动子启动重组蛋白的表达，尽管表达量无法与多角体启动子相当，但由于是在感染早期就开始表达，可将感染收获的时间提前，从而有效降低蛋白酶的降解作用；③通过改变溶氧量、pH 等条件来降低重组蛋白的降解作用；④添加蛋白酶抑制剂或许能取得一定的效果，但首先要确定它的有效浓度范围和毒性。

4. 培养基的选择

目前常用的 Sf-9 细胞系和 High-Five™ 细胞系在有血清与无血清的培养基中均可增殖培养。但脊椎动物血清价格昂贵、成分复杂，同时存在支原体和朊病毒等污染风险，给基因工程表达产物的下游纯化造成了一定的困难。另有研究表明，血清的存在会降低细胞膜的流动性（Beas-Catena et al.，2013），抑制病毒吸附细胞，从而影响蛋白质的表达，因此发展无血清培养基显得尤为重要。

目前已有包括 Gibco、HyClone 和 Sigma-Aldrich 在内的多个生产厂家开发出了昆虫细胞无血清培养基。商品化的无血清培养基价格大多昂贵，添加蛋白胨和酵母粉对于昆虫细胞的大规模无血清培养来说是一种有效的补充。用于蛋白胨生产的蛋白质首选植物蛋白，但来自植物的成分可能会存在皂苷类物质。研究证明昆虫细胞培养基中的皂苷类物质能通过膜渗透作用影响昆虫细胞的生长（S2 细胞），通过向培养基中添加适量的胆固醇能降低皂苷的这一作用。另外，许多学者认为，酵母粉中的寡肽是促进细胞生长的重要成分，而寡肽分子的大小是影响其效果的一个重要参数。

5. 培养方式的选择

昆虫细胞的培养与哺乳动物细胞不同，培养温度一般保持在 27～28℃，培养过程也不需要 CO_2。通常采用悬浮和贴壁的方式在无血清培养基中进行大批量培养，理想的细胞培养浓度通常为 $1 \times 10^6 \sim 10 \times 10^6$ 个细胞/ml。培养系统各项参数，如 pH、溶氧量、温度及发酵罐进气速率等，也会影响蛋白质表达量及翻译后修饰。昆虫细胞的工业化培养往往采用分批补料式培养，该培养模式可有效控制更多的培养参数，从而更容易将细胞生长和目的蛋白生产维持在最佳平衡状态。

6. 培养参数的控制

杆状病毒-昆虫细胞表达系统表达外源蛋白的效率主要涉及两个方面：①昆虫细胞生长到理想的密度；②为促进蛋白质的表达，要在昆虫细胞指数生长阶段感染重组杆状病毒，这点不同于其他表达系统。同时，还涉及最佳感染复数（multiplicity of infection，MOI）、感染时间（time of infection，TOI）和感染时细胞浓度（cell concentration at infection，CCI）等的确定（Vicente et al.，2011）。

第三节　Bac-to-Bac 杆状病毒表达系统的 VLP 制备

目前运用较多的表达系统为 Bac-to-Bac 杆状病毒表达系统。Bac-to-Bac 杆状病毒表达系统主要包括：①pFastBac 质粒，该质粒能够产生包含目的基因的表达元件，这个目的基因的产生被杆状病毒特异位点启动子所控制；②DH10Bac 感受态细胞，该细胞包含杆状病毒质粒和辅助质粒，在转染 pFastBac 表达质粒后可以产生重组杆状病毒穿梭载体；③一个控制表达的质粒，包括 *Gus* 和/或 *CAT* 基因，以便在感染细胞后产生重组杆状病毒，表达 β-葡萄糖醛苷酸酶和/或氯霉素乙酰转移酶（图 2-2）。

一、载体的选择

目前比较常用的 pFastBac™ 载体（表 2-2）主要有以下三种。

pFastBac™1 菌株是非融合菌株（无融合标签），为了保证蛋白质的充足表达，插入的目的片段必须包含有一个 ATG 起始密码子和一个终止密码子（图 2-3）。

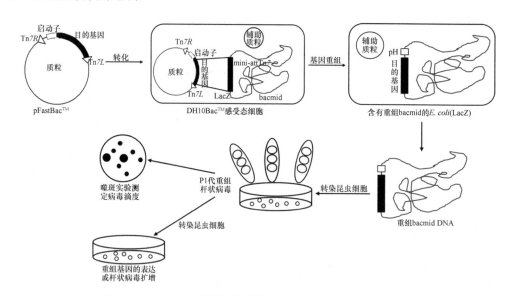

图 2-2　Bac-to-Bac 系统表达外源基因原理图（曹蕾，2012）

表 2-2　较常用的 pFastBac™ 载体的特点

载体	特点
pFastBac™1	高水平表达的强 AcMNPV 聚乙烯启动子（polh）；用于简单克隆的大量克隆位点
pFastBac™HT	高水平表达的聚乙烯启动子；N 端含有 6×His，可以用来纯化重组蛋白，并可用 TEV 蛋白酶切除，含有 3 个可读框
pFastBac™Dual	两个强启动子（pH 启动子和 p10 启动子）可以同时表达 2 种蛋白质；含有 2 个大的克隆位点

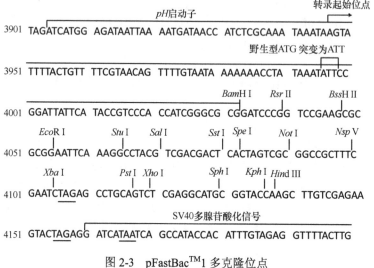

图 2-3　pFastBac™1 多克隆位点
TAG：起始密码子；TAA：终止密码子

pFastBac™HT-A,B,C 这是一种质粒有三个可读框（A、B、C）提供的多克隆位点，可实现克隆目的基因，并且在 N 端带有 6×His，其属于融合质粒。为了保证表达重组蛋白，克隆的基因必须要带有 ATG，且位于 4050～4052 碱基对间，这将会产生带有 6×His

的融合表达，可以用 TEV 蛋白酶切除，而且插入基因也必须含有终止密码子（图 2-4～图 2-6）。

图 2-4　pFastBac™HT-A 的多克隆位点

图 2-5　pFastBac™HT-B 的多克隆位点

箭头表示：TEV 切割位点

图 2-6 pFastBac™HT-C 的多克隆位点

箭头表示：TEV 切割位点

pFastBac™Dual 包含两个多克隆位点，可以同时表达两个异源基因，一个通过 pH 启动子控制，另一个通过 *p10* 启动子控制。其为非融合载体，插入基因必须含有一个 ATG 起始密码子，如果不使用多克隆位点中的终止密码子，就必须要在目的基因末端加入一个终止密码子（图 2-7，图 2-8）。

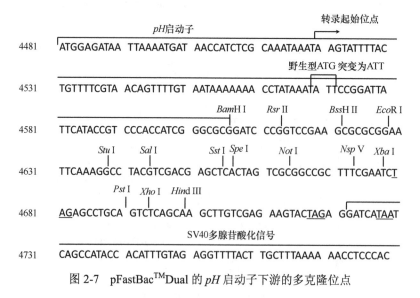

图 2-7 pFastBac™Dual 的 *pH* 启动子下游的多克隆位点

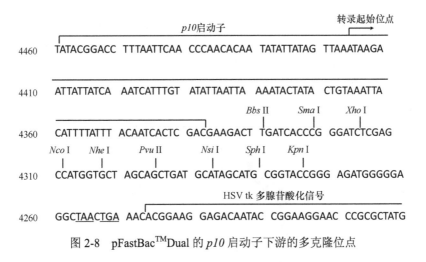

图 2-8 pFastBac™Dual 的 *p10* 启动子下游的多克隆位点

二、目的基因的克隆

根据需要表达的基因数和特点选择不同的载体，然后根据载体的酶切位点设计合适的引物序列，获得目的基因，并进一步通过分子克隆技术获得重组表达载体。特别注意，pFastBac™ Dual 载体包含的两个启动子方向相反，所以构建重组载体时要特别注意两个目的基因的连接方向。

三、培养昆虫细胞

对于杆状病毒克隆，推荐使用 Sf-9 和 Sf-21 昆虫细胞作为宿主。昆虫细胞对于环境很敏感，此外化学因素、营养因素和物理因素都可以影响昆虫细胞的生长，需要优化各项条件以得到最大产量，其培养条件的各项参数如下。①使用无血清的培养基：无论对于维持 Sf-9 和 Sf-21 细胞生产，还是大规模重组蛋白的生产而言，Sf-900-Ⅱ-SFM 都是最佳的无血清培养基。②温度：细胞感染和生长的最适合温度是27～28℃。③pH：对于许多培养系统 pH 为 6.1～6.4 是合适的，Sf-900-Ⅱ-SFM 培养基在此范围内支持一般的空气和开盖培养。④通风：基于最优生长条件和蛋白质的表达，溶氧量要求在 10%～50%。⑤剪切力：悬浮培养会对细胞产生机械剪切力，在含有血清的培养基中（10%～50% FBS）生长的昆虫细胞一般会得到足够的保护；无血清条件下，可以加入剪切力保护剂如 luronicF-68。注意，在 Sf-900-Ⅱ-SFM 培养基中生长的细胞不需要加入剪切力保护剂。⑥转染细胞：对数期细胞存活率>95%的细胞有利于转染的成功。

四、重组 bacmid 的构建

随着 bacmid 技术的引入，产生重组杆状病毒质粒的技术发生了根本性的变化。目前主要用于重组杆状病毒 bacmid 构建的供体质粒为 pFastBac™ 系列（含有目的外源基因），感受态细胞为 DH10Bac™ *E. coli* 细胞。DH10Bac™ 包含杆状病毒质粒

（bacmid DNA）和辅助质粒，一旦 pFastBac^{TM}Dual 质粒（图 2-9）转入 DH10Bac 细胞，就会在 bacmid DNA 中的 mini-attTn7 靶点和供体质粒中的 mini-Tn7 元件之间发生转座作用，将目的基因转座至 bacmid DNA，形成重组杆状病毒 bacmid。

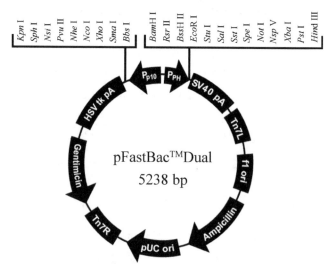

图 2-9 pFastBac^{TM}Dual 质粒图谱

DH10Bac^{TM} 细胞中改良的杆状病毒基因组包含一个 mini-F 复制子、一个可选择的标记和一个 Tn7 转座子靶点位点。这种大质粒杆状病毒分子在大肠杆菌中可以保持低拷贝数。一个编码 Tn7 转座功能的辅助质粒也被引入到这些细胞中，这样序列的转座就可以用来将一个外来的编码区插入杆状病毒基因组。用于此目的的杆状病毒转移载体不同于先前的设计，该质粒包含所需的外源编码区和 Tn7 左右臂之间细菌细胞的第二选择标记。辅助质粒提供的转位功能实现了编码区从转移载体转移到 bacmid 的编码区和标记的去除，bacmid 可在合适的琼脂平板上进行选择。从这些扩增的菌落中提取的 DNA 被用于转染昆虫细胞，并获得感染性病毒颗粒，以便随后进行分析。该系统比较简单，适用于原核分子生物学。

如果使用传统的杆状病毒载体 DNA，转染的最终结果将是得到双亲病毒和重组病毒的混合体。下一步将必须进行菌斑分析，以从非结合物中分离重组病毒。如果使用较新的 bacmid 技术，如 pFastBac^{TM} 或 Bac-to-Bac，则转染培养基将仅包含重组病毒，无须进一步的纯化。但是，在进行表达研究之前，应通过菌斑分析或实时 PCR 对所有病毒储备进行滴定，以确定准确的滴度。

五、使用 PCR 分析重组质粒

重组质粒 DNA 要是大于 135 kb，限制性内切酶谱分析很难完成 DNA 分析，所以只能使用 PCR 分析鉴定重组杆状病毒粒子中的目的基因。重组杆状病毒粒子包含 M13 正负引物位点，位于 LacZα 互补区域的微型 attTn7 位点两侧，可以完成 PCR 检测（图 2-10）。

使用 M13 引物进行 PCR 分析，可以使用 M13（−40）上游引物和 M13 下游引物（表 2-3），也可以使用 M13 引物中的任何一个与目的基因的引物形成杂合联合物。如果使用的是 M13 正负引物扩增，得到的 PCR 产物大小如表 2-4 所示，如果使用的是 M13 和特异引物进行扩增，则需要根据实际情况确定。

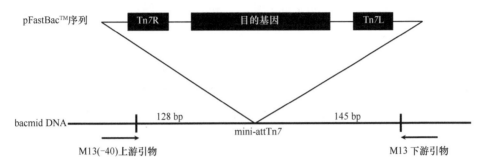

图 2-10 重组 bacmid DNA 结构示意图

表 2-3 M13 引物序列

引物	序列
M13（−40）上游引物	5′-GTTTTCCCAGTCACGAC-3′
M13 下游引物	5′-CAGGAAACAGCTATGAC-3′

表 2-4 使用 M13 引物扩增得到的 PCR 产物大小

质粒-载体	PCR 产物大小
bacmid	约 300 bp
bacmid-pFastBac™1	约 2300 bp+插入片段
bacmid-pFastBac™1-Gus	约 4200 bp
bacmid-pFastBac™HT	约 2430 bp+插入片段
bacmid-pFastBac™HT-CAT	约 3075 bp
bacmid-pFastBac™Dual	约 2560 bp +插入片段
bacmid-pFastBac™Dual-Gus/CAT	约 5340 bp

六、VLP 的制备

1. P1 代重组杆状病毒株的制备

利用脂质体转染重组杆状病毒质粒 bacmid 到昆虫细胞，获得子代重组杆状病毒株，具体操作如下。①先将处于对数生长期的昆虫细胞置于细胞培养平板中，每个孔中加入 2 ml，27℃静置 1 h，让细胞贴壁。②溶液 A：取 1 μg 重组杆状病毒质粒 bacmid，加入 100 μl 不含血清和青霉素、链霉素的 TC-100 培养液中。③溶液 B：将 4 μl 脂质体加到 100 μl 不含血清和青霉素、链霉素的 TC-100 培养液中混匀。④将溶液 A、B 混合，室温静置 15 min。⑤将 12 孔板中的昆虫细胞漂洗 3 次，在质粒与脂质体的混合物中补入不含血清和青霉素、链霉素的 TC-100 培养液至总体积为 1000 μl，混匀后加入昆虫细胞中，于 27℃静置 5 h。⑥弃去质粒与脂质体的混合液，加入 1 ml 完全 TC-100 培养液继续培养 3～4 d，带有芽孢的病毒应该在转染 72 h 以后释放入培养基，感染晚期应出现细胞停止增殖、出现颗粒体、细胞脱落等现象，否则表明转染效果不理想。出现细胞病变后收取上清，1000 r/min 离心 5 min 后避光保存于 4℃，即为 P1 代重组杆状病毒毒株。

2. 毒株的扩增与转染效率的评价

P1 代病毒往往规模较小，病毒滴度较低，需要使用 P1 代病毒去感染昆虫细胞，从而获得高滴度的 P2 代病毒。评价转染效率可用病毒斑点实验测定滴度这种量化方法。滴度的计算方法如下：滴度（PFU/ml）=斑点的数量×稀释因子/（接种体积 ml/每孔）。例如，把病毒稀释为 10^{-6}，加入 1 ml 接种体积（稀释病毒）到每孔中，得到 20 个噬菌斑，使用公式得到，滴度=20（斑）×10^6/（ml/每孔）=$2×10^7$ PFU/ml。若病毒滴度小于 $1×10^6$ PFU/ml，则不宜进行下一步感染。

3. 病毒颗粒的电镜观察

收获产生细胞病变的昆虫细胞，反复冻融 3 次，以 1000 r/min 离心 5 min，取细胞培养上清，进行磷钨酸染色，电镜观察 VLP 的包装情况。

使用 Bac-to-Bac 表达系统产生重组杆状病毒较传统的同源重组有以下优点：①与使用同源重组产生重组杆状病毒所需的 4～6 周时间相比，鉴别纯化重组病毒的时间少于 2 周；②斑点筛选重组病毒时，可有效降低亲本 DNA 和非重组病毒的干扰；③可以快速同时进行大量重组，适合表达功能蛋白。

随着许多杆状病毒表达系统在商业上的应用和完善，现在可以根据特定项目的要求和用户所掌握的专业知识来选择适当的杆状病毒转移载体。熟悉原核表达的人可能更愿意使用 Bac-to-Bac 系统，即在感染性病毒 DNA 拯救之前在大肠杆菌中组装重组出病毒，以用于昆虫细胞的转染。那些对真核系统有更多经验的用户可能更愿意使用传统的昆虫细胞与病毒 DNA 和质粒转移载体的共转染，以开发更广泛的试剂。由于引入了杆状菌直接感染技术，现在可以实现重组病毒的高通量生产。

第四节　杆状病毒-昆虫细胞表达系统在 VLP 研究中的进展

目前已经报道的利用杆状病毒-昆虫细胞表达系统成功获得的 VLP 多种多样（表 2-5），它们来自不同类型的病毒，根据结构蛋白的组成可分为：单个衣壳蛋白组成的简单 VLP 和多个衣壳蛋白组成的复杂 VLP。根据 VLP 外层是否有囊膜又可分为有囊膜的复杂 VLP 和无囊膜的简单 VLP。这种结构的多样性必然意味着不同的 VLP 生产挑战，而对于复杂的 VLP 而言，这些挑战显然更为突出，因为复杂的 VLP 需要不同蛋白质的正确组装。

表 2-5　利用杆状病毒-昆虫细胞表达系统获得的 VLP

病毒（囊膜病毒/无囊膜病毒）	科	抗原	表达宿主（胞内型/分泌型）	VLP类型	参考文献
无囊膜病毒					
细小病毒	细小病毒科	VP1，VP2	Sf细胞（分泌型）	单层	Brown et al.，1991
		VP1，VP2	Sf细胞（分泌型）	单层	Kajigaya et al.，1991
		VP1，VP2	Sf细胞（分泌型）	单层	Tsao et al.，1996
		VP2	Sf细胞（分泌型）	单层	Sedlik et al.，1997
脊髓灰质炎病毒	小RNA病毒科	VP0，VP1，VP3	Sf细胞（分泌型）	单层	Bräutigam et al.，1993
		VP0，VP1，VP3	Sf细胞（分泌型）	单层	Urakawa et al.，1989
EV71	小RNA病毒科	P1，3CD	Sf细胞（分泌型）	单层	Chung et al.，2006
		P1，3CD	Sf细胞（分泌型）	单层	Sedlik et al.，2003
口蹄疫病毒	小RNA病毒科	P1，2A，3C	蚕（分泌型）	单层	Li et al.，2008
脑心肌炎病毒	小RNA病毒科	P1，2A，3C	Sf细胞（分泌型）	单层	Jeoung et al.，2011
柯萨奇病毒	小RNA病毒科	P1，2A，3CD	Sf细胞（分泌型）	单层	Zhang et al.，2012
		HBV核心蛋白	Sf细胞（分泌型）	多层	Huo et al.，2017
蓝舌病病毒	呼肠孤病毒科	VP2，VP3，VP5，VP7	Sf细胞（分泌型）	多层	French et al.，1990
		VP2，VP3，VP5，VP7	Sf细胞（分泌型）	多层	Chackerian，2007
轮状病毒	呼肠孤病毒科	VP2，VP4，VP6，VP7	Sf细胞（分泌型）	多层	Conner et al.，1996
		VP2，VP4，VP6	Sf细胞（分泌型）	多层	Crawford et al.，1994
		VP2，VP6，VP7	Sf细胞（分泌型）	多层	O'Neal et al.，1997
		VP2，VP6，VP7	Sf细胞（分泌型）	多层	Vieira et al.，2005
传染性法氏囊病毒	双RNA病毒科	VP2，VP3，VP4	Sf细胞（分泌型）	单层	Hu and Bentley，2001
非洲马瘟病毒	呼肠孤病毒科	VP3，VP4	Sf细胞（分泌型）	单层	Maree et al.，1998
诺如病毒	杯状病毒科	VP1	Sf细胞（分泌型）	单层	Murakami et al.，2010
猫杯状病毒	杯状病毒科	衣壳蛋白	Sf细胞（分泌型）	单层	di Martino et al.，2007
裂谷热病毒	布尼亚病毒科	Gn，Gc，N	Sf细胞（分泌型）	单层	Liu et al.，2008
劳氏肉瘤病毒	反转录病毒科	Gag	Sf细胞（分泌型）	单层	Deo et al.，2011
猪圆环病毒2型	圆环病毒科	Cap	Sf细胞（分泌型）	单层	Liu et al.，2008
囊膜病毒					
丙型肝炎病毒	黄病毒科	核心蛋白，E1，E2	Sf细胞（分泌型）	多层	Baumert et al.，1998
SARS病毒	冠状病毒科	S，E，M	Sf细胞（分泌型）	单层	Mortola et al.，2004
埃博拉病毒	丝状病毒科	VP40，GP	Sf细胞（分泌型）	单层	Buonaguro et al.，2001
		VP40，GP	Sf细胞（分泌型）	单层	Ye et al.，2006
A型流感病毒	正黏病毒科	HA，NA，M1，M2	Sf细胞（分泌型）	单层	Latham et al.，2001
		HA，M1	Sf细胞（分泌型）	单层	Quan et al.，2007
		HA，NA，M1	Sf细胞（分泌型）	单层	Pushko et al.，2005
		HA，NA，M1	Sf细胞（分泌型）	单层	Kang et al.，2009
		HA，NA，M1	Sf细胞（分泌型）	单层	Wen et al.，2009
尼帕病毒	副黏病毒科	M，F，G	Sf细胞（分泌型）	多层	Walpita et al.，2011
基孔肯雅病毒	披膜病毒科	CapC，E1，E2	Sf细胞（分泌型）	多层	Reyes-Sandoval，2019

一、无囊膜病毒

由多个结构蛋白组成的无囊膜病毒可分为两大类：一类是由单层衣壳蛋白构成的结构简单的病毒，另一类是由多层同心衣壳蛋白构成的复杂病毒。来自细小病毒 B19 的 VLP 属于第一类，其由 VP1 和 VP2 两种蛋白质组成，只有一个单层衣壳。研究发现，天然细小病毒 B19 的衣壳由 95% 的 VP2 和 5% 的 VP1 组成，但是依据此比例生产的 VLP 与 VP1 蛋白组分增加（25%～40%）的 VLP 相比，其在诱导免疫应答方面的效果要差一些。这个 VLP 的研究案例揭示了，在昆虫细胞表达系统中使用多个杆状病毒灵活地调整 VLP 的衣壳结构组成可以有效地优化 VLP 的性能。

来自复杂病毒的 VLP 由多个相互作用的衣壳蛋白组成，且衣壳蛋白间的组成模式是固定的，这就使得复杂 VLP 的生产面临着更大的挑战。对于一个成功且高效的生产过程而言，每一种蛋白质都应该以化学计量的方式表达，否则细胞资源就会损失，因为过量单体的表达并不能改善 VLP 的组装。目前利用杆状病毒-昆虫细胞表达系统成功获得的复杂 VLP 主要包括：小 RNA 病毒科的口蹄疫病毒和正呼肠病毒、圆环病毒科的猪圆环病毒 2 型、细小病毒科的猪细小病毒、呼肠孤病毒科的蓝舌病毒（BTV）和轮状病毒（rotavirus）等。其中呼肠孤病毒科的这两种病毒的 VLP 是多层衣壳蛋白结构。

1. 口蹄疫病毒

口蹄疫病毒（FMDV）VLP 制备的主要方法：将其 *P1*、*2A*、*3C* 基因串联起来（为了确保目的蛋白的表达，其中还加入了部分 *2B*、*3B* 非结构蛋白基因），然后插入 pFastBac1 载体中，构建重组杆状病毒 bacmid-P1-2A-3C，于昆虫细胞中表达即可得到不含遗传物质的 FMDV-VLP。经豚鼠免疫实验证实，所获得的 FMDV-VLP 可以诱导豚鼠产生较高滴度的抗体。与其他病毒中 P1 的加工需要 3CD 蛋白的催化不同，FMDV 的 3C 蛋白能够独立完成 P1 蛋白的加工处理。早期有研究者将 P1-2A 与 L 蛋白酶和 3C 蛋白一起插入 AcMNPV 中表达，发现 L 蛋白酶对昆虫细胞的细胞毒性作用使得优化的转移载体（pAcRP23）无法将含有 L 蛋白酶的片段插入杆状病毒载体中，从而无法完成对 P1 蛋白的酶切加工，而只有 3C 蛋白单独存在时，才能获得沉降系数约为 70S 的空衣壳结构（Roosien et al.，1990）。

2. 肠道病毒 71 型

肠道病毒 71 型（enterovirus71，EV71）是手足口病的主要病原之一，属小 RNA 病毒科肠道病毒属，其感染低龄儿童出现的严重神经系统及心肺功能衰竭等综合征可引起较高的死亡率，因此安全高效的疫苗研究变得非常迫切。有研究者结合 EV71 流行现状，选取 C4 亚型毒株作为疫苗研制的候选株。将该病毒毒株的 *P1* 和 *3CD* 基因片段克隆入杆状病毒 pFBD 载体，构建 bacmid-P1-3CD 穿梭质粒，转染 Sf-9 昆虫细胞，透射电镜观察结果显示，结构蛋白可自组装成直径为 27 nm 的 EV71-VLP。SDS-PAGE 分析显示，分别可见 39 kDa、34 kDa 和 26 kDa 的 VP1、VP0 与 VP3 结构蛋白。进一步的动物实验表明，EV71-VLP 刺激机体产生的体液免疫水平略低于灭活 EV71，而其引起的细胞免疫水平却高于灭活 EV71（曹蕾，2012）。

3. 猪圆环病毒 2 型

猪圆环病毒 2 型（PCV2）的单链环状 DNA 大小约为 1.7 kb，其 *ORF2* 基因编码 PCV2 的主要衣壳蛋白（Cap），具有自组装成 VLP 的特性。利用杆状病毒-昆虫细胞表达系统的载体构建重组杆状病毒粒子 rvBac-Cap，然后于 Sf-9 细胞中表达 PCV2 Cap 蛋白，通过密度梯度离心、纯化后，获得直径约 17 nm，具有与天然病毒粒子相似结构的 PCV2-VLP。为了提高目的蛋白的产量，可选用 High-Five™ 细胞表达 PCV2 Cap 蛋白。目前国内已有利用原核表达系统表达的 PCV2-VLP 疫苗上市，但利用杆状病毒-昆虫细胞表达系统表达的 PCV2 Cap 亚单位疫苗只有 Intervet 公司研制的 Porcilis® PCV 和 Boehringer-Ingelheim 公司的 IngelvacCircoFLEX®两种商品苗（Liu et al.，2008）。

4. 猪细小病毒

猪细小病毒（PPV）的结构蛋白 VP2 本身可自组装成病毒样颗粒。在杆状病毒表达系统中构建重组杆状病毒 bacmid-VP2，然后转染至昆虫细胞 Sf-9 中，通过氯化铯密度梯度离心技术纯化获得猪细小病毒 VLP，小鼠实验结果显示具有良好的免疫原性。基于 PPV- VP2-VLP 的特性，有研究者利用 SOE-PCR 技术把靶向的 *TK* 基因序列插入 *VP2* 基因的 loop2 和 loop4 区域扩增 *TK-VP2* 基因，构建 bacmid-TK-VP2 质粒转染 Sf-9 细胞，自组装成 TK-VLP，并将此纳米载体分别与 DOX 和 FAM 偶联，形成具有靶向作用的纳米标签（吴丹丹，2017）。

5. 诺如病毒

诺如病毒（NoV）ORF2 可在杆状病毒表达系统高效表达，编码的重组 VP1 蛋白可自组装成直径为 38 nm 或 23 nm 的 NoV-VLP，其在形态结构方面类似于天然病毒粒子，并且具有良好的抗原性、免疫原性，因此可被应用于 NoV 免疫机制的研究。研究显示，获得的 NoV-VLP 经 SDS-PAGE 显示有 55 kDa、60 kDa 和 70 kDa 的 3 条蛋白质条带，且都具有良好的免疫原性。这表明降解或部分降解的 VP1 蛋白并不影响完整 NoV-VLP 的形成及其与细胞的结合活性（Murakami et al.，2010）。

6. 脑心肌炎病毒

脑心肌炎病毒（EMCV）VLP 的表达目前主要有两种策略，一种是以 EMCV 的结构蛋白 P1 和蛋白酶 3CD 全基因构建重组杆状病毒 bacmid-P1-3CD；另一种是构建含有结构蛋白 P1、非结构蛋白 2A 和蛋白酶 3C 的质粒。于 Sf-9 细胞中表达组装为直径 30～40 nm 的 EMCV-VLP，动物免疫实验结果显示其可诱导机体产生较高滴度的中和抗体，从而提供 90%以上的免疫保护率，因此具有作为候选疫苗的很大潜力（Jeoung et al.，2010）。

7. 蓝舌病病毒

呼肠孤病毒科的 VLP 可能是昆虫细胞中研究最多的复杂病毒样颗粒。BTV-VLP 既可以由两个双顺反子重组杆状病毒（rBV）共同感染表达，也可以与编码 4 种结构蛋白（VP2、VP3、VP5 和 VP7）的多顺反子 rBV 单独感染表达。后一种方法比多个 rBV 联合感染重复性更好、效率更高。然而，BTV 血清型的多样性使得有效的 BTV-VLP 疫苗研制复杂化。为解决这一问题，科学家利用内衣壳蛋白 VP3 和 VP7 在血清型之间相对保守的特性，提出了一种改进的 BTV-VLP 快速生产策略。简单地说，就是将一个编码 VP3 和 VP7 的杆状病毒作为多种 BTV 血清型插入外壳蛋白（VP2 和 VP5）的结构基础。通过这种生产策略生产 VLP 已经被证明是快速的，而且其 VLP 免疫原性非常可靠，因为在接种了疫苗的绵羊中实现了保护性免疫反应（Chackerian，2007）。

8. 轮状病毒

rBV 在轮状病毒样颗粒（RLP）生产中的适用性也在一些研究中得到了证明。RLP 是由 2～4 种病毒蛋白同时在细胞内表达形成的，VP2 蛋白为核心，多态性 VP6 蛋白组成中间层，VP7 糖蛋白形成外层，另外还有 VP4 蛋白的参与。VP2 的单独表达足以在昆虫细胞中形成单层壳的类核颗粒，而通过使用不同的 rBV 生产策略则可以产生不同的 RLP 双层或三层结构。动物免疫实验结果显示，不同结构层的 RLP 都具有良好的免疫原性，这也使得以 RLP 作为轮状病毒候选疫苗进行开发成为可能。但是由于其在昆虫细胞中表达、组装的过程中会形成单层、双层及三层 RLP 的多样性颗粒，这增加了下游纯化处理的难度。目前已有实验室建立了一种基于深度过滤澄清、超速离心和尺寸排阻色谱的高成本效益的纯化方案，其回收率可达到 37%，无杆状病毒的 RLP 纯度可达到 95%～99%（Edens et al.，2015）。

二、囊膜病毒

许多致病性病毒都有由脂质双层和病毒蛋白构成的囊膜，其中的蛋白质主要来自宿主细胞（如丙型肝炎病毒、人类免疫缺陷病毒和流感病毒）。病毒囊膜蛋白是中和抗体的主要靶点，因此是疫苗的主要成分。囊膜病毒具有不规则的大小和结构，因此与无囊膜病毒的结构蛋白组成要求不同，通常它们不严格模拟从本病毒中发现的结构蛋白的确切比例。在生产方面，脂质层的存在给具有多个衣壳蛋白层的 VLP 制备带来了不同的技术挑战。然而，有报道称目前已经利用杆状病毒-昆虫细胞表达系统在一些囊膜病毒的 VLP 研究方面取得了突破性的进展，主要包括丙型肝炎病毒（HCV）、SARS 病毒和流感病毒等。

1. 流感病毒

与其他生产系统相比，IBEVS 的潜在优势在流感疫苗中更为显著（Quan et al.，2007）。流感病毒的高突变性使得流感疫苗需要每年更换病毒蛋白以匹配新出现的毒株，从而确保具备应对大流行情况的能力。重组流感疫苗的载体构建、病毒扩增和大规模生产系统比传统的基于鸡蛋的疫苗生产快得多（约 3 个月）。事实上，一些公司目前正在使用 IBEVS 开发和生产候选流感疫苗，其中进展比较理想的是 Flublok® 疫苗，这是一种由美国 Protein Sciences Corp 公司提出的三价血凝素（HA）疫苗。

目前用于流感病毒 VLP 研究的结构蛋白主要包括：跨膜糖蛋白（HA）、神经氨酸酶（NA）、衣壳蛋白（M1）和跨膜离子通道蛋白（M2）。目前已经尝试了几种由 2 种、3 种或 4 种结构蛋白组成的颗粒构型。尽管 HA 和 M1 的简单组合足以形成颗粒并产生有效的免疫活性，但因为抗 HA 抗体在病毒感染期间提供保护，所以由 HA、NA 和 M1 组成的三价 VLP 是研究最多的。在昆虫细胞中生产这些不同构型的 VLP 主要是通过与多个 rBV 共同感染完成的：三个单顺反子 rBV 共同感染，或者一个单顺反子和一个双顺反子 rBV 共同感染，或者感染一个编码所有结构蛋白的三顺反子 rBV。例如，Novavax 公司通过用编码 HA、NA 和 M1 的三顺反子杆状病毒感染 Sf-9 细胞来产生流感病毒 VLP，其中一种针对 H1N1 的 VLP 疫苗展现出良好的前景（Cox and Hashimoto，2011）。

2. 丙型肝炎

Baumert 等（1998）首次证明了在昆虫细胞中 HCV 的核心蛋白和两种囊膜蛋白（E1 和 E2）被正确组装成 VLP。这些 HCV VLP 在动物（小鼠、狒狒和黑猩猩）免疫研究中显示，其可以有效激发机体产生强烈的细胞免疫和体液免疫反应。尽管 IBEVS 在生产活性 HCV VLP 方面取得了成功，特别是在挑战性的糖基化 E1 蛋白的成功表达和组装方面，但在这一领域的研究仍需进一步开展，以期获得一种可被视为有效候选疫苗的产品。

3. SARS 病毒

SARS 病毒在全球的大规模传播使得研制 SARS 病毒 VLP 疫苗成为近年来研究的热点。一种三价 SARS 病毒 VLP 疫苗取得了有效进展，该 VLP 由三种结构蛋白组装：膜蛋白（M）、囊膜蛋白（E）和 Spike 蛋白（S）。其生产策略主要是通过将编码 M 蛋白和 E 蛋白的双顺反子 rBV 与编码 S 蛋白的单顺反子 rBV 共同感染、表达获得 VLP。该策略不仅可增加 VLP 的免疫原性，而且对每个冠状病毒毒株都是特异性的。

4. 丝状病毒

埃博拉病毒 VLP 和马尔堡病毒 VLP 是 IBEVS 成功应用于 VLP 生产的另一个例子，其产量显著高于哺乳动物细胞表达系统。在两个不同的研究中，埃博拉病毒 VLP 在 High-Five™ 和 Sf-9 细胞中都可高效表达，并且能够保护小鼠免受埃博拉病毒感染，这为埃博拉病毒 VLP 疫苗的研究提供了新的思路。

为了不断提高免疫原安全性、有效性和成本效益，在过去几年中有科学家提出了几种有囊膜的嵌合 VLP。目前在昆虫细胞中已经产生了基于 Gag 蛋白的嵌合反转录病毒 VLP 或基于流感病毒 M1 的 VLP。特别是在昆虫细胞中表达不同流感病毒株的结果表明，HA 和 NA 组装的 Gag VLP 在小鼠中显示出高度免疫原性。在另一种嵌合 VLP 结构中，流感病毒核心 M1 蛋白嵌合了人类呼吸道合胞病毒的两个囊膜蛋白。

三、瓶颈和问题

复杂 VLP 的生产由于其复杂性和多样性，需要实施灵活的制造策略。如前几节所述，杆状病毒-昆虫细胞表达系统已广泛应用于 VLP 生产，多年来不断改进以应对上下游的挑战。目前杆状病毒-昆虫细胞表达系统的发展改进主要集中在表达载体的设计，以及感染过程的研究、蛋白质表达和组装的合理方法等方面。

1. 杆状病毒载体

首蓿银纹夜蛾多核型多角体病毒简称 AcMNPV，是杆状病毒的原型，通常用作生产重组蛋白（包括 VLP）的载体。*polh* 和 *p10* 是大多数 rBV 中辅助表达的首选启动子，通常在同一载体中重复表达多个基因。由于启动子序列重复可能影响多顺反子载体的稳定性，因此将相同的启动子分离到不同的转录方向以避免相同启动子的并置。通过使用内部核糖体进入位点（IRES）元件将重组基因的表达与杆状病毒的基本基因（如 *gp64*）耦合以实现单个双顺反子的转录，同时也进一步促进了多顺反子载体的稳定性。利用这一策略，缺陷病毒在传代过程中的出现被推迟。为了达到提高产品质量和数量的目的，对被认为阻碍了分泌途径（如 chiA 几丁质酶）的杆状病毒基因组及其他非必需基因缺失，前者包括编码蛋白酶（如组织蛋白酶 V）或杆状病毒蛋白质的 DNA 序列，后者包括 p10、p26 和 p74。

一些商业化的 rBV 已经被用于同时表达多个重组蛋白。MultiBac 系统是近几年发展起来的一种表达系统，该系统属于多顺反子载体概念的扩展。之前的系统一般是将重组基因整合到 polh 位点，而 MultiBac 系统则是通过 Cre-loxP 位点特异性重组序列替换两个基因（*v-cath* 和 *chiA*）从而形成第二个额外的整合位点。因此，该系统具有较高的包装容量和较低的蛋白质水解活性。对于复杂的糖基化蛋白靶点，通过将 N-乙酰氨基葡萄糖转移酶 II 和 β-1,4-半乳糖基转移酶 I 的序列整合到杆状病毒基因组中，可以创建一个更复杂的 MultiBac 系统（Warfield et al.，2007）。

另一个影响重组蛋白表达的问题是可溶性和/或正确组装的蛋白质比例低。目前，这一问题已经通过共表达分子伴侣或者叶酸酶得到了解决，后者能够有效促进蛋白质正确折叠和翻译后处理，从而增加正确折叠蛋白质的分泌。据报道，当使用 rBV 时，分子伴侣的共表达比稳定整合到细胞基因组中时更有效，这很可能是因为当 rBV 驱动表达发生时，宿主基因组的表达在感染后期受到抑制。

在某些情况下，使用杆状病毒早期启动子（如 ie-1、ie-2）被证明能产生更多的生物活性蛋白，因为它们在感染的早期阶段表达，而此时细胞蛋白质处理机制还没有被破坏。尽管这些启动子本质上较弱，但在启动子序列的上游或下游添加杆状病毒调节元件可以提高表达率。另一种选择是，使用合成的晚期启动子在感染后早期激活转录。这些合成启动子是通过将特定突变插入到较晚期杆状病毒启动子序列中而获得的。事实证明，这些杂交启动子非常有用，在促进囊膜病毒 VLP 的产量提高方面优于那些较晚期启动子。

解决 VLP 中存在 rBV 带来的安全问题无形中会增加下游处理的成本。Vieira（2005）等通过删除一个基因（*vp80*）而设计了一种新的非复制性 rBV，该基因对病毒蛋白的切割、成熟和组装，以及从受感染细胞中释放 rBV 至关重要。该系统的全面发展还需要一个 vp80 跨膜细胞系来有效地传播缺陷病毒。这种用于靶蛋白和 VLP 的无病毒生产可能是一种可行的策略（Vieira et al.，2005）。

2. 昆虫细胞的培养

为了提高目标 VLP 的产量和质量，科学家已经探索了很多不同的培养策略。特别是通过补充限制细胞生长的营养物质，如葡萄糖、氨基酸、脂质和维生素等，分批补料培养可以有效地提高感染效率。有报道称，当 Sf-9 细胞在高达 11.5×10^6 个细胞/ml 的感染率下，通过添加酵母粉和氨基酸混合物，可以在较低感染细胞浓度（CCI）条件下获得高比例蛋白质产量，从而提高目的产品的产量。这一结果表明，限制分批培养 Sf-9 细胞生产蛋白质的是营养物质的缺乏，而不是抑制性副产物的积累。事实上，乳酸和氨是昆虫细胞代谢的两种主要副产物，而且它们的积累在 High-Five™ 细胞中比在 Sf-9 细胞中更为明显。有研究以基因治疗用 rBV 的生产为例，研究了不同细胞密度下 Sf-9 细胞对感染的代谢反应。结果表明，在细胞密度为 2×10^6 个细胞/ml 的分批培养条件下能量产生途径的活性将会降低。后来研究人员确定了一种基于三羧酸循环补料代谢物的补充剂，这种代谢物在 CCI 为 $3 \times 10^6 \sim 4 \times 10^6$ 个细胞/ml 时可特异性将 rBV 产量提高 7 倍。在灌流模式操作下可以进一步推动 CCI 和总蛋白产量，但是考虑到"消耗培养基"的持续更新，这也进一步增加了大规模生产的成本。此外，它的可扩展性依赖于高效的细胞保留设备，这些设备通常会损害细胞的完整性，从而直接影响产品的产量和质量。

感染复数（MOI）、感染细胞浓度（CCI）和收获时间是杆状病毒感染的关键生物工艺参数，这些参数会直接影响目标蛋白的产量和质量。MOI 低于 1 时的低 CCI 感染是利用 IBEVS 生产重组蛋白最常用的感染策略。由于并非所有细胞都在病毒添加后受到感染（异步感染），未受感染的细胞将会继续生长直到被第一代病毒感染，因此存在多个感染周期和更长的生物反应时间。当扩增杆状病毒时，也可使用低 MOI，因为此策略可以将缺陷病毒颗粒的累积保持在最低水平。然而，长时间的生物反应会损害最终蛋白质产品的完整性，因为随着反应时间持续，会积累大量的蛋白酶，好在这种情况可以通过添加抗蛋白酶混合物来缓解。相比之下，高 MOI 需要大量的病毒储备，其所需的生产周期较短，但是总蛋白产量却相对较低。

如前所述，使用多顺反子载体在同一个感染细胞中表达不同的蛋白质亚单位是目前比较通用的技术策略，因为使用多个单顺反子载体统一感染细胞后，通常会导致进入每个细胞的病毒分布不均。禽流感病毒 VLP 就是一个很好的例子，说明了与单顺反子共感染的方法相比，使用三顺反子的杆状病毒能够产生正确形成的 VLP。然而，最近有研究者使用单顺反子和双顺反子杆状病毒混合物或单个单顺反子杆状病毒的联合感染，结果两者都成功生产了重组禽流感病毒 VLP。

当涉及多个变量时，利用数学模型和计算模拟有助于系统地处理模型的复杂性并预测实验结果。描述杆状病毒感染过程和蛋白质表达的模型从 20 多年前起就有报道。第一步的病毒进入，主要是作为一个概率事件来处理，并使用泊松模型来描述，这被证明是 MOI 高达 5～10 PFU/细胞的合理近似值。考虑了细胞内病毒的数量和蛋白质表达的步骤，以及基因大小和受感染细胞群体的异质性等不同的复杂程度，并结合杆状病毒感染的随机描述和细胞内动力学的机械性描述，包括病毒 DNA、RNA 和轮状病毒 VP2 蛋白的表达，可研究基因大小及其与 MOI 相互作用对 VP2 蛋白积累的影响。在提供生产力的系统评估时，该模型可指导设计联合感染实验（Ikonomou et al., 2003）。

3. VLP 的下游制备工艺

疫苗的价格在很大程度上取决于疫苗生产和纯化的成本。作为复杂病毒样颗粒的生产平台，昆虫细胞在纯度、产量、生物活性和下游加工成本之间达成了一个很好的平衡。将 IBEVS 用于 VLP 生产的一个关键是高滴度 rBV 的共生产。rBV 不能在哺乳动物细胞中有效复制，而且没有已知的不良反应，这已经得到证实，因此被认为是相对安全的。然而，尽管只在选择条件下才有发现 rBV 与动物细胞基因组整合的报道，但不能排除 rBV 自发整合到患者基因组中的可能性。此外，rBV 还显示出佐剂活性：如果不去除/灭活，它们可能诱导不需要的 VLP 衍生免疫活性。因此，需要有效地处理 rBV 和宿主细胞 DNA 污染，以获得临床级 VLP。

传统的基于密度梯度的超速离心技术不能有效去除 rBV 而得到临床级的 VLP，因为它们的密度非常相似。此外，这些技术属于时间和劳动密集型的，阻碍了规模化生产。Novax 开发了一种可大规模操作的纯化方法，用于由 HA、NA 和 M1 组成的 IBEVS 生产流感病毒 VLP。它包括用于去除细胞的切向流过滤，以及用于去除介质成分和细胞碎片的浓缩/重过滤，然后根据 VLP、rBV 和污染 DNA 的电荷差异，采用离子交换色谱法对其进行分离。用 β-丙内酯处理剩余的 rBV 以使其失活，并用排阻色谱法进行最终纯化，以去除残留的宿主污染物。尽管这种纯化过程使 rBV 失活，但并不能完全去除 rBV 颗粒。

此外，来自昆虫细胞的 VLP 芽孢、杆状病毒囊膜蛋白（如 gp64）和 Sf-9 细胞蛋白（如微管蛋白、肌动蛋白、Hsp70 和一些管家蛋白）在某些情况下可以达到疫苗总蛋白含量的 25%。为了提高疫苗质量，纯化后对 VLP 进行再处理是整个生产过程中的一种常见做法，处理步骤包括纯化后的体外拆卸和重组。这种处理方法主要用于获得颗粒形态更均匀、稳定性最大化的 VLP，同时还可以消除造成最终污染的杆状病毒或是在 VLP 的细胞内组装过程中结合在一起的细胞 DNA 片段。对轮状病毒 VLP 的体外拆卸和重组研究表明，蛋白质的宏观结构高度依赖于 pH、离子强度和温度。在这项研究的后续工作中，已有研究团队开发了一个基于热力学平衡的模型，首次描述了三层轮状病毒 VLP 的组装：在电子模拟中，如果结构蛋白以精确的化学计量比提供，则组装产率最大。

在一个高效的制造过程中，以可承受的成本生产出足够数量和质量的多基因产品通常不是一件容易完成的任务，这主要是产品本身的复杂性造成的。尽管杆状病毒-昆虫细胞表达系统在生产兽用和人用 VLP 疫苗方面取得了成功，但其在表达多层 VLP 方面的性能仍有改进的余地。因产量较低和杆状病毒污染等缺点，即使是正确组装的 VLP 也不符合商业化要求。目前解决这些问题的主要途径是改进分子设计，以构建更高效、更可靠的表达系统。非重复性 rBV 代表了一项旨在消除 VLP 体污染问题的研究进展。通过工程昆虫细胞系稳定表达蛋白质是解决上述问题的另一种选择，因为它不依赖病毒感染来生产蛋白质，从而最大限度地减少了对下游纯化工艺的挑战。尽管如此，复杂的 VLP 生产仍将受益于下游工艺的改进，这些改进可以在不影响 VLP 质量的情况下提高回收率。还应进一步调整每个蛋白质亚单位的表达水平，以提高复杂 VLP 的组装效率和最终产品组成的一致性。所有这些进展将有助于杆状病毒-昆虫细胞技术的可持续性发展，并加强其作为生产复杂 VLP 疫苗平台的可信度（Ho et al.，2004）。

4. 无杆状病毒感染的昆虫细胞表达系统

尽管用于生产 VLP 的 IBEVS 很受欢迎，但其依然存在诸多的缺点和不足。为了设计出更适于蛋白表达和疫苗制备的表达系统，已经有科学家提出了绕过杆状病毒感染的替代方案，这样就可以避免维持病毒库存的需要，同时仍然可利用昆虫细胞的制造潜力。昆虫细胞中的稳定表达正在被越来越多地探索，使得在无杆状病毒过程中所需的蛋白质连续表达成为可能。针对 HIV-VLP 的产生，最近建立了两种不同的稳定细胞系：High-Five^{TM} 和黑腹果蝇 S2 衍生细胞系，这两种细胞系允许产生与感染杆状病毒的昆虫细胞相似数量的 VLP。在另一个应用中，将使用内部核糖体进入位点（IRES）元件的双顺反子表达系统稳定地整合在 S2 衍生细胞系中，从而可高效地生产 VP2～VP6 双层 RLP。

有报道称，在稳定转化的鳞翅目昆虫细胞中可产生乙脑病毒复合物 VLP。使用先前开发的高水平表达载体，利用 BmNPV 的 IE-1 反式激活子、BmNPV HR3 增强子和家蚕（Bombyx mori）细胞质肌动蛋白启动子，获得相关的表达产物（约 30 μg/ml）。尽管目前的研究取得了一定的进展，但在非裂解系统中建立稳定表达重组蛋白的昆虫细胞系似乎并不是最理想的选择，因为通常这些昆虫细胞系表达的蛋白质较少，且需要更长的发育时间，与 IBEVS 相比，增加了最终成本。考虑到这一点，Aldevron 公司和 Altravax 公司合作采用了一种瞬时转染方法，在 Sf-9 细胞中快速表达流感病毒 VLP。与 IBEVS 相比，该方法在不影响最终产品质量的前提下，在节约时间和人力成本方面都具有一定的优势。

为进一步提升 Sf-9 细胞平台的性能，研究人员最近在 Sf-9 细胞中建立了重组盒式交换系统，作为稳定蛋白质表达的可重复使用平台，显著避免了传统的费时费力的细胞系开发过程。重组酶介导的盒式交换技术是指利用 Flp 重组酶介导目的基因在其识别靶位点进行特异染色体的整合，允许重复使用同一位点以表达不同蛋白质。结果证明了在 Sf-9 细胞中进行 Flp 识别靶/Flp 重组的可行性，并且在小批量培养中绿色荧光蛋白（GFP）的产生滴度与用 IBEVS 获得的结果相似。这种细胞平台完全符合流感疫苗生产的需要，只需要每年更换病毒蛋白，因为它可以迅速转化为不同重组蛋白的生产平台，避免了随机基因整合造成的障碍（Stewart et al.，2010）。

四、展望

随着 Cervarix^TM 系统获得商业许可,杆状病毒-昆虫细胞表达系统被纳入了传统疫苗的生产领域。在用于人类的其他昆虫细胞衍生疫苗获得批准之前,这项技术在疫苗工业中将处于优势地位。对于 VLP 疫苗生产而言,IBEVS 已经成为首选的表达系统,目前在生物和工艺工程方面的性能优化已经取得了重大的进展。

然而,由于缺乏对生产细胞的基本了解,特别是对病毒-宿主相互作用和培养条件的了解,该系统生产性能优化的进展受到了很大限制,而新的蛋白质表达技术的发展只有在对 IBEVS 进行更深入研究的基础上才能取得实质性的进展。只有通过进一步的研究将基因型和表型之间的关系及复杂 VLP 产品的衣壳层组装机制阐明,并且通过基础研究揭示昆虫细胞的代谢需求和代谢途径调节机制,才能使得通过基因优化后的细胞系实现工程化大规模应用成为可能。归根结底,就是要将系统生物学和基因工程领域的进展相互补充,在有效的生物宿主和载体的基础上发展更快、更强、更简单的生产工艺。

五、附录

附表 1　目前所用的昆虫细胞汇总

物种	细胞名称	组织来源	易感杆状病毒
卷叶蛾	Ao/I	成熟卵巢	AcMNPV, AdorMNPV, MbMNPV, SfMNPV
棉褐带卷蛾	FTRS-AoL1/2	新生幼虫	AdorMNPV, PlxyMNPV
茶小卷叶蛾	FTRS-AfL		AdorMNPV, PlxyMNPV
球菜夜蛾	AiE1611T	胚胎	AcMNPV, AnfaNPV, AgMNPV, AgipMNPV, GmMNPV, HearMNPV, PlxyMNPV, RoMNPV
	AiEd6T	胚胎	AgipMNPV
	BCIRL/AMCY-AiOV- CLG	成熟卵巢和脂肪体	PlxyMNPV
	BCIRL/AMCY-AiTS- CLG		
脐橙螟	HCRL-ATO10/20	蛹卵巢	AcMNPV
芹菜夜蛾	BCIRL/AMCY-AfOV- CLG	成熟卵巢和脂肪体	AcMNPV
天蚕蛾	RML-2 亚细胞系	蛹卵巢	BmNPV
柞蚕	NISES-AnPe-426/428	胚胎	AnyaNPV
天蚕		蛹卵巢	
大豆夜蛾	BCIRL/AMCY-AgE- CLG	胚胎	AcMNPV
	BCIRL/AMCY-AgOV-CLG1/2/3	成熟卵巢和脂肪体	AgMNPV
	BCIRL/AMCY-AgOV-CLG2/3		AcMNPV, AgMNPV
	UFL-AG-286	胚胎	AcMNPV, AgMNPV, AnfaMNPV, GmMNPV, HearMNPV, PlxyMNPV, RoMNPV

续表

物种	细胞名称	组织来源	易感杆状病毒
苹果纹卷夜蛾	FTRS-AbL81	新生幼虫	
野桑蚕	NIAS-Boma-529b	幼虫脂肪体	BmNPV
	SES-Bma-O1A/R	成熟胚胎	
家蚕	Bm-N	幼虫中肠	
	Bm5	幼虫卵巢	
	Bm-21E-HNU5	胚胎	AcMNPV, ArNPV, HearMNPV, PlxyGV
	Bm-Em-1		BmNPV
	DZNU-Bm-1/12	幼虫卵巢	BmNPV
	NISES-BoMo-MK/KG/DZ/OH	胚胎	
	NIV-BM-1296/197	幼虫卵巢/蛹卵巢	AcMNPV, BmNPV
	SES-Bm-1 30A/R	成熟胚胎	
	SES-Bm-e 21A/B/R		
	SES-BoMo-15A/C129/JI25	胚胎	BmNPV
	SPC-Bm36/40	蛹卵巢	
油桐尺蠖	WIV-BS-481/484	幼虫血细胞/成虫卵巢	BusuNPV
仙人掌螟	BCIRL-Cc-AM/JG	成熟卵巢	AcMNPV, GmMNPV
二化螟		幼虫血细胞	
云杉卷叶蛾	FPMI-CF-1/2/3/203	中肠	
	FPMI-CF-50/60/70	蛹卵巢	AcMNPV, CfMNPV
	IPRI-CF-1/10/12/16	新生幼虫	CfMNPV
	IPRI-CF-124	幼虫	
	IPRI-CF-5/6/8	新生幼虫	
	IPRI-CF-16T		
西部云杉色卷蛾		胚胎、新生幼虫和卵巢	CfMNPV
锞纹夜蛾	WU-CcE-1		ChchNPV, TnSNPV
黄豆银纹夜蛾	UGA-CiE1		AcMNPV
杨扇舟蛾	CAF-Clan I	胚胎	AcMNPV
	CAF-Clan II		AcMNPV, EcobNPV
苹果蠹蛾	CP-1268/169		
	CpDW1-13		
	CpDW14/15		CpGV
	200 "初级" 细胞系	胚胎和幼虫血细胞	ChmuNPV, CpGV
	IZD-Cp 4/13	幼虫血细胞	
	IZD-CP1508/2202/2507/0508		

续表

物种	细胞名称	组织来源	易感杆状病毒
黑脉金斑蝶	DpN1	胚胎	AcMNPV
	BCIRL-DP-AM/JG	成熟卵巢	AcMNPV，AgMNPV，AnfaMNPV，PlxyMNPV
茶尺蠖	SIE-EO-801/803	蛹卵巢	
地中海粉螟	IPLB-Ekx4T/V	胚胎	AcMNPV，AgMNPV，AnfaMNPV，GmMNPV，HearMNPV，PlxyMNPV，RoMNPV
苹浅褐卷蛾	EpN1.10	新生幼虫	EppoNPV
盐泽枝灯蛾	EA1174A/H	幼虫血细胞	AcMNPV
宽边黄粉蝶	NTU-YB	蛹	
白地老虎	IAFEs-1	卵巢	AcMNPV，BmNPV，GmMNPV，DiwaNPV
大蜡螟		卵巢	
	GaMe-LF1	幼虫脂肪体	
马铃薯块茎蛾	G01-874	胚胎	
	PTM		
棉铃虫	BCIRL-HA-AM1	蛹卵巢	AgMNPV
	CSIRO-BCIRL- HA1/2/3	卵巢	AcMNPV，HzSNPV
	HaEpi	幼虫体壁	
	IOZCAS-Ha-I	幼虫脂肪体	HearMNPV
	KU-HaEmb1/2	胚胎	AcMNPV，HearSNPV，SeMNPV
	KU-HaPO1/2	蛹卵巢	AcMNPV，HearSNPV，SeMNPV
	KU-HaAO1	成熟卵巢	HearSNPV
	NIV-HA-197	胚胎	AcMNPV，HearSNPV，SpltMNPV
绿棉铃虫	CSIRO-BCIRL- HP1/2/3	胚胎	AcMNPV，HzSNPV
	CSIRO-BCIRL- HP4/5	卵巢	
谷实夜蛾	BCIRL/AMCY-HzE-CLG1/2/3/5/6/7/8/9	胚胎	AcMNPV
	BCIRL-HZ-AM1/2/3	蛹卵巢	HzSNPV，HearSNPV
	IMC-HZ-1	成熟卵巢	HzSNPV
	IPLB-HZ-1074/1075/1079	蛹卵巢/脂肪体	
	IPLB-HZ-110/124Q	蛹卵巢	
	RP-HzVNC-AW1	幼虫腹神经索	
	RP-HzGUT-AW1	幼虫中肠	
	RP-HzOV-AW2	成熟卵巢	

续表

物种	细胞名称	组织来源	易感杆状病毒
烟芽夜蛾	BCIRL/AMCY-HvE- CLG1/2/3	胚胎	AcMNPV，AgMNPV，PlxyMNPV
	BCIRL/AMCY-HvOV- CLG	成熟卵巢	
	BCIRL/AMCY-Hv-TS- GES	幼虫睾丸	AcMNPV
	BCIRL-HV-AM1/2	蛹卵巢	cMNPV，AgMNPV，HzSNPV
	BCIRL/RP-HvE-CLG1/4/5/6/7	胚胎	
	BCIRL/RP-HvE-HN2/3/11/12/14/16		
	BCIRL/RP-HvVNC-WG1/2/3	幼虫腹神经索	
	IPLB-HvE1a	胚胎	AcMNPV，AnfaMNPV，AgMNPV，HzSNPV，PlxyMNPV，RoMNPV
	IPLB-HvE1s		
	IPLB-HvE6a		
	IPLB-HvE1-lt		AcMNPV，AnfaMNPV，AgMNPV，HzSNPV，OpMNPV，RoMNPV
	IPLB-HvE6a-lt		AcMNPV，AnfaMNPV，AgMNPV，HzSNPV，OpMNPV，PlxyMNPV，RoMNPV
	IPLB-HvE6s		AcMNPV，AnfaMNPV，AgMNPV，HzSNPV，PlxyMNPV，RoMNPV
	IPLB-HvE6s-lt		AcMNPV，AnfaMNPV，AgMNPV，HzSNPV，RoMNPV
	IPLB-HvT1	幼虫睾丸鞘膜	AcMNPV，HzSNPV
茶长卷蛾	FTRS-HmL45	新生幼虫	PlxyMNPV
南川卷蛾	FTRS-HlL1/2		
荨麻毛虫		幼虫血淋巴	LaviNPV
黏虫	NIAS-LeSe-11	幼虫脂肪体（雌性）	AcMNPV
舞毒蛾	IPLB-LD-64	蛹卵巢	AcMNPV
	IPLB-LD-65		LdMNPV
	IPLB-LD-66		
	IPLB-LD-67		LdMNPV
	IPLB-LdEG/I/It/p	胚胎	AcMNPV，LdMNPV
	IPLB-LdFB	幼虫脂肪体	LdMNPV
	IZD-LD1307/1407	幼虫睾丸	AcMNPV
	SCLd 135	卵巢	BmNPV，GmMNPV
黑角舞蛾	NTU-LY-1/2/3/4	蛹	LdMNPV，LyxyMNPV，PenuMNPV
森林天幕毛虫	IPRI 108	幼虫血细胞	AcMNPV，CfMNPV，Lafi soNPV
	UMN-MDH-1	五龄幼虫血细胞	MadiNPV
甘蓝夜蛾	HPB-MB	成熟卵巢	AcMNPV，TnSNPV
	IZD-MB0503/0504/2506	幼虫血细胞	AcMNPV，MbMNPV

续表

物种	细胞名称	组织来源	易感杆状病毒
甘蓝夜蛾	IZD-MB1203	幼虫卵巢和背血管	AcMNPV
	IZD-MB/2006/2007	幼虫血细胞	
	MB-H 260	血细胞	MbMNPV
	MbL-3	新生幼虫	MbMNPV
	NIAS-MaBr-85/92/93	幼虫血细胞（雄性）	AcMNPV
	NIAS-MB-19/25/32	蛹卵巢	
	SES-MaBr-1/2/3/4/5	幼虫脂肪体	AcMNPV
烟草天蛾	FPMI-MS-4/5/7/12	新生幼虫	
	MRRL-CH-1/2	胚胎	
豆野螟	NTU-MV	蛹卵巢	
夜盗虫	NEAU-Ms-980312		MyseNPV
合毒蛾	IPLB-OlE505A	胚胎	AcMNPV，AnfaMNPV，OpMNPV，OrleNPV，RoMNPV
	IPLB-OlE505s/7		OpMNPV，OrleNPV
	IPRI-OL-12/13/4/9	新生幼虫	OpMNPV，OpSNPV
玉米螟	AFKM-On-H	幼虫血细胞	AcMNPV，AnyaNPV
	BCIRL/AMCY-OnFB-GES1/2	幼虫脂肪体	
	UMC-OnE	胚胎	AcMNPV，PlxyMNPV
褐卷叶蛾	FTRS-PhL	新生幼虫	PlxyMNPV
柑橘凤蝶	Px-58/64	蛹卵巢	
	RIRI-PX1	新生幼虫	AcMNPV
烟草潜叶蛾	NIV-PTM-1095	胚胎	
	ORS-Pop-93		AcMNPV，SpliNPV
	ORS-Pop-95		PhopGV，SpliGV
纹白蝶	BTI-PR10B/8A1/8A2/9A		
	NIAS-PRC-819A/B/C	卵巢	
	NYAES-PR4A	胚胎	
印度谷斑螟	IAL-PID2	成虫翅盘	AgMNPV
	IPLB-PiE	胚胎	
	UMN-PIE-1181	抗马拉色菌株的胚胎	
小菜蛾	BCIRL/AMCY-PxE- CLG	胚胎	AcMNPV，PlxyMNPV
	BCIRL/AMCY-PxLP- CLG	幼虫/蛹（全虫）	
	IPLB-PxE1/2	胚胎	AcMNPV，AnfaMNPV，RoMNPV
	PX-1187		
	BCIRL-PX2- HNU3		AcMNPV，ArGV，ArNPV，HearMNPV

续表

物种	细胞名称	组织来源	易感杆状病毒
一星黏虫	BTI-Pu-2/A7/A7S/B9/M/M1B	胚胎	AcMNPV
眉纹天蚕蛾	多细胞系	蛹血细胞	
筋纹灯蛾	NIAS-SpSe-1	幼虫脂肪体（雄性）	
黄领麻纹灯蛾	FRI-SpIm-1229	幼虫脂肪体	HycuNPV，SpimNPV
甜菜夜蛾	BCIRL/AMCY-SeE- CLG1/4/5	胚胎	
	IOZCAS-Spex- II /III	幼虫脂肪体	
	IOZCAS-Spex- XI/12	蛹卵巢	AcMNPV，SeMNPV，SpltNPV
	Se3FH/4FH/5FH/6FHA/6FHB	新生幼虫	SeMNPV
	SeHe920-1a	血细胞	
	UCR-SE-1	新生幼虫	AcMNPV，SeMNPV
草地贪夜蛾	BCIRL/AMCY-SfTS- GES	幼虫睾丸	AcMNPV，PlxyMNPV
	IAL-SFD1	成虫翅盘	AcMNPV，AgMNPV，TnSNPV
	IPLB-Sf1254	蛹卵巢	AcMNPV，TnSNPV，SfMNPV
	IPLB-Sf-21，IPLB-Sf-21AE，Sf-9		AcMNPV，PlxyMNPV，SfMNPV，SpliNPV，ThorNPV
灰翅夜蛾	HPB-SL	幼虫	AcMNPV，TnSNPV
	SPC-Sl-48/52	蛹卵巢	AcMNPV
	UIV-SL-373/573/673		AcMNPV，SeMNPV，SpliNPV，TnSNPV
斜纹夜蛾	IBL-SL1A	蛹卵巢	SpltNPV
	NIV-SU-893		
	NIV-SU-992	幼虫卵巢	
粉纹夜蛾	BCIRL/AMCY-TnE-CLG1/1MK/2/3	胚胎	AcMNPV
	BCIRL/AMCY-TnE-CLG2MK		AcMNPV，PlxyMNPV
	BCIRL/AMCY-TnTS- GES1	幼虫睾丸	AcMNPV，PlxyMNPV
	BCIRL/AMCY-TnTS- GES3		PlxyMNPV
	BTI-TN5B1- 4（High Five®）	胚胎	AcMNPV，PlxyMNPV，ThorNPV，TnSNPV
	BTI-TN5C1/F2/G2A1/G3/G33		
	IAL-TND1	成虫翅盘	AcMNPV，AnfaMNPV，AgMNPV，PlxyMNPV
	IPLB-TN-R b	3 日龄胚胎	
	MSU-TnT4	胚胎	AcMNPV
	QAU-BTI-Tn9-4s		
	多细胞系	蛹卵巢和脂肪体	TnSNPV
	TN-368	成熟卵巢	AcMNPV，TnSNPV，GmMNPV，AgMNPV，PlxyMNPV
黄条黏虫	BCIRL-503-HNU1	成熟卵巢	
	BCIRL-504- HNU4		

附表 2　目前用于杆状病毒-昆虫细胞表达系统的载体

类型	载体	启动子	亲本病毒
单启动子	pFastBac™1	polyhedrin	Bac-to-Bac
	pFastBac™/HBN-TOPO	polyhedrin	
	pFastBac™HT-A,B,C	polyhedrin	
	pDEST™8/10/20	polyhedrin	
	pVL1392/1393	polyhedrin	
	pAcG2	polyhedrin	
	pAcG3X	polyhedrin	
	pAcGHLT-A,B,C	polyhedrin	
	pAcGP67-A,B,C	polyhedrin	
	pAcHLT-A,B,C	polyhedrin	
	pAcSecG2T	polyhedrin	
	pAcSG2	polyhedrin	
	pAcMP2/3	Basic（p6.9）	
	pOET1	polyhedrin	
	pOET1N-6×His	polyhedrin	
	LIC-pOET1N-His	polyhedrin	
	LIC-pOET1N-His-GP64	polyhedrin	AcMNPV
	pOET1C-6×His	polyhedrin	BacPAK6
			BaculoGold
			Bac1000
	pOET2	polyhedrin	Bac2000
	pOET2N/C-6×His	polyhedrin	Bac3000
			BacMagic™
	pOET3	p6.9	BacMagic™-2
			BacMagic™-3
	LIC-pOET3N-His	p6.9	flashBac™
	LIC-pOET3N-His-GP64	p6.9	ProGreen
			ProFold
	pOET4	p6.9	ProEasy
	pPolh-FLAGTM-1,2	polyhedrin	
	pPolh-MATTM-1,2	polyhedrin	
	pAB-beeTM-8× His	polyhedrin	
	pAB-bee-FH	polyhedrin	
	pAB-6× HisTM	polyhedrin	
	pAB-6× His-MBPTM	polyhedrin	
	pVL-FH/ GFP	polyhedrin	
	pAB-GSTTM/MBPTM	polyhedrin	
	pAB-6×His -MBPTM	polyhedrin	
	pAcIRES	polyhedrin	
	pBAC-1,3	polyhedrin	

续表

类型	载体	启动子	亲本病毒
单启动子	pTriExTM-1,2,3,4	p10	
	pBAC-5,6	Gp64	
	pBAC-surf-1	polyhedrin	
	pAcUW1	p10	用内切酶线性化的 AcUW1.lacZ 病毒的 DNA
多启动子	pFastBacTMDual	polyhedrin、p10	Bac-to-Bac
	pAcUW51	polyhedrin、p10	
	pAcAB4	polyhedrin、p10	
	pOET5	polyhedrin、p10	
	pAcAB3	polyhedrin、p10	
	pBAC4×-1	p10、polyhedrin	
	pUCDM	polyhedrin、p10	DH10BMultiBaccre
	pFBDM	polyhedrin、p10	

参 考 文 献

曹蕾. 2012. 肠道病毒 71 型病毒样颗粒的制备及其免疫原性的研究. 北京: 中国疾病预防控制中心博士学位论文.

侯云德. 1990. 分子病毒学. 北京: 学苑出版社.

胡桂秋, 梁红茹, 冯昊, 等. 2013. 病毒样颗粒疫苗研究新进展. 中国病原生物学杂志, 8(2): 175-177.

凌同, 余黎, 白慕群. 2014. 昆虫杆状病毒表达系统的研究进展与应用. 微生物学免疫学进展, 42(2): 70-78.

吴丹丹. 2017. 基于猪细小病毒 VLPs 的靶向纳米载体的构建和靶向性研究. 大庆: 黑龙江八一农垦大学硕士学位论文.

Baumert T F, Ito S, Wong D T, et al. 1998. Hepatitis C virus structural proteins assemble into virus-like particles in insect cells. Journal of Virology, 72(5): 3827-3836.

Beas-Catena A, Sanchez-Miron A, Garcia-Camacho F, et al. 2013. Adaptation of the *Spodoptera exigua* Se301 insect cell line to grow in serum-free suspended culture. Comparison of SeMNPV productivity in serum-free and serum-containing media. Appl Microbiol Biotechnol, 97: 3373-3381.

Bräutigam S, Snezhkov E, Bishop D H. 1993. Formation of poliovirus-like particles by recombinant baculoviruses expressing the individual VP0, VP3, and VP1 proteins by comparison to particles derived from the expressed poliovirus polyprotein. Virology, 192(2): 512-524.

Brown C S, van Lent J W, Vlak J M, et al. 1991. Assembly of empty capsids by using baculovirus recombinants expressing human parvovirus B19 structural proteins. Journal of Virology, 65(5): 2702-2706.

Buonaguro L, Buonaguro F M, Tornesello M L. 2001. High efficient production of Pr55(gag) virus-like particles expressing multiple HIV-1 epitopes, including a gp120 protein derived from an Ugandan HIV-1 isolate of subtype A. Antiviral Research, 49(1): 35-47.

Chackerian B. 2007. Virus-like particles: flexible platforms for vaccine development. Expert Review of Vaccines, 6: 381-390.

Chung Y C, Huang J H, Lai C W, et al. 2006. Expression, purification and characterization of enterovirus-71 virus-like particles. World Journal of Gastroenterology, 12(6): 921-927.

Conner M E, Zarley C D, Hu B, et al. 1996. Virus-like particles as a rotavirus subunit vaccine. The Journal of

Infectious Diseases, 174(Suppl 1): S88-S92.

Cox M M, Hashimoto Y. 2011. A fast track influenza virus vaccine produced in insect cells. Journal of Invertebrate Pathology, 107(Suppl): S31-41.

Crawford S E, Labbé M, Cohen J, et al. 1994. Characterization of virus-like particles produced by the expression of rotavirus capsid proteins in insect cells. Journal of Virology, 68(9): 5945-5952.

Deo V K, Tsuji Y, Yasuda T, et al. 2011. Expression of an RSV-gag virus-like particle in insect cell lines and silkworm larvae. Journal of Virological Methods, 177(2): 147-152.

di Martino B, Marsilio F, Roy P. 2007. Assembly of feline calicivirus-like particle and its immunogenicity. Veterinary Microbiology, 120(1-2): 173-178.

Edens C, Dybdahl-Sissoko N C, Weldon W C, et al. 2015. Inactivated polio vaccination using a microneedle patch is immunogenic in the rhesus macaque. Vaccine, 33: 4683-4690.

Fernandes F, Teixeira A P, Carinhas N, et al. 2013. Insect cells as a production platform of complex virus-like particles. Expert Review of Vaccines, 12: 225-236.

French T J, Marshall J J, Roy P. 1990. Assembly of double-shelled, viruslike particles of bluetongue virus by the simultaneous expression of four structural proteins. Journal of Virology, 64(12): 5695-5700.

Geisler C, Jarvis D L. 2012. Innovative use of a bacterial enzyme involved in sialic acid degradation to initiate sialic acid biosynthesis in glycoengineered insect cells. Metab Eng, 14: 642-652.

Hawtin R E, Zarkowska T, Arnold K, et al. 1997. Liquefaction of *Autographa californica* nucleopolyhedrovirus-infected insects is dependent on the integrity of virus-encoded chitinase and cathepsin genes. Virology, 238: 243-253.

Ho Y, Lin P H, Liu C Y, et al. 2004. Assembly of human severe acute respiratory syndrome coronavirus-like particles. Biochem Biophys Res Commun, 318: 833-838.

Hu Y C, Bentley W E. 2001. Effect of MOI ratio on the composition and yield of chimeric infectious bursal disease virus-like particles by baculovirus co-infection: deterministic predictions and experimental results. Biotechnology and Bioengineering, 75(1): 104-119.

Hu Y C, Hsu J T A, Huang J H, et al. 2003. Formation of enterovirus-like particle aggregates by recombinant baculoviruses co-expressing P1 and 3CD in insect cells. Biotechnology Letters, 25(12): 919-925.

Huo C, Yang J, Lei L, et al. 2017. Hepatitis B virus core particles containing multiple epitopes confer protection against enterovirus 71 and coxsackievirus A16 infection in mice. Vaccine, 35(52): 7322-7330.

Ikonomou L, Schneider Y J, Agathos S N, 2003. Insect cell culture for industrial production of recombinant proteins. Applied Microbiology and Biotechnology, 62: 1-20.

Jeoung H Y, Lee W H, Jeong W S, et al. 2011. Immunogenicity and safety of the virus-like particle of the porcine encephalomyocarditis virus in pig. Virol J, 8: 170.

Jeoung H Y, Lee W H, Jeong W, et al. 2010. Immune responses and expression of the virus-like particle antigen of the porcine encephalomyocarditis virus. Research in Veterinary Science, 89(2): 295-300.

Kajigaya S, Fujii H, Field A, et al. 1991. Self-assembled B19 parvovirus capsids, produced in a baculovirus system, are antigenically and immunogenically similar to native virions. Proceedings of the National Academy of Sciences of the United States of America, 88(11): 4646-4650.

Kang S M, Song J M, Quan F S, et al. 2009. Influenza vaccines based on virus-like particles. Virus Research, 143(2): 140-146.

Kitts P A. 1995. Production of Recombinant Baculoviruses Using Linearized Viral DNA. Totowa: Humana Press.

Kitts P A, Ayres M D, Possee R D. 1990. Linearization of baculovirus DNA enhances the recovery of recombinant virus expression vectors. Nucleic Acids Res, 18: 5667-5672.

Kost T A, Condreay J P, Jarvis D L. 2005. Baculovirus as versatile vectors for protein expression in insect and mammalian cells. Nature Biotechnology, 23: 567-575.

Latham T, Galarza J M. 2001. Formation of wild-type and chimeric influenza virus-like particles following simultaneous expression of only four structural proteins. Journal of Virology, 75(13): 6154-6165.

Lee D F, Chen C C, Hsu T A, et al. 2000. A baculovirus superinfection system: efficient vehicle for gene transfer into *Drosophila* S2 cells. J Virol, 74: 11873-11880.

Liu L J, Suzuki T, Tsunemitsu H, et al. 2008. Efficient production of type 2 porcine circovirus-like particles by a recombinant baculovirus. Archives of Virol, 153(12): 2291-2295.

Maree S, Durbach S, Huismans H. 1998. Intracellular production of African horsesickness virus core-like particles by expression of the two major core proteins, VP3 and VP7, in insect cells. The Journal of General Virology, 79(Pt 2): 333-337.

Mortola E, Roy P. 2004. Efficient assembly and release of SARS coronavirus-like particles by a heterologous expression system. FEBS Letters, 576(1-2): 174-178.

Murakami K, Suzuki S, Aoki N, et al. 2010. Binding of Norovirus virus-like particles (VLPs) to human intestinal Caco-2 cells and the suppressive effect of pasteurized bovine colostrum on this VLP binding. Bioscice Biotechnology Biochemistry, 74: 541-547.

O'Neal C M, Crawford S, Estes M K, et al. 1997. Rotavirus virus-like particles administered mucosally induce protective immunity. Journal of Virology, 71(11): 8707-8717.

Patel G, Nasmyth K, Jones N. 1992. A new method for the isolation of recombinant baculovirus. Nucleic Acids Res, 20(1): 97-104.

Peakman T C, Harris R A, Gewert D R. 1992. Highly efficient generation of recombinant baculoviruses by enzymatically medicated site-specific in vitro recombination. Nucleic Acids Res, 20: 495-500.

Possee R D, King L A. 2016. Baculovirus transfer vectors. Methods in Molecular Biology, 1350: 51-71.

Pushko P, Tumpey T M, Bu F, et al. 2005. Influenza virus-like particles comprised of the HA, NA, and M1 proteins of H9N2 influenza virus induce protective immune responses in BALB/c mice. Vaccine, 23(50): 5751-5759.

Quan F S, Huang C, Compans R W, et al. 2007. Virus-like particle vaccine induces protective immunity against homologous and heterologous strains of influenza virus. Journal of Virology, 81: 3514-3524.

Reyes-Sandoval A. 2019. 51 years in of Chikungunya clinical vaccine development: a historical perspective. Human Vaccines & Immunotherapeutics, 15(10): 2351-2358.

Roosien J, Belsham G J, Ryan M D, et al. 1990. Synthesis of foot-and-mouth disease virus capsid proteins in insect cells using baculovirus expression vectors. J Gen Virol, 71: 1703-1711.

Sedlik C, Saron M, Sarraseca J, et al. 1997. Recombinant parvovirus-like particles as an antigen carrier: a novel nonreplicative exogenous antigen to elicit protective antiviral cytotoxic T cells. Pproceedings of the Rational Academy of Sciences of the United States of America, 94(14): 7503-7508.

Stewart M, Bhatia Y, Athmaran T N, et al. 2010. Validation of a novel approach for the rapid production of immunogenic virus-like particles for bluetongue virus. Vaccine, 28: 3047-3054.

Tsao E I, Mason M R, Cacciuttolo M A, et al. 1996. Production of parvovirus B19 vaccine in insect cells co-infected with double baculoviruses. Biotechnology and Bioengineering, 49(2): 130-138.

Urakawa T, Ferguson M, Minor P D, et al. 1989. Synthesis of immunogenic, but non-infectious, poliovirus particles in insect cells by a baculovirus expression vector. The Journal of General Virology, 70(Pt 6): 1453-1463.

Vicente T, Roldao A, Peixoto C, et al. 2011. Large-scale production and purification of VLP-based vaccines. J Invertebr Pathol, 107(Suppl): S42-48.

Vieira H L, Estevao C, Roldao A, et al. 2005. Triple layered rotavirus VLP production: kinetics of vector replication, mRNA stability and recombinant protein production. Journal of Biotechnology, 120: 72-82.

Walpita P, Barr J, Sherman M, et al. 2011. Vaccine potential of Nipah virus-like particles. PLoS One, 6(4): e18437.

Warfield K L, Posten N A, Swenson D L, et al. 2007. Filovirus-like particles produced in insect cells: immunogenicity and protection in rodents. The Journal of Infectious Diseases, 196(Suppl 2): S421-429.

Wen Z, Ye L, Gao Y, et al. 2009. Immunization by influenza virus-like particles protects aged mice against lethal influenza virus challenge. Antiviral Research, 84(3): 215-224.

Ye L, Lin J, Sun Y, et al. 2006. Ebola virus-like particles produced in insect cells exhibit dendritic cell stimulating activity and induce neutralizing antibodies. Virology, 351(2): 260-270.

Zhang L, Wang X, Zhang Y, et al. 2012. Rapid and sensitive identification of RNA from the emerging pathogen, coxsackievirus A6. Virology Journal, 9: 298.

第三章 酵母表达系统

在众多表达系统中，酵母表达系统因其经济高效等诸多优点而备受青睐，是目前最主要的外源基因表达系统。它不仅可以进行胞内表达，还可以成功实现分泌表达，特别适宜工业放大。在利用酵母表达系统表达外源基因的十余年间，人们已经成功表达了多种蛋白质，涉及范围十分广泛。在医学领域，酵母表达系统也已经成功应用于基因工程疫苗、基因工程药物制备及蛋白质功能研究等。本章重点介绍酵母表达系统的相关概念、技术和应用，以及如何利用该系统成功表达动物病毒样颗粒的最新研究进展。

第一节 概　　述

一、酵母表达系统简介

1. 概述

酵母表达系统兼有原核表达系统、昆虫细胞表达系统和哺乳动物细胞表达系统的优势。一方面，酵母培养条件普通，能快速达到较高的细胞密度，产生高浓度的蛋白质，具有良好的耐热性，能利用一些罕见的不易被其他生物利用的碳源。另一方面，酵母表达外源基因后能够完成适当的翻译后修饰，而且操作简单，安全性高（Kim and Kim，2017；Mitchell et al.，2013）（表 3-1）。某些酵母表达系统还具有外分泌信号序列，能够将所表达的外源蛋白质分泌到细胞外，因此很容易纯化。因此，酵母表达系统被广泛地用于生产工业化的重组蛋白，为社会创造了极大的经济效益。

表 3-1　各表达系统特点

参数	大肠杆菌	酵母	昆虫细胞	哺乳动物细胞
细胞生长	快（30 min）	快（90 min）	慢（18～24 h）	慢（24 h）
生长培养基复杂度	极低	极低	高	高
生长培养基成本	低	低	高	高
易用性	容易	容易至中度复杂	复杂	复杂
表达水平	高	低-高	低-高	低-中
细胞外表达	分泌到大肠杆菌周质	分泌到培养基	分泌到培养基	分泌到培养基
翻译后修饰位置	大肠杆菌	酵母	昆虫细胞	哺乳细胞
蛋白质折叠	通常需要重折叠	可能需要重折叠	正常折叠	正常折叠
N-糖基化	否	高甘露糖	简单无唾液酸	复杂
O-糖基化	否	是	是	是
磷酸化	否	是	是	是
乙酰化	否	是	是	是
酰化	否	是	是	是
γ-羧化	否	否	否	是

酵母表达系统主要由质粒载体和宿主组成，不同类型的载体携带相应的选择标记和外源基因表达的相关元件（启动子、终止子及分泌信号序列）。

2. 载体

酵母表达系统的载体包括克隆载体和表达载体，克隆载体也可称为穿梭质粒，它能在酵母细胞和大肠杆菌中进行复制。外源基因若要进入酵母体内，需要利用穿梭质粒来携带外源基因，并且先要在大肠杆菌中复制扩增，然后将携带外源基因的表达载体导入酵母细胞中，再与酵母细胞染色体基因组整合，进而表达外源基因。酵母表达系统的载体是由酵母野生型质粒、原核生物质粒载体上的功能基因（如抗性基因、复制子等）和宿主染色体 DNA 上的自主复制子结构（ARS）、中心粒序列（CEM）、端粒 DNA 序列（TEL）等一起构建而成。大致由两部分组成：首先是在大肠杆菌中进行增殖和筛选的细菌部分，包括可以在大肠杆菌中复制的复制起点序列和特定的抗生素抗性基因序列；其次是含有与宿主互补的营养缺陷型基因序列或特定的抗生素抗性基因序列，以及编码特定蛋白质基因的启动子和终止子序列的酵母部分。一个典型的酵母质粒载体必须具备以下基本结构。

（1）DNA 复制起始序列：酵母表达载体包含两类复制起始序列，一类是在大肠杆菌中进行复制的起始序列，另一类是在酵母菌中自主复制的序列。DNA 复制起始序列的下游还有一个序列区，为形成 DNA 复制起始复合物提供结合位点，这两个序列区共同组成 DNA 复制起始区。

（2）选择标记：作为载体转化酵母时筛选转化子的必需构件，酵母表达载体的选择标记有两类，一类是与宿主的基因型有关的营养缺陷型选择标记，当宿主属于营养缺陷型时，表达载体会提供相应的基因产物来满足其代谢途径。另一类是显性选择标记，其优势是适用于各类型的宿主细胞，而且选择标记都是可通过表型直接观察的。

（3）有丝分裂稳定区：与原核生物的质粒载体不同，酵母表达载体在细胞内的拷贝数较低，但相对分子质量较大，等同于微型染色体，因此如何保证表达载体在宿主细胞有丝分裂时有效地分配到子细胞中去是决定转化子稳定的一个重要因素。有丝分裂稳定区的主要作用就是当细胞有丝分裂时能帮助载体在母细胞和子细胞之间平均分配。除此之外，来自 2u 质粒（一种小的能独立复制的天然环状双链 DNA，长约 6.3 kb，有单一的复制起始位点和一个自主复制功能区域）的 STB 序列也可以提高游离载体的有丝分裂的稳定性，使质料在供体细胞中维持稳定。

（4）表达盒：表达盒作为酵母表达载体的重要元件，含有启动子、分泌信号序列和终止子等。启动子的上游含有上游激活序列、上游阻遏序列、组成型启动子序列等各种调控序列，长度一般在 1～2 kb。启动子的下游含有转录的起始位点和 TATA 框。TATA 框是决定一个基因基础表达水平的原件，最终可形成转录起始复合物。启动子上游还有一些序列可以和相对应的调控蛋白相结合，并与转录起始复合物相互作用，进而影响基因的转录效率。此外，一些强启动子在构建时就被引入表达载体中，如酵母磷酸甘油酯激酶（PGK）基因启动子、磷酸甘油醛脱氢酶（GAPDH）基因启动子等。分泌信号序列位于前体蛋白 N 端，是一段长为 17～30 个氨基酸残基的分泌信号肽编码区，具有引导分泌蛋白从细胞内转移到细胞外的功能，并对蛋白质翻译后的加工起重要作用。常用的分泌信号序列有：α因子前导肽序列、蔗糖酶信号肽序列、酸性磷酸酯酶信号肽序列等。终止子序列相对较短，一般不超过500 bp，功能与高等真核生物的类似，是决定酵母中mRNA 3′端稳定性的重要结构。但mRNA的3′端需经过前体mRNA的加工和多腺苷酸化反应才能具备相应功能。

酵母载体主要分为自我复制型质粒载体和整合型质粒载体两类。

1）自我复制型质粒载体

该类载体能够在酵母细胞中进行自我复制，主要有酵母复制型质粒（yeast replication plasmid，YRp）、酵母附加体质粒（yeast episomal plasmid，YEp）和酵母着丝粒质粒（yeast centromere plasmid，YCp）。YRp含有酵母基因组的DNA复制起始区、选择标记和基因克隆位点等元件，在酵母细胞中的转化效率较高，每个细胞中的拷贝数可达200个，但其数量会随着多代培养而迅速减少且遗传很不稳定。YEp是一种比较罕见的游离型真核细胞质粒载体，可以很快与酵母内源质粒重组，重组后质粒载体的复制速度加快并扩增。YCp是一种着丝粒型质粒载体，该型质粒载体在自主复制型的基础上增加了酵母染色体有丝分裂稳定序列元件。在细胞分裂时，质粒载体能平均分配到子细胞中，稳定性较高，但每个细胞内拷贝数很低，通常只有1～2个，但遗传稳定。

还有一种自主复制型质粒载体——酵母人工染色体（yeast artificial chromosome，YAC）。YAC是将四膜虫的端粒与酵母的部分染色体拼接起来再导入酵母细胞，最早由酵母复制质粒pSZ213衍生而来。该载体主要在酿酒环境下工作，以单拷贝的线性双链DNA形式存在于每个细胞中，包含酵母染色体自主复制序列、着丝粒序列、端粒序列、酵母菌选择标记基因、大肠杆菌复制子等；在细胞分裂和遗传过程中，染色体载体均匀分配到子细胞中，并保持相对独立和稳定。YAC主要用来构建大片段DNA（>100 kb）文库，特别是用来构建高等真核生物的基因组文库，其中含有选择性标记 *Leu2*、*ARS*和端粒序列，是细胞内遗传物质基因的载体，高度稳定，但不用作常规的基因克隆（Ergun et al.，2019）。

2）整合型质粒载体

整合载体中的酵母整合型质粒（yeast integrating plasmid，YIp）载体不含ARS，不能在酵母中进行自主复制，必须整合到染色体上随染色体复制而复制。该载体带有*URA3*标记基因及大肠杆菌的复制和报告基因，整合过程是高特异性的，但是拷贝数很低且极不稳定。质粒与染色体DNA的同源重组主要有单交换整合和双交换整合两种方式。

3. 宿主

酵母表达系统的宿主可分为三大类：作为模式真核生物的酵母宿主菌，作为外源基因表达的酵母宿主菌和具有不同特点的突变宿主菌。

模式真核生物的酵母宿主菌主要指的是酿酒酵母（*Saccharomyces cerevisiae*），因其繁殖方式和基因表达调控机制的特点而被公认为是最合适的真核模式生物，其地位相当于原核生物的模式生物——大肠杆菌。

　　用于外源基因表达的酵母宿主菌按种类可分为两组：甲基营养型和非甲基营养型（Baghban et al.，2018）（图 3-1）。常见的重组蛋白酵母表达宿主包括酿酒酵母（*Sacharomyces cerevisiae*）、巴斯德毕赤酵母（*Pichia pastoris*）、多形汉逊酵母（*Hansenula polymorpha*）、解脂耶氏酵母（*Yarrowia lipolytica*）、解腺嘌呤阿氏酵母（*Arxula adeninivorans*）、乳酸克鲁维酵母（*Kluyveromyces lactis*）和裂殖酵母（*Schizosaccharomyces pombe*）（Baghban et al.，2019）。

　　为了抑制超糖基化、提高重组蛋白表达产率、减少泛素依赖型蛋白降解，各类型的突变型酵母宿主菌应运而生，其分类包括不同生物效应（生物合成缺陷型、侧链糖基化缺陷型、添加缺陷型）的突变菌株；作用于不同位点（钙离子依赖型的 ATP 酶、转录后加工、转录水平、羧肽酶 Y）的能改善重组蛋白分泌和提高重组蛋白表达的突变菌株；通过改造泛素编码基因、泛素连接酶基因削弱蛋白降解作用的突变菌株。

　　下面列举一些不同的酵母表达系统和它们各自的组成部分。

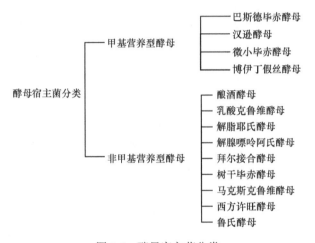

图 3-1　酵母宿主菌分类

二、常用酵母表达系统分类

1. 酿酒酵母表达系统

　　酿酒酵母（*S. cerevisiae*）是第一个，也是最具特色的酵母表达系统菌株，是乙醇生产和果汁发酵酿酒的主要菌种，其基因组也是第一个被完全测序的真核生物基因组。有关酿酒酵母属的研究可以追溯到 1838 年，当时 Meyen 首次提出了 *Saccharomyces* 这一属名，到 1998 年，酿酒酵母属的种数被鉴定为 16 个。它也是最早应用于外源基因克隆和表达的宿主菌，Hitzeman 等在 1981 年就首次利用酿酒酵母成功表达人干扰素基因。

　　酿酒酵母无毒、容易培养，能和被展示的蛋白质兼容共处且易于筛选等特性无疑使它成为一个好的宿主细胞，加之其生长周期短、发酵能力强、容易进行大规模培养及含有多种营养成分等，使之成为发酵中最常用的生物种类。酿酒酵母一直是基础及应用研究的主要对象之一，在食品、医药等领域应用广泛，同时也被用于发酵其他具有重要工业价值的代谢产物。因为其发酵工艺成熟、生物安全性高，多用于燃料乙醇、白酒、葡萄酒、啤酒等的酿造生产中。畜牧养殖业和饲料工业中的活菌、非活性成分及细胞组成成分中也常出现酿酒酵母的身影。它在生物科研方面的应用价值颇高，尤其在外源基因功能鉴定和人类基因功能研究方面优势突出。酿酒酵母很容易进行遗传学操作和高通量筛选，可以帮助人们鉴定更多影响动物衰老的基因，因此一直以来，也作为研究人类衰老和相关疾病的理想模型。

1）酿酒酵母表达载体

YEp 载体、YIp 载体和 YAC 载体都可作为酿酒酵母的表达载体；由于 YAC 与宿主细胞的染色体大小相近，一旦进入酿酒酵母细胞，就很难从内源的染色体中分离出来，不利于进一步分析，因此使用率不高。酿酒酵母表达系统启动子是由转录起始位点、TATA 框、USA（上游激活序列）、URS（上游阻遏序列）和 DAS（下游激活序列）组成，常用的启动子有糖酵解途径中关键酶的强启动子（葡萄糖诱导）、半乳糖激酶启动子（半乳糖诱导，葡萄糖抑制）及 $pho4^{TS}$-PHO5 启动子（低温诱导，磷酸盐抑制）；常用的分泌系统根据信号肽来源分为性结合因子（MF-α）、酸性磷酸酯酶（PHO5）、蔗糖酶（SUC2）和杀手毒素因子（KIL），它们的共同特点是保守性低，大多异源宿主系统的信号肽不能互用。

2）酿酒酵母的宿主

作为宿主细胞的酿酒酵母为球形或者卵形，直径 4～10 μm，基因组全序列测序（1.2×10^7 bp）已于 1996 年完成，它有 16 条染色体，约 6000 个可读框（ORF），仅 4%的酵母基因有内含子。酿酒酵母与细菌的细胞大小、细胞壁组成、生长温度等都有很大差异，而与同为真核生物的动物和植物细胞则具有很多相同结构，又容易培养，所以被公认为是安全的模式生物（GRAS）。另外，由于细胞足够大，酿酒酵母可以用流式细胞仪进行筛选和分离，非常适合作为展示表达的宿主。由于该细胞有单倍体和二倍体两种生活形态，因此，可以在单倍体菌株中进行隐性突变从而被轻易地分离并鉴定出来，而且互补测验还可以在二倍体菌株中进行。此外，当在限制氮含量的琼脂培养基上生长时，酿酒酵母的某些二倍体菌株可以呈现明显不同的细胞集落形态，称为假菌丝，这些假菌丝可以从菌落中心向外扩散，并在琼脂培养基表面下浸润生长。

酿酒酵母多以营养体状态进行出芽生殖，在特定的条件下进行有性生殖。生殖方式分为出芽生殖、孢子生殖和接合生殖三种，都属于兼性厌氧的形式。它在自然界中分布较广，生长速率受环境变化的影响明显，其中温度和 pH 是主要的两个因素。最适生长温度为 28～30℃，培养温度若高于 45℃会非常敏感，在 50℃时持续 5 min 会有 99%死亡。对低 pH、高糖、高乙醇浓度和高渗透压有较强的耐受性，适合工业发酵。

3）酿酒酵母系统表达外源基因具有的优、缺点

酿酒酵母系统表达外源基因具有很多优点：①酿酒酵母长期广泛地应用于食品工业，不产生毒素，安全性好，已被美国食品药品监督管理局（FDA）认定为安全性生物，其表达产物不需经过大量宿主安全性试验；②有翻译后加工能力，收获的外源蛋白具有一定程度上的折叠加工和糖基化修饰，而由于酿酒酵母是真核生物，所以特别适合于表达真核生物基因，这有利于保持生物产品的活性和稳定性；③表达产物可分泌表达，不仅易于纯化，还避免了产物在胞内大量蓄积对细胞的不利影响；④生长迅速，工艺简单，成本低；⑤遗传背景清楚，易操作，所以第一个商品化的重组疫苗来自酿酒酵母。此外，酿酒酵母之所以能成为众多药用蛋白和工业催化酶的生产表达系统，不仅是其具有上述优点，更重要的是其自身还具有较强的内质网-高尔基体（ER-Golgi）依赖的分泌途径。

但是酿酒酵母系统也有缺点：①酿酒酵母是低等真核生物，虽然能够对表达的外源蛋白进行翻译后加工修饰，但是能力有限，表达的高等真核蛋白在空间上与天然构象存在差异；②与原核表达系统相比，酿酒酵母表达系统对表达的外源蛋白存在过度糖基化的问题，过度糖基化会增强目的蛋白的抗原性；③外源基因在酵母中的表达效率主要与启动子、分泌信号和终止序列有关，但酿酒酵母缺乏强有力的启动子，且一般只能分泌分子量在 30 kDa 以下的目的蛋白；④酿酒酵母不适宜高密度培养，无法满足好氧发酵的蛋白质生产，因此酿酒酵母发酵生产时，不易高水平表达外源蛋白。

2. 毕赤酵母表达系统

尽管目前酿酒酵母仍广泛应用于外源蛋白的表达，但其有明显的局限性，如很难分泌分子量大于 30 kDa 的外源蛋白，以及富含甘露糖型的超高糖基化和所表达蛋白质的末端经常被截短等缺点。为克服酿酒酵母的局限性，研究人员又寻找到一种分泌重组蛋白的效率更高的甲基营养型酵母表达系统——巴斯德毕赤酵母表达系统，该系统能以甲醇作为唯一的碳源和能源（Ahmad et al.，2014）。巴斯德毕赤酵母最初是由 Guilliermond 于 1920 年从法国一棵栗树的分泌物中分离出来的，并被命名为巴斯德酵母（Zahrl et al.，2017）。随后 Yamada 等将这种酵母重新归类，将其归为毕赤酵母属（Naumov et al.，2018）。

毕赤酵母能够高效表达外源基因是因为其有更强的强启动子，即醇氧化酶启动子 P_{AOX}。参与甲醇营养型酵母分解甲醇的酶为醇氧化酶（AOX1 和 AOX2），此反应能将甲醇分解为甲醛和过氧化氢。其中，AOX1 的表达量比 AOX2 高得多，以甲醇为唯一碳源时，AOX1 可达到细胞总蛋白质的 40%。但 AOX1 的表达受到甲醇的严格控制，因为 P_{AOX1} 受甲醇诱导和葡萄糖或甘油的抑制。

毕赤酵母所表达的外源基因位于酵母染色体上，这是通过以下方式实现的：把携带外源基因的表达质粒线性化，以同源重组的方式整合到强启动子 P_{AOX1} 的下游，目的基因一般插入到 5′端醇氧化酶基因 *AOX1* 启动子和转录终止子之间的单克隆位点。表达载体与酵母染色体有单交换和双交换整合两种方式，单交换整合时，或插入 *AOX1* 位点，或插入 *His4* 位点。若整合发生在 *His4* 位点，可能出现外源基因丢失现象，这可能是由于基因组中突变的 *His4* 与表达单元中的 *His4* 之间发生基因转换所致，故选择 *AOX1* 位点为最佳整合位点。一般认为，单交换转化效率比双交换效率高，且易得到多拷贝整合，其发生机制可能是重复单交换引起的。

1）毕赤酵母表达载体

毕赤酵母表达载体以整合型载体为主，常见的整合型载体包括分泌蛋白表达和胞内蛋白表达两种类型。如果外源蛋白是糖基化蛋白，又能够正常分泌，或者能够分泌到细胞器中，则可以使用分泌表达的方式；如果外源蛋白属于细胞溶质型的无糖基化蛋白，则适用于胞内表达。典型的毕赤酵母表达载体含有醇氧化酶基因的调控序列，主要结构包括：5′端 *AOX1* 启动子片段、多克隆位点（MCS）、转录终止和 poly (A)形成的基因序列（TT）、筛选标记（*His4* 或 *Zeocin*）、3′端 *AOX1* 基因片段（图 3-2）；作为一个能在大肠杆菌中繁殖扩增的穿梭质粒，它还有部分 pBR322 质粒或 COLE1 序列。携带外源基因的表达载体先在大肠杆菌中复制扩增，然后通过同源重组整合到酵母染色体来实现稳定表达。如果是分泌型表达载体，在多克隆位点的前面，外源基因的 5′端和启动子的 3′端之间插入了分泌作用的信号肽序列。在这个分泌信号的引导下，外源蛋白在内质网和高尔基体中经修饰和加工后能够由胞内转移至胞外，即将成熟的蛋白质分泌到细胞外。

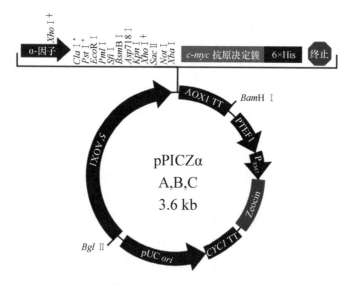

图 3-2　毕赤酵母（pPICZα A,B,C）表达载体结构

这里根据基因表达的定位及目的提供了 3 组合适的酵母蛋白表达载体,供大家参考：①胞内表达载体，主要包括 pPIC3、pPICZ、pPSC3K、pHIL-D2 等，该类载体将目的基因表达在胞内，可避免酵母的糖基化，适合于通常在细胞质表达或不含二硫键的非糖基化蛋白，较胞外分泌表达水平高但纯化相对复杂；②分泌到胞外表达的载体 pPIC9、pHIL-S1、pYAM75P 等，为了便于目的蛋白的纯化和积累，需要将外源蛋白分泌到胞外，原因是酵母本身分泌的外源蛋白很少，常用的分泌信号序列由 89 个氨基酸组成 α 交配因子的引导；③多拷贝插入表达载体 pPIC9K、pPIC3.5K，在某些情况下，重组基因的多拷贝整合能够增加蛋白质的表达量。

2）毕赤酵母的宿主

毕赤酵母宿主菌常用的菌株类型一般有 4 种,分别是 X33、GS115、KM71H、SMD116。目前广泛应用于外源基因表达和研究的毕赤酵母宿主菌可分为营养缺陷型毕赤酵母宿主菌（表 3-2）和蛋白酶缺陷型毕赤酵母宿主菌（表 3-3）。

第三章 酵母表达系统 | 51

表 3-2 营养缺陷型毕赤酵母宿主菌

菌株	基因型
Y-11430	野生型
GS115	His4
GS190	Arg4
GS200	Arg4 His4
JC220	Ade1
JC254	ura3
JC227	ade1 Arg4
JC300	ade1 Arg4 his4
JC301	ade1 His4 ura3
JC302	ade1 Arg4 ura3
JC303	Arg4 His4 ura3
JC304	ade1 His4
JC305	ade1 ura3
JC306	Arg1 ura3
JC307	His4 ura3
JC308	ade1 arg4 His4 ura3

表 3-3 蛋白酶缺陷型毕赤酵母宿主菌

菌株	基因型
KM71	Δaox1∷SARG4 His4 arg4
MC100-3	Δaox1∷SARG4 Δaox2∷phis4 His4 arg4
SMD1168	Δpep4∷URA3 His4 ura3
SMD1165	prb1 His4
SMD1163	pep4 prb1 His4
SMD1168 kex1∷SUC2	Δpep4∷URA3 Δkex1∷SUC2 His4 ura3

营养缺陷型毕赤酵母宿主菌中 GS115（*His4*）最常用，该菌株具有醇氧化酶（AOX）的两个编码基因（*AOX1* 和 *AOX2*）。培养环境中存在的甲醇诱导这些基因的转录，最终产生大量的 AOX（Vanz et al.，2012）。由于 *AOX1* 产生的酶更多，因此想要使甲醇的积累速度大大减慢，可以通过敲除 *AOX1* 基因来实现。此菌株的组氨酸脱氢酶基因发生突变，因此不能合成组氨酸，在缺乏组氨酸的培养基上不能生长。但其自身合成的蛋白酶对外源蛋白有降解作用，因此产物存在不均一的问题。

蛋白酶缺陷型毕赤酵母宿主菌中，最常用的是 KM71 和 SMD1168，其中 KM71（*Δaox1∷SARG4 His4 arg4*）的 *AOX1* 部分被 *S. cerevisiae* 的 *ARG4* 取代。因此 *AOX1*（强启动子）基因不能编码醇氧化酶，只能依靠 *AOX2* 基因（弱启动子）编码醇氧化酶，所以 KM71 为甲醇利用缓慢型（Mut^S）（Charoenrat et al.，2013）。SMD1168（*Δpep4∷URA3 His4 ura3*）由于 *pep4* 部分缺失，不能合成蛋白酶 A，而蛋白酶 B 和羧肽酶 Y

由蛋白酶 A 激活，因此可以有效减少对外源蛋白的降解，为外源基因的高效表达提供了一个稳定的环境，适用于分泌型表达。但其生产速度缓慢，导致蛋白质表达量较低。

由于 1 个或 2 个 *AOX* 基因的缺失，毕赤酵母菌对甲醇的利用能力不同：①甲醇快速利用型（Mut$^+$），GS115、SMD1163、SMD1165 和 SMD1168 菌株含有完整的 *AOX1* 和 *AOX2*，以甲醇为唯一碳源时，能强烈诱导启动外源基因大量表达，其中以 GS115 菌株应用最广泛；②甲醇慢速利用型 Mut^S，KM71 菌株无 *AOX1* 有 *AOX2*，使得甲醇利用效率较低，Mut^S 和 Mut$^+$菌株在没有甲醇存在的情况下生长速率一样，存在甲醇的情况下，*AOX1* 启动子被强烈诱导，Mut$^+$较 Mut^S 生长更快（4～5 倍）；③甲醇不能利用型（Mut$^-$），MC100-3 菌株中的 *AOX1* 和 *AOX2* 均被敲除，所以不能利用甲醇（Karbalaei et al.，2020）。

3）毕赤酵母表达系统的优缺点

毕赤酵母表达系统的优点：①毕赤酵母是基因表达系统中使用最多、最广泛，并且是最具有发展前景的蛋白质生产工具之一；②能够在低廉的甲醇培养基中生长，甲醇能高效诱导甲醇代谢途径中各种酶编码基因的表达，在氧气充足时能快速生长，通过连续培养可形成很高的细胞密度，还具有对外源蛋白糖基化、二硫键形成等修饰功能；③此系统最常用的启动子也是由甲醇诱导的强启动子，其以甲醇作为唯一碳源时，可严密调控外源蛋白的高效表达。因此，生长迅速、携带强启动子、表达的可诱导性是此系统的三大优势。

研究表明，毕赤酵母表达系统在膜蛋白的生成过程中独具特色，包括钙、钾离子通道，硝酸盐和磷酸盐转运体及组胺 H1 受体（Byrne，2015）。此外，毕赤酵母表达系统主要分泌表达外源蛋白，内源性分泌蛋白的产量很低，在对产物的分离纯化方面极具优势（Tachioka et al.，2016）。目前已有 1000 多种外源蛋白通过该表达系统成功表达（Celik and Calik，2012）。

毕赤酵母表达系统缺点：①P_{AOX1} 受到甲醇的强烈诱导，但在其他碳源如葡萄糖、甘油、乙醇中则被严格阻遏，同时伴随着过氧化物酶体自噬致使生产中大量使用甲醇，然而，高浓度甲醇易燃易爆且有毒性，因在实际的工业生产中具有安全隐患而限制了其在食品和饲料工业中的应用，另外，诱导过程中甲醇代谢较慢，导致提供的能量不足，制约了外源蛋白的大量表达，高密度发酵过程会出现细胞死亡率高的现象，所以需要添加甘油、葡萄糖等碳源提供能量使菌体生长，但是添加甘油、葡萄糖等碳源又会抑制 P_{AOX1} 启动外源蛋白的表达（Potvin et al.，2012）；②毕赤酵母系统中缺乏相应的糖基化酶，某些在糖基化后方可实现其完整功能的蛋白质无法使用此系统表达；③另一个局限性存在于毕赤酵母转化的一些选择标记，如 *His4*、*Arg4* 和 *Shble*，这些传统标记基因的表达会向培养基中分泌蛋白酶，这些蛋白酶对产生的蛋白质有破坏作用；④毕赤酵母为好氧微生物，甲醇的代谢也需要大量的氧气，这直接导致溶氧成为生产过程中的限制因素，应对策略为通入纯氧或将发酵装置的搅拌系统维持在较高转速，这无疑增加了目标蛋白的生产成本。

3. 其他酵母表达系统

1）多形汉逊酵母表达系统

多形汉逊酵母（*Hansenula polymorpha*）具有和毕赤酵母相同的利用甲醇作为碳源和能源的代谢途径，但其又具有不存在于其他甲基营养型酵母的硝酸盐同化途径。在基础研究中，它被用作研究生物起源及硝酸盐同化作用的模式生物。多形汉逊酵母表达系统是当前国际上公认的最为理想的外源基因表达系统之一，许多有商业价值的蛋白质在这一系统中得到成功表达，有的已投入市场，包括乙肝疫苗、重组干扰素 α-2a、水蛭素、胰岛素和肌醇六磷酸酶，以及膳食补充剂己糖氧化酶和脂肪酶。多形汉逊酵母有很多优点：耐高温，最高可忍受 49℃ 的高温，所以非常适于生产热稳定的酶和用于结晶学研究的蛋白质；可高细胞密度地分泌分子量高达 150 kDa 的蛋白质，而且经过近千个培养周期，载体还能被稳定地整合到多形汉逊酵母的基因组，是一种潜力巨大的外源基因表达系统。多形汉逊酵母有三个独立起源的亲本株：NCYC495、CBS4732 和 DL-1。

多形汉逊酵母和巴斯德毕赤酵母有一定的相似性，但它们也有各自的特点。多形汉逊酵母中仅有一个拷贝的 *MOX* 基因，而且可以通过非同源重组（概率为 50%～80%）整合多个拷贝的外源基因，拷贝数可达 100 以上；而毕赤酵母基因组中有两个拷贝的醇氧化酶基因（*AOX1* 和 *AOX2*），构建重组菌时通常是通过同源重组的方式将外源 DNA 整合到特定的基因中的，且多数情况下只能整合单拷贝的外源序列，多拷贝整合的概率仅为 1%～10%。二者在甲醇代谢途径关键酶基因的调控机制上也有差异。多形汉逊酵母在低浓度甘油或葡萄糖中生长时，细胞也能高效表达外源基因，而对毕赤酵母而言，甲醇是唯一诱导相关蛋白高水平表达的碳源。多形汉逊酵母可以利用葡萄糖作为碳源这一特点可大大降低成本。研究发现该酵母还有一个特点，就是能按一定的基因剂量比分步整合多个基因，重组菌可按最佳的化学计量比生产酶，从而生成高效的生物催化剂，这在其他甲醇酵母中未见报道。

2）解嘌呤阿氏酵母表达系统

解腺嘌呤阿氏酵母（*Arxula adeninivorans*）是依赖于温度的二型性酵母，1984 年首次从土壤中被分离出来。它是一种非常规、非致病性的单倍体酵母，在 42℃ 以下时进行出芽生殖，超过 42℃ 时形成菌丝体，最高耐受温度为 48℃，菌丝体时期能获得比出芽生殖期浓度更高的蛋白质。可以利用多种复杂的化合物作为其碳源和能源，包括正烷烃和淀粉，具有耐热性和耐盐性。该酵母是一种很好的同源和异源基因表达宿主，也是一种有效的基因供体。此外，解腺嘌呤阿氏酵母在培养过程中可以产生并分泌几种胞外酶到培养基中，包括 RNA 酶、蛋白酶等，将来也很有可能成为现有商业酵母菌株的有效替代品和模型酵母。解腺嘌呤阿氏酵母的另一个特性是其耐盐性，细胞能够在含有高达 20% NaCl 的培养基上生长，即使在含 10% NaCl 培养基上生长，其转录水平和分泌都几乎不受影响。这种渗透耐受性对于发酵及生物修复和生物传感器而言都是非常理想的性能（Malak et al., 2016）。总之，解腺嘌呤阿氏酵母在基础研究和工业应用方面具有巨大潜力，而且正受到越来越多研究者的关注，虽然目前还处于起步阶段，但发展势头不容小视。

3）乳酸克鲁维酵母表达系统

乳酸克鲁维酵母（*Kluyveromyces lactis*）是"酵母四大表达系统"之一。自 1950 年开始，乳酸克鲁维酵母就已用于在食品工业中生产乳糖酶和异源表达牛凝乳酶，当时获得的大部分该酵母菌株都分离自该系列的牛奶制品中。在外源蛋白的生产中，许多因素都有助于乳酸克鲁维酵母的生长繁殖。例如，它含有一个强大的诱导型启动子 *LAC4*（受葡萄糖抑制），不但具有利用乳糖和乳清类廉价底物的能力，还能分泌高分子量蛋白质，并且已完成了基因组测序。到目前为止，有很多相关药用蛋白都是利用此系统表达的，如白细胞介素-β、干扰素 α、β 乳球蛋白、溶菌酶、人血白蛋白、胰岛素前体和单链抗体等。

4）解脂耶氏酵母表达系统

解脂耶氏酵母（*Yarrowia lipolytica*）是需氧的、无致病性的二型性非常规酵母中最具代表性的一种。本系统发现于 20 世纪 40 年代，开发于 90 年代，目前利用本系统表达异源蛋白已日渐流行。解脂耶氏酵母之所以受到关注，是因为它可以有效地利用疏水性底物为唯一碳源进行生长繁殖。

作为一种优良的表达宿主，解脂耶氏酵母的优点包括：能利用柠檬酸、异柠檬酸等有机酸和一些蛋白质类物质；抗逆性较强，可耐受高盐、低温及过高的酸碱度环境；具有固有的大规模的高分子量蛋白质分泌能力；具有通过类似于高等真核生物的共翻译转运途径分泌蛋白质的能力；不发酵糖类物质，可以进行高细胞密度发酵；安全性好，能用于食品及药物生产中。解脂耶氏酵母有很强的分解疏水化合物的能力，但其只能以葡萄糖、甘油、醋酸盐及乙酰氨基葡萄糖苷为碳源进行生长。与传统的酿酒酵母相比，解脂耶氏酵母有很多独特的理化性质、代谢特点及基因结构，如细胞的二型性、线粒体复合物 I、过氧化物酶体、脂类的堆积、脂肪酶的产生等。目前，解脂耶氏酵母在食品工业中扮演着主要角色，作为高效的微生物工厂，其应用范围还在不断扩大。

5）裂殖酵母表达系统

裂殖酵母（*Schizosaccharomyces pombe*）不同于其他酵母菌株，而与酿酒酵母同属于子囊菌，但它具有许多与高等真核细胞相似的生物特性。它所表达的外源基因产物具有相应天然蛋白质的构象和活性，使其在分子生物学研究中成为一种可提供信息的、准确的真核细胞实验模型。同时裂殖酵母系统在外源基因表达方面同样具有广阔的前景，遗憾的是，目前对它的研究较少。

粟酒裂殖酵母是裂殖酵母属中的代表菌株，可以表达高等真核生物基因，是一种优良的真核模式生物。该株为第六个完成全基因组测序的真核生物，也是继酿酒酵母和人类之后第三个可以在 UniProtKB/Swiss-Prot 数据库检索到完整蛋白质组数据的真核生物，广泛运用于细胞周期控制、染色体分离、基因沉默、线粒体起源和减数分裂的研究。此外，它的高尔基体结构在形态学上界限清楚，糖蛋白可以被半糖基化，控制糖蛋白折叠机制的能力比酿酒酵母更接近于人类。基于这些原因，粟酒裂殖酵母在表达哺乳动物蛋白方面被认为是最具潜力的表达系统。但是基于该系统表达技术尚未完善，要想真正用于工业化生产还有待相关技术进一步发展。

第二节 酵母表达技术

一、酵母表达技术概述

1. 酵母表达基本流程

酵母表达技术相对大肠杆菌表达系统技术更复杂。大肠杆菌表达系统只需将质粒/载体转入宿主菌体内，其载体携带的复制原点随着宿主染色体的复制而复制，可以稳定存在；而酵母表达系统表达质粒/载体均不带有酵母自身复制原点，因此如果直接导入宿主菌中则不能稳定存在。所以必须将质粒/载体线性化，以同源重组的方式与宿主菌的染色体进行整合，这样外源基因才能够稳定存在。同源重组一旦形成就会很稳定，能通过后期的筛选来排除没有整合成功的质粒/载体和宿主菌，挑选整合成功并能够高表达的重组转化子，这在某种程度上与哺乳动物稳定细胞系构建原理类似。酵母表达系统生产蛋白质的步骤如图 3-3 所示。

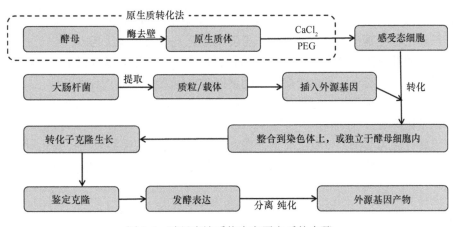

图 3-3 酵母表达系统生产蛋白质的步骤

2. 酵母 DNA 的转化方法

酵母 DNA 的转化方法包括电转、PEG 诱导和原生质体法三种，特点各异（表 3-4），对质粒进行不同方式的转化需要制备不同的感受态细胞（现做现用以确保转化效率）。最后对转化后的酵母宿主菌进行筛选，得到同源重组的转化子，然后进行诱导表达。

表 3-4 三种转化方法的特点

转化方法	转化效率	多拷贝整合	操作
原生质体法	10^5	是	操作复杂
电转	10^5	是	操作方便
PEG 诱导	10^5	否	操作方便

原生质体法是最早用于酵母的 DNA 转化方法，主要针对酵母结构复杂的细胞壁。其缺点是控制酵母细胞原生质体化的程度比较困难，转化效率不稳定，并且转化时间长、成本较高。电转法最初用于植物细胞，后来被证实也能用于酵母 DNA 的转化，其优点是转化效率最高。

3. 转化质粒在酵母细胞中的作用

双链 DNA 和单链 DNA 转化率都比较高效，且单链 DNA 高于双链 DNA。单、双链的形式取决于是否含有酵母复制子结构，但没有复制子结构参与转化的单链 DNA 则可高效地同源整合到受体菌的染色体 DNA 上；酵母菌的另一个特点是其含有活性极强的 DNA 连接酶，无论线性质粒还是带有缺口的双链 DNA 分子，甚至几个独立的 DNA 进入受体细胞后都会形成一个环状分子再进行复制，从而达到高效转化酵母菌的目的。

此外，一些难以进行体外 DNA 重组的片段，在酵母菌中进入同一受体细胞后，会因为彼此存在同源区域的情况发生同源重组反应，并产生新的重组分子。简言之就是利用含有一段酵母菌质粒 DNA 的大肠杆菌载体直接同源整合进入酵母菌质粒的过程。目前的基因工程酵母菌几乎都是采用整合的方式构建的。

4. 转化子的筛选

转化子筛选的主要目的是找出高效表达外源基因蛋白的克隆子。目前，用于酵母菌转化子筛选的标记基因主要有两大类：营养缺陷互补基因和显性基因。

营养缺陷互补基因的表达具有一定的种属特异性，但绝大多数仅用于实验室研究，而对于多倍体工业酵母而言，获得理想的营养缺陷型突变株几乎无法实现，因此酵母菌的显性选择标记应运而生。此类基因虽能在酵母菌中表达，但其转化能力远不及营养缺陷型标记基因系统。

酵母转化较为复杂。一般情况下，胞内表达和分泌表达都需要选择其相对的转化子表型，这样有利于目的蛋白的高产和纯化。而在某些特殊情况下还需要对少量转化子进行复筛。

二、酵母表达技术的高效表达策略

在现代分子生物学和 DNA 技术高速发展的推动下，发酵技术日益成熟，微生物发酵产业进入了飞速发展阶段，由此开创了分子生物学和发酵领域创造巨大科研成果和经济价值的时代。经过近些年不断深入研究，酵母表达系统在食品、医药和保健品等领域的价值尤为突出。其中，先进的合成生物学技术与传统的分子遗传学技术的结合更有助于实现酵母底盘细胞的快速改造和优化。借助合成生物学技术与工具，科学家已经利用重组酵母工程菌株成功开发出了能够高效生产生物材料、生物燃料、生物基化学品、蛋白质制剂、食品添加剂和药物等工业产品的商业化菌株。

随着酵母工程菌株产业化要求的提高及分子生物学技术的发展，各种提高外源基因表达水平的策略获得了突破性进展，如选择高拷贝菌株、确定最合适的载体、选择标记、启动子和信号序列等都可以不同程度地提高系统表达效率：①提高目的蛋白在酵母表达系统中的表达量，目的基因启动子的改造或替换是非常关键的一步，近年来的研究表明，通过随机合成寡核苷酸技术和易错 PCR 技术对启动子进行突变来获得符合研究要求的启动子的方法比较有效；②对外源基因的密码子进行优化，可以使其更加符合宿主菌的密码子偏好性，并通过改变 4 种碱基的比例有效提高外源蛋白的表达量，同时，高拷贝的质粒有利于蛋白质表达量的提高，但是蛋白质表达过量会加重宿主菌的代谢负担，造成表达系统的稳定性下降，通常情况下，将表达载体重组到宿主的基因组上有利于外源基因的稳定性；③对酵母宿主的改造是另一种重要的途径，很多外源蛋白在酵母中能进行高效表达，但是它们需要分泌到细胞外才有意义，因此，通过改造酵母的分泌途径可以提高目的蛋白的产量。外源蛋白的表达和分泌过程主要包括转录、翻译、翻译后修饰加工、蛋白质折叠、糖基化、包装和分泌等步骤。蛋白质经翻译后首先会被转移到细胞质基质中的内质网中，此过程中起到最为关键作用的是信号肽与前导肽。在引导胰岛素分泌的过程中，人工合成的 α-交配因子的前导肽与酵母本身的前导肽具有类似的活性。在内质网中，最重要的就是蛋白质的正确折叠，蛋白质进入分泌途径还是降解途径由此来决定，若肽段错误折叠则会加重内质网腔内的代谢负担，引起未折叠蛋白质反应。过量表达内质网中蛋白质折叠因子和还原酶可以有效改善内质网环境，促进蛋白质的正确折叠，从而提高蛋白质的分泌量。分泌过程的最后一步是将目的蛋白从内质网运输到高尔基体，然后再运输到细胞壁的囊泡中，两个关键蛋白（Sly1P、Sec1P）的过量表达可以有效促进目的蛋白的分泌。因此，对酵母宿主菌的改造不会只局限于单个基因的缺失或过量表达，而是对一系列关键基因的共同改造，以此来提高目的蛋白的表达量。

下面以酿酒酵母和毕赤酵母表达系统为例，具体介绍将它们用于高效表达的策略。

1. 促进酿酒酵母表达系统高效表达的策略

外源基因的 5′端非翻译区（5′-UTR）、A+T 的含量及密码子的使用频率都会影响外源基因的表达效率。适当长度的 5′-UTR、高含量的 A+T 都可极大地促进 mRNA 有效翻译，而 5′-UTR 太长或太短则会造成核糖体 40S 亚单位识别的障碍。同时 5′-UTR 中应避免 AUG 起始密码子，以确保 mRNA 的翻译正确起始，而且起始密码子 AUG 周围要避免出现二级结构，以利于翻译的顺利起始。稀有密码子往往会影响基因的有效表达，酵母中表达量较高的基因往往采用酵母所偏爱的 25 个密码子。

1）启动子

外源基因在酵母中的表达水平与基因的转录水平有密切关系，所以启动子（promoter）的选择对高效表达就十分重要。不同的表达载体具有不同的特异性启动子和终止子。启动子位于结构基因 5′端上游区，是 RNA 聚合酶的结合区。启动子区的结构影响其与 RNA 聚合酶的亲和力，进而影响基因的转录效率。在酿酒酵母表达系统中最常用的高效表达启动子是 *TEF1* 和 *TDH3*。对启动子进行改造并筛选强启动子是提高宿主重组蛋白表达水平的一种重要方法，如酵母磷酸甘油酸激酶（PGK）基因启动子、乙醇脱氢酶 1（ADH1）基因启动子等。但有时强启动子启动外源基因转录时会造成细胞中表达产物含量过高，而对细胞形成伤害。

对于非整合质粒来说，增加表达载体在细胞中的拷贝数能提高外源基因转录的mRNA 总量，以多拷贝酵母内源性质粒为基础构建稳定的多拷贝表达载体是提高酵母中表达载体拷贝数的一个途径。

2）拷贝数

外源基因在细胞中的拷贝数会影响相应 mRNA 的拷贝数，所以对于非整合质粒来说，增加表达载体在细胞中的拷贝数能提高外源基因转录的 mRNA 总量。以多拷贝酵母内源性质粒为基础构建稳定的多拷贝表达载体是提高表达载体在酵母中拷贝数的一个途径。如以 2 μm 环为基础构建的酵母菌附加型质粒 YEp 有 30 多个拷贝数，但稳定性较差。

由于大量表达外源蛋白的过程不可能在选择培养基中进行，因而表达载体在没有选择压力的情况下能否稳定保持拷贝数是很重要的。将外源基因整合到染色体上可维持外源基因在细胞中的稳定性，然而在多数情况下会因为在细胞中的拷贝数较低而影响其表达。适当增加目的基因整合到酵母染色体上的拷贝数是有效提高外源基因表达量的基本策略。酵母核糖体 RNA 的基因 rDNA 在染色体中具有 100～200 个重复，是提高外源基因拷贝数的最佳整合位点之一，但整合过多的外源基因拷贝数易导致重组基因的不稳定。

3）信号肽

酿酒酵母表达的外源蛋白可以是胞内的，也可以是分泌到胞外的。分泌到胞外对外源蛋白本身而言更稳定，产量也较胞内形式的更高，因此人们多选择具有信号肽的分泌型表达菌株。但是，由于信号肽具有选择性，因此选择合适的信号肽对于提高某种重组蛋白的表达量是非常重要的。常用的信号肽包括性结合因子（MF-α）、酸性磷酸酯酶（PHO5）、蔗糖酶（SUC2）和杀手毒素因子（KIL）。对宿主酿酒酵母细胞进行改造，可极大地促进重组蛋白表达及其在培养液中稳定积累，从而提高重组蛋白产量。

4）其他因素

影响外源基因在酿酒酵母中表达的因素还有很多，如整合位点、mRNA 5′端和 3′端非翻译区（UTR）、宿主菌的 Mut 表型、蛋白酶、表达的异源蛋白质自身的特点、培养基及培养条件等，有效控制各种影响因素对于外源基因的高效表达是必不可少的。

近年来，利用基因工程方法和诱变育种来提高酿酒酵母表达蛋白质能力、代谢产物稳定性等的研究进展较快。通过构建酿酒酵母工程菌可以实现重组蛋白的高效表达，即对工程菌基因序列和表达系统进行改造，同时对发酵工艺进行优化从而得到高产菌株。例如，通过构建高效分泌表达菊粉酶的重组酿酒酵母工程菌，利用菊芋原料直接发酵生产无葡萄糖的果糖，为高纯度果糖生产提供了一条简捷、低成本的技术路线。本系统在酿酒酵母中成功表达的各种结核杆菌融合抗原，所构建的重组酿酒酵母可应用于结核病疫苗研究。

随着技术的迅速发展，CRISPR/Cas9 基因编辑技术也常被用于酵母基因组工程中。CRISPR/Cas9 与其他传统方法相比，具有多路复用能力、高效引入特异性突变位点、灵活性的定点修饰等突出特点，因而备受青睐。目前，大多数关于酵母 CRISPR/Cas9 基因编辑技术的研究也都集中在酿酒酵母中。

2. 促进毕赤酵母表达系统高效表达的策略

毕赤酵母表达外源基因的步骤是：①将目的基因克隆入毕赤酵母表达载体，收获阳性重组表达质粒；②用适当的限制性内切核酸酶线性化阳性重组质粒；③转化巴斯德毕赤酵母菌株（如 GS115、KM71）；④利用 His4 缺陷平板进行第一轮筛选；⑤用不同浓度的 G418 平板进行第二轮筛选；⑥挑选 10～20 个克隆菌株进行小规模诱导培养，鉴定外源基因的表达量；⑦挑选高效表达菌株进行大量诱导培养，以便后期进行外源基因表达和纯化。

毕赤酵母表达系统能否高效表达外源蛋白除了与启动子、选择标记和信号肽的作用有关外，还受到多种因素的影响，主要包括外源基因的性质、宿主细胞、载体选择和毕赤酵母培养条件几个方面（图 3-4）。

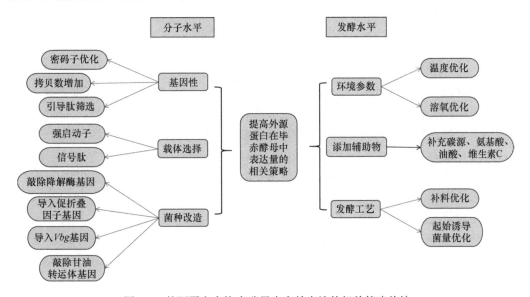

图 3-4 外源蛋白在毕赤酵母中高效表达的相关策略总结

1）外源基因的性质

外源基因的性质主要包括 UTR 序列、GC 含量、密码子和基因拷贝数等。①UTR 太长或太短都会造成核糖体 40S 亚单位的识别障碍，影响外源基因的表达。另外，由于毕赤酵母中醇氧化酶表达水平很高，为了保证外源蛋白具有同样的高表达量，应尽量保持外源基因的 mRNA 5′-UTR 与 *AOX1* 的一致。②密码子优化，即在保证目标蛋白氨基酸序列不变的基础上，将外源基因的密码子优化为毕赤酵母偏嗜类型，这往往能大幅度提高外源蛋白的表达量（Tu et al.，2013）；密码子优化的另一切入点为调整外源基因的 GC 含量，GC 含量过高或者过低都会对外源基因转录本的二级结构产生显著影响，并进一步影响其空间折叠效率、翻译效率及胞内降解效率，从而影响相关蛋白的表达。大量研究表明，毕赤酵母表达外源蛋白时，通过密码子优化和调整 GC 含量，可以明显提高其表达水平（Jia et al.，

2012）。③基因拷贝数也会影响外源蛋白的表达量。外源蛋白的表达量通常与插入的外源基因拷贝数呈正相关，提高外源基因拷贝数，即为一个快速获取高产菌株的有效方法，经科研人员构建并筛选携带不同拷贝数的蝎毒镇痛活性肽基因的毕赤酵母菌株，并测量其目标蛋白表达量，结果表明 4 拷贝菌株的表达量显著高于单、双拷贝菌株（Wang et al., 2017）。但是，此相关性仅在一定范围内成立，据报道，在毕赤酵母中表达内质网氧化物蛋白时，外源基因的拷贝数超过 5 反而会出现表达量大幅下降的情况（Wu et al., 2014），可见随着外源基因拷贝数的增加，菌株的转录及翻译负担也加重，从而不利于外源蛋白表达。除将外源基因串联外，遗传霉素（G418）抗性通常可作为高拷贝菌株筛选的有力工具，通过将毕赤酵母转化子涂布于含不同浓度 G418 的平板上，并进一步测量各个平板上转化子蛋白表达量的菌株筛选方法一直沿用至今，稳定性也较好。④引导肽的选择对外源蛋白产量的提高至关重要，引导肽为外源蛋白基因初级翻译产物中负责蛋白分泌的肽段，高效的引导肽可将表达出的蛋白质及时分泌出细胞，能在缓解胞内蛋白质积累压力的同时提高蛋白质产量，然而针对不同蛋白质，需进一步试验确定最佳的引导肽，文献报道，在利用毕赤酵母表达 HIV 抗体时，小鼠 IgG1 信号肽的诱导分泌效果显著优于 α-引导肽（Aw et al., 2017）。

2）菌种改造

从菌种改造的角度出发，技术路线主要包括敲除蛋白降解酶基因、导入促折叠因子、导入透明颤菌血红蛋白基因（*Vgb*），以及敲除甘油转运体基因。除此之外，大部分菌株都因组氨酸脱氢酶基因突变而成为营养缺陷型菌株。根据代谢甲醇的速率，前面已提及毕赤酵母可分为 3 种表型：正表型（Mut$^+$）、负表型（Mut$^-$）和慢表型（Mut^S）。重组菌的表型与载体在毕赤酵母内的重组方式有关，单交换重组菌表型与原宿主相同，双交换重组菌的表型为 Mut^S，而对于胞内表达的蛋白质，优先考虑用 Mut^S 表型，而 Mut$^+$ 则更利于分泌表达（Bhanot et al., 2009）。

另外，毕赤酵母在分泌表达时，外源蛋白易被同时表达的蛋白酶所降解。蛋白酶本身及降解后的蛋白质成分会给下游纯化工作带来困难，而选用蛋白酶缺陷型菌株则可以减少目的蛋白降解。

3）载体选择

表达载体的选择要综合考虑外源蛋白自身的性质及应用目的。一般来说，非分泌蛋白适合胞内表达，而对于分泌蛋白则宜选择分泌型表达方式。但是，不同外源基因表达具体采用何种载体，需要通过试验来确认。

另外，载体启动子和信号肽的选择对外源基因的表达也至关重要。P_{AOX1} 和 P_{GAP} 均是目前常用的强启动子，但使用甲醇诱导的 P_{AOX1} 启动子存在安全上的隐患，而 P_{GAP} 启动子的连续性表达不适用于生产对酵母具有毒性作用的蛋白质（Wang et al., 2012）。以上两种强启动子在表达某些外源基因时，还可能导致蛋白质折叠与定位错误。近几年也有通过随机突变使三磷酸甘油醛基因 *GAP* 启动子活性得到提高的方法。一些相对柔和的启动子则由于表达水平较低，目前尚未被广泛应用。

信号肽是分泌表达不可缺少的元件，毕赤酵母表达系统常用的信号肽序列主要有外源蛋白自身信号肽和酿酒酵母信号肽两类。不同信号肽对同一蛋白质的引导效率是不同的，只有选择适当的信号肽才能实现蛋白质的高效表达。通过对信号肽的改造，如信号肽疏水性改变、序列改变、位点突变、密码子优化（偏嗜性）等可提高外源蛋白的分泌效率。

4）培养条件

培养条件主要包括培养基、温度、溶氧量、pH、诱导条件和摇菌密度等。培养条件的特点主要包括：①培养基成分及其中的一些特殊物质能提高某些异源蛋白的表达水平，如在培养基中添加适量的氨基酸和蛋白胨等，能够缓解蛋白酶对外源蛋白的水解作用，同时提供蛋白质合成和分泌所需的原料和能量，有利于提高外源蛋白的表达量；在培养基中加入特异的蛋白酶抑制剂能很好地抑制蛋白酶活性，提高外源蛋白的表达。②毕赤酵母表达外源蛋白的适宜温度为28～30℃，在此温度范围内毕赤酵母细胞生长速度最快，过高的温度会导致外源蛋白表达停止。③毕赤酵母利用甲醇表达外源蛋白时需要消耗大量的氧气，溶氧不足会抑制菌体繁殖和外源蛋白的表达，通常溶氧水平维持在10%～30%较为适宜，可以通过提高罐内气压的方法提高蛋白浓度。④发酵液中甲醇浓度对毕赤酵母的细胞活力及蛋白表达有显著影响，而在发酵罐水平上，甲醇补料方式将直接决定发酵液中的甲醇浓度，浓度太高易对毕赤酵母细胞产生毒害作用，太低则诱导表达的外源蛋白量太少。⑤甲醇诱导时间也影响外源基因的表达量，诱导时间太长外源蛋白容易被蛋白酶降解，诱导时间太短则表达的外源蛋白量太少。

大量研究结果表明，在诱导期间添加一定量的某些组分，如非抑制性碳源、维生素C、某些氨基酸和油酸等辅助表达物，能够促进菌体的生长或蛋白的表达，从而提高目标蛋白在毕赤酵母表达系统中的产量（Wang et al.，2017）。

在工业生产上，不仅仅需要获得高产量，还需要注重发酵批次之间的可重复性。因此需要在稳健和自动化的条件下进行发酵控制。这些发酵控制的策略包括：培养基的组成、发酵参数监控、发酵动力学、甲醇的流加方式等。

第三节　酵母表达系统在 VLP 研究中的进展

一、概述

通常认为酵母适于生产具有简单结构并且胞内组装的 VLP。近年来人们为了扩大其应用范围做了很多改进，证明酵母系统不仅可以作为生产无囊膜病毒的 VLP 表达平台，而且还可用于组装囊膜病毒的 VLP。此外，研究表明，酵母可以实现 VLP 的细胞内生产和分泌释放，还可构建多基因表达系统，如单个质粒载体表达 3 个轮状病毒结构基因，可在酿酒酵母细胞中形成具有 3 层结构的 VLP。

作为公认的高效外源蛋白表达平台，酵母表达系统已可成功生产 VLP，其主要优势是可在一定程度上对 VLP 结构进行翻译后修饰，包括糖基化和磷酸化等。至今，已有两种人用 VLP 疫苗成为商业化产品：Merck 公司研制的乙型肝炎病毒（hepatitis B virus，HBV）VLP 疫苗及人乳头状瘤病毒（human papilloma virus，HPV）VLP 疫苗（Kushnir et al., 2012)。其中 Merck 开发的 HPV 四价疫苗是采用酿酒酵母表达系统生产的。在国内，厦门万泰沧海生物技术有限公司和上海泽润生物科技有限公司的二价 HPV（16/18型）疫苗也已经获得临床批件，其中上海泽润生物科技有限公司采用的是毕赤酵母表达系统，并具有自主知识产权。国内首个进入三期临床试验的九价 HPV 疫苗生产商博唯生物，利用多形汉逊酵母和毕赤酵母表达系统表达 VLP，对现有的酵母表达系统进行了一系列独有的改造，进一步提高了 VLP 的生产效率，降低了生产成本，提升了 VLP 的产品质量。另外，还有一些利用酵母表达系统构建的 VLP 疫苗处于研发阶段，如 HIV、疟疾等。

值得注意的是，VLP 的形成并不总是在酵母细胞的培养过程中发生，使用毕赤酵母生产乙型肝炎病毒表面抗原（HBsAg）的试验显示，VLP 的自我组装在目标产物的纯化过程中完成。迄今为止，酵母中已经产生了 30 种以上的 VLP，占比最多的是酿酒酵母，其次是巴斯德毕赤酵母，然后是多形汉逊酵母（表 3-5）（Kim and Kim，2017）。近年来，毕赤酵母（Zhang et al.，2015）或酿酒酵母（Li et al.，2013）表达系统也被用来组装 EV71 的 VLP，并以其作为疫苗候选抗原来预防手足口病。

二、酵母表达系统在人源病毒 VLP 中的研究

1. 乙型肝炎病毒疫苗

1981 年，Merck 公司研制出第一个血源性乙型肝炎病毒（HBV）疫苗 Heptavax-B，该疫苗抗原具有八面体对称结构，颗粒直径约为 22 nm。由于上述疫苗受到原料供应的限制和复杂工艺的约束，该公司又在 1986 年研发了世界上第一个来源于酿酒酵母系统的基因工程疫苗 Recombivax HB®，其表达的 HBsAg 具有与 Heptavax-B 疫苗抗原相似的正八面体对称结构，颗粒直径也为 22 nm 左右，接种该疫苗后的免疫效果明显。然而酿酒酵母表达系统在工业化生产中仍存在许多不足。

国内有科研人员从 1995 年就开始从事汉逊酵母重组乙肝疫苗研发工作，大连高新生物制药有限公司开发的汉逊酵母 HBsAg VLP 疫苗于 2002 年起经国家药监局审批上市。2003～2006 年，北京天坛生物制品股份有限公司开发出重组汉逊酵母 HBsAg-adr2 VLP 疫苗。

2. 人乳头状瘤病毒

2006 年，Merck 公司用啤酒酵母表达系统研制的人乳头状瘤病毒（HPV）疫苗 Gardasil® 通过 FDA 审批，成为世界上第一个肿瘤疫苗，用于预防由 HPV-6、HPV-11、HPV-16 和 HPV-18 型感染引起的宫颈癌、生殖道癌前病变和生殖器疣。该疫苗 VLP 具有二十面体对称结构，颗粒大小为 40～60 nm。自预防性四价宫颈癌疫苗上市以来，宫颈癌一级预防成为现实。此后多种型别的 HPV VLP 也已在毕赤酵母、汉逊酵母表达系统中成功表达。国内有研究人员将 HPV-16 E7 cDNA 亚克隆入酵母表达载体 pYES2/NT，重组质粒转化酿酒酵母，经诱导表达、热灭活制备重组酿酒酵母疫苗。经试验证实，在小鼠体内能够诱导特异性抗 HPV-16 E7 抗体，并促进 Th1 型细胞因子的表达，这为进一步进行疫苗抗肿瘤免疫研究提供了试验基础。

表 3-5　酵母表达系统中产生的病毒样颗粒

病毒（囊膜病毒/无囊膜病毒）	科	抗原	表达宿主（胞内型/分泌型）	VLP 类型	参考文献
马铃薯 Y 病毒	马铃薯 Y 病毒科	衣壳蛋白	酿酒酵母（胞内型）	单层	Jagadish et al., 1991
人乳头状瘤病毒	乳多空病毒科	L1, L2	酿酒酵母（胞内型）	多层	Hofmann et al., 1995
人乳头状瘤病毒	乳多空病毒科	L1	酿酒酵母（胞内型）	单层	Hofmann et al., 1996
兔病毒性出血症病毒	杯状病毒科	VP1	酿酒酵母（胞内型）	单层	Boga et al., 1997
人多瘤病毒	多瘤病毒科	VP1	酿酒酵母（胞内型）	单层	Hale et al., 2002
人细小病毒 B19	细小病毒科	VP2	酿酒酵母（胞内型）	单层	Lowin et al., 2005
MS2 噬菌体	光滑噬菌体科	衣壳蛋白	酿酒酵母（胞内型）	单层	Legendre and Fastrez, 2005
鹅出血性多瘤病毒	多瘤病毒科	VP1	酿酒酵母（胞内型）	单层	Zielonka et al., 2006
噬菌体 Qβ	光滑噬菌体科	衣壳蛋白	酿酒酵母（胞内型）	单层	Freivalds et al., 2006
噬菌体 Qβ	光滑噬菌体科	衣壳蛋白	巴斯德毕赤酵母（胞内型）	单层	Freivalds et al., 2006
无囊膜病毒　诺如病毒	杯状病毒科	VP1	巴斯德毕赤酵母（胞内型）	单层	Xia et al., 2007
人乳头状瘤病毒	乳多空病毒科	L1	巴斯德毕赤酵母（胞内型）	单层	Bazan et al., 2009
轮状病毒	呼肠孤病毒科	VP2, VP6, VP7	酿酒酵母（胞内型）	多层	Rodriguez-Limas et al., 2011
犬诺如病毒	杯状病毒科	VP1	酿酒酵母（胞内型）	单层	Pereira et al., 2012
腺相关病毒	细小病毒科	VP1, VP2, VP3	酿酒酵母（胞内型）	多层	Backovic et al., 2012
病毒性神经环死病毒	野田村病毒科	衣壳蛋白	酿酒酵母（胞内型）	单层	Choi et al., 2013
兔病毒性出血症病毒	杯状病毒科	衣壳蛋白	巴斯德毕赤酵母（胞内型）	单层	Fernández et al., 2013
人细小病毒 B19	细小病毒科	VP1, VP2	酿酒酵母（胞内型）	多层	Chandramouli et al., 2013
肠病毒 71	小 RNA 病毒科	VP0, VP1, VP3	酿酒酵母（胞内型）	多层	Li et al., 2013
柯萨奇病毒 A16	小 RNA 病毒科	VP0, VP1, VP3	酿酒酵母（胞内型）	多层	Zhao et al., 2013
诺如病毒	杯状病毒科	VP1	巴斯德毕赤酵母（分泌型）	单层	Tome-Amat et al., 2014
猪细小病毒	细小病毒科	VP2	酿酒酵母（胞内型）	单层	Tamosiunas et al., 2014

续表

病毒（囊膜病毒/无囊膜病毒）	科	抗原	表达宿主（胞内型/分泌型）	VLP 类型	参考文献
无囊膜病毒					
猪圆环病毒 2 型	圆环病毒科	衣壳蛋白	酿酒酵母（胞内型）	单层	Nainys et al., 2014
仓鼠多瘤病毒	多瘤病毒科	VP1, VP2	多形汉逊酵母（胞内型）	单层	Liu et al., 2015
兔病毒性出血症病毒	杯状病毒科	VP1	酿酒酵母（胞内型）	多层	Pleckaityte et al., 2015
博卡病毒	细小病毒科	VP1, VP2	巴斯德毕赤酵母（分泌型）	单层	Fernandez et al., 2015
肠道病毒 71 型	小 RNA 病毒科	VP1, VP2, VP3, VP4	巴斯德毕赤酵母（胞内型）	多层	Zhang et al., 2015
			酿酒酵母（胞内型）	多层	Tamošiūnas et al., 2016
柯萨奇病毒 A16	小 RNA 病毒科	VP1, VP2, VP3, VP4	酿酒酵母（胞内型）	多层	Wang et al., 2016
柯萨奇病毒 A16	小 RNA 病毒科	P1, 3CD	巴斯德毕赤酵母（胞内型）	多层	Zhang et al., 2016
柯萨奇病毒 A6	小 RNA 病毒科	VP0, VP1, VP3	巴斯德毕赤酵母（胞内型）	多层	Zhou et al., 2016
乙型肝炎病毒	嗜肝 DNA 病毒科	HBsAg	巴斯德毕赤酵母（胞内型）	单层	Cregg et al., 1987
			酿酒酵母（胞内型）	单层	Yamaguchi et al., 1998
			巴斯德毕赤酵母（分泌型）	单层	Vassileva et al., 2001
囊膜病毒					
登革热病毒	黄病毒科	膜蛋白, E1	巴斯德毕赤酵母（胞内型）	多层	Sugrue et al., 1997
丙型肝炎病毒	黄病毒科	衣壳蛋白, E1	巴斯德毕赤酵母（胞内型）	多层	Falcón et al., 1999
人类免疫缺陷病毒 I 型	逆转录病毒科	糖胺多糖	酿酒酵母（分泌型）	单层	Sakuragi et al., 2002
丙型肝炎病毒	黄病毒科	衣壳蛋白	巴斯德毕赤酵母（胞内型）	单层	Acosta-Rivero et al., 2004
登革热病毒	黄病毒科	膜蛋白, E1	巴斯德毕赤酵母（分泌型）	多层	Liu et al., 2010
登革热病毒	黄病毒科	E1	巴斯德毕赤酵母（胞内型）	单层	Mani et al., 2013
乙型肝炎病毒	嗜肝 DNA 病毒科	PreS2-S	多形汉逊酵母（胞内型）	单层	Xu et al., 2014
尼帕病毒	副黏病毒科	基质蛋白	巴斯德毕赤酵母（胞内型）	单层	Joseph et al., 2016
基孔肯雅病毒	披膜病毒科	衣壳, E1, E2, E3, 6K	巴斯德毕赤酵母（分泌型）	多层	Saraswat et al., 2016
囊膜或无囊膜病毒					
虹彩病毒	虹彩病毒科	衣壳蛋白	酿酒酵母（胞内型）	单层	Zhou et al., 2015
其他					
反转录座子 Ty1	酵母逆转录座子	P1 蛋白	巴斯德毕赤酵母（胞内型）	单层	Marchenko et al., 2003
			巴斯德毕赤酵母（胞内型）	单层	Uhde-Holzem et al., 2010

随着毕赤酵母表达系统优势的不断凸显，已有研究证实，HPV L1 蛋白在毕赤酵母中形成的 VLP 有望生产出更经济、更适合发展中国家的宫颈癌疫苗。目前，国内很多研究人员都尝试利用毕赤酵母系统表达不同亚型的 HPV-33 L1 VLP。例如，构建 HPV-33 L1 毕赤酵母工程菌后，可成功表达 HPV-33 L1 VLP，纯化后的 VLP 可有效地刺激小鼠产生高滴度的中和抗体，显示出良好的免疫原性，具有良好的应用前景。还有通过同义密码子替换将野生型 L1 mRNA 进行优化，去除大量连续的 T 和 A，并根据密码子在不同物种中的利用频率规律将低频率的密码子替换为高频率的密码子。通过此方法可获得高纯度 HPV-52 L1 蛋白，形成的 VLP 在免疫评价中效果显著，为 HPV-52 预防性疫苗的研发奠定了基础。

3. 肠道病毒

肠道病毒 71 型（EV71）和柯萨奇病毒 A 组 16 型（CA16）的 VLP 作为候选疫苗，已经在昆虫细胞和酿酒酵母表达系统中制备出来，并且其安全性和有效性在临床前研究中得到证实。然而目前生产 EV71 和 CA16 VLP 的表达系统的表现还不能令人满意，特别是在产量和生产程序方面出现的问题极大地阻碍了相关产品的开发。

有研究评估了 EV71 VLP 在毕赤酵母中的表达情况和 VLP 在小鼠感染模型上的保护效果。在共表达 EV71 P1 和 3CD 蛋白的转基因巴斯德毕赤酵母中，EV71 VLP 能以相对高的水平表达出来，而且 VLP 也可以在小鼠中诱导出特异性的中和抗体反应，从而有效中和同源或异源的 EV71 毒株。更重要的是，VLP 的母源免疫能保护小鼠抵抗致死剂量的 EV71 病毒的口服感染和腹腔感染。上述结果证实了毕赤酵母表达系统可以简便高产地表达 EV71 VLP，因此为 EV71 VLP 疫苗的商业化开发铺平了道路。

三、酵母表达系统在动物病毒 VLP 中的研究

VLP 由于具有高免疫原性和良好的安全性，利用 VLP 技术开发疫苗是一个非常有吸引力的平台（Frietze et al.，2016；Yang and Huang，2019）。随着人用 VLP 疫苗的成功上市，动物疫病预防用 VLP 疫苗的研究也不断取得突破性进展。勃林格殷格翰（Boehringer Ingelheim）公司以 Cap 蛋白开发的 PCV2 VLP 疫苗已经于 2013 年获批上市，商品名为 PCV2 杆状病毒载体灭活疫苗 Ingelvac CircoFLEX®，其也是首个用于动物疫病预防的 VLP 疫苗。该疫苗以杆状病毒为表达载体，用昆虫细胞表达的 Cap 蛋白自组装形成 VLP。2017 年，普莱柯生物工程股份有限公司研发的 PCV2 VLP 基因工程亚单位疫苗（大肠杆菌源）也成功上市，这对推动兽用 VLP 疫苗的发展具有十分重要的现实意义。

近年来，利用酵母表达系统表达病毒蛋白来开发疫苗越来越广泛，而在此系统中将蛋白质进一步组装成 VLP 对于兽用 VLP 疫苗研发的推动意义十分重大。

1. 猪圆环病毒 2 型

自 20 世纪 90 年代开始，猪圆环病毒 2 型（PCV2）相关疾病就在全球范围内大规模流行，给世界养猪业造成巨大的经济损失，PCV2 是引起该病的最主要病原。PCV2 的 Cap 蛋白是其唯一结构蛋白，在一定条件下可自我组装成 VLP，相比其他病毒较为容

易。因此不论在杆状病毒表达系统还是在大肠杆菌表达系统都曾成功表达过该病的VLP。20世纪初，大家也开始尝试利用酵母菌株表达PCV2的Cap蛋白并进一步将其组装成VLP，其中最先证明了VLP可以在酿酒酵母中高效组装，并能诱导产生与病毒相应的单克隆抗体，具有很好的免疫原性。加之酵母表达的VLP有潜在的激发黏膜免疫的特性，能经口服途径免疫，进一步研发PCV2新型口服型疫苗是该系统的一大亮点（Patterson et al.，2015）。因此，为了加速PCV2口服疫苗的研发，大量研究人员利用酵母系统的不同菌株体外分泌表达了PCV2 Cap蛋白。最终结果都显示可以自组装成VLP，并且VLP产量都在不断提高，甚至超过了同一时期报道的由杆状病毒-昆虫细胞、大肠杆菌获得的PCV2 VLP产量，同时可在免疫小鼠后有效刺激机体产生PCV2抗体（Chen et al.，2018；Duan et al.，2019）。

2. 猪细小病毒

猪细小病毒（PPV）是一种细小病毒，可引起怀孕母猪的胚胎和胎儿丢失及死亡与木乃伊化。疫苗免疫仍是目前预防和控制PPV的重要措施。PPV VP2蛋白与病毒宿主范围和抗原性密切相关，通常被认为是PPV的主要免疫保护抗原，因此，VLP制备主要从结构蛋白VP2入手。例如，选用酿酒酵母表达系统在制备诊断用PPV的VLP方面就展示了明显的优势（Tamosiunas et al.，2014）。此后也有人利用毕赤酵母表达VP2蛋白，且不论是表达时间还是表达量都得到了优化，这为酵母系统获得VLP的高效组装提供了可靠的技术手段。

3. 鹅出血性多瘤病毒

鹅出血性多瘤病毒（GHPV）是鹅出血性肾炎和肠炎的病原体，是一种死亡率很高的幼鹅致命病毒，并且不能在组织中有效繁殖，因此在提供诊断试剂和疫苗的抗原时，最有效的方法就是利用其结构蛋白VP1在各个表达系统中进行重组表达，进而形成VLP。德国科学家在2006年利用GHPV的结构蛋白在昆虫细胞和酵母中分别组装了直径为45 nm的VLP，并通过蔗糖密度梯度离心和电镜得到了初步证实。在随后的血凝试验中也显示可以凝集鸡红细胞，使用VLP作为抗原的酶联免疫吸附实验（ELISA）和血凝抑制试验可检测GHPV的特异性抗体。

4. 鸭圆环病毒

鸭圆环病毒（DuCV）是圆环病毒属的一员，会使感染鸭的免疫系统受到抑制，从而出现羽毛紊乱、生长不良、抵抗力下降，进而遭到其他病原多重感染，甚至导致死亡。DuCV的衣壳蛋白（Cap）是DuCV唯一的结构蛋白，也是研制DuCV疫苗和病毒血清学诊断方法的重要抗原。为了利用酵母表达系统高效表达Cap蛋白，首先根据密码子的偏好性将Cap基因优化从而得到密码子优化衣壳（Opt-Cap）基因，然后分别将Cap和Opt-Cap基因克隆到pPIC9K质粒中，转化为巴斯德毕赤酵母GS115。接着从这些菌落中选择具有Mut$^+$表型和含有多个插入基因表达盒的菌株，同时验证其是否在0.5%（V/V）甲醇和山梨醇诱导下表达最佳。与Cap基因相比，Opt-Cap基因表达水平明显提高。纯化的 Cap 蛋白对其特异性的多克隆抗体和 DuCV 阳性血清具有良好的反应原性，还能够自组装成 VLP。现有研究结果表明，基于密码子优化的毕赤酵母表达系统适用于大规模生产 DuCV VLP。这也是首次在毕赤酵母中成功表达大量 DuCV VLP，提示毕赤酵母表达系统可能成为一种理想的 DuCV VLP 疫苗生产系统（Yang et al.，2017）。

5. 传染性法氏囊病

传染性法氏囊病（IBD），又称冈博罗病，2008 年首次在美国冈博罗地区发现，现在几乎已遍布全世界。传染性法氏囊病病毒（IBDV）对雏鸡有高度感染性，其致病特征是通过破坏法氏囊中的 B 淋巴细胞来摧毁淋巴器官，造成感染鸡死亡，没有死亡的鸡则产生免疫抑制。科研人员利用毕赤酵母表达系统对 IBDV 的保护性抗原 VP2 蛋白进行了表达，获得了两种重组的 IBDV 病毒样颗粒，即 23 nm 的 $T=1$ 亚病毒样颗粒和 60 nm 的 $T=13$ 病毒样颗粒。通过菌株优化，提高了目的蛋白 VP2 在酵母中的表达量。经验证，通过工厂生产级别的发酵罐发酵培养，IBDV-VP2 蛋白也能获得高水平的表达，且实现了无须纯化即可以稳定获得可自组装的 IBDV VLP 的突破。进一步将 VLP 制备成疫苗进行免疫效力及安全性研究，通过动物免疫试验证实，IBDV VLP 可以诱导高水平的 IBDV 特异性中和抗体；攻毒保护试验结果显示，被免疫鸡全部存活，法氏囊组织无损伤并且无 IBDV 存留。同时，还发现 IBDV VLP 酵母菌口服免疫的保护效果良好。这说明该方法生产的 IBDV VLP 具有较高的疫苗应用价值。

6. 兔病毒性出血症病毒

兔病毒性出血症俗称"兔瘟"，1984 年该病首次在中国发现，之后在世界范围内迅速蔓延，对养兔业造成重大危害，死亡率高达 90% 以上。兔病毒性出血症病毒（RHDV）衣壳蛋白 VP60 是形成 VLP 的主要基因，早在 20 世纪 90 年代就有人在酿酒酵母中获得过表达，产生的重组 VP60 与用多抗测定的病毒多肽具有相似的抗原位点。电镜观察显示，也可以形成大小和外观上与天然衣壳相似的 VLP，将其对兔进行皮下接种后可以预防出血性疾病，这也为 RHDV 基因工程苗的研制提供了新的思路和手段。还有人根据毕赤酵母表达系统对密码子的偏好性结合野生型 *VP60* 基因进行了密码子优化，从而构建稳定大量表达的 VP60 重组菌，成功在酵母内高效表达了结构更稳定、均一性更好的 RHDV VLP，并对兔产生了免疫保护性，这一结果也为 RHDV 亚单位疫苗的研发奠定了基础。RHDV VLP 还可以作为运载工具开发为嵌合疫苗和治疗性疫苗，即将 VP60 插入小鼠拓扑异构酶 II α 和生存素的表位，形成嵌合多价 VLP，目前其已在小鼠的结直肠癌模型中表现出了良好的效果（Donaldson et al.，2017）。

7. 犬细小病毒

犬细小病毒病是由犬细小病毒（CPV）引起的一种急性、高度接触性传染病，是目前影响犬类健康的最严重的传染病之一。VP2 是其主要的结构蛋白，包含了 CPV 大部分主要抗原表位，是构成 CPV 衣壳的主要蛋白，且具有血凝活性。以马克斯克鲁维酵母作为表达宿主，首先按照马克斯克鲁维酵母的密码子偏好性对 *VP2* 基因进行密码子优化，接着构建重组表达菌 KM-CPV-VP2，随后重组 VP2 蛋白在酵母中获得了高效表达。经进一步验证，VP2 蛋白可以在酵母体内自组装形成病毒样颗粒。发酵过程采用了无机盐培养基，发酵成本较低，同时，马克斯克鲁维酵母生长速度快，相比于其他真核表达系统，KM-CPV-VP2 可以在更短的时间内获得更多的 VLP。将其制成疫苗免疫小鼠，试验结果显示其可诱导小鼠产生血凝抑制抗体，这表明利用马克斯克鲁维酵母制备的 VLP 疫苗具有较高的免疫原性。

8. 犬诺如病毒

犬诺如病毒（CNV）是一种致犬腹泻的病原，目前在中国尚未发现（未含港、澳、台地区数据）。CNV 的 VP1 衣壳蛋白被用于进行血清学诊断和流行病学调查，通过 VP1 自组装的 VLP 建立的 ELISA 方法已被证实有很好的抗原性，同时也在评估是否可以用于开发人类疫苗。生产诺如病毒 VLP 最常见的是杆状病毒-昆虫细胞表达系统，而植物和毕赤酵母中也成功组装过该病毒的 VLP。2012 年在酿酒酵母中，一种新型犬诺如病毒的 VP1 蛋白被高效表达并组装成了 VLP，充分证明了其应用价值，这也为评估狗与人之间跨物种感染奠定了研究基础（Pereira et al., 2012）。

9. 狂犬病毒

狂犬病是一种人畜共患性疾病，一旦发病，病死率高达 100%，且没有根治方法。中国是受狂犬病危害最为严重的国家之一，发病率仅次于印度。研究开发具有足够的安全性，且能够适宜于工业化生产的狂犬病毒（RV）的 VLP 是目前一大趋势。近几年，已经有人开始在毕赤酵母中共表达狂犬病毒 G 蛋白和 M 蛋白，通过组装、纯化得到 RV-VLP。透射电镜观察结果显示，获得了直径约 120 nm 近圆形的 VLP。免疫原性研究结果显示，该 VLP 可以诱导较强的体液免疫反应，具有良好的免疫原性，这离新一代狂犬病疫苗的诞生又近了一步。

10. 鼠多瘤病毒

鼠多瘤病毒（MPV）的 VLP 是通过其衣壳的结构蛋白 VP1 自组装而成的球形纳米壳状结构，结构独特，并且具有丰富的可修饰位点。同样 MPV 的 VLP 可以作为疫苗的开发，也可以作为运载工具封装包裹基因或药物等多种物质。例如，仓鼠多瘤病毒的 VP1 蛋白被用于产生含有外源表位的嵌合 VLP，即乙型肝炎病毒表面抗原（HBsAg）特异性的单链抗体-fc 分子，这个含有抗 HBsAg 分子的重组蛋白就是在酵母中产生的。

第四节 展 望

动物 VLP 疫苗被认为是未来最具潜力的兽用亚单位疫苗，在今后的疫苗市场中很有可能打破目前传统疫苗占据大部分市场份额的局面。近年来，基于重组 VLP 的疫苗策略被广泛应用于兽用新型疫苗的设计，而利用酵母表达系统组装的 VLP 进行疫苗研究是今后的热点之一，特别是食用级酵母的某些特点，更让该系统成为口服 VLP 疫苗研发的首选，在兽用疫苗研究中很受重视。酵母在消化道内不会立即释放出所有的抗原，因此在消化道内的 VLP 可以稳定地存在直到被 M 细胞呈递，激活其下游的免疫细胞（Taghavian et al.，2013）。综上所述，口服 VLP 疫苗无疑具有良好的前景，相比传统疫苗优势明显。

　　相信随着技术的不断进步和研究的不断深入，将会有更多酵母系统获得的 VLP 疫苗成功上市并投入应用。

参 考 文 献

Acosta-Rivero N, Rodriguez A, Musacchio A, et al. 2004. *In vitro* assembly into virus-like particles is an intrinsic quality of *Pichia pastoris* derived HCV core protein. Biochemical and Biophysical Research Communications, 325(1): 68-74.

Ahmad M, Hirz M, Pichler H, et al. 2014. Protein expression in *Pichia pastoris*: recent achievements and perspectives for heterologous protein production. Applied Microbiology and Biotechnology, 98(12): 5301-5317.

Aw R, McKay P F, Shattock R J, et al. 2017. Expressing anti-HIV VRC01 antibody using the murine IgG1 secretion signal in *Pichia pastoris*. AMB Express, 7(1): 70.

Backovic A, Cervelli T, Salvetti A, et al. 2012. Capsid protein expression and adeno-associated virus like particles assembly in *Saccharomyces cerevisiae*. Microbial Cell Factories, 11: 124.

Baghban R, Farajnia S, Ghasemi Y, et al. 2018. New developments in *Pichia pastoris* expression system, review and update. Current Pharmaceutical Biotechnology, 19(6): 451-467.

Baghban R, Farajnia S, Rajabibazl M, et al. 2019. Yeast expression systems: overview and recent advances. Molecular Biotechnology, 61(5): 365-384.

Bazan S B, de Alencar M C A, Aires K A, et al. 2009. Expression and characterization of HPV-16 L1 capsid protein in *Pichia pastoris*. Archives of Virology, 154(10): 1609-1617.

Bhanot V, Balamurugan V, Bhanuprakash V, et al. 2009. Expression of P32 protein of goatpox virus in *Pichia pastoris* and its potential use as a diagnostic antigen in ELISA. J Virol Methods, 162(1-2): 251-257.

Boga J A, Alonso J, Casais R, et al. 1997. A single dose immunization with rabbit haemorrhagic disease virus major capsid protein produced in *Saccharomyces cerevisiae* induces protection. The Journal of General Virology, 78 (Pt 9): 2315-2318.

Byrne B. 2015. *Pichia pastoris* as an expression host for membrane protein structural biology. Current Opinion in Structural Biology, 32: 9-17.

Celik E, Calik P. 2012. Production of recombinant proteins by yeast cells. Biotechnology Advances, 30(5): 1108-1118.

Chandramouli C S, Medina-Selby A, Coit D, et al. 2013. Generation of a parvovirus B19 vaccine candidate. Vaccine, 31(37): 3872-3878.

Charoenrat T, Khumruaengsri N, Promdonkoy P, et al. 2013. Improvement of recombinant endoglucanase produced in *Pichia pastoris* KM71 through the use of synthetic medium for inoculum and pH control of proteolysis. J Biosci Bioeng, 116(2): 193-198.

Chen P, Zhang L, Chang N, et al. 2018. Preparation of virus-like particles for porcine circovirus type 2 by YeastFab Assembly. Virus Genes, 54(2): 246-255.

Choi Y R, Kim H J, Lee J Y, et al. 2013. Chromatographically-purified capsid proteins of red-spotted grouper nervous necrosis virus expressed in *Saccharomyces cerevisiae* form virus-like particles. Protein Expression and Purification, 89(2): 162-168.

Damasceno L M, Huang C J, Batt C A. 2012. Protein secretion in *Pichia pastoris* and advances in protein production. Applied Microbiology and Biotechnology, 93(1): 31-39.

Donaldson B, Al-Barwani F, Pelham S J, et al. 2017. Multi-target chimaeric VLP as a therapeutic vaccine in a model of colorectal cancer. Journal for Immunotherapy of Cancer, 5(1): 69.

Duan J K, Yang D Q, Chen L, et al. 2019. Efficient production of porcine circovirus virus-like particles using the nonconventional yeast *Kluyveromyces marxianus*. Appl Microbiol Biotechnol, 103(2): 833-842.

Ergun B G, Huccetogullari D, Ozturk S, et al. 2019. Established and upcoming yeast expression systems. Methods in Molecular Biology, 1923: 1-74.

Erlinda F, Toledo J R, Lídice M, et al. 2013. Conformational and thermal stability improvements for the large-scale production of yeast-derived rabbit hemorrhagic disease virus-like particles as multipurpose vaccine. PLoS One, 8(2): e56417.

Falcón V, García C, de la Rosa M C, et al. 1999. Ultrastructural and immunocytochemical evidences of core-particle formation in the methylotrophic *Pichia pastoris* yeast when expressing HCV structural proteins (core-E1). Tissue & Cell, 31(2): 117-125.

Fernández E, Toledo J R, Mansur M, et al. 2015. Secretion and assembly of calicivirus-like particles in high-cell-density yeast fermentations: strategies based on a recombinant non-specific BPTI- Kunitz-type protease inhibitor. Applied Microbiology and Biotechnology, 99(9): 3875-3886.

Fernández E, Toledo J R, Méndez L, et al. 2013. Conformational and thermal stability improvements for the large-scale production of yeast-derived rabbit hemorrhagic disease viruslike particles as multipurpose vaccine. PLoS One, 8(2): e56417.

Freivalds J, Dislers A, Ose V, et al. 2006. Assembly of bacteriophage Qbeta virus-like particles in yeast *Saccharomyces cerevisiae* and *Pichia pastoris*. Journal of Biotechnology, 123(3): 297-303.

Frietze K M, Peabody D S, Chackerian B. 2016. Engineering virus-like particles as vaccine platforms. Curr Opin Virol, 18: 44-49.

Hale A D, Bartkeviciūte D, Dargeviciūte A, et al. 2002. Expression and antigenic characterization of the major capsid proteins of human polyomaviruses BK and JC in *Saccharomyces cerevisiae*. Journal of Virological Methods, 104(1): 93-98.

Hofmann K J, Cook J C, Joyce J G, et al. 1995. Sequence determination of human papillomavirus type 6a and assembly of virus-like particles in *Saccharomyces cerevisiae*. Virology, 209(2): 506-518.

Hofmann K J, Neeper M P, Markus H Z, et al. 1996. Sequence conservation within the major capsid protein of human papillomavirus (HPV) type 18 and formation of HPV-18 virus-like particles in *Saccharomyces cerevisiae*. The Journal of General Virology, 77(Pt 3): 465-468.

Jagadish M N, Laughton D L, Azad A A, et al. 1991. Stable synthesis of viral protein 2 of infectious bursal disease virus in *Saccharomyces cerevisiae*. Gene, 108(2): 2.

Jia H Y, Fan G S, Yan Q J, et al. 2012. High-level expression of a hyperthermostable *Thermotoga maritima* xylanase in *Pichia pastoris* by codon optimization. J Mol Catal B-Enzym, 78: 72-77.

Jiang Q, Yu Z, Liu J S, et al. 2018. Recombinant canine adenovirus type 2 expressing rabbit hemorrhagic disease virus VP60 protein provided protection against RHD in rabbits. Vet Microbiol, 213: 15-20.

Joseph N M, Ho K L, Tey B T, et al. 2016. Production of the virus-like particles of nipah virus matrix protein in *Pichia pastoris* as diagnostic reagents. Biotechnology Progress, 32(4): 1038-1045.

Karbalaei M, Rezaee S A, Farsiani, H. 2020. *Pichia pastoris*: a highly successful expression system for optimal synthesis of heterologous proteins. Journal of Cellular Physiology, 235(9): 5867-5881.

Kim H J, Kim H J. 2017. Yeast as an expression system for producing virus-like particles: what factors do we need to consider? Lett Appl Microbiol, 64(2): 111-123.

Kushnir N, Streatfield S J, Yusibov V. 2012. Virus-like particles as a highly efficient vaccine platform: diversity of targets and production systems and advances in clinical development. Vaccine, 31(2): 58-83.

Legendre, D, Fastrez, J. 2005. Production in *Saccharomyces cerevisiae* of MS2 virus-like particles packaging functional heterologous mRNAs. Journal of Biotechnology, 117(2): 183-194.

Li H Y, Han J F, Qin C F, et al. 2013. Virus-like particles for enterovirus 71 produced from *Saccharomyces cerevisiae* potently elicits protective immune responses in mice. Vaccine, 31(32): 3281-3287.

Liu W, Jiang H, Zhou J, et al. 2010. Recombinant dengue virus-like particles from *Pichia pastoris*: efficient production and immunological properties. Virus Genes, 40(1): 53-59.

Liu Y, Zhang Y, Yao L, et al. 2015. Enhanced production of porcine circovirus type 2 (PCV2) virus-like particles in Sf9 cells by translational enhancers. Biotechnology Letters, 37(9): 1765-1771.

Lowin T, Raab U, Schroeder J, et al. 2005. Parvovirus B19 VP2-proteins produced in *Saccharomyces cerevisiae*: comparison with VP2-particles produced by baculovirus-derived vectors. Journal of Veterinary Medicine B, Infectious Diseases and Veterinary Public Health, 52(7-8): 348-352.

Malak A, Baronian K, Kunze G. 2016. *Blastobotrys (Arxula) adeninivorans*: a promising alternative yeast for biotechnology and basic research. Yeast, (10): 33, 535-547.

Mani S, Tripathi L, Raut R, et al. 2013. *Pichia pastoris*-expressed dengue 2 envelope forms virus-like particles without pre-membrane protein and induces high titer neutralizing antibodies. PLoS One, 8(5): e64595.

Marchenko A N, Kozlov D G, Svirshchevskaya E V, et al. 2003. The p1 protein of the yeast transposon Ty1 can be used for the construction of bi-functional virus-like particles. Journal of Molecular Microbiology and Biotechnology, 5(2): 97-104.

Mitchell P S, Emerman M, Malik H S. 2013. An evolutionary perspective on the broad antiviral specificity of MxA. Curr Opin Microbiol, 16(4): 493-499.

Nainys J, Lasickiene R, Petraityte-Burneikiene R, et al. 2014. Generation in yeast of recombinant virus-like particles of porcine circovirus type 2 capsid protein and their use for a serologic assay and development of monoclonal antibodies. BMC Biotechnology, 14: 100.

Naumov G I, Naumova E S, Boundy-Mills K L. 2018. Description of *Komagataella mondaviorum* sp. nov., a new sibling species of *Komagataella (Pichia) pastoris*. Antonie Van Leeuwenhoek, 111(7): 1197-1207.

Patterson R, Eley T, Browne C, et al. 2015. Oral application of freeze-dried yeast particles expressing the PCV2b Cap protein on their surface induce protection to subsequent PCV2b challenge *in vivo*. Vaccine, 33(46): 6199-6205.

Pereira C, Lopes E R, Mesquita, et al. 2012. Production and purification of the VP1 capsid protein of a novel canine norovirus using the *Saccharomyces cerevisiae* expression system. J Microbiol Meth, 91(3): 358-360.

Pleckaityte M, Bremer C M, Gedvilaite A, et al. 2015. Construction of polyomavirus-derived pseudotype virus-like particles displaying a functionally active neutralizing antibody against hepatitis B virus surface antigen. BMC Biotechnol, 15: 85.

Potvin G, Ahmad A, Zhang Z S. 2012. Bioprocess engineering aspects of heterologous protein production in *Pichia pastoris*: a review. Biochem Eng J, 64: 91-105.

Rodríguez-Limas W A, Tyo K E J, Nielsen J, et al. 2011. Molecular and process design for rotavirus-like particle production in *Saccharomyces cerevisiae*. Microbial Cell Factories, 10: 33.

Sakuragi S, Goto T, Sano K, et al. 2001. HIV type 1 Gag virus-like particle budding from spheroplasts of *Saccharomyces cerevisiae*. Proceedings of the National Academy of Sciences of the United States of America, 99(12): 7956-7961.

Saraswat S, Athmaram T N, Parida M, et al. 2016. Expression and characterization of yeast derived chikungunya virus like particles (CHIK-VLPs) and its evaluation as a potential vaccine candidate. PLoS Neglected Tropical Diseases, 10(7): e0004782.

Song Y H, Fan Z Y, Zuo Y Y, et al. 2017. Binding of rabbit hemorrhagic disease virus-like particles to host histo-blood group antigens is blocked by antisera from experimentally vaccinated rabbits. Arch Virol, 162(11): 3425-3430.

Sugrue R J, Fu J, Howe J, et al. 1997. Expression of the dengue virus structural proteins in *Pichia pastoris* leads to the generation of virus-like particles. The Journal of General Virology, 78(Pt 8): 1861-1866.

Tachioka M, Sugimoto N, Nakamura A, et al. 2016. Development of simple random mutagenesis protocol for the protein expression system in *Pichia pastoris*. Biotechnol Biofuels, 9: 199.

Taghavian O, Spiegel H, Hauck R, et al. 2013. Protective oral vaccination against infectious bursal disease virus using the major viral antigenic protein VP2 produced in *Pichia pastoris*. PLoS One, 8(12): e83210.

Tamošiūnas P L, Petraitytė-Burneikienė R, Bulavaitė A, et al. 2016. Yeast-generated virus-like particles as antigens for detection of human bocavirus 1-4 specific antibodies in human serum. Applied Microbiology and Biotechnology, 100(11): 4935-4946.

Tamošiūnas P L, Petraitytè-Burneikienè R, Lasickiene R, et al. 2014. Generation of recombinant porcine parvovirus virus-like particles in *Saccharomyces cerevisiae* and development of virus-specific monoclonal antibodies. J Immunol Res, 2014: 573531.

Tomé-Amat J, Fleischer L, Parker S A, et al. 2014. Secreted production of assembled Norovirus virus-like particles from *Pichia pastoris*. Microbial Cell Factories, 13: 134.

Tschopp J F, Brust P F, Cregg J M, et al. 1987. Expression of the lacZ gene from two methanol-regulated promoters in *Pichia pastoris*. Nucleic Acids Research, 15(9): 3859-3876.

Tu Y B, Wang Y Q, Wang G, et al. 2013. High-level expression and immunogenicity of a porcine circovirus type 2 capsid protein through codon optimization in *Pichia pastoris*. Appl Microbiol Biotechnol, 97(7): 2867-2875.

Uhde-Holzem K, Fischer R, Commandeur U. 2010. Characterization and diagnostic potential of foreign epitope-presenting Ty1 virus-like particles expressed in *Escherichia coli* and *Pichia pastoris*. Journal of Molecular Microbiology and Biotechnology, 18(1): 52-62.

Vanz A L, Lunsdorf H, Adnan A, et al. 2012. Physiological response of *Pichia pastoris* GS115 to methanol-induced high level production of the hepatitis B surface antigen: catabolic adaptation, stress responses, and autophagic processes. Microb Cell Fact, 11: 103.

Vassileva A, Chugh D A, Swaminathan S, et al. 2001. Effect of copy number on the expression levels of hepatitis B surface antigen in the methylotrophic yeast *Pichia pastoris*. Protein Expression and Purification, 21(1): 71-80.

Wang J Y, Lu L, Feng F J. 2017. Combined strategies for improving production of a thermo-alkali stable laccase in *Pichia pastoris*. Electron J Biotechn, 28(C): 7-13.

Wang Q H, Liang L, Liu W C, et al. 2017. Enhancement of recombinant BmK AngM1 production in *Pichia pastoris* by regulating gene dosage, co-expressing with chaperones and fermenting in fed-batch mode. J Asian Nat Prod Res, 19(6): 581-594.

Wang X F, Sun Y C, Ke F, et al. 2012. Constitutive expression of *Yarrowia lipolytica* lipase LIP2 in *Pichia pastoris* using GAP as promoter. Appl Biochem Biotech, 166(5): 1355-1367.

Wang X, Xia X, Zhao M, et al. 2016. EV71 virus-like particles produced by co-expression of capsid proteins in yeast cells elicit humoral protective response against EV71 lethal challenge. BMC Research Notes, 9: 42.

Wu M, Liu W H, Yang G H, et al. 2014. Engineering of a *Pichia pastoris* expression system for high-level secretion of HSA/GH fusion protein. Appl Biochem Biotech, 172(5): 2400-2411.

Xia M, Farkas T, Jiang X. 2007. Norovirus capsid protein expressed in yeast forms virus-like particles and stimulates systemic and mucosal immunity in mice following an oral administration of raw yeast extracts. Journal of Medical Virology, 79(1): 74-83.

Xu X, Ren S, Chen X, et al. 2014. Generation of hepatitis B virus PreS2-S antigen in *Hansenula polymorpha*. Virologica Sinica, 29(6): 403-409.

Yamaguchi M, Sugahara K, Shiosaki K, et al. 1998. Fine structure of hepatitis B virus surface antigen produced by recombinant yeast: comparison with HBsAg of human origin. FEMS Microbiology Letters, 165(2): 363-367.

Yamaji H. 2014. Suitability and perspectives on using recombinant insect cells for the production of virus-like particles. Appl Microbiol Biotechnol, 98(5): 1963-1970.

Yang C, Huang K. 2019. Clinical applications of virus-like particles: opportunities and challenges. Current Protein & Peptide Science, 20(5): 488-489.

Yang C, Xu Y, Jia R Y, et al. 2017. The codon-optimized capsid gene of duck circovirus can be highly expressed in yeast and self-assemble into virus-like particles. Journal of Integrative Agriculture, 16(7): 1601-1608.

Yang Z, Gao F, Wang X, et al. 2020. Development and characterization of an enterovirus 71 (EV71) virus-like particles (VLPs) vaccine produced in *Pichia pastoris*. Human Vaccines & Immunothe-Rapeutics, 16(7): 1602-1610.

Zahrl R J, Peña D A, Mattanovich D, et al. 2017. Systems biotechnology for protein production in *Pichia pastoris*. FEMS Yeast Res, 17(7): 1-15.

Zhang C, Ku Z Q, Liu Q W, et al. 2015. High-yield production of recombinant virus-like particles of enterovirus 71 in *Pichia pastoris* and their protective efficacy against oral viral challenge in mice. Vaccine, 33(20): 2335-2341.

Zhang C, Liu Q, Ku Z, et al. 2016. Coxsackievirus A16-like particles produced in *Pichia pastoris* elicit high-titer neutralizing antibodies and confer protection against lethal viral challenge in mice. Antiviral Research, 129: 47-51.

Zhao H, Li H Y, Han J F, et al. 2013. Virus-like particles produced in *Saccharomyces cerevisiae* elicit protective immunity against Coxsackievirus A16 in mice. Applied Microbiology and Biotechnology, 97(24): 10445-10452.

Zhou Y, Fan Y, LaPatra S E, et al. 2015. Protective immunity of a *Pichia pastoris* expressed recombinant iridovirus major capsid protein in the Chinese giant salamander, *Andrias davidianus*. Vaccine, 33(42): 5662-5669.

Zhou Y, Shen C, Zhang C, et al. 2016. Yeast-produced recombinant virus-like particles of coxsackievirus A6 elicited protective antibodies in mice. Antiviral Research, 132: 165-169.

Zielonka A, Gedvilaite A, Ulrich R, et al. 2006. Generation of virus-like particles consisting of the major capsid protein VP1 of goose hemorrhagic polyomavirus and their application in serological tests. Virus Research, 120(1-2): 128-137.

第四章　活病毒载体表达系统

第一节　痘病毒表达系统

自 1796 年开始接种牛痘并成功预防天花病毒感染以来，痘病毒相关研究不断深入，以该病毒为基础所建立的表达系统已被广泛应用于人和动物传染病及肿瘤的研究中。

一、痘病毒的分类

根据病原特点、宿主及主要抗原等的差异，痘病毒被分为脊椎动物痘病毒亚科和昆虫痘病毒亚科。脊椎动物痘病毒亚科包含正痘病毒属（*Orthopoxvirus*）、兔痘病毒属（*Leporipoxvirus*）、副痘病毒属（*Parapoxvirus*）、猪痘病毒属（*Suipoxvirus*）、禽痘病毒属（*Avipoxvirus*）、羊痘病毒属（*Capripoxvirus*）、软疣痘病毒属（*Molluscipoxvirus*）和亚塔痘病毒属（*Yatapoxvirus*）8 个属。昆虫痘病毒亚科则只含有昆虫痘病毒 A（*Entomopoxvirus* A）、昆虫痘病毒 B（*Entomopoxvirus* B）、昆虫痘病毒 C（*Entomopoxvirus* C）3 个亚属。各个属成员之间均具有遗传、抗原相关性和形态学上的相似性，但属间 DNA 序列相似性低于 75%。

禽痘病毒属中所属成员主要依据其自然宿主来命名，如鸡痘病毒、金丝雀痘病毒等。羊痘病毒属所属成员主要是山羊痘病毒、绵羊痘病毒和牛结节性皮肤病病毒，且成员间具有紧密的抗原相关性。兔痘病毒属也被称为黏液瘤病毒属，所属成员主要包括兔肖普氏纤维瘤病毒、野兔纤维瘤病毒、松鼠纤维瘤病毒等。软疣痘病毒是当前已知的唯一一种能够感染人类的拟软体动物痘病毒属病毒。正痘病毒属是目前研究最多的一个属，其成员具有差异较大的宿主范围，如天花仅特异性地感染人且没有其他宿主，而作为疫苗所使用的痘苗病毒却拥有广泛的自然动物宿主，因此痘苗病毒在实践中常被作为一种高效的疫苗载体来使用。副痘病毒属成员，如假牛痘、牛丘疹性口炎病毒及羊口疮病毒等，不仅能够感染家畜，而且可以感染人类。猪痘病毒属中的唯一成员猪痘病毒一般仅引起猪的轻微皮肤损伤。亚塔痘病毒属成员包括亚巴猴肿瘤痘病毒和鼠痘病毒。

二、痘病毒基因组特点

痘病毒（poxvirus）粒子呈长方形（长 220～450 nm，宽 140～260 nm，厚 140～260 nm）或椭圆形（长 250～300 nm，直径 160～190 nm），由 1 个核心、2 个侧体及 2 层脂质外膜组成。痘病毒基因组 DNA 长 130～300 kb，为线性双链分子，鸟嘌呤和胞嘧啶含量低。痘病毒是目前已知体积最大且结构最为复杂的动物病毒，其完整病毒粒子中包含 30 种以上的结构蛋白和几种具有酶作用的非结构蛋白。

痘病毒增殖主要发生在宿主细胞质内，是 DNA 病毒中较为独特的一种。痘病毒含有可被真核细胞所识别的启动子，不仅可以启动研究中常用的一些标记基因的表达，还能够引发外源基因的表达，而且经过改造后的痘病毒还可以作为表达外源基因的分子载体。胸苷激酶是痘病毒所产生的一种早期基因表达产物中易于鉴定的标记，其编码基因位于病毒基因组中的 *Hind* III-J 片段。而该片段并不是痘病毒正常基因组复制所必需的，所以当其被外源目的片段取代后不会影响病毒增殖。将病毒基因组 *Hind* III-J 片段克隆到载体质粒中，同时在此区域上游插入启动子。随后将上述构建好的质粒转染至已感染痘病毒的细胞，使质粒所携带的外源目的片段与细胞中存在的野生型病毒非必需区序列发生同源重组，从而使外源基因重组到痘病毒基因组中，形成携带有外源目的片段的重组痘病毒粒子。以往大量的研究显示，痘病毒基因组可插入长达 30 kb 的外源片段，在宿主细胞中可有效地表达外源基因，这种高效的可插入外源基因的能力为外源特异性抗原、共刺激活性分子及相关细胞因子等多种外源基因的插入提供了可能（Weyer et al.，2009）。

三、痘病毒表达载体及其应用

痘病毒作为载体可以很好地表达外源基因且具有很好的免疫原性，可诱导机体产生较高水平的免疫应答反应。自从 1982 年首次报道使用痘苗病毒（vaccinia virus，VACV）作为抗原传递载体以来，痘病毒特别是以痘苗病毒基因组为基础的载体，已被广泛应用于痘病毒分子生物学、体外表达与蛋白质功能及新型活载体疫苗等的研究。痘病毒被广泛应用于新型疫苗的研发，主要是由于其具有以下优势：①重组痘病毒疫苗冻干后较稳定，易于保存和使用，可以降低对冷链运输的要求，从而降低成本；②重组痘病毒疫苗免疫途径多样；③重组痘病毒疫苗可以实现一次接种即产生长期有效的免疫保护，能够诱导高水平的体液免疫和细胞免疫应答反应；④痘病毒基因组可容纳大片段外源 DNA 且组装较容易；⑤重组痘病毒疫苗可通过配套的诊断方法来区分野毒感染和疫苗免疫动物。

由于痘病毒科各个属内成员间具有较高的抗原相似性（80%以上），且以重组痘病毒为载体的疫苗免疫动物后，存在一定程度的载体效应，因此，当以痘病毒为载体研发活载体疫苗时，就必须考虑机体前期是否存在由同种属痘病毒产生的抗体对免疫的重组痘病毒载体疫苗的抑制作用。这将降低活载体疫苗所编码外源抗原的表达并最终影响针对外源抗原的免疫反应。针对这个问题，一般情况下可以采用不同种属的痘病毒作为载体或采用不同的免疫途径来规避。

1. 痘苗病毒载体及其应用

1）痘苗病毒载体概述

在近两个世纪以来人类消灭天花的进程中，VACV 疫苗发挥了决定性的作用。尽管现阶段 VACV 在临床实践中已经不再作为疫苗使用，但由于其基因组容量大、可插入达 25 kb 的外源基因而不影响其自身复制的特点，VACV 被广泛用于免疫学和分子生物学等研究领域，特别是作为载体用于新型基因工程疫苗的研制。到目前为止，国内外已经利用 VACV 载体成功地表达了多种烈性、感染性病原体的保护性抗原，且多数能诱导机体产生针对相应病原的保护性免疫应答。但 VACV 免疫后对机体存在一定程度的副反应，部分受种者表现出不同程度不良反应，个别儿童接种后会出现牛痘性湿疹和脑炎等并发症；存在免疫缺陷的成人接种后则会危及生命（如 1968 年美国 1420 万接种疫苗者中有 572 例并发症和 9 例死亡）。因此，如何提升以痘病毒为载体的新型疫苗安全性是急需解决的主要问题之一。目前提高痘病毒载体的安全性主要有两种方法：一种是去除与核酸代谢、宿主互作及胞外病毒结构相关的病毒基因，另一种是在体外进行连续传代致弱或分离突变体。复制缺陷型痘苗病毒株 NYVAC 就是由已致弱的痘苗病毒 Copenhagen 株为基础发展起来的痘病毒载体，该载体去除了与病毒复制和毒力相关的基因，仅保留了能够诱导机体产生保护免疫的部分，在目的外源抗原的免疫应答机制上，类似于亲代株胸苷激酶突变体。天坛株痘苗病毒（vaccinia virus TianTan strain，VTT）是一株中国 VACV 分离株，在国内天花病毒的防控中发挥了决定性的作用。相比于其他 VACV 毒株，VTT 毒株具有遗传稳定性强、生物学特点清晰、滴度高，以及可以稳定表达外源插入基因等特点。近年来对 VTT 的生物学特点及其作为载体的应用等方面的深入研究显示，VTT 不仅是研制新型基因工程疫苗的理想载体，还是一种在真核表达研究中非常有效的载体。迄今为止，已有几十种以 VTT 作为载体的基因工程疫苗相继研制成功。

改良型痘苗病毒安卡拉株（modified vaccinia virus Ankara，MVA）是以德国科研人员分离得到的痘病毒 CVA 株为基础，通过在鸡胚成纤维细胞中传代培养 100 多代后所获得的致弱毒株。该致弱毒株在细胞传代过程中丢失了大约 30 kb 的基因序列，这导致其宿主范围大大缩小且致病性也随之降低。MVA 不仅保持了亲本 CVA 毒株良好的免疫原性和高保护性的特点，还只能在 CEF 和 BHK-21 细胞中复制而不能在其他细胞中复制。上述这些特点都使得 MVA 成为一种安全、高效的表达载体。进一步的动物试验结果也表明 MVA 对新生和免疫缺陷动物不产生任何不良反应，且重组 MVA 所包含的外源基因的表达水平与具有完全复制能力的病毒载体相近。MVA 作为一种新型病毒载体具备以下优点：外源基因容量大且能够同时表达多个外源基因，从而可以同时刺激诱导产生针对多种不同抗原的免疫应答或产生免疫辅助因子，进而诱导机体产生高效的免疫保护应答，为多联多价新型疫苗的研制提供了可能；表达水平高且可以感染多种组织，可使目的抗原被有效地呈递至抗原呈递细胞；重组 MVA 能够在宿主细胞细胞质中复制组装，这对向主要组织相容性复合体 I 类分子（major histocompatibility complex I，MHC I）的有效呈递及引发特异性 $CD8^+T$ 细胞反应特别有利。因此，MVA 载体已成为当前重组病毒活载体疫苗研究的热点之一。

2）痘苗病毒载体在疫苗及 VLP 研究中的应用

近年来，VACV 载体已被成功地应用于多种人类及动物病毒的疫苗及 VLP 研究中。痘苗病毒载体在人类疫苗中最成功的应用是利用 VACV 载体重组表达狂犬病病毒主要抗原蛋白（G）的口服狂犬病疫苗 Raboral V-RG®。该疫苗具有很好的热稳定性，已被成功地应用于控制地区性狂犬病的流行，在欧洲和北美洲狂犬病接种计划中发挥了极大的作用，使得上述地区的狂犬病疫情得到了更好的控制。在人类病毒 VLP 研究中，Schmeisser 等（2012）以改良型痘苗病毒安卡拉株为载体共表达了流感病毒 H5N1 的血凝素及神经氨酸酶蛋白并组装形成了 VLP，而且该 VLP 具有与病毒一样的免疫特性，该 VLP 能够在小鼠中诱导保护性免疫应答。Schweneker 等（2017）以改良型痘苗毒株 MVA-BN 为载体共表达了埃博拉病毒（EBOV）的 VP40、GP 及 NP 三种蛋白质，重组病毒在感染人类细胞后能够表达产生 VLP，并且免疫小鼠后能产生较高水平的中和抗体水平。此外，Domi 等（2018）也以 MVA 为载体同时表达了埃博拉病毒的 GP 糖蛋白和 VP40 基质蛋白，通过电镜可以看到由 GP 和 VP40 蛋白组装而成的埃博拉病毒样颗粒。进一步研究发现，MVA-EBOV 免疫豚鼠后，对致命性 EBOV 攻击的保护率达 100%，同时在猕猴保护性试验中也获得了同样的结果。该疫苗能够有效诱导产生对上述两种抗原的免疫应答反应，包括产生中和抗体和针对 GP 蛋白的抗体依赖性细胞毒性抗体（Domi et al.，2018）。Malherbe 等（2020）以改良型痘苗病毒安卡拉株为载体表达了马尔堡病毒（MARV）的 GP 和 VP40 蛋白，电镜观察确认在感染重组病毒的细胞中能够自组装产生 VLP，免疫豚鼠后能够诱导产生特异性中和抗体并且能够 100%保护豚鼠免受 MARV 的攻击（Malherbe et al.，2020）。

在动物病毒 VLP 研究中，Gullberg 等（2013）利用 VACV 载体为基础的表达系统在体外成功表达了口蹄疫病毒（FMDV）的 P1-2A 和 3C 蛋白，所表达蛋白能够自组装形成 VLP 且能够被整合素 $\alpha_v\beta_6$ 受体所识别。Iyer 等（2016）以改良型痘苗病毒安卡拉株为载体制备了能够展示猴免疫缺陷病毒（SIV）包膜蛋白 gp160 的嵌合 VLP，在对恒河猴进行两次加强免疫后，其血清和黏膜中的 Env 特异性 IgG 抗体滴度提高了三倍。免疫恒河猴后能够完全保护机体抵抗野毒的攻击。NYVAC 作为一种新型重组疫苗载体也已经在动物新型疫苗研制中大量被应用，如利用 NYVAC 所表达的伪狂犬病毒糖蛋白为疫苗的免疫试验中，免疫后 28 d 可检测到高滴度中和抗体，能够有效保护动物抵抗野毒攻击，而且安全性高；利用 NYVAC 所表达的马流感不同血清型血凝素糖蛋白（A1 和 A2）在免疫马后可产生高滴度的特异性抗体；利用 NYVAC 所表达的日本脑炎病毒 prM、M、E 和 NS1 等多个蛋白质，免疫猪后能够诱导机体产生较高水平的中和抗体；以 NYVAC 为载体表达疟原虫抗原免疫小鼠后能够诱导良好的体液及细胞免疫应答。

2. 禽痘病毒载体及其应用

1）禽痘病毒载体概述

与其他痘病毒一样，禽痘病毒基因组的复制非必需区也可以插入外源 DNA 片段，是目前普遍应用的表达载体之一。禽痘病毒载体疫苗不仅能预防禽痘的发生，通过插入不同的保护性外源抗原基因，还可诱导机体产生抗外源抗原的特异性抗体和细胞毒性 T 细胞反应，从而提高对该病原的免疫保护效果。

禽痘病毒作为病毒载体，除与痘苗病毒一样具有可插入外源基因大、安全性高等优点外，还具有宿主范围较窄（仅感染禽类）、在哺乳动物体内表现流产性感染但不影响其外源目的基因的表达和复制等特点。因此，禽痘病毒作为病毒载体不仅可以研制禽类的活载体疫苗，而且可以作为哺乳动物基因工程活载体药物，用于人和其他动物疾病的预防或治疗。禽痘病毒弱毒疫苗用于防治野生型痘病毒感染已被实践多年，而近年来随着分子生物学的不断发展，利用禽痘病毒载体创制新型疫苗已成为一个新的研究热点。有研究就以禽痘病毒为载体，成功表达了新城疫病毒血凝神经氨酸酶融合蛋白，免疫后 1 日龄无特定病原体（specific pathogen free，SPF）鸡可产生高水平的特异性抗体且抗体水平可以维持 8 周时间（Sun et al.，2008）。

金丝雀痘病毒（canarypox virus，CPV）和禽痘病毒一样，只能够在禽体中表达而不在哺乳动物细胞中复制。利用金丝雀痘病毒载体 ALVAC 制备的新型疫苗在诱导保护性免疫方面较禽痘病毒作为载体的重组疫苗高 100 倍。相关研究表明，金丝雀痘病毒载体重组疫苗能够在被免疫动物中有较高水平的免疫原性，并能产生良好的保护性。例如，以 ALVAC 所表达的狂犬病毒 G 糖蛋白重组疫苗已在大量非禽类动物中获得应用，且安全性和免疫原性高，接种的实验动物（如猫和犬）都产生了很好的保护力，并已安全用于人体临床试验。相比于用痘苗病毒作载体的重组疫苗，利用金丝雀痘病毒所表达的麻疹病毒融合血凝素糖蛋白则表现出了更加良好的免疫应答水平和保护性。

2）禽痘病毒载体在疫苗及 VLP 研究中的应用

有研究利用 ALVAC 表达了 A 亚群猫白血病病毒完整的囊膜，在免疫 8～9 周龄试验猫后能够产生有效的免疫保护效果。此研究也是首个以痘病毒作为载体表达的反转录病毒抗原，且免疫动物后成功抵御反转录病毒攻击。此外，相关研究还利用 ALVAC 表达了 HIV-I、HIV-II、gag、pol 和囊膜的基因并接种啮齿动物，不仅在随后的动物试验中产生了高水平的体液免疫，而且产生了细胞毒性 T 淋巴细胞反应。目前，相关研究机构已经成功构建了一系列 ALVAC-HIV 株重组体并已开展了相关人体临床试验，其表现出了良好的安全性和免疫原性。因此，在哺乳动物中不复制的 ALVAC 相较竞争复制的痘苗病毒载体有较大的优势。除作为基因工程的活载体外，禽痘病毒载体还可以在哺乳动物细胞中表达部分生物活性物质，如干扰素和白介素等。此外，禽痘病毒载体目前也被成功地应用于多种 VLP 研究中。Zanotto 等（2005）利用禽痘病毒载体表达并制备了猴-人免疫缺陷病毒 VLP SHIV89.6P，为未来 HIV 等免疫缺陷病毒 VLP 疫苗的研制提供了新的思路。Bissa 等（2015）在体外利用禽痘病毒载体在不同细胞系中表达人乳头状瘤病毒（HPV）L1 蛋白并组织形成了 VLP，并且该 VLP 能够在动物模型中诱导产生保护性免疫应答。

3. 其他痘病毒载体及其应用

羊痘病毒作为一种复制缺陷型载体已广泛地应用于表达动物病毒的主要抗原蛋白，如牛瘟抗原蛋白和狂犬病毒糖蛋白等。除此之外，Ma 等（2014）还利用山羊痘病毒表达载体在体外表达并制备了 FMDV VLP，动物免疫实验结果也显示该 VLP 作为候选疫苗能够在绵羊体内诱导产生抗 FMDV 特异性中和抗体，但是滴度却没有达到世界动物健康组织的相关要求。副痘病毒载体也已被用以生产安全、有效的活疫苗。经过攻毒试验证明，利用羊口疮病毒 D1701-V 株制备的伪狂犬病毒重组疫苗可以有效保护免疫动物抵抗强毒株的攻击。虽然在兽医领域已有产品获得了新兽药证书并上市销售，但今后仍需要进一步研究该载体免疫诱导的各种机制及最佳参数，为进一步大量、广泛地应用创造必要条件。此外，设计、开发更加安全有效的痘病毒表达载体对于更好地研究病毒基因功能、致病性、组织嗜性及免疫逃逸等方面具有重要的现实意义。

4. 痘病毒在肿瘤中的应用

随着相关研究的不断深入，肿瘤免疫治疗得到了蓬勃发展，免疫疗法也展现出了显著的优势及良好的临床应用前景。肿瘤免疫治疗主要是指通过主动或被动免疫方式，诱导机体产生抗肿瘤的特异性免疫应答，从而在根本上恢复或提高自身免疫系统活性，并最终抑制和杀伤肿瘤细胞的一种新型肿瘤治疗方法。

溶瘤病毒（oncolytic virus，OV）载体是目前肿瘤免疫治疗研究中的主要工具之一。OV 是指将一些人类病毒通过分子改造后所构建的一种能够有效感染肿瘤细胞且能够在其中复制增殖，并最终能够导致肿瘤细胞死亡的基因工程改造病毒。OV 能够选择性地感染并摧毁癌细胞，而同时对正常细胞或组织影响很小，甚至没有任何影响。在目前国内外研究中所使用的不同类型溶瘤病毒中，痘苗病毒因其显著的优势得到了广泛关注。首先，痘苗病毒具有高度的免疫原性，能够刺激产生强烈的细胞和体液免疫应答，这一特性是痘苗病毒作为新型候选疫苗在肿瘤预防中发挥重要作用的基础。其次，痘苗病毒具有广泛的宿主范围，能够在许多人和动物细胞中复制增殖，因此，痘苗病毒可被用于多种不同类型的动物模型研究，从而加快临床前试验的开展，并最终为临床试验提供重要的理论参考。痘苗病毒的启动子可在时间和数量上控制基因组的表达，从而使其能够高效感染宿主细胞。在整个复制周期中，痘苗病毒复制均发生在宿主细胞质中，其基因组不会进入到细胞核中，也不存在染色体整合的可能性，因此具有较高的安全性。目前，痘苗病毒在肿瘤治疗中的应用主要有以下 3 种方式：①作为载体携带特异性抗肿瘤治疗基因；②作为溶瘤病毒在肿瘤细胞中选择性复制；③作为含有肿瘤抗原或免疫调节因子的新型肿瘤疫苗。

痘苗病毒作为溶瘤病毒介导抗肿瘤作用的机制主要包括以下 3 种：①直接感染肿瘤细胞，并在肿瘤细胞中复制增殖并最终导致肿瘤细胞死亡，该作用的机制可能与细胞凋亡和坏死相关；②机体免疫系统所介导的杀细胞作用，痘苗病毒进入细胞后导致细胞裂解并释放相关模式分子及肿瘤相关抗原，这些外源信号会进一步地激发机体产生强烈的炎症反应，并最终诱导产生高水平的抗肿瘤免疫应答；③基于其较高的感染性、较短的复制周期及高效的细胞间传递作用，痘苗病毒具有高效且特异性的溶瘤效应，而以往大量的临床前及临床研究都显示痘苗病毒溶瘤效应能够诱导肿瘤中的血管萎缩（McFadden，2005）。

尽管目前溶瘤痘苗病毒的临床前试验取得了良好的效果，但恶性肿瘤具有的高度复杂性及不断发展的耐药性，导致作为单一制剂来使用溶瘤痘苗病毒时可能不会产生最佳的效果。肿瘤是由许多不同类型肿瘤细胞群所组成的，且一些单一疗法长期使用可能会产生抗性，因此在实践中联合不同类型的治疗方法，包括放疗、化疗、免疫治疗及其他类型溶瘤病毒疗法等，可能会产生协同效应并使得抗肿瘤效果进一步增强。

第二节　腺病毒表达系统

腺病毒（adenovirus，AdV）广泛存在于自然界中，且宿主范围广泛，在绝大多数爬行动物、鸟类及哺乳动物中均可以检测到。迄今为止，已发现了一百多种血清型的AdV。自 1981 年研究人员首次使用 2 型腺病毒（Ad2）载体至今，已有数十种 AdV 载体被成功开发应用。动物腺病毒载体有犬腺病毒载体、牛腺病毒载体、猪腺病毒载体、非人灵长类腺病毒载体、禽腺病毒载体、羊腺病毒载体及鼠腺病毒载体等。

目前应用最多的是人 5 型腺病毒载体，其发展大致经历了 3 代。第一代腺病毒载体主要是将 E1 或者 E1/E3 片段同时缺失。缺失 E1 部分的腺病毒可容纳约 5 kb 的外源基因片段，载体无复制能力，安全性高，可以在含 E1 的细胞系如 293 细胞中繁殖；E1 和 E3 片段同时缺失时可容纳高达 8 kb 的外源基因，适合大多数基因表达，目前应用最为广泛。第二代腺病毒载体进一步缺失 E2 和 E4，载体容量达 14 000 bp，但包装重组病毒滴度低且诱导的免疫反应差，使其应用受限。第三代腺病毒是辅助病毒依赖型，可插入片段长达 37 000 bp，但容易受辅助病毒污染，大规模生产和临床应用上还存在很多困难。

一、腺病毒生物学特点

腺病毒基因组为线性双链 DNA，长度为 26～46 kb。根据病毒基因表达时间顺序可以划分为 5 个早期编码区（E1A、E1B、E2、E3 和 E4）和 5 个晚期编码区（L1、L2、L3、L4 和 L5）。E1A 编码区是病毒感染时表达的第一个 Ad 序列，编码区产物能够激活其他病毒基因的转录表达，且诱发宿主细胞有丝分裂速度加快。E1B 蛋白是阻断宿主mRNA 转移所必需的，能够促进病毒 mRNA 转移，阻断 E1A 诱导的细胞凋亡。E2 区的编码产物主要介导病毒 DNA 的复制，可以分为 E2a 和 E2b。E2a 编码 72 kDa 的 DNA结合蛋白，E2b 编码病毒 DNA 聚合酶和末端蛋白前体。E3 区至少编码 7 种蛋白质，这些蛋白质不是病毒复制所必需的，但能够阻断 MHC I 类分子等免疫分子的转移及诱导细胞凋亡，从而逃避宿主免疫应答。E4 区则可以编码至少 6 种不同蛋白质，其中一些可以促进病毒基因组复制并增强晚期基因表达，改变宿主细胞的一些信号通路，降低宿主蛋白质合成，同时在病毒基因组的出核过程中发挥着重要作用。L1～L5 晚期编码区的表达产物则主要是一些结构蛋白，参与病毒粒子的装配与成熟。

腺病毒为无囊膜病毒，粒子直径为 80～110 nm，呈二十面体结构，由六邻体（240 个非顶角颗粒）、五邻体（12 个顶角颗粒）、12 根纤维蛋白和其他小蛋白质组成。六邻体的抗原决定簇含有型及亚群特异性。五邻体能够和细胞受体结合，从而影响病毒入侵效率。纤维蛋白的 C 端与细胞主要受体相互作用，最初在细胞表面固定病毒粒子，促进五邻体和整合蛋白的进一步作用，促进纤维蛋白与硫酸乙酰肝素蛋白多糖的结合。尽管感染率低，但是也可以将上述蛋白质作为次级受体，使得缺乏主要受体的细胞被感染，这也是大多数腺病毒细胞嗜性广泛的原因。病毒与细胞表面受体结合后，激活网格蛋白（clathrin），以内吞方式侵入细胞。

二、腺病毒的分类

1. 人腺病毒

目前已鉴定出 103 个不同类型的人腺病毒（human adenovirus，HAdV）和 200 多种非人腺病毒。根据中和特性、血凝性、致瘤性、基因组同源性、百分率、G+C 含量等相关特性，将人腺病毒分成 A～G 共 7 个群。

2. 动物腺病毒

1）犬腺病毒载体

犬腺病毒载体（canine adenovirus vector，CAdV）是目前研究最清楚的非人腺病毒载体。与 HAdV-5 相似，CAdV-2 可以结合柯萨奇病毒-腺病毒受体（coxsackie and AdV receptor，CAR）。CAdV-2 不能诱导 T 细胞活化增殖及树突状细胞（dendritic cell，DC）的成熟。CAdV-2 载体的显著特点是能够与 CAR 作用并特异性转导神经细胞，进而通过轴突运输靶向中枢神经系统。此外，由于 CAdV-2 具有良好的神经嗜性，因此该载体可被用于神经障碍的基因治疗。

2）牛腺病毒载体

牛腺病毒载体（bovine adenovirus vector，BAdV）是最早开发的一种优良的靶向型非人腺病毒载体，因为 BAdV-3 不依赖于 CAR 及其他 HAdV-5 受体，且可以逃避机体先前存在的抗腺病毒免疫。

3）猪腺病毒载体

猪腺病毒载体（porcine adenovirus vector，PAdV）包括 5 个血清型，其中 3 型猪腺病毒载体（PAdV-3）在细胞中的滴度最高。PAdV-3 与 HAdV-5 载体具有类似的组织分布，但是该载体在肝中的清除更快。PAdV-3 载体可以作为猪用疫苗和细胞因子药物投递载体，也可以作为人用疫苗投递载体。

3. 非人灵长类腺病毒载体

最早的黑猩猩腺病毒载体（chimpanzee adenovirus vector，CHAdV）源于猩猩腺病毒载体 68 型（CHAdV-68），该载体可以在 HEK293 细胞上增殖。由于 CHAdV-68 在不同区域的人群中抗体阳性率远低于 HAdV-5，因此 CHAdV-68 载体是一种优秀的人用腺病毒候选载体。基于 E 群猩猩病毒载体 AdV Pan5、Pan6 和 Pan7 的研究也在近年来不断出现，上述载体在高效转导肌肉细胞的同时还可以不被预存腺病毒抗体所中和。相比于 HAdV-5，Pan7 靶向性载体具有补体灭活低、肝转导效率低，比野生型 Pan7 载体具有更高的转导效率等特点。此外，Pan7 载体对脑肿瘤细胞和神经胶质瘤细胞具有更高的转导效率，这表明该载体是一个理想的脑肿瘤基因治疗候选载体。2005 年，源自 HAdV G 群的 SAdV-7 载体研究也被报道。

相关研究显示，人群中针对 SAdV-11/16、CHAdV-3/63 的预存抗体阳性率相对较低。CHAd 在猩猩及猿类中不能诱导细胞免疫反应，仅能诱导一定程度的体液免疫反应。相比于人腺病毒的 E3 区，猿腺病毒的 E3 区较大，且更加复杂，而腺病毒 E3 区在调节机体免疫中发挥重要影响，这可能是猿腺病毒能够逃避细胞免疫的重要原因之一。CHAdV-68 可以有效转导未成熟的 DC，可以刺激 T 淋巴细胞的增殖。因此，CHAdV-68 载体可用于人 DC 的细胞转导。

1）禽腺病毒载体

以禽腺病毒载体（fowl adenovirus vector，FAdV）为基础构建的重组 FAdV-10 被首次用来表达外源基因，并作为候选疫苗成功诱导了保护性免疫。随着研究的不断深入，禽腺病毒属 FAdV 不断地被开发并完善。FAdV-1 具有能够与 CAR 相互作用、较高的细胞转导效率、外源基因插入容量大、物理稳定性好等优点，上述优点使得该载体成为向哺乳动物进行基因呈递的重要工具之一。

2）羊腺病毒载体

羊腺病毒载体（ovine adenovirus vector，OAdV）基因组可容纳大外源基因片段的删除和插入而不影响病毒的稳定性。HAdV-5 多抗不能够中和重组 OAdV，且 OAdV 能够逃逸预存的抗人腺病毒体液免疫反应。

3）鼠腺病毒载体

自从 E3 区缺失的鼠腺病毒载体 1 型（mouse adenovirus vector-1，MAdV-1）和 E1 区缺失的 MAdV-1 分别构建成功以后，多种其他鼠腺病毒载体相继构建成功。与 HAdV-5 相比，MAdV-1 对人平滑肌细胞具有更高的亲和力。

尽管以人腺病毒载体为代表的腺病毒载体是现阶段相对效率较高的抗原呈递系统，但人腺病毒载体在畜禽疫苗研究中的应用却较少。由于非人腺病毒存在种属特异性，因此研制种属特异性的腺病毒载体系统就成为一种相对较好的选择。源自不同种属动物的腺病毒具有各自不同的特性，如犬腺病毒，在预存母源抗体的情况下，不论其是通过何种途径进入细胞，病毒都可以通过鼻内途径在幼犬上呼吸道复制和持续感染；禽腺病毒容易增殖，可通过不同方式免疫接种（包括注射、饮水或气雾），并且存在数量较多的、不同毒力的血清型；腺病毒 A 群中的鸡胚致死孤儿病毒（CELOV）基因组较哺乳动物腺病毒更大。尽管 CELOV 广泛存在，但其致病性较低，不引起临床症状，而且在健康鸡群中也可分离获得；猪腺病毒可在多种不同类型细胞中复制、增殖，如猪源肾、视网膜、甲状腺、睾丸等细胞，以及人源肾细胞、牛肾细胞和犬黑色素瘤细胞。猪腺病毒不需要额外的佐剂便可诱导完全的免疫应答。猪感染猪腺病毒后一般表现亚临床症状，健康的猪体内也存在该病毒。猪腺病毒具有种属特异性，这进一步提高了其安全性；牛腺病毒 3 型（bovine adenovirus type 3，BAV-3）也不需要佐剂即可诱导完全的免疫应答，且自身没有致病性。

三、腺病毒感染及免疫应答机制

1. 腺病毒感染机制

腺病毒感染常呈一过性，没有明显临床症状。人腺病毒可感染多种细胞，包括呼吸道细胞、肾细胞、眼部细胞、肝细胞和胃肠道细胞。感染过程中，腺病毒首先与细胞表面 CAR、CD46、CD80/86、桥粒芯蛋白 2（desmoglein-2，DSG2）或硫酸乙酰肝素蛋白多糖（HSPG）、血管细胞黏附分子-1（vascular cell adhesion molecule-1，VCAM-1）、MHC I、唾液酸、二棕榈酰磷脂酰胆碱（dipalmitoyl phosphatidyl choline，DPPC）、乳铁蛋白等一个或多个受体结合，随后病毒进入细胞复制。

腺病毒复制周期一般分为早期和晚期两个阶段。腺病毒进入宿主细胞首先是通过纤维蛋白顶端球形结构域与细胞表面受体 CD46 或 CAR 发生结合，其中 CD46 主要与腺病毒 B 亚群结合，其他血清型腺病毒则是与 CAR 受体结合。与受体结合之后，腺病毒粒子以内吞方式通过网格蛋白内吞进入细胞，之后细胞内含体开始酸化，对病毒衣壳的五邻体产生毒性并导致五邻体和纤维蛋白从衣壳上解聚，从而促进病毒在细胞内的运动。病毒粒子随后沿着微管被运送至核孔，在此病毒粒子裂解，基因组 DNA 被释放并进入细胞核，最终开始基因组的表达和复制。

在复制早期，病毒基因组进入宿主细胞核后早期基因 *E1A* 随即开始表达。随后 *E1B* 和 *E4* 基因经选择性剪接后表达出具有多种功能的早期调控蛋白，如 E1 和 E4（改变细胞周期进程）、E1A 和 E1B（抑制细胞凋亡和生长停滞）、E3（调控免疫应答，维持细胞活力）。此外，早期基因 *E2* 裂解产生的 DNA 聚合酶（E2B）、DNA 结合蛋白（DBP/E2A-72A）及前导终端蛋白（pTP）都参与了基因组的复制。E4 区编码至少 6 种不同的蛋白质，能够调节腺病毒复制周期。

2. 腺病毒感染后的免疫应答机制

腺病毒载体诱导的先天和获得性免疫反应，不仅针对所携带的目的基因表达产物，也针对载体自身。内吞病毒可通过各种 Toll 样受体（Toll-like receptor，TLR）引发免疫反应。腺病毒纤维蛋白结合 CAR 受体后，可以表达出 P13K 和交联吸附分子样蛋白等活性蛋白，从而诱导产生多种趋化因子。通常，在腺病毒接种 24 h 内可检测到显著水平的细胞因子（如 IL-6 和 TNF-α 等）。值得注意的是，即使载体本身具有较少或甚至不包含腺病毒基因，仍可显著地引起由病毒衣壳诱导的先天性免疫反应。这些非特异性免疫反应也可以极大地降低病毒载体数量。尽管存在上述缺陷，腺病毒载体仍然被认为是研发疫苗的最好载体。

腺病毒能够通过多种途径进入细胞并诱导机体的先天和获得性免疫应答。腺病毒可与抗体结合，通过 Fc 受体内化巨噬细胞并激活先天免疫，诱导 I 型干扰素和胱天蛋白酶（caspase）依赖型 IL-1β 的成熟（Zaiss et al.，2009）。内化的病毒 DNA 诱导的 IL-1β 成熟主要依赖于 NALP3 炎性体（NACHT- LRR- PYD- containing protein 3）和凋亡相关的斑点样蛋白（apoptosis- associated speck- like protein containing a CARD，ASC），而不依赖于 TLR 和干扰素调节因子（Muruve et al.，2008）。此外，研究表明，病毒五邻体蛋白中RGD基序与巨噬细胞表面的整合素互作是IL-1β前体成熟的必要条件（Barlan et al.，2011）。细胞质中腺病毒基因组可以被巨噬细胞和常规树突状细胞（conventional dendritic cell，cDC）通过 TLR9 非依赖途径所识别，而包含甲基化 CpG 的病毒基因组则被浆细胞样树突状细胞（plasmacytoid dendritic cell，pDC）通过溶酶体上的 TLR9 识别。不同类型腺病毒基因组中 CpG 的含量存在差异。HAdV-5 或 HAdV-6 病毒基因组 CpG 可被 TLR9 识别，而 HAdV-35、HAdV-36 和 HAdV-26 中的 CpG 含量少，其诱导 DC 的能力也较低（Perreau et al.，2012）。TLR9 通过 MyD88 传递信号，进而诱导 IL-6 和 IL-12 的分泌。腺病毒纤维蛋白可以被 DC 表面的肝素敏感受体（HSR）识别，进而活化 DC 并诱导 T 细胞免疫应答。研究表明，HAdV-5 引起的自然杀伤细胞（natural killer cell，NK）活化依赖于Ⅰ型干扰素和 T 细胞的参与，而对于 HAdV-35，仅仅依靠 pDC 就可以诱导 NK 细胞的活化，活化的 NK 细胞反过来可以增强 IFN-α 的分泌。这些结果表明 pDC 和 T 细胞可能对于腺病毒活化 NK 细胞是必需的，但详细机制仍不明确。因此，继续深入研究腺病毒免疫反应机制对于克服针对腺病毒载体的预存免疫具有重要现实意义。

补体系统在针对腺病毒的免疫应答过程中也发挥着重要作用。腺病毒载体衣壳诱导的体液免疫应答与补体系统密切相关。免疫球蛋白 M 可中和病毒，进而活化经典补体途径并阻断病毒感染宿主细胞（Xu et al.，2013）。一些研究也证实，腺病毒引起的血小板减少可能与 B 因子和补体成分 3（C3）介导的补体替代途径相关，腺病毒与 C3 相互作用可以介导核因子κB（nuclear factor-κB，NF-κB）的产生。除了活化巨噬细胞、DC 和 NK 细胞，腺病毒还可以进入非免疫细胞诱导非特异性免疫反应。例如，腺病毒可以感染上皮细胞并诱导干扰素的产生；可感染肾上皮细胞，通过活化 NF-κB，诱导 IP-10 的表达。

机体产生针对腺病毒的先天性免疫应答，进而调控随后的获得性免疫应答。细胞被病毒感染后分泌的干扰素作用于未感染细胞表面干扰素受体，通过 JAK-STAT 信号通路诱导多种抗病毒蛋白的表达，如 MxA、2′,5′-寡腺苷酸合酶和蛋白激酶 R。

Ⅰ型干扰素（IFN-α 和 IFN-β）可以上调 DC 共刺激分子 CD80、CD86 和 CD40，进而诱导 DC 成熟。Ⅱ型干扰素（IFN-γ）是 Th1 型 CD4$^+$T 细胞、CD8$^+$T 细胞和 NK 细胞分泌产生的一种免疫调节因子，可以诱导几乎所有细胞 MHC Ⅰ类分子的表达和专职抗原呈递细胞 MHC Ⅱ类分子的表达，进而推动抗原呈递到辅助性 CD4$^+$T 细胞。此外，IFN-γ 也可以活化巨噬细胞。DC 可以吞噬腺病毒感染的细胞，并通过 MHC Ⅰ类分子呈递抗原到 CD8$^+$T 细胞。抗原呈递细胞（antigen presenting cell，APC）可以通过 MHC Ⅱ类分子呈递抗原到 Th1 型 CD4$^+$T 细胞，进而活化 Th1 型 CD4$^+$T 细胞，产生 IL-2。一旦 CD8$^+$T 细胞收到外源抗原与 IL-2 信号，CD8$^+$T 细胞将被活化，活化的 CD8$^+$T 细胞通过识别腺病毒六邻体蛋白中保守表位来发挥细胞毒作用，诱导病毒感染的细胞发生凋亡。

腺病毒中和抗体主要识别衣壳蛋白。病毒中和表位主要位于六邻体蛋白的高变区（hypervariable region，HVR），其次是纤维蛋白的球形突出物区和五邻体蛋白。中和抗体通过阻止病毒吸附细胞、促进调理素介导的凝集和细胞吞噬来发挥作用。NK 和巨噬细胞通过 IgG Fc 受体识别结合腺病毒抗原-抗体复合物，从而进一步增强其吞噬作用和细胞毒作用。

四、重组腺病毒的构建

截至目前，重组腺病毒的构建方法主要有以下 3 种。

1. 双质粒共转染法

将不同的、具有重叠区域的质粒共转染能够表达 E1 蛋白的细胞系（最常用为 HEK293），便可获得重组腺病毒。详细地讲，首先构建携带外源目的基因的穿梭质粒及含有腺病毒基因组部分基因的骨架质粒，然后将上述质粒共转染至包装细胞中，通过随机同源重组的方式产生新的重组病毒基因组，并最终包装出能够稳定增殖的重组腺病毒。此方法的劣势在于重组效率较低。

2. 细菌内同源重组法（Ad-Easy 系统）

针对早期重组腺病毒构建方法的缺点，He 等（1998）开发出一种新的、在细菌内同源重组的方法。该方法将外源目的基因插入穿梭质粒以获得重组穿梭质粒，利用限制性内切核酸酶线性化后，转化至携带腺病毒骨架质粒的大肠杆菌内，经抗性筛选获得重组质粒，然后将该质粒经酶切消化，暴露出末端反向重复序列后转染 HEK293 细胞，最后获得重组腺病毒。由于此方法同源重组过程发生在菌体内，因此操作过程相对简单。

3. AdMax 系统

此系统是基于噬菌体 P1Cre/loxP 重组系统建立并发展起来的一种重组腺病毒包装系统。详细地讲，将外源目的基因插入至穿梭质粒载体，然后与携带腺病毒基因组部分基因（去除左翼 ITR 区、包装信号及 E1 区基因序列）的包装质粒（含有 Cre 重组酶基因序列）共转染 HEK293 细胞，在 Cre 重组酶的介导下，外源基因插入到病毒基因组中并包装出重组腺病毒。相比于前两种方法，此系统的包装效率提高了近 100 倍。

五、腺病毒表达系统在 VLP 研究中的进展

目前，腺病毒载体已经广泛应用于基因治疗、基因工程活疫苗及基因功能等研究中。由于腺病毒表达系统是在哺乳动物细胞内表达蛋白质的，因此蛋白质的翻译后修饰要比杆状病毒表达系统更准确。采用腺病毒表达系统表达的编码丙型肝炎病毒（hepatitis C virus，HCV）核心抗原 E1 和 E2 组装的 HCV-VLP 在小鼠体内可以有效抑制 HCV 感染，诱导高水平的中和抗体、体液免疫反应和细胞免疫反应（Kumar et al.，2016）。利用重组腺病毒表达系统在哺乳动物细胞内共表达基因型 1a、1b、2a 或 3a 的 HCV 核心 E1 和 E2 抗原，结构蛋白可以自组装成 VLP。这不仅解决了大规模纯

化的问题，而且纯化过程中维持了 VLP 的完整性，因此使得在哺乳动物细胞内大规模生产可以诱导产生中和抗体和细胞免疫反应的四价 HCV-VLP 疫苗成为可能（Earnest-Silveira et al.，2016）。

相关研究显示，重组 Ad-5 能够携带 EV71 的 *P1* 和 *3CD* 基因并产生 Ad-EVVLP。Ad-EVVLP 在 HEK293A 细胞内复制时，在蛋白酶 3C 的作用下，P1 裂解为 VP1、VP3 和 VP0 并完成 EV71 VLP 自组装。小鼠免疫结果显示，复制缺陷型腺病毒表达的 VLP 可以模拟 EV71 病毒粒子的天然结构，诱导产生抗 VLP 和 3C 蛋白的抗体及特异性的 $CD4^+T$ 细胞和 $CD8^+T$ 细胞反应并产生细胞因子，并且对 CVA16 诱导的手足口病也可以产生交叉免疫，完全能够抵抗 CVA16 的感染（Tsou et al.，2015）。此外，复制型重组腺病毒的晚期主要转录单元可以表达大量的 HPV16 L1 蛋白，后者在组织培养过程中可组装成完整的 HPV16 VLP，该 VLP 在小鼠体内能够诱导产生有效的中和抗体。进一步通过口服和吸入途径免疫猕猴后，可诱导产生强烈的抗腺病毒衣壳蛋白和非结构蛋白的体液免疫反应，但却没有产生针对 HPV16 L1 的体液免疫反应。相反，初次免疫后，猕猴体内迅速产生抗腺病毒粒子和 HPV VLP 的 T 细胞免疫反应，二次免疫后细胞免疫水平增强。细胞免疫有助于保护机体免受多种病毒的感染（Berg et al.，2014）。有研究利用腺病毒载体表达了埃博拉病毒 GP 蛋白和 VP40 蛋白并形成 VLP，该 VLP 可以诱导保护性免疫反应。经初次和加强免疫后，可以诱导豚鼠产生 GP 蛋白特异性体液免疫反应并能够使豚鼠 100%地抵抗致死性埃博拉病毒的攻击。免疫猕猴后，疫苗可以诱导多种抗原的抗体反应，包括中和抗体和 GP 蛋白特异性的细胞毒性反应（Domi et al.，2018）。

在动物病毒 VLP 研究中，Pan 等（2016）利用腺病毒载体系统制备了包含 FMDV VP1 主要 B/T 细胞抗原表位的细小病毒样颗粒 rAd-PPV：VP2-FMDV：VPe，动物试验结果显示，相比于合成肽疫苗组，该嵌合 VLP 能够诱导猪体产生较高水平的中和抗体，并且保护猪体抵抗 FMDV 的攻击。而 Ziraldo 等（2020）的研究则利用一种新的、优化的腺病毒载体 Ad5［PVP2］OP 表达并制备了 O 型 FMDV VLP。相比于以往利用未修饰腺病毒载体所表达的 FMDV VLP，该重组腺病毒所表达组装的 VLP 能够产生更高水平的中和抗体，并且在小鼠中能够达到 94%的保护率，为 FMDV 新型疫苗的研制提供了新的思路。

第三节　腺相关病毒表达系统

腺相关病毒（adeno-associated virus，AAV）自 1965 年被首次发现以来，以其为基础所建立的腺相关病毒表达系统得到了不断发展，被认为是最理想的活病毒载体表达系统之一。重组腺相关病毒（recombinant adeno-associated virus，rAAV）作为病毒载体具有载体结构简单、安全性高、定点整合无致癌风险、感染宿主范围广泛、遗传稳定性较高等优点。rAAV 作为病毒载体具有很好的应用前景，且在以往的大量研究及临床试验中得到了广泛应用。

一、腺相关病毒病原学特点

AAV 也被称为腺伴随病毒，属于细小病毒科（Parvoviridae）依赖病毒属（*Dependovirus*），是一种结构最简单的单链 DNA 缺陷型病毒。AAV 需要依赖于某一种辅助病毒（如腺病毒、单纯疱疹病毒等）参与的共感染才能感染宿主细胞并进一步复制、合成、装配而产生新的病毒粒子，其自身不能独立存在。AAV 病毒衣壳为正二十面体的无囊膜衣壳，直径为 22～26 nm。根据衣壳蛋白的不同，AAV 可进一步被分为至少 12 个血清型。在衣壳蛋白序列和构成比例方面，不同血清型 AAV 之间存在一定的差异，这使得不同血清型的 AAV 所结合的细胞表面受体不同，导致其不同的物种与组织嗜性。

AAV 基因组大小约 4.6 kb，按功能可将基因组分为 3 个部分：2 个可读框——Rep 和 Cap，以及位于基因组两侧的 T 型末端反向重复序列（inverted terminal repeat，ITR）。Rep 编码 Rep78、Rep68、Rep52 和 Rep40 多功能非结构蛋白，其中 Rep78 和 Rep68 主要参与病毒的复制与整合，而 Rep52 与 Rep40 则具有解螺旋酶和 ATP 酶活性，主要参与基因组复制。Cap 主要编码衣壳蛋白 VP1（90 kDa）、VP2（72 kDa）和 VP3（60 kDa），以及衣壳组装所必需的装配激活蛋白（assembly-activating protein，AAP）。AAP 蛋白（23 kDa）主要定位于细胞核，在形成衣壳的过程中发挥着至关重要的作用，能帮助衣壳进入细胞核并可能为装配提供支架，协助进行正确折叠。VP1 蛋白 N 端包含有高度保守的磷脂酶 A2 同源模序（PLA2），在病毒进入宿主细胞核的过程中可能具有重要作用。此外，衣壳蛋白在单链基因组 DNA 的聚集中也发挥了一定作用。ITR 具有转录启动子活性，在病毒基因组整合入宿主基因组，以及在从整合状态中拯救病毒 DNA 的过程中均发挥了非常关键的作用，是复制及包装过程中所需的唯一顺式作用元件。

目前已发现的几乎所有血清型 AAV 感染侵入宿主细胞均是通过受体介导的细胞内吞作用完成的。硫酸乙酰肝素蛋白多糖（heparan sulfate proteoglycan，HSPG）受体为 AAV 感染细胞所需的主要受体。此外，相关的研究也鉴定出了数种新的 AAV 共受体，包括成纤维细胞生长因子受体-1（FGFR-1）、肝细胞生长因子受体（HGFR）及层粘连蛋白受体（laminin receptor，LNR）等。当病毒利用受体感染细胞并进入细胞核后，若没有腺病毒等辅助病毒的存在，AAV 则进入潜伏期，在 Rep 蛋白介导下，基因组可定点整合至 19 号染色体长臂 AAVS1 区域，形成稳定的染色体-AAV 整合形式。在整合过程中，基因组第二链被首先合成，从而激活 Rep 蛋白表达，然后所表达的 Rep 蛋白与 ITR 结合形成复合体，并进一步与 AAVS1 中的一段同源序列相结合，进而介导基因组整合。当腺病毒等辅助病毒感染已被 AAV 潜伏感染的细胞时，之前一直潜伏的 AAV 就可以被激活并拯救，进而完成复制周期。此外，当 AAV 和辅助病毒同时感染宿主细胞时，AAV 基因组的表达和复制则被立即激活启动。

二、腺相关病毒衣壳组装

侵入宿主细胞时，腺相关病毒利用带负电荷的硫酸乙酰肝素蛋白多糖与细胞表面受体结合，然后通过胞吞作用进入细胞，随后通过核内体作用使病毒粒子被内化并释放出病毒基因组。目前尚不清楚病毒基因组是通过何种方式整合至宿主基因组中的，但可以明确的是 AAV 必须依赖辅助病毒才能够穿过宿主细胞的核膜，使基因组 DNA 整合到宿主细胞的相关安全位点后才能启动自身基因组的复制。据目前的认识，AAV 的组装方式主要包括胞内和胞外组装两种方式。

1. 胞内组装

利用胞内组装方法，AAV 病毒已在多种细胞系中成功组装，如 HEK293 细胞、昆虫细胞及酿酒酵母等。完整的病毒装配过程主要包括两个步骤：①由 VP1、VP2 和 VP3 三种衣壳蛋白组装成空的病毒颗粒；②AAV 单链基因组衣壳化。病毒衣壳组装过程较快，而相比之下基因组 DNA 的衣壳化过程则需要较长时间。组装后形成的颗粒沉降系数一般为 66~110S（空衣壳和完整衣壳沉降系数范围）。相关研究显示，定位于核仁中的 AAP 蛋白激活了整个组装反应。在 AAV 感染的早期阶段，除了一定数量的 Rep 辅助蛋白外，完整细胞核中无法检测到病毒衣壳蛋白的表达。在此之后，才可以检测到基因组 DNA 与 Rep 蛋白共定位及蛋白质间的共价连接。进一步的检测发现，在核浆里面 Rep 蛋白呈现均匀分布的同时，Cap 蛋白在核仁的周围聚集，最后便可以在核仁里检测到衣壳蛋白。组装过程中可同时观察到多种衣壳蛋白单体或低聚物、Rep 蛋白及基因组 DNA 同时存在于细胞核中，这表明在病毒衣壳组装过程中，完整衣壳与未成熟衣壳保持了一种平衡状态。

在不同的细胞之间，HEK293 细胞与昆虫细胞中的病毒组装过程较为相似，而酿酒酵母中的组装则与上述两种细胞中有所不同。尽管目前多数 AAV 的生产都是采用胞内重组的方法并在许多研究中得到了应用，但是该方法也存在一定的缺点，如大规模生产成本高且组装后的衣壳质量难以精确控制，容易造成胞内一定程度的炎症反应；另外还存在产物存储时间较短等问题。

2. 胞外自组装

为了克服 AAV 胞内组装方法中的缺点，相关研究也尝试建立了胞外病毒组装技术，即用重组杆状病毒系统分别表达 AAV 的 VP1、VP2 和 VP3 三种衣壳蛋白。具体而言，在突变 VP2 及 VP3 蛋白翻译起始位点后可以表达获得单独的蛋白质，进一步通过变性、复性在体外将蛋白质进行纯化。随后在 ATP 和钙离子等物质存在的情况下，按相关比例加入复性获得的不同蛋白质并孵育，最后通过沉降分析法便可以检测到相关聚合物（110S）的存在，但该产物不是确定的空病毒衣壳。只有当加入含有 AAP 蛋白的 HeLa 细胞提取物后，聚集反应才能够被激活，从而启动病毒衣壳的体外自组装。但这种组装方式效率较低，而且很大程度上受离子浓度、反应温度、溶液 pH 及 ATP 浓度等因素影响。

三、腺相关病毒诱导的免疫应答

AAV 广泛地存在自然界中，不同地区的人体 AAV 血清阳性率存在显著差异，但仍有 30%～60%的人携带能够中和几乎所有血清型 AAV 的中和抗体，中和抗体主要是针对 AAV-2 型与 AAV-1 型的。在阳性血清中可以同时检测到全部 4 个亚型的、特异性抗 AAV IgG 抗体，其中占比最大的是 IgG-1。一般而言，抗 AAV IgG 抗体水平与抗 AAV 中和抗体水平呈正相关。相似地，AAV 载体也能够引起产生全部 4 个亚型的抗 AAV IgG 抗体、IgM 及高水平的中和抗体。临床研究显示，AAV 特异性体液免疫应答水平要高于细胞免疫应答水平，但这可能是细胞免疫检测方法敏感性较低及免疫细胞在外周血中存在较少所导致，同时这也是一些研究结果在细胞免疫与体液免疫之间缺乏相关性的主要原因之一。

宿主感染腺病毒后会产生不同程度的 T 细胞免疫应答，很多人体内都有腺病毒特异性 T 细胞存在，且不同血清型腺病毒的细胞免疫应答具有交叉反应。在比较了抗 AAV 抗体与特异的记忆性 CD8$^+$T 细胞之间的相关性后，相关的研究发现，γ 干扰素（IFN-γ）可以作为病毒特异性 T 细胞激活的标志。低龄人群感染 AAV 后其抗 AAV 免疫应答水平将不断上升，并在二级淋巴器官中形成永久性的记忆性 T 细胞群。在再次接触 AAV 后，记忆性 T 细胞将会产生 IFN-γ、白介素-2（IL-2）及肿瘤坏死因子-α（TNF-α）等相关细胞因子。

rAAV 是一个相对复杂的混合物，其中病毒衣壳和基因组核苷酸组分在诱导机体产生天然免疫应答时都发挥了至关重要的作用，并且能够引起一定程度的炎症反应。抗 AAV 天然免疫应答的激活有几种不同的途径，包括 TLR2、TLR9 和 I 型干扰素等途径。此外，AAV 基因组 DNA 还可被 NOD 样受体家族中的 NALT3 识别，进而激活促炎性细胞因子反应。以 rAAV 为载体的肝基因转移研究结果显示，机体天然免疫的激活主要是由 rAAV 所携带的双链 DNA 基因组，以及其中的非甲基化 CpG 基序被 Toll 样受体结合所导致。除了载体基因组，双链 RNA（dsRNA）也可能参与了抗 rAAV 天然免疫的诱导。在 rAAV 进入细胞后，转染细胞和抗原呈递细胞（APC）都会通过 MHC I 类分子途径将衣壳蛋白所携带的抗原表位呈递给 CD8$^+$T 细胞并激活免疫应答。同时，APC 也会通过 MHC II 类分子途径将衣壳表位呈递给 CD4 辅助性 T 细胞，提高体液及细胞免疫应答水平。

四、重组腺相关病毒制备

1. 重组腺相关病毒的包装

AAV 必须依靠辅助病毒的存在才能自我复制，由此决定了其相对复杂的包装过程，即需要同时将多种组分加入到同一个体系中且需要不断摸索条件来建立能够满足临床试验的稳定生产体系。因此，简化生产方式、降低生产成本、满足大规模临床用量等均是当前 rAAV 生产制备方法发展中所亟待解决的关键问题。

1）依赖辅助病毒的包装方式

早期经典的 rAAV 生产系统由包含顺式作用元件 ITR 的载体质粒、包含病毒包装所必需的 *Rep* 和 *Cap* 基因的辅助质粒、辅助病毒及包装细胞构成。此方法只需要将载体和辅助质粒共转染包装细胞,然后加辅助病毒再感染进行包装,收获后加热灭活辅助病毒,最后经密度梯度离心即可分离纯化得到 rAAV。因为该方法所得包装产物中含有一定数量的辅助病毒,所以生产后的纯化较为烦琐,也存在一定程度的安全性问题。

2)全质粒包装方式

目前研究中普遍使用的 rAAV 包装系统是一种不需要辅助病毒参与的系统,该系统包括 3 种质粒和 1 种细胞系。系统质粒分别为携带顺式作用元件、真核启动子及插入位点的载体质粒,携带病毒包装所必需的 *Rep* 和 *Cap* 基因的辅助质粒(pAAV-RC),以及携带源自辅助病毒相关蛋白的腺病毒辅助质粒(pHelper)。将上述 3 种质粒共转染到 HEK293 包装细胞系(稳定表达腺病毒蛋白 E1A 和 E1B)后即可自组装形成具有感染性的 rAAV。该包装系统的最佳包装上、下限分别为基因组大小的 75%和 10%。

具体而言,在制备过程中仅需要将含有外源基因表达框且质粒两侧包含亲本毒株 ITR 序列的载体质粒、病毒辅助质粒 pAAV-RC(含有 *Rep* 和 *Cap* 基因),以及含有 AAV 复制所必需的 AAV 功能基因的质粒 pHelper 瞬时共转染宿主细胞。应用辅助质粒 pHelper 替代辅助病毒来包装重组病毒主要是为了降低载体自身免疫原性。在宿主细胞中,辅助质粒 pAAV-RC 中的 *Rep* 和 *Cap* 基因开始转录、翻译后,两侧包含 ITR 序列的外源基因表达框也随即开始复制,单链基因组 DNA 被装入预先成型的病毒衣壳,便可以在包装细胞系中形成新的 rAAV 病毒粒子。

尽管此方法避免了早期使用质粒转染腺病毒感染制备方法时辅助野生型腺病毒所带来的污染问题,保证了 rAAV 的安全性,但在进行大型动物实验及临床试验时,需要大量反复转染细胞制备大量重组病毒,这极大地限制了该方法在大规模生产中的应用。因此,急需建立新的 AAV 大规模生产技术,从而加速 AAV 载体在临床中的应用。

3)稳定细胞系包装方式

随着 AAV 病毒载体的应用越来越广泛,为了突破 rAAV 难以实现规模化生产这一瓶颈,一些新型实用的方法不断出现,如建立同时整合 AAV *Rep*、*Cap* 基因和携带 ITR 的稳定生产细胞系。此方法不仅无须转染,而且能够规模化制备,极大地简化了 rAAV 生产程序,使其广泛应用于临床研究成为可能。但在实际操作中,稳定的生产细胞系构建并不容易实现,需要大批量的筛选和鉴定,且生产用细胞系的稳定性及产能都需要严格的评定才能达到要求。

4)杆状病毒-昆虫细胞表达系统包装方式

杆状病毒-昆虫细胞表达系统生产 AAV 在近些年引起了广泛的关注,该系统是一种非常有潜力的生产系统。利用该系统包装 rAAV 时,只需要将前期构建的 3 种不同组成的杆状病毒,即 Bac-Rep、Bac-VP,以及包含 ITR 的载体基因组 Bac-GOI 同时共感染 Sf-9 细胞。利用杆状病毒-昆虫细胞表达系统生产 AAV 时,rAAV 病毒包装效率高，其产物在理化特性及生物学特性方面都与在哺乳动物细胞中生产的产物没有显著区别，而且细胞培养和纯化简便，成本较低，能够进行大规模悬浮培养。但此方法也存在重组杆状病毒 Bac-Rep 不够稳定、经多代复制后 *Rep* 基因序列缺失的问题，这在一定程度上限制了该法的规模化稳定生产。

5）其他包装方式

在转染载体质粒和辅助病毒质粒的同时，可以通过共感染腺病毒或单纯疱疹病毒包装出 rAAV。该方法的优点是省去了转染含有 AAV 复制所必需的 AAV 功能基因的质粒，但缺点是最终获得的 rAAV 中会掺杂一定量的辅助病毒。此外，也有报道显示在实际操作中可以将 *Rep* 基因、*Cap* 基因及腺病毒辅助基因同时插入一个质粒中形成单一辅助质粒来进行 rAAV 的制备。

2. 重组腺相关病毒的包装容量

因在免疫原性、感染宿主的范围及安全性方面具有优势，rAAV 是目前最有临床应用前景的重组病毒载体之一。然而，AAV 衣壳仅可容纳与自身基因组大小相近的外源 DNA 片段（一般不能超过 5 kb），这一特性严重制约了 rAAV 在基因治疗研究中的应用，如在相关遗传性疾病治疗中，因其缺陷基因编码序列长度都大于 5 kb 而无法利用 rAAV 进行基因治疗。但随着 rAAV 相关研究的不断深入发展，一些可以突破 rAAV 包装容量限制的新技术（如反式剪接和同源重组等方法）的出现，极大地拓展了 rAAV 的应用范围，使得大于 5 kb 外源片段的插入及应用研究成为可能。

3. 重组腺相关病毒的纯化

以往多数研究都认为 rAAV 载体具有无致病性、低免疫原性，临床前研究无严重不良反应等诸多优点。但随着 rAAV 研究的不断深入，一些安全性问题不断出现。例如，在 rAAV 基因药物 I/II 期临床研究中出现了由衣壳蛋白 Cap 引起的细胞免疫毒性，导致了严重的细胞免疫反应，使肝功能受到严重损害的情况。其主要原因是产物中包含了一定比例的 rAAV 载体相关性杂质，主要是包裹有非载体基因组的一些外源核酸的类 AAV 病毒颗粒、未成熟的空病毒颗粒及 rAAV 多聚体等。因此，如何减少或防止 rAAV 载体相关杂质的形成，保障规模化制备时能够产生达到临床需求的病毒载体，是目前 rAAV 生产制备中的重要任务之一。因为这些杂质的结构和特性与载体本身十分相似，所以需要通过某些有效方法对产物进行纯化。现阶段 rAAV 的纯化方法主要包括密度梯度离心、液相层析法、化学试剂法及超滤法等。

纯化获得的产物中包含有一定比例的成熟病毒空衣壳，其含量多少最终取决于制备过程中的包装效率和后期纯化过程中所使用的纯化方法优劣。有研究显示，通过优化提高含有 *Rep* 基因和 *Cap* 基因的辅助质粒的表达水平可以在一定程度上提高包装效率，而载体质粒在细菌中扩增时 ITR 结构的缺失会导致包装效率的降低。相比于其他纯化方法，氯化铯密度梯度离心法是目前最有效的一种分离病毒空衣壳和成熟病毒粒子的方法。此方法不受载体血清型限制，实验室条件要求不高，但难以规模化处理也严重制约了其工业化应用。此外，经此法纯化后的病毒还需要进一步使用点印记或实时定量聚合酶链式反应（real-time quantitative polymerase chain reaction，qPCR）来测定其基因组滴度，使用电子显微镜或酶联免疫吸附试验（enzyme linked immunosorbent assay，ELISA）来测定其衣壳滴度，而转染滴度则需要通过将纯化的病毒经一系列稀释后转染细胞，然后再计算详细的稀释度。

五、腺相关病毒递送系统的应用

近年来，腺相关病毒递送系统已经广泛应用于先天性基因遗传病、艾滋病、癌症等人类疾病的基因治疗，以及动物疫苗的研制，并取得了诸多的显著成果。

1. 在基因治疗中的应用

基因治疗产品是利用特定的载体或方法将外源目的基因片段导入靶细胞或组织，进而替代、阻断或修改相关目的基因，并最终达到治疗疾病的目的。以病毒载体为基础的体内疗法则是最为有效的目的基因导入方式之一。相比于其他病毒载体，如慢病毒、腺病毒、逆转录病毒等，rAAV 载体具有基因组结构简单、无致病性、可定点整合、无致癌风险、宿主范围广泛、遗传稳定性高等优点。在基因治疗中，利用 rAAV 将外源基因定点整合到宿主基因组，既能排除随机插入所导致的染色体缺失和基因重排等不安全因素，又可以达到基因治疗的目的。因此，目前国外已经获批上市了病毒载体类基因治疗产品，如治疗脂蛋白脂肪酶缺乏症（LPLD）的 Glybera®、治疗因双拷贝 *RPE65* 基因突变所致视力丧失的 Luxturna®，以及治疗脊髓性肌萎缩症的 Zolgensma® 等，均是以 rAAV 为基础研制的。

到目前为止，已有两百多个以 rAAV 为基础研制的候选药物处于临床研究阶段，且所用 rAAV 载体亚型也在逐步增加，从最早仅有的 rAAV-2 型，扩展到了现在的 rAAV-1、rAAV-5、rAAV-8H 和 rAAV-9 型等；疾病治疗的范围也从单基因遗传病领域，如先天性白内障、血友病 B、进行性假肥大性肌营养不良（Duchenne muscular dystrophy，DMD）、亨廷顿病、脂蛋白脂酶缺乏症和帕金森病等，逐步拓展到了艾滋病、癌症、脑部疾病、骨科疾病、肌营养不良症、心血管疾病、神经系统疾病及其他一些基因缺陷疾病。相比于传统的替代疗法，rAAV 产品能够在基因水平进行修复，单独、单次治疗便可达到长期有效。

尽管以 rAAV 为基础研制的基因治疗产品已得到了广泛应用，但相比于工艺成熟、质量稳定的重组蛋白产品，rAAV 产品的研制和后续评价还存在着许多挑战。例如，病毒组装用细胞系、所用培养基中均存在外源杂质的污染风险；多质粒同时转染批间重复性差导致的产能无法升级；使用辅助病毒时终产物存在病毒污染或残留的风险；无法全程质控产品纯度；效力检验需要检测基因的转移、表达、功能等诸多方面，分析难度较大；标准品制备较难且稳定性差等。因此，现阶段国内外尚无专门针对 rAAV 基因治疗产品的相关质量标准或生产指导原则。

2. 在动物疫苗研究中的应用

大量研究结果表明，rAAV 载体系统是一种十分高效的基因转移和表达载体系统，近年来该系统在家禽、家畜及灵长类动物疫苗的研制中得到了广泛应用。在禽类感染性疾病疫苗研究中，Wang 等（2019）利用杆状病毒表达系统制备了能够表达甲型肝炎病毒 1 型主要衣壳蛋白 VP1 的 rAAV 候选疫苗，以鸭为实验动物评价了该疫苗的免疫保护效果。结果显示该疫苗能在鸭体内诱导产生系统的免疫应答，并且完全保护鸭免受甲型肝炎病毒 1 型的感染，是一种有效的候选疫苗。进一步地，研究人员又利用杆状病毒表达系统制备了能够表达甲型肝炎病毒 1 型主要衣壳蛋白 VP3 的 rAAV，该候选疫苗同样也可以诱导鸭产生抗甲型肝炎病毒 1 型的保护性免疫应答（Wang et al.，2019）。有研究以禽腺相关病毒为载体，分别构建了能够表达新城疫病毒（NDV）血凝素-神经氨酸酶（HN）蛋白的 rAAV 候选疫苗和能够表达鸡传染性法氏囊病病毒（infectious bursal disease virus，IBDV）蛋白 VP2 的 rAAV 候选疫苗，免疫禽后均能够诱导机体产生系统的免疫应答，攻毒试验显示两种候选疫苗都能够为实验动物提供 80% 的免疫保护（Perozo et al.，2008a，2008b）。

在家畜及灵长类动物疫苗的研制中，rAAV 载体系统也得到了应用并取得了显著成效。狂犬病是由狂犬病毒（rabies virus，RV）引起的一种人畜共患病，严重危害着动物和人类的生命健康，而新型、高效的疫苗是当前防控该病的最重要且有效手段。利用 rAAV 载体系统，研究人员构建了数株包含不同血清型狂犬病毒 *G* 基因的 rAAV-G 疫苗，该疫苗在免疫后能够诱导机体产生高水平的体液免疫及细胞免疫应答，并且能够保护动物抵抗致死剂量野毒的攻击。此外，该 rAAV-G 疫苗还具有成本低、储存简单（4℃储存和运输）、免疫程序简单等优点，是一种应用前景广阔的新型狂犬病毒候选疫苗（Liu et al.，2020）。

在重要猪病疫苗的研究中，研究人员利用 AAV 载体构建了能够表达猪源 H1N1 流感病毒血凝素（HA）、核衣壳蛋白（NP）及基质蛋白（M）的 rAAV，并在此基础上评价了其作为候选疫苗的免疫保护效果。结果显示上述三种新型候选疫苗都能够在小鼠体内诱导产生抗猪流感病毒（SIV）特异性细胞和体液免疫应答，并且三种 rAAV 联合免疫能够在实验动物接受高毒力异源毒株攻击时提供部分免疫保护，是一种有潜力的流感病毒候选疫苗（Sipo et al.，2011）。此外，邱燕等（2013）构建了共表达猪繁殖与呼吸综合征病毒（porcine reproductive and respiratory syndrome virus，PRRSV）shRNA、GP5 及 M 蛋白的重组腺相关病毒，为后续新型 PRRSV 候选疫苗的研制奠定了基础。

小反刍兽疫是由小反刍兽疫病毒（peste des petits ruminants virus，PPRV）所引起的一种急性小反刍动物传染病，严重危害养殖业的健康发展。相关研究以犬腺病毒 2 型和 1 型腺相关病毒作为载体，分别表达小反刍兽疫病毒糖蛋白基因 *H* 和 *F*，构建了 4 株不同的重组病毒，并通过动物试验，对其免疫原性和安全性进行了评价（Huang et al.，2011；Qin et al.，2012）。该研究为今后 PPRV 新型防控产品的研制提供了新的思路。

由于猴免疫缺陷病毒（simian immunodeficiency virus，SIV）与 HIV 同属逆转录病毒且宿主与人类具有高度的亲缘关系，因此被广泛作为人类 HIV 疫苗研究的重要模型，以 rAAV 载体系统为基础的新型 SIV 疫苗研究是近年来的研究热点之一。Johnson 等（2005）利用 rAAV 载体系统构建了能够表达猴免疫缺陷病毒的新型 rAAV 疫苗，并以猕猴为实验动物模型详细评价了其作为候选疫苗的免疫保护效果。结果显示，单次肌肉注射即可在猕猴体内诱导产生抗 SIV 特异性 T 细胞和抗体，并且能够显著增强猕猴对高毒力 SIV 毒株的抵抗，是一种有潜力的 HIV-1 候选疫苗（Johnson et al.，2005）。

3. 在 VLP 研究中的应用

通过杆状病毒表达系统可以在体外表达形成以 VP3 蛋白 N 端融合外源小分子的重组 AAV VLP（Hoque et al.，1999）。而 Le 等（2019）的研究则使得 AAV 衣壳蛋白在大肠杆菌中表达组装成为可能。在 AAV VLP 应用方面，Shao 等的研究则进一步拓展了 AAV VLP 应用范围，使其可以作为一种有效的乳腺癌基因治疗手段。该研究通过杆状病毒表达系统表达组装了 AAV2-VLP，该 VLP 能够保护相关的干扰小 RNA（siRNA）免受核酸酶的降解，并且能够在 MCF-7 乳腺癌细胞中高效转染，同时没有显著的细胞毒性。此外，这种与 AAV VLP 结合的新型 siRNA 可以显著地诱导肿瘤细胞死亡（Shao et al.，2012）。此外，Manzano-Szalai 等（2014）利用 AAV VLP 展示了卵清蛋白（ovalbumin，OVA）的 B 细胞表位，并且在小鼠模型中评估了该疫苗的免疫原性和安全性，使得以 AAV VLP 制备疫苗成为了可能。

六、腺相关病毒递送系统发展展望

rAAV 安全性好、无致病性、免疫原性弱，可在机体内长期、稳定地表达所携带的目的基因，目前已经有大量 rAAV 基因药物进入了临床研究并取得了显著成效。随着 rAAV 表达系统的不断升级改造、大规模制备工艺的进步及生产成本的进一步降低，相信 rAAV 表达系统将会在今后疾病的预防和治疗中得到更广泛的应用。

第四节　慢病毒表达系统

慢病毒（lentivirus，LV）是逆转录病毒科的一种二倍体 RNA 病毒，常见的慢病毒有：人类免疫缺陷病毒（human immunodeficiency virus，HIV）、猫免疫缺陷病毒（feline immunodeficiency virus，FIV）、猴免疫缺陷病毒（SIV）、牛免疫缺陷病毒（bovine immunodeficiency virus，BIV）、马传染性贫血病毒（equine infectious anemia virus，EIAV）、山羊关节炎脑炎病毒（caprine arthritis-encephalitis virus，CAEV）、美洲狮慢病毒（puma lentivirus，PLV）、梅迪维斯纳病毒（Maedi-Visna virus，MVV）8 个种。逆转录病毒科内的病毒具有相似的空间和基因组结构，但慢病毒复制方式与逆转录病毒不同，慢病毒可在自身反转录酶作用下，反转录出双链 DNA 后整合到细胞基因组。在显性或隐性感染后，慢病毒具有潜伏期长、发病缓慢的特点。

慢病毒载体作为近年来受到广泛关注的重组逆转录病毒载体之一，是以慢病毒为基础改造而成的功能强大的遗传工具。可通过去除病毒基因组中的部分活性基因而插入外源目的或标记基因完成基因编辑。根据来源，可将慢病毒载体系统分成 HIV（HIV-1 型和 HIV-2 型）、SIV、FIV、EIAV、BIV 等，不同的载体系统适用于各自的基因转染试验。慢病毒表达系统主要利用逆转录酶和整合酶逆转录成 DNA 并将其整合至宿主细胞染色体中而完成基因递送，可在不引起细胞死亡的情况下完成复制及传代。当前大部分研究所使用的慢病毒载体均由 HIV-1 前病毒（HIV-I provirus）基因组改造而来。

一、慢病毒表达系统概述

1. 慢病毒基因组特点

慢病毒颗粒包含一个 RNA 基因组，该基因组带有包装、逆转录、核转运和整合所需的顺式作用序列，以及由 *gag* 和 *env* 基因所编码的结构蛋白、*pol* 基因编码的酶促产物。其中 *gag* 主要参与合成衣壳蛋白、核衣壳蛋白和内膜蛋白，*env* 参与病毒囊膜蛋白的编码，*pol* 编码病毒复制相关酶，还有参与转录调节的 *tat* 和蛋白表达调节的 *rev*，以及对病毒复制结合、感染和释放起重要作用的四个辅助基因（*nef*、*vif*、*vpr* 和 *vpu*）（Federico，2003）。长末端重复序列（long terminal repeat，LTR）含有顺式作用元件可与 *tat* 结合参与转录调节。

2. 慢病毒载体发展历程

最初（1996 年），慢病毒载体（lentiviral vector，LVV）被应用于神经元体内转导。早期慢病毒载体由 HIV 改装而来，包括 HIV-1 型和 HIV-2 型。此后经过不断深入研究，SIV、BIV、EIAV 等各类慢病毒载体也逐渐被研发出来。针对不同物种的细胞使用相应的载体系统可获得更佳的效果，但对于慢病毒载体的交叉应用还需深入地论证和评估（Michael et al.，2010）。现在最常用的慢病毒载体均由 HIV-1 改造而来，后期为实现更高的效率和生物安全性又对其进行了很多改进。

慢病毒载体的每一步发展均建立在安全的原则之上，充分考虑复制型慢病毒（replication-competent lentivirus，RCL）带来的风险。为提高载体的生物安全性、防止病毒复制，最大限度地删除了病毒非必需基因。通过将编码各种成分的序列尽可能多地分布在独立单元，即包装原件分别构建在不同的载体上，使其仅能感染一次而不能复制，确保仅制备出复制缺陷型病毒，而质粒必须经历数次重组才能形成具有复制能力的个体。以目前广泛应用的 HIV-1 型慢病毒载体为例，主要经历了四代系统的发展，每一代系统的载体都由不同的基因组组成，保留野生型病毒基因的数量不同，提高病毒毒价和安全性的异源顺式作用元件类型也不同。

第一代载体是复制缺陷型的两质粒包装系统，以 HIV-1 为骨架构建，由包装成分和载体成分两部分组成，包含 3 个结构基因（*env*、*gag* 和 *pol*）、2 个调控基因（*tat*、*rev*）和 4 个辅助基因（*vpr*、*vif*、*vpu* 和 *nef*），是除囊膜外包含所有 HIV 基因的包装系统。此代慢病毒载体系统只是将基因组中的 *env* 基因剔除，包装上目标基因的重组载体和能够提供病毒粒子组装蛋白的包装质粒。因其保留了几乎所有的病毒基因、表达系统载体成分和包装成分的病毒 DNA，可能会发生简单的重组，从而产生具有复制能力的病毒造成安全隐患。此外，其自身囊膜糖蛋白使载体仅侵染 CD4$^+$细胞，不感染其他类型细胞，因此产生的病毒滴度很低。

第二代载体中，为更有效地防止感染性病毒产生，以及在提高载体安全性的同时减小细胞毒性，对原两质粒系统中参与病毒传播和毒力的附属基因 *vpr*、*vif*、*vpu* 及 *nef* 进行删除，使得包装序列不能整合到病毒的基因组。9 个 HIV-1 基因中删除了 5 个，留下了 *gag* 和 *pol* 可读框分别编码病毒结构和酶促成分，以及 *tat* 和 *rev* 基因进行转录和转录后加工。将包装序列分别放入不同的两个质粒，一个表达 *gag* 和 *pol*，另一个表达 *env*。第二代载体被设计成含转移质粒、异源囊膜质粒和包装质粒的三质粒包装系统，其中转移质粒又称载体质粒，主要是插入目的基因和标记基因。囊膜质粒中 HIV-1 自身的囊膜蛋白被水疱性口炎病毒（VSV）G 糖蛋白替换，构建得到甲型慢病毒载体。由于 G 受体广泛分布在细胞表面，病毒颗粒能够非特异性与细胞膜磷脂结合，在增强了慢病毒载体的宿主倾向性和稳定性的同时，减少了自身间的重叠而有效地抑制了 HIV-1 向野生型毒株发展，提高了载体稳定性，也简化了病毒浓缩技术（李振宇等，2004）。包装质粒中的 5′端 LTR 由巨细胞病毒早期启动子代替，可控制除 *env* 以外的所有结构基因的表达；3′端 LTR 由 SV40 poly-A 信号序列替代，此时包装质粒便可表达复制所需的全部激活蛋白，而不产生辅助蛋白与囊膜蛋白。

目前应用最为广泛的是第三代慢病毒载体系统。为降低病毒发生意外重组的可能性，减少病毒包装序列同源性，对第二代载体系统进一步改进，删除了病毒基因组的增强子和转录因子的结合部位，使病毒 RNA 不能进行转录，仅保留慢病毒 *gag*、*pol* 和 *rev* 三个基因，并将 *gag* 或 *pol* 和 *rev* 编码序列插入不同质粒中。同时，为增加安全性，将调控病毒转录及核输出复制所必需的调控蛋白 tat 和 rev 设计成单独的、不依赖于 tat 的 rev 质粒，其中去除的 *tat* 被异源启动子代替。使用嵌合 5′端 LTR 以确保在没有 tat 的情况下进行转录，同时将 5′端 LTR 的 U3 启动子替换成 CMV 和 RSV 等其他启动子。删除了 3′端 LTR 的 U3 区，构建了缺陷型慢病毒载体，使载体失去启动子和增强子序列。3′端 LTR 的 U3 区对于野生型逆转录病毒的复制起着决定性作用，因为 RNA 基因组中的病毒启动子对于复制缺陷型载体是必不可少的，删除后可去除所有转录活性序列且不影响滴度，从而形成了所谓的自灭活（SIN）长末端重复序列（LTR）。SIN 载体无法重组启动子，比具有全长 LTR 的慢病毒载体更安全（Giry-Laterriere et al.，2011）。将 *env* 基因单独放在一个质粒上，形成辅助载体 gag/pol、rev、VSV-G 和可放置目的基因序列穿梭载体的四质粒包装系统。此时辅助载体和穿梭载体之间仅有几十个核苷酸的重复序列，大大降低了活病毒产生的风险，并且含有可诱导性基因，可调控目的基因表达，实现目的基因的条件性表达和敲除，为基因功能研究提供基础。

3. 慢病毒载体优点

相比其他病毒载体系统，LVV 有三个显著优势：首先，携带基因片段容量将近 10 kb，远远大于其他病毒载体，可以递送大多数 cDNA，也可根据需要添加各种成分而更适用于临床应用。其次，区别于常规的逆转录病毒载体不能转导非分裂细胞而导致的应用受限，慢病毒载体不仅可感染分裂细胞，而且还可对终末分化和非分裂细胞，甚至难以感染的原代细胞进行高效整合，具有转染的广泛性，整合效率也远远高于普通随机整合（Blomer et al.，1997）。最后，慢病毒载体不编码包装病毒的蛋白序列，因而载体转导的细胞受到病毒特异性细胞毒性 T 细胞攻击的风险被降至最低（Bensky and Manfredsson，

2016）。

另外，慢病毒载体还具有较高的转染效率，如腺病毒等载体的表达是一过性的，无法稳定传递给子代病毒。而慢病毒则可将目的基因整合到宿主细胞基因组，并在宿主细胞中稳定、持续性地传代，被感染细胞产生的后代将具有相同的转基因。这一特性已在干细胞治疗等应用中得到利用（Sutton et al., 1998）。慢病毒载体安全性好且不易诱发机体免疫反应。同时，慢病毒载体可兼容不同类型启动子，可在特定细胞中稳定表达目的基因，提高转录基因的转录靶向性。基于上述优势，慢病毒载体已发展成为一种高效的转基因和基因治疗工具。

二、重组慢病毒制备与生产

1. 慢病毒载体的设计

慢病毒载体的设计主要遵循安全性好、靶向性强、表达率高的原则。高滴度慢病毒颗粒的包装是慢病毒转基因动物技术的关键。设计 HIV 载体时，HIV 衍生的载体系统中删除 6 个基因（*env*、*vif*、*vpr*、*vpu*、*nef* 和 *tat*），但不改变基因转移能力，包装原件分别构建在不同的载体上，避免出现具有复制能力的反转录病毒（RCR），也可确保亲本病毒无法重构产生复制缺陷型病毒。

1）LTR 区的改建

为提高慢病毒载体的安全性，病毒自身大部分基因被去除（如启动子），选择插入外源的启动元件代替，此方式不仅可提高载体安全性，还可同时表达多种外源基因。两种外源基因的同时表达为后续筛选和鉴定提供了方便，可在要表达的外源基因基础上插入抗性基因或荧光标记。曾有研究人员通过改建 LTR 区使外源基因实现条件性表达：首先在 3′端 LTR 的 U3 区域插入 *loxP* 位点，逆转录后 5′端 LTR 也有此位点，插入的外源序列在 *loxP* 位点之间；加入 *cre* 后环化 *loxP* 实现外源基因沉默。目前，Cre-LoxP 系统已被广泛用于基因功能研究和基因治疗等方面。

2）提高转入基因的转录靶向性

为更好地实现慢病毒载体的靶向性，将治疗性目的基因转入特定靶细胞，可选择改变病毒囊膜蛋白结构，即慢病毒假型化，假型化设计已成为一种趋势。借助其他病毒糖蛋白 gps 的自然向性可实现更具选择性的靶向。HIV-1 env 可特异性识别存在于辅助性 T 细胞、巨噬细胞和某些神经胶质细胞表面的 CD4 分子，是介导载体颗粒进入靶标的关键蛋白。为增强载体的靶向性、改变病毒嗜性，可选择其他病毒的相应蛋白取代 HIV-1 env 囊膜蛋白，这一过程称为假型化。慢病毒载体与异源囊膜糖蛋白的假型化就依赖于这些糖蛋白的天然嗜性。

由于磷脂受体在哺乳动物细胞中广泛表达且非常稳定，水疱性口炎病毒（VSV）的 G 蛋白经常被用作假病毒和慢病毒载体颗粒的假型化，目前该假型化在基础研究及临床研究中被广泛应用。除此之外，载体可以通过超速离心浓缩，这为后续大量制备提供了方便。VSV-G 蛋白与慢病毒衍生的病毒核心结合形成的载体假型可以整合到非增殖靶细胞中。针对不同的疾病也可以选择更合适的囊膜蛋白，如针对人类呼吸道疾病的基因治疗可选择呼吸道病毒（如埃博拉病毒或流感病毒）表达的表面糖蛋白。一些病毒 gps 可将慢病毒载体靶向中枢神经系统（CNS），如狂犬病、莫科拉病毒、淋巴细胞性脉络丛脑膜炎病毒（LCMV）和罗斯河病毒（Ross River virus），它们甚至可以在 CNS 中转导特定的细胞类型。还有一些囊膜 gps 对肝细胞或皮肤细胞的慢病毒载体转导特别有效（Giry-Laterriere et al.，2011）。

慢病毒基因组具有可被整合到宿主基因的特点，但由于位置效应，外源基因表达被细胞转录沉默因子所抑制。为去除该抑制作用，有研究人员通过删除逆转录病毒的沉默元件，减小了宿主对载体基因转录起始起到的干扰作用；还有人采用加入局部调控元件、染色质绝缘体和模序结合位点等正向调控元件的方法以增强载体基因的表达。除此之外，为加强慢病毒载体携带的外源基因的表达，四环素调节系统，包括 Tet-on 和 Tet-off 系统也得到比较广泛的应用。研究人员将 CMV 启动子同 Tet 重复序列融合，分别与 tTA 和 rtTA 结合成 Tet-off 与 Tet-on 系统。但由于 Tet-off 系统需在四环素的支持下确保外源基因的表达，因此其诱导过程缓慢，所以实践中 Tet-on 系统的应用更为广泛。

2. 慢病毒的生产

1）慢病毒生产细胞系

在大多数情况下，LV 是通过黏附性 HEK293 细胞系（293T 和 293E）的多质粒瞬时转染生产的。HEK293 细胞或其衍生物因易于操作，已被广泛用于生产不同的载体类型，如腺病毒、逆转录病毒、慢病毒和腺相关病毒载体。由于 293T 细胞适用于无血清培养，降低了培养基的复杂性，简化了步骤，减少了下游加工成本，且生长速度和生产能力均高于亲本细胞系，因此被广泛应用（Segura et al.，2013）。此外，293T 细胞还可被悬浮培养，适用于大规模生产的生物反应器。

2）慢病毒载体表达

A. 瞬时表达

瞬时表达是大部分研发人员最常用于生产 LV 病毒载体的方法。此方法无须开发稳定的包装细胞系，避免了烦琐的筛选鉴定过程，极大地节约了时间。通过瞬时转染生产的慢病毒载体可以在实验室环境中快速灵活地测试不同的载体。常用的转染方法包括：磷酸钙［$Ca_3(PO_4)_2$］沉淀、脂质体方法和阳离子聚合物聚乙烯亚胺（polyethyleneimine，PEI）转染、电转染和杆状病毒转染法。

用于生产 LVV 的传统瞬时转染方法主要是磷酸钙沉淀法，即通过磷酸钙/DNA 与几种质粒共沉淀转染 293T 细胞后，经过两轮超速离心纯化产物，以提高载体的效力和纯度。但此种方法不适用于规模化 LVV 生产：由于磷酸钙的细胞毒性，培养基中需含一定比例的血清或白蛋白，转染后 1～20 h 必须更换培养基。此外，有研究表明 DNA-$Ca_3(PO_4)_2$ 复合物的溶解度和转染效率受培养基 pH 与磷酸盐浓度的影响且高度敏感。

一种基于树枝状大分子活性物质的脂质体方法也可用于 LV 生产，其优点是浓缩后生长滴度高于其他生长滴度，达到 10^7 TU/ml，但成本高而难以用于工业生产。PEI 相对来讲是一种比较便宜的方法，益于大规模生产。此外，PEI 转染条件（如 pH）要求较低，毒性也比磷酸钙低得多，这意味着转染后无须更换培养基。PEI 已被证明对黏附培养和悬浮培养均有效，可在有或没有血清的情况下使用。该法的缺点是，若要达到高转染效率需要大量的 DNA 质粒，且在生产或纯化慢病毒时缺少检测及定量 PEI 的方法，因而无法确定 PEI 等纯化情况是否会对病毒的感染能力和稳定性产生影响。

对于较小体积的细胞可采用电转染，即在两个电极之间连续通过所需量的细胞和DNA 悬浮液进行转染。此种方法可用于大规模高效生产慢病毒，所需 DNA 质粒量也较少，是磷酸钙法的 1/3。但规模化生产需在电转前浓缩细胞，电转后再进行稀释，离心法浓缩可导致细胞压力增大，引起细胞大量损伤而降低病毒载体产量。

杆状病毒转染法也是一种常用的转染方法，用于转染流感病毒、腺病毒和腺相关病毒。此方法可用于大规模生产，转染能力>40 kb，悬浮和贴壁细胞均可采用，且安全性好，已获得美国食品药品监督管理局（FDA）和欧洲药品管理局用于生产疫苗的批准，但该法获得的病毒载体滴度低。

B. 稳定表达

瞬时表达可能会出现缺陷的基因组，批次之间的差异很大，且需要大量昂贵的质粒，因此瞬时表达不是大规模生产的最佳选择。工业生产要求良好操作规范（good manufacturing practice，GMP），必须以一致的质量生产载体。因此，稳定表达慢病毒生产方法可降低生产成本，提高可重复性和安全性，是基因治疗所需表达产物生产的最佳选择。这样的方法必须筛选合适的包装细胞系，近年组成型 WinPac 细胞系已表现出可用于大规模生产的潜力。它不需要诱导剂，避免了烦琐的纯化步骤，提高了可扩展性。

许多慢病毒载体包装细胞系已被应用，如 SODk3 包装细胞系，它是基于组成性表达 tTA 反式激活因子（Tat）的四环素诱导（Tet-off）HEK293 细胞产生的。首先将 HIV-1载体引入 SODk3 包装细胞系以构建出稳定生产载体的细胞系。可使用选择性标记物潮霉素 B 通过稳定转染并进行克隆选择，或通过可挽回载体（非 SIN 和条件 SIN 载体）导入。如果选择标记包含荧光报告基因（如 IRES 后的 *GFP*），则可以通过流式荧光激活细胞分选法（fluorescent activated cell sorting，FASC）分选具有报告基因表达水平的细胞（即高产细胞）。SODk3 细胞系中 *gag/pro* 基因从一个基因表达盒表达，而 *pol* 基因从另一个基因表达盒表达，*vpr-pol* 融合以指导组装。载体颗粒成熟后，HIV-1 蛋白酶插入 *vpr* 和 *pol* 基因之间的酶切割位点从中切割出 *vpr*。将 *gag/pro* 和 *vpr/pol* 表达盒都置于 Tet 诱导型启动子的控制下。细胞还利用 Tet 诱导的双向启动子表达 *VSV-G* 囊膜基因和 *GFP* 基因。VSV-G 是目前应用最为广泛的慢病毒异源囊膜蛋白，但其细胞毒性强，它的表达必须在慢病毒生产时诱导以防止包装细胞死亡。

3）慢病毒载体下游处理过程

A. 纯化、浓缩、净化

下游加工的目的是浓缩载体并去除不安全或可能抑制载体转导的杂质，一般分成三个阶段：首先在粗病毒或细胞培养基中捕获靶分子，其次是去除靶分子以外的杂质，最后是抛光去除微量杂质。已报道了几种纯化和浓缩慢病毒载体的方法，最常见的是阴离子交换层析或尺寸排阻色谱法（size exclusion chromatography，SEC），此外亲和吸附色谱、超速离心和切向流过滤（tangential flow filtration，TFF）等超滤方法也已被开发用于 LV 的处理。

阴离子交换层析是一种相对简单、产品纯度较高的纯化方法，被认为是大规模纯化病毒载体的最有前途的技术。此方法利用色谱柱中带负电荷的载体颗粒与带正电荷的色谱基质结合，使用高浓度盐缓冲液将结合的病毒颗粒从色谱柱上洗脱下来。

SEC 又称为凝胶过滤，是一种强大的分离方法，纯化条件相对温和，适用于不稳定的病毒颗粒。但它的通量非常低，并且需要较低的线性流速，这会增加处理时间。此方法根据颗粒大小和质量，使用多孔的非吸附性材料从中等污染物中分离病毒颗粒。通过尺寸排阻色谱法纯化的载体颗粒还需要进一步浓缩，去除任何残留的小杂质，因而不能进行批量纯化。

亲和吸附色谱法是一种相对便宜的方法，在制药工业中广泛用于分离生物分子。其中肝素亲和色谱法最为常用：将 LV 上清液加载到亲和吸附色谱柱上，其中病毒载体颗粒与固定在色谱胶上的肝素配体结合，然后使用低摩尔浓度的 NaCl 溶液（如 0.35 mol/L）实现颗粒的解吸。

超速离心通常是在初步纯化步骤（如阴离子交换色谱法）之后使用的常规浓缩方法。据观察，使用超速离心可提高浓度 50～300 倍。但超速离心很费时，同时抑制载体性能的杂质也可能被共浓缩。

切向流过滤是一种超滤技术，既可用于最初的批量纯化阶段，也可应用于下游的进一步纯化。

B. 纯化 LVV 的质量评价

生产供人类使用的 GMP 级 LVV 制剂需要对最终产品进行严格的表征，以便确定其纯度、效力和安全性。高滴度、高纯度和高浓缩度的 LV 对其临床应用至关重要。临床级载体必须经过多步骤纯化才能满足严格的质量控制和评估要求，每批载体必须执行标准化的无菌测试，以确保每批载体均不含内毒素和不定因子，包括细菌、支原体、酵母和真菌等。还需要分析诸如 pH、重量和分子渗透压浓度等理化特性，以确保最终的载体批次符合临床标准。可以使用多种方法评估宿主细胞和培养基中产生的蛋白质杂质，包括采用银染分析的 SDS-PAGE、比色蛋白质测定法（如 Bradford 和 Lowry）、针对特定蛋白质污染物的蛋白质印迹法（Western blotting），以及酶联免疫吸附测定（enzyme-linked immunosorbent assay，ELISA）试剂盒等。

这些基于病毒基因载体的生物制品往往具有较大的批次间差异性，特别是在总载体和功能性载体颗粒的比例（效能）方面。在临床应用中，为保障每批最终产品效力一致，必须对功能性和非功能性病毒颗粒进行定量，以确保每个剂量都具有相同的转导效能。当前的 LV 滴定方法包括评估细胞转导后的报告基因表达，定量上清液中的载体 RNA 滴度，以及评估转导细胞中的原病毒载体 DNA 的滴度。当载体带有诸如绿色荧光蛋白（green fluorescent protein，GFP）或 LacZ 的报告基因时，可以评估细胞转导后的报告基因表达。病毒上清液的 RNA 滴定是最快速的技术，但它不能准确反映功能缺陷对病毒缺陷颗粒的干扰和 DNA 残留。

对于复制缺陷型慢病毒，必须进行生物安全性分析，以证明其未发生同源重组。必须测试每批载体中是否含具有复制能力的复制型慢病毒（RCL）。目前已经开发了许多检测 RCL 的方法。基于细胞的常规测定法是利用载体样品转导允许病毒感染的细胞系并进行几次传代，以扩增任何潜在的 RCL。然后使用 ELISA 测定每个传代阶段培养上清液中 HIV-1 p24 衣壳蛋白的浓度，在没有 RCL 的情况下，HIV-1 p24 衣壳蛋白的浓度应随着时间的推移而降低。最新开发出了灵敏且快速的 PCR 方法检测 RCL，包括产物增强性逆转录检测法（PERT）检测逆转录酶活性和实时 PCR 检测 VSV-G 囊膜 DNA。

三、慢病毒表达系统的应用

在大多数情况下，用慢病毒载体进行转基因递送的目的是在不干扰宿主细胞基因组正常功能的情况下，将单个转导事件导入靶宿主细胞，构建具有复制能力的慢病毒载体。源自 HIV-1 的慢病毒已逐渐进化出许多理想的功能，可用于研究、诊断和治疗。

1. 慢病毒在体基因编辑研究中的应用

在过去的 20 年中，慢病毒载体已经发展成为强大、可靠和安全的基因编辑工具之一，可在多种动物细胞（包括原代细胞）中稳定地进行基因转移和传递。慢病毒载体介导的 RNA 干扰（RNA interference，RNAi）是一种最常用的基因编辑工具，可特异性阻断或抑制基因表达，在研究领域已被广泛应用。RNAi 的原理是，向体内导入的双链 RNA 经 Dicer 切割成干扰小 RNA，与核酶等结合后进一步形成 RNA 诱导沉默复合体，通过切割靶定同源 mRNA 来阻断基因表达。慢病毒载体克服了 RNAi 转染效率低、持续时间短等不足。

2. 慢病毒作为基因治疗载体的应用

慢病毒载体可以转导不分裂的细胞，与逆转录病毒（retrovirus，RV）具有相同特性。现在重组 LV 已广泛用于基因转导，是用于基因治疗的最有前途的工具。慢性排斥是制约器官移植发展的瓶颈，针对供体的免疫耐受是器官移植亟待解决的问题。有研究人员曾利用慢病毒载体技术介导 RNA 干扰抑制小鼠树突状细胞表面 CD80 和 CD86 表达以完成心脏移植，此方法明显减轻了移植排斥反应。

相比于其他逆转录病毒载体，慢病毒载体具有可转染如神经元等非分裂细胞的特性。很多研究表明，慢病毒载体在阿尔茨海默病、帕金森病等多种神经疾病的治疗中均取得了良好的效果。神经系统中的神经元和胶质细胞均处于相对静止状态，其他逆转录病毒载体对于神经系统疾病的治疗均无能为力，而慢病毒载体对体外和体内的神经元和胶质细胞均具有高效、稳定的转染能力，为基因治疗神经系统疾病提供了新的工具。除神经系统疾病外，慢病毒表达系统给肾上腺皮质营养不良、镰状细胞贫血和地中海贫血、囊性纤维化和艾滋病治疗带来了希望。

慢病毒介导的 RNAi 对于肿瘤基因治疗的研究也较为深入。癌症的发生往往与基因突变有关，可利用慢病毒载体技术针对异常基因导入正常片段，使其在靶细胞中稳定高效地表达，从而达到治疗目的。此外，慢病毒载体技术也可在一定程度上提高肿瘤细胞对化疗药物的敏感性。例如，可采用慢病毒载体递送系统干扰很多恶性肿瘤都高表达的多药耐药相关蛋白亚家族中的 ABCC2 短发夹 RNA（shRNA）干扰，从而用于肿瘤治疗；也可将自杀基因递送到肿瘤中，在特异性酶作用下使其激活从而诱导肿瘤细胞死亡，如单纯疱疹病毒胸苷激酶/更昔洛韦。

3. 转基因动物生产

慢病毒载体技术是目前最为常用的转基因动物模型构建方式之一。该技术利用逆转录病毒可将目的基因整合到宿主基因上这一特性（可向从生殖细胞到囊胚期阶段细胞转移外源基因，并在宿主体内高效表达），改善了 DNA 显微注射转染效率低而成本高的问题。运用慢病毒载体技术将目的基因转入宿主细胞后，可使目的基因在宿主体内高效表达，获得改良后的个体，并且改良性状可传递给下一代。此种方法操作简单，动物适应性好，为基因功能和人类疾病研究、药物靶点的筛选提供了新的方式。

慢病毒载体技术不仅应用于转基因小鼠构建，也有用于构建转基因猪和转基因猴的报道。上述研究为人类疾病的研究提供了良好的动物模型，并进一步表明了利用慢病毒载体制备转基因动物的可行性和良好前景。

4. 慢病毒表达系统在 VLP 研究中的应用

近年来，大量相关研究显示利用 LV 载体系统（主要是 HIV-1 和 MLV 为基础的载体）也可以在宿主细胞中包装产生 VLP 样抗原并用于相关活性抗原的递送。相比于其他不同类型的 VLP，以 LV 载体为基础的 VLP 是一种优秀的外源蛋白递送载体。以 LV 载体为基础的 VLP 主要有两种形式：一种是将小的外源表位与 LV Gag 多聚蛋白融合表达直接形成的 VLP；另一种是将外源蛋白插入 LV 载体衣壳蛋白表面所形成的 VLP。但上述两种形式的 VLP 都存在一个主要的缺点，即可插入外源氨基酸序列的容量较小。例如，与 Gag 多聚蛋白融合表达直接形成的 VLP，其组装效率与插入外源蛋白的大小成反比，插入的外源蛋白越大，其组装效率越差。

目前，以 LV 载体系统所制备的 VLP 主要是利用该类型 VLP 来递送相关活性蛋白。Robert 等（2017）的研究就系统地评估了 LV 载体系统在宿主细胞中包装产生 VLP 的可能性，结果显示利用 LV 载体制备的 VLP 可以作为良好的外源蛋白递送载体，且可以进一步提高该外源蛋白的活性。随着研究的不断深入，研究人员在以 LV 载体为基础的 VLP 制备方法及可插入容量方面都进行了不断地尝试。Gutiérrez-Granados 等（2016）首次利用一种新的 CAP-T 细胞系制备了 Gag-GFP HIV-1 VLP，为 LV 载体为基础的 VLP 制备提供了新的方法。Henriksson 等（1999）则利用 LV 载体制备了含有人表皮生长因子受体的 VLP，为进一步增大插入外源蛋白氨基酸序列容量提供了新的思路。此外，有研究也曾尝试在常规 293 细胞等表达宿主之外，利用植物来表达以 LV

载体为基础的 VLP。Kessans 等（2016）就通过植物表达系统制备了包含 HIV-1 囊膜蛋白的 VLP，并证实该 VLP 可以作为一种有效的 HIV 候选疫苗。此外，在烟草叶中也能够表达利用 LV 载体系统所制备的 VLP。这些研究都为今后 LV 载体系统在 VLP 中的应用提供了新的表达途径。

除此之外，以 LV 载体系统所制备的 VLP 主要用于开发新型免疫缺陷病毒疫苗及相关肿瘤疫苗。Wagner 等（1996）利用 LV 载体系统将 HIV Gag 蛋白与 HIV-1 细胞毒性 T 淋巴细胞（cytotoxic T lymphocyte，CTL）表位融合表达制备了 1 型 VLP。此外，该研究还将 HIV-1 囊膜蛋白插入 LV 载体衣壳蛋白表面形成 2 型 VLP。进一步研究显示上述两种类型 VLP 免疫小鼠及猕猴模型后，可诱导动物机体产生特异性的免疫应答。Pitoiset 等（2017）利用 MLV 表达载体构建了一种包含能够诱导 TLR 7/8 信号通路的非编码单链 RNA 的 VLP（ncRNA-VLP），进一步的研究显示该 VLP 能够在体外诱导激活树突状细胞，并且在 HIV 疫苗小鼠模型中成功诱导产生了强烈的体液及细胞免疫应答。相关研究人员还以猴免疫缺陷病毒（SIV）为载体，构建了包含 SIV Gag 蛋白与 HIV BH10 截短型囊膜蛋白的 SHIV VLP，结果显示该 VLP 能够诱导产生较高水平的抗 HIV 囊膜蛋白的体液及细胞免疫应答（Zhang et al.，2004）。Wispelaere 等（2015）利用 LV 载体构建了包含日本乙型脑炎病毒（JEV）膜蛋白 M 和 E 的 VLP，免疫仔猪后能够产生良好的、针对 JEV 基因型 1、3、5 的抗原特异性体液免疫应答及中和抗体应答。除了 HIV-1 和 MLV 为基础的载体，也有相关研究以牛免疫缺陷病毒（BIV）为载体构建了包含不同血清型流感病毒 M 蛋白的、150～200 nm 大小的数种 VLP，并且这些 VLP 能够与流感特异性血清反应（Tretyakova et al.，2016）。

在肿瘤疫苗研究方面，研究人员利用源自 HIV 的 LV 载体构建了包含半胱天冬酶-8（caspase-8，CASP-8）的 VLP（Gag-CASP8-VLP），该 VLP 可将 CASP-8 高效地递送至乳腺癌细胞，并且可以显著地促进细胞凋亡，进而抑制肿瘤细胞的生长（Ao et al.，2019）。

四、慢病毒载体系统发展展望

随着研究的不断深入，近年来慢病毒载体系统的相关特性正在被不断优化改进，其安全性不断增强且宿主细胞感染范围更为广泛。此外，相比于其他病毒载体系统，慢病毒载体携带外源基因片段容量足够大，可递送一些其他病毒载体无法递送的大片段基因。基于上述优势，相信在今后的基因治疗及编辑等临床和研究实践中，慢病毒载体系统必将发展成为一种高效的、强有力的工具。

与此同时，未来慢病毒载体系统的应用也还面临一些亟待解决的问题。例如，基于 HIV-1 的慢病毒载体在人体使用时如何克服依然存在的潜在风险；今后在设计和改造慢病毒表达载体时，如何进一步缩短载体所含病毒自身编码序列的长度，降低基因发生重组的可能性；如何在大规模实际生产中进一步提高病毒滴度及纯度等。

五、附录

附表 1 利用活病毒表达系统表达的 VLP

病毒（囊膜病毒/无囊膜病毒）	科	抗原	表达宿主（胞内型/分泌型）	VLP类型（单层/多层）	参考文献
无囊膜病毒 — 腺相关病毒	小RNA病毒科	自身衣壳蛋白	Sf-9（分泌型）	单层	Shao et al., 2012
口蹄疫病毒	小RNA病毒科	衣壳蛋白	BHK 细胞	单层	Gullberg et al., 2013
腺相关病毒	小RNA病毒科	OVA B细胞表位	HEK-293T（胞内型）	单层	Manzano-Szalai et al., 2014
口蹄疫病毒	小RNA病毒科	衣壳蛋白	Lamb testis（LT）细胞	单层	Ma et al., 2014
人乳头状瘤病毒	乳多空病毒科	L1蛋白	Vero、MRC-5、NIH3T3 fibroblasts 细胞	单层	Bissa et al., 2015
腺病毒	腺病毒科	六邻体蛋白	Huh7 细胞（胞内型）	单层	Earnest-Silveira et al., 2016
口蹄疫病毒	小RNA病毒科	VP1抗原表位	HEK-293T（胞内型）	单层	Pan et al., 2016
腺病毒	腺病毒科	六邻体蛋白	293细胞（分泌型）	单层	Domi et al., 2018
口蹄疫病毒	小RNA病毒科	衣壳蛋白	HEK 293A（分泌型）	单层	Ziraldo et al., 2020
囊膜病毒 — 流感病毒	正黏病毒科	血凝素和核蛋白	禽类细胞（分泌型）	多层	Sutter et al., 1994
人类免疫缺陷病毒（HIV）	逆转录病毒科	CTL 表位/HIV囊膜蛋白	昆虫细胞（分泌型）	单层/多层	Wagner et al., 1996
猴免疫缺陷病毒（SIV）	逆转录病毒科	SIV Gag 蛋白和 HIV BH10 截短型囊膜蛋白 envt	Sf-9（分泌型）	多层	Zhang et al., 2004
H5N1 流感病毒	正黏病毒科	HA、NA、M	Vero 细胞（出芽分泌型）	多层	Schmeisser et al., 2012
慢病毒（LV）	逆转录病毒科	日本乙型脑炎病毒（JEV）膜蛋白 M 和 E	HEK-293T（分泌型）	多层	de Wispelaere et al., 2015
牛免疫缺陷病毒（BIV）	逆转录病毒科	不同血清型流感病毒 M 蛋白	Sf-9（分泌型）	多层	Tretyakova et al., 2016
猴免疫缺陷病毒（SIV）	逆转录病毒科	gp160	293F 细胞（分泌型）	多层	Iyer et al., 2016
鼠白血病病毒（MLV）	逆转录病毒科	非编码单链 RNA	HEK293T（分泌型）	单层	Pitoiset et al., 2017
埃博拉病毒	丝状病毒科	VP40、GP	HeLa 细胞（分泌型）	单层	Schweneker et al., 2017
埃博拉病毒	丝状病毒科	VP40、GP	HEK293T（分泌型）	单层	Domi et al., 2018
拉沙病毒	沙粒病毒科	GPC、Z	GEO-LM01 细胞（分泌型）	多层	Salvato et al., 2019
HIV-1	逆转录病毒科	Env、Gag	HeLa 细胞（分泌型）	多层	Beatriz et al., 2019
人类免疫缺陷病毒（HIV）	逆转录病毒科	半胱天冬酶-8（caspase-8、CASP-8）	HEK-293T（分泌型）	单层	Ao et al., 2019
马尔堡病毒	丝状病毒科	VP40、GP	HEK293T（分泌型）	单层	Malherbe et al., 2020

参 考 文 献

李振宇, 徐开林, 潘秀英, 等. 2004. HIV-1 慢病毒载体的构建及结构改造. 中华血液学杂志, 25(9): 62-63.

邱燕, 兰喜, 李学瑞, 等. 2013. 猪繁殖与呼吸综合征病毒 shRNA 和 GP5 及 M 蛋白重组腺相关病毒的制备. 中国兽医科学, 43: 480-487.

Ao Z J, Chen W, Tan J, et al. 2019. Lentivirus-based virus-like particles mediate delivery of caspase 8 into breast cancer cells and inhibit tumor growth. Cancer Biotherapy and Radiopharmaceuticals, 34: 33-41.

Barlan A U, Griffin T M, McGuire K A, et al. 2011. Adenovirus membrane penetration activates the NLRP3 inflammasome. Journal of Virology, 85: 146-155.

Benskey M J, Manfredsson F P. 2016. Lentivirus production and purification. Molecular Biology Reports, 1382: 107-114.

Berg M G, Adams R J, Gambhira R, et al. 2014. Immune responses in macaques to a prototype recombinant adenovirus live oral human papillomavirus 16 vaccine. Clinical and Vaccine Immunology, 21: 1224-1231.

Bissa M, Zanotto C, Pacchioni S, et al. 2015. The L1 protein of human papilloma virus 16 expressed by a fowlpox virus recombinant can assemble into virus-like particles in mammalian cell lines but elicits a non-neutralising humoral response. Antiviral Research, 116: 67-75.

Blomer U, Naldini L, Kafri T, et al. 1997. Highly efficient and sustained gene transfer in adult neurons with a lentivirus vector. Journal of Virology, 71: 6641-6649.

de Wispelaere M, Frenkiel M P, Després P, et al. 2015. A Japanese encephalitis virus genotype 5 molecular clone is highly neuropathogenic in a mouse model: impact of the structural protein region on virulence. Journal of Virology, 89(11): 5862-5875.

Domi A, Feldmann F, Basu R, et al. 2018. A single dose of modified Vaccinia Ankara expressing Ebola Virus like particles protects nonhuman Primates from lethal Ebola Virus challenge. Scientific Reports, 8: 864.

Earnest-Silveira L, Christiansen D, Herrmann S, et al. 2016. Large scale production of a mammalian cell derived quadrivalent hepatitis C virus like particle vaccine. Journal of Virological Methods, 236: 87-92.

Federico M. 2003. From lentiviruses to lentivirus vectors. Methods in Molecular Biology, 229: 3-15.

Giry-Laterriere M, Verhoeyen E, Salmon P. 2011. Lentiviral vectors. Methods in Molecular Biology, 737: 183-209.

Gullberg M, Muszynski B, Organtini J L, et al. 2013. Assembly and characterization of foot-and- mouth disease virus empty capsid particles expressed within mammalian cells. The Journal of General Virology, 94(Pt 8), 1769-1779.

Gutiérrez-Granados S, Cervera L, de las Mercedes S M, et al. 2016. Optimized production of HIV-1 virus-like particles by transient transfection in CAP-T cells. Applied Microbiology and Biotechnology, 100(9): 3935-3947.

He X, Goldsmith C M, Marmary Y, et al. 1998. Systemic action of human growth hormone following adenovirus-mediated gene transfer to rat submandibular glands. Gene Therapy, 5(4): 537-541.

Henriksson P, Pfeiffer T, Zentgraf H, et al. 1999. Incorporation of wild-type and C-terminally truncated human epidermal growth factor receptor into human immunodeficiency virus-like particles: Insight into the processes governing glycoprotein incorporation into retroviral particles. Journal of Virology, 73: 9294-9302.

Hoque M, Shimizu N, Ishizu K, et al. 1999. Chimeric virus-like particle formation of adeno- associated virus. Biochemical and Biophysical Research Communications, 266: 371-376.

Huang H N, Xiao S B, Qin J L, et al. 2011. Construction and immunogenicity of a recombinant pseudotype baculovirus expressing the glycoprotein of rabies virus in mice. Arch Virol, 156: 753-758.

Iyer S S, Gangadhara S, Victor B, et al. 2016. Virus-Like particles displaying trimeric simian immunodeficiency virus (SIV) envelope gp160 enhance the breadth of DNA/modified Vaccinia Virus Ankara SIV vaccine-induced antibody responses in Rhesus Macaques. J Virol, 90: 8842-8854.

Johnson P R, Schnepp B C, Connell M J, et al. 2005. Novel adeno-associated virus vector vaccine restricts replication of simian immunodeficiency virus in macaques. Journal of Virology, 79: 955-965.

Kessans S A, Linhart M D, Meador L R, et al. 2016. Immunological characterization of plant-based HIV-1 Gag/Dgp41 virus-like particles. PLoS One, 11: e0151842.

Kumar A, Das S, Mullick R, et al. 2016. Immune responses against hepatitis C virus genotype 3a virus-like particles in mice: a novel VLP prime-adenovirus boost strategy. Vaccine, 34: 1115-1125.

Le D T, Radukic M T, Muller K M. 2019. Adeno-associated virus capsid protein expression in *Escherichia coli* and chemically defined capsid assembly. Scientific Reports, 9: 18631.

Liu C G, Li J L, Yao Q L, et al. 2020. AAV-expressed G protein induces robust humoral and cellular immune response and provides durable protection from rabies virus challenges in mice. Veterinary Microbiology, 242(Suppl 1): 108578.

Ma W, Wei J, Wei Y, et al. 2014. Immunogenicity of the capsid precursor and a nine-amino-acid site-directed mutant of the 3C protease of foot-and-mouth disease virus coexpressed by a recombinant goatpox virus. Arch Virol, 159: 1715-1722.

Malherbe D C, Domi A, Hauser M J, et al. 2020. Modified vaccinia Ankara vaccine expressing Marburg virus-like particles protects guinea pigs from lethal Marburg virus infection. NPJ Vaccines, 5: 78.

Manzano-Szalai K, Thell K, Willensdorfer A, et al. 2014. Adeno-associated virus-like particles as new carriers for B-cell vaccines: testing immunogenicity and safety in BALB/c mice. Viral Immunology, 27: 438-448.

McFadden G. 2005. Poxvirus tropism. Nat Rev Microbiol, 3: 201-213.

Michael A, Bajracharya S D, Yuen P S T, et al. 2010. Exosomes from human saliva as a source of microRNA biomarkers. Oral Diseases, 16: 34-38.

Muruve D A, Petrilli V, Zaiss A K, et al. 2008. The inflammasome recognizes cytosolic microbial and host DNA and triggers an innate immune response. Nature, 452: 103-107.

Pan Q, Wang H, Ouyang W, et al. 2016. Immunogenicity of adenovirus-derived porcine parvovirus- like particles displaying B and T cell epitopes of foot-and-mouth disease. Vaccine, 34: 578-585.

Perozo F, Villegas P, Estevez C, et al. 2008a. Avian adeno-associated virus-based expression of Newcastle disease virus hemagglutinin-neuraminidase protein for poultry vaccination. Avian Diseases, 52: 253-259.

Perozo F, Villegas P, Estevez C, et al. 2008b. Protection against infectious bursal disease virulent challenge conferred by a recombinant avian adeno-associated virus vaccine. Avian Diseases, 52: 315-319.

Perreau M, Welles H C, Pellaton C, et al. 2012. The number of Toll-like receptor 9-agonist motifs in the adenovirus genome correlates with induction of dendritic cell maturation by adenovirus immune complexes. Journal of Virology, 86: 6279-6285.

Pitoiset F, Vazquez T, Levacher B, et al. 2017. Retrovirus-based virus-like particle immunogenicity and its modulation by toll-like receptor activation. Journal of Virology, 91(21): e01230-17.

Qin J L, Huang H A, Ruan Y, et al. 2012. A novel recombinant peste des Petits Ruminants-Canine Adenovirus Vaccine elicits long-lasting neutralizing antibody response against PPR in goats. PLoS One, 7(5): e37170.

Robert M A, Lytvyn V, Deforet F, et al. 2017. Virus-like particles derived from HIV-1 for delivery of nuclear proteins: improvement of production and activity by protein engineering. Molecular Biotechnology, 59: 9-23.

Schmeisser F, Adamo J E, Blumberg B, et al. 2012. Production and characterization of mammalian virus-like particles from modified vaccinia virus Ankara vectors expressing influenza H5N1 hemagglutinin and neuraminidase. Vaccine, 30: 3413-3422.

Schweneker M, Laimbacher A S, Zimmer G, et al. 2017. Recombinant modified vaccinia virus Ankara generating Ebola virus-like particles. Journal of Virology, 91(11): e00343-17.

Segura M M, Mangion M, Gaillet B, et al. 2013. New developments in lentiviral vector design, production and purification. Expert Opinion on Therapeutic Targets, 13: 987-1011.

Shao W, Paul A, Abbasi S, et al. 2012. A novel polyethyleneimine-coated adeno-associated virus-like particle formulation for efficient siRNA delivery in breast cancer therapy: preparation and in vitro analysis. International Journal of Nanomedicine, 7: 1575-1586.

Sipo I, Knauf M, Fechner H, et al. 2011. Vaccine protection against lethal homologous and heterologous challenge using recombinant AAV vectors expressing codon-optimized genes from pandemic swine origin influenza virus (SOIV). Vaccine, 29: 1690-1699.

Sun H L, Wang Y F, Tong G Z, et al. 2008. Protection of chickens from Newcastle disease and infectious laryngotracheitis with a recombinant fowlpox virus co-expressing the F, HN genes of Newcastle disease virus and gB gene of infectious laryngotracheitis virus. Avian Diseases, 52: 111-117.

Sutter G, Wyatt L S, Patricia L, et al. 1994. A recombinant vector derived from the host range- restricted and highly attenuated MVA strain of vaccinia virus stimulates protective immunity in mice to influenza virus. Vaccine, 12(11): 1032-1040.

Sutton R E, Wu H T, Rigg R, et al. 1998. Human immunodeficiency virus type 1 vectors efficiently transduce human hematopoietic stem cells. Journal of Virology, 72: 5781-5788.

Tretyakova I, Hidajat R, Hamilton G, et al. 2016. Preparation of quadri-subtype influenza virus-like particles using bovine immunodeficiency virus gag protein. Virology, 487: 163-171.

Tsou Y L, Lin Y W, Shao H Y, et al. 2015. Recombinant adeno-vaccine expressing enterovirus 71-like particles against hand, foot, and mouth disease. PLoS Neglected Tropical Diseases, 9: e0003692.

Wagner R, Deml L, Schirmbeck R, et al. 1996. Construction, expression, and immunogenicity of chimeric HIV-1 virus-like particles. Virology, 220(1): 128-140.

Wagner R, Deml L, Teeuwsen V, et al. 1971. A recombinant HIV-1 virus-like particle vaccine: from concepts to a field study. Antibiot Chemother, 1996；48: 68-83.

Wang A P, Liu L, Gu L L, et al. 2019. Expression of duck hepatitis A virus type 1 VP3 protein mediated by avian adeno-associated virus and its immunogenicity in ducklings. Acta virologica, 63: 53-59.

Weyer J, Rupprecht C E, Nel L H. 2009. Poxvirus-vectored vaccines for rabies-a review. Vaccine, 27: 7198-7201.

Wispelaere M D, Ricklin M, Souque P, et al. 2015. A llentiviral vector expressing Japanese encephalitis virus-like particles elicits broad neutralizing antibody response in pigs. PLoS Neglected Tropical Diseases, 9(10): e0004081.

Xu Z, Qiu Q, Tian J, et al. 2013. Coagulation factor X shields adenovirus type 5 from attack by natural antibodies and complement. Nature Medicine, 19: 452-457.

Zaiss A K, Vilaysane A, Cotter M J, et al. 2009. Antiviral antibodies target adenovirus to phagolysosomes and amplify the innate immune response. Journal of Immunology, 182: 7058-7068.

Zanotto C, Paganini M, Elli V, et al. 2005. Molecular and biological characterization of simian-human immunodeficiency virus-like particles produced by recombinant fowlpox viruses. Vaccine, 23: 4745-4753.

Zhang R, Li M, Chen C, et al. 2004. SHIV virus-like particles bind and activate human dendritic cells. Vaccine, 23: 139-147.

Ziraldo M, Bidart J E, Prato C A, et al. 2020. Optimized adenoviral vector that enhances the assembly of FMDV O1 virus-like particles in situ increases its potential as vaccine for Serotype O Viruses. Frontiers in Microbiology, 4(11): 591019.

第五章　哺乳动物细胞表达系统

1987 年，美国食品药品监督管理局（FDA）批准了世界上第一个由哺乳动物细胞——中国仓鼠卵巢细胞（Chinese hamster ovary cell，CHO）表达的治疗性蛋白质药物进入临床应用，即重组组织型纤溶酶原激活剂（r-tPA），开启了利用哺乳动物细胞表达系统制备临床用重组蛋白制品的新技术时代。

与原核细胞、酵母细胞和植物细胞等用于重组蛋白表达的宿主细胞比较，哺乳动物细胞能够对表达的外源性蛋白质进行更为完善地翻译后加工、修饰，并有效促进重组表达产物形成正确的空间构象，使其在分子结构、理化性质、生物学功能等方面与天然蛋白质分子更加接近，能够最大限度地发挥重组蛋白的生物学功效，为人类健康服务。经过三十多年的技术发展，哺乳动物细胞表达系统取得了显著的进步，表达产物的产量不断提升，部分单克隆抗体产量可达 10～20 g/L（Zhu，2012），已经成为生产重组蛋白制剂和新型疫苗的重要技术平台。

目前，表达重组蛋白的哺乳动物细胞系主要包括 CHO 细胞、人胚肾 293 细胞（human embryonic kidney 293 cell，HEK293 细胞）、非洲绿猴肾细胞系（COS 和 Vero）和啮齿动物细胞系（NS0、BHK-21、SP2/0）等（Heffner et al.，2018）。在重组蛋白制备领域技术发展较为成熟、应用广泛的主要是 CHO 细胞，其次是 HEK293 细胞及其衍生细胞系。2018 年全球十大畅销生物药物中的 7 种是由 CHO 细胞生产的，并且 CHO 细胞生产了全球近 70%上市销售的治疗性蛋白质制剂。

本章将重点介绍以 CHO 细胞和 HEK293 细胞为主的哺乳动物细胞表达系统的发展历史，包括细胞系种类、表达载体特征、培养体系、重组蛋白优缺点、生物制剂方面的应用研究成果，以及在制备动物病毒重组病毒样颗粒（VLP）疫苗方面的研究进展。

第一节　CHO 细胞表达系统

在种类繁多的真核表达系统中，以 CHO 细胞系为代表的哺乳动物细胞表达体系是目前重组蛋白生产中首选的宿主细胞，与其他类型真核细胞比较，CHO 细胞具有诸多优点：①CHO 细胞能够对表达产物进行更为准确地翻译后修饰，表达产物在分子结构、理化特性和生物学功能方面与天然蛋白质更加接近；②CHO 细胞对培养环境要求简单，培养条件易于优化，可以在有血清的培养基中贴壁培养，也能通过悬浮驯化，在无血清的化学成分限定培养基（chemical-defined medium，CDM）中悬浮培养，生产工艺上能放大到规模生物反应器生产重组蛋白水平；③CHO 细胞具有分泌表达外源蛋白质的特性，同时自身内源性蛋白质分泌水平很低，有利于重组蛋白的分离和纯化；④可通过二氢叶酸还原酶（dihydrofolate reductase，DHFR）系统或谷氨酰胺合成酶（glutamine synthetase，GS）系统的基因扩增方法将目的基因随机整合到宿主细胞基因组上，大幅度地提高目的蛋白质表达量；⑤可利用基因重组技术将目的基因特异性地插入到细胞基因组中的特定位置，获得稳定表达外源蛋白质的重组细胞株；⑥表达的重组蛋白在人类或动物机体中使用时具有良好的安全性。经过科学家不懈努力，CHO细胞培养工艺越来越成熟，在体外重组蛋白生物制品研究和生产领域得到越来越广泛的应用。

1. CHO 细胞系发展历史

1957 年美国科罗拉多大学遗传学家西欧多尔（Theodore T. Puck）博士从一只成年雌性中国仓鼠卵巢细胞分离得到原代 CHO 细胞，它是一株有无性繁殖性和自发永生化的成纤维细胞系，即使连续传上百代以上，细胞生物学特征也不会发生改变（Akbarzadeh-Sharbaf et al., 2013）。分离的第一株 CHO 细胞及后来衍生的细胞株都存在合成性能方面的缺陷，所以可以推测它们可能都来自同一个细胞克隆。

以 CHO 细胞作为宿主表达外源蛋白质时，由于细胞本身很少分泌内源性蛋白质，这对于重组蛋白的纯化工作非常有利。CHO 细胞具有完善的蛋白质糖基化修饰功能，是表达复杂生物大分子的理想宿主细胞。随着研究的深入，CHO 细胞系衍生出多种成熟的商业化细胞株，应用较为广泛的主要有 3 种细胞系：①从 1957 年分离的 CHO 细胞群中通过单细胞克隆化筛选得到的 CHO-K1，即带有 *DHFR* 基因的野生型细胞；②敲除 CHO-K1 细胞基因组中 *DHFR* 单等位基因的 CHO-DXB11 细胞系和通过电离辐射 CHO 细胞群筛选得到的 *DHFR* 双等位基因敲除的 CHO-DG44；③分离自原始 CHO 细胞系、可用于悬浮培养的 CHO-S（Butler and Meneses-Acosta, 2012）。CHO 细胞家族中还有很多其他类型的衍生细胞系，但多是以上述三种细胞系作为祖代细胞筛选获得的。本节主要介绍常用 CHO 细胞系的形态、生长、代谢、表达和基因组等特征。

2. CHO 细胞系

1）CHO-K1

CHO-K1 是未经改造的野生型 CHO 细胞的一个亚克隆。1970 年前后，建立 CHO 细胞系的科学家西欧多尔博士等将原始 CHO 细胞系的一个亚克隆存放在美国典型菌种保藏中心（ATCC CCL-61™），并命名为 CHO-K1。1958 年来自 CHO-K1 的另一个亚细胞克隆被分离并保存在欧洲认证细胞培养物保藏中心（ECACC，编号 85051005）。最初分离的 CHO-K1 是贴壁细胞，需要在添加血清的培养基中生长和传代。在实际应用中，考虑到额外添加的血清存在批间稳定性问题，并且存在引入外源性微生物污染风险等安全性隐患，2002 年，Lonza 公司将从 ECACC 获得的 CHO-K1 贴壁细胞驯化为可无血清悬浮培养的细胞，即 CHO-K1 CV 细胞株。Merk 公司将同样来源的细胞株驯化为可在化学成分限定培养基中悬浮培养，形成 CHOZN®CHO K1 细胞株。这些悬浮细胞株的出现极大地推动了 CHO 高密度悬浮培养技术的进步，为规模化生产蛋白质药物奠定了坚实的技术基础。

2）CHO-DXB11

在 1970～1980 年，哥伦比亚大学学者劳伦斯·蔡辛（Lawrence Chasin）和盖尔·乌尔劳布(Gail Urlaub)等使用伽马射线诱变方法获得CHO-DXB11细胞系(敲除单个 *DHFR* 等位基因,ATCC® CRL-9096),当培养基中没有 HT(次黄嘌呤-胸腺嘧啶)成分时细胞会死亡。CHO-DXB11 细胞的 *DHFR* 双等位基因中,一个 *DHFR* 基因被直接敲除,另一个 *DHFR* 基因仅包含一个错义突变(T137R),使得此细胞不能有效还原叶酸而合成次黄嘌呤(H)和胸腺嘧啶(T)。在表达重组蛋白时,将外源 *DHFR* 基因和外源蛋白质基因同时转染 CHO 细胞,通过缺陷型 HT 培养基筛选阳性克隆。*DHFR* 基因可通过重组重排进行基因扩增,因此在适当浓度叶酸类似物氨甲蝶呤(methotrexate,MTX)的选择压力下,*DHFR* 基因在扩增同时,同步促进编码目标蛋白质的基因的扩增,从而筛选到表达量高且稳定的重组细胞 CHO 株。前文提到的第一个被批准上市的 r-tPA 就是采用 CHO-DXB11 作为宿主细胞制备的。

3)CHO-DG44

在细胞长期传代时,由于 CHO DXB11 细胞中仅有一个 *DHFR* 等位基因被敲除,会发生低概率的突变和基因重组,使 CHO 细胞重新恢复 *DHFR* 基因活性,导致重组蛋白的表达量降低。劳伦斯·蔡辛实验室通过化学诱变和伽马射线诱变,在 1983 年筛选获得 *DHFR* 双等位基因敲除的 CHO 衍生细胞系,并命名为 CHO-DG44,它与 DXB11 均属于 *DHFR* 基因缺陷型细胞系,但从谱系分支来看,CHO-DG44 的生长特征与 CHO-S 更为接近。CHO-DG44 细胞完全缺失了 *DHFR* 基因,可以在无血清的培养基中悬浮培养,提高了药物抗性筛选和加压筛选过程的效率。

4)CHO-S

1973 年,Thompson 实验室从原始 CHO 细胞系种子中分离了一株可用于悬浮培养的 CHO 细胞,命名为 CHO-S。虽然 CHO-S 来自最原始 CHO 细胞系,但从细胞历史分支上分析,CHO-S 和 CHO-K1 分别属于不同代系。1980 年后期,Gibco 公司将 CHO-S 细胞系驯化到可在 CDM 培养基中增殖,并以 CHO-S 名称进行商业推广。CHO-S 能够在无血清培养基中高密度悬浮生长,是主要被用作瞬时表达的宿主细胞系,随着 GMP 细胞库的建立,该细胞系在商业化的重组蛋白表达中得到广泛应用。

除了上述应用较多的 CHO 细胞系,其他 CHO 细胞系在科学研究和生产中得到了不同程度的应用。例如,欧洲的生物技术公司多使用赛里斯(Selexis)公司利用 CHO-K1 细胞系筛选的 SURE CHO-M 细胞株生产蛋白质制剂。另外,Horizon 的 HD-BIOP1(GS Null CHO-K1)也源于 ECACC 的 CHO-K1 细胞系,它通过 rAAV 技术将 CHO 细胞的 *GS* 双等位基因敲除,获得 *GS* 缺陷型细胞,但尚未在欧美国家获得临床试验批准。

CHO 细胞表达系统发展日趋成熟,但也存在一些需要改进的地方。如 CHO 细胞自身不能进行人的 α-2,6 唾液酸化(α-2,6-sialylation)和 α-1,3/4 岩藻糖基化(α-1,3/4-fucosylation)修饰;表达糖基化蛋白质时会出现低比例的非人源的糖基化修饰,如 *N*-羟乙酰神经氨酸(*N*-glycolylneuraminic acid,NGNA)(修饰比例通常低于 2%)和 α-1,3 半乳糖苷(galactose-α1,3-galactose,α-gal)修饰(修饰比例通常低于 0.2%)。尽管这些非人源化糖基化修饰的比例很低,但仍然存在潜在的免疫原性风险。在规模化生产中,CHO 细胞较低的蛋白质表达量也是急需解决的关键问题。随着对 CHO 细胞生物学特征了解的不断深入和细胞培养技术的不断革新，上述不足之处也会逐渐得到解决，CHO 细胞将为人类健康生产更多安全和高效的蛋白质类产品。

一、CHO 细胞表达载体特征

在进行蛋白质表达研究时，构建高效表达载体是提高蛋白质表达水平的主要策略之一。在重组载体的构建过程中，主要通过选择和优化启动子与密码子、引入共扩增基因、采用不同类型表达调控元件组合、弱化选择性标记基因、改变基因排列等方式以提高重组蛋白质表效率，增加宿主细胞稳定性，实现重组蛋白规模化生产的目标。

1. 基因扩增系统

增加 CHO 细胞内的目的基因拷贝数是提高重组蛋白表达水平的重要方式。常用的基因扩增系统是 DHFR 系统，该系统将目的基因和 *DHFR* 基因同时或分别转染 *DHFR* 缺陷的 CHO 细胞，添加 MTX 进行加压筛选，促进目的基因的大量扩增，提高表达产物的产量。研究表明，采用 DHFR 系统表达曲妥珠单抗的产量高达 50 mg/L·d（Akbarzadeh-Sharbaf et al.，2013）。Lee 等（2013）通过控制细胞周期检查点来提高 *DHFR* 基因扩增系统的效率，蛋白质的产率能够提高约 3 倍。

2. 谷氨酰胺合成酶（GS）系统

GS 系统广泛用于内源性 GS 表达水平低的 NS0 和 CHO 细胞。细胞转染 *GS* 及目的基因后，在无谷氨酰胺培养基中加入蛋氨酸亚砜亚胺（methionine sulfoximine，MSX）进行加压筛选，使目的基因得到大量扩增，提高重组蛋白产量。Fan 等（2012）发现从敲除 *GS* 基因后的 CHO 细胞中筛选出的高产细胞株生产效率提高了 6 倍，规模培养重组蛋白产率提高了 2～3 倍。在应用过程中发现 GS 系统存在一些缺陷，即当细胞增殖到一定代次后，细胞株稳定性会逐渐变差，重组蛋白产量也随之下降。Bailey 等（2012）研究表明，GS-CHO 细胞株重组蛋白的表达稳定性可以保持 40～50 代，随后蛋白质产量会下降 40%。

3. 克服位置效应

基因位置效应指的是因外源基因插入宿主细胞的位置不同而影响基因表达的现象。例如，宿主细胞分裂间期染色体上一些部分是高度压缩的，而另一些部分是松散包装的，插入到染色体上不同位置的外源基因由于受到染色质状态的影响，表达水平差异明显。

利用 CHO 细胞和 HEK293 细胞表达重组蛋白时，都希望目的 DNA 分子能够插入并整合到宿主细胞的基因组中，能够随着细胞分裂被稳定遗传到子代细胞（与细胞瞬时表达重组蛋白相对应），从而获得长时间传代培养后仍能稳定表达目的蛋白质的重组细胞株，这对于规模化生产重组蛋白是至关重要的。因为重组细胞株稳定性直接影响到后期的扩大培养工艺，最终影响重组蛋白的生产效率。目前，构建稳定高水平表达细胞株的方式主要是通过将目的基因表达单元随机整合到基因组后筛选获得的，但目的基因插入到染色体的位置直接影响到外源基因整合的稳定性和表达水平，即存在位置效应。目的基因转染宿主细胞后需要经过大量的筛选试验鉴定出具有高水平表达潜力的阳性细胞克隆，再经过长期传代培养评估其生长特性及蛋白质表达能力。整个过程不仅耗时，最终筛选的阳性细胞株依然存在失去表达外源蛋白质能力的风险，这个问题在 CHO 表达系统中较为常见（Hammill et al.，2000；Pallavicini et al.，1990）。为克服目的基因随机插入导致的位置效应对重组蛋白表达量的影响，提高重组细胞株的稳定性和蛋白质表达水平，通常采取如下解决方案。

1）通过位点特异性重组实现目的蛋白质的高水平稳定表达

将外源基因通过位点特异性靶向整合到哺乳动物细胞基因组中转录活跃区域（或热点区域），能够在短时间内直接获得表达水平较高的阳性细胞克隆。例如，为了实现目的基因在 CHO/$dhfr^-$ 细胞中转录活跃区的定点整合和高效表达，设计一个含有报告基因（$k2\ tPA$）、扩增基因（$dhfr$）、重组酶识别序列（FRT）、经过系统弱化的筛选基因（neo）的筛选载体 pMCEscan，转染 CHO/$dhfr^-$ 细胞并筛选阳性克隆和分析表达结果，鉴定出报告基因表达水平高、单拷贝且扩增效果好的阳性克隆。这样的阳性克隆可以认为是重组载体已经定点整合到 CHO 细胞基因组中的转录热点区域，从而获得高效表达目的蛋白质的重组 CHO/$dhfr^-$ 细胞系。该重组 CHO 细胞系表达 k2 tPA 的产量达 17.1 μg/（10^6 个细胞·24 d）。因此，利用哺乳动物细胞表达外源蛋白质过程中，通过位点特异性整合技术能够缩短外源蛋白质生产的研发周期并提高产量。

2）通过同源重组实现外源基因定点整合

细胞内同源重组技术以受体细胞中特异染色体上特定位点的 DNA 序列特征为基础，在体外构建的两翼含有目的基因序列并携带有一个或几个条件选择标记基因的质粒载体，然后将其导入到受体细胞，使目的基因的同源区与受体细胞染色体特异位点同源区进行同源重组，通过选择压力筛选以获得阳性细胞克隆。Koduri 等（2001）用反义遗传学方法克隆了高效表达 CHO 细胞株染色体上整合位点两侧的侧翼序列 HIRPE，据此构建携带有目的基因的表达载体后，在 CHO 细胞的基因组上实现了同源重组，$CTLA4$ 表达水平提高了近 10 倍。

3）增加调节位置效应的 DNA 表达调控元件

DNA 表达调控表达元件包括绝缘子（insulator）、基因座控制区及散在的染色质开放元件。它们在各种结合蛋白质的辅助下插入调控基因所在的染色质区域并使其结构发生改变，从而增强或抑制特定基因的表达。Kim 等（2004）筛选了一系列用于隔离所转基因的基质/骨架结合域（MAR/SAR）元件，降低 CHO 细胞基因组中位置效应对蛋白质表达的影响。研究中发现，人 β-珠蛋白 MAR 元件对提高外源基因表达水平的效果尤为显著，β-半乳糖的阳性细胞克隆增加了 80%，表达量提高了约 7 倍。

4）弱化选择性标记基因

将目的基因构建到含有选择性抗药性标记的表达载体上并转染 CHO 细胞，在培养基中加入适当浓度的药物进行抗性筛选，重组载体转染成功的细胞株能够存活，否则将被药物杀死。通过增加药物浓度能够提高筛选的强度和缩短筛选时间，但过高的药物浓度也会抑制细胞生长，降低重组蛋白的表达量。通过弱化筛选标记可以解这个问题。

新霉素磷酸转移酶（neomycin phosphotransferase，NPT）基因是真核表达系统常用的抗性筛选标记。抗生素 G418 能够直接与真核细胞 80S 核糖体复合物结合，抑制蛋白质的生物合成（Mingeot-Leclercq et al.，1999）。NPT 可以将 ATP 上的 γ-磷酸基团转移到 G418 上的 3′-羟基上而使其失活，从而使 G418 失去抑制作用。刘苏等（2015）将表达载体上的 NPT 的 261 位氨基酸天冬氨酸突变成甘氨酸，G418 加压筛选获得的突变型 NPT 的酶活力仅为野生型的 3%，获得了高水平表达蛋白质的重组 CHO 细胞株。

二、宿主细胞的优化

在细胞培养过程中，随着营养物质的不断消耗，重组 CHO 细胞会发生凋亡和自噬等两种类型的程序性死亡，直接影响活细胞密度和单位细胞的表达效率，最终导致重组蛋白产率下降。如何降低细胞凋亡发生率是规模化细胞培养过程中一个需要解决的重要技术问题。目前，人们主要通过优化培养基成分来增强 CHO 细胞抗凋亡的能力，抑制因培养环境变化而诱导的细胞凋亡，促进细胞增殖，提高生长速率和最大活细胞密度，实现重组蛋白的高表达（表 5-1）。

表 5-1　增强哺乳动物细胞抗凋亡能力的方法

细胞系	抗凋亡方法
CHO、HEK293、BHK	*Bcl-2*
CHO、HEK293	*Bcl-2*△突变
CHO、BHK、Hybridoma	*Bcl-x$_L$*
CHO	*Bcl-x$_L$*△突变
CHO、HEK293	*XIAP/XIAP* 突变
CHO、HEK293	*CrmA/CrmA* 突变
CHO、HEK293	caspase 抑制剂：Z-IETD-fmk，Z-LEHD-fmk，Z-VAD-fmk
CHO	胰岛素样生长因子 I 受体，转铁蛋白
CHO	苏拉明
CHO	谷氨酰胺、天冬酰胺、葡萄糖
CHO	培养液中加入甘氨酸甜菜碱、甘氨酸、天冬酰胺、苏氨酸

从重组蛋白的正确折叠、运输、翻译后修饰、促进分泌等方面改造宿主细胞，是大幅度提升外源蛋白质表达水平的另一条有效途径。在无血清悬浮培养条件下，CHO-DG44 细胞中同时过表达抑制细胞凋亡的基因 *Bcl-2* 和 *Beclin-1* 能够延长细胞培养时间并提高活细胞的数量（Lee et al.，2013）。研究发现，在重组 CHO 细胞中过表达 Bac-x$_L$ 蛋白能提高细胞活力和延长细胞培养时间。Bac-x$_L$ 蛋白能通过同时抑制细胞中 *caspase*-3 和 *caspase*-7 基因的活化达到抗细胞凋亡作用，并且过表达 *Bac-x$_L$* 会使 LC3-Ⅱ 累积而延迟细胞自噬过程（Kim et al.，2009），提高重组蛋白表达量。

三、真核表达载体转染技术

将外源基因高效导入真核细胞是成功表达外源蛋白质的第一个关键环节，主要采用瞬时转染和稳定转染两种方式。根据需要，可以通过瞬时转染将目的 DNA 转染宿主细胞表达重组蛋白；也可以利用瞬时转染方法建立初级细胞库，再通过多轮筛选获得稳定转染的阳性细胞克隆，最终建立稳定表达重组蛋白的重组细胞株。常用的瞬时转染方法包括生物学转染方法、物理转染方法和化学转染方法。生物学转染方法包括活病毒载体转染和原生质体转染，物理转染方法包括电穿孔法、基因枪法和显微注射法；化学转染方法包括脂质体转染法、磷酸钙共沉淀法和阳离子聚合物转染法。

化学转染方法是指使用阳离子脂质体和阳离子聚合物进行转染的方法，基本原理是转染试剂表面带有正电荷，具有类细胞结构和生物膜的特性，能通过静电作用结合 DNA 分子的磷酸基团并将其包裹形成 DNA-脂质体复合体，而后被带负电荷的细胞膜吸附，通过膜融合、胞吞或直接渗透过程将 DNA 分子传递进入细胞内。少量转染的 DNA 分子能从内吞作用形成的内涵体中逃逸出来，完成蛋白质表达；无法逃逸的 DNA 最后会在溶酶体中被降解。由于 DNA-脂质体复合体粒径较大，在细胞质中无法有效扩散，DNA 分子会通过主动运输或在细胞有丝分裂而核膜消失时进入细胞核中，未进入细胞核的 DNA 会在 90 min 内被 DNA 酶降解。

脂质体转染方法操作简单、重复性好，转染效率具有较大的提升空间。目前唯一的问题是脂质体生产工艺复杂，转染试剂的价格偏高，不适用于规模化瞬时转染。现有商品化脂质体转染试剂中，Thermo Fisher Scientific 公司新开发的 Expi293F^{TM} 和 ExpiCHO^{TM} 瞬时转染系统的转染效率和蛋白质表达效率很高，但其商品化转染试剂盒和培养基价格较为昂贵，不太适合产业化生产过程。研究发现，用 Expi293F^{TM} 和 ExpiCHO^{TM} 表达系统表达的 14 种不同重组蛋白，ExpiCHO^{TM} 表达系统的表达量优于 Expi293F^{TM}，不同类型的蛋白质表达量差异比较大，ExpiCHO^{TM} 表达的 4 个 IgG 的表达量在 84～3271 mg/L，3 个双特异性抗体表达量在 75～398 mg/L，5 个融合蛋白质表达量在 68～894 mg/L（Jain et al.，2017）。

另外一种常用的聚合物转染试剂是聚乙烯亚胺（PEI），它有线性和树枝状两种分子结构的试剂，分子量 25 kDa 的线性 PEI 最适用于大规模瞬时转染。转染之前，先将 PEI 配制成 1 mg/ml（pH=7.0）水溶液（超纯水中加 1 mol/L HCL 酸化至 pH=3.0 左右以促进 PEI 溶解，加 1 mol/L NaOH 调节 pH=7.0，过滤除菌后–20℃保存）。根据 PEI 转染原理，转染前需将 PEI 和质粒 DNA 共孵育一段时间，以形成带正电荷的聚合物。由于 PEI 有细胞毒性，因此需要在转染前确定最佳工作浓度，转染完毕一段时间后需要更换为新鲜培养基。PEI 转染和操作流程较简单、成本较低，PEI 转染逐渐成为实验室和大规模瞬时转染的常用方法。

物理转染方法的转染条件比化学转染方法更温和，但也存在转染效率低的问题。物理转染方法如显微注射、基因枪、电穿孔转染等可直接将 DNA 分子导入细胞核，并准确控制 DNA 分子导入细胞的量，但也对实验条件和人员技术能力要求较高，并且单次转染体积较小，不适用于高通量和大规模瞬时转染。随着转染技术的不断进步，2013 年 Maxcyte 公司推出流式电穿孔转染系统。该系统采用静态转染和具有专利保护的流式电穿孔技术，适用于高通量或大体积转染，优化工艺可使 CHO 细胞的转染效率提高至 90%，瞬时转染的表达量达到 1 g/L。由于知识产权保护和仪器耗材等，这套转染技术价格昂贵，不过该技术是目前转染效率最高的瞬时转染技术（Kadlecova et al.，2012）。

四、哺乳动物细胞培养条件

随着哺乳动物细胞培养技术的不断进步，基于大规模生物反应器的技术不断得到革新。今天，50%以上的治疗性重组蛋白药物都是用哺乳动物细胞生产的，其中 CHO 细胞的应用最为广泛，已逐渐成为生产单克隆抗体药物的主要宿主细胞。

哺乳动物细胞培养技术可以概括为重组工程细胞株的筛选、无血清培养基的开发及优化、大规模生物反应器工艺优化等技术环节。在抗体药物生产过程中，抗体产量与宿主细胞的培养环境紧密相关。通过在培养基中添加糖类、氨基酸、脂类、蛋白质类、维生素和微量元素等特定营养物质，提高细胞密度、成活率和延长培养周期，可最终达到提高抗体药物产量的目的。

从培养工艺和培养规模放大的角度分析，哺乳动物细胞表达系统也存在不足，如重组蛋白产量较低、对血清依赖性强、对剪切力敏感等。如何在保证产品质量的基础上提高蛋白质产量、降低生产成本，是重组蛋白制剂生产工艺发展中必须重点解决的问题。在构建和筛选高表达量细胞株的同时，优化培养基和生产工艺也是提高产量的重要途径。

直到今天，哺乳动物细胞培养使用最普遍的基础培养基依然是 1955 年哈利·伊戈尔（Harry Eagle）发明的 MEM 培养基，它含有细胞生长所必需的最低营养需求的氨基酸、葡萄糖和维生素等成分，主要应用于培养贴壁细胞。随后，Eagle 通过分析细胞的蛋白质组成和氨基酸代谢特点，开发了改良型 Eagle's minimal essential medium（EMEM）培养基，它含有 28 种细胞代谢必需的成分，在添加血清条件下，广泛适用于培养各种细胞系。另外，改良 DMEM（Dulbecco's modified Eagle medium）是在 MEM 的基础上增加了 4 倍浓度的氨基酸与维生素，补充了丙酮酸与微量铁离子，可提高细胞生长速度，适合高密度细胞培养。不过，这些培养基仍需要补充一定浓度的血清才能维持细胞正常生长，这无疑增加了外源性微生物污染的风险。为了解决这个问题，很多研究小组通过分析细胞生长所必需的关键成分，研发了无血清成分的化学培养基用于哺乳动物细胞培养。Ham's F12 是早期的无血清、全合成成分化学营养培养基，能够满足单次 CHO 细胞生长和繁殖，但不适合超过 1×10^5 个细胞/ml 较高密度细胞培养（Ham，1965）。有了前期的研究基础，无血清培养基不断被改进和优化，开发出了支持高密度 CHO 细胞培养和生产高水平重组蛋白的商品化无血清培养基。随着 CHO 细胞培养密度的提高，重组蛋白产量得到显著提升，部分重组蛋白产量达到了 10 g/L（Lu et al.，2013）。

今天，许多试剂供应商可以根据用户所表达蛋白质的特点，设计和提供个性化的细胞培养基，从而加快了重组蛋白药物或抗体的生产速度并提高了产物的产量，主要表现在：①细胞培养周期由起初的 7 d 延长至 21 d；②细胞密度由 $1 \times 10^6 \sim 2 \times 10^6$ 个细胞/ml，提升到如今的 $1 \times 10^7 \sim 1.5 \times 10^7$ 个细胞/ml；③重组蛋白产量由 10～20 pg/细胞·d，50～100 mg/L，增加至 50～90 pg/细胞·d，1～5 g/L。

哺乳动物细胞培养经历了早期的有血清培养基，包括复杂的水解产物的培养体系，到完全无血清的化学成分限定培养基，甚至定制个性化细胞培养体系。培养体系的不断发展为生产更加优质的重组蛋白制剂和抗体药物提供了有力的技术支持。

五、CHO 制备 VLP 研究的进展

在细胞中表达具有自我组装功能的病毒结构蛋白能够形成 VLP。VLP 是一类在形态结构和生物学功能上与亲本病毒相似，但不包含感染性遗传物质的类病毒颗粒。临床研究证实，重组 VLP 疫苗或纳米颗粒疫苗具有可靠的免疫效果和安全性。另外，与重组亚单位蛋白疫苗比较，以 VLP 作为抗原即使在缺乏佐剂时也可以诱导很强特异性的免疫反应。近些年，重组 VLP 疫苗已经成为重组亚单位疫苗研究的热点。根据亲本病毒粒子结构组成特点，将 VLP 分两个主要的类型，非囊膜病毒和有囊膜病毒。

1. 非囊膜病毒

根据组成非囊膜 VLP（non-Env-VLP）的蛋白质亚基数量可进一步将其细分为两个不同亚类。一类是由病原单一成分通过自组装形式形成病毒样粒子结构，如猪圆环病毒 2 型（PCV2）的病毒样颗粒是由单一的衣壳蛋白组成，在真核细胞系统和原核表达系统中都能自组装形成与亲本病毒形态和尺寸相近的 VLP，可用作亚单位疫苗预防 PCV2 感染。类似病原，如貂和猪细小病毒（PPV）编码的 VP2 蛋白、诺如病毒（NOV）的衣壳蛋白、戊型肝炎病毒（HEV）截短 N 端的衣壳蛋白、乙型肝炎病毒（HBV）的表面抗原等单一蛋白质都具有自组装形成 VLP 样结构的特点。另外一类是结构较为复杂的、需由多个病毒结构蛋白相互作用形成的 VLP，如呼肠弧病毒（RV）科的蓝舌病毒（BTV）VLP。BTV VLP 是由三层二十面体衣壳包裹的病毒粒子结构，完整的病毒粒子由 7 个衣壳蛋白组成，其中 VP2、VP3、VP5 和 VP7 4 个主要蛋白质是组成 VLP 结构所必需的，VP2 和 VP5 组成外层衣壳，VP7 组成中间衣壳，VP3 组成内层衣壳。在昆虫细胞中共表达 RV 的 VP2、VP3、VP5 和 VP7 4 个蛋白质能够组装成结构稳定、具有双层和三层结构的 BTV 病毒样颗粒，而只表达 VP3 和 VP7 两种蛋白质也能组成空壳样颗粒（图 5-1），这类 VLP 是重组疫苗的优秀候选类型（French et al.，1990）。

重组乙型肝炎病毒表面抗原（rHBsAg）疫苗是利用哺乳动物细胞系统表达的最为成功的 VLP 疫苗，在预防乙型肝炎的工作中发挥了不可替代的作用。最早的乙肝疫苗是由提取自无症状感染者血浆中的 HBsAg 制备的血源性疫苗，其来源、成本、安全性都存在很大的问题。科学家通过对血浆中 HBsAg 的成分进行分析，发现抗原的关键成分是病毒的表面抗原，在此基础上开始研制新型乙肝疫苗。1992 年，第一支利用基因工程技术制备的乙肝基因工程疫苗获批上市并大量生产，其安全性、免疫效果均优于血源性乙肝疫苗。早期的重组乙肝疫苗是将含有 HBV 表面抗原的 S 基因的质粒（pSVS DHFR）转染到 CHO（$DHFR^-$）细胞，通过 MTX 加压筛选 CHO（$DHFR^+$）细胞克隆。从培养物中纯化 HBsAg 颗粒，利用 TEM 和 SDS-PAGE 鉴定特异性的 HBsAg 病毒样颗粒（HBsAg-VLP）。透射电镜下能观察到直径 22 nm 大小的病毒样粒子，拓扑结构与天然病毒粒子相似（图 5-2），SDS-PAGE 能发现 22 kDa、26 kDa、34 kDa 大小的三条特异性条带（图 5-3），其中大小为 22 kDa、26 kDa 的蛋白质是糖基化的表面抗原。由于蛋白质糖基化程度差异，同时出现了 34 kDa 大小的 S 蛋白质。用 CHO 表达的 HBsAg-VLP 和纯化的人源 HBsAg 粒子分别免疫小鼠，二者刺激小鼠免疫反应的阳转率

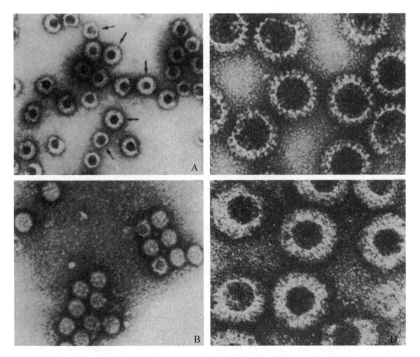

图 5-1　TEM 观察杆状病毒表达的 BTV VLP（French et al.，1990）

A. BTV 重组双层壳样 VLP（85 nm）；B. 细胞培养 BTV 病毒粒子；C. VP3 和 VP7 组成的空壳样颗粒；
D. 双层 BTV 粒子，VP2 与 VP5 形成的外层衣壳黏附 VP3 和 VP7 组成内层衣壳，×30 000

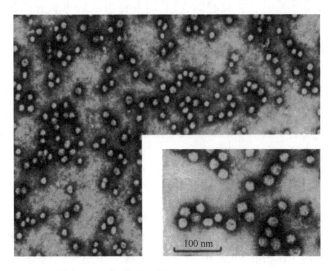

图 5-2　TEM 观察 CHO 细胞重组的 HBsAg-VLP（Michel et al.，1984）

大图×22 000，小图×33 000（有剪裁）

相关性可以达到 95%，说明利用 CHO 表达的 HBsAg-VLP 具有代替来自 HBV 感染康复血清制备 HBV 疫苗的前景（Michel et al.，1984）。随后的深入研究也证实了作者的研究结论是正确的。目前，重组乙型肝炎疫苗是由重组酵母或 CHO 工程细胞表达的乙型肝炎病毒表面抗原（HBsAg）制备的，重组 HBsAg 具有免疫原性强、阳转率高的优点，已经成为预防乙肝的优良疫苗，为保护人类健康做出了巨大贡献。

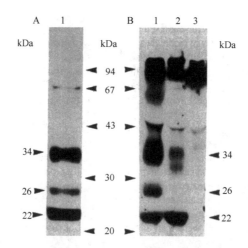

图 5-3　SDS-PAGE 分析组成 HBsAg 多聚蛋白质（Michel et al.，1984）

A. 银染纯化的多聚蛋白质；B.放射性免疫标记多抗检测 CHO 上清中多聚蛋白质。
1. CHO 克隆 37BA5R50；2. 衣霉素存在的 37BA5R50 克隆表达的多聚蛋白质；3. CHO *DHFR*⁻对照

2. 囊膜病毒

带有囊膜 VLP（Env-VLP）的结构相对复杂，最外层包裹的囊膜成分主要来自宿主细胞的脂质膜，部分囊膜病毒的囊膜表面含有与病毒入侵过程相关的微纤突样结构。Env-VLP 的结构组成特点为整合来自同源或异源病原体的多种抗原，形成嵌合型 VLP 抗原创造了条件。体外重组包含囊膜的 VLP 需要将组成病毒衣壳的蛋白质与其他结构蛋白共表达，形成的 Env-VLP 多以出芽的形式从细胞膜上释放到细胞外。目前，利用重组方法获得 Env-VLP 的病原种类主要包括流感病毒、新城疫病毒 HIV-1、汉坦病毒（hantavirus，HTV）、丙型肝炎病毒和恶性疟原虫等。

在啮齿动物活跃地区，人类直接接触感染 HTV 的啮齿动物或排泄物后会被感染，引起人的肾综合征出血热和汉坦病毒肺综合征（Schmaljohn and Hjelle，1997）。预防 HTV 感染的传统疫苗主要是中国研制的二价灭活疫苗，它可以为免疫人群提供很好的保护效果，不足之处是免疫后体内的抗体持续时间较短，需要多次反复接种。因此，开发一种可诱导持久免疫保护的广谱疫苗成为科学家努力的方向。

HTV 病毒粒子是一种有囊膜、分节段的负链 RNA 病毒，基因组由 S、M、L 三个片段组成，分别编码核衣壳蛋白（NP）、囊膜糖蛋白（Gn 和 Gc）和 L 聚合蛋白酶。体外将编码囊膜糖蛋白（Gn 和 Gc）的 *M* 基因和核衣壳蛋白（NP）的 *S* 基因分别克隆到 VH-dhfr，然后将组 VH-dhfr A9M 和 VH-dhfr/A9S 三个质粒共转染到 CHO-K1 细胞中，添加 MTX 选择加压扩增目的基因，提高 HTV 重组 VLP（HTV-VLP）的表达量。利用免疫荧光试验鉴定 HTV-VLP 表达，与对照细胞比较发现，重组细胞内能观察到特异性绿色荧光（图 5-4A），将筛选的单克隆细胞系稳定传代培养 49 代，标记 HTV-VLP 荧光强度依然稳定，说明目的蛋白质表达量没有明显降低（图 5-4B）。SDS-PAGE 比较分析 CHO 细胞中重组 HTV-VLP(图 5-5A 2)和细胞培养的病毒发现(图 5-5A 3)，组成 HTV-VLP 的 Gn、Gc 和 NP 的蛋白质分子量与细胞培养的活病毒一致，同时透射电镜观察到典型 HTV 的 VLP（图 5-5B），说明在 CHO 细胞中成功表达了重组 HTV-VLP 产物。通过

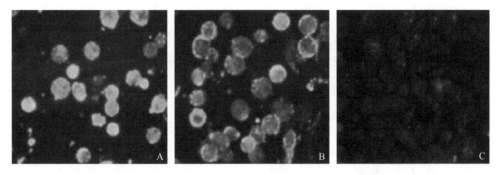

图 5-4 免疫荧光试验检测 CHO 细胞中 HTV-VLP（Li et al.，2010）（彩图请扫封底二维码）
A. FITC 标记的 IgG 抗体检测 HTV-VLP 的 N 蛋白；B. 检测 HTV-VLP 的 Gn 和 Gc 蛋白；
C. 混合抗体与对照细胞作用

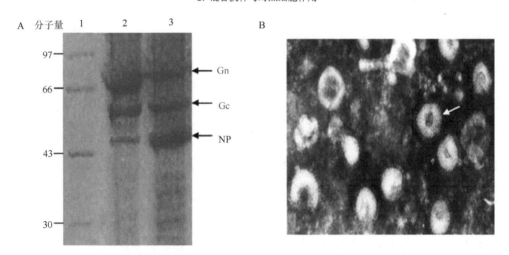

图 5-5 SDS-PAGE 和 TEM 观察纯化的 HTV-VLP（Li et al.，2010）
A. SDS-PAGE 分析 CHO 细胞表达的 HTV-VLP（2）和天然 HTV 粒子（3）；
B. TEM 观察负染的 HTV-VLP（白色箭头）×31 000

小鼠试验比较重组 HTV-VLP 抗原和商品化灭活疫苗的免疫效果证实，重组 HTV-VLP 能够诱导高水平的细胞免疫反应和体液免疫反应，具有开发成预防 HTV 感染疫苗的前景（Li et al.，2010）。

第二节 HEK293 细胞表达系统

一、HEK293 细胞系发展历史

HEK293 细胞是原代人类胚胎肾细胞（human embryonic kidney cell，HEK）转染 5 型腺病毒 DNA 后获得的永生化细胞系。在正常 HEK 细胞 19 号染色体上引入了腺病毒约 4.5 kb 的基因组 DNA 序列，并表达 E1A/E1B 蛋白质，这也是腺病毒只可以在 HEK293 细胞中复制增殖的原因。20 世纪 70 年代初，科学家阿里克斯（Alex）在荷兰莱顿大学的实验室从健康流产胎儿中首次成功分离到原代胚胎肾细胞。不过，HEK293 细胞能得到广泛的应用离不开弗兰克·格雷厄姆（Frank Graham）的不断尝试。他发现磷酸钙可以将 DNA 导入细胞,最终在第 293 次试验时,成功获得了第一个细胞克隆,因此命名为 HEK293(ATCC® CRL-1573™)。随后,经过科研人员不断改造,获得了不同类型的 HEK293 衍生细胞系(图 5-6)。

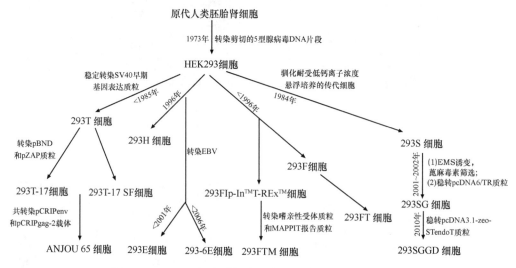

图 5-6　HEK293 细胞系衍生历史(译自 Hu et al., 2018)

1. HEK293T、HEK293T/17 和 HEK293T/17 SF 细胞系

1)HEK293T

HEK293T 细胞是在 HEK293 细胞中转入猿猴空泡病毒 40(simian vacuolating virus 40,SV40 virus)大 T 抗原并表达 E1A 和 SV40T 抗原的高转衍生细胞株,含有 SV40 病毒复制起点与启动子区的质粒可以在该细胞中复制。HEK293T 细胞生长速度快,转染效率高,常用来做重组蛋白表达,也可以作为包装高滴度逆转录病毒、腺病毒及其他感染哺乳动物病毒的宿主细胞。

2)HEK293T/17

在 HEK293T 细胞中共转染 pBND 和 pZAP 质粒,使细胞中带有 *neo* 基因,从而获得具有 G418 耐受性的细胞系,称作 HEK293T/17。它不仅遗传了 HEK293 细胞的生物学特点,还具备了转染效率高的优势,被广泛用于病毒包装、基因表达和重组蛋白生产。

3)HEK293T/17 SF

该细胞系是在 HEK293T 细胞中转入 *EBV* 基因(*EBNA-1*)形成的重组细胞系,主要用于瞬时转染时表达蛋白质。

2. HEK293H 细胞系

该细胞系是通过对 HEK293 细胞进行无血清驯化培养而获得的,它能够在无血清培养条件下快速生长。HEK293H 另一个优点是具有很高的转染效率及能高水平表达外源蛋白质,贴壁性能良好,常用在噬菌斑检测等方面。

3. HEK293E 和 HEK2936E 细胞系

1）HEK293E

该细胞系是在 HEK293H 细胞基因组中插入 EBV 的 *EBNA-1* 基因获得的细胞系。它能够稳定表达 EBNA-1 蛋白。含有 EBV 复制起点（oriP）的重组质粒能够在 HEK293E 细胞中扩增，提高质粒的拷贝数，实现重组蛋白的高效表达。

2）HEK2936E

该细胞系是在 HEK293H 细胞中插入截短 *EBNA-1* 基因后获得的细胞系，在无血清培养条件下能够高效表达外源蛋白质。

4. HEK293F、HEK293FT 和 HEK293FTM 细胞系

1）HEK293F

HEK293F 是指能够在无血清培养基条件下高效表达目的蛋白质的野生型 HEK293 细胞系。

2）HEK293FT

HEK293FT 是指在 HEK293F 细胞中插入 pCMVSPORT6TAg.Neo 质粒的重组细胞系，增殖速度快，容易转染，可用于包装和繁殖慢病毒载体。

3）HEK293FTM

HEK293FTM 来源于 293FIp-In™T-REx™ 细胞，该细胞系转染了编码亲嗜性受体（ecotropic receptor）基因及哺乳动物细胞蛋白质与蛋白质相互作用诱饵（mammalian protein-protein interaction trap，MAPPIT）报告质粒，主要用于蛋白质相互作用研究。

5. HEK293S，HEK293SG 和 HEK293SGGD 细胞系

（1）HEK293S 细胞系是将 HEK293 细胞驯化成能够悬浮培养、并能够耐受培养基中低浓度 Ca^{2+} 的衍生细胞系。

（2）HEK293SG 细胞系是首先将 HEK293S 细胞通过甲基磺酸乙酯进行诱变处理，再利用蓖麻毒素进行筛选，随后转染 pcDNA6/TR 质粒获得的、可耐受蓖麻毒素的重组细胞系。HEK293SG 细胞系缺乏乙酰氨基葡萄糖转移酶Ⅰ活性，可促进蛋白质的 Man5GlcNAc2N-聚糖型糖基化修饰。该细胞中含有四环素表达抑制基因，可应用于四环素诱导的蛋白质表达研究和表达同源的 *N*-糖基化蛋白质。

（3）HEK293SGGD 细胞系指的是在 HEK293SG 细胞中转染 pcDNA 3.1-zeo-STendoT 质粒的细胞系，主要应用于蛋白质的糖基化工程研究中（Hu et al.，2018）。

二、HEK293 细胞表达载体特征

研究发现，SV40 病毒和人类疱疹病毒 4 型（EBV）具有维持其感染的宿主细胞周

质中的游离质粒拷贝数的特性。SV40 病毒通过其编码的大 T 抗原与其复制起点结合实现这种功能。同样，EBV 的 EBNA-1 蛋白和 oriP 的结合、鼠多形瘤病毒大 T 抗原与多形瘤病毒复制起点 Pyori 的结合也有类似功能。如果转入细胞的重组载体携带能与上述蛋白质相结合的复制起点序列，游离于细胞周质的质粒拷贝数将会增加，从而提高蛋白质表达的水平。因此，在使用 HEK293 细胞系进行蛋白质表达时，需要事先了解细胞系特点和表达载体调控元件的组成特点，选择适合的细胞系和表达载体进行蛋白质表达（表 5-2）。

表 5-2 HEK293 细胞系常用表达载体

细胞系	细胞特征	常用表达载体
HEK293F	无血清培养基中高效表达蛋白质的野生型 HEK293 细胞系	pcDNA3/pCMV
HEK293T	稳定表达 SV40 T 抗原	pCMV/myc/ERPcdna3.1
HEK293E	稳定表达 EBNA-1	pCEP4/pEAK8/pTT

三、HEK293 生产蛋白质制剂的优点

HEK293 细胞系因具有稳定性好、转染效率高等优点，是目前最为常用的瞬时转染和表达重组蛋白的细胞系之一，并且该细胞系适应悬浮培养，易于进行无血清驯化培养。由于 HEK293 改造自人源细胞，所以使用 HEK293 系列细胞表达的人源重组蛋白药物应用在人体不会引起人体异常免疫反应，安全性更好。另外，HEK293 细胞可高效表达重组蛋白，并促进外源蛋白质形成正确的空间构象，能够准确地对蛋白质进行转录后糖基化、磷酸化等修饰；获得表达产物的抗原性、免疫性和生物学功能与天然产物更为相似，因此被广泛地应用于基因工程药物的生产（表 5-3）。

表 5-3 HEK293 细胞系生产的治疗性蛋白质

细胞系	产品	针对疾病	FDA 批准情况	EMA 批准情况
HEK293	rFVIIIFc	血友病 A	2014 年批准	2014 年提交申请
HEK293	rFIXFc	血友病 B	2014 年批准	未批准
HEK293-EBNA1	Dulaglutide	2 型糖尿病	2014 年批准	2014 年提交申请
HEK293F	Human-clrhFVIII	障碍性血友病 A	已提交申请	2014 年批准

2014 年，在获批应用于临床治疗的治疗性蛋白质中，FDA 和 EMA 批准的 4 种治疗性糖蛋白制剂均是利用 HEK293 细胞生产的。rFVIIIFc（ALPROLIX®）和 rFIXFc（ELOCTATE®）是其中两种用于预防血友病 A 和血友病 B 患者出血的治疗性糖蛋白，它们包括 FVIII、FVI蛋白质-蛋白结构域和 IgG1 的 Fc 端。rFVIIIFc 含有的 6 个酪氨酸硫酸化位点对其功能非常重要。rFIXFc 的 γ-羧基谷氨酸残基的羧化作用对蛋白质活性的影响十分重要。在 HEK293 细胞中表达的上述糖蛋白制剂与 CHO 细胞表达同类产物比较，前者的酪氨酸硫酸化程度更高，表达终产物中不存在增加免疫风险的 α-gal 和 Neu5Gc

两种成分。HEK293-EBNA1 细胞生产的度拉糖肽（TRULICITY®）是 2014 年批准的另一种 Fc 融合蛋白，用于治疗 2 型糖尿病。利用 HEK293F 细胞系生产的 Human-clrhFⅧ（NUWIQ®）是障碍性血友病 A 的凝血因子替代物，与凝血因子Ⅷ有着相似的蛋白质图谱，也不存在引起免疫风险的 α-gal 和 Neu5Gc。

不过，HEK293 细胞表达体系也存在表达量低、培养成本高、重组细胞株稳定性不足等问题。考虑到蛋白质翻译后修饰对结构、活性的影响，HEK293 表达系统在未来仍然是制备蛋白质制剂的良好候选细胞系。

四、HEK293 真核表达载体的转染

HEK293 悬浮细胞瞬时转染常使用线性 PEI（25 kDa）作为转染试剂。在初次转染之前，需要通过试验确定 PEI 和待转质粒染质粒 DNA 的合适浓度及细胞密度。为了形成 PEI/DNA 复合物，将质粒 DNA 用新鲜培养基（10%牛血清）进行稀释，将 PEI 滴加到 DNA 溶液中，混合物在室温条件下孵育 15 min 以形成 PEI/DNA 复合物；对待转染 HEK293 细胞进行计数，设定不同的细胞密度进行转染。有试验研究发现，质粒 DNA 浓度 1 μg/ml 时，悬浮培养 HEK293 细胞密度在 $2×10^6$～$3×10^6$ 个细胞/ml 时不会影响到转染效率（Cervera et al.，2015）。

五、HEK293 细胞制备 VLP 的研究进展

VLP 是一个或多个病毒结构蛋白质分子自组装形成的不含遗传物质的多聚体纳米颗粒，包含高度有序重复表位的纳米级 VLP 能增强细胞吞噬作用和树突状细胞（DC）对抗原的呈递作用，可有效诱导体液免疫反应及细胞免疫反应的发生。因此，VLP 是新型重组基因工程疫苗的理想候选者。

在体外制备重组 VLP 时，常根据囊膜和非囊膜 VLP 而选择不同的表达体系。非囊膜 VLP 是由单个或者多个衣壳蛋白组成的结构相对简单的 VLP，可以在原核和真核表达系统中表达（表 5-4）。例如，人乳头状瘤病毒（HPV）VLP 疫苗可在大肠杆菌

表 5-4　囊膜病毒和无囊膜病毒重组 VLP

病毒 （囊膜病毒/无囊膜病毒）		科	抗原	表达宿主 （胞内型/分泌型）	VLP 类型	参考文献
无囊膜 病毒	乙型肝炎病毒	嗜肝 DNA 病毒科	表面抗原，HBsAg	CHO 细胞（胞内型）	单层	Michel et al.，1984
	蓝舌病毒	呼肠弧病毒科	VP3/VP3/VP5/VP7	昆虫细胞（胞内型）	三层	French et al.，1990
囊膜 病毒	汉坦病毒	布尼亚病毒科	核衣壳蛋白（N），囊膜糖蛋白（Gn/Gc），M 基因	CHO 细胞（胞内型）	双层	Li et al.，2010
	狂犬病毒	弹状病毒科	糖蛋白，G	Vero 细胞	双层	Fontana et al.，2014
	丙型肝炎病毒	黄病毒科	囊膜蛋白，E1 和 E2	HEK293T（胞内型）	双层	Garrone et al.，2011
	禽流感病毒	正黏病毒科	NA/M	HEK293T（胞内型）	双层	Wu et al.，2010
	埃博拉病毒	丝状病毒科	糖蛋白，GP；基质蛋白 M	HEK293T（胞内型）	双层	Warfield et al.，2003

表达系统进行表达。囊膜 VLP 以矩阵形式包裹在来源于宿主的含有糖蛋白的脂膜中，空间结构更加复杂，需要同时或分别表达组成 VLP 的几种不同的结构蛋白，并在细胞内或体外通过自组装过程形成 VLP，所以通常选择真核表达系统进行表达，如酵母、哺乳动物细胞、昆虫细胞、植物细胞等。本部分对利用 HEK293 细胞表达 VLP 的研究进展进行概述。

1. 狂犬病毒

狂犬病毒（rabies virus，RV）感染的致死率是 100%，特别是在发展中国家，研制廉价、高效的疫苗是预防狂犬病最有效的方法。由于 VLP 疫苗良好的安全性和免疫效果，已经成为研制狂犬病毒新型亚单位疫苗的热点。

RV 编码的病毒糖蛋白（G）是诱导机体产生病毒中和抗体、保护机体抵抗病毒感染的主要抗原。更为重要的是，单一糖蛋白（G）就可以在真核细胞中表达并自组装形成 VLP，可用于制备新型亚单位疫苗。将编码 G 蛋白的基因克隆到慢病毒载体（pLV-PLK）上，与包装质粒共转染 HEK293 细胞形成慢病毒颗粒，收获转染 48 h 后细胞培养液上清以检测 G 蛋白形成的 VLP；利用嘌呤霉素进行抗性筛选以获得稳定表达 G 蛋白 VLP 的重组细胞系。将收获的细胞培养上清进行纯化，TEM 能够观察到典型的 G 蛋白形成的 VLP（G-VLP）结构（图 5-7A）。用重组 G-VLP 作为抗原免疫 BALB/c 小鼠，与人和动物使用的商品化狂犬病灭活疫苗（人用 Verorab®，兽用 BagovacRabia）比较免疫效果发现，ELISA 试验均能检测到高水平血清抗体，其中 G-VLP 蛋白接种剂量 0.3 μg 与 3 μg 产生的抗体滴度差异不显著，与两种灭活疫苗产生的抗体水平基本一致（图 5-7B）。该研究说明接种低剂量的 G-VLP 抗原就能产生足够的特异性抗 RV 的抗体（Fontana et al.，2014）。

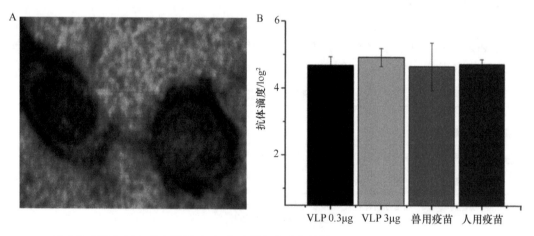

图 5-7　RV G-VLP 的电镜图（A）和小鼠免疫反应结果（B）（Fontana et al.，2014）

2. 登革病毒

黄病毒科的病毒是严重威胁人类和动物健康的重要病原，该科包括黄热病病毒（yellow fever virus，YFV）、西尼罗病毒（West Nile virus，WNV）、日本脑炎病毒（Japanese encephalitis virus，JEV）、丙型肝炎病毒（hepatitis C virus，HCV）、登革病毒（dengue virus，DENV）、寨卡病毒（Zika virus，ZIKV）、蜱媒脑炎病毒（tick-borne encephalitis virus，TBEV）和波瓦森病毒（Powassan virus，POWV）。除 HCV，其余都是通过吸血的蚊虫和蜱等节肢动物传播病原的，感染这些病毒会引起各种各样的临床症状，由于普遍缺乏针对大多数病毒感染的特效抗病毒药物，研制疫苗进行公共免疫对于减少这些病毒造成的全球健康威胁和疾病负担至关重要。在疫苗的安全性方面，重组 VLP 疫苗比常规的灭活疫苗和致弱的活病毒疫苗更具有优势，目前黄病毒科重组 VLP 疫苗取得了较好的研究进展（表 5-5）（Wong et al.，2019）。我们以 DENV 为例，介绍一下黄病毒科重组 VLP 疫苗的应用前景。登革热是一种由黄病毒科黄病毒属的 DENV 引起的传染病，存在 4 种血清型。近几十年来登革热的发病率在世界范围内急剧增加，严重危害人类的健康。

表 5-5　黄病毒科病毒样颗粒疫苗研究进展

病毒（毒株）	病毒蛋白	载体系统	表达宿主	实验进展	触发免疫反应
YFV（17D）	PrM 和 E	缺失衣壳 YFN	BHK-21	体外	抗体
YFV（17D）	PrM 和 E	MVA-BN	原代鸡胚成纤维细胞	I 期临床试验	
WNV（HNY1999）	C，PrM 和 E	重组杆状病毒	Sf-9		抗体
WNV（NY99）	EDIII	噬菌体展示（AP205）	*E. coli*	体外	
WNV（NY99）	PrM 和 E	质粒 DNA	CHO		
WNV	PrM 和 E	重组 HSV-1	E11		
JEV（Nakayama）		重组痘病毒	Hela		抗体和 T 细胞
JEV（Nakayama）		质粒 DNA	CHO-K1		
JEV（Beijing）		质粒 DNA	RK-13		
JEV（YL2009-4；G1）		质粒 DNA	CHO		
JEV（Nakayama）	PrM 和 E	质粒 DNA	COS-1	体外	抗体
JEV（SA14-14-2）		质粒 DNA	BHK-21		
JEV（SA14）		果蝇表达系统	S2		
JEV（Nakayama）		重组杆状病毒	Sf-9		没有检测
JEV（P3）		重组杆状病毒	Sf-9		没有检测
JEV（Nakayama）			BM-N		抗体
*HCV（GT 1b）	C，E1 和 E2	重组杆状病毒	Sf-9/Huh-7		抗体、T 细胞
HCV（GT 1a）	E1 和 E2；E1-HBsAg-E2-HBsAg	慢病毒载体	CHO	体外	
HCV（GT 1a）	E1 和 E2	逆转录病毒	293T		
**DENV-1	C、prM 和 E	质粒 DNA	*P. pastoris*	体外	抗体
DENV-2	prM 和 E		*P. pastoris*		抗体

病毒（毒株）	病毒蛋白	载体系统	表达宿主	实验进展	触发免疫反应
DENV-2	HBcAg-EDⅢ		*E. coli*		抗体和 IFN-γ
DENV-1/2/3/4	EctoE	质粒 DNA	*P. pastoris*	体外	抗体
（Tetravalent）					
ZIKV（Z1106033）	C，PrM 和 E；PrM 和 E	质粒 DNA	293T	体外	抗体
ZIKV（H/PF/2013）	C，PrM 和 E	质粒 DNA	Expi293	体外	抗体
ZIKV（PRVABC59）	EDⅢ	重组烟草花叶病毒	*N. benthamiana*	体外	抗体和 IFN-γ
ZIKV（Z1106033）	C，PrM 和 E	质粒 DNA	293T	体外	抗体
ZIKV（Asian）	PrM 和 E	重组腺病毒	HEK293	I 期临床试验	抗体和 IFN-γ
TBEV	PrM 和 E	质粒 DNA	COS-1		
TBEV	PrM 和 E	质粒 DNA	293T		
TBEV	PrM 和 E	质粒 DNA	CHO-ME	体外	未检测
TBEV	PrM 和 E	重组杆状病毒	SF-9		
TBEV	C，PrM 和 E	质粒 DNA	*P. pastoris*		
TBEV	PrM 和 E	质粒 DNA	COS-1 和 BHK-21		

*和**表示：毒株、病毒蛋白、载体系统、实验进展和触发免疫反应类型都相同，仅是来自文献报道，所以省略。引自（Wong et al., 2019）

DENV 基因组是一个单股正链 RNA，基因组含有一个大的可读框，编码衣壳（C）、前膜（prM）和囊膜（E）3 个结构蛋白，以及 7 个非结构（NS）蛋白：NS1、NS2A、NS2B、NS3、NS4A、NS4B 和 NS5。研究发现，在 N 端加入日本脑炎病毒（JEV）信号序列（JESS）基因和 DENV 的全长 prM，并将 DENV *E* 基因的 3′端 20%区域替换成相应的 JEV 序列（SA 14-4-2 株），将重组质粒瞬时转染 293T 细胞（ATCC® CRL-11268™），可表达 4 种血清型的 DENV 分泌型的 VLP。电镜观察结果显示，所有 4 种血清型的重组 VLP 均显示为 45～55 nm 的电子致密球形颗粒，与 DENV 病毒体的形态和大小相似。小鼠免疫试验结果证实，HEK293 T 细胞表达的 DENV-VLP 能够在小鼠中诱导 VLP 特异性体液和细胞免疫反应，有望成为预防 DENV 感染的新型亚单位疫苗（图 5-8）。

3. 丙型肝炎病毒

丙型肝炎病毒（hepatitis C virus，HCV）感染是一个重大的公共卫生问题，全球约有 2 亿丙肝病毒慢性感染患者，在一些经济落后、卫生条件差的地区，流行率为 10%～30%。2004 年世界卫生组织报告称，因 HCV 感染引起的肝衰竭和肝癌等主要并发症每年都会导致约 50 000 例死亡病例。如果不迅速采取干预措施来控制丙型肝炎蔓延，预测到 22 世纪，丙型肝炎导致的死亡人数将超过艾滋病的死亡人数。因此，研制预防和控制病毒传播的疫苗迫在眉睫。

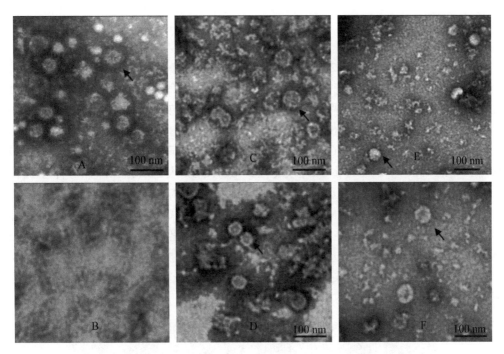

图 5-8　DENV VLP 和病毒粒子的形态和大小（Zhang et al.，2011）

A. DENV 粒子；B. 阴性对照；C. DENV-1 VLP；D. DENV-2 VLP；E. DENV-3 VLP；F. DENV-4 VLP

　　由于 VLP 疫苗具有良好免疫原性和安全性，因此是研制新型 HCV 疫苗的优选途径。科学家将 HCV H77Z 株（AF009606）的 *E1* 和 *E2* 基因克隆到 phCMV 质粒上，瞬时转染 HEK293 T 细胞后能够获得重组病毒样颗粒（图 5-9）；以该重组病毒样颗粒作为抗原接种猕猴，能够诱导产生针对 HCV 的中和抗体，这为开发预防和控制 HCV 的新型疫苗奠定了基础（Garrone et al. 2011）。

VLP-E1G+anti-E1　　　　　　　　　　　VLP-E1E2+anti-E2

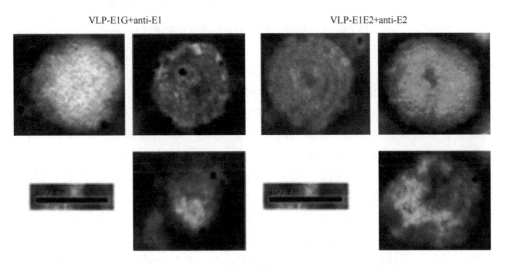

图 5-9　HCV VLP 免疫电镜观察结果（Garrone et al.，2011）

4. 禽流感病毒

高致病性 H5N1 流感与 2009 年的流感大流行（H1N1pdm09）具有相同的神经氨酸酶（NA），NA 蛋白诱导产生的抗体可预防或减轻致命性 H5N1 感染。研究人员将 A/California/04/2009（H1N1）［CA/09］的 NA 基因片段克隆到 pCAGGS 表达质粒上，并与含有 A/New York/312/2001（H1N1）M 基因片段的 pCAGGS 表达质粒共转染 HEK293 T 细胞，获得 VLP（H1N1-M 和 H1N1-NA）。同样，将 A/Vietnam/1203/2004（H5N1）［VN/1203］的 NA 基因片段克隆到 pCAGGS 表达质粒上，并与含有 A/New York/312/2001（H1N1）M 基因片段的 pCAGGS 表达质粒共转染 HEK293 T 细胞，获得 VLP（H5N1-NA 和 H1N1-M）（图 5-10）。用上述重组病毒样颗粒免疫小鼠，在首免三周后进行加强免疫，加强免疫后三周进行攻毒保护试验。结果表明，含 H1N1pdm09 NA 的 VLP 疫苗接种可以预防致命的 H5N1 感染；同型抗 NA 的抗体可能会降低疾病的严重程度和传播水平，如果在人群中广泛使用，可能会削弱病毒大流行对人类健康的影响（Wu et al.，2010）。

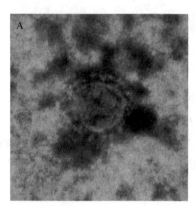 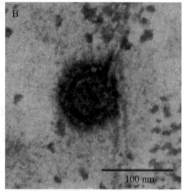

图 5-10　共表达 NA 和 M 蛋白组装成的 VLP 电镜观察结果（Wu et al.，2010）

5. 埃博拉病毒

埃博拉病毒（Ebola virus，EBOV）具有高致病性和高传染性，被世界卫生组织列为生物安全 4 级病原体。由于 EBOV 的极度危害性，研制疫苗及检测方法对于控制病毒传播具有重要意义。EBOV 的基因组为单股、负链不分节段的 RNA，编码 7 个蛋白质，即 NP、VP35、VP40、GP、VP30、VP24 和 RNA 依赖的 RNA 聚合酶。其中 VP40、VP24 是病毒的基质蛋白，VP40 与病毒出芽和结构的稳定有关；GP 是跨膜糖蛋白，在病毒粒子囊膜表面形成刺突样结构，与病毒入侵密切相关，是致病力的决定性因素，同时能刺激机体产生特异性的中和抗体（Stahelin，2014）。在哺乳动物 HEK293 T 细胞中共表达 GP 和 VP40 蛋白能够组装出 Ebola VLP（eVLP，图 5-11），以其作为免疫原接种小鼠能够诱导高水平的特异性中和抗体，并且能 100% 保护小鼠抵抗致死剂量病毒的攻击。因此，重组 eVLP 抗原是一种极具前景的 EBOV 的新型疫苗（Warfield et al.，2003）。

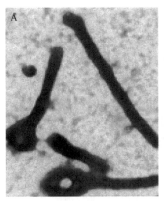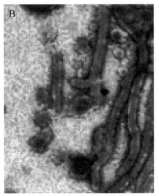

图 5-11 埃博拉病毒及 eVLP 电镜观察结果（Warfield et al.，2003）

A. 埃博拉病毒；B. HEK293 T 细胞中重组 eVLP

第三节 细胞培养工艺研究

人类对生物制品需求量的急剧增加促进了哺乳动物细胞规模化培养工艺的不断进步。在过去二十多年，利用哺乳动物细胞生产的抗体、重组蛋白、疫苗和核酸药物的质量和产量都有大幅度增长。在流加（fed-batch）工艺中，3～5 g/L 的表达量已经成为基本产量，高通量表达可达到 10～13 g/L，而在连续灌流培养工艺中，目的蛋白质产量可高达 25 g/L。细胞培养规模从实验室走向工业化，使越来越多的蛋白质药物应用到人类疾病的治疗上。

当前，在以动物细胞大规模培养生产蛋白质的工业化进程中，常使用搅拌式生物反应器作为通用技术平台，采用无血清和无蛋白质培养基，以流加或灌注工艺进行悬浮培养的工艺过程。与其他细胞表达系统比较，CHO 细胞表达系统优势明显，因而被广泛应用于科学研究和药物生产中。但 CHO 细胞本身也存在外源蛋白质表达量低，同时培养环境改变、pH 变化、营养过量或缺乏、代谢副产物累积、较强剪切力等均可以引起细胞凋亡，在无血清培养时更为明显，严重影响到表达产物的产量和质量。因此，动物细胞大规模培养工艺研究也就成为该领域的研究热点。哺乳动物细胞培养工艺优化的关键技术参数主要是培养环境控制，如温度、pH 和渗透压等。

一、细胞培养环境的控制

影响动物细胞规模化培养的主要因素包括营养物质需求、pH、温度、溶氧、渗透压、代谢副产物、CO_2 积累及生长因子等。可通过优化这些因素为细胞生长创造最佳环境，从而获得理想的蛋白质表达产量。CHO 细胞对培养环境变化尤为敏感，在无血清培养时，微小的培养环境的改变都会引起整个细胞培养状态的变化，影响蛋白质的表达效率。

1. 温度

适合的生长温度是动物细胞体外培养的基本条件。昆虫细胞最适生长温度是 27℃左右，禽类细胞最适生长温度在38.5℃左右，哺乳动物细胞最佳培养温度是37℃左右。温度可以影响特定细胞株的比生长速率。有研究发现，低温可以提高比生长速率，也可以减低比生长速率。因此，对同一细胞株，最适生长温度和最适生产温度有可能是不同的。有学者发现，杂交瘤细胞在33℃培养时可以达到最大细胞密度，35℃培养时则比生长速率最大（Sureshkumar and Mutharasan，1991）。低温培养时，CHO的细胞代谢、物质转运和信号途径相关基因表达都发生了很大的变化（Baik et al.，2006）。随着人们对影响细胞生长、代谢和蛋白质生产过程认识的逐渐深入，温度逐渐成为动物细胞大规模培养工艺优化中可利用的重要参数。

2. pH

在哺乳动物细胞培养工艺开发中，pH是一个关键参数，它对细胞生长和蛋白质表达有着重要作用。哺乳动物细胞生长的最佳pH为7.0～7.4，不同细胞株对pH变化敏感程度有差异。CHO细胞在pH7.6时比生长速率最大，pH7.2时比生长速率则会降低20%；葡萄糖的消耗和乳酸的生成随着pH升高而加快，随着pH降低而减慢，但pH为7.0～7.9时，CHO消耗葡萄糖的速率和乳酸产生的量几乎没有变化（Xie et al.，2002）。

以表达抗体融合蛋白的CHO细胞为研究对象发现，流加培养过程中随着pH升高，抗体融合蛋白的生物活性呈现下降趋势；在pH6.9和pH7.0条件下，细胞密度、活力、蛋白质表达量均达到最佳状态，即使将培养工艺放到200 L的中试规模，产量依然稳定。当pH达到7.2时，CHO细胞的生长受到抑制，乳酸大量生成，蛋白质产物活性则不同程度地降低（刘金涛等，2015）。

3. 渗透压

哺乳动物细胞对培养环境中渗透压的变化非常敏感，一般能适应的变化范围为260～320 mOsm/kg。培养过程中，渗透压过高或过低都会影响到细胞生长、代谢、形态和产物表达，贴壁细胞比悬浮细胞对渗透压变化更加敏感。在培养基中加入甘氨酸、脯氨酸和苏氨酸等可以缓解培养液高渗透压对细胞生长的抑制，提高产物的比生长速率。

4. 乳酸和氨

乳酸和氨是动物细胞培养过程中的主要代谢副产物。乳酸是来自葡萄糖酵解的主要副产物，另外谷氨酰胺进入三羧酸循环而代谢形成的丙酮酸也可转变成乳酸。乳酸对细胞生长抑制的主要原因是改变了pH和渗透压。氨的积累则会抑制细胞的生长和代谢，降低重组蛋白产量，也会影响重组蛋白的糖基化过程。

二、生物反应器

生物反应器是利用哺乳动物细胞规模化表达重组蛋白的装置。根据使用对象及目的，生物反应器需要满足两个基本条件：①清洁性、无菌性及密封性是生物反应器的基本性能；②反应器配备的各种传感元器件及控制系统稳定性是确保工艺稳定性的基础，即保证培养物生长环境的稳定性，满足生产工艺标准化的需求。

最早出现的生物反应器主要用于微生物培养，通过高速搅拌来满足微生物生长对氧气的旺盛需求。由于动物细胞和微生物细胞存在结构上的差异，搅拌产生的较高剪切力会破坏动物细胞结构，因此，培养微生物的反应器不适用于动物细胞的规模化培养。培养动物细胞的反应器需要在低剪切力条件下，通过搅拌增大气液接触面积，以利于氧气的传递，并将细胞和养分均匀分布在培养液中，使细胞能够充分利用营养成分以满足自身生长、代谢及产物合成的需求。

规模培养动物细胞使用的生物反应器包括搅拌式生物反应器、中空纤维膜反应器、气升式反应器等。目前常用生物反应器是搅拌式生物反应器，它由罐体、搅拌系统、温控系统、pH 控制系统、溶氧控制系统及细胞截留系统组成，其优点是传质效果好、具有良好的混合性能和浓度均匀性，放大容易、操作灵活；不足之处是搅拌通气产生的剪切力容易对细胞造成损伤。通过改进搅拌罐供氧方式、搅拌桨样式、降低高径比及加入剪切保护剂 Pluronic F6 等方法，已经能够弥补其存在的不足。搅拌式生物反应器不但可以进行悬浮细胞的间歇、流加和连续培养，还可以实现贴壁细胞在微载体上进行的悬浮培养。已有报道，悬浮细胞搅拌培养和贴壁细胞微载体悬浮搅拌培养的规模达到了 10 000 L（Moran et al.，2000）。

细胞截留系统是将细胞保留在生物反应器中的装置，是悬浮细胞灌注培养工艺或微载体培养工艺中的一个重要技术环节。为了较好地弥补部分宿主细胞存在的细胞密度低、表达量低、产品活性和结构不稳定等问题，可采用灌注培养工艺。细胞截流系统可将大多数细胞或产物阻挡在罐体内，将一些代谢产物和死细胞、细胞碎片等细胞废物排出生物反应器，提高细胞培养密度，从而提高目的产物产量。常见的细胞截流系统分旋转过滤系统、离心式细胞截留系统、微载体沉降系统、透析膜过滤系统，超声波细胞截留系统、切向流过滤系统等。

三、动物细胞流加培养工艺

随着人们对生物制品需求量的急剧增大，大规模哺乳动物细胞培养技术发展迅速。细胞培养工艺可分为分批式（batch）、流加式（fed-batch）、灌流式（perfusion）和浓缩流加式（concentration fed-batch），目前使用最多的是流加式培养。20 世纪 90 年代后，流加培养工艺在生物技术和医药领域被深入研究和广泛应用。利用流加培养工艺实现杂交瘤细胞长达 550 h 的培养，最终细胞密度达到了 5 g/L，单克隆抗体的产量达到 2.4 g/L（Xie et al.，2002）。

动物细胞流加培养工艺源自微生物的流加培养工艺，即通过合理地向细胞持续提供所需营养物质，以满足其生长代谢和产物合成所需，同时控制代谢副产物的积累，缓解营养物耗竭和代谢副产物积累之间的矛盾。流加培养工艺的许多参数可以实现实时监测和控制，如转速、pH 和溶氧量。一些离线参数如活细胞数量、渗透压、代谢产物（如葡萄糖、乳酸）则可以通过人工取样，离线检验获取。流加培养工艺主要由细胞的代谢调控、流加培养工艺的优化和过程检测与控制等内容组成。

四、流加培养的细胞代谢及其基因调控

保持细胞正常生理状态是利用细胞制备产品的基本条件，其衡量标准是细胞能否在培养过程中维持有利于生长和产物合成的正常代谢活动。在流加培养过程中，细胞的新陈代谢除了与"先天基因"有关，也受培养环境影响。流加培养工艺就是为细胞正常生长提供一个稳定环境，以提高营养物质利用效率，降低副产物对细胞生长的副作用，使细胞生长和产物表达达到一个平衡点。

动物细胞生长和产物表达所需的碳源与氮源主要来自葡萄糖及谷氨酰胺。典型的流加培养过程中，细胞对两者的消耗速率是所有营养物质中最高的，确保二者浓度在培养过程中含量的相对稳定，避免被快速耗竭，是流加工艺开发和优化的最基本任务。同时，随着营养物质消耗，会因培养环境中的乳酸和氨这两大代谢副产物的不断积累而引起渗透压增高和 pH 改变，以至于抑制细胞生长代谢，降低细胞生产效率。在不影响细胞生长和产物表达前提下，将葡萄糖和谷氨酰胺的浓度维持在低水平，乳酸和氨的积累均可以显著减少，同时也可降低其他氨基酸的代谢，延长细胞培养时间和提高活细胞密度。因此，在流加培养过程中，尽量使培养液中葡萄糖和谷氨酰胺维持较低的浓度水平，使细胞新陈代谢从高乳酸产生转为低乳酸产生，此时细胞的新陈代谢会转向更有效率的状态，这种改变通常称为代谢漂移。随着新技术在动物细胞培养中的应用，已成功筛选出可在无谷氨酰胺培养基中正常生长的含谷氨酰胺合成酶基因的 CHO 细胞系，这有效地降低了副产物氨的产生。通过下调重组细胞中乳酸脱氢酶 A 和丙酮酸脱氢酶激酶的表达水平，可以显著降低细胞代谢过程中乳酸的产生，提高重组蛋白的产量。

另外，在细胞流加培养过程中，通过添加凋亡抑制剂或在重组细胞中引入抗凋亡基因也可以抑制细胞凋亡。在细胞培养环境中添加合适浓度的 Zn^{2+}、维生素 E 和细胞因子等抗氧化剂可以起到抑制细胞凋亡作用。B 细胞淋巴瘤/白血病 Bcl-2 基因（Bcl-2）具有明显的抑制细胞凋亡的作用，是目前应用最为广泛和有效的抗凋亡基因，在多种细胞株中都表现出强有力的抗凋亡特性。Bcl-2 基因位于线粒体上，主要作用是保持线粒体膜的完整性，阻止线粒体膜整合蛋白质的释放，阻断细胞色素 C 对半胱天冬酶-9 的激活，抑制细胞凋亡的活性、提高细胞存活率和细胞活力并增加抗体的产量。研究发现，在可以引起细胞凋亡的正丁酸钠存在时，转染 Bcl-2 基因的 CHO 细胞培养时间显著延长，且其分泌的抗体产量提升到原来的 3 倍（陈昭烈，1998）。

流加培养工艺过程的优化主要集中在培养基优化和补料策略两个方面，其中培养基优化包括起始培养基和补料培养基两个方面。起始培养基的作用是启动细胞的生长、减少代谢副产物的生成，因此，在培养基中添加较低浓度葡萄糖和谷氨酰胺。培养基优化可以采用单组分滴定法、条件培养基分析和培养基混合等方法。对培养基中添加动物血清和其他动物源成分是监管中的重点关注环节，也是引入外源性污染物的高风险因素，因此，研发化学成分限定的无动物源和蛋白质成分的培养基是目前培养基研发的方向。主要采用的方案是将无动物源水解物添加到化学培养基中以增加细胞密度、细胞活率和表达产物产量。CHO 细胞对培养环境变化非常敏感，因此，根据培养基分析的结果平

衡地添加限制性成分是培养基优化的主要手段。在无血清或无蛋白质培养基中添加氨基酸和维生素可显著增加培养细胞密度，提升抗体产量。此外，将各种激素、无机盐和一些其他化学试剂添加到培养基中，可以提高细胞生长速度和重组蛋白（如抗体）产量。具体地说，添加苏氨酸、脯氨酸、甘氨酸、丝氨酸和天冬氨酸等氨基酸可以促进 CHO 细胞的生长，提高表达产物的产量和质量。

开发补料培养基时，常使用不含盐的浓缩培养基，以避免培养环境渗透压过高，为细胞生长及代谢提供一个稳定环境。传统的补料培养基设计较为简单，其组成成分的含量（除盐和葡萄糖外）通常是基础培养基组成含量的 10～15 倍。这种简单设计方法既能满足对细胞生长代谢的供给，同时又可以延长细胞的生产时间。

合理的补料策略可以使培养细胞达到最大的细胞密度、有效延长培养时间和提高表达产物的产量。需要在综合考虑细胞的生理状态、营养物平衡和反复流加过程等因素的基础上制定补料策略。目前补料策略主要有两种：离线补料和在线补料，前者是将补料培养基消耗与细胞生长、营养物质的消耗相联系，通过离线检测对应物质的浓度预测补料培养基消耗来补料。这种补料策略较为精确、损耗小、能有效降低代谢副产物的积累和提高表达产物产量，但也存在操作过程复杂、频繁取样检测极易造成外源性污染等问题。在线补料是将培养基的消耗与可在线检测的培养环境 pH、氧消耗速率、葡萄糖等物质的浓度相关联，并借助计算机预先设定的数据预测补料培养基消耗来补料的方式。这种补料策略工艺简单、污染概率低，但在细胞生长进入平台期后，在线预测值与实际消耗量存在较大偏差。尽管如此，这两种补料策略的目标是一致的，都是通过对细胞生长状态的预测进行补料，以确保葡萄糖等营养物质的浓度维持在各自设定值附近，最大限度地满足细胞生长需求，提高表达产物产量和质量。

第四节　稳定表达重组蛋白的哺乳动物细胞系

哺乳动物细胞系 HEK293 细胞和 CHO 细胞已经成为治疗性抗体、蛋白质药物和重组疫苗的重要表达宿主。虽然高效的瞬时转染技术已被广泛应用，但构建稳定表达的哺乳动物细胞系是稳定获得重组产物的有效途径之一。利用稳定细胞系可以很容易实现规模化的重组蛋白生产。筛选稳定细胞系和建立稳定细胞库的新方法主要包括细胞分选、位点特异性重组、转座子、慢病毒系统和噬菌体整合酶等。

选择合适的表达系统直接影响到重组蛋白的产量和质量。CHO 细胞和 HEK293 细胞是优秀表达细胞系，不但能够分泌表达外源性蛋白质，还能对其进行恰当的翻译后修饰（Zhu，2012）。它们可以用来制备来源于哺乳动物的分泌蛋白和来源于病原微生物的蛋白质、可溶性的跨膜蛋白胞外结构域，也可以用来表达完整的膜蛋白；细胞质蛋白质和蛋白质复合物也能够在稳定表达哺乳动物细胞系中生产。人们期待了解的细胞质 mTORC 复合体的结构就是利用 HEK293 稳定细胞系过表达后解析的（Heffner et al.，2018）。不过，与其他表达系统比较，该系统存在产量较低的不足。

重组蛋白的过表达就是将含有目的基因的重组表达载体通过瞬时转染的方式转导到细胞中的蛋白质表达方法，通常瞬时转染后 2～5 d 后就可以收获目的蛋白质，但其表达量不稳定，转染一次只能收获一次表达产物。相比较而言，稳定细胞系源自瞬时转染细胞，但目的基因稳定插入到宿主细胞的基因组中，因此能够持续稳定地表达目的蛋白质。用稳定细胞系很容易达到规模化生产的目的。近年来，用 HEK293 细胞系和 CHO 细胞系通过瞬时转染并构建稳定细胞系制备蛋白质的报道越来越多，如何构建稳定细胞系已经成为生物制品制备的一个研究热点。

与瞬时转染比较，构建稳定细胞系需要花费大量时间、物力和精力。携带目的基因的表达载体需要稳定地插入宿主细胞的基因组中，才能实现产物的稳定表达。目前常用的方法中，外源基因与细胞基因组整合效率较低，获得稳定细胞系的概率较小。此外，只有很少重组载体会插入到细胞染色体的转录活跃区域而高效生产重组蛋白。同时，在细胞的长期培养过程中，整合到基因组上的目的基因也常出现基因沉默现象。因此，需要几个月甚至更长的时间对大量的细胞克隆进行分离和鉴定，才可能获得理想的重组细胞系。随着科学技术的进步，稳定细胞系构建技术在宿主细胞系、整合过程和高产细胞筛选方面都有了迅速的发展。常用的方法包括转染携带筛选标记的载体以使其随机整合到染色体中，然后分离和筛选单细胞克隆。近来，一些报道比较了作为稳定细胞系发育选择标记的潮霉素 B、新霉素、嘌呤霉素的筛选性能（Lanza et al.，2013），为筛选稳定细胞系提供了理论支持。

大多数哺乳动物细胞分泌的蛋白质是糖基化蛋白质，糖基化位点不是蛋白质折叠和分泌所必需的，因此可以通过基因突变移除来自高甘露糖型寡糖的大而复杂的表型，这就需要 N-乙酰葡糖胺-转移酶 I（GnTI，MGAT1）。GnTI-缺陷细胞系 HEK293S $GnTI^-$ 和 CHO Lec3.2.8.1 可以用来生产高甘露糖型寡糖蛋白质。这些多糖能够被糖苷内切酶处理，被修饰成单一分子 N-乙酰葡糖胺。常用于瞬时表达和稳定表达的 HEK293S $GnTI^-$ 细胞系（ATCC® CRL-3022™）（Reeves et al.，2002），是目前最受欢迎的细胞系。

一、利用绿色荧光蛋白（GFP）构建稳定表达细胞系

将目的基因通过瞬时转染方法插入到宿主细胞染色体上是小概率事件，并且，大部分整合到染色体上的外源基因会由于宿主细胞的表观遗传学机制而被沉默或剔除。因此，需要通过筛选标记获得目的基因整合到细胞染色体上的重组细胞。绿色荧光蛋白（GFP）是一种高效的筛选标记物，带有 GFP 的表达载体转染细胞后，可以通过观察细胞内荧光直接进行鉴定，同时可以利用流式细胞分选（FACS）从数以百万计的细胞中分离到高产阳性细胞克隆。通过在不同时间点重复这一过程，能分离出稳定表达 GFP 的细胞株。在无选择压力情况下，这种方法几个月就可以获得持续稳定表达 GFP 的克隆化细胞系（Kaufman et al.，2008）。

基于组成型内部核糖体进入位点（IRES）构建包含目的基因和 GFP 基因的双顺反子载体，使 GFP 基因与目的基因融合表达。将 IRES 和 GFP 共表达与细胞分选、抗生素选择相结合，可以得到稳定表达的 HEK293S $GnTI^-$ 细胞系，并生产可溶性的整合素 $\alpha_x\beta_2$ 异源二聚体（Sen et al.，2013）。另一种方法是在分离得到阳性细胞克隆后，通过位点特异性重组切除位于目的基因上游的 GFP 基因，使目的基因在启动子控制下完成蛋白质的表达。

流式细胞仪分选细胞时会严重影响细胞活力,因此需要通过优化分选条件保证细胞活力。在昆虫细胞的分选中,剪切力可能会导致细胞存活率降低,而通过添加高分子非离子表面活性剂 Pluronic F-68 可提高被分选昆虫细胞的存活率(Vidigal et al.,2013)。这个技术可能对哺乳动物细胞分选也有帮助。

稳定细胞系表达外源蛋白质的产量取决于目的基因整合的遗传位点。与随机整合比较,将目的基因靶向整合到染色体的特定位点,更有利于实现强而稳定的基因转录和蛋白质表达。利用位点特异性重组酶介导的盒式交换(recombinase- mediated cassette exchange,RMCE)方法可以完成位点特异性整合。RMCE 要求"母"(master)细胞系在合适的基因位点携带一个单拷贝的报告基因。通过 RMCE 技术,将报告基因与目的基因(GOI)交换,由于 RMCE 带有位点特异性的 Flp 重组酶,报告基因两侧带有两个不同的 Flp 识别靶点,因此可以防止两个位点相互结合。在重组细胞系内,RMCE 起始是由 FRT 位点两侧引入 Flp 重组酶和携带目的基因的载体开始的。FRT 位点重组指导报告基因和目的基因互换,将目的基因插入到基因组中高度活跃而稳定的遗传位点。同一母细胞能够产生不同的细胞系,用于生产多种靶蛋白质(Turan et al., 2013)。

稳定 CHO Lec3.2.8.1 细胞系 SWI3a-26 是一个母细胞通过 RMCE 方法,FRT 侧翼 GFP 报告基因随机整合而生成的。在遗传位点插入一个单拷贝 GFP 报告基因,保护其不沉默。整合的 GFP 盒包含一个"选择陷阱",允许在 RMCE 上筛选重组细胞(Wilke et al.,2011)。"选择陷阱"是缺少启动子和启动密码子的静态筛选标记(inactive selection marker),它与 RMCE 互补,可使用抗生素筛选重组细胞。利用 RMCE 构建的生产细胞系 SWI3a-26 可以生产不同的哺乳动物糖蛋白(Meyer et al.,2013)。使用 RMCE 方法从转染到获得生产用克隆细胞系大约只需 7 周的时间(Wilke et al.,2011)。与随机整合相比,这个过程更快、筛选的克隆数量少、工作量小。通过 RMCE 技术可以使用一个多宿主表达式的穿梭载体 pFlpBtM 分别在 E.coli、瞬时转染哺乳动物细胞和杆状病毒-昆虫细胞表达系统表达目的蛋白质(Meyer et al.,2013)。

二、利用慢病毒转导构建稳定表达细胞系

利用慢病毒载体转导哺乳动物细胞是非常高效的手段,容易获得高产细胞株。慢病毒系统的高效性在建立抗体和凝血因子Ⅷ的稳定细胞系过程中得到了体现。慢病毒可以高效地将所转基因 cDNA 转运到细胞核中,并通过病毒整合酶将其整合到宿主细胞基因组中。比较慢病毒转导和非病毒质粒转染所建立的稳定细胞系的效率发现,在无血清悬浮培养基中,携带有 GFP 的慢病毒载体几乎 100%地将基因转导到 CHO 细胞中,GFP 表达水平是质粒转染的 5 倍(Oberbek et al.,2011)。慢病毒系统也有潜在缺点,如安全性问题,病毒 RNA 基因组的逆转录复制容易出错,还需要额外的病毒颗粒制备步骤。

三、利用噬菌体 φC31 整合酶构建稳定表达细胞系

链霉菌噬菌体 φC31 整合系统是一种非病毒的主动基因整合方法。φC31 整合酶在噬菌体基因组的 attP 位点和宿主细菌染色体的 attB 位点之间进行重组。在哺乳动物中,它

介导带有 attB 位点的质粒整合到与 attP 序列相似的染色体序列中,称为假 attP 位点。稳定的哺乳动物细胞系可由 φC31 整合酶表达载体和具有 attB 位点的目的基因表达载体共转染后筛选获得(Chalberg et al.,2006)。

四、利用转座子构建稳定表达细胞系

用转座子载体可以达到染色体高效整合的目的。"piggyBac"转座子的末端反向重复可被转座子整合酶识别,引导两侧序列整合到稳定 CHO 细胞发育的一个染色体 TTAA 位点,使转染细胞的蛋白质产量提高 4 倍。同样,"睡美人"转座子系统成功构建了 HEK293 细胞稳定表达细胞系(Petrakis et al.,2012)。利用 piggyBac 转座酶的多拷贝整合特点,设计了一个多氧环蛋白质过表达的载体系统,并转染 HEK293S 细胞,构建了可高水平分泌 14 种蛋白质的稳定细胞池(Li et al.,2013)。

五、问题

与瞬时转染比较,制备稳定细胞系过程中存在几个技术瓶颈。质粒载体转染后,稳定基因组整合的频率较低,而且大多数整合的转入基因都会被沉默。在稳定转染的细胞池中,高水平表达的细胞系通常很少见,其鉴定需要分离和鉴定大量的细胞克隆。

为了解决这些问题,科学家通过改进基因组整合技术,以及高产、稳定细胞系的筛选技术来获得理想的细胞系。使用荧光蛋白作为选择标记,可通过细胞分选从数百万计的转染细胞中分离出稳定高产的重组阳性细胞。利用谷氨酰胺合成酶选择标记,可由序列特异性基因组工程产生的谷氨酰胺合成酶敲除细胞,有助于更有效地选择高产阳性细胞克隆。重组酶介导的 RMCE 技术解决了转基因沉默的问题。在这种情况下,位点特异性重组用于将目的基因靶向特定的基因位点,这些基因位点插入的外源基因不会被沉默,并且允许基因的高水平表达。当引入异源整合因子时,基因组整合效率会更高。使用高效转染系统转染宿主细胞,有助于获得一个具有高比例的、稳定的、高产量的细胞池,这样一个稳定细胞池可以直接用于蛋白质生产,也可以从中筛选高表达的稳定细胞株用于蛋白质生产。

总之,构建稳定细胞系为持续、稳定、高效地制备人类急需的生物制剂提供了新的方案,极大地促进了生物工程产业的发展。

第五节 展 望

利用哺乳动物细胞生产单抗及重组蛋白质药物已经进入工业化规模生产的阶段。随着细胞培养工艺的不断进步及培养规模的不断放大,越来越多的高效培养工艺投入到产业化生产中,细胞株开发、培养基优化、产品质控及过程放大等环节存在的各种问题也随之出现。

构建和筛选稳定的高表达细胞株是规模化培养细胞过程的前提条件。生产实践过程中发现,不同种类细胞株表达产物的能力和稳定性受到诸多因素影响。以 CHO 细胞为

例，在表达单克隆抗体过程中，转录基因的拷贝数、重链及轻链的 mRNA 翻译水平与细胞表达产物的水平和产量存在直接联系。在培养过程中，细胞株的稳定性与染色体重排具有直接关系。同时，除了要具备稳定和高效表达目的产物的基本功能外，宿主细胞对培养环境的良好适应能力也是筛选细胞株时必须考虑的因素。如果获得能适应宽松培养环境的细胞株，那将大幅度降低下游培养工艺的开发难度，也将为设计与优化稳定高效的培养工艺打下良好基础。

精确地实现营养物质实时补充是细胞高效培养过程的核心任务，也是一项将培养技术和信息分析技术高度融合的跨学科工作。只有全面了解细胞生长代谢和产物表达对营养的需求，充分研究细胞内外代谢产物分布和浓度的特征，才能开发出稳定性好、经济高效的培养基，以较低生产成本提高表达产物的质量和产量。在细胞规模化培养过程中，不仅要提高表达产物的产量，也要确保表达产物结构的稳定和均一。由于影响产物质量的因素复杂且彼此相互关联，难以建立统一的标准化生产工艺，因此，宿主细胞培养过程中产物的质量控制依然有很多工作需要完善。

利用动物细胞生产产品归根到底是为满足临床治疗和防控的需求，要实现工业化生产就必须对培养规模和工艺进行放大。随着生物反应器体积的扩大，培养液中气液传质特性也会发生相应改变，还有高密度培养对供氧和移除 CO_2 的需求，都给细胞培养过程造成了许多困难。培养的放大过程中，细胞的生长代谢、产物产量和质量会出现相应的改变。了解其改变的原因，找到规模放大过程中可能影响产物质量和产量的因素是成功实现规模放大的前提条件。通过培养工艺优化，强化培养过程的可操作性、稳定性和可重复性，可提高产物产量和质量，从而实现生物制品的规模化生产，造福人类健康。

参 考 文 献

陈昭烈, 1998. 动物细胞培养过程中的细胞凋亡. 生物工程进展, 18(6): 16-19.

刘金涛, 范里, 邓献存, 等. 2015. 基于产品质量分析的中国仓鼠卵巢细胞流加培养工艺的优化. 江苏农业科学, 43: 47-50.

刘苏, 田泓, 王驰, 等. 2015. 弱化抗性标记筛选高表达 CHO 细胞株的方法建立. 中国药科大学学报, 46: 617-622.

Akbarzadeh-Sharbaf S, Yakhchali B, Minuchehr Z, et al. 2013. Expression enhancement in trastuzumab therapeutic monoclonal antibody production using genomic amplification with methotrexate. Avicenna J Med Biotechnol, 5: 87-95.

Baik J Y, Lee M S, An S R, et al. 2006. Initial transcriptome and proteome analyses of low culture temperature-induced expression in CHO cells producing erythropoietin. Biotechnol Bioeng, 93: 361-371.

Bailey L A, Hatton D, Field R, et al. 2012. Determination of Chinese hamster ovary cell line stability and recombinant antibody expression during long-term culture. Biotechnol Bioeng, 109: 2093- 2103.

Butler M, Meneses-Acosta A. 2012. Recent advances in technology supporting biopharmaceutical production from mammalian cells. Appl Microbiol Biotechnol, 96: 885-894.

Cervera L, Fuenmayor J, Gonzalez-Dominguez I, et al. 2015. Selection and optimization of transferction enhancer additives for increased virus-like particle production in HEK293 suspension cell cultures. Appl Microbiol Biotechnol, 99: 9935-9949.

Chalberg T W, Portlock J L, Olivares E C, et al. 2006. Integration specificity of phage phiC31 integrase in the human genome. J Mol Biol, 357: 28-48.

Fan L, Kadura I, Krebs L E, et al. 2012. Improving the efficiency of CHO cell line generation using glutamine synthetase gene knockout cells. Biotechnol Bioeng, 109: 1007-1015.

Fontana D, Kratje R, Etcheverrigaray M, et al. 2014. Rabies virus-like particles expressed in HEK293 cells. Vaccine, 32: 2799-2804.

French T J, Marshall J J, Roy P. 1990. Assembly of double-shelled, virus-like particles of bluetongue virus by the simultaneous expression of four structural proteins. J Virol, 64: 5695-5700.

Garrone P, Fluckiger A C, Mangeot P E, et al. 2011. A prime-boost strategy using virus-like particles pseudotyped for HCV proteins triggers broadly neutralizing antibodies in macaques. Science Translational Medicine, 3(94): 94ra71.

Ham R G. 1965. Clonal growth of mammalian cells in a chemically defined, synthetic medium. Proc Natl Acad Sci USA, 53: 288-293.

Hammill L, Welles J, Carson G R. 2000. The gel microdrop secretion assay: identification of a low productivity subpopulation arising during the production of human antibody in CHO cells. Cytotechnology, 34: 27-37.

Heffner K M, Wang Q, Hizal D B, et al. 2021. Glycoengineering of mammalian expression systems on a cellular level. Adv Biochem Eng Biotechnol, 175: 37-69.

Hu J, Han J, Li H, et al. 2018. Human embryonic kidney 293 cells: a vehicle for biopharmaceutical manufacturing, structural biology, and electrophysiology. Cells Tissues Organs, 205: 1-8.

Jain N K, Barkowski-Clark S, Altman R, et al. 2017. A high density CHO-S transient transfection system: comparison of ExpiCHO and Expi293. Protein Expr Purif, 134: 38-46.

Kadlecova Z, Nallet S, Hacker D L, et al. 2012. Poly(ethyleneimine)-mediated large-scale transient gene expression: influence of molecular weight, polydispersity and N-propionyl groups. Macromol Biosci, 12: 628-636.

Kaufman W L, Kocman I, Agrawal V, et al. 2008. Homogeneity and persistence of transgene expression by omitting antibiotic selection in cell line isolation. Nucleic Acids Res, 36: e111.

Kim J M, Kim J S, Park D H, et al. 2004. Improved recombinant gene expression in CHO cells using matrix attachment regions. J Biotechnol, 107: 95-105.

Kim Y G, Kim J Y, Mohan C, et al. 2009. Effect of Bcl-xL overexpression on apoptosis and autophagy in recombinant Chinese hamster ovary cells under nutrient-deprived condition. Biotechnol Bioeng, 103: 757-766.

Koduri R K, Miller J T, Thammana P. 2001. An efficient homologous recombination vector pTV(I) contains a hot spot for increased recombinant protein expression in Chinese hamster ovary cells. Gene, 280: 87-95.

Lanza A M, Kim D S, Alper H S. 2013. Evaluating the influence of selection markers on obtaining selected pools and stable cell lines in human cells. Biotechnol J, 8: 811-821.

Lee J S, Ha T K, Park J H, et al. 2013. Anti-cell death engineering of CHO cells: co-overexpression of Bcl-2 for apoptosis inhibition, Beclin-1 for autophagy induction. Biotechnol Bioeng, 110: 2195-2207.

Lee K H, Onitsuka M, Honda K, et al. 2013. Rapid construction of transgene-amplified CHO cell lines by cell cycle checkpoint engineering. Appl Microbiol Biotechnol, 97: 5731-5741.

Li C, Liu F, Liang M, et al. 2010. Hantavirus-like particles generated in CHO cells induce specific immune responses in C57BL/6 mice. Vaccine, 28: 4294-4300.

Li Z, Michael I P, Zhou D, et al. 2013. Simple piggyBac transposon-based mammalian cell expression system for inducible protein production. Proc Natl Acad Sci USA, 110: 5004-5009.

Lu F, Toh P C, Burnett I, et al. 2013. Automated dynamic fed-batch process and media optimization for high productivity cell culture process development. Biotechnol Bioeng, 110: 191-205.

Meyer S, Lorenz C, Baser B, et al. 2013. Multi-host expression system for recombinant production of challenging proteins. PLoS One, 8: e68674.

Michel M L, Pontisso P, Sobczak E. 1984. Synthesis in animal cells of hepatitis B surface antigen particles carrying a receptor for polymerized human serum albumin. Proc Natl Acad Sci USA, 81: 7708-7712.

Mingeot-Leclercq M P, Glupczynski Y, Tulkens P M. 1999. Aminoglycosides: activity and resistance.

Antimicrob Agents Chemother, 43: 727-737.

Moran E B, McGowan S T, McGuire J M, et al. 2000. A systematic approach to the validation of process control parameters for monoclonal antibody production in fed-batch culture of a murine myeloma. Biotechnol Bioeng, 69: 242-255.

Oberbek A, Matasci M, Hacker D L, et al. 2011. Generation of stable, high-producing CHO cell lines by lentiviral vector-mediated gene transfer in serum-free suspension culture. Biotechnol Bioeng, 108: 600-610.

Pallavicini M G, DeTeresa P S, Rosette C, et al. 1990. Effects of methotrexate on transfected DNA stability in mammalian cells. Mol Cell Biol, 10: 401-404.

Petrakis S, Rasko T, Mates L, et al. 2012. Gateway-compatible transposon vector to genetically modify human embryonic kidney and adipose-derived stromal cells. Biotechnol J, 7: 891-897.

Reeves P J, Callewaert N, Contreras R, et al. 2002. Structure and function in rhodopsin: high-level expression of rhodopsin with restricted and homogeneous N-glycosylation by a tetracycline-inducible N-acetylglucosaminy-ltransferase I-negative HEK293S stable mammalian cell line. Proc Natl Acad Sci USA, 99: 13419-13424.

Schmaljohn C, Hjelle B. 1997. Hantaviruses: a global disease problem. Emerg Infect Dis, 3: 95-104.

Sen M, Yuki K, Springer T A. 2013. An internal ligand-bound, metastable state of a leukocyte integrin, alphaXbeta2. J Cell Biol, 203: 629-642.

Stahelin R V. 2014. Membrane binding and bending in Ebola VP40 assembly and egress. Front Microbiol, 5: 300.

Sureshkumar G K, Mutharasan R. 1991. The influence of temperature on a mouse-mouse hybridoma growth and monoclonal antibody production. Biotechnol Bioeng, 37: 292-295.

Turan S, Zehe C, Kuehle J, et al. 2013. Recombinase-mediated cassette exchange (RMCE)-a rapidly-expanding toolbox for targeted genomic modifications. Gene, 515: 1-27.

Vidigal J, Dias M M, Fernandes F, et al. 2013. A cell sorting protocol for selecting high-producing sub-populations of Sf9 and High Five cells. J Biotechnol, 168: 436-439.

Warfield K L, Bosio C M, Welcher B C, et al. 2003. Ebola virus-like particles protect from lethal Ebola virus infection. Proc Natl Acad Sci USA, 100: 15889-15894.

Wilke S, Groebe L, Maffenbeier V, et al. 2011. Streamlining homogeneous glycoprotein production for biophysical and structural applications by targeted cell line development. PLoS One, 6: e27829.

Wong S H, Jassey A, Wang J Y, et al. 2019. Virus-like particle systems for vaccine development against viruses in the Flaviviridae family. Vaccines, 7 (4): 123.

Wu C Y, Yeh Y C, Yang Y C, et al. 2010. Mammalian expression of virus-like particles for advanced mimicry of authentic influenza virus. PLoS One, 5: e9784.

Xie L, Pilbrough W, Metallo C, et al. 2002. Serum-free suspension cultivation of PER.C6(R) cells and recombinant adenovirus production under different pH conditions. Biotechnol Bioeng, 80: 569-579.

Zhang S, Liang M, Wen G, et al. 2011. Vaccination with dengue virus-like particles induces humoral and cellular immune responses in mice. Virology Journal, 8: 333.

Zhu J. 2012. Mammalian cell protein expression for biopharmaceutical production. Biotechnol Adv, 30: 1158-1170.

第六章 植物表达系统

第一节 植物表达系统概述

在 20 世纪 80 年代，转基因植物已经得到人们关注，利用转基因植物系统表达目的抗原，制备可食、可饲疫苗的研究一直是科研热点，因为其提供了一种全新的疫苗表达策略。利用植物反应器或植物表达系统制备这种可饲疫苗对于动物疫病的预防与控制具有天然优势。

一、植物表达系统的组成

1. 植物疫苗

植物疫苗（plant-made vaccine，PMV），也称为可饲疫苗，是指利用基因工程手段将抗原蛋白基因导入可饲用的植物细胞内，使目的基因在植物中表达。通过转基因植物的种植和加工，来生产安全、有活性的可饲疫苗，从而直接饲喂动物和禽类。与常规疫苗相比，植物基因工程可饲疫苗不含以人畜为宿主的致病微生物或病毒、致癌因子和毒素等潜在污染物质，饲喂安全，不会引起副反应，不会影响疫病监测。

利用植物表达系统制备 PMV 的可行性已经成功得到了验证，特别是在一些重大的人兽共患病的疫苗研发中取得了较好的临床应用效果（表 6-1），因此，通过植物表达系统制备可饲疫苗用于重大动物疫病的预防与控制具有良好的前景。

表 6-1 用于临床研究的植物疫苗

病原	抗原	植物来源	临床状态	参考文献
诺如病毒	衣壳蛋白	土豆和番茄	临床 I 期	Tacket et al.，2000
狂犬病毒	糖蛋白和核蛋白	菠菜	临床 I 期	Yusibov et al.，2002
流感 H5N1 病毒	血凝素	烟草	临床 I / II 期	Chichester et al.，2012
流感 H1N1 病毒	血凝素	烟草	临床 I 期	Cummings et al.，2014

2. 植物疫苗的优点

植物疫苗最大的优点是通过正常进食即可刺激机体产生抗体，从而实现疫病的防控。同时在生产成本、时间和规模化上也具有其他表达系统不具有的明显优势，并且部分表达产物可被动物直接饲用，避免了复杂的下游纯化工艺，可大量节约生产时间、费用，并减轻劳动负担。

3. 植物疫苗应用的难点

植物疫苗能否被广泛应用，主要难点在于一个良好的可饲（口服）疫苗必须能够耐受受种者（人或者动物）胃肠道严苛的酸性环境，顺利地通过胃肠道黏膜并刺激黏膜出现黏膜免疫反应，保证机体产生较高的抗体水平，从而抵抗相应病原的挑战。黏膜免疫反应基本机制如图 6-1 所示，植物疫苗刺激并诱导激活黏膜免疫反应，黏膜免疫作为抵抗病原的第一道防线，抗原物质通过 M 细胞或巨噬细胞识别结合后，巨噬细胞被 γ 干扰素激活，促使巨噬细胞将片段化的肽呈递给辅助性 T 细胞进一步产生抗体。M 细胞与抗原结合后被转运到 T 细胞，在辅助性 T 细胞的作用下被呈递到抗原呈递细胞（antigen presenting cell，APC）表面，然后激活 B 细胞，活化的 B 细胞迁移到肠系膜淋巴结成熟为浆细胞，然后迁移至黏膜以分泌 IgA 形成 sIgA，通过与特定抗原表位反应中和入侵病原体。

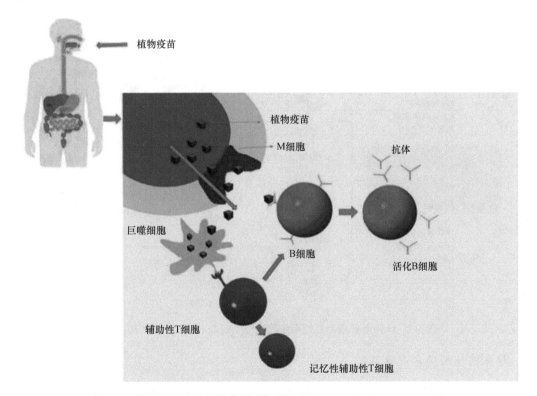

图 6-1　植物疫苗产生抗体的模式机制（Neutra and Kozlowski，2006）

在长期的进化过程中，动物的胃肠道上皮黏膜具有了双重功能，一方面允许对生长至关重要的营养物质及营养大分子进入，另一方面作为防御屏障防止有害微生物的进入。所以，黏膜免疫系统作为一种智慧型的系统，在进化中获得了区分致病抗原和食品抗原的能力。如果摄入物质为功能性的蛋白质复合物或其他大分子的混合物并不会引起动物产生相应的免疫反应。而如果摄入物质为致病性抗原则激发动物免疫系统的免疫监视功能，从而促使机体产生主动免疫防御，进而尽可能地清除这种有害抗原物质；而可溶性的食物性抗原被摄入后由于进化选择激活了免疫抑制系统而不是免疫防御系统，所以如何保证可饲疫苗不被胃肠道环境降解，以及如何通过黏膜免疫反应获得相应抗体，如 M 细胞转运抗原诱导产生免疫反应，或者通过肠上皮细胞介导受体转运模式诱导产生免疫反应（Neutra and Kozlowski，2006），可能是可饲疫苗研究的最大挑战。

二、植物表达系统种类

植物作为抗原生产或呈递系统，主要分为稳定表达和瞬时表达两大系统（图 6-2）。稳定表达系统是把 DNA 编码的目的基因整合到植物的核酸上或细胞器基因组中，如叶绿体，形成一种稳定转基因植物系。而瞬时表达系统使用两种方式进行目的基因的表达，一种是将基因编码的活性蛋白或多肽整合到植物病毒基因组中，并使用这种重组病毒感染靶标植物瞬时表达获得目的抗原；另一种是以农杆菌介导的瞬时基因表达系统进行目的抗原的表达。

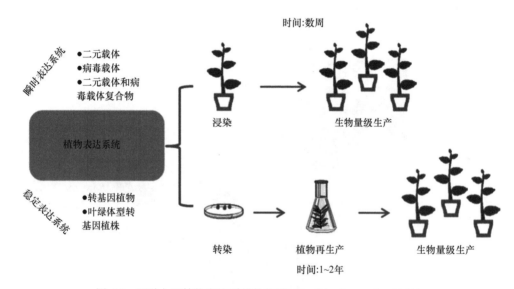

图 6-2　两种主要植物表达系统的比较（Redkiewicz et al.，2014）

1. 转基因植物稳定表达系统

转基因植物的主要优势是转入的目的蛋白质性状可伴随植物生长稳定遗传、持续表达，可规模化生产并进行长期保存。由于转基因植物的种子、根茎、果实等部位分泌或表达的外源蛋白质以可饲喂的形式被动物直接摄入，因此避免了复杂的下游纯化过程，节约了大量的生产成本、减轻了劳动强度。这种模式形成的可饲疫苗只需对目的产物进行简单的加工，如对含有抗原物质的根茎经过简单切割，就可以变成一种低成本的优质疫苗。

然而，转基因植物作为目的抗原生产平台也存在一定的风险，主要表现为：外源基因整合位点具有随机性，转化子存在随机跳跃的现象；某些转基因植物的生产周期可能需要几个月的时间，如玉米和马铃薯一般生产周期都比较长；更值得担忧的是有些外源蛋白在转基因植物中的表达并不如预期，表达量较低，而这会显著地降低稳定表达系统的应用前景。

令人高兴的是，最近报道的一种质体转化方式成功实现了外源基因在转基因植物中的高效表达。在该转基因植物中表达的具有免疫活性的活性肽成分可以占到可溶性蛋白质总量的 33.1%，并且这种质体转化方法在番茄、胡萝卜、棉花等经济作物中也被报道。但外源基因整合位点的随机性和转化子随机跳跃性的问题仍然是困扰转基因植物表达系统广泛应用的、亟须解决的问题。

2. 病毒载体的瞬时表达系统

就表达异源蛋白质而言，植物病毒载体系统通常比转基因植物生产系统更有效。植物病毒载体系统表达的 VLP 或游离的外源蛋白质往往必须从植物组织中纯化出来，如果具有免疫活性的表位肽蛋白与植物病毒是以相互融合的形式存在，则这种重组的 VLP 是很容易从感染的组织中分离出来的，并且该重组的 VLP 通常具有比较稳定的空间结构。植物病毒载体系统在大规模生产抗原时要求较高的体外生产技术去接种植物，并且对于重组病毒的遗传稳定也有非常高的要求，虽然存在着重组病毒散毒污染环境的问题，但比起转基因植物系统，在存储和纯化方面还是具有很大的优势，省力省时，并且这种表达系统表达的目的蛋白或活性肽不像转基因植物那样把抗原限制在特定的部位。因此，科学家还是对某些病毒重组进行了尝试，如在马铃薯 X 病毒（potato virus X，PVX）和李痘病毒（plum pox virus，PPV）的研究中都获得了一些可喜的成果。

3. 农杆菌介导的瞬时表达系统

在农杆菌介导（agroinfiltration）的基因瞬时表达系统中，农杆菌在外部压力的作用下进入植物叶片、根茎等组织中，目的基因随之进入植物细胞，借助植物细胞的转录和翻译机制进行目的蛋白的表达，重组蛋白的产量能提高 50 倍左右。农杆菌介导的基因瞬时表达系统已向规模化发展，逐渐变成一种高效的生产平台，如加拿大 Medicaco 生物技术公司利用该技术在苜蓿和烟草植物中大规模地生产抗原和抗体；德国 Icon Genetics 公司建立了一种结合农杆菌渗透法和病毒载体转化法的 Magninfection 技术体系，该方法不但具有农杆菌转染效率高的优势，同时也具有病毒样载体表达产物产量高的特点。但该表达系统类似于病毒瞬时表达系统，对生产环境有所要求，同时需要一套合理的后期纯化目的蛋白的技术。

第二节　植物表达系统表达技术

一、植物表达系统常用载体及工程菌株

1. 转基因植物常用载体及特点

植物疫苗使用的载体除传统载体外,现在主要以 Gateway 技术构建的载体、T-DNA

载体及多片段一步拼接方法构建的载体为主。传统载体通常需要一个基础的骨架载体,要有一定的酶切位点,选择不同的启动子、标记基因,但往往结果不尽如人意。而基于 Gateway、T-DNA 和多片段一步拼接方法的载体具有非常突出的优势:①反应简单快速,室温 1 h 左右即可完成重组反应;②特异性强,不会发生移码突变;③通用性好,在任何基因片段两端引入相应元件序列,即可采用相同体系进行重组,而且适用于目的基因在不同载体间的转移,节约时间;④克隆效率高,插入外源基因可以达到 10 kb。

1)Gateway 技术

Gateway 技术不再使用限制性内切酶和 DNA 连接酶,而是使用位点特异性的重组技术将目的基因片段转移到目的载体上。该技术以 λ 噬菌体的位点特异性重组体系为基础,经过 BP 和 LR 两步反应实现载体的构建与重组。其中,BP 反应将目的基因从 PCR 产物或目的载体中重组到供体载体中,创建入门克隆载体,也可以通过 PCR 或传统的克隆方法将目的基因插入入门克隆载体。LR 反应利用 Gateway LR 重组酶催化作用,将目的基因从入门克隆载体重组到目的载体上,得到最终的表达载体。具体过程如图 6-3 所示。首先,获得目的基因片段后,利用 PCR 扩增,分别在基因片段的 5′端和 3′端加上 attB1 与 attB2 元件序列;同时,供体载体插入位点两端需要具有 attP1 和 attP2 元件。然后,两者混合物在 BP 反应酶催化作用下,同源重组形成新的 attL1 和 attL2 位点,同时包含目的基因,即成功构建入门克隆载体。最后,在 LR 重组酶催化作用下,入门克隆载体中 attL1 和 attL2 元件能够与目的载体上的 attR1 及 attR2 元件重组,生成新的 attB1 和 attB2 元件,并将目的基因片段带入目的载体中,得到最终的表达载体。

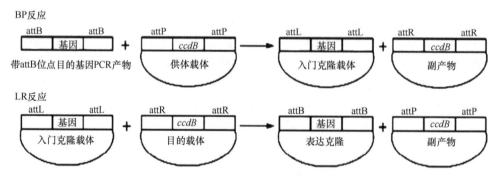

图 6-3 Gateway 技术构建表达载体的原理和过程

2)复合 T-DNA 载体构建法

复合 T-DNA 载体构建法是为了获得无筛选标记的转基因植物,目前通常采用共转化(co-transformation)法、位点特异性重组(site-specific recombination)、同源重组(homologous recombination)、转座子系统(transposon subsystem)和多元自动转化载体(multi-auto-transformation vector)等。其中,共转化法效果最好。共转化法采用双质粒载体,分别携带目的基因和标记基因,利用基因枪或农杆菌介导进入受体细胞,然后在 T1 或 T2 子代中可获得无筛选标记的转基因植株。如图 6-4 所示,标记基因位于一段

T-DNA 上，另外两段 T-DNA 分别携带两个目的基因，经农杆菌介导转化受体细胞。由于增加了目的基因拷贝，更有利于筛选到不含标记基因的转基因植株。

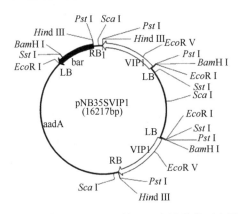

图 6-4　含三段 T-DNA 的双元表达载体示意图

3）多片段一步拼接法

多片段一步拼接法克服了传统方法中要构建多个中间载体、操作步骤烦琐、极度耗时费力的缺点。在利用引物扩增目的基因片段时，根据序列特征分别在引物两端引入接头序列，不同 PCR 产物片段在核酸内切酶或 DNA 聚合酶 3′端和/或 5′端外切酶作用下，分别产生首尾相匹配的黏性末端，然后进行混合连接、转化、鉴定，最终获得多片段首尾相连的全长目的基因片段。其中，一步克隆法构建 pSMGA 载体的流程如图 6-5 所示。该方法要求在 PCR 扩增各个片段时，各相连片段与骨架载体首尾之间保持 15 bp 以上的相同序列，再采用重叠延伸 PCR 的方式将各片段与骨架载体直接连接，然后进行转化和重组载体鉴定。该方法通常只用于 6 kb 以下载体的构建和改造。

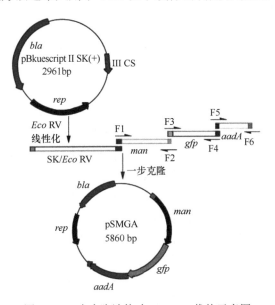

图 6-5　一步克隆法构建 pSMGA 载体示意图

2. 植物疫苗常用病毒表达系统及特点

目前常用的植物病毒载体主要包括烟草花叶病毒（TMV）、番茄丛矮病毒（TBSV）、苜蓿花叶病毒（AMV）、豇豆花叶病毒（CpMV）、花椰菜花叶病毒（CaMV）及烟草坏死病毒 A（TNV-A）。其特点是：①病毒载体可进入植株的各种类型细胞器，如叶绿体和线粒体，有利于在植株整体水平上研究外源基因的功能和分布情况；②病毒在植物细胞内大量复制，从而使外源基因的总体表达获得极大提高；③外源基因与病毒外壳蛋白的融合，可以将外源基因产物以病毒样颗粒的形式表达在植物蛋白的表面，便于提取及分析。此外，RNA 病毒会在植物细胞内形成 dsRNA 中间体，使其成为研究 RNA 干扰（RNAi）机理和通过 RNAi 研究植物基因功能的较佳手段。

3. 农杆菌介导的瞬时基因表达系统常用农杆菌及特点

农杆菌介导的瞬时基因表达系统中广泛应用的农杆菌有 GV3101、LBA4404 及 EHA105 等，常见的转导方法有真空浸润法（vacuum infiltration method）、喷雾法（spraying method）和花序浸染法（floral-dip method），其工艺主要分为：①农杆菌，如 GV3101，在人为的植物伤口若干位点进行人工附着；②植物伤口组织产生酚类化合物诱导 Ti 质粒内 vir 基因的表达；③vir 基因表达产物作用于 T-DNA 产生 T-DNA 链；④Vir 蛋白和 T-DNA 复合体在植物细胞质中转运，T-DNA 遭受植物防御系统的攻击；⑤Vir 蛋白和 T-DNA 复合体在植物及细菌蛋白的共同作用下进入到植物细胞核内；⑥T-DNA 整合到宿主细胞基因组中；⑦T-DNA 上携带的外源基因表达并产生生物学效应。农杆菌介导的转化技术因具有操作简单、成本低廉、转基因沉默概率小、插入基因拷贝数少等优点而逐渐成为最重要的植物遗传改造系统。

二、提高目的蛋白表达水平的手段

如何提高外源基因的表达水平一直是备受关注的问题，近些年来的研究取得了一些可喜的进展，主要表现在以下几个方面。

1. 合适的启动子

启动子是位于结构基因 5′端上游的 DNA 序列，能活化 RNA 聚合酶，使之与模板 DNA 准确地结合后启动目的基因转录，是指导调控目的基因在受体植物中表达的重要决定性因子，是决定基因表达的起始点。早期的植物表达系统使用的启动子来源于动物，结果往往会导致外源基因在植物中表达沉默，后期人们采用来源于植物的启动子，实现了外源基因的高效表达。植物启动子因功能可大概被人为地分为三大类：组成型启动子、组织特异性启动子和诱导型启动子。目前广泛应用的启动子有 CaMV35S、MMV 和 NOS，值得注意的是，在不同的植物表达系统中，来源不同的启动子表达效率存在着一定的差异。通常来源于双子叶植物的启动子，在双子叶植物中的表达效率比在单子叶中高得多，反之亦然。CaMV35S 启动子在双子叶植物中的表达效率远远高于单子叶植物，而 Ubi 和 Emu 启动子在单子叶植物中的表达效率远高于双子叶植物。这可能是由于单子叶植物、双子叶植物基因本身表达的分子机制有所差异，也可能是由于两者在转录因子和启动子序列识别方面存在着比较明显的差异。

2. 依据密码子优化原则选择植物表达系统偏爱的基因序列

密码子优化，指的是利用密码子的偏嗜性，即避免利用率低的稀有密码子，简化基因转录后 mRNA 的二级结构，去除不利于高效表达的结构域（motif），加入有利于高效表达的结构域。密码子的偏嗜性对物种进化、遗传和变异有极大的意义（Ding et al.，2014），不同的生物对密码子编码序列有不同的偏爱，即不同物种对同义密码子的使用频率是不同的，而这种密码子偏嗜性对翻译过程有影响。如果一条 mRNA 有很多成簇的稀有密码子，这会对核糖体的运动速度造成负面影响，大大降低蛋白质表达水平。若是在基因的同义密码子使用频率与表达宿主相匹配的情况下，蛋白质的表达水平则会显著提高，这可能也是外源基因在植物中表达效率低的一个原因。

研究人员将大肠杆菌热不稳定性肠毒素 B 亚单位（*LT-B*）基因进行人工改造，在基本不改变多肽序列的前提下，根据密码子的简并性选择植物系统偏爱的基因序列。将密码子优化过的 *LT-B* 基因转入马铃薯后检测抗原表达水平，与未经改造的 *LT-B* 基因转入马铃薯相比较，其抗原的表达水平在转基因马铃薯叶和块茎均增加了 3~14 倍，通过小鼠口服转基因植物实验证明，密码子改造后的抗原具有和改造前抗原一样的免疫特性（Diamos et al.，2016）。由此可见，依据密码子优化原则优化外源基因并选择适合植株系统进行外源基因表达可能是一种比较好的选择。

3. 特定的增强子调控序列

增强子（enhancer）是指可以增强邻近结构基因转录的序列。其特点是：①可以与所调控转录的基因距离几千个碱基；②可位于基因的上游或下游；③作用时无方向性，因而能同时影响两侧的两个基因的表达；④必须与受调控的基因位于同一 DNA 分子中，但可位于任意一条 DNA 链上；⑤没有基因特异性，增强子可激活两侧的任意一个基因；⑥有组织特异性；⑦优先作用于最邻近启动子的转录；⑧与增强子结合的蛋白质包括激素受体蛋白，因此，基因表达增强子在基因活性的调控中起着重要的作用。研究表明，在植物表达系统中，在启动子 35S 和目的基因之间插入烟草蚀纹病毒（tobacco etch virus，TEV）的 5′-UTR 引导序列，作为翻译增强子可以显著地提高蛋白质的表达效率，同时，在启动子附近插入增强子也能显著提高目的蛋白的表达效率、改善下游的转录和翻译过程（Rosenthal et al.，2018）。

4. 目标抗原的选择具有重要意义

当一些病毒亚单位疫苗的结构研究得比较清楚时，可以直接使用植物表达系统来表达这些疫苗。例如，HBV 的 HBsAg 已经研究得非常清楚，可以直接在植物表达系统中进行重组表达，从而获得 HBV 的 HBsAg VLP。但是，当一些病毒完整的衣壳蛋白结构比较复杂，或需要经过后续加工时，则需要选择合适的结构蛋白，或共表达相应的蛋白酶对一些蛋白质进行自身切割。例如，轮状病毒完整的衣壳蛋白由VP2、VP6、VP7和VP4构成，但在表达系统中，VP2、VP6和VP7或者VP2和VP6就可以组装成VLP并能够诱导有效免疫保护；而口蹄疫病毒（FMDV）完整VLP形成过程需要病毒3C蛋白的后期酶解效应，因此需要与3C蛋白共表达。此外，如果要表达的疫苗抗原结构尚未研究清楚时，就需要对病原微生物的毒力蛋白亚结构或表面抗原进行分析筛选，如糖蛋白，利用一些VLP展示载体进行融合表达，生产高效疫苗，而对于易变异的病毒则可选择各亚型共有的核心蛋白质的主要保护性抗原基因序列。

5. 选择合适的受体植物

选择合适的受体植物是生产植物疫苗的关键。植物的新鲜组织（如叶片、根茎）和干燥组织（如谷物的种子）都可以用来表达口服疫苗。但植物新鲜组织中的蛋白质在新鲜组织被采收后很容易被降解，需要一套比较成熟的后期加工处理程序，而植物干燥组织中的蛋白质在脱水状态下无须进行后期加工处理就能够长期储存，因此利用植物的干燥组织制造可饲疫苗在实际生产中会更有意义。

玉米种子蛋白质含量高，可以对重组蛋白进行高效表达，而且玉米在常温下能够长期储存，是多种畜禽饲料的主料，所以玉米是一种比较理想的畜禽口服疫苗表达受体。此外，马铃薯是经常用于生产口服疫苗的植物材料。到目前为止，已成功用于生产植物疫苗的受体有烟草、拟南芥、马铃薯、番茄、胡萝卜、莴苣、羽扇豆、菠菜、玉米、苜蓿和藻类等。此外，疫苗还可以在植物的体外进行表达，包括利用水培植物和组培植物将外源蛋白分泌到水中与培养基中进行表达。

6. 信号肽对表达效率的影响

信号肽位于分泌蛋白的N端，一般由15～30个氨基酸组成，包括三个区域：一个带正电荷的N端，称为碱性氨基末端；一个中间疏水序列，以中性氨基酸为主，能够形成一段α螺旋结构，它是信号肽的主要功能区；一个较长的带负电荷的C端，含小分子氨基酸，是信号序列切割位点，也是信号肽的加工区域。当信号肽序列合成后，被信号识别颗粒（SRP）所识别，蛋白质合成暂停或减缓，SRP将核糖体携带至内质网上，蛋白质合成重新开始。在信号肽的引导下，新合成的蛋白质进入内质网腔，而信号肽序列则在信号肽酶的作用下被切除。

信号肽是一种靶向蛋白，其主要功能是引导分泌蛋白或膜蛋白准确定位于细胞内不同区域或不同细胞器。未来药物和疫苗的主要研究方向是以特定的细胞器为靶点，通过准确定位使外源蛋白在特定的位点表达而发挥重要功效，因此寻找定位性强并能改变分泌途径的信号序列显得尤为重要。有研究表明，有些分泌蛋白能在内质网上分泌表达，这类蛋白质的特点是其C端均带有特异性的内质网截留信号肽KDEL和HDEL，正是由于内质网截留信号肽的存在使得蛋白质截留在内质网内。研究发现HDEL序列具有促使外源蛋白分泌的能力，将目的蛋白的基因和KDEL序列融合后转化烟草和苜蓿，其表达量是不含KDEL序列对照植株的20～100倍。所以，找到合适的信号肽序列并与外源蛋白融合表达，是提高外源蛋白表达效率和促进新药研发的有效途径。另外，通过在外源基因末端添加内质网滞留信号肽可以提高该基因的表达水平，如在狂犬病毒糖蛋白 C 端添加内质网滞留信号肽，糖蛋白在烟草中的表达量达到了可溶性总蛋白的 0.38%。

三、植物表达系统表达重组蛋白纯化工艺

植物表达系统表达产物的下游纯化工艺是植物疫苗研发的重要环节，下游纯化技术有很多，按照大类可分为沉淀技术、层析技术和双液相萃取技术等，依据目标蛋白的物理或化学性质的不同，可以有针对性地采取不同的分离纯化方法。

1. 沉淀技术

沉淀技术是比较传统的基因工程技术，也是最常用的蛋白质初步分离纯化和浓缩的技术，具有成本低、操作简单、回收率高、设备要求低的优点。该技术主要可以分为盐沉淀法、有机沉淀法、热沉淀法和等电点沉淀法。

1）盐沉淀法

盐沉淀法是最常用的蛋白质沉淀方法，其原理是利用盐离子作用使蛋白质表面的疏水区暴露而发生沉淀。不同的蛋白质在不同盐浓度下析出，因而可以通过缓慢改变盐的浓度使不同的蛋白质分级沉淀，达到分离纯化目的。在盐沉淀法中，最常用于沉淀的盐是硫酸铵，其优点有价格便宜、溶解度大、受温度影响小，特别是盐沉淀法对蛋白质的活性影响最小而被广泛应用。

2）有机沉淀法

有机沉淀法是利用有机溶剂降低水活度，破坏蛋白质表面水化膜，引起蛋白质的沉淀。该方法的优点是有机溶剂易分离，能使蛋白质快速脱盐与浓缩，缺点是容易因为温度的变化造成蛋白质变性，因此需要在低温下操作。常用于沉淀蛋白质的有机溶剂为丙酮、乙醇和甲醇等，其中乙醇本身低毒易挥发，比较适用于药物蛋白的纯化。

3）热沉淀法

热沉淀法主要是利用不同蛋白质的热稳定性不同，从而通过加热的方式除去热稳定性较差的蛋白质，最后剩下热稳定性好的蛋白质，从而达到利用温度将不同的蛋白质分离纯化的目的。该方法的优点是操作简单、成本低；其缺点在于有较大的局限性，仅适用于纯化耐热蛋白。使用该方法前，必须充分了解并确定目的蛋白的热稳定性，所以需要大量的前期研究。

4）等电点沉淀法

等电点沉淀法是利用蛋白质在等电点时溶解度最低而各种蛋白质又具有不同等电点的特点进行分离纯化蛋白质的方法。但是在实践操作中，不可能完全了解所有杂蛋白的等电点，此外，蛋白质在等电点时还存在一定的溶解度，不能完全使得目的蛋白沉淀。

因此，等电点沉淀法不适合单独使用，更适合作为一种辅助方法，结合其他纯化方法来实现蛋白质的沉淀分离。例如，将等电点沉淀法与盐沉淀法相结合，也许可以取得比较理想的分离效果。

2. 层析技术

层析技术是利用不同物质理化性质的不同建立起来的一种蛋白质纯化技术。所有的层析系统都由两个相组成：一个是固定相，另一个是流动相。当待分离的混合物随流动相通过固定相时，由于各组分的理化性质存在差异，与两相发生相互作用（吸附、溶解、结合等）的能力不同，在两相中的分配（含量比）不同，且随流动相向前移动，各组分不断地在两相中进行再分配。分步收集流出液，可得到样品中所含的各单一组分，从而达到将各组分分离的目的。层析法主要包括分子筛凝胶层析、离子交换层析、疏水层析、反相层析和亲和层析等。

1）分子筛凝胶层析

分子筛凝胶层析是利用蛋白质分子大小和形状的不同进行分离的纯化方法。以惰性细颗粒基质作为层析柱填料，由于液体的挤压，大分子物质因无法进入细颗粒的微孔中而随着液体从细颗粒间的缝隙流出，而小分子物质因进入细颗粒基质内微孔，运动速度慢，保留时间长，比大分子物质流出缓慢而得到分离。此种层析方法条件温和，填料分辨率高，操作简便，但是上样量较小、处理周期长，应用范围受限。

2）离子交换层析

离子交换层析的原理是，蛋白质分子在特定缓冲液中所带电荷不同而与离子交换剂之间的相互作用不同，介质表面的可交换离子与带相同电荷的蛋白质分子发生交换。该层析柱填料的配基为离子交换剂，与蛋白质组分通过静电相互作用进行结合。在洗脱过程中缓冲液离子强度的改变将使结合力由弱到强的蛋白质组分依次洗脱下来，从而达到分离纯化的效果。要根据目的蛋白的 pI 及 pH 耐受能力选择合适的离子交换层析柱。

3）疏水层析

疏水层析是利用蛋白质分子的疏水性不同开发的纯化方法。疏水层析的填料由化学性质稳定、机械强度好的载体（如琼脂糖、硅胶等）和疏水配基（如 C6、C8 等）组成。蛋白质表面存在着一些疏水区域，借助于疏水区域和疏水配基间的疏水相互作用力，蛋白质被吸附在层析填料的表面。这种相互作用力包括疏水相互作用力、范德华力和静电相互作用力。因为在高盐浓度下疏水相互作用力为主导，随着盐浓度的降低，疏水相互作用力亦变小，所以具有"高盐吸附、低盐洗脱"的特点。因此，利用不同蛋白质间的疏水性差异，通过改变洗脱时的盐浓度就可以对蛋白质进行有效地分离纯化。

4）反相层析

反相层析与疏水层析一样，都是利用蛋白质分子的疏水性差异来实现分离纯化的技术。但是二者有区别，疏水层析的固定相是弱疏水配基，而反相层析的固定相含有高度非极性基团，且配基的密度要高很多；在疏水层析中用盐浓度调节蛋白质与固定相之间的相互作用，而反相层析则通过有机溶剂调节，即通过增加有机溶剂的浓度来实现蛋白质的洗脱。

5）亲和层析

亲和层析分为生物特异亲和层析和人工配体亲和层析。生物特异亲和层析以生物分子作为配体，可分为免疫亲和层析、凝集素亲和层析和核酸亲和层析等，另外还有以酶、黏附蛋白、受体蛋白或底物为配体的生物亲和层析。人工配体亲和层析也称为通用配体亲和层析，是指利用人工配体对不同的蛋白质有亲和性的特点，通过亲和层析来纯化这些蛋白质的方法，主要包括金属螯合亲和层析和染料配体亲和层析等。

3. 双液相萃取技术

双液相萃取技术的原理是，把两种聚合物或一种聚合物与一种盐的水溶液混合在一起，由于聚合物与聚合物之间或聚合物与盐之间的不相溶性形成两相，而不同蛋白质在这两相中的溶解性不同，因而最终平衡时蛋白质会按照一定比例分配在这两相之中；当这个分配比例相差较大时，即目的蛋白大部分都溶解在某一液相中便可达到分离的目的。传统的双液相体系是指双高聚物双液相体系，其成相机理是由于高聚物分子的空间阻碍作用，相互无法渗透，不能形成均一相，从而具有分离倾向，在一定条件下即可分为两相。一般认为只要两聚合物水溶液的憎水程度有所差异，混合时就可发生相分离，且憎水程度相差越大，相分离的倾向也就越大。可形成双液相体系的聚合物有很多，典型的聚合物双液相体系有聚乙二醇（PEG）/葡聚糖（dextran），聚丙二醇（polypropylene glycol）/聚乙二醇和甲基纤维素（methylcellulose）/葡聚糖等。另一类双液相体系是由聚合物/盐构成的。此类双液相体系一般采用聚乙二醇作为其中一相的成相物质，而盐相则多采用硫酸盐或者磷酸盐。由于其条件温和、容易放大、可连续操作等特点，目前已成功应用于蛋白质分离和纯化。

第三节 植物表达系统在 VLP 中的研究进展

VLP 在靶向定位、药物递送和癌症治疗中具有良好的应用前景。植物系统表达的 VLP 疫苗相比其他的表达系统具有一种天然优势：首先，植物系统表达的蛋白质翻译修饰与天然蛋白质几乎完全一致；其次，植物细胞具有细胞壁，可以抵抗消化道中胃酸、胰蛋白酶等对抗原蛋白的直接消化，对于黏膜吸附和黏膜免疫具有重大意义；再次，从生产规模来看，具有大规模生产的潜力；最后，植物作为一种可饲疫苗的载体，安全性高，有些产品无须纯化，因此植物表达系统受到了科研工作者的持续青睐。

截至目前，已经有一些 VLP 疫苗在植物表达系统中取得了激动人心的成果，无论是在囊膜病毒还是在非囊膜病毒上，如流感疫苗、口蹄疫疫苗，它们都在动物试验中表现出了较强的免疫原性并且获得良好的免疫反应，部分疫苗进入了临床验证阶段（表 6-2）。

表6-2 VLP在植物表达系统中的表达

病毒（囊膜病毒/无囊膜病毒）	病毒科	抗原	表达宿主（胞内型/分泌型）	VLP类型	参考文献
无囊膜病毒 轮状病毒	呼肠孤病毒科	VP2/VP6	番茄（胞内型）	双层	Saldaña et al., 2006
		VP2/VP6/VP7	烟草（分泌型）	双层	Yang et al., 2011
口蹄疫病毒	小 RNA 病毒科	P1 和 3C	苜蓿和番茄（胞内型）	单层	Santoset al., 2005
		VP1	烟草（分泌型）	单层	Zhang et al., 2010
		P1-2A 和 3C	烟草（分泌型）	多层	Veerapen et al., 2018
蓝舌病毒	呼肠孤病毒科	VP2/VP5/VP3/VP7	烟草（分泌型）	多层	Thuenemann et al., 2013
人乳头瘤状病毒	乳多空病毒科	PV	烟草（胞内型）	单层	Regnard et al., 2010
		PV	烟草（分泌型）	单层	Love et al., 2012
非洲马瘟病毒	呼肠孤病毒科	VP2, VP5, VP3 和 VP7	烟草（胞内型）	多层	Rutkowska et al., 2019
流感病毒	正黏病毒科	HA	烟草（分泌型）	单层	Pillet et al., 2015
		HA	烟草（分泌型）	多层	Pillet et al., 2016
乙型肝炎病毒	嗜肝 DNA 病毒科	HBsAg/S	大米（胞内型）	多层	Qian et al., 2008
		HBsAg	马铃薯（胞内型）	单层	Kostrzak et al., 2009
		HBsAg	烟草（分泌型）	单层	Huang et al., 2009
		HBsAg	香蕉、水稻、番茄	单层	Pniewski et al., 2011
囊膜病毒 丙型肝炎病毒	黄病毒科	E1	烟草（分泌型）	多层	Nemchinov et al., 2000
		E1/E2	烟草（分泌型）	单层	Piazzolla et al., 2005
		C	烟草（分泌型）	多层	Piazzolla et al., 2005
人类免疫缺陷病毒	逆转录病毒科	GAG	烟草（分泌型）	多层	Smith et al., 2004
		GAG	烟草（分泌型）	单层	Meyers et al., 2008
		GAG	烟草（分泌型）	单层	Scotti et al., 2009

一、囊膜病毒

1. 禽流感疫苗研发及应用

流感病毒属于正黏病毒科的单链、分节段的 RNA 病毒，可分为 4 种类型（A、B、C 和 D）：A 型流感病毒和 B 型流感病毒可引起季节性流行病，C 型流感病毒通常引起动物轻度的一过性的疾病，D 型流感病毒为新出现的流感病毒，可感染牛和猪。流感病毒包含 8 个基因片段，编码至少 17 种蛋白质。血凝素蛋白介导了流感病毒受体与宿主细胞上的唾液酸寡糖结合。神经氨酸酶蛋白通过从宿主细胞表面切割唾液酸寡糖残基促进病毒颗粒释放。基于其两种表面糖蛋白，即血凝素和神经氨酸酶的抗原性质，A 型流感病毒进一步分为多个亚型。目前，已经从鸟类中分离出 18 种血凝素（H1～H18）和 11 种神经氨酸酶（N1～N11）亚型的 A 型流感病毒，另外两种血凝素和神经氨酸酶亚型的 RNA 是从蝙蝠中分离和鉴定出来的（H17、H18 和 N10、N11）。

1997 年在中国香港首次报告 A（H5N1）型流感病毒感染人类病例后，H5N1 病毒已经形成多个进化分支，并获得了持续性流行的特点及随季节大规模迁移的特征。目前，H5N1 病毒至少在 16 个国家存在发病的报告，至少每年有 400 人死亡的病例报告。A（H7N9）型流感病毒首先从人类中分离出来，2013 年后至少报告了 4 次在人群中大规模暴发的事件，并造成了超过 300 人死亡。抗原变异和基因重组导致每年必须依据流行变异株来提供相应的疫苗，而传统的流感疫苗防疫效果并不是特别的理想。寻求一种广谱性的超级流感疫苗应对流感带来的公共卫生危机是一种必然的结果。

2013 年，H7N9 禽流感疫情暴发后，研究人员快速制备整合 A/Anhui/1/2013（H7N9）病毒株全长 *HA*、*NA* 基因，以及 A/Indonesia/05/2005（H5N1）病毒株 *M1* 基因的重组杆状病毒，进一步表达、纯化后制备了首例禽流感病毒 VLP 疫苗。小鼠攻毒保护试验结果表明，该候选疫苗具有良好的免疫效应，可以抵抗致死剂量的野生型 H7N9 病毒侵袭。在此基础上，放大生产规模，探索规模化生产工艺，制备了符合 GMP 的 H7N9 病毒 VLP 疫苗，进行了第 1 例禽流感病毒 VLP 疫苗临床试验（Fries et al.，2013）。

而基于植物表达系统的 VLP 疫苗在 2015 年开始被陆续报道，主要是采用了农杆菌介导法将携带 H7N9 流感 *HA* 基因的重组病毒质粒导入本氏烟叶片，表达 H7 的 HA 蛋白后，收获烟叶并精纯制备出 H7 VLP 候选疫苗。小鼠和雪貂免疫试验表明，未配伍佐剂时，以两针次免疫程序接种小鼠，诱导的体液免疫应答显著增强，产生 100% 保护率，同时明显降低呼吸道感染的相关症状；以铝佐剂配伍的 H7 VLP 疫苗单次免疫雪貂，诱导了强烈的体液免疫应答和细胞介导免疫应答，激活了抗原特异性的 CD3[+]T 细胞，保护雪貂免受致死剂量的病毒侵袭（Pillet et al.，2015）。

2016 年，研究人员基于 A/California/07/2009（H1N1）（A/H1N1 Cal）、A/Victoria/361/11 H3N2（A/H3N2 Vic）、B/Brisbane/60/08（B/Bris，Victoria lineage）及 B/Wisconsin/1/10（B/Wis，Yamagata lineage）*HA* 基因特点制备了一种四价 VLP 流感疫苗，进行了 Ⅰ、Ⅱ 期人体临床试验。接种人群在免疫 21 天后，其血凝抑制（HI）滴度能满足欧洲对 A 型流感病毒株的 HI 标准，而且疫苗接种 6 个月后，HI 滴度依然保持比较理想的水平；另

外，该 VLP 疫苗能够诱导持续大量增加血凝素特异性多功能 CD4 T 细胞及 CD4 T 细胞相关的 IFN-γ⁺效应因子。值得注意的是，在病毒交叉保护试验中，该疫苗也表现出了比较理想的结果，该 VLP 疫苗对 A/Hong-Kong/1/1968 H3N2 毒株和 B/Massachusetts/2/2012 H3N2 毒株均有交叉保护作用（Pillet et al.，2016）。

2. 猪繁殖与呼吸综合征病毒

猪繁殖与呼吸综合征（porcine reproductive and respiratory syndrome，PRRS）的病原为猪繁殖与呼吸综合征病毒（porcine reproductive and respiratory syndrome virus，PRRSV），据统计，2005 年以来，美国每年因该病造成的经济损失 5.6 亿～6.6 亿美元，丹麦每年造成的经济损失约 1.5 亿欧元。

PRRSV 属于动脉炎病毒科（Arteriviridae）动脉炎病毒属（*Arterivirus*）不分节段的、一种有囊膜的单股正链 RNA 病毒，是一种引起母猪繁殖障碍，仔猪及育肥猪呼吸困难和死亡的高度接触性传染性疾病，与马动脉炎病毒（equine arteritis virus，EAV），乳酸脱氢酶升高病毒（lactate dehydrogenase-elevating virus，LDV）和猴出血热病毒（simian hemorrhagic fever virus，SHFV）为同一属病毒。

根据抗原性和基因组特征，PRRSV 可以分为两个基因型：PRRSV-1 型（European）；PRRSV-2 型（North American）。两种型别的 PRRSV 仅有 55%～70% 的核苷酸和 50%～80% 的氨基酸同源性。其基因组结构如图 6-6 所示。

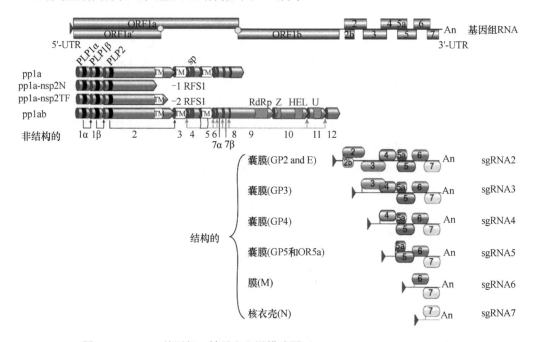

图 6-6　PRRSV 基因组、转录和翻译模式图（Kappes and Faaberg，2015）

PRRSV 基因组大小 14.9～15.4 kb，至少包含 9 个或 10 个 ORF（5'-UTR-ORF1a-ORF1b-ORF2a-ORF2b-ORF3-ORF4-ORF5-ORF5a-ORF6-RF7-3'-UTR）。ORF1a 和 ORF1b 编码两个大的多肽，通过病毒酶的作用裂解成至少 14 个非结构蛋白。ORF2～ORF7

基因至少编码 8 个结构蛋白，分别为 GP2、E、GP3、GP4、GP5a、GP5、M 和 N 蛋白（Holtkamp et al.，2013）。

关于 PRRSV 植物疫苗比较成功的主要集中在玉米、香蕉和烟草等转基因植物中。Chan 等通过农杆菌介导法将 PRRSV GP5 蛋白转入香蕉叶中，重组的 GP5 蛋白水平占总可溶性蛋白的 0.021%～0.037%，用重组 GP5 蛋白制备的疫苗连续在两周内口服三次对猪进行免疫，并于免疫 7 周后攻毒。攻毒后发现，在血清和唾液中的抗 PRRSV IgG 和 IgA 抗体明显增加，并且病毒血症和组织中病毒含量明显降低（Chan et al.，2013）。Chen 和 Liu（2011）也使用农杆菌介导的方法在马铃薯成功表达 PRRSV GP5 蛋白，在小鼠体内诱发了低水平的中和抗体。Chia 等用烟草中表达了 PRRSV 的 GP5 口服疫苗，每天给 6 周龄的猪喂饲 4 次，在 0 d、14 d、28 d 和 42 d，每天分别喂 50 g 切碎的新鲜 GP5 转基因烟叶（GP5-T）（GP5 达到总可溶性蛋白的 0.011%）。在首次口服疫苗接种后的第 1 天、第 6 天、第 13 天、第 20 天、第 27 天、第 34 天、第 41 天和第 48 天收集了血清、唾液和 PBMC 样品进行检测，在 GP5-T 处理的猪中，观察到血清和唾液中抗 PRRSV IgG 和 IgA 水平在逐步增加；在第 48 天采集的样本中，以 GP5-T 饲喂的猪群产生了针对 PRRSV 的中和抗体，其滴度为 1∶4～1∶8。研究表明，以 GP5-T 饲喂的猪可以产生针对 PRRSV 的特异性的黏膜免疫反应、体液和细胞免疫反应（Chia et al.，2010）。也有报道在玉米和大豆中表达 PRRSV M 蛋白和 N 蛋白的研究，均在口服疫苗的小鼠中检测到血清抗体和肠黏膜特异性抗体，同时也检测到了病毒中和抗体（Hu et al.，2012；Vimolmangkang et al.，2012）。

最近的一个报道是研究人员将 PRRSV 中 GP4 和 GP5 的表达密码子进行了优化，并将糖蛋白 GP4 跨膜区域进行缺失后进行重组获得了 GP4D 和 GP5D 重组蛋白，将其转入拟南芥中，在两周内给试验猪群饲喂含 GP4D 和 GP5D 抗原的拟南芥叶片，免疫完成后 6 周进行 PRRSV 攻毒发现，使用含 GP4D 和 GP5D 抗原的拟南芥叶片饲喂猪群的肺部几乎没有肉眼可见的病变，组织和血清样品中的 PRRSV 滴度显著降低。另外，免疫猪群普遍具有较高的抗 PRRSV 的特异性抗体，TNF-α 和 IL-12 水平也显著增高；此外，该研究还发现，在 GP4D 和 GP5D 免疫的猪中，IFN-γ⁺细胞数量增加，而调节性 T 细胞数量减少（An et al.，2018）。

3. 肝炎病毒

在分类学中，肝炎病毒分为甲型、乙型、丙型、丁型、戊型和庚型，病毒呈球形，有的有囊膜，有的则具有双层外壳结构。除乙型肝炎病毒为双链 DNA 病毒外，其他肝炎病毒的遗传物质均为单链 RNA。除了甲型和戊型病毒通过肠道感染外，其他类型病毒均通过密切接触、血液和注射方式传播。

1）乙肝病毒

乙型肝炎，简称乙肝，是严重威胁人类健康的一类病毒性传染病，很容易引起肝硬化和肝癌，每年造成世界上 60 多万人死亡。其病原体乙肝病毒（HBV）属于嗜肝 DNA 病毒科（Hepadnavividae）成员，病毒颗粒呈二十面体对称结构，有囊膜。病毒颗粒的最外层是乙肝病毒表面抗原（HBsAg），由 S 基因编码，嵌于脂质中形成囊膜，里面是一个直径为 25～28 nm 的核心颗粒。核心颗粒由核衣壳和核酸组成，核衣壳由乙肝核心抗原（HBcAg）构成，中间包含基因组和 HBV 核酸聚合酶。除完整的病毒颗粒外，单独的 HBsAg 也可以形成直径为 22 nm 的 VLP，能诱导机体产生 HBV 中和抗体。研究表明，HBV 可以形成 HBsAg VLP 和 HBcAg 两种 VLP，似乎 HBsAg 抗原性比 HBcAg 更好，研究也更加广泛。最早的 HBV VLP 疫苗是 1984 年报道的，当时是利用酵母表达系统生产出了 HBsAg VLP 疫苗并应用于临床，这对控制 HBV 的传播起到了积极的作用。

HBV 的植物表达疫苗最早见于 1992 年，首次采用转基因植物（烟草）表达出了人乙肝病毒亚单位疫苗——HBsAg VLP 疫苗。研究表明，HBsAg 能够组装成直径 22 nm 的 VLP，这些 VLP 能够在小鼠体内诱导特异性的体液和细胞免疫应答，并能够产生高水平的保护性抗体。受到上述研究的启示，利用植物表达系统表达 VLP 疫苗的研究如雨后春笋般地得到了快速发展。但是，由于烟草常含有有毒生物碱，对于疫苗的发展不利。经过不断的尝试，Kostrzak 等于 2009 年采用农杆菌介导的转化方式，在转基因马铃薯中表达了 HBsAg，并组装出了 HBsAg VLP 疫苗。小鼠实验和志愿者实验都证实，食用该转基因马铃薯能诱导机体产生持久高水平的抗体滴度（Kostrzak et al.，2009）。Qian 等于 2008 年报道了在转基因水稻中融合了一个嵌合 *HBsAg* 基因的 PMV 的 VLP 疫苗，在 *GluB-4* 启动子之下除了 *S* 基因外，还包括部分 *S1* 基因。经检测，这个嵌合 *HBsAg* 基因能在水稻中很好地表达，并组装成 VLP，制备成的 PMV VLP 疫苗经口服食用后可以明显地诱导小鼠产生抗体（Qian et al.，2008）。Pniewski 等的研究更进一步，即在多种可食用转基因植物中表达出了 HBsAg VLP 或修饰的 HBsAg 蛋白的 PMV，包括香蕉、水稻、番茄、莴苣等。然而，可能是目的抗原表达量不足的原因，这些转基因植物疫苗还未能达到临床推广和应用的要求（Pniewski et al.，2011）。

除了利用转基因植物表达系统开发 HBsAg VLP 疫苗外，利用瞬时表达系统研制 HBcAg VLP 疫苗也取得了一定的进展。Huang 等（2009）利用植物病毒载体 TMV 和优化的 Geminiviral 载体融合 *HBcAg* 基因，在植物组织中瞬时表达，成功地组装出 VLP，其表达效率为 0.3 g/kg，用这种 VLP 植物疫苗接种小鼠，可以检测到小鼠体内较强的体液免疫反应。

此外，HBcAg 还常常用于表达载体，表达其他一些病毒蛋白抗原以制备多价病毒疫苗。例如，Lee 等（2012）将口蹄疫病毒（FMDV）主要结构蛋白 VP1 的免疫表位肽插入 HBcAg 表面的一个 Loop 环中，在烟草中表达，以利用 HBcAg VLP 来达到生产 FMDV 表位展示疫苗的目的。结果表明，接种小鼠后这种嵌合病毒的 VLP 疫苗能产生良好的免疫保护效果（Lee et al.，2012）。而 Ravin 等（2012）将甲型流感病毒主要抗原表位蛋白 M2e 的 N 端 23 氨基酸肽段，融合到截短 C 端的 HBcAg VLP 中，通过重组 PVX 载体在烟草中瞬时表达，重组蛋白具有较高的表达效率，其表达量可以达到可溶性蛋白总量的 2%；结果表明，接种小鼠产生了比较理想的抗体，而这种重组 VLP 产生的抗体也对甲型流感强毒株攻毒产生良好的保护作用。这种利用一种病毒具有表达载体功能的特性与其他重大疫病病毒制造嵌合病毒的研究在当初可能只是一种尝试性工作，但是以这种制作嵌合病毒的概念来制备不同病毒的多价疫苗的理念，可能会为新型复合型植物 VLP 疫苗开发提供新的方法和新的思路，从而为疫病的防控提供积极的防控方法和方向。

2）丙肝病毒

丙肝病毒（hepatitis C virus，HCV）是单股正链 RNA 病毒，全长为 8.5～10.4 kb，由 9 个基因组成，从 5′端到 3′端依次为：5′端 NCR-C 蛋白-E1 蛋白-E2 蛋白-NSP1-NSP2-NSP3-NSP4-NSP5-3′端 NCR。HCV 根据宿主范围和病毒 2 个保守位点（第 1 位点位于 1123～1566，第 2 位点为 2536～2959）的氨基酸序列所建立的遗传进化特征将其分为 14 个种类（表 6-3），世界上每年约有 400 万人被感染，超过 35 万人死亡，而且感染物种范围特别广泛。作为一种广泛的人畜共患病，该病一直是科研人员广泛关注的热点。近年来，HCV 疫苗的研究工作取得了一定进展，包括重组蛋白疫苗、多肽疫苗、DNA 疫苗、病毒载体疫苗及 DC 疫苗。大量的疫苗研究在鼠和灵长类动物模型上进行了抗病毒的评价，部分疫苗已经进入临床前试验甚至 I 期、II 期临床试验。疫苗设计中经常涉及 C 蛋白、NS3、NS5 及 E1 和 E2 蛋白。

表 6-3　丙型肝炎病毒属病毒种类、代表株型、宿主及分布

病毒	株型	Genbank 编号	宿主	分布	年份
丙型肝炎 A	NZP1	NC038425	狗、马	美国、英国	2011、2012、2015
丙型肝炎 B	polypeptide	NC038426	人	美国	1995
丙型肝炎 C	HCV-1	NC004102	人	全球	2011、2012、2015
丙型肝炎 D	GHV-1	NC031950	疣猴	乌干达	2013
丙型肝炎 E	RHX-339	NC0211535	鹿、鼠	美国	2013
丙型肝炎 F	NLR07-oct70	NC038427	欧洲田鼠	非洲和欧洲	2013
丙型肝炎 G	NrHV-1/NYC-C12	NC025672	褐家鼠	美国	2014
丙型肝炎 H	NrHV-2/NYC-E4	NC025673	褐家鼠	美国	2014
丙型肝炎 I	SAR-3/RSA	NC038428	南非纹鼠	非洲和欧洲	2013
丙型肝炎 J	RMU10-3382/GER	NC038429	欧洲田鼠	非洲和欧洲	2013
丙型肝炎 K	PDB-829	NC038430	鼻蝠	非洲、亚洲和欧洲	2013
丙型肝炎 L	PDB-112	NC031916	鼻蝠	非洲、亚洲和欧洲	2013
丙型肝炎 M	PDB-8491.1	NC038431	尾蝠	非洲、亚洲和欧洲	2013
丙型肝炎 N	BovHepV-463	NC038432	牛	德国	2015

随着人们认识的发展，同时基于病毒载体的 HCV 在临床上的初步应用效果评价及 HCV 亚型众多等原因，利用植物表达系统开发 HCV 植物疫苗的研究逐渐开始被人们关注。目前科研人员主要聚焦于多种植物病毒载体瞬时表达系统进行 VLP 疫苗的研发。Nemchinov 等（2000）将 HCV R9 的抗原表位插入霍乱毒素 B 亚基（CTB）的 C 端组成一种嵌合病毒后重组到 TMV 基因组中进行 VLP 表达，表达的双价 VLP 疫苗能诱导动物产生抗 CTB 和抗 HCV 抗体。随后，Piazzolla 等（2005）在嵌合 HCV 疫苗方面做了其他表达植物上的研究，他们将 R9 抗原表位融合到黄瓜花叶病毒（CMV）的衣壳蛋白

上，感染烟草组织后获得 VLP 疫苗。研究表明，该疫苗能与 HCV 患者血清产生良好的免疫反应，在模式动物体内诱导了比较理想的体液免疫反应。随后，Piazzolla 等（2005）将表达系统进行改进，在 CMV 衣壳蛋白上融合了两个 R9 拷贝（2R9-CMV），这种改进使得融合的蛋白获得比最初设计的抗原表达水平更高。尽管目前这些疫苗并没有在临床上应用，但是这些基于植物表达系统的 HCV 病毒嵌合 VLP 疫苗的研究为创建新型廉价有效的多价 HCV 疫苗提供了充分的物质准备。

4. 人类免疫缺陷病毒

获得性免疫缺陷综合征（acquired immunodeficiency syndrome，AIDS）是由人类免疫缺陷病毒（human immunodeficiency virus，HIV）引起的、对人类健康威胁最大的一类致死性传染病。尽管现在的抗病毒疗法能够有效降低艾滋病患者的死亡率，但是治疗费用昂贵，而且无法彻底治愈，也无法阻止疾病传播。因此，开发有效的 HIV 疫苗仍然是控制 HIV 传播最迫切的手段。迄今为止，科研工作者已经构建了多个 HIV 疫苗模型，包括基于结构蛋白——囊膜糖蛋白和 GAG 衣壳蛋白，基于调节蛋白——Tat、Nef 和 Pol 等，但是大部分疫苗临床试验可以认为是没有任何作用和效果的。目前报道中结果最好的是在泰国人体试验的 RV144 疫苗，此疫苗也仅具有较低的保护性，保护率仅为 31%。反复的失败迫使科学家进行跨学科协作，并探索和开发新的研究策略，其中一个焦点就是病毒结构蛋白 GAG。大部分的研究证据表明，GAG 能控制病毒复制，并能引起细胞应答，是一个重要的免疫原蛋白，对其进行深入研究可能对 HIV 疫苗的研究具有积极作用（Stephenson et al.，2012）。

十多年前，研究人员开始尝试使用植物表达系统开发 HIV 疫苗。多个研究小组在嵌合病毒颗粒中表达 HIV 的调节蛋白和结构蛋白，但是只有两组研究在植物表达系统中实现了 HIV-1 GAG（Pr55^{gag}）表达，而且这种表达产物成功地组装出了具有天然构象的 VLP。其中，Meyers 等分别构建了 HIV-1 GAG 转基因烟草和重组的 TMV 瞬时表达载体，同时，他们还构建了截短的 GAG 片段（p17～p24 和 p24）进行比较研究。结果发现全长的 Pr55^{gag} 在所有表达系统中的表达水平都很低，鲜叶重占比不到 $48×10^{-6}$ g/kg，显然处于可以忽略不计的程度；但是截短了 p17～p24 的 gag 基因在瞬时表达系统中可以达到较高的表达水平，鲜叶重占比可以达到 $4.8×10^{-3}$ g/kg。他们将组装了 VLP 的颗粒制备的疫苗进行了小鼠免疫实验。结果发现，单独使用截短 p17～p24 GAG 蛋白的植物提取物，不能诱导小鼠产生免疫应答，但是当和 GAG DNA 疫苗共用时，却能提高体液和细胞免疫应答（Meyers et al.，2008）。与之相对的是，Smith 等在更早的研究报道中认为，截短 p17～p24 的 GAG 蛋白能够形成颗粒结构——VLP 或管状结构，免疫动物并能刺激出现较低的免疫应答（Smith et al.，2004），两者结论似乎不太一致。

Scotti 等（2009）的研究系统地调查了植物细胞中影响 Pr55^{gag} 蛋白表达的因素，他们构建了农杆菌介导的瞬时表达系统，发现 Pr55^{gag} 蛋白更容易在叶绿体中聚集，主要原因可能是叶绿体是更适合制备 Pr55^{gag} 蛋白的细胞器。随后通过核质转化将 GAG 多聚蛋白基因分别整合到细胞核基因组和叶绿体基因组中进行表达。在这两种转化系统中，

Pr55^{gag}蛋白都会在叶绿体中聚集,其中叶绿体表达系统中的产量要明显更高,如果在 gag 基因 N 端融合叶绿体基因 rbcL 的 5′-UTR 和 N 端 42 个核苷酸,则能获得更高的蛋白聚集度,最高可以达到 0.363 g/kg(叶片鲜重占比)。该研究说明 N 端对蛋白质积累和稳定性有重要影响,而且电镜下可以清楚地观察到 VLP;但是研究也发现,采用叶绿体转化高表达 GAG 时会影响叶绿体生成,造成大量叶片色素缺乏,抑制植物生长;初步的免疫学研究表明,叶绿体表达的 Pr55^{gag}蛋白具有免疫原性,诱导小鼠产生的抗体滴度与昆虫表达系统相当(Scotti et al.,2009)。

理论而言,疫苗是防控重大疾病的最重要、最经济的手段,也就是说,开发 HIV 疫苗是消灭艾滋病的最佳方法,但是目前的研究表明,无论哪一种 HIV 疫苗都没有达到足够的 HIV 预防效果,也没有出现其他重大的转折或者是突破。所以 HIV 疫苗研发在未来可见的时间里,依然是一个重大挑战,依然任重道远。

二、无囊膜病毒

1. 轮状病毒

轮状病毒(rotavirus)属于呼肠孤病毒科(Reoviridae)轮状病毒属(Rotavirus)成员,基因组属于分节段的双链 RNA,轮状病毒病为人畜共患病。该病毒只有 4 个结构蛋白,它们通过相互作用形成具有 4 层结构的病毒衣壳,其中 VP2 形成最里层,VP6 覆盖其上形成第二层,再往外为 VP7 层,VP4 以五倍体旋转对称的方式嵌入其中形成纤突。VP6 是重要的群特异性抗原,但是不参与病毒中和反应,VP7 和 VP4 则是主要的特异性抗原和中和反应决定因子。病毒侵染细胞时,VP4 发生切割产生 VP5 和 VP8,VP8 抗体也具有中和活性。

最早研发出来的 RV 疫苗是人-猴四价重配疫苗,含有 G1~G4 型病毒株,其中 G1、G2、G4 型来自人源病毒,G3 型为亲本猴病毒株。该疫苗在美国、芬兰和委内瑞拉进行了广泛的临床试验后成为世界上经批准上市的第一个 RV 疫苗。目前临床应用的 RV 疫苗有以下几种(表 6-4)。

表 6-4 临床应用的 RV 疫苗

疫苗	疫苗性质	疫苗株	应用范围	上市年份
Rotarix	MLV	人源 RIX4414	全球	2006
RotaTeq	MLV	牛源 WC3、G6P 人源 G1-G4、P	全球	2006
LLR	MLV	羊源 G10P	中国	2000
Rotavin-M1	MLV	人源 G1P	越南	2012
Rotavac	MLV	牛源和人源 G9P	印度	2014

对于发展中国家来说,将弱毒疫苗用于 RV 预防接种,价格比较昂贵并且存在与野毒株重组产生新致病毒株的风险。因此,尽管对于 RV 和其他呼肠孤病毒来说,生产亚单位疫苗会比较复杂,但可以作为一种选择。上述困难并没有阻止科研人员对新型疫苗

的研发热情，科研人员最早在 1995 年就成功地在哺乳动物细胞中组装出 VP2/VP6 双层结构的 VLP；随后，在酵母和昆虫细胞中分别组装出完整 VLP 和 VP2/VP6/VP7 三层结构 VLP。

在进行真核细胞和原核细胞表达的同时，科研人员在 20 世纪 90 年代末就开始尝试用植物表达系统生产 RV 蛋白的可能性。Yu 等（2001）用转基因马铃薯生产的霍乱/大肠杆菌/RV NSP4 融合蛋白疫苗对小鼠 RV 感染具有保护性。Bergeron-Sandoval 等（2011）利用农杆菌介导瞬时表达人 RV VP7 和截短的 VP4 与鼠伤寒沙门氏菌鞭毛蛋白 fljB 亚基二聚体，烟草叶片组织表达量可以达到 32 mg/kg，这似乎是一个非常具有潜力的候选二联疫苗，但可惜的是，这个候选二联疫苗并没有更详尽的后续报道。

2006 年，科研人员首次在转基因番茄中包装出了第一例 RV 双层 VP2/VP6 VLP 疫苗，免疫小鼠能产生抗 RV 抗体（Saldaña et al.，2006）。随后，Yang 等（2011）在转基因烟草中共表达 VP2/VP6/VP7，发现烟草组织中能同时组装出 VP2/VP6 VLP 和 VP2/VP6/VP7 VLP，提取可溶性蛋白加入霍乱毒素佐剂，对小鼠进行口服免疫后，能诱导特异性免疫反应，效应与弱毒疫苗相似，而且相比 VP2/ VP6 VLP，VP2/VP6/VP7 VLP 能诱导产生更高浓度的血清 IgG 和分泌型 IgA。Rybicki 等（2013）利用植物表达系统生产 RV VLP，研究证实免疫保护效果良好，而且产量可以达到 1.1 g/kg，成本低廉。

2. 口蹄疫

口蹄疫（foot-and-mouth disease，FMD）是由口蹄疫病毒（foot-and-mouth disease virus，FMDV）引起的以偶蹄类动物发病为主的一种急性、热性、高度接触传染性动物疫病，对猪、牛、羊威胁较大。FMDV 属小 RNA 病毒科（Picornaviridae）口疮病毒属（*Aphthovirus*），该病毒有 O、A、C 等 7 个血清型，各个血清型之间几乎没有交叉保护作用。所以，尽管已经成功研发和应用了几乎所有血清型灭活疫苗，但是由于保护期有限，不同地区经常会存在不同血清型病毒暴发的案例，疫情的反复发生对发展中国家，特别是非洲的很多国家造成了巨大压力。同时，该病毒在某些野生动物种群中持续存在，研发一种具有广谱性的 FMD 疫苗迫在眉睫，同时也是一项巨大的科研挑战。

关于 FMDV VLP 表达的尝试，最早可以追溯到 1998 年，其目标抗原在拟南芥中的表达获得成功，后来在苜蓿和马铃薯中也都得到了比较好的结果。

在上述研究的激励下，VLP 植物疫苗在抗 FMDV 感染方面取得了十分可喜的进展，如烟草坏死病毒 A（TNV-A）表达的 FMDV VP1 表位肽的 VLP 接种小鼠后能够产生体液免疫反应，并且通过滴鼻免疫也出现了黏膜免疫反应（Zhang et al.，2010）。

Veerapen 等（2018）利用本氏烟（*Nicotiana benthamiana*）瞬时表达系统成功将 A 型 FMDV 的 P1-2A 和 3C 蛋白的基因克隆到相应的植物表达载体，转化根癌农杆菌 AGL-1 获得了 FMDV VLP，其每克新鲜叶片的 VLP 的产量约为 0.03 μg。尽管与哺乳动物细胞和昆虫细胞表达的 VLP 相比产量较低，但可以通过优化 *P1-2A* 基因在本氏烟中的表达或共转化基因沉默抑制子来提高 VLP 在烟草瞬时表达系统中的产量。小鼠试验证明植物表达系统表达的 VLP 可以产生显著的体液免疫反应。

此外，Santos 等（2005）在转基因苜蓿和番茄中共表达 FMDV P1 和 3C 蛋白，利用

3C 蛋白酶的内切活性，也成功组装出 VLP，该 VLP 同样能诱导小鼠和豚鼠产生保护性抗体。上述关于 FMD VLP 植物疫苗的尝试对于抗 FMD 病毒侵袭的广谱 VLP 植物疫苗的研发具有划时代的意义。

3. 蓝舌病病毒

蓝舌病是由蓝舌病病毒（blue tongue virus，BTV）引起的一种反刍动物烈性传染病。BTV 属于呼肠孤病毒科（Reoviridae）环状病毒属（Orbivirus）成员，是一种无囊膜的双链 RNA 病毒，至少存在着 26 种血清型，不同病毒株的毒力差异比较显著，不同的血清型抗体之间无交叉免疫保护。蓝舌病最初仅限于非洲流行，但 BTV-8 在欧洲反复出现时引起了关注。疫苗接种仍然是目前控制和消除蓝舌病的最有效手段，但弱毒苗和全病毒疫苗都具有潜在的公共卫生安全隐患，且存在抗病毒谱系单一的情况。基于 VLP 的蛋白疫苗具有上述疫苗所不具有的优势，因此成为 BTV 疫苗的发展趋势。

BTV VLP 疫苗在杆状病毒/昆虫表达系统中取得了可喜的成果，对 BTV 的结构蛋白 VP2、VP5 或 VP3 和 VP7 进行表达制备的 VLP 疫苗具有很强的免疫原性，并完全能够接受病毒挑战（Roy et al.，1994）。

由于上述疫苗研发存在昂贵的投资费用，因此植物表达系统表达 BTV 的 VLP 疫苗的研发得到欧盟大力支持（EU FP7-funded Programme，PlaProVa）。Thuenemann 等（2013）将 VP2/VP5/VP3/VP7 进行植物源密码子优化，装入各种植物病毒表达载体中，利用农杆菌介导法导入烟草组织中表达。初步研究表明，基于豇豆花叶病毒（CPMV）构建的 pEAQ-HT 高效载体系统，结合根癌农杆菌 LBA4404 株渗入法，能获得较高的 VLP 浓度，并能保护绵羊免受强毒株感染。该研究无疑为廉价高效 BTV VLP 疫苗的推广奠定了基础。

4. 乳头状瘤病毒

乳多空病毒科（Papovaviridae）中目前研究较多的是严重威胁人和动物健康的人乳头状瘤病毒（HPV），其基因组为不分节段的双链 DNA，大小约 8 kb。人用疫苗主要是基于重组杆状病毒表达系统研发的疫苗，但由于该疫苗价格高昂，同时不具广谱性，其临床应用受到了极大限制。HPV VLP 植物疫苗最早在 2000 年进行了尝试，但是口服免疫效果比较差。

2006 年，有研究组对动物用 VLP 植物疫苗进行了尝试性研究。将兔乳头状瘤病毒（CRPV）目标抗原分别用转基因烟草或 TMV 载体进行了表达，目的蛋白表达水平分别可达到 1.0 mg/kg 或 0.4 mg/kg，蛋白浓缩免疫家兔后，都能产生良好的保护效果，攻毒后显著抑制肿瘤的发生。该研究证实植物表达的蛋白疫苗具有良好的免疫效果（Kohl et al.，2006）。

Regnard 等（2010）发现，将 PV 基因整合到植物叶绿体中能显著提高蛋白质表达水平，使目的蛋白占比达到 0.5 g/kg 以上，并且在叶绿体中的目的蛋白可以组装成稳定 VLP，具有良好的免疫原性，并能诱导产生较好的中和抗体。受到上述成功案例的引导，Love 等（2012）对牛乳头状瘤病毒（BPV）的基因通过密码子优化后，利用相应载体系统转入烟草组织，成功地组装成 VLP 疫苗，其蛋白含量可以达到 0.18 g/kg。动物免疫结果表明，该 VLP 疫苗免疫原性良好，后续 BPV 疫苗的动物试验在进一步进行中。

5. 非洲马瘟

非洲马瘟（African horse sickness，AHS）是由非洲马瘟病毒（African horse sickness virus，AHSV）引起的一种致死性疾病，对于幼畜致死率高达 95%，同时可以导致驴、骡子和斑马发病，临床症状主要包括高烧、严重的呼吸系统症状、体重减轻和嗜睡。AHS 最初流行于撒哈拉以南地区，但气候变化等原因，疾病传播媒介活动范围扩大导致 AHS 已经传播至北非、伊比利亚半岛、中东和亚洲。该病于 2019 年被列入 OIE 法定报告疾病。

AHSV 属于呼肠孤病毒科（Reoviridae）环状病毒属（Orbivirus）成员，与蓝舌病病毒（BTV）和马器质性脑病病毒（equine encephalosis virus，EEV）等其他环状病毒形态结构类似，基因组由 10 个双链 RAN 片段组成，编码 7 种结构蛋白（VP1～VP7）和 4种非结构蛋白（NS1、NS2、NS3 和 NS3a）。病毒粒子是一个直径约 70 nm 无囊膜的颗粒，分为内外两层二十面体对称衣壳。病毒 RNA 被封闭在由两个主要蛋白 VP3 和 VP7，以及由 VP1、VP4 和 VP6 组成的核心颗粒内，120 个 VP3 蛋白组成的"子核"和 VP1、VP4 及 VP6 共同构成病毒核心。核心外部由 780 个 VP7 蛋白构成，其功能是维持子核层结构的稳定，子核和 VP7 蛋白共同形成病毒的内衣壳，其中 VP3、VP7 蛋白被认为是形成内衣壳的主要蛋白，外衣壳由 VP2 和 VP5 的三聚体组成，VP2 是主要的抗原变异性蛋白，与病毒核心共同构成完整的病毒粒子。

Rutkowska 等（2019）将不同的 1 型 AHSV 的基因 VP2、VP5、VP3 和 VP7，不同的 3 型 AHSV 的基因 VP5，不同的 6 型 AHSV 的基因 VP2，以及不同的 7 型 AHSV 的基因 VP2 和 VP5 进行基因优化后，分别与植物表达载体 pEAQ-HT、pEAQ 构建重组表达载体，然后利用 LBA4404 农杆菌浸染本氏烟 dXT/F（N. benthamiana dXT/FT leaves）并在烟叶中成功地获得了比较理想的重组蛋白，纯化后获得了单基因和双基因嵌合的 7 型 AHSV VLP，同时他们成功地获得了三基因嵌合的 6 型 AHSV VLP。将上述 VLP 制备成 VLP 疫苗，接种 6 个月大的马驹，没有出现不良反应，同时使用同源病毒对马驹进行攻毒试验表明，接种 VLP 疫苗的马驹能够出现弱的中和性的体液免疫反应。

第四节　展　　望

VLP 疫苗因其独特的安全性、有效性等优势，在疾病的预防与控制方面具有非常广阔的前景。利用植物表达系统已经初步成功地研发了一些 VLP 疫苗，但是目前还处于发展的过程中，有很多的问题有待解决。例如，利用植物表达系统来生产可饲疫苗是否易于食用、消化且不被降解，能否被充分吸收，是否能够不断提高重组蛋白表达量，是否能确保翻译后的正确折叠与修饰，是否能够避免口服免疫耐受，是否能够简化下游操作、降低生产成本等；此外，还要考虑佐剂能否协同提高 PMV 的稳定性和免疫原性。除了传统的铝佐剂，还可以尝试搭配新型佐剂，如 ASO3、MF59 等，也可以尝试粒细胞-巨噬细胞集落刺激因子（granulocyte-macrophage colony stimulating factor，GM-CSF）、鞭毛蛋白等新型分子佐剂。

为了建立安全、有效、多功能的植物生物反应器与植物表达系统，要以更多的创新思维来推进科研工作，寻找更适宜的转基因方法，以及更多的投资来深入挖掘植物生物反应器表达异源蛋白的潜力。

参 考 文 献

An C H, Nazki S, Park S C, et al. 2018. Plant synthetic GP4 and GP5 proteins from porcine reproductive and respiratory syndrome virus elicit immune responses in pigs. Planta, 247: 973-985.

Andrew G, Diamos, Sun H, et al. 2016. 5′ and 3′ untranslated regions strongly enhance performance of geminiviral replicons in *Nicotiana benthamiana* leaves. Front Plant Sci, 7: 200.

Bergeron-Sandoval L P, Girard A, Ouellet F, et al. 2011. Production of human rotavirus and *Salmonella* antigens in plants and elicitation of fljB-specific humoral responses in mice. Molecular Biotechnology, 47: 157-168.

Chan H T, Chia M Y, Pang V F, et al. 2013. Oral immunogenicity of porcine reproductive and respiratory syndrome virus antigen expressed in transgenic banana. Plant Biotechnol J, 11: 315- 324.

Chen X, Liu J. 2011. Generation and immunogenicity of transgenic potato expressing the GP5 protein of porcine reproductive and respiratory syndrome virus. J Virol Methods, 173: 153-158.

Chia M Y, Hsiao S H, Chan H T, et al. 2010. Immunogenicity of recombinant GP5 protein of porcine reproductive and respiratory syndrome virus expressed in tobacco plant. Veterinary Immunology and Immunopathology, 135(3-4): 234-242.

Chichester J A, Jones R M, Green B J, et al. 2012. Safety and immunogenicity of a plant-produced recombinant hemagglutinin-based influenza vaccine (HAI-05) derived from A/Indonesia/05/2005 (H5N1) influenza virus: a phase 1 randomized, double-blind, placebo-controlled, dose-escalation study in healthy adults. Viruses, 4: 3227-3244.

Cummings J F, Guerrero M L, Moon J E, et al. 2014. Safety and immunogenicity of a plant-produced recombinant monomer hemagglutinin-based influenza vaccine derived from influenza A (H1N1) pdm09 virus: a phase 1 dose-escalation study in healthy adults. Vaccine, 32: 2251-2259.

Deng Y, Pan Y, Wang D, et al. 2012. Complete genome sequence of porcine reproductive and respiratory syndrome virus strain QY2010 reveals a novel subgroup emerging in China. J Virol, 86: 7719-7720.

Diamos A G, Rosenthal S H, Mason H S. 2016. 5′ and 3′ untranslated regions strongly enhance performance of geminiviral replicons in *Nicotiana benthamiana* leaves. Frontiers in Plant Science, 7: 200.

Ding Y Z, You Y N, Sun D J, et al. 2014. The effects of the context-dependent codon usage bias on the structure of the nsp1 alpha of porcine reproductive and respiratory syndrome virus. Biomed Res Int, 2014: 765320.

Fries L F, Smith G E, Glenn G M. 2013. A recombinant viruslike particle influenza A (H7N9) vaccine. N Engl J Med, 369: 2564-2566.

Holtkamp D J, Kliebenstein J B, Neumann E J, et al. 2013. Assessment of the economic impact of porcine reproductive and respiratory syndrome virus on United States pork producers. J Swine Health Prod, 21: 72-84.

Hu J, Ni Y, Dryman B A, et al. 2012. Immunogenicity study of plant-made oral subunit vaccine against porcine reproductive and respiratory syndrome virus (PRRSV). Vaccine, 30(12): 2068- 2074.

Huang Z, Chen Q, Hjelm B, et al. 2009. A DNA replicon system for rapid high-level production of virus-like particles in plants. Biotechnology and Bioengineering, 103: 706-714.

Kappes M A, Faaberg K S. 2015. PRRSV structure, replication and recombination: origin of phenoltype and genotype diversity. Virology, 479-480: 475-486.

Kohl T, Hitzeroth I I, Stewart D, et al. 2006. Plant-produced cottontail rabbit papillomavirus L1 protein protects against tumor challenge: a proof-of-concept study. Clin Vaccine Immunol, 13: 845-853.

Kostrzak A, Gonzalez M C, Guetard D, et al. 2009. Oral administration of low doses of plant-based HBsAg induced antigen-specific IgAs and IgGs in mice, without increasing levels of regulatory T cells. Vaccine, 27: 4798-4807.

Lee K W, Tey B T, Ho K L, et al. 2012. Delivery of chimeric hepatitis B core particles into liver cells. J Appl Microbiol, 112: 119-131.

Love A J, Chapman S N, Matic S, et al. 2012. In planta production of a candidate vaccine against bovine papillomavirus type 1. Planta, 236: 1305-1313.

Meyers A, Chakauya E, Shephard E, et al. 2008. Expression of HIV-1 antigens in plants as potential subunit vaccines. Bmc Biotechnology, 8: 5.

Nemchinov L G, Liang T J, Rifaat M M, et al. 2000. Development of a plant-derived subunit vaccine candidate against hepatitis C virus. Arch Virol, 145: 2557-2573.

Neutra M R, Kozlowski P A. 2006. Mucosal vaccines: the promise and the challenge. Nat Rev Immunol, 6: 148-158.

Piazzolla G, Nuzzaci M, Tortorella C, et al. 2005. Immunogenic properties of a chimeric plant virus expressing a hepatitis C virus (HCV)-derived epitope: new prospects for an HCV vaccine. J Clin Immunol, 25: 142-152.

Piazzolla G, Nuzzaci M, Tortorella C, et al. 2005. Immunogenic properties of a chimeric plant virus expressing a hepatitis C virus (HCV)-derived epitope: new prospects for an HCV vaccine. Journal of Clinical Immunology, 25(2): 142-152.

Pillet S, Aubin E, Trepanier S, et al. 2016. A plant-derived quadrivalent virus like particle influenza vaccine induces cross-reactive antibody and T cell response in healthy adults. Clin Immunol, 168: 72-87.

Pillet S, Racine T, Nfon C, et al. 2015. Plant-derived H7 VLPS vaccine elicits protective immune response against H7N9 influenza virus in mice and ferrets. Vaccine, 33: 6282-6289.

Pniewski T, Kapusta J, Bociag P, et al. 2011. Low-dose oral immunization with lyophilized tissue of herbicide-resistant lettuce expressing hepatitis B surface antigen for prototype plant-derived vaccine tablet formulation. J Appl Genet, 52: 125-136.

Qian B, Shen H, Liang W, et al. 2008. Immunogenicity of recombinant hepatitis B virus surface antigen fused with preS1 epitopes expressed in rice seeds. Transgenic Res, 17: 621-631.

Ravin N V, Kotlyarov R Y, Mardanova E S, et al. 2012. Plant-produced recombinant influenza vaccine based on virus-like HBc particles carrying an extracellular domain of M2 protein. Biochemistry, 77: 33-40.

Redkiewicz P, Sirko A, Kamel K A, et al. 2014. Plant expression systems for production of hemagglutinin as a vaccine against influenza virus. Acta Biochim Pol, 61: 551-560.

Regnard G L, Halley-Stott R P, Tanzer F L, et al. 2010. High level protein expression in plants through the use of a novel autonomously replicating geminivirus shuttle vector. Plant Biotechnol J, 8: 38-46.

Rosenthal S H, Diamos A G, Mason H S. 2018. An intronless form of the tobacco extensin gene terminator strongly enhances transient gene expression in plant leaves. Plant Mol Biol, 96: 429-443.

Roy P, Bishop D H, LeBlois H, et al. 1994. Long-lasting protection of sheep against bluetongue challenge after vaccination with virus-like particles: evidence for homologous and partial heterologous protection. Vaccine, 12: 805-811.

Rutkowska D A, Mokoena N B, Tsekoa T L, et al. 2019. Plant-produced chimeric virus-like particles-a new generation vaccine against African horse sickness. BMC Vet Res, 15: 1.

Rybicki E P, Hitzeroth I I, Meyers A, et al. 2013. Developing country applications of molecular farming: case studies in South Africa and Argentina. Curr Pharm Des, 19: 5612-5621.

Saldaña S, Guadarrama F E, Flores T J O, et al. 2006. Production of rotavirus-like particles in tomato (*Lycopersicon esculentum* L.) fruit by expression of capsid proteins VP2 and VP6 and immunological studies. Viral Immunology, 19(1): 42-53.

Santos M J D, Carrillo C, Ardila F, et al. 2005. Development of transgenic alfalfa plants containing the foot and mouth disease virus structural polyprotein gene P1 and its utilization as an experimental immunogen. Vaccine, 23: 1838-1843.

Scotti N, Alagna F, Ferraiolo E, et al. 2009. High-level expression of the HIV-1 Pr55gag polyprotein in transgenic tobacco chloroplasts. Planta, 229: 1109-1122.

Smith J M, Amara R R, Campbell D, et al. 2004. DNA/MVA vaccine for HIV type 1: effects of codon-optimization and the expression of aggregates or virus-like particles on the immunogenicity of the DNA prime. AIDS Res Hum Retroviruses, 20: 1335-1347.

Stephenson K E, Li H, Walker B D, et al. 2012. Gag-specific cellular immunity determines *in vitro* viral inhibition and *in vivo* virologic control following simian immunodeficiency virus challenges of vaccinated rhesus monkeys. J Virol, 86: 9583-9589.

Tacket C O, Mason H S, Losonsky G, et al. 2000. Human immune responses to a novel norwalk virus vaccine delivered in transgenic potatoes. J Infect Dis, 182: 302-305.

Thuenemann E C, Lenzi P, Love A J, et al. 2013. The use of transient expression systems for the rapid production of virus-like particles in plants. Curr Pharm Des, 19: 5564-5573.

Veerapen V P, van Zyl A R, Wigdorovitz A, et al. 2018. Novel expression of immunogenic foot-and- mouth disease virus-like particles in *Nicotiana benthamiana*. Virus Res, 244: 213-217.

Vimolmangkang S, Gasic K, Soria-Guerra R, et al. 2012. Expression of the nucleocapsid protein of porcine reproductive and respiratory syndrome virus in soybean seed yields an immunogenic antigenic protein. Planta, 235: 513-522.

Yang Y, Li X, Yang H, et al. 2011. Immunogenicity and virus-like particle formation of rotavirus capsid proteins produced in transgenic plants. Sci China Life Sci, 54: 82-89.

Yu J, Langridge W H. 2001. A plant-based multicomponent vaccine protects mice from enteric diseases. Nat Biotechnol, 19: 548-552.

Yusibov V, Hooper D C, Spitsin S V, et al. 2002. Expression in plants and immunogenicity of plant virus-based experimental rabies vaccine. Vaccine, 20: 3155-3164.

Zhang Y, Li J, Pu H, et al. 2010. Development of tobacco necrosis virus a as a vector for efficient and stable expression of FMDV VP1 peptides. Plant Biotechnol J, 8: 506-523.

第七章 原核表达系统

自 20 世纪 70 年代以来，原核表达系统，尤其是大肠杆菌表达系统一直是基因工程中应用最为广泛的表达系统。尽管基因工程表达系统已经从大肠杆菌扩大到酵母、昆虫、植物及哺乳动物细胞，并且近年来还出现了很多新型的真核表达系统，但是大肠杆菌仍然是基因表达的重要工具。尤其是进入后基因组时代以来，关于蛋白质结构及功能的研究对基因表达有了更高的要求，这时大肠杆菌表达系统往往是第一选择。除此之外，随着基因工程技术的发展，其他原核表达系统（乳酸菌、链霉菌）也越来越多地应用于科学研究。

第一节 大肠杆菌表达系统概述及技术

大肠杆菌是基因工程中常用的工具，虽然不能像真核系统一样进行翻译后加工、修饰，但是其遗传背景相对比较清楚，使用安全、操作简单、周期短、经济性好，因而成为原核表达系统中的优势表达菌。完整的大肠杆菌表达系统包括：表达载体、表达菌株，以及相应的诱导剂和纯化系统等。一个好的大肠杆菌表达系统应该满足以下几个标准：①表达量高；②诱导快速、简便；③可表达多种基因；④易于进行克隆操作，能直接进行点突变和 DNA 序列分析；⑤表达产物易于纯化；⑥稳定性好。为了满足以上标准，应综合考虑控制转录、翻译、蛋白质稳定性及分泌性等诸多因素，选择合适的表达载体及相应的表达菌株。

一、大肠杆菌表达系统的组成

1. 大肠杆菌表达载体

表达载体的构建是实现高效表达的关键步骤，一个完整的表达载体应该包含必需的几个元件（图 7-1）。

1）启动子

启动子是 DNA 链上一段能与 RNA 聚合酶结合并起始 RNA 合成的序列，它是基因表达不可缺少的重要调控序列，没有启动子，基因就不能转录。由于细菌 RNA 聚合酶不能识别真核基因的启动子，原核表达载体所用的启动子必须是原核启动子。原核启动子由两段彼此分开且又高度保守的核苷酸序列组成，对 mRNA 的合成极为重要。原核表达系统中通常使用的可调控的启动子有 *Lac*（乳糖启动子）、*Trp*（色氨酸启动子）、*Tac*（乳糖和色氨酸的杂合启动子）、*λPL*（λ 噬菌体 PL 启动子）、*T7*（T7 噬菌体启动子）等。其中 *T7* 专一性地被 T7 RNA 聚合酶识别而不被大肠杆菌 RNA 聚合酶识别，T7 RNA 聚合酶良好的专一性及合成进行性等特点使 T7 表达系统成为目前最好的原核表达系统（表 7-1）。

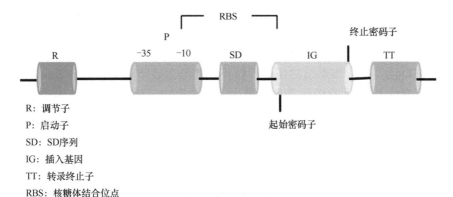

R：调节子
P：启动子
SD：SD序列
IG：插入基因
TT：转录终止子
RBS：核糖体结合位点

图 7-1　表达载体必需元件

表 7-1　大肠杆菌启动子及特点

启动子	调节子	诱导因素
Lac	lacI、lacI q	IPTG、温度
Trp	lacI、lacI q	Trps starvation IAA
Tac	lacI、lacI q	IPTG、温度
λPL	λcIts857	温度
T7	lacI、lacI q	IPTG、温度
phoA	phoB、phoR	磷酸盐饥饿
ara	araC	阿拉伯糖
cad	cadR	pH
recA	lex A	萘啶酸

2）SD 序列

SD 序列即核糖体结合位点或 Shine-Dalgarno 序列（Shine and Dalgarno，1974），是起始密码子 AUG 和一段位于 AUG 上游 3 bp～10 bp 处的 3 bp～9 bp 的序列。这段序列富含嘌呤核苷酸，与 16S rRNA 3'-UTR 的富含嘧啶的序列互补，是核糖体 RNA 识别与结合位点。某些蛋白质与 SD 序列结合也会影响 mRNA 与核糖体结合，从而影响蛋白质翻译。

3）终止子

终止子的转录终止过程包括：RNA 聚合酶在 DNA 模板上不再前进，RNA 延伸的终止，以及完成转录的 RNA 从 RNA 聚合酶上释放出来。转录终止子对外源基因在大肠杆菌中的高效表达有重要作用，即控制转录的 RNA 长度并提高稳定性，避免质粒上的异常表达导致质粒稳定性下降。位于启动子上游的转录终止子还可以防止其他启动子的通读，降低本底。

目前常用的原核表达载体包括：pET 系列、pGEX 系列、pMAL 系列、pQE 系列及 pTXB 系列等。在实验室设计过程中应该根据目的基因的特点来选择相应的表达菌株和表达载体以保证外源蛋白在大肠杆菌体内高效表达。在常用的原核表达载体中，pET 系列被广泛使用，该系统的使用可以使目的基因在被诱导时高效表达。但是其缺陷在于：蛋白大量表达的情况下，未能及时折叠的部分会形成包涵体（张云鹏等，2014）。pET SUMO（small ubiquitin-related modifier) 表达系统的开发提高了目的蛋白的溶解性，在蛋白纯化过程中，利用 SUMO 蛋白酶切割可以得到去除标签的目的蛋白，更好地保存其抗原特性。pET SUMO 载体图谱如图 7-2 所示。

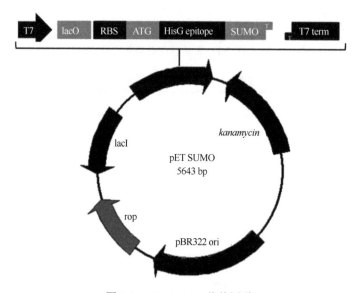

图 7-2　pET SUMO 载体图谱

T7：T7 噬菌体启动子；lacO：lac 操纵子；RBS：核糖体结合位点；ATG：起始密码子；HisG epitope：HisG 表位；T7 term：
T7 终止子；kanamycin：卡那霉素抗性基因；pBR322 ori：pBR322 复制起点；rop：rop 可读框；lacI：lacI 可读框

2. 大肠杆菌表达宿主菌

大肠杆菌表达宿主菌对外源蛋白的表达产生影响是毋庸置疑的。针对表达外源蛋白的不同需求可选择不同的宿主菌。大肠杆菌宿主细胞包括：Top10、Top10F、BL21（DE3）HB101、ER2529、E2566、C2566、MG1655、XL-10gold、XL blue M15、JF1125、K802、SG1117、BL21（AI）、BL21（DE3）plysS、TG1、TB1、Tuner（DE3）、Bl21 codonplus RIPL Novablue（DE3）、Rosetta（DE3）、Rosetta（DE3）plys、Rosetta-gami（DE3）、Rosetta-gamiB（DE3）、Rosetta-gamiB（DE3）plysS、Orgami（DE3）、OrgamiB（DE3）和 HMS174（DE3）等。

大肠杆菌中应用最普遍的工程菌是大肠杆菌 BL21（DE3），BL21 是 λDE3 大肠杆菌溶源菌，属于 lon 和 ompT 蛋白酶缺陷型菌株，lon 蛋白酶能够快速降解异源重组蛋白，ompT 蛋白酶能够特异性剪切 T7 RNA 聚合酶，因此 BL21（DE3）能够有效避免重组蛋白酶解（张宇萌等，2016）。此外，由于其内源性蛋白酶较少，对外源蛋白的影响较低，该菌是目前外源基因原核表达最普遍使用的表达菌。BL21（DE3）是在 BL21 基础上整合了 T7 噬菌体基因组，适合 T7 表达系统。

大肠杆菌细胞中异亮氨酸、精氨酸等氨基酸的转运 RNA 稀缺，因此在使用大肠杆菌细胞表达真核细胞中基因时，重组蛋白基因在大肠杆菌细胞中出现转录延迟以及氨基酸错配的现象，最终导致蛋白表达效率较低（Cruz et al.，2004）。BL-21-RP、Rosetta、Rosetta-gami 等携带表达稀有转运 RNA 菌株的构建，有效提高了含有稀有氨基酸的重组蛋白的翻译效率，尤其重要的是，Rosetta-gami 菌株能够有效辅助大肠杆菌胞质内重组蛋白二硫键的形成（Mira et al.，2009）。在重组蛋白表达时，经常会涉及到毒性蛋白的表达，毒性蛋白的表达会造成大肠杆菌细胞死亡进而无法实现高效发酵的目的，BL21-AI 菌株中低本底表达的 ara BAD 启动子可以控制 T7 RNA 聚合酶以调控毒性蛋白的表达（表 7-2）。

表 7-2　商品化大肠杆菌细胞类型及其特征（张宇萌等，2016）

特征	商品化大肠杆菌细胞类型
蛋白酶缺陷型菌株	BL21、BL21（DE3）、BL21Star（DE3）
有助于二硫键形成的菌株	BL21 trxB、Origami、Rosetta-gami
表达稀有 tRNA 的菌株	BL21- RP、BL21RIL、BL21RPIL、Rosetta、Rosetta-gami
表达毒性蛋白的菌株	BL21- AI、pLysS

3. 外源基因

外源基因是指构建至原核表达载体、酵母表达载体、杆状病毒表达载体、哺乳动物表达载体等中，使其表达的目的基因，包括原核基因和真核基因两大类。当原核基因在大肠杆菌中表达时，需要考虑密码子偏嗜性、本底表达、可溶性表达、温度、时间、pH、诱导剂浓度等，而真核外源基因除了考虑这些因素之外，还必须关注到内含子序列，由于内含子序列的存在，导致基因组 DNA 中的基因不连续，大肠杆菌等原核细胞不能将转录出的 mRNA 前体进行剪切、拼接形成结构正确、功能完善的 mRNA 产物，因此在构建基因表达载体过程中，可以直接引入 cDNA，表达目的蛋白。除此之外，真核基因的前导肽不能被大肠杆菌识别并正确剪切，在构建表达载体时，需要将前导肽序列去除，并在必要时替换为信号肽序列，增大目的蛋白可溶性的几率（Wilson et al.，2007）。

二、大肠杆菌表达系统高效表达的策略

1. 表达载体的选择

表达载体是大肠杆菌表达系统中极为重要的组成部分，目前已知的大肠杆菌表达载体至少有以下几种：非融合表达载体、融合表达载体、分泌表达载体、带纯化标签的表达载体、带伴侣蛋白的表达载体、表面展示表达载体。

1）非融合表达载体

非融合表达载体的优势在于其表达的非融合蛋白与天然状态下存在的蛋白质结构、功能及免疫原性等方面基本一致（解庭波，2008）。目前基因表达经常遇到的关键问题是翻译水平的调控。一般决定翻译水平的序列范围包括起始密码子 AUG 及其上下游的序列。为提高翻译效率，人们采用了许多办法设计表达载体（Zhang et al.，2004）：①优化翻译起始区；②构建 SD-AUG 间隔不等的表达载体组件（cassette）；③使用"原核翻译增强子"序列；④采用双顺反子表达载体；⑤同时使用"原核翻译增强子"序列和双顺反子。

2）融合表达载体

融合表达载体主要包括：谷光甘肽-S-转移酶（glutathione S-transferase，GST）载体、β-半乳糖苷酶载体、麦芽糖结合蛋白（MBP）载体，以及一些纯化标签融合，如硫氧还原蛋白（thioredoxin）、trpE、泛素（ubiquitin）、Streptavidin 等。该表达载体具有以下优势：SD-AUG 固定，翻译起始信号组织合理，有助于翻译起始；蛋白纯化过程相对简化；某些蛋白可以通过和 GST 等融合形成可溶性表达。

3）带纯化标签的表达载体

目前使用较多的纯化标签是 GST-tag、FLAG-tag、His-tag 和 SUMO-tag。FLAG 是一段特别的蛋白序列，通常为 DYKDDDDK 结构形式。目的基因与 FLAG 融合后，表达产物可以经亲和层析纯化，再用肠激酶去除 FLAG。His-tag 是大肠杆菌表达系统中最常用的纯化标签，通常是将编码 6 个组氨酸（His）的核苷酸置于目的基因的 N 端或者 C 端进行融合表达。表达产物可以通过金属螯合亲和层析一步分离纯化，纯化后，融合的 His 标签可通过酶切去除。

自从 2004 年首次报道将 SUMO 融合技术作为融合标签应用于蛋白质表达以来（Malakhov et al.，2004；Butt et al.，2005），该技术凭借其独特的优势逐渐成为研究热点。SUMO 可促进目的蛋白的可溶性表达和正确折叠；对热和蛋白酶有很强的抗性，有利于保持目的蛋白的稳定性；SUMO 分子量较小，表达融合蛋白中目的蛋白占比例较大，可提高目的蛋白产量。表达产物可用亲和层析和阴离子交换法纯化，利用 SUMO 蛋白酶1切割 SUMO 融合蛋白后，不存在任何氨基酸残留，因而适合用于表达天然序列的重组蛋白。

Marblestone 等（2006）比较了 SUMO 融合标签与 6×His 标签、泛素蛋白标签、麦芽糖结合蛋白标签、GST 标签、NusA 及 Trx 标签对绿色荧光蛋白、基质金属蛋白酶-13 和肌肉生长抑制素可溶性表达的影响，结果表明，SUMO 与 NusA 最大程度地促进了以上三种外源蛋白的可溶性表达。

4）分泌表达载体

由于包涵体形成过程中，外源基因表达的蛋白不能充分有效折叠形成结构和功能与天然状态一致或者类似的产物，因此不利于抗原功能的研究，分泌表达成为大肠杆菌表达系统的目标，通常情况下，信号肽的使用可以帮助蛋白质运送至周质甚至分泌至培养基中，常用的信号肽主要有：OmpA、PelB、PhoA、OmpF、OmpT 及 Hly 等（任增亮等，2007）。分泌表达载体存在表达量不高且并非所有的分泌表达都能得到可溶性蛋白的缺陷。

5）表面展示表达载体

表面展示表达可分为噬菌体和细菌表面展示表达。大肠杆菌表达系统有 3 种呈现方式：①将目的基因克隆入外膜蛋白表面暴露部位的 loop 区，此方法可将较小的肽呈现到外膜；②将目的基因克隆到鞭毛或纤毛的结构基因中；③将目的基因融合到脂蛋白、IgG蛋白酶等的 N 端或 C 端。此种载体由于表达量较低，因此只适用于一些对蛋白质方面的研究、筛选文库等。

6）带伴侣蛋白的表达载体

伴侣蛋白（chaperone）是一类保守的蛋白质，其主要作用是促进蛋白形成正确折叠。伴侣蛋白主要是热休克蛋白家族的成员。大肠杆菌中存在的伴侣蛋白有 4 种：CroEL、CroES、DnaK、HtpG（王海鸿等，2005）。使用大肠杆菌进行蛋白功能研究时，可以通过将目的蛋白与伴侣蛋白构建至同一表达载体或者将不同表达载体共表达来避免包涵体的产生。伴侣蛋白不能促进所有蛋白质的正确折叠，这与不同蛋白质其折叠途径不同有一定关系。

2. 表达宿主菌株的选择

不同表达菌株具有不同的特性，不同载体适合不同的菌株。因此在蛋白表达中，要考虑到选定的表达载体和表达菌株相匹配能否得到高产率或者可溶性表达的蛋白。大肠杆菌细胞会利用自身的蛋白酶对表达的外源蛋白进行降解，这就要求我们选择蛋白酶缺失的菌株增加蛋白的得率。表达过程中过早的表达产物对于宿主菌也有毒性，使其生长速率下降，甚至导致宿主菌死亡，应采用诱导型的启动子有效控制表达的时间（Sharrocks，1994；Weickert et al.，1996）。对于这种工程菌一般采用两阶段培养法：菌体积累阶段和产物表达阶段。

3. 外源基因中密码子的优化

真核生物细胞中，各种 tRNA 的含量及差别不太明显，然而原核生物不同于真核生物，不同的 tRNA 含量差异很大，因此产生了对密码子的偏爱性。对应的 tRNA 丰富或稀少的密码子，分别称为偏爱密码子或稀有密码子。

通过统计在大肠杆菌中含量丰富的一些蛋白质中密码子的使用情况，发现 AGA、AGG、AUA、CCG、CCT、CTC、CGA 和 GTC 等 8 种密码子是大肠杆菌中的稀有密码子（Chen et al.，2006；Chumpolkulwong et al.，2006）。然而，稀有密码子含量较多的外源基因往往不能被高效表达。研究中可以通过非连续多核苷酸定点突变等方法对外源基因中的稀有密码子进行同义突变，或者通过选择合适的表达菌株（如 Rosetta菌株）等来增加外源基因的表达量。

4. 提高 mRNA 的稳定性

大肠杆菌表达过程中，目的基因 mRNA 的迅速降解将严重影响蛋白质表达。已经知道几种不同的 RNA 酶参与降解过程，包括内切核酸酶和 3′端外切核酸酶，在原核中没有发现 5′端外切核酸酶。研究发现，mRNA 的长度和半衰期并不是负相关，表明核酸内切酶并不是随机作用于 mRNA 内部的。在 OmpA 序列之后 mRNA 的 5′-UTR 存在发夹结构能够增加 mRNA 的稳定性。另外，3′-UTR 组成的保护序列可以形成发夹结构，可阻止外切核酸酶在转录过程中从 3′端降解，然而这种 3′端反向调节子并不能作为通用的 mRNA 稳定元件。此外，研究发现通过选用缺乏某些特定 RNA 酶（如 RNase II 或者 PNPase）的宿主菌可以提高重组蛋白的表达量，然而这并非一定有效，因为缺乏这些核酸酶并不会对整体 mRNA 的平均半衰期有影响，况且缺失这些核酸酶的菌株几乎不能存活。

5. 提高质粒稳定性

质粒稳定性是影响外源蛋白表达的重要因素，重组质粒在大肠杆菌中的不稳定性，很大程度上限制了外源蛋白在大肠杆菌中高效表达。研究表明，决定质粒不稳定性的因素很多，如质粒的拷贝数、底物类型、宿主背景及培养条件等。提高质粒在大肠杆菌细胞中稳定性的方法主要有：染色体整合法；压力选择法（如抗生素选择法）；优化发酵策略（如降低 IPTG 浓度、升高/降低培养温度）等。

6. 培养条件的优化

大肠杆菌的培养条件包括培养基组成成分、温度、诱导条件及培养时间等。各组分的浓度和比例适当、营养丰富的培养基益于细菌的生长和外源基因的表达，但过量的营养物质会抑制细菌的生长。在大肠杆菌表达系统中，理想的条件是含有适量的 Mg^{2+}、K^+、NH_4^+，高浓度的 Ca^{2+} 和多胺类，以及充足的 ATP 和 GTP 可以显著降低蛋白质合成中的错读（许崇利等，2010）。

温度的影响也很重要，大肠杆菌的最适生长温度为 37℃。相同培养时间内，适宜的温度有利于增加外源蛋白的表达量，然而，外源蛋白往往又会在细菌体内聚集形成包涵体。为了保持外源蛋白的天然结构，即形成可溶性表达，常又需要降低诱导温度。

就诱导条件而言，常常需要控制温度和诱导物（如 IPTG）的浓度这两个重要因素。相同培养条件下，适宜的温度和诱导物浓度可以实现外源蛋白的高效表达，而一般情况下，较低的诱导温度和较低的诱导物浓度有利于可溶性蛋白的形成。要选择适当的诱导时间来诱导表达，诱导时间的不同会影响到外源基因的表达及工程菌的稳定性和活性。提早诱导造成生物质和目的蛋白产量偏低，而诱导较晚虽可获得高产量的生物质，但细胞表达外源蛋白的时间减少。细菌在对数生长期，即 OD_{600} 为 0.6 附近时，生长状况良好，易于诱导而合成外源蛋白。加入诱导剂之后，细菌可以继续培养 12 h 左右以充分表达外源蛋白。

三、VLP 在大肠杆菌表达系统中的表达与组装

与哺乳动物表达系统、杆状病毒表达系统、植物表达系统、无细胞表达系统等比较而言，大肠杆菌表达系统由于其具有大量表达外源目的蛋白，成本低、周期短、易于表达等特点，因此在 VLP 疫苗生产方面具有一定的优势。但由于颗粒性抗原结构和组装都较为复杂，一般认为在大肠杆菌中的组装效率较低，因此，如何利用大肠杆菌进行颗粒性抗原的表达和组装是当今疫苗界的难题之一（Park et al., 1999）。

近几年来，利用大肠杆菌表达系统制备 VLP 的研究取得了一系列突破。据统计，大肠杆菌表达系统可表达十几种 VLP，大肠杆菌表达的 VLP 可由包涵体复性得来，也可利用低温培养策略获得可溶性的表达，甚至可以同时表达多个结构蛋白进行多层颗粒共组装（Zeltins, 2013）。其标志性事件是首个戊型肝炎疫苗的成功上市，该疫苗是第一种采用大肠杆菌表达系统生产的 VLP 疫苗。此外，使用大肠杆菌表达系统生产的 HPV16/18 型双价疫苗（宫颈癌疫苗）和 HPV6/11 型双价疫苗（尖锐湿疣疫苗）均已进入临床试验阶段。

1. 大肠杆菌表达系统体外组装 VLP 的动力学

病毒衣壳蛋白一般都具有自我装配病毒颗粒的能力，天然构象存在的衣壳蛋白都能自组装成病毒空衣壳（病毒样颗粒）。蛋白质结构研究表明，多肽链氨基酸残基之间的疏水性作用力、氢键、离子键、共价键及范德华力等在维持蛋白质天然空间构象中起到关键作用，蛋白质多肽通过以上作用力有序折叠、组装成 VLP。大肠杆菌缺乏外源蛋白翻译后修饰功能，因此大肠杆菌表达外源蛋白多数以包涵体形式存在，少数以可溶性的天然构象存在（氨基酸残基亲水性好）。基于以上研究基础，大肠杆菌表达系统成功组装 VLP 必须具备以下两个条件：①大肠杆菌表达的外源蛋白必须保持其天然构象；②必须具备合适的组装体系提供蛋白质多肽残基有序结合的作用力，如疏水作用力、离子键作用力、氢键作用力、共价结合作用力及范德华力作用力等。

2. 大肠杆菌表达系统体外组装 VLP 的组装体系

研究表明，分子间作用力、温度、离子强度、pH 等是影响组装的重要因素。病毒的衣壳更容易在疏水作用和共价键结合条件下发生体外组装。温度对于组装的影响体现在：温度过高不利于衣壳的组装；溶液 pH 影响蛋白质分子表面电荷状态，改变蛋白质分子与溶液中的粒子之间相互作用力。调节溶液 pH（依据等电点）和溶液中的离子强度使衣壳蛋白以天然结构存在并通过共价键或疏水作用有规则缓慢聚集成 VLP。pH 也是控制 VLP 稳定性及组装中间体之间相互作用的重要因素。

体外组装 VLP 的组装体系条件主要包含温度、离子强度、H^+浓度、钙离子浓度等。根据病毒衣壳蛋白的理化性质（等电点、稳定性）选择组装体系合适的温度、H^+浓度，通过 NaCl/磷酸盐等调节溶液离子强度、疏水强度，改变蛋白质表面电荷数及疏水性，进而促进 VLP 的组装。

3. 大肠杆菌表达系统体外组装 VLP 的特点

大肠杆菌表达系统组装 VLP 有以下特点：①外源蛋白经大肠杆菌表达、纯化后体外组装 VLP，避免体内组装过程中包含宿主异物；②外源蛋白表达量高，且大肠杆菌表达系统操作简易、成本低，易于大规模生产；③体外 VLP 组装效率相对真核表达系统更高。

4. 大肠杆菌表达系统体外组装 VLP 存在的问题

可溶性表达是体外组装 VLP 需要首先解决的问题，密码子优化、表达载体和表达菌株之间正确的配合使用、低温以及低诱导剂浓度等条件的摸索能够实现蛋白的可溶性表达。对影响蛋白体外组装的分子间作用力、温度、离子强度、pH 等重要因素的控制和优化使得可溶性蛋白发生了一定的组装。尤其是衣壳蛋白与小泛素化修饰蛋白融合表达，增加了衣壳蛋白的水溶性，阻止了衣壳蛋白组装前的聚集（Butt et al.，2005；Lee and Poulter，2008；Malakhov et al.，2004；Marblestone et al.，2006；Mossessova et al.，2000），从而突破了大肠杆菌外源蛋白可溶性表达的瓶颈，推进了大肠杆菌表达系统体外组装 VLP 的发展。但是，氨基酸残基之间的化学键不足以提供足够的组装动力，致使蛋白组装效率有限，今后的研究仍需进一步摸索提高组装效率的策略。

第二节　其他原核表达系统（乳酸菌、链霉菌）概述及技术

大肠杆菌表达系统是最常用的原核表达系统，除此之外，近年来其他原核表达系统（乳酸菌、链霉菌）也越来越多地被应用于科学研究。

乳酸菌（lactic acid bacteria，LAB）是一类能够发酵碳水化合物产生乳酸的革兰氏阳性菌的总称（Willem，1999）。这个名称就细菌分类学而言是一个非正式、非规范的名称，是广义范畴的概念。自然界已经发现的乳酸菌在细菌分类学上至少划分为 23 个属（Pouwels et al.，1998）。这些属包括：乳杆菌属（*Lactobacillus*）、双歧杆菌属（*Bifidobacterium*）、肉食杆菌属（*Carnobacterium*）、肠球菌属（*Enterococcus*）、链球菌属（*Steptococcus*）、明串珠菌属（*Leuconostoc*）、乳球菌属（*Lactococcus*）、气球菌属（*Aerococcus*）、片球菌属（*Pediococcus*）、奇异菌属（*Atopobium*）、漫游球菌属（*Vagococcus*）、芽孢乳杆菌属（*Sporolactobacillus*）、利斯特氏菌属（*Listeria*）、环丝菌属（*Brochothrix*）、孪生菌属（*Gemella*）、丹毒丝菌属（*Erysipelothrix*）、糖球菌属（*Saccharococcus*）、酒球菌属（*Oenococcus*）、四联球菌属（*Tetragenococcus*）、乳球菌属（*Lactococcus*）、魏斯氏菌属（*Weissella*）、营养缺陷菌属（*Abiotrophia*）和芽孢杆菌属（*Bacillus*）中的少数种（Khalisanni，2011）。

链霉菌（streptomyces）在分类学上属于原核生物界放线菌目链霉菌科链霉菌属，是一类主要呈丝状生长并以孢子繁殖为主的革兰氏阳性菌。链霉菌的基因组庞大，含有 600 万～900 万个碱基对，其中有 5%～10% 的基因用于次级代谢物的生物合成。很多次级代谢产物具有良好的抗菌、抗肿瘤、抗病毒及免疫抑制等生物活性，是目前临

床上医用及兽用抗生素类药物的主要生物来源（Komatsu et al.，2010）。同时，链霉菌也是一种重要的工业微生物，可用于发酵生产多种生物活性物质及药物中间体。

一、乳酸菌

1. 载体

乳酸菌作为益生菌的重要代表，被广泛地应用于食品发酵、医药生产及饲料添加剂等领域。近年来，对于乳酸菌的探索已经由传统的菌株筛选、功能特性研究深入到各种功能的分子机制，以及乳酸菌作为食品及生物制品的载体等方面，乳酸菌的分子生物学成为当前的研究热点之一。早在 20 世纪 80 年代初，乳酸菌的遗传特性就开始被国内外专家学者所关注，随后相继研发了一系列的基因表达载体和模式菌株。

乳酸菌表达载体主要分为两类：非食品级乳酸菌表达载体和食品级乳酸菌表达载体。

1）非食品级乳酸菌表达载体

A. 带有红霉素抗性标记的载体

红霉素是糖多孢红霉菌合成的次级代谢产物，作为筛选标记目前广泛应用于基因工程，其对革兰氏阳性菌及革兰氏阴性菌均有良好的抑菌作用，红霉素基因被广泛应用于基因表达载体的构建（表 7-3）。

表 7-3 携带红霉素基因 Ery^R 筛选标记的常见乳酸菌基因表达载体

载体名称	质粒类型	启动子	筛选标记
pNZ9520	乳酸菌表达载体	rep	红霉素
pNZ9530	乳酸菌表达载体	rep	红霉素
pMSP3535	乳酸菌表达载体	PnisA	红霉素
pMG36e	乳酸菌表达载体	P32	红霉素

B. 带有氯霉素抗性标记的载体

氯霉素是由委内瑞拉链霉菌产生的抗生素，属于广谱抗生素。由于氯霉素可以增加低拷贝质粒的拷贝数，提高质粒的得率，因此在大多数构建的乳酸菌表达载体中均选用氯霉素作为抗性筛选标记。常用的 pNZ 系列质粒大都采用了氯霉素抗性筛选标记（表 7-4）。

表 7-4 以氯霉素为抗性筛选标记的常见乳酸菌基因表达载体

载体名称	质粒类型	启动子	筛选标记
pNZ2103	乳酸菌表达载体	lacA	氯霉素
pNZ8008	乳酸菌表达载体	PnisA	氯霉素
pNZ8037	乳酸菌表达载体	PnisA	氯霉素
pNZ8048	乳酸菌表达载体	PnisA	氯霉素
pNZ8148	乳酸菌表达载体	PnisA	氯霉素
pNZ8150	乳酸菌表达载体	PnisA	氯霉素

2）食品级乳酸菌表达载体

A. 乳链球菌素调控表达系统

乳链球菌素表达系统（nisin-controlled expression，NICE）是最著名的食品级乳酸菌表达系统。乳链球菌素（nisin，乳链菌肽）是一种天然、高效、安全、无毒副作用、具有抗微生物活性的小分子多肽，已经被广泛应用于食品防腐，对人体无毒无害（张虎成等，2007）。乳链球菌素的合成受到 NisK（激酶）及 NisR 的控制（Kuipers，1998）。当细胞外存在乳链球菌素时，NisK 识别乳链球菌素，使得 NisR 发生磷酸化进而激活 nisA 启动子，表达下游基因。这种小肽信息素依赖的调节系统在革兰氏阳性菌中广泛存在（Kleerebezem et al.，1997）。乳链球菌素表达系统表达的产物可高达细胞总蛋白的 60%，产量得到了极大的提高（Ruyter et al.，1996）。表 7-5 列出了含有 Nisin 抗性基因的常见乳酸菌基因表达载体。

表 7-5　含有 Nisin 抗性基因的常见乳酸菌基因表达载体

载体名称	质粒类型	启动子	筛选标记
pNZ8149	乳酸菌表达载体	PnisA	乳糖
pNZ8008	乳酸菌表达载体	PnisA	氯霉素
pNZ8037	乳酸菌表达载体	PnisA	氯霉素
pNZ8048	乳酸菌表达载体	PnisA	氯霉素
pNZ8148	乳酸菌表达载体	PnisA	氯霉素
pNZ8150	乳酸菌表达载体	PnisA	氯霉素

B. 糖诱导型表达系统

基于乳糖操纵子的乳糖诱导系统是研究得最为清楚的诱导型系统，乳糖的添加产生中间产物塔格糖-6-磷酸，使 LacR 阻遏蛋白失活，从而激活 lacA 启动子（Vanrooijen et al.，1992）。类似的糖诱导系统还有木糖诱导型系统，通过添加木糖来诱导启动子 P_{xyLA} 下游基因表达（Lokman et al.，1997）。但是糖诱导型系统本身诱导效率较低，且局限是放大发酵中无法稳定控制产量，因此糖诱导型表达系统（表 7-6）运用不广。

表 7-6　糖诱导型表达系统应用的常见乳酸菌基因表达载体

载体名称	质粒类型	启动子	筛选标记
pNZ8149	乳酸菌表达载体	PnisA	乳糖
pLEB590	乳酸菌表达载体	P45	乳糖
pLEB600	乳酸菌表达载体	PpepR	乳糖
pLP3537	乳酸菌表达载体	lacA	乳糖
pLP3537-xyl	乳酸菌表达载体	lacA	木糖

C. 噬菌体诱导型表达系统

在乳酸菌的噬菌体诱导表达系统中，噬菌体 Φ31 可以诱导启动子表达。pTRK391

是此系统应用的表达载体，由 *LacZ* 基因以及 Φ31 启动子 P_{8625} 构成，表达载体侵染乳酸菌后构建的噬菌体诱导系统能够启动蛋白质的高效表达。该系统的缺陷是：促进乳酸菌宿主菌的裂解，无法维持稳定的表达（Mahmoud and Sameh., 2011）。

D. 酸/pH 诱导型表达系统

乳酸菌最主要的特征之一是能够产生乳酸，pH 诱导的表达系统是根据乳酸菌的产酸特点发展而来的。Madsen 等（1999）通过研究发现了受 pH 调节的启动子 P_{170}，构建了表达载体 pAMJ529、pAMJ536 和 pAMJ547。转化后发现：当 pH 为 5.5 时，菌株能够生长；当 pH 上调至 7.0 时表达受到抑制而停止生长。该系统通过调节 pH 来调控系统的诱导表达。

E. 营养缺陷筛选标记载体

此种筛选标记是将某些表型基因进行突变或缺失，并整合到质粒中，再整合入互补的表型来进行筛选。由乳酸乳球菌一个质粒的最小复制子、乳球菌的赭石抑制基因 *supB* 及一段人工合成的含有 11 个限制酶酶切位点的多克隆位点组成一个乳酸菌食品级载体 pFG1，载体大小约为 2 kb。当乳酸乳球菌嘌呤生物合成途径中的基因发生赭石突变时，表现为嘌呤营养缺陷型。而 pFG1 载体中的 *supB* 基因产物可以抑制这种营养缺陷型，因此 *supB* 可作为筛选标记。Sorensen 等（2000）在 pFG1 的基础上构建了一个新的食品级表达载体——pFG200，pFG200 以琥珀突变抑制基因为筛选标记，除一小段多克隆位点外全部由乳球菌 DNA 构成，在不含嘧啶的培养基中可有效地筛选和保持含克隆载体的菌株。

2. 外源蛋白表达

1）乳球菌

乳酸乳球菌生长快，代谢简单，是安全级的微生物。其自身不分泌蛋白酶，降低了外源蛋白被降解的可能性（黄佳明等，2019）。除此之外，与大肠杆菌相比，乳酸乳球菌细胞壁不含内毒素，其本身也不产生有毒有害物质，基因组简单、自身分泌的蛋白质少，有利于外源蛋白的分离纯化，尤其重要的是，其不会产生包涵体结构。近年来，随着电转化技术的进一步发展，各种表达载体和克隆载体的建立，以及根据乳酸菌的自身特性发明的多种诱导系统，使得乳球菌作为基因工程宿主菌被广泛应用于外源基因表达研究。现阶段，乳球菌已经实现了多种动物蛋白的表达（表 7-7）。

表 7-7 部分异源基因在乳球菌中的表达

基因	表达载体	宿主菌	参考文献
PRRSV ORF6	pNZ8149	乳球菌 NZ3900	Wang et al., 2014
TGEV S1	pNZ8149	乳球菌 NZ3900	赵艳丽等，2015
BDV VP2	pNZ8149	乳球菌 NZ3900	张旺等，2015

2）乳酸杆菌

乳酸杆菌是一种益生菌，主要存在于人和动物的胃肠道中，并且可以在肠道中定植，有着诸多的益生功效。由于乳酸杆菌相对于乳球菌作为宿主菌的研究起步较晚，因此直到现在乳酸杆菌还没有食品级的表达载体，得到应用的主要是由红霉素或氯霉素等抗生素基因标记的非食品级的表达载体。在乳酸杆菌中，干酪乳杆菌作为宿主菌应用最为广泛，主要表达的是引起动物疾病的病毒抗原蛋白基因（表7-8）。将含有抗原基因的重组菌株通过口服或注射的方式导入动物体内来间接引起动物产生免疫性反应（黄佳明等，2019）。

表 7-8　部分异源基因在乳酸杆菌中的表达

基因	表达载体	宿主菌	参考文献
TGEV S	pMG36e	干酪乳杆菌	黄海楠等，2015
PEDV S	pLA	干酪乳杆菌	岳璐等，2016
H9N2 HA	pSIP409	干酪乳杆菌	陈瑞玲等，2015
CSFV E2	pYG301	植物乳杆菌	Xu et al.，2015

3）枯草芽孢杆菌

枯草芽孢杆菌在自然界广泛存在，主要分布于枯草、尘埃、乳、土壤和水中。它是一种需氧的杆状细菌，自身没有致病性，对人畜无害，不污染环境，在极端条件下可诱导产生抗逆性很强的内源孢子（即芽孢）（李文桂和陈雅棠，2014）。该菌的芽孢可以在表面融合表达外源抗原，也可以在芽孢萌发后，于繁殖体内表达外源抗原，因此该菌的芽孢是一种有希望的疫苗载体（Duc et al.，2003）。国内外学者研究发现，枯草芽孢杆菌的芽孢可以表达细菌、病毒和寄生虫等病原体的多种蛋白质（表7-9）。

表 7-9　部分异源基因在枯草芽孢杆菌中的表达

基因	表达载体	宿主菌	参考文献
Anthrax pagA	pUB110	枯草芽孢杆菌 1S53	Ivins et al.，1986
ETEC CFA/I	pHMC03	枯草芽孢杆菌 WW02	Luiz et al.，2008
HPV33 L1	pIC215Y	枯草芽孢杆菌 168	Baek et al.，2012
RV VP6	pBB1375	枯草芽孢杆菌 168	Lee et al.，2010

4）双歧杆菌

双歧杆菌是广泛存在于人和动物肠道中及口腔中的一种革兰氏阳性菌，具有诸多的益生功能，可以维持肠道菌群平衡，调节机体免疫，对动物的腹泻有着很好的治疗作用。对于双歧杆菌的研究开始比较晚，直到21世纪初才完成测序工作（Schell et al.，2002），此外，双歧杆菌中存在质粒的菌株较少，这些原因使得双歧杆菌作为表达系统发展缓慢。因此，到目前为止，双歧杆菌还没有一套成型的表达系统，研究中使用的质粒类型多为大肠杆菌表达载体（表7-10）。

表 7-10　部分异源基因在双歧杆菌中的表达

基因	表达载体	宿主菌	参考文献
EV71 VP1	pGEX-4T	双歧杆菌	孙艳影等，2018
IFN-α	—	双歧杆菌	Zeng et al.，2015
GLP-2	Pt-31b	双歧杆菌	Zhang et al.，2018
LL-37	pBS	双歧杆菌	王小康等，2018
TSOL18	pGEX	双歧杆菌	周必英等，2014
GFP	pUC19	双歧杆菌	刘大伟等，2010

3. 蛋白质纯化

现阶段常用的原核表达系统纯化方法，即电泳法和色谱法（离子交换色谱、凝胶过滤色谱、亲和色谱）中，乳酸菌表达系统常以蔗糖密度梯度离心及离子交换色谱结合使用对目标外源蛋白进行纯化。

4. VLP 在乳酸菌表达系统中表达与组装的实例

在原核表达系统 VLP 组装方面，大肠杆菌表达系统 VLP 组装已经取得了较大的成果，相比较而言，乳酸菌表达系统的此类研究还很少。

Baek 等（2012）以 pIC215Y 为表达载体，在枯草芽孢杆菌 168 中表达人乳头状瘤病毒 33 L1 蛋白，其主要衣壳蛋白在枯草芽孢杆菌 168 中组装成 VLP，为宫颈癌预防性 VLP 疫苗的研制奠定了基础；窦小龙（2014）根据 FMDV Asia 1/JS/CHA/05 序列和牛病毒性腹泻病毒（BVDV）流行株 BVDV JZ05-1 序列，通过融合 PCR 获取 P14-柔性肽-VP1 融合蛋白编码序列，加上信号肽基因序列并与枯草芽孢杆菌表达载体 p7257-P43 连接后转化枯草芽孢杆菌 WB800，获得的融合蛋白组装为直径约 50 nm 大小的 VLP。

二、链霉菌

链霉菌（streptomyces）是一类好氧、丝状的革兰氏阳性菌，广泛存在于土壤中。链霉菌在其土壤生存环境中，必须大量分泌各种胞外酶，以便将土壤中的多种有机物质分解成可以被自身吸收利用的小分子营养物质，进而利于自己的生存，这说明链霉菌中存在着一种高效分泌蛋白质的机制。近年来，链霉菌作为基因工程的宿主菌已经经过了广泛的研究，并建立了卓有成效的导入外源基因的方法。

在链霉菌中，天蓝色链霉菌和变青链霉菌系列的菌株得到了普遍的应用，尤其是后者更为常用，因为其没有限制-修饰系统，有利于外源基因的转入和稳定保持。另外，变青链霉菌可大量分泌胞外蛋白质，并使某些蛋白质糖基化，这是真核生物蛋白质加工的重要一步。

链霉菌表达系统是继大肠杆菌和枯草芽孢杆菌之后又一个广泛用于工业生产的原核表达系统（Anne et al.，2012；Chater，2006）。链霉菌具有以下优势：①相对于大肠杆菌而言，其致病性弱；②已从链霉菌产生链霉素等一系列抗生素的工业生产工艺中，积累了丰富的发酵技术经验，可以利用已有的技术和设备实现外源基因的工业化生产；③链霉菌能够分泌大量的蛋白酶，具有成熟的分泌系统，便于外源蛋白的分离与纯化；④一些新兴技术在链霉菌中的应用，如 CRISPR-Cas9 介导的链霉菌基因的操作，对于外源蛋白表达具有重要意义（Alberti and Corre，2019）；⑤目前还没有文献报道在链霉菌中会形成包涵体（周奕阳，2018）；⑥具有高的蛋白质分泌效率，能够将目标外源蛋白大量分泌至培养基上清液中，这在促进蛋白质折叠的同时，还能够方便分离和纯化。

1. 载体

链霉菌表达系统所用到的载体系统包括质粒载体、噬菌体载体、黏粒载体。表 7-11 列出较为常用的一些载体。就外源蛋白基因的克隆和表达而言，质粒载体最为常用，其中质粒 pIJ702 是最为广泛应用的载体，它的大小为 5.8 kb，拷贝数 40～300 个/细胞，以黑色素基因和硫链丝菌素抗性基因为筛选标记。pIJ702 在变青链霉菌中稳定性高，即使在发酵过程中无抗生素选择压力也不会丢失。pIJ702 还用于构建大肠杆菌-链霉菌穿梭质粒，含有既可在大肠杆菌又可在链霉菌中起作用的复制起始区和选择标记。由于在大肠杆菌中转化和筛选克隆子比在链霉菌中简便，因此这种穿梭质粒可先从大肠杆菌中筛选，然后用含有外源基因的杂合质粒转化链霉菌（朱怡非等，1997）。

表 7-11　链霉菌表达系统中的载体（朱怡非等，1997）

	载体名称	拷贝数	分子量（kb）	遗传标记
质粒载体	pARCL	5	18.5	*ltz*、*tsr*、色素
	pBC6	5	22.1	*ltz*、*tsr*、*lacZ*、*amp*
	pIJ61	5	14.8	*ltz*、*tsr*、*aphI*
	pHJL197	1	13.2	*tsr*、*aphI*、*amp*
	pHJL210	10	11.2	*tsr*、*aphI*、*amp*
	pHJL302	1000	5.1	*tsr*、*amp*、*laca*
	pIJ486/487	100	6.2	*tsr*、*neo*
	pIJ680	100	5.3	*tsr*、*aphI*
	pIJ702	300	5.8	*tsr*、*mel*
	pIJ860	100	10.3	*tsr*、*amp*、*neo*
	pMS63	100	5.0	*tsr*、*aph*
	pMT660	100	5.8	*tsr*、*mel*
噬菌体载体	KC304		39.6	*tsr*、*vph*
	KC505		40.7	*tsr*、*vph*
	KC515/516		38.6	*tsr*、*vph*
	KC518		36.8	*tsr*、*vph*
	KC684		40.5	*tsr*

注：*ltz*：致死合子；*mel*：黑色素基因；*vph*：紫霉素抗性基因；*aph*：氨基糖苷抗生素抗性基因；*tsr*：硫链丝菌素抗性基因；*amp*：氨苄西林抗性基因；*neo*：新霉素抗性基因；*lacZ*：β-半乳糖苷酶基因

2. 外源蛋白表达

随着对链霉菌分子生物学，如质粒的分子生物学、蛋白质表达及分泌、基因操作等相关研究的深入，为开发链霉菌表达系统提供了理论基础。近年来，真核基因及非链霉菌来源的基因在链霉菌内表达的报道越来越多（表 7-12）。

表 7-12 近年来在链霉菌表达系统中的基因表达实例

基因	表达载体	宿主菌	参考文献
木葡聚糖酶基因	pIJ486	变青链霉菌 TK24	Sianidis et al.，2006
APA 蛋白基因	pRAGA1	变青链霉菌 TK24	Vallin et al.，2006
链激酶基因	pOW15	变青链霉菌 TK24	Pimienta et al.，2007
转谷氨酰胺酶基因	pAE053	变青链霉菌 JT46	Lin et al.，2008
β-1,4-内切葡聚糖酶基因	pUC702	变青链霉菌 1326	Noda et al.，2010

第三节 原核表达系统在 VLP 中的研究进展

重组病毒样颗粒是由病毒的一种或几种结构蛋白组成，可以模仿天然病毒粒子，但是缺乏病毒遗传物质。它们是用于预防传染病的高度安全有效的疫苗活性成分。从大肠杆菌到哺乳动物细胞系，已经使用了多种表达系统来生产 VLP，其中原核表达系统，特别是大肠杆菌，是生产全球通用疫苗的首选表达宿主。益可宁®（Hecolin）是首个获许可的源自大肠杆菌的 VLP 疫苗，其已被证明具有高效性和良好的安全性。自益可宁®之后，由大肠杆菌制备的基于 VLP 的乙肝、流感、宫颈癌等疫苗或候选疫苗已获许可或正在临床开发中。本节将以囊膜病毒、无囊膜病毒为分类依据阐述 VLP 疫苗或者候选疫苗的研究现状（表 7-13）。

一、囊膜病毒

1. 流感病毒

流感病毒属于正黏病毒科，是一种囊膜病毒，其特征是由 8 股负链 RNA 片段组成的分节病毒基因组，编码 11 种蛋白质，包括 HA、NA、NP、基质蛋白 M1 和 M2、NS1、NEP、PA、PB1、PB1-f2、PB2（徐岩，2019）。流感病毒可分为 A（甲）型流感病毒、B（乙）型流感病毒、C（丙）型流感病毒和 D（丁）型流感病毒，其中 A 型流感病毒流行史最为悠久，具有波及范围广、传播能力最强、宿主感染谱最宽等特点，因此，其对公共卫生所造成的威胁最为严重。根据 A 型流感病毒表面的 HA 和 NA 蛋白的抗原性差异，现已发现 A 型流感病毒有 18 种 HA 亚型和 11 种 NA 亚型（连晓欢，2019）。流感病毒会导致严重的呼吸系统疾病，死亡率很高，且不定期地引起大流行。人类 A（H1N1）型流感的历史可以追溯到 1918 年西班牙流感，那次流感大流行在世界各地感染了近 5 亿人，其中造成大约 5000 万人死亡；1957 年 H2N2、1968 年 H3N2 和 2009 年 H1N1 分别造成了流感大流行（Krammer and Palese，2015）。

表 7-13 原核表达系统中 VLP 的研究进展

序号	病毒（囊膜病毒/无囊膜病毒）	科	抗原	表达宿主	VLP 类型	参考文献
无囊膜病毒						
1	戊型肝炎病毒	戊型肝炎病毒科	衣壳蛋白	大肠杆菌	单层	Purdy et al., 1993
2	戊型肝炎病毒	戊型肝炎病毒科	衣壳蛋白	大肠杆菌	单层	Zhang et al., 2003
3	戊型肝炎病毒	戊型肝炎病毒科	衣壳蛋白	大肠杆菌	单层	葛胜祥等, 2003
4	戊型肝炎病毒	戊型肝炎病毒科	E2	大肠杆菌	单层	Li et al., 2005
5	人乳头状瘤病毒	乳多空病毒科	L1	枯草芽孢杆菌	单层	Baek et al., 2012
6	人乳头状瘤病毒	乳多空病毒科	L1	大肠杆菌	单层	Huang et al., 2017
7	诺如病毒	杯状病毒科	VP1	大肠杆菌	单层	Huo et al., 2017
8	猪圆环病毒	圆环病毒科	PCV2 Cap	大肠杆菌	单层	Yin et al., 2010
9	猪圆环病毒	圆环病毒科	PCV2 Cap	大肠杆菌	单层	杨毅等, 2018
10	猪圆环病毒	圆环病毒科	PCV3 Cap	大肠杆菌	单层	Wang et al., 2020
11	猪细小病毒	细小病毒科	VP2	大肠杆菌	单层	张改平等, 2016
12	猪细小病毒	细小病毒科	VP2	大肠杆菌	单层	郭慧琛等, 2017
13	口蹄疫病毒	小 RNA 病毒科	VP0、VP1、VP3	大肠杆菌	多层	Guo et al., 2013
14	肠道病毒 71 型	小 RNA 病毒科	中和表位 SP70、HBcAg	大肠杆菌	多层	梁璞等, 2018
15	塞内卡病毒	小 RNA 病毒科	VP0、VP1、VP3	大肠杆菌	多层	莫亚霞等, 2019
16	兔出血症病毒	嵌杯病毒科	VP60	大肠杆菌	单层	Guo et al., 2016
17	传染性法氏囊病毒	双 RNA 病毒科	VP2	大肠杆菌	单层	Jiang et al., 2016
18	传染性法氏囊病毒	双 RNA 病毒科	VP2	大肠杆菌	单层	Li et al., 2020
19	猪繁殖与呼吸综合征病毒	动脉炎病毒科	GP5	大肠杆菌	单层	Hu et al., 2016
囊膜病毒						
20	流感病毒	正黏病毒科	M2、HBcAg	大肠杆菌	多层	Neirynck et al., 1999
21	西尼罗病毒	黄病毒科	E	大肠杆菌	单层	Gunther et al., 2010

自 1933 年成功分离出人流感病毒后，就开始了流感疫苗的研发。目前，已获得许可的流感疫苗可以针对抗原匹配的病毒提供保护，但由于抗原漂移和转换，疫苗的组成几乎每年都需要更新。现阶段，已有至少 12 种流感病毒 VLP 疫苗进入临床试验阶段，其中包括两种大肠杆菌 VLP 疫苗。甲型流感病毒的候选疫苗 ACAM-FLU-A 由大肠杆菌产生，是以乙型肝炎核心抗原（HBcAg）为载体，表面展示甲型流感病毒 M2 蛋白的 VLP 疫苗（Neirynck et al., 1999），M2 蛋白的外部结构域在人类甲型流感病毒和禽甲型流感病毒中相对保守是流感病毒疫苗研发的主要抗原 ACAM-FLU-A。候选疫苗的免疫原性已在 I 期临床试验中得到证实（Fiers et al., 2009）。另外，通过化学方法将 HA 的 gH1 和 Qβ VLP 连接起来形成的候选疫苗 gH1-Qβ 也进入了临床试验阶段。I 期临床试验结果表明，gH1-Qβ 既能产生高滴度的抗体水平，也具有良好的安全性（Low et al., 2014）。

2. 乙型肝炎病毒

乙型肝炎病毒的基因组是一个大小约为 3.2 kb 的 DNA，在 Dane 颗粒的内核之中，乙型肝炎病毒编码 4 个转录本，分别为 3.5 kb preC mRNA/pregenomic RNA（pgRNA）、2.4 kb preS1 mRNA、2.1 kb preS2 mRNA 和 0.7 kb X mRNA。其中，preC mRNA/ pregenomic 表达 core 蛋白（HBcAg）、可溶性蛋白（HBeAg）和病毒 DNA 聚合酶（BHp）；preS1 mRNA 表达 LHBs 蛋白；preS2 mRNA 表达 MHBs 蛋白和 SHBs 蛋白（HBsAg）；X mRNA 表达 X 蛋白（HBx）。

ABX203（商品名为 HeberNasvac）是一种用于治疗慢性乙型肝炎的疫苗，由 HBsAg 和 HBcAg 组成，二者分别在毕赤酵母和大肠杆菌中表达并形成 VLP。 ABX203 在临床试验中被证明是非常有效的，2015 年，古巴国家药品和医疗器械控制中心（CECMED）授予了 ABX203 的上市许可。

3. 西尼罗病毒

西尼罗病毒（WNV）的核衣壳呈二十面对称体，有囊膜，病毒颗粒直径为 40～60 nm（Mukhopadhyay et al., 2003），WNV 基因组为一条单链正义 RNA，长约 11 kb。基因组由 5′端 96 nt 和 3′端 337～649 nt 的非编码区和一个长约 10.3 kb 的单一可读框（ORF）构成。ORF 编码含 3433 个氨基酸残基的多聚蛋白前体，经病毒和宿主蛋白酶的切割后产生 3 种结构蛋白［C 蛋白（衣壳/核心蛋白）、prM/M（膜前体蛋白/膜蛋白）和 E 蛋白（囊膜糖蛋白）］及 7 种非结构蛋白，结构顺序为：5′-C-prM/M-E-NS1-NS2a-NS2b-NS3- NS4a-NS4b-NS5-3′（Rice et al., 1985）。1989 年，科学家首次在乙脑病毒感染的细胞中发现了一种独特的黄病毒蛋白，该蛋白属于黄病毒属的第 11 种蛋白。由于这种非结构蛋白是在 NS1 蛋白 C 端进行的氨基酸延伸，因此命名为 NS1'蛋白（Mason, 1989）。在西尼罗病毒中，也检测到了 NS1'蛋白的存在（Young et al., 2015）。

Gunther 等（2010）在西尼罗病毒 E 蛋白 Domain Ⅲ的 C 端连接半胱氨酸，经大肠杆菌表达并纯化后，与大肠杆菌中重组表达形成的噬菌体 AP205 VLP 通过赖氨酸残基共价偶联展示在其表面,成功研发了 DⅢ-C-AP205 疫苗。动物试验表明,相对于其他基于 Domain Ⅲ 的方法,DⅢ-C-AP205 具有较强的免疫原性及预期良好的安全性,使其成为在人类医学和兽医学中预防西尼罗病毒感染的具有吸引力的候选疫苗。

二、无囊膜病毒

1. 戊型肝炎病毒

戊型肝炎病毒(hepatitis E virus,HEV)是呈二十面体的单股正链 RNA 病毒,病毒粒子直径为 27～34 nm,基因组大小约为 7.2 kb。由三个可读框和一个带 poly (A) 尾巴的 3′端非编码区组成。HEV 可分为 4 个基因型,基因 1 型 HEV 的 ORF1 包括一个额外的可读框,即 ORF4,其他 3 种基因型的 HEV 只包括 ORF1、ORF2 和 ORF3。ORF1 编码一个由 1700 个氨基酸残基组成的非结构蛋白,包括病毒 RNA 复制所需的酶:甲基转移酶(MeT)、番木瓜蛋白样蛋白酶(PCP)、解旋酶(Hel)及 RNA 依赖性 RNA 聚合酶(RdRp);ORF2 是由 660 个氨基酸残基组成的病毒衣壳蛋白,负责将 HEV 的基因组装配并包裹在病毒衣壳中;ORF3 与 HEV 的分泌和释放有关,也有可能参与宿主免疫应答反应(Debing et al., 2016)。

由于 HEV 仅能在人或灵长类动物原代肝细胞中进行持续培养,体外大量培养戊型肝炎病毒未能取得成功,无法进行减毒或灭毒疫苗的开发。因此,基因工程疫苗成为研发的主要方向。在 HEV 的 4 个基因型中,基因 1 型和 2 型仅在人体中存在,基因 3 型和 4 型为人畜共患型。戊型肝炎是由感染 HEV 导致的急性传染病,主要通过粪-口途径传播,人体普遍易感,各年龄段人群均有可能感染发病,主要感染 15～40 岁人群,是全球重要的公共卫生问题之一。戊型肝炎暂无有效治疗方法,接种疫苗是预防控制戊型肝炎的有效途径(王婉如等,2020)。

Purdy 等(1993)首次报道利用大肠杆菌表达 HPV 缅甸株 ORF2 C 端 2/3(aa 225～660)的重组蛋白 trpEC2,免疫灵长类动物后攻毒,结果显示表达的重组蛋白具有良好的免疫保护性。Zhang 等(2003)在大肠杆菌中表达 HEV ORF2(aa 394～606),获得的重组蛋白(NE2),免疫恒河猴可产生良好的保护性。Li 等(2005)将 E2 蛋白 N 端延伸至 aa 368 位置在大肠杆菌中表达重组蛋白 p239,经过分子筛高效液相色谱(HPLC)、动态光散射、TEM 和原子力显微镜等多种颗粒检测方法证实了 VLP 的形成,免疫试验证实 p239 VLP 具有良好的免疫原性和免疫保护性。结构上,p239 的尺寸是 E2 蛋白的 5～8 倍,虽然两者的反应原性相当,但 p239 的免疫原性较 E2 蛋白提高了近 200 倍,使其成为有效的预防性疫苗,显示了大肠杆菌表达 VLP 的可行性。大肠杆菌表达的 HEV 239 戊型肝炎疫苗已于 2012 年正式上市,成为预防戊型肝炎的有效手段。截至目前,主要有 3 种戊型肝炎疫苗:葛兰素史克(GSK)公司的重组戊型肝炎疫苗、中国长春生物制品研究所有限责任公司研发的 HEV P179 疫苗和厦门万泰沧海生物技术有限公司的 HEV 239(益可宁®)疫苗,其中 HEV P179、HEV 239(益可宁®)是通过原核表达系统制备的 VLP 疫苗(表 7-14)。

表 7-14　基于大肠杆菌 VLP 的戊型肝炎疫苗的临床研究概况

项目	HEV 239	HEV P179
来源	HEV-1 ORF2（aa 368～606）	HEV-4 ORF2（aa 439～617）
表达系统	大肠埃希菌	大肠埃希菌
免疫程序	0、1、6 个月	0、1、6 个月
疫苗保护率	100%	未公布
临床试验进展	已上市	已完成 1b 期临床试验

2. 口蹄疫病毒

口蹄疫病毒（FMDV）是微小 RNA 病毒科，口疮病毒属的成员。FMDV 的基因组是一种小的单股正链 RNA 病毒，总长约 8500 bp，基因组 5′端共价结合了 23/24 个氨基酸残基的 3B 蛋白（Bachrach，1968）。FMDV 的基因组由 5′非翻译区（5′端 UTR）、蛋白质编码区和 3′非翻译区（3′端 UTR）组成。L 区、P1 区、P2 区和 P3 区组成约 6.5 kb 的可读框。基因组的 P1 区编码 4 种病毒结构蛋白 VP4、VP2、VP3 和 VP1，P2 区和 P3 区编码病毒非结构蛋白 2A、2B、2C、3A、3B、$3C^{pro}$ 和 $3D^{pol}$。

口蹄疫是一种急性、高度传染性的病毒性疾病，能引起畜牧业严重的经济损失。目前疫苗接种依然是预防口蹄疫的主要措施。尽管灭活疫苗在全球 FMD 疫情控制中发挥了极大的成效，但灭活疫苗存在病毒逃逸等生物安全风险，FMD 新型基因工程疫苗将成为可替代灭活疫苗的、安全高效的候选疫苗。

Lee 等（2009）首次尝试通过大肠杆菌表达系统研发 FMDV VLP，但未进一步对其免疫原性进行深入研究。同期，中国农业科学院兰州兽医研究所郭慧琛研究员等人（2013）建立了基于 SUMO 融合蛋白系统实现大肠杆菌可溶性表达 FMDV 衣壳蛋白体系，为体外重组 FMD VLP 奠定基础。通过大肠杆菌表达系统制备的 FMD VLP 直径约为 25 nm，形态均一，与天然 FMD 病毒粒子类似。豚鼠、猪和牛免疫实验结果表明：FMDV VLP 能诱导动物机体产生特异性的抗体反应，且特异性抗体滴度和中和抗体滴度有良好的相关性，且动物免疫保护效果与 VLPs 免疫诱导产生的中和抗体滴度趋势一致，表明大肠杆菌表达的 FMDV 三种结构蛋白能正确折叠，充分展示病毒衣壳表面的中和表位。该项成果经过反复临床试验验证已在 2021 年获得了国家新兽药许可。

3. 人乳头状瘤病毒

人乳头状瘤病毒（HPV）是一种无囊膜的双链 DNA 病毒，属于乳多空病毒科、乳头状瘤病毒属，能感染人的表皮及黏膜上皮，诱导上皮组织的疣状增生乃至恶性肿瘤，宫颈癌的发生与 HPV 有密切的关联。HPV 基因组大小 7.2～8 kb，包含 8 个可读框（ORF），包括 6 个早期基因区和 2 个晚期基因区。其中，晚期基因区（L 区）长约 3000 bp，主要编码病毒的衣壳蛋白，包括主要衣壳蛋白 L1 和次要衣壳蛋白 L2。L1 蛋白分子量 55～60 kDa，占病毒衣壳蛋白总量的 80%～90%，是 HPV 衣壳蛋白的主要成分。L1 和 L2

按比例（5：1）共同参与病毒颗粒的组装。外源表达的 L1 蛋白在没有 L2 蛋白的参与下即可于体外自组装成 VLP。电镜结构显示，5 个 L1 蛋白单体聚合形成星状的五聚体形态，72 个五聚体即可形成与天然病毒粒子结构类似的 VLP。

由于 HPV 具有严格的种属特异性，病毒难于在其他动物或细胞中进行繁殖，且 HPV 基因组中含有致癌基因，因而无法采用传统的减毒或灭活方式研制 HPV 疫苗。目前已上市或研究中的 HPV 疫苗多数采用基因工程疫苗形式。已在世界范围内广泛应用的 HPV 疫苗包括默沙东（Merck Sharp & Dohme）公司的 HPV 16/18/6/11 四价疫苗 Gardasil-4、HPV 16/18/31/33/45/52/58/6/11 九价疫苗 Gardasil-9 和葛兰素史克（GSK）公司的 HPV 16/18 二价疫苗 Cervarix。Gardasil-4、Gardasil-9 疫苗采用酿酒酵母表达；而 Cervarix 疫苗则采用杆状病毒-昆虫细胞表达系统。但是真核表达系统的表达量低，成本高，使得大规模工业化生产存在诸多困难，且由于高成本限制了其在发展中国家的应用。厦门大学与厦门万泰沧海生物技术有限公司在戊型肝炎疫苗研制的基础上，研制了基于大肠杆菌表达系统的 HPV 疫苗。他们利用大肠杆菌高效表达经过优化的 HPV *L1* 基因，然后利用得到的 L1 蛋白组装成 VLP，临床免疫试验结果显示 HPV VLP 具有良好的安全性和免疫原性。2012 年 9 月，基于大肠杆菌 VLP 的 HPV 16/18 二价宫颈癌疫苗已经于中国进入Ⅲ期临床试验；除此之外，另外一种源于大肠杆菌的 HPV 6/11 二价候选疫苗也进入了Ⅱ期临床试验（Huang et al.，2017）。

4. 诺如病毒

诺如病毒（Norovirus，NV）既可以感染人类，也可以感染动物，是全世界急性非细菌性肠胃炎的主要病因，也是仅次于轮状病毒的引起婴幼儿急性腹泻的常见病原之一。NV 是非囊膜病毒，基因组为 7.5～7.7 kb 的单股正链 RNA，人类 NV 的基因组由三个可读框（ORF）组成，即 ORF1、ORF2 和 ORF3。ORF2 编码病毒的主要结构蛋白，即衣壳蛋白 VP1，用于构建病毒的衣壳。ORF3 编码一个次要结构蛋白 VP2。根据 VP1 的核苷酸序列，NV 至少可以分为 6 个基因型，其中 GⅠ、GⅡ和 GⅣ感染人类，其他基因型可感染牛、鼠等。

Huo 等（2017）将完整或者缺失突变（N 端分别缺失 26、38 个氨基酸）的 VP1 序列插入到原核表达载体 pCold Ⅲ和 pCold Ⅳ中，并在大肠杆菌中进行表达。诱导后检测两种载体对应的蛋白表达，发现构建的 pCold Ⅲ-N26 和 pCold Ⅲ-N38 蛋白表达水平较高。透射电镜观察表明：两种 VLP 在体内的组装与在 Sf-9 细胞中观察到的一致。体外唾液 HBGA-VLP 结合实验表明：在大肠杆菌中组装的 VLP 与在 Sf-9 细胞中组装的 VLP 具有相同的结合模式。用 pCold Ⅲ-N38 纯化 VLP 免疫小鼠，与重组杆状病毒表达系统组装的 VLP 全长衣壳蛋白相比，其刺激产生的 IgG 抗体滴度和阻断抗体滴度更高。因此利用 pCold 表达载体在大肠杆菌中产生的 NV VLP 具备开发 NV 疫苗的潜力。

5. 猪圆环病毒

猪圆环病毒（PCV）是一种环形单链 DNA 病毒，属于圆环病毒科、圆环病毒属成员。PCV 是无囊膜病毒，呈球状的二十面体对称结构，由衣壳蛋白（Cap）和基因组组成，Cap 是 PCV 的唯一结构蛋白。PCV 基因组大小约 1.7 kb，至少含 11 个可读框。目前，在猪圆环病毒的分类上，包括三类病毒：无致病性的 PCV（PCV1）；与断奶仔猪多系统衰竭综合征相关的 PCV（PCV2）（乔绪稳等，2017）；2015 年美国学者从猪群中检测到一种能引起母猪皮炎肾病综合征与繁殖障碍的 PCV3（Palinski et al.，2016；Phan et al.，2016）。

Yin 等（2010）首次利用 SUMO 融合技术在大肠杆菌中表达 PCV2 Cap 蛋白，该蛋白可以组装为 VLP，并作为一种猪圆环病毒病的候选疫苗；杨毅等（2018）选取了我国当前流行的 PCV2d 毒株的 *Cap* 基因，通过密码子序列优化，采用大肠杆菌原核表达系统高效表达了 PCV2d Cap 蛋白，经纯化及体外透析缓冲液中进行组装，成功制备了 PCV2d VLP，用该 VLP 免疫 21 日龄的仔猪，经 PCV2d 病毒攻毒测试，证明该 VLP 能对仔猪起到很好的保护作用。目前，PCV3 不能从细胞系中分离出来，这给研究带来了很大的困难。然而，通过构建基于基因工程技术的 VLP 来揭示病毒特性的研究仍在进行中，这可以在没有病毒的情况下实现。PCV3 Cap 蛋白是诊断和疫苗开发的重要抗原，Wang 等（2020）利用大肠杆菌表达系统表达了 PCV3 Cap 蛋白并体外组装形成了 VLP，形成后将 VLP 作为包衣抗原，建立间接 ELISA，可检测猪血清中 PCV3 特异性抗体。

6. 猪细小病毒

猪细小病毒（PPV）属于细小病毒科细小病毒属，是一种自主复制性病毒，PPV 基因组是单链线状 DNA 分子，大小约为 5 kb，成熟的病毒粒子仅含有负链 DNA 基因组。PPV 基因组有两个可读框。左边的 ORF 编码非结构蛋白，右边 ORF 编码结构蛋白，PPV 基因组在其不同基因单位处均含有启动子区域，以启动基因组编码蛋白的转录。PPV 感染宿主细胞后，早期启动子 *P4* 和晚期启动子 *P40* 分别从基因组的 225 nt 和 2035 nt 处起始转录，产生两种原始转录物 PT4 和 PT40，其中，PT4 的次级转录产物编码非结构蛋白，PT40 的次级转录产物编码结构蛋白 VP1、VP2。

张改平等（2016）人工合成 *VP2* 基因，将合成的基因插入 pET28a 载体，然后和伴侣蛋白质粒共转入 BL21（DE3）宿主菌中，使 VP2 蛋白和伴侣蛋白共表达，以促进 VP2 蛋白的正确折叠。实验证明：通过该重组菌表达的 VP2 蛋白能在体外实现自组装，且具有良好的免疫原性。使用表达的 VP2 蛋白制备的 VLP 疫苗免疫小鼠和豚鼠能够诱导高水平的血凝抑制抗体和中和抗体产生，而且此疫苗能够预防豚鼠免受猪细小病毒强毒的感染；郭慧琛等（2017）将优化的 *VP2* 基因插入到载体 pSMK 中获得重组 pSMK-VP2 质粒，将重组质粒转化到大肠杆菌中，经异丙基硫代半乳糖苷（IPTG）诱导表达，收集菌体，纯化重组蛋白，再将纯化后的重组蛋白进行体外组装，得到猪细小病毒 VLP。该猪细小病毒 VLP 可应用于制备预防猪细小病毒病的疫苗，也可用于制备猪细小病毒的检测试剂。

7. 肠道病毒 71 型

肠道病毒 71 型（EV71）属于小 RNA 病毒科肠道病毒属的一员，其基因组为无囊膜的单股正链 RNA，大小为 7.5 kb，包含一个可读框，两端分别为 5′端和 3′端非编码区，3′端有一个多聚腺苷酸尾。ORF 包含 3 部分：P1、P2 和 P3。P1 编码 4 个结构蛋白（VP1、VP2、VP3 和 VP4），组装成病毒外壳；P2 编码 3 个非结构蛋白（2A、2B 和 2C）；P3 编码 4 个非结构蛋白（3A、3B、3C 和 3D）。EV71 感染可以引起人的手足口病。近年来手足口病（hand-foot-mouth disease，HFMD）的暴发在亚洲呈上升趋势（Xu et al.，2012）。我国手足口病也呈局部暴发趋势，2008 年 5 月 2 日，中国卫生部将该病列为丙类传染病。

EV71 感染常引起中枢神经系统疾病，严重时可造成感染者死亡，这给公共卫生安全造成严重的威胁，现阶段疫苗仍是防控 EV71 病毒传播和感染的最有效手段。梁璞等（2018）将 EV71 中和表位 SP70 插入乙型肝炎核心抗原（HBcAg）截短序列的主要免疫显性区域，将合成的融合蛋白基因连接表达质粒并转化入大肠埃希菌诱导表达；经 DEAE 离子交换层析、CsCl 垫层离心及密度梯度离心后得到纯化的重组 VLP，实验证实其具有良好的抗原性。该研究为该 EV71 基因重组疫苗的免疫效果评价奠定了基础。

8. 塞内卡病毒

塞内卡病毒 A（Seneca virus A，SVA）属于小 RNA 病毒科、塞内卡病毒属（Fowler et al.，2017），其基因组 RNA 全长约 7.3 kb，病毒粒子大小为 27～30 nm，由 5′-UTR、3′-UTR 和 1 个可读框组成。SVA 唯一的可读框用于编码多聚前体蛋白，具有小 RNA 病毒典型的 L-4-3-4 结构，包含 L 前体蛋白及结构蛋白的 P1 区和非结构蛋白的 P2 区与 P3 区。P1 区蛋白在病毒 2A、3C 蛋白酶和宿主蛋白酶水解下可产生 3 种结构蛋白：VP0、VP1 和 VP3。而 P2 和 P3 基因组区域编码与蛋白质加工相关的非结构性多肽，并参与病毒复制及其与宿主的相互作用。

SVA 引发的疫病对我国养猪行业造成了一定威胁，而同时多个国家和地区的频繁出现，意味着大流行暴发的潜在风险。因此，研发疫苗等防控产品就显得尤为重要。

莫亚霞等（2019）以带 His 标签和 SUMO 标签的 pSMK 与 pSMA 为载体构建重组质粒 pSMA-VP0、pSMK-VP1、pSMK-VP3，通过原核表达系统成功表达了可溶性的 VP0、VP1、VP3 三种结构蛋白，并将获得的三种衣壳蛋白组装形成五聚体，五聚体的组装为塞内卡病毒 A VLP 疫苗的制备奠定了基础。在此基础上，穆素雨成功组装出 SVA VLPs，并在猪体中验证了其突出的免疫及保护效果。

9. 兔出血症病毒

兔出血症病毒（RHDV）的病毒粒子直径为 40 nm，病毒衣壳由一个 VP60 蛋白的 180 个拷贝的多聚体形成。据报道，VP60 的单独表达即可形成 RHDV 样颗粒，并且这些颗粒显示出良好的免疫原性（Guo et al.，2016）。单独使用 VP60 主动免疫和通过注射含有抗 VP60 抗体的抗血清进行被动免疫都能提供对病毒攻击的保护（Farnos et al.，2005）。感染的兔子通常在坏死性肝炎和全身实质器官出血后 48～72 h 内死亡，该病自 1980 年以来，在兔生产中造成了巨大的经济损失（Fernandez et al.，2013）。

在大肠杆菌表达系统中，通过使用含有 SUMO 标签的原核表达载体促进可溶性表达，成功地在大肠杆菌中表达了水溶性 RHDV VP60 蛋白。在用蛋白酶切割 SUMO-tag

后，RHDV 的 VLP 进行自组装，而且实验结果表明家兔对 RHDV 有明显的特异性反应，VLP 组均存活，阴性对照组在感染后 72 h 内死亡（Guo et al.，2016）。

10. 传染性法氏囊病毒

传染性法氏囊病毒（infectious bursal disease virus，IBDV）的基因组包括 A、B 两个线状 RNA 分子，B 部分编码 VP1，A 部分编码 VP5 和前体多聚蛋白（pp）。后者裂解为 VP2、VP3 和 VP4，其中 VP2 是主要的保护性抗原。IBDV 可引起鸡的法氏囊损害，破坏其体液免疫系统，进而引起疫苗接种失败和二次感染。IBDV 可直接接触传播、经口传播和垂直传播，且在外界环境中十分稳定，可存活数月。

目前上市的 IBDV 疫苗有弱毒苗、灭活疫苗和重组 VP2 亚单位疫苗，IBDV-VLP 疫苗具有巨大的应用前景。在大肠杆菌表达的 VLP 具有 25 nm（Jiang et al.，2016）和 14～17 nm（Li et al.，2020）两种类型的粒径，虽然利用相同的表达系统，但是不同的组装环境、融合标签序列、*VP2* 基因序列都可能影响 VP2 的组装效率和 VP2-VLP 的大小。

11. 猪繁殖与呼吸综合征病毒

猪繁殖与呼吸综合征（porcine reproductive and respiratory syndrome，PRRS）是 20 世纪 80 年代末出现的一种灾难性疾病，1987 年在美国首次发现，1990 年在欧洲又再次发现。在猪繁殖与呼吸综合征病毒（porcine reproductive and respiratory syndrome virus，PRRSV）基因组编码的所有蛋白质中，GP5 诱导的中和抗体在防止感染方面起着重要作用（Wang et al.，2012），因而 PRRSV VLP 的构建策略主要是围绕 GP5 蛋白形成不同的嵌合模型（Murthy et al.，2015）。PRRS 会导致严重的生殖问题，如产仔率低、早产、母猪死胎率增加及呼吸窘迫。

研究人员用不同剂量（0.5 μg、1.0 μg、2.0 μg 和 4.0 μg）的 VLP 疫苗对 BALB/C 小鼠进行 3 次免疫，在接种了 2.0 μg 和 4.0 μg VLP 疫苗的小鼠中检测到中和抗体（Nam et al.，2013）；此外，将 GP5 表位 B 插入 PCV2 病毒的 Cap 蛋白处，形成了 VLP，该 PCV2 嵌合型 VLP 诱导小鼠产生强烈的体液（抗 PCV2 和 PRRSV 的中和抗体）和细胞免疫反应（Hu et al.，2016）。

第四节 展　　望

原核表达系统是最常用的蛋白质表达系统，具有以下优点：①遗传背景清楚，基因安全；②价格低廉，能够用于大规模 VLP 疫苗的生产；③宿主菌生长速度快，培养简单，操作方便；④蛋白质表达量高。但是，该系统也存在一些不足，例如目的蛋白常以包涵体形式表达，纯化困难；原核表达系统翻译后加工修饰体系不完善，缺乏糖基化修饰、磷酸化修饰、乙酰化修饰、γ-羧化修饰，表达产物的活性较低；存在本底表达等。

针对以上不足，科研工作者利用分子生物学技术构建了一系列原核表达体系，采用的技术主要包括启动子改造、共表达分子伴侣蛋白和筛选宿主菌株突变体库等。尽管通过分子生物学手段构建了一系列的高效表达载体和适合的宿主菌，但是在各宿主菌中仍然存在一些没有研究透彻的调控通路。结合微生物代谢组学等高通量技术，寻找代谢通路中的关键蛋白质，对这些特定蛋白质进行过表达与失活研究，有望进一步提高外源蛋白的表达量及活性。

参 考 文 献

陈瑞玲, 钟颖, 邓颖琦, 等. 2015. 表达 H9N2 亚型禽流感病毒 HA 蛋白重组乳酸杆菌的构建. 中国兽医学报, 35: 1917-1920.

窦小龙. 2014. 口蹄疫病毒结构蛋白 VP1 病毒样颗粒构建及免疫研究. 新疆: 新疆农业大学硕士学位论文.

葛胜祥, 张军, 黄果勇, 等. 2003. 大肠杆菌表达的戊型肝炎病毒 ORF2 多肽对恒河猴的免疫保护研究. 病毒学报, 43: 35-42.

郭慧琛, 孙世琪, 宋品, 等. 2017. 猪细小病毒的病毒样颗粒的制备及用途: 中国, CN201710029075.6.

黄海楠, 黄海鸥, 杨金生, 等. 2015. 表达 TGEV S 基因 AD 片段的重组乳酸杆菌的构建及免疫研究. 养殖与饲料, 11: 9-13.

黄佳明, 姜宁, 张爱忠. 2019. 乳酸菌作为基因工程菌的研究进展. 中国饲料, (13): 16-20.

李文桂, 陈雅棠. 2014. 病原体重组枯草芽孢杆菌疫苗的研制现状. 中国病原生物学杂志, 9: 651-656+660.

连晓欢. 2020. H1N1 亚型流感病毒遗传进化谱系鉴别荧光定量 PCR 检测方法的建立. 长春: 吉林大学硕士学位论文.

梁璞, 伊瑶, 苏秋冬, 等. 2018. EV71 中和表位嵌合病毒样颗粒的表达纯化. 中华实验和临床病毒学杂志, 32: 199-202.

刘大伟, 孙忠科, 郭燕红, 等. 2010. 长双歧杆菌 NCC2705 高效转化系统的建立及 GFP 表达. 生物技术通讯, 219: 80-81.

莫亚霞, 宋品, 穆素雨, 等. 2019. A 型塞内卡病毒衣壳蛋白的原核表达及其五聚体的组装. 中国兽医科学, 49: 969-976.

乔绪稳, 张元鹏, 陈瑾, 等. 2017. 猪圆环病毒 2 型荧光抗体的原核表达及初步应用. 江苏农业学报, 33: 610-617.

任增亮, 堵国成, 陈坚, 等. 2007. 大肠杆菌高效表达重组蛋白策略. 中国生物工程杂志, 27(9): 103-109.

孙艳影, 金晓秋, 秦丽丽, 等. 2018. EV71-VP1 抗原在双歧杆菌中表达的免疫效果检测. 医学研究杂志, 47: 82-84.

解庭波. 2008. 大肠杆菌表达系统的研究进展. 长江大学学报 (自科版) 医学卷, 3(81): 82-87.

王海鸿, 雷仲仁. 2005. 昆虫热休克蛋白的研究进展. 中国农业科学, 38(10): 2023-2034.

王婉如, 高雪峰, 杨军, 等. 2020. 戊肝疫苗临床研究的新进展. 中国生物制品学杂志, 33: 470-475.

王小康, 吴铁松, 刘江红, 等. 2018. 抗菌肽 LL-37 在长双歧杆菌中的表达及活性鉴定. 中国医药工业杂志, 1: 68-73.

徐岩. 2019. 基于 H1N1 血凝素蛋白的广谱甲型流感病毒多肽免疫原设计及免疫原性研究. 长春: 吉林大学硕士学位论文.

许崇利, 杨梅, 许崇波. 2010. 大肠杆菌表达系统的影响因素. 中国动物检疫, 27: 66-68.

杨毅, 王东亮, 王乃东, 等. 2018. 猪圆环病毒 2d 型病毒样颗粒疫苗及其制备方法: 中国, CN201810144099.0.

岳璐, 李昆鹏, 侯喜林, 等. 2016. 重组 PEDV-S 干酪乳杆菌的构建及其表达. 黑龙江八一农垦大学学报, 28: 76-79.

张改平, 刘运超, 王爱萍, 等. 2016. 一种利用大肠杆菌表达系统制备猪细小病毒病毒样颗粒亚单位疫苗的方法及应用: 中国, CN201610557798.9.

张虎成, 陈薇. 2007. 食品级乳酸菌表达系统研究进展. 生物技术通讯, 18(2): 345-347.

张旺, 刘琳琳, 祁小乐, 等. 2015. 表达鸡传染性法氏囊病毒 VP2 蛋白重组乳酸乳球菌的构建及其表达的优化. 中国预防兽医学报, 37: 825-828.

张宇萌, 童梅, 陆小冬, 等. 2016. 提高大肠杆菌可溶性重组蛋白表达产率的研究进展. 中国生物工程杂志, 36: 118-124.

张云鹏, 温彤, 姜伟. 2014. 大肠杆菌和酵母表达系统的研究进展. 生物技术进展, 4: 389-393.

赵艳丽, 柏亚铎, 陈中秋, 等. 2015. 猪传染性胃肠炎病毒 S1 基因在食品级乳酸菌中的表达. 中国兽医学报, 35: 868-872.

周必英, 刘美辰, 贺莉芳. 2014. 猪带绦虫双歧杆菌表达系统pGEXTSOL18/B.longum的构建及鉴定. 中国寄生虫学与寄生虫病杂志, 32: 239-241.

周奕阳. 2018. ε-聚赖氨酸生物合成研究与稳定表达载体构建. 上海: 上海交通大学硕士学位论文.

朱怡非, 朱春宝, 朱宝泉. 1997. 外源基因在链霉菌中的表达. 国外医药（抗生素分册）, 18(5): 321-332.

Alberti F, Corre C. 2019. Editing streptomycete genomes in the CRISPR/Cas9 age. Nat Prod Rep, 36: 1237-1248.

Anne J, Maldonado B, van Impe J, et al. 2012. Recombinant protein production and streptomycetes. J Biotechnol, 158: 159-167.

Bachrach W H. 1968. Foot-and-mouth disease. Annual Review of Microbiology, 22: 201.

Baek J O, Seo J W, Kwon O, et al. 2012. Production of human papillomavirus type 33 L1 major capsid protein and virus like particles from *Bacillus subtilis* to develop a prophylactic vaccine against cervical cancer. Enzye Microbiol Technol, 50: 173-180.

Butt T R, Edavettal S C, Hall J P, et al. 2005. SUMO fusion technology for difficult to express proteins. Protein Expr Purif, 43: 1-9.

Chater K F. 2006. Streptomyces inside-out: a new perspective on the bacteria that provide us with antibiotics. Philos Trans R Soc Lond B Biol Sci, 361: 761-768.

Chen H, Xu Z, Cen P. 2006. High-level expression of human beta-defensin-2 gene with rare codons in *E.coli* cell-free system. Protein Pept Lett, 13: 155-162.

Chumpolkulwong N, Aakamoto K, Hayashi A, et al. 2006. Translation of 'rare' codons in a cell-free protein synthesis system from *Escherichia coli*. J Struct Funct Genomics, 7: 31-36.

Cruz-Vera L R, Magos-Castro M A, Zamora-Romo E, et al. 2004. Ribosome stalling and peptidyl- tRNA drop-off during translational delay at AGA codons. Nucleic Acids Res, 32: 4462-4468.

de Ruyter P G, Kuipers O P, de Vos W M. 1996. Controlled gene expression systems for Lactococcus lactis with the food-grade inducer nisin. Appl Environ Microbiol, 62: 3662.

Debing Y, Moradpour D, Neyts J, et al. 2016. Update on hepatitis E virology: implications for clinical practice. J Hepatol, 65: 200-212.

Duc L H, Hong H A, Fairweather N. 2003. Bacterial spores as vaccine vehicles. Infect Immun, 71: 2810-2818.

Farnos O, Boue O, Parra F, et al. 2005. High-level expression and immunogenic properties of the recombinant rabbit hemorrhagic disease virus VP60 capsid protein obtained in *Pichia pastoris*. J Biotechnol, 117: 215-224.

Fernandez E, Toledo J R, Mendez L, et al. 2013. Conformational and thermal stability improvements for the large-scale production of yeast-derived rabbit hemorrhagic disease virus-like particles as multipurpose vaccine. PLoS One, 8: e56417.

Fiers W, Filette M D, Bakkouri K E, et al. 2009. M2e-based universal influenza A vaccine. Vaccine, 27: 6280-6283.

Fowler V L, Ransburgh R H, Poulsen E G, et al. 2017. Development of a novel real-time RT-PCR assay to detect Seneca Valley virus-1 associated with emerging cases of vesicular disease in pig. Journal of Virological Methods, 239: 34-37.

Gunther S, Gary T J, Byron E M, et al. 2010. A VLP-based vaccine targeting domain III of the West Nile virus E protein protects from lethal infection in mice. Virol J, 7: 146.

Guo H C, Sun S Q, Jin Y, et al. 2013. Foot-and-mouth disease virus-like particles produced by a SUMO fusion protein system in *Escherichia coli* induce potent protective immune responses in guinea pigs, swine and cattle. Veterinary Research, 44: 48.

Guo H M, Zhu J, Tan Y G, et al. 2016. Self-assembly of virus-like particles of rabbit hemorrhagic disease virus capsid protein expressed in *Escherichia coli* and their immunogenicity in rabbits. Antiviral Research, 131: 85-91.

Hu G, Wang N, Yu W, et al. 2016. Generation and immunogenicity of porcine circovirus type 2 chimeric virus-like particles displaying porcine reproductive and respiratory syndrome virus GP5 epitope B. Vaccine, 34: 1896-1903.

Huang X, Wang X, Zhang J, et al. 2017. *Escherichia coli*-derived virus-like particles in vaccine development. NPJ Vaccines, 2: 3.

Huo Y, Wan X, Ling T, et al. 2017. Expression and purification of norovirus virus like particles in *Escherichia coli* and their immunogenicity in mice. Molecular Immunology, 93: 278-284.

Ivins B E, Welkos S L. 1986. Cloning and expression of the *Bacillus anthracis* protective antigen gene in *Bacillus subtilis*. Infect Immun, 54: 537-542.

Jiang D, Liu Y, Wang A, et al. 2016. High level soluble expression and one-step purification of IBDV VP2 protein in *Escherichia coli*. Biotechnology Letters, 38: 901-908.

Khalisanni K. 2011. An overview of lactic acid bacteria. International Journal of Biosciences, 1: 1-13.

Kleerebezem M, Quadri L E, Kuipers O P, et al. 1997. Quorum sensing by peptide pheromones and two-component signal transduction systems in Cram-positive bacteria. Mol Microbiol, 24: 895.

Komatsu M, Uchiyama T, Omura S, et al. 2010. Genome-minimized *Streptomyces* host for the heterologous expression of secondary metabolism. Proceedings of the National Academy of Sciences, 107: 2646-2651.

Krammer F, Palese P. 2015. Advances in the development of influenza virus vaccines. Nat Rev Drug Discovy, 14: 167-182.

Kuipers O P, de Ruyter P G, Kleerebezem M. 1998. Quorum sensing controlled gene expression in lactic acid bacteria. J Biotechnol, 64: 15.

Lee C D, Yan Y P, Liang S M, et al. 2009. Production of FMDV virus-like particles by a SUMO fusion protein approach in *Escherichia coli*. J Biomed Sci, 16: 69.

Lee S, Belitsky B R, Brinker J P, et al. 2010. Development of a *Bacillus subtilis*-based *Rotavirus* vaccine. Clin Vaccine Immunol, 17: 1647-1655.

Lee S, Poulter C D. 2008. Cloning, solubilization, and characterization of squalene synthase from *Thermosynechococcus elongatus* BP-1. Journal of Bacteriology, 190(11): 3808-3816.

Li G, Kuang H, Guo H, et al. 2020. Development of a recombinant VP2 vaccine for the prevention of novel variant strains of infectious bursal disease virus. Avian Patho, 49(6): 557-571.

Li S W, Zhang J, Li Y M, et al. 2005. A bacterially expressed particulate hepatitis E vaccine: antigenicity, immunogenicity and protectivity on primates. Vaccine, 23: 2893-2901.

Lin S J, Hsieh Y F, Lai L A, et al. 2008. Characterization and large-scale production of recombinant *Streptoverticillium platensis* transglutaminase. J Ind Microbiol Biotechnol, 35: 981-990.

Lokman B C, Heerikhuisen M, Leer R J, et al. 1997. Regulation of expression of the *Lactobacillus pentosus* xylAB operon. Journal of Bacteriology, 179: 5391-5397.

Low J G H, Lee L S, Ooi E E, et al. 2014. Safety and immunogenicity of a virus-like particle pandemic influenza A (H1N1) 2009 vaccine: results from a double-blinded, randomized Phase I clinical trial in healthy Asian volunteers. Vaccine, 32: 5041-5048.

Luiz W B, Cavalcante R C M, Paccez J D, et al. 2008. Boosting systemic and secreted antibody responses in mice orally immunized with recombinant *Bacillus subtilis* strains following parenteral priming with a DNA vaccine encoding the enterotoxigenic *Escherichia coli* (ETEC) CFA/I fimbriae B subunit. Vaccine, 26: 3998-4005.

Madsen S M, Arnau J, Vrang A, et al. 1999. Molecular characterization of the pH-inducible and growth phase-dependent promoter P170 of *Lactococcus lactis*. Molecular Microbiology, 32: 75-87.

Malakhov M P, Mattern M R, Malakhova O A, et al. 2004. SUMO fusions and SUMO-specific protease for efficient expression and purification of proteins. J Struct Funct Genomics, 5: 75-86.

Marblestone J G, Edavettal S C, Lim Y, et al. 2006. Comparison of SUMO fusion technology with traditional gene fusion systems: enhanced expression and solubility with SUMO. Protein Science, 15: 182-189.

Mason P W. 1989. Maturation of Japanese encephalitis virus glycoproteins produced by infected mammalian and mosquito cells. Virology, 169: 354-364.

Mira D, Drazen R, Gordana S. 2009. Successful production of recombinant buckwheat cysteine-rich aspartic protease in *Escherichia coli*. Serb Chem Soc, 74: 607-618.

Mossessova E, Levine C, Peng H, et al. 2000. Mutational analysis of *Escherichia coli* topoisomerase Ⅳ. Ⅰ. Selection of dominant-negative parE alleles. The Journal of Biological Chemistry, 275(6): 4099-4103.

Mukhopadhyay S, Kim B S, Chipman P R, et al. 2003. Structure of West Nile virus. Science, 302: 248.

Murthy A M, Ni Y, Meng X, et al. 2015. Production and evaluation of virus-like particles displaying immunogenic epitopes of porcine reproductive and respiratory syndrome virus (PRRSV). Int J Mol Sci, 16: 8382-8396.

Nam H M, Chae K S, Song Y J, et al. 2013. Immune responses in mice vaccinated with virus-like particles composed of the GP5 and M proteins of porcine reproductive and respiratory syndrome virus. Arch Virol, 158: 1275-1285.

Neirynck S, Deroo T, Saelens X, et al. 1999. A universal influenza A vaccine based on the extracellular domain of the M2 protein. Nat Med, 5: 1157-1163.

Noda S, Ito Y, Shimizu N, et al. 2010. Over-production of various secretory-form proteins in *Streptomyces lividans*. Protein Expr Purif, 73: 198-202.

Palinski R, Piñeyro P, Shang P, et al. 2016. A novel porcine circovirus distantly related to known circoviruses is associated with porcine dermatitis and nephropathy syndrome and reproductive failure. Journal of Virology, 91(1): e01879-16.

Pallarés F J, Halbur P G, Opriessning T, et al. 2002. Porcine circovirus type 2 (PCV-2) coinfection with in US field cases of postweaning multisystemic wasting syndrome (PMWS). Journal of Veterinary Diagnostic Investigation, 14: 515-519.

Park E Y, Saito T, Dojima T, et al. 1999. Visualization of a recombinant gene protein in the baculovirus expression vector system using confocal scanning laser microscopy. J Biosci Bioeng, 87: 756-761.

Phan T G, Giannitti F, Rossow S, et al. 2016. Detection of a novel circovirus PCV3 in pigs with cardiac and multi-systemic inflammation. Virology Journal, 13: 184.

Pimienta E, Ayala J C, Rodríguez C, et al. 2007. Recombinant production of *Streptococcus equisimilis* streptokinase by *Streptomyces lividans*. Microb Cell Fact, 6: 20.

Pouwels P H, Leer R J, Shaw M, et al. 1998. Lactic acid bacteria as antigen delivery vehicles for oral immunization purposes. International Journal of Food Microbiology, 41: 155-167.

Purdy M A, McCaustland K A, Krawczynski K, et al. 1993. Preliminary evidence that a trpE-HEV fusion protein protects cynomolgus macaques against challenge with wild-type hepatitis E virus (HEV). J Med Virol, 41: 90-94.

Rice C M, Lenches E M, Eddy S R, et al. 1985. Nucleotide sequence of yellow fever virus: implications for flavivirus gene expression and evolution. Science, 229: 726-733.

Schell M A, Karmirantzou M, Snel B, et al. 2002. The genome sequence of *Bifidobacterium longum* reflects its adaptation to the human gastrointestinal tract. Proceedings of the National Academy of Sciences, 99: 14422-14427.

Sharrocks A D. 1994. A T7 expression vector for producing N-and C-terminal fusio-n proteins with glutathione S-transferase. Gene, 138: 105-108.

Shine J, Dalgarno L. 1974. The 3'-terminal sequence of *Escherichia coli* 16S ribosomal RNA: complementarity to nonsense triplets and ribosome binding sites. Proceedings of the National Academy of Sciences of the United States of America, 71: 1342-1346.

Sianidis G, Pozidis C, Becker F, et al. 2006. Functional large-scale production of a novel *Jonesia* sp. xyloglucanase by heterologous secretion from *Streptomyces lividans*. J. Biotechnol, 121: 498-507.

Sorensen K I, Larsen R, Kibenich A, et al. 2000. A foodgrade cloning system for industrial strains of

Lactococcus lactis. Applied and Environmental Microbiology, 66: 1253-1258.

Tahoun M K, Mohamed S E. 2011. Heterologous expression of pctA gene expressing propionicin T1 by some lactic acid bacterial strains using pINT125. Advances in Bioscience and Biotechnology.

Vallin C, Ramos A, Pimienta E, et al. 2006. *Streptomyces* as host for recombinant production of *Mycobacterium tuberculosis* proteins. Tuberculosis, 86: 198-202.

Vanrooijen R J, Gasson M J, de Vos W M. 1992. Characterization of the *Lactococcus lactis* lactose operon promoter-contribution of flanking sequences and LacR repressor to promoter activity. Journal of Bacteriology, 174: 2273-2280.

Wang W, Chen X, Xue C, et al. 2012. Production and immunogenicity of chimeric virus-like particles containing porcine reproductive and respiratory syndrome virus GP5 protein. Vaccine, 30: 7072-7077.

Wang Y, Wang G, Duan W T, et al. 2020. Self-assembly into virus-like particles of the recombinant capsid protein of porcine circovirus type 3 and its application on antibodies detection. AMB Express, 10: 1.

Wang Z H, Wang Y L, Zeng X Y. 2014. Construction and expression of a heterologous protein in *Lactococcus lactis* by using the nisin controlled gene expression system: the case of the PRRSV ORF6. Genet Mol Res, 13: 1088-1096.

Weickert M J, Doherty D H, Best E A, et al. 1996. Optimization of heterologous protein production in *Escherichia coli*. Current Opinion in Biotechnology, 7: 494-499.

Willem M V. 1999. Gene expression systems for lactic acid bacteria. Curr Opin Microbiol, 2: 289-295.

Wilson C J, Zhan H, Swint-Kruse L, et al. 2007. The lactose repressor system: paradigms for regulation, allosteric behavior and protein folding. Cell Mol Life Sci, 64: 3-16.

Xu W, Liu C F, Yan L, et al. 2012. Distribution of enteroviruses in hospitalized children with hand, foot and mouth disease and relationship between pathogens and nervous system complications. Virol J, 9: 8.

Xu Y G, Guan X T, Liu Z M, et al. 2015. Immunogenicity in swine of orally administered recombinant *Lactobacillus plantarum* expressing classical swine fever virus E2 protein in conjunction with thymosin α-1 as an adjuvant. Appl Environ Microbiol, 81: 3745-3752.

Yin S H, Sun S Q, Yang S L, et al. 2010. Self-assembly of virus-like particles of porcine circovirus type 2 capsid protein expressed from *Escherichia coli*. Virology Journal, 7: 166.

Young L B, Melian E B, Setoh Y X, et al. 2015. Last 20 aa of the West Nile virus NS1'protein are responsible for its retention in cells and the formation of unique heat-stable dimers. J Gen Virol, 96: 1042-1054.

Zeltins A C. 2013. Characterization of virus-like particles: a review. Mol Biotechnol, 53: 92-107.

Zeng W S, Zhang S X, Shao C W, et al. 2015. Intragastric administration of interferon-α-transformed *Bifidobacterium* promotes lymphocyte proliferation and maturation in mice. Journal of Southern Medical University, 35: 326-332.

Zhang J, Ge S X, Huang G Y, et al. 2003. Evaluation of antibody-based and nucleic acid-based assays for diagnosis of hepatitis E virus infection in a rhesus monkey model. J Med Virol, 71: 518-526.

Zhang Q, Liu M, Li S. 2018. Oral *Bifidobacterium longum* expressing GLP-2 improves nutrient assimilation and nutritional homeostasis in mice. Journal of Microbiological Methods, 145: 87.

Zhang Y, Guo Y J, Sun S H, et al. 2004. Non-fusion expression in *Escherichia coli*, purification, and characterization of a novel Ca^{2+} and phospholipid-binding protein annexin B1. Protein Expr Purif, 34: 68-74.

第八章　无细胞蛋白质合成系统

基因工程技术和细胞培养技术的快速发展使蛋白质的规模化生产得以实现。然而，利用细胞系统生产蛋白质存在诸多问题：①许多合成的蛋白质是不溶性的且易聚集形成包涵体，致使蛋白质活性低，需要进行变性和重新折叠，操作烦琐；②细胞内蛋白酶可降解自身合成的蛋白质，从而降低蛋白质产率；③有些蛋白质具有毒性而无法在活细胞中生产。此外，细胞本身的遗传调控机制在一定程度上也会影响外源基因的有效表达等。因此，如何突破细胞系统的局限是蛋白质体外生产所面临的巨大挑战。

无细胞蛋白质合成系统（cell-free protein synthesis system，CFPS）的出现和快速发展，已被视为可替代细胞表达系统的一种新型技术。CFPS 作为一种细胞环境体外模拟系统，主要以外源 DNA 或 mRNA 为模板，通过添加核糖体、调控因子、tRNA、氨基酸等合成元件及 ATP 等能源物质，在体外完成蛋白质的合成、翻译及修饰过程（Chong，2014）。

与传统的细胞表达技术相比，CFPS 避免了烦琐的基因克隆和细胞培养操作，合成速度快，可在极短时间内生产大量蛋白质，并可满足目前蛋白质结构和功能的研究。相较于细胞系统，CFPS 的可控性更强，可在蛋白质合成过程中即时对系统进行调整，调控蛋白质的表达。此外，CFPS 与现代生物技术系统相容性高，易实现蛋白质的高通量筛选和工业化生产。

第一节　无细胞蛋白质合成系统发展史

早在 1958 年，Hoagland 等（1958）就对不依赖完整细胞结构进行蛋白质体外合成进行了探索，首次利用大肠杆菌提取物实现了蛋白质的无细胞表达；同时，实验还证明了多肽的合成场所是核糖体，在其合成过程中需 ATP、GTP、tRNA 等的参与。20 世纪 60 年代，Nirenberg 和 Matthaei（1961）利用大肠杆菌 CFPS，破译了编码 20 种氨基酸的 64 种密码子，该研究对遗传密码子的发现起到至关重要的作用。然而，此时 CFPS 尚停留在实验室研究阶段，该系统存在的持续时间短、产量低、稳定性差等缺陷严重阻碍了其进一步发展和应用。

1973 年，Zubay（1973）对 CFPS 系统进行了改进，建立了基于 S30 大肠杆菌提取物的 CFPS，通过减少合成背景肽链的内源 DNA 或 RNA 含量，使用核酸水解酶和内源蛋白酶双基因敲除的工程菌，显著提高了外源蛋白的表达产量。此外，传统的体内重组蛋白质合成周期长，需要经过细胞收集、破碎、纯化等烦琐步骤，获得蛋白质至少需要 1～2 周，而使用上述系统合成外源蛋白只需 1 d 左右。由于大肠杆菌提取物具备易获取、成本低、产率高等优点，该系统逐渐被实验室研究和商业化生产广泛采用。Spirin 等（1988）为了进一步提升 CFPS 系统的产量和稳定性，建立了一种可使外源基因高效表达的连续流动无细胞系统（continuous flow cell free system，CFCF），通过将含有氨基酸、ATP 和 GTP 等物质的供给液经蠕动泵连续恒流导入系统，并结合透析技术将反应产物或副产物以相同的速度经超滤膜滤出，使反应体系维持动态平衡；与标准的无细胞系统相比，该系统反应时间可维持 20～100 h；其表达产物获取率也大幅度提高，一般能达到 200 mg/L；此外产物纯度较高，省去了烦琐的分离纯化程序。

2001 年，罗氏（Roche）公司开发出商业化的 CFPS，并开始应用于生物制药领域，取得了一系列成果。传统的 CFPS 主要建立在细胞提取物的基础上，鉴于细胞内物质的多样性和环境的复杂性，系统中添加物的具体成分和浓度仍不明确，使得该系统可控性不高。Shimizu 等（2001）通过添加纯化的各种转录及翻译因子、必需的底物和相应的酶、tRNA等，构建了 CFPS 高度纯净的无细胞蛋白质合成系统"PURE"。"PURE"系统相较于传统的细胞提取物 CFPS 系统，其添加的组分均已知并经过纯化和浓度测定，大大提高了 CFPS系统的可控性（图 8-1）。近几年，DNA 和黏土两种水凝胶 CFPS 系统相继被开发出来（Yang et al.，2013），大大提高了蛋白质的表达产量。DNA 水凝胶 CFPS 系统相较于液相 CFPS 体系，蛋白质产量提高了约 300 倍。CFPS 经历了半个多世纪的发展，已成功完成从实验室研究到商业化生产的转化（图 8-2），并在生物制药、疾病检测等诸多领域发挥着重要作用。

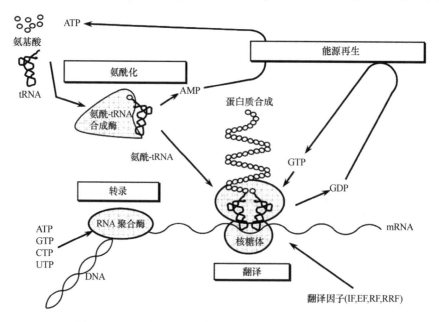

图 8-1　CFPS 合成蛋白质模式图（Shimizu et al.，2005）

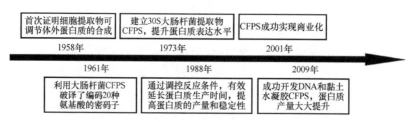

图 8-2　CFPS 的发展史（Liu et al.，2017）

第二节　无细胞蛋白质合成系统的优点和不足

一、CFPS 的优点

与细胞表达系统相比，CFPS 的优点在于：①蛋白质生产速度快，通常只需一天，在无活体细胞的情况下进行转录翻译等蛋白质合成过程，保证了能量的准确利用，可直接用于快速准确地合成蛋白质；②可避免包涵体的形成，由于不需要维持细胞活性，可合成有细胞毒性、低丰度及含非天然氨基酸等形式的目的蛋白质；③可实现蛋白质表达的实时调控；④表达量高，近年来在采用连续式的无细胞蛋白质合成系统后，每升的反应体系内蛋白质的产量已经达到克级，并能维持几十小时，其最大反应规模可达一百升，其中大肠杆菌 CFPS 在 24 h 内可以合成蛋白质约 1.7 mg/ml。因此，CFPS 不仅将成为大规模蛋白质合成的工具，而且作为一种创新的工业生产方法在蛋白质生产方面将被广泛应用。

二、CFPS 存在的问题

尽管 CFPS 相较传统表达蛋白质技术具备很多优势，但也存在一些问题需要解决。主要问题包括：如何有效制备高效纯净的细胞提取物，如何维持系统中能量供应和遗传模板的稳定性。制备高质量的细胞提取物是成功实现无细胞表达蛋白质的首要因素，其制备过程（细胞破裂、离心及透析、鉴定分析等过程）操作复杂、耗时较长，具有一定的技术难度。Liu 等通过减少离心及透析次数、降低离心速度等措施，对细胞抽提物的制备过程进行了简化及优化（Kim et al.，2006；Liu et al.，2005）。

在 CFPS 中，遗传信息翻译过程中有很多步骤需要消耗 ATP 及其等价物，因此无细胞蛋白质合成的效率严重依赖 ATP 的再生效率。此外，CFPS 使用的能源物质价格昂贵，使得 CFPS 的生产成本过高。因此，开发低廉、高效的 ATP 再生方法是推进 CFPS 在实验室和蛋白质工业化生产中应用的有效途径。应对底物消耗最直接的方式就是重新补充消耗的底物，即通过不断添加能源物质补充 ATP 的消耗。研究发现，向 CFPS 反应混合物中周期性地加入磷酸烯醇式丙酮酸（PEP）后，蛋白质合成的时间从 20 min 延长到 80 min，蛋白质的生产能力也相应提高（Kim and Swartz，2000）。磷酸肌酸（CP）也常被用作能源物质，在 CFPS 中可通过一系列代谢和酶解反应被利用。与其他能源物质相比，CP 在再生方面有较高的效率，然而随着 PEP 或 CP 的降解，反应混合物中无机磷酸盐的水平会持续升高，镁离子含量降低，导致蛋白质的合成终止。Kim 和 Swartz（2000）提出添加可利用内源酶的二次能源物质实现 ATP 的再生，如在体系中添加丙酮酸，其在烟酰胺腺嘌呤二核苷酸（NAD，即辅酶Ⅰ）的参与下，可保证体系中的 ATP 再生。Kim 和 Swartz（2001）也提出通过添加其他耗能步骤的抑制剂来保证目标蛋白的合成。例如，通过激活大肠杆菌包含丙酮酸脱氧酶（PDH）和磷酸转乙酰酶（PTA）的代谢途径可以免去对外源酶和氧的需求，只需加入辅酶Ⅰ和辅酶 A（CoA）就可利用丙酮酸合成 ATP 用于蛋白质合成。此外，由于 PEP 会造成丙酮酸的积累，在传统的 PEP 能量系统中加入辅酶可以通过丙酮酸的二次 ATP 再生,显著改善 ATP 的供给能力,该系统称为 PANOx 系统。PANOx 系统的成功引发了利用糖酵解中间产物作为能量物质的研究。糖酵解途径的第一个中间产物——葡萄糖-6-磷酸,已被证实可以用于无细胞蛋白质合成(Kim et al., 2007)。

在探寻能为 CFPS 提供更经济和更稳定的能量系统的过程中,研究人员发现葡萄糖也可以在蛋白质合成过程中提供 ATP,并在此基础上开发了双能源系统,即利用磷酸激酶和葡萄糖混合物再生 ATP,CP 产生的无机磷酸盐在糖酵解途径中被重复利用,从而在蛋白质合成时避免了磷酸盐的积累,并产生额外的 ATP(Kim et al., 2007)。用葡萄糖作为廉价的能源给利用 CFPS 生产工业蛋白质提供了广阔的前景,并且提高了 CFPS 的适用性。

在无细胞蛋白质表达体系中,编码目标蛋白的 mRNA 至关重要,其稳定性及数量直接影响目标蛋白的合成效率。为保证 mRNA 模板的数量,可通过抑制核糖核酸酶的作用来实现,如利用缺失核糖核酸酶 I 的大肠杆菌制备无细胞表达的提取物,或加入核糖核酸酶抑制剂等。为提高 mRNA 模板的稳定性,可对 mRNA 进行化学修饰或引入非编码区的次级结构,此外,向无细胞表达体系中加入铜离子、沸石或非特异性线状 DNA 等也可发挥一定作用(Yabuki et al., 2007)。除以上问题外,传统 CFPS 不依赖细胞进行蛋白质的合成,虽然能够实现实时控制蛋白质表达,但无法进行目标蛋白的糖基化等复杂修饰;CFPS 试剂盒价格高,表达量相对较小,也限制了该系统的广泛使用。

无细胞反应体系中常存在大分子拥挤效应:常用的无细胞体系大约含有 5%(W/V)的大分子,这种拥挤效应可能导致蛋白质的错误折叠和聚集现象。新生蛋白质的合成是一个边翻译边折叠的过程,为了促使蛋白质正确折叠,降低蛋白质的翻译速率是可行的解决方法。大肠杆菌中多肽合成速率大约为每秒 10～20 个氨基酸,而真核生物中每秒只合成几个氨基酸,这可能就是大肠杆菌中蛋白质容易错误折叠的原因。Biyani 等(2006)因此开发了固相无细胞反应系统。固相无细胞反应系统使得局部底物浓度增大,模板稳定,同时可促进蛋白质的正确折叠,具有良好的应用前景。研究人员将大分子通过生物素和链霉亲和素固定在固体表面,发现与液相无细胞反应系统相比,固相无细胞反应系统表达的蛋白质具有更好的折叠性和生物活性。

此外,CFPS 存在其他一些不足,包括:①需连续不断地供给昂贵的氨基酸、ATP、GTP、磷酸肌酸及其激酶等物质,运行费用高;②随着反应时间的延长,某些蛋白质产物容易聚集在超滤膜的表面,阻塞膜孔、减慢流速,直至产物的流出完全受阻;③有时蛋白质成分出现渗漏现象,污染目的产物;④反应混合液中的一些低分子量物质(如翻译起始因子、tRNA)有流失的可能,在一定的程度上会影响系统的翻译活性。

第三节　无细胞蛋白质合成系统分类及研究进展

CFPS 主要分为两种,一种是"PURE"系统 CFPS,即将蛋白质合成所必需的各组分进行纯化,添加入 CFPS 反应体系,所有添加物成分明确且浓度高度可控。另一种是细胞提取物来源 CFPS，主要通过处理并破碎细胞，去除细胞内的遗传物质组分，而保留蛋白质转录翻译、能量代谢等所必需的组分。

一、细胞提取物来源 CFPS

根据来源不同，细胞提取物可分为原核细胞提取物和真核细胞提取物两大类，分别构成了原核 CFPS 和真核 CFPS 的物质基础。原核 CFPS 利用原核细胞提取物表达目的蛋白，以大肠杆菌提取物为代表，其耐受性高，含杂质时仍可合成目标蛋白，产量高、成本低廉、操作简单。真核 CFPS 利用真核细胞提取物表达目的蛋白，最常用的是兔网织红细胞裂解液及麦胚提取物。目前，对于原核 CFPS 的研究更为充分，其使用成本低廉，操作简便，但不能实现表达时间和水平的精确调控；此外在目的蛋白的翻译加工阶段，由于缺少修饰酶系统，因此难以实现蛋白质的正确折叠及修饰。真核 CFPS 可以实现严格调控蛋白质合成，同时可以实现蛋白质的翻译后修饰，但其高成本及扩大培养难等限制了其发展。本节仅在此介绍目前应用相对广泛的细胞提取物来源 CFPS，并简要比较其优缺点（表 8-1）。

表 8-1　4 种细胞提取物来源 CFPS 的优缺点比较（Liu et al., 2017）

细胞提取物 来源 CFPS	优点	缺点
大肠杆菌	蛋白质产量高、提取物制备简单、遗传背景清晰、基因操作简便、能量供应成本低	缺少翻译后修饰手段
麦胚	合成真核蛋白范围广、蛋白质产量高	产量低、耗时长且复杂、基因操作困难
昆虫细胞	细胞易破碎且快、可进行真核特异性翻译后修饰	制备耗时长且成本高、基因操作困难
兔网织红细胞	细胞易破碎且快、可进行真核特异性翻译后修饰	蛋白质产量低、动物组织处理复杂、蛋白质合成范围窄、基因操作困难、背景 mRNA 多

1. 大肠杆菌 CFPS

大肠杆菌 CFPS 是研究得比较早、作用机制最清楚且最有效、应用最广的无细胞蛋白质合成系统。该系统使用 *omp* T 内切蛋白酶和 lon 蛋白酶双缺失的大肠杆菌的提取物，上述蛋白酶的缺失可显著提高该系统表达蛋白质的稳定性，在以外源 DNA 作为转录及翻译的模板时，蛋白质表达量也得到提高；内源性 RNA 聚合酶不稳定可导致系统重复性差，可通过应用外源性 RNA 聚合酶或高效 RNA 聚合酶完成转录，从而提高反应重复性。

早在 1961 年， Nirenberg 和 Matthaei（1961）就已经建立了比较稳定的大肠杆菌 CFPS，但该系统的能量体系存在不足。研究显示，该系统中蛋白质的合成依赖于热稳定性的核糖体 RNA，主要体现在核糖体 RNA 的含量而不是其活性上，且添加可溶性 RNA 不能替代其功能。

此外，蛋白质的合成也需要 ATP 和 ATP 生成系统，而嘌呤霉素、氯霉素和核糖核酸酶（RNase）可显著抑制蛋白质的合成。不同于发酵过程中细胞可利用廉价的碳源和氮源提供的底物与能量来生产重组蛋白，CFPS 需要添加昂贵的底物及纯化的翻译元件。Calhoun 和 Swartz（2005）发现，葡萄糖和糖酵解中间体可用作 CFPS 系统中 ATP 再生的二次能源，其可能通过阻止磷酸盐积累及增加 ATP 的供应来提高 CFPS 的生产率，但在常规大肠杆菌 CFPS 中均使用 S30 提取物，其糖酵解途径的激活需要添加昂贵的辅因子（NAD 和 CoA）。Kim 等（2007）利用糖酵解中间体果糖-1,6-二磷酸（FBP）代替葡萄糖-6-磷酸（G6P）作为 ATP 再生能源，对大肠杆菌 CFPS 的能量供应体系进行了优化，结果显示该系统单批反应可产生约 1.3 mg/ml 的蛋白质，较之前的蛋白质产率提高了将近 14 倍，同时生产成本大幅降低，1 美元可生产 2 mg 蛋白质。

N-糖基化在蛋白质折叠、分类、降解、分泌和活性维持等多方面具有重要作用，但大肠杆菌缺乏糖基化机制。为了解决大肠杆菌 CFPS 难以实现蛋白质翻译后修饰这一难题，Guarino 和 DeLisa（2012）首先发现来自空肠的革兰氏阴性菌弯曲杆菌的基因簇可编码 N-糖基化系统，尤其是其可合成一个寡糖基转移酶（OST），该酶主要负责催化糖基化，他们创造性地将该基因簇转化进大肠杆菌，将体外翻译系统与重构的 N-糖基化途径结合起来，创建了大肠杆菌无细胞翻译/糖基化系统。利用该系统可在 12 h 内以数百微克/毫升的速度有效生产糖基化的目的蛋白。为了解决合成蛋白质的可溶性问题，Kang 等（2005）对大肠杆菌进行基因修饰，使其过量表达一组分子伴侣蛋白（GroEL 或 DnaK/J-GrpE）和二硫键异构酶。采取此 CFPS 系统合成的蛋白质的溶解度和生物活性浓度（每单位体积的 CFPS 反应混合物的生物活性）均显示出显著的改善，且当 DnaK/J-GrpE 存在时，蛋白质产物的溶解度提高最为明显。为了使表达的蛋白质的生物活性浓度达到最大，需要再添加 GroEL 和 DsbC。研究人员利用该系统合成人类促红细胞生成素时，其生物活性浓度增加了 700%，表明翻译后折叠和二硫键改组对于 CFPS 表达的蛋白质的功能活性至关重要。

到目前为止，大肠杆菌 CFPS 已被广泛应用于诸多研究领域及商业化生产。膜蛋白参与许多重要的生理活动，包括将物质运入或运出细胞，作为激素的特异性受体，并促进细胞识别、信号转导和细胞分裂。在临床试验中，膜蛋白约占药物和药物靶标的 50%，然而膜蛋白的疏水性极强，常规方法难以获得足够纯度的蛋白质，这阻碍了膜蛋白结构-功能关系的研究。Li 等（2019）使用大肠杆菌 CFPS 成功表达出昆虫嗅觉受体（该蛋白为经典的膜蛋白，在昆虫繁殖和适应环境中起着至关重要的作用），其中最高总产量为 350 μg/ml，并且呈现高正确率折叠装配和高可溶性，有力促进了仿生嗅觉生物传感器的开发。磷脂酶 A1 在包括食品、制药和生物燃料行业在内的各个领域都有潜在的应用，但由于其表达效率低且对宿主细胞存在毒性，其生产严重受阻。Lim 等（2016）利用大肠杆菌 CFPS 合成磷脂酶 A1，结果显示功能性磷脂酶 A1 的产量大大提高，与在常规大肠杆菌中表达相比，大肠杆菌 CFPS 系统合成的功能性磷脂酶 A1 的效价要高出 1000 倍。在工业生产中，许多工业酶都可干扰细胞的正常生理状态，进而影响蛋白质的生产，该研究为工业生物催化剂的快速生产提供了可行的选择。

综上所述，大肠杆菌 CFPS 系统具有蛋白质合成产量和效率高、生产周期短、成本低等特点，目前已成为比较成熟和广泛应用的 CFPS 系统。

2. 麦胚 CFPS

麦胚提取物来源于小麦胚芽，是面粉加工过程中的一种副产物。麦胚 CFPS 相较于大肠杆菌 CFPS 更适用于真核蛋白的表达，尤其是结构复杂的真核多结构域蛋白。麦胚 CFPS 具有内源性 mRNA 含量低、不需 RNA 酶处理，以及成本低、来源简单等优点。

早在 1973 年，Roberts 和 Paterson（1973）就利用小麦胚芽中的 S30 提取物有效翻译了烟草花叶病毒 RNA 和触珠蛋白 9S RNA。研究初期，麦胚 CFPS 蛋白合成量较低，仅用于放射性标记多肽的合成。近年来，研究人员发现能量供应、提取物浓度、精胺、pH、Mg^{2+} 和 K^+ 浓度等因素对于调节蛋白质的合成效率至关重要（Harbers，2014）。例如，通过连续提供氨基酸和能源物质并及时去除抑制性副产物，可以显著延长麦胚 CFPS 的蛋白质合成时间，极大提高该系统的蛋白合成能力。Shen 等（2000）研究发现，在麦胚 CFPS 中加入少量小麦胚芽 rRNA（WG rRNA）后，该系统的蛋白质合成速度提高了 6～8 倍，而单独添加 18S rRNA 或 28S rRNA 最多只能分别将蛋白质总量提高 2 倍或 3.9 倍。此外，同时添加 WG rRNA 与 18S rRNA 或 28S rRNA 的混合物又较单独添加 WG rRNA 时蛋白质产量明显提升，表明 18S rRNA 和 28S rRNA 可协同 WG rRNA 以增强蛋白质合成能力。Hunter 等（1977）发现多胺（特别是亚精胺）可以促进麦胚 CFPS 中氨基酸转运过程。在亚精胺和 Mg^{2+} 的最佳浓度同时作用下，以烟草花叶病毒 RNA 为模板，肽链的延长速率是只添加 Mg^{2+} 时速率的两倍。此外，多胺的存在还增加了病毒 RNA 全长翻译产物的产量，而相应的短多肽产物减少。Wang 等（2012）通过将磷酸肌酸和丙酮酸作为 ATP 的再生来源添加到麦胚 CFPS 中，使蛋白质合成时间维持至 16 h，蛋白质产量也得到显著提高（由 0.13 mg/ml 提升至 0.74 mg/ml），重组蛋白的比活性为 1.3 U/mg，略低于粗提纯酶的活性。目前，麦胚 CFPS 可在 24 h 内合成大约 1 mg/ml 蛋白质，如果使用连续反应器并连续加入蛋白质合成所需的底物和能量再生物质可进一步延长蛋白合成时间，可达几天甚至 1～2 周（Madin et al.，2000）。

随着麦胚 CFPS 的不断完善，其已被应用于不同的研究领域。Minakuchi 等（2004）用麦胚 CFPS 成功表达了蜕皮激素受体蛋白，这种蛋白质对研究昆虫生理机理具有重要意义。Tsuboi 等（2010）利用麦胚 CFPS 将疟疾基因组数据解码为高质量的重组蛋白，并对这些合成的重组蛋白进行表征和筛选，从而为发掘潜在疫苗靶标分子奠定了理论基础。此外，麦胚 CFPS 还被成功应用于结构蛋白质组学的研究，主要用于体外高通量表达具有结晶、折叠结构的高活性结构蛋白。现有技术在解析一些水溶性较差或分子量偏大的蛋白质结构时适用性较差，Matsumoto 等（2008）首先利用麦胚 CFPS 合成大分子蛋白质的重折叠中间体（结构域），然后通过解析折叠中间体成功解决了分子量偏大蛋白质的结构解析困境。目前麦胚 CFPS 已成为合成具有生物活性的具有折叠结构的蛋白质最简便有效的方法，将为结构蛋白质组学的发展提供强有力的技术支撑。

3. 兔网织红细胞 CFPS

兔网织红细胞裂解物（RRL）是应用最为广泛的真核 CFPS，常用于较大的 mRNA 种类鉴定、基因产物性质分析、转录和翻译调控研究，以及共翻译加工研究等，其主要具备两个优点：①裂解物易于制备；②具有一定的翻译后修饰活性，包括翻译产物的乙酰化、异戊二烯化、蛋白酶水解和一些磷酸化活性。

Schweet 和 Allen（1958）首先利用兔网织红细胞 CFPS 将具有放射性标记的氨基酸用于合成血红素蛋白。Pelham 和 Jackson（1976）进一步研究发现，兔网织红细胞 CFPS 能够翻译不同来源、不同长度的 mRNA，且翻译产物保真性强，在真核生物 CFPS 中最有效。研究人员不断对该系统进行优化，发现添加 Mg^{2+}、K^+ 及 DTT、磷酸肌酸激酶和磷酸肌酸均能有效提升该系统的生产效率；同时，通过添加小牛肝脏 tRNA（用于平衡消耗的 tRNA）可以优化密码子的使用，扩大了高效翻译 mRNA 的范围，增强了该系统的适用性；此外，一些生物制剂或分子对于兔网织红细胞 CFPS 的合成能力也具有重要影响。

Clair 等（1987）研究发现血管生成素是 CFPS 合成蛋白质过程中的有效抑制剂，以 40～60 nmol/L 的浓度与 RRL 孵育时，可完全消除该系统的蛋白质合成能力。病毒可利用自身蛋白和 RNA 元件调节宿主细胞的翻译，如甲型流感病毒（IAV）感染细胞时可通过 NS1 蛋白靶向多种转录因子而抑制 eIF2α 磷酸化介导的翻译关闭。因此，通过添加病毒因子也可能会增强 RRL 的翻译能力。根据此原理 Anastasina 等（2014）在目标 mRNA 中同时添加甲型流感病毒 NS1 蛋白和包含脑心肌炎病毒（EMCV）内部核糖体进入位点（IRES）的序列从而促进翻译起始，结果显示该系统的蛋白质合成能力得到显著增强，目的蛋白产量提升了 10 倍以上。

最初兔网织红细胞 CFPS 只应用于研究真核生物的蛋白质翻译过程。随着该系统的不断优化，其应用范围越来越广，目前在研究蛋白质相互作用及蛋白质筛选等方面也发挥着重要作用。

4. 昆虫细胞 CFPS

昆虫细胞中可进行多种类型的翻译后修饰，而不需添加酶和辅助因子，其产生的大多数重组蛋白在功能上与真实蛋白质相似性非常高，因此常用于高产量表达各种外源活性蛋白质。

Tarui 等（2000）构建了一种来自 Sf-21 细胞的 CFPS/糖基化系统。该系统通过在细胞裂解室通入氮气来制备昆虫细胞提取物，该提取物稳定地保留了蛋白质转录翻译和翻译后修饰所需的组分，随后向该系统转入人类免疫缺陷病毒（HIV）1 型囊膜糖蛋白 gp120 mRNA，成功合成了 gp120 重组蛋白。分析结果显示，合成的 gp120 蛋白与在重组杆状病毒感染 Sf-21 细胞后合成的 gp120 具有相同的分子量；经内切糖苷酶 H 处理后，合成的 gp120 的分子量从 100 kDa 降低至 61 kDa，表明合成的 gp120 已被 N-连接的寡糖糖基化。Tarui 等（2001）对该系统的蛋白质产率和糖基化效率不断进行优化，发现添加 Mg^{2+}、K^+、ATP、GTP、肌酸激酶和磷酸肌酸均可刺激翻译和糖基化，但高浓度的磷酸肌酸会明显抑制翻译，亚精胺可刺激翻译和糖基化，而糖基化需要比翻译更高浓度的亚精胺。此外，研究人员还对不同细胞提取方式及不同氮气压力下制备提取物的活性进行了研究，发现 10 kg/cm^2 的氮气压力下制备的昆虫细胞提取物具有最高的糖基化蛋白产率；用匀浆器制备的昆虫提取物可以介导翻译，但未实现糖基化。这表明昆虫提取物中的糖基化元件能承受一定的高压但无法承受物理剪切力，通过优化该系统糖基化，gp120 的产量上升至 25 μg/ml。

Ezure 等（2010）建立了一种粉纹夜蛾 H5 昆虫细胞 CFPS，并对该系统不断优化：①通过将悬浮在提取缓冲液中的昆虫细胞冻融来制备提取物；②通过向提取缓冲液中添加20%（V/V）甘油，调整反应组分的浓度来提高蛋白质合成效率；③特别是导入杆状病毒多面体基因的 5′-UTR 显著提升了蛋白质合成活性，该系统在 25℃持续 6 h 可合成约71 μg/ml 萤光素酶。此外，这种用于建立无细胞系统的方法也被应用到了斜纹夜蛾 21（Sf-21）昆虫细胞，通过优化反应成分的浓度和 mRNA 的 5′-UTR 浓度，该系统在 25℃持续 3 h 可合成 25 μg/ml 的萤光素酶。目前，昆虫细胞提取物 CFPS 已较为成熟，且因其优势已实现产业化，在科学研究和工业化生产等领域发挥着日益重要的作用。

5. 酵母 CFPS

大肠杆菌为原核生物，利用其表达蛋白质常会发生错误折叠；真核细胞内则充斥着相互作用的蛋白质分子和其他亚细胞成分，复杂的细胞内环境可能会影响病毒 mRNA 的翻译等。酵母 CFPS 可用于多种哺乳动物和病毒 mRNA 的体外翻译。与其他 CFPS 相比，酵母 CFPS 在长时间储存时表现出更优异的稳定性。此外，酵母 CFPS 的原料成本低、获取简单，为了解病毒基因应对遗传和生理因素变化时的调控机制提供了独特的研究平台。

6. 人源 CFPS

为了使无细胞体系表达的目标蛋白具有与人体更为接近的糖基化修饰方式，人源细胞系逐渐成为研究热点。人体细胞可以来源于不同的器官和组织，具备较高的细胞选择性，可用于建立一系列的人源 CFPS。Mikami 等（2006）开发了基于杂交瘤细胞的 CFPS，实现了糖蛋白的合成，目前已实现商业化。研究还表明人源 CFPS 更适于表达分子量较大的蛋白质，如添加 K3L/GADD34 后，HeLa 细胞 CFPS 可以表达 260 kDa 大小的蛋白质。此外，人源 CFPS 表达的目标蛋白可以直接用于医学和药物方面的研究与应用。例如，人源 CFPS 中 RNA 病毒可作为超高分子量复合物被合成，而在其他无细胞系统中却无法实现；人源 CFPS 还可以用于筛选抗病毒试剂。虽然人源 CFPS 具有较大的优势，但其制备蛋白质成本极高，细胞比较敏感而难培养，因此作为较新的无细胞体系，仍需要进行更多的基础研究。

二、"PURE"系统 CFPS

在细胞提取物 CFPS 中，只有少数蛋白质因子参与翻译反应，且一些不参与翻译的因子可能会抑制该反应（如降解底物和产物的核酸酶与蛋白酶），因此该系统中组件的复杂性和不完全可知性降低了其可控性。

为解决这些问题，研究人员构建出高度纯净的无细胞蛋白质合成系统（"PURE"系统）。Shimizu 等（2005）分别使用 His 结合 Ni 亲和层析纯化出蛋白质翻译修饰所需的因子，然后使用蔗糖密度梯度离心分离出核糖体，再通过添加 tRNA 混合物和底物（如20 种氨基酸和 4 种核苷三磷酸酯）成功构建出"PURE"系统 CFPS。

虽然"PURE"系统能增加蛋白质合成的可控性，但其所需的重要因子仍然未知。蛋白质翻译、修饰及折叠等过程中均需要分子伴侣的参与，在无分子伴侣"PURE"系统中合成蛋白质时会形成聚集体，将分子伴侣蛋白（如 DnaK 和伴侣蛋白 GroEL/GroES）掺入"PURE"系统则会产生正确折叠的蛋白质，且合成的蛋白质表现出很高的活性。例如，Ying 等（2004）研究发现，没有伴侣蛋白时不能合成具有高抗原结合活性的单链 Fv（scFv）蛋白，而在 1 mol/L DnaK、0.4 mol/L DnaJ 和 0.4 mol/L GrpE 存在时，合成的 scFv 蛋白则具有更高的溶解度和结合活性。

蛋白质的合成大多在还原条件下进行，最初的"PURE"系统也是在还原条件下开发的。然而，在细胞外起作用的分泌类蛋白质需要氧化条件以形成正确的二硫键从而实现其活性。因此，通过添加氧化型谷胱甘肽取代二硫苏糖醇可将条件从还原调节为氧化，并通过添加酶（如蛋白质二硫键异构酶）促进二硫键的正确形成，进一步扩大了"PURE"系统的应用范围。

三、CFPS 的生产方式

先进的生产工艺是保障 CFPS 高效合成重组蛋白的重要因素，同一种 CFPS 选用不同的生产工艺，生产效率有很大区别。目前为止，CFPS 生产工艺已经发展出 4 代（图 8-3），本节将对其特点进行简要概括。

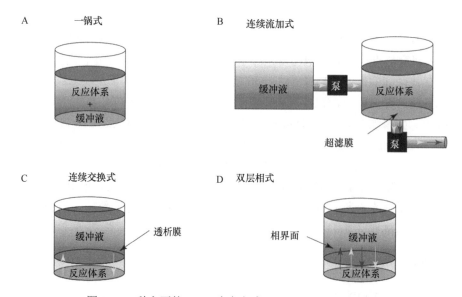

图 8-3 4 种主要的 CFPS 生产方式（Katzen et al.，2005）

1. 一锅式

一锅式（batch）CFPS 生产方式是将蛋白质合成所需的各种能量物质、酶系和底物等一次性添加进系统。Nirenberg（1966）采用该生产工艺的 CFPS 研究了 RNA 密码子并合成了相关蛋白质。该生产方式下的 CFPS 主要局限性在于寿命短，其持续时间一般小于 1 小时，蛋白质产率较低，仅有数微克每毫升。这主要是由于所有的物质和能量不能进行中间补充，ATP 快速耗竭（甚至在没有蛋白质合成的情况下也会发生），而积累的游离磷酸盐可以与镁络合，进一步抑制蛋白质合成。

2. 连续流加式

为了克服一锅式 CFPS 生产方式的不足，Spirin 等（1988）首先引入连续流加式（continuous flow）无细胞（CFCF）翻译系统。该系统依赖于能量和底物的连续供应及反应副产物的连续去除，将这种生产方式应用于大肠杆菌和麦胚 CFPS 后，反应时间可延长至 20 h，蛋白质产率也提高了两个数量级。尽管蛋白质产量得到了有效提升，但该系统操作过于复杂，严重限制了该系统的实际应用。

3. 连续交换式

针对连续流加 CFPS 生产方式实用性不强的问题，研究人员又开发出半连续或连续交换式（continuous exchange）CECF 方法，该方法采用被动而非主动方式交换底物和副产物，进一步延长了 CFPS 的反应寿命。研究显示，利用该生产方式后蛋白质产量可较一锅式提高 10 倍。连续交换系统由反应液和补充液组成，二者之间存在一层具有选择透过性的半透膜。目的蛋白基因在反应液中进行转录和翻译，是 CFPS 的核心部分；反应的副产物可通过半透膜扩散至补充液，从而降低其对蛋白质合成的抑制作用。补充液部分的能量和底物小分子也可通过半透膜，从而为反应液部分补充能量和底物等，使整个系统处于持续工作状态。但该系统不容易应用于需要小型化和自动化的高通量生产过程。

4. 双层相式

双层相式（bilayer）CFPS 生产方式是连续交换式的简化，该系统没有膜，补充液只是简单地覆盖在反应液上。Endo 和 Sawasaki（2004）设计出一种高效的双层扩散系统，反应时间较一锅式延长了 10 倍，且上升到了毫克级别。此外，该系统可用于蛋白质的高通量研究和生产。

第四节 CFPS 的主要应用领域

一、特殊蛋白质的合成

1. 细胞毒性蛋白质

细胞毒性蛋白质是一类导致细胞无法正常生长甚至死亡的蛋白质，常见的细胞毒性蛋白质包括抗菌肽和膜蛋白。抗菌肽是一种由生物体产生的具有抗菌活性的肽，在细菌感染和治疗领域具有广阔的应用前景。其分子结构的两亲性使其穿透病原体的细胞膜并形成离子通道，从而破坏细胞膜结构，导致细胞内大量水溶性物质渗出，最终导致细胞死亡从而发挥抗菌作用。尽管天然抗菌肽有多种来源，但它们在生物体中的含量非常低，并且难以提取、分离和纯化。此外，抗菌肽的抗菌特性限制了它们在细胞系统中的表达。

CFPS 不依赖于细胞结构，可以最大程度地进行人为调节，并有效表达抗菌肽，对诸如抗微生物肽之类的新药的开发具有不可替代的作用。

2. 易错误折叠的蛋白质

蛋白质的功能正常与否取决于其翻译后的正确折叠。利用细胞系统表达蛋白质时，如果细胞内环境与蛋白质的正确折叠环境不一致，则蛋白质将发生错误折叠并失去功能。使用 CFPS 合成易错误折叠的蛋白质时，可以根据蛋白质的性质优化体系条件，从而引导蛋白质按正确的方式进行折叠。例如，将大肠杆菌 CFPS 与活氧液体携带系统结合，可以通过控制系统的氧化还原电位，大大提高含有二硫键的蛋白质的产量和折叠正确率。富含分子伴侣的 CFPS 可以防止蛋白质在折叠过程中形成聚集或失活结构，提高折叠准确性，并增加蛋白质的可溶性表达。此外，通过添加脂质和其他疏水性物质也可以辅助蛋白质的正确折叠，如 CFPS 已被用于水通道蛋白的表达，其产量显著提升至 900 μg/ml。

3. 易聚集蛋白质

利用细胞系统表达易聚集蛋白质时，此类蛋白质容易聚集并形成包涵体，因而需要烦琐的变性复性过程：包括离子缓冲体系、添加剂（如表面活性剂和脂质体）等。此外，蛋白质复性的分子机理尚不清楚，不同复性体系的效率也大不相同，同时又额外增加了蛋白质的生产成本，限制了工业生产。CFPS 的高度可控性则为此提供了一种新的选择，可通过添加表面活性剂或人造脂质体、改变 pH 和离子浓度、改变蛋白质的表面电荷等方法，从而实现抑制蛋白质聚集的效果。Spirin 等（1988）通过在大肠杆菌 CFPS 中添加蛋白质二硫键异构酶（protein disulfide isomerase，PDI）、分子伴侣 DnaK 和 DnaJ、还原和氧化谷胱甘肽实现了 scFv 抗体的活性复苏（50%，约 8 mg/ml）。此外，蛋白质生产速度过快、折叠时间短也可发生蛋白质聚集。利用 CFPS 进行连续流动和连续交换生产可及时分离生产出的目的蛋白，降低其浓度，从而避免了由蛋白质大量积累引起的蛋白质聚集。

二、蛋白质高通量表达和筛选

蛋白质的高通量表达和筛选是功能蛋白优化的重要研究手段，然而细胞内蛋白表达周期长、体系封闭等特点在很大程度上限制了蛋白质的高通量表达和筛选。CFPS 作为一种开放体系，有效地解决了这一问题。

Sawasaki 等（2002）使用麦胚 CFPS，通过 96 孔板高通量筛选目标蛋白基因，成功实现了 CFPS 的高通量化生产。还有研究人员分别利用 96 孔板高通量检测并合成 63 种绿脓杆菌蛋白，其中 51 种蛋白质可以成功表达，部分蛋白质可在变性条件下进行纯化，实现单人劳动力在 4 h 内完成蛋白质表达和纯化操作，高效快速的体外蛋白质表达纯化为大规模筛选克隆蛋白质提供了一个有效途径；利用高通量 CFPS 合成了 13 364 个人源蛋白，其中 77% 的蛋白质被证明具有生物活性，甚至在无还原性的麦胚 CFPS 中合成了具有活性的含二硫键的细胞因子（Goshima et al.，2008）；在 96 孔板进行蛋白质高通量转录，并在微量透析杯中进行翻译，优化了麦胚 CFPS 并大大提高了蛋白质产量（Endo and Sawasaki，2004）。

这一系列的研究证明，CFPS 的高通量表达可以实现系统在基因层次和表达水平上的优化，在筛选高性能目标蛋白和蛋白质组学研究方面同样具有很大的应用价值，为蛋白质工程的进一步发展提供了一个更加灵活高效的研究平台。

三、合成药物

蛋白质类药物理论上可用于治疗机理清晰、作用靶点明确的疾病，随着蛋白质结构和功能的不断解析，蛋白质类药物合成领域得到快速发展，其在治疗肿瘤、自身免疫性疾病、代谢性遗传病、各种老年病及退行性疾病等方面将发挥重要作用。

传统新药研发存在周期长、投入大、风险高等特点，因此高效重组蛋白质药物的开发和蛋白质类药物，如抗体、疫苗等产品的品质提升亟待解决。重组蛋白存在细胞毒性较大、易被胞内蛋白酶降解等缺点，严重限制了细胞表达系统在蛋白质类药物开发中的应用。CFPS 的开放性特点使其在解决以上蛋白质药物开发难题方面显示出巨大优势。细胞提取物选择、生产方式和代谢网络等方面的不断优化，使得 CFPS 已经突破实验室基础研究的局限性，逐渐应用于蛋白质药物的改进、高通量筛选和工业化生产，在生物制药产业上游研发和下游生产纯化两方面都展现出优于细胞系统的巨大潜力，为解决蛋白质药物研发难题提供了有效的解决方案。

蛋白质类药物改造的重要途径是在蛋白质中引入非天然氨基酸，从而提供额外化学基团，便于对药物蛋白进行化学修饰，改进蛋白质的理化及生物学特性。非天然氨基酸的引入可使蛋白质药物获得更优良的药理特性，如延长体内半衰期、提高药效等。目前，最大的问题是如何将非天然氨基酸引入蛋白质，主要障碍是如何促进酰胺 tRNA 合成酶与非天然氨基酸的识别。CFPS 中可通过加入非天然氨基酸相关底物，实现非天然氨基酸的定点插入。例如，Pepinsky 等（2001）将 β 干扰素中甲硫氨酸替换成非天然类似物并对其特定位点进行聚乙二醇（PEG）修饰，使得蛋白产物在治疗多发性硬化症时在体内的存留时间延长。Hartman（2007）等利用詹氏甲烷球菌与大肠杆菌 tRNA/aaRSs 对的正交特性，研发出一种新的非天然氨基酸修饰蛋白质的方法，为后续非天然氨基酸添加到多肽链的设计和操作奠定了基础。Lu 等（2013）向 CFPS 中添加各种非天然氨基酸，在多肽中掺入了 50 多种酶催化的酰胺化类似物，优化后甚至可以将高达 13 种不同的非天然氨基酸掺入一条多肽链中，实现对蛋白质类药物的特异性改造。Jia 等（2017）利用 CFPS 将带有炔烃基团的非天然氨基酸引入鞭毛蛋白中，并将此鞭毛蛋白负载于乙肝病毒的类病毒颗粒表面，其免疫效果提高了近 10 倍。

第五节　CFPS 在 VLP 制备中的研究进展

一、无囊膜病毒

1. 人乳头状瘤病毒

人乳头状瘤病毒（HPV）是一类感染表皮和黏膜鳞状上皮的球形 DNA 病毒，具有高度种属特异性，不能在体外进行大规模培养，仅在分化的人角质形成细胞中合成衣壳蛋白 L1 并完成病毒体的组装。HPV 包括多个分型,其中 HPV 16 和 HPV 18 与鳞状细胞癌(包括宫颈癌)密切相关;在亚洲,HPV 58 在宫颈癌中起着更为重要的作用。

L1 蛋白是宿主免疫反应中的重要靶标,HPV 亚单位疫苗的研究主要集中于 L1 蛋白的体外合成和组装。早期的研究中使用了源自 L1 ORF 的合成肽或细菌表达的融合蛋白,由于此方法产生的抗体只针对线性表位,而自然感染引起的大多数抗体都是针对构象表位的,因此用肽和融合蛋白进行病毒特异性血清反应不可靠,实验结果争议较大。相反,VLP 具有抗体结合反应所针对的构象表位。Iyengar 等(1996)通过将 *L1* 基因克隆到表达质粒中,并在 RRL 中进行体外转录和翻译,成功制备出了 HPV 16 的 L1 蛋白。表达的蛋白质具有预期的 L1 蛋白的分子量(55 kDa),并组装成与乳头状瘤病毒病毒粒子非常相似的 VLP,且该蛋白保留了其构象表位,可与仅识别完整病毒颗粒的单克隆抗体反应。该研究结果为 *L1* 基因的翻译调控和病毒颗粒组装机制、宿主细胞和病毒相互作用等奠定了基础。

然而,该系统中 L1 蛋白产率较低,研究人员分析发现 RRL CFPS 合成 HPV 16 衣壳蛋白 L1 产率低可能与密码子的使用有关,因为病原体与宿主细胞基因组之间的密码子使用偏向性是影响基因表达的重要因素。Wang 等(2008)对 HPV 与各表达系统之间的密码子使用情况进行分析,发现有 11 个密码子在酵母和 HPV 中使用率均很高,酵母基因组具有与 HPV 基因组相似的密码子使用偏向性,偏向于以 G/C 结束而不是 A/T 结束的密码子,这与兔基因组有很大的不同。密码子使用的差异可能会导致 RRL 缺少适合 HPV 58 L1 蛋白翻译所需的酰胺 tRNA(aa tRNA)系统,从而阻碍 L1 蛋白的产生。将酵母 aa tRNA 导入 RRL 系统,可以消除 HPV L1 蛋白生产的阻滞效应,从而提高 RRL 中 HPV 58 L1 蛋白产量。

Wang 等(2008)首先利用酵母 CFPS 实现了 L1 蛋白的体外合成,并通过电镜观察到了 HPV VLP,结果表明 L1 蛋白可进行自组装形成 VLP,与之前 RRL CFPS 中的实验结果一致。该实验首次利用酵母 CFPS 证实了 HPV 58 VLP 是由体外合成的 L1 蛋白组装而成的。为了提高翻译效率、增加蛋白质产量,该团队又对系统进行了优化,发现通过调整裂解缓冲液中的 Mg^{2+} 和 K^+ 浓度可显著促进 HPV 58 L1 蛋白合成。此外,通过向酵母裂解液中补充蔗糖可促进裂解物抵抗环境温度的变化并增强其稳定性,优化后的酵母 CFPS 中 L1 蛋白的产量从之前的 20~40 μg/ml 增加到 50~70 μg/ml。

与麦胚 CFPS 相比,酵母 CFPS 中的蛋白质生产仍然受到限制。该酵母 CFPS 中蛋白质的合成采用了一锅式的生产方式(具有恒定体积的单批反应混合物),相较于连续流加式麦胚 CFPS 其蛋白质产量可高达毫克每毫升级。由于上述系统具有固定的成分和氨基酸,无法为蛋白质合成提供足够的能量供给,因此在 25 μl 反应体积中超过 3 μg 的 mRNA 量将使裂解物饱和。此外,耗尽的能量成分和累积的副产物将大大降低 L1 翻译效率并影响蛋白质产量。因此,如果采用 CFCF 设备,该酵母 CFPS 中 L1 蛋白的产量将会得到极大提升。

2. 诺如病毒

人类诺如病毒（HuNoV）是人类病毒性胃肠炎的最常见原因。在 HuNoV 疫苗候选物中包含 VLP 疫苗，其抗原与 HuNoV 天然蛋白衣壳结构高度相似。由于 HuNoV 在传统的组织培养中无法复制，常用基于细胞的表达系统生产 HuNoV-VLP，包括大肠杆菌、巴斯德毕赤酵母、昆虫细胞和植物细胞等表达系统。在大肠杆菌表达系统中，HuNoV-VLP 的衣壳蛋白与 GST 标签融合后表达产量为 1.5～3 mg/L，该产量过低使其无法满足 HuNoV-VLP 疫苗的大规模生产所需。在昆虫细胞表达系统中，HuNoV-VLP 的产量为 0.1 g/L，但蛋白质纯化过程烦琐，且昆虫细胞本身生长非常缓慢（每次分裂需 18～24 h），因此大规模生产 HuNoV-VLP 也存在较大困难。目前，巴斯德毕赤酵母表达系统是生产 HuNoV-VLP 的最佳细胞平台，因其产量高（0.6 g/L）且酵母细胞生长速率比昆虫细胞快。

Sheng 等（2017）首次尝试利用大肠杆菌 CFPS 系统表达 HuNoV-VLP，他们使用了两种 S30 提取物（BL21 S30 提取物和 T7 提取物）合成两个衣壳蛋白：来自 HuNoV 基因型 GII.3 的 VP1（VP1-GII.3）和基因型 GII.4 的 VP1（VP1-GII.4），产量分别为 0.62 g/L 和 0.57 g/L。该系统的蛋白质产量与巴斯德毕赤酵母表达系统产量相当，但生产时间缩短至 4 h，比其他表达系统（>50 h）要短得多。为了确认 CFPS 合成衣壳蛋白后是否形成了 VLP，分别使用动态光散射（DLS）表征和电子显微镜成像观察，结果显示确实产生了由 VP1-GII.3 和 VP1-GII.4 组成的 VLP，且结构特征与细胞系统表达的 VLP 高度一致。此外，实验结果还表明不同的缓冲系统可产生不同结构的 VLP。研究人员计算，使用 CFPS 系统生产 HuNoV-VLP 的成本小于 5 美分/ml，蛋白质产量为 1.0 g/L；与现有候选 VLP 疫苗比较，单剂量 HuNoV-VLP（每针剂含 100 mg 抗原）的成本可降低 2.5～5.0 美元。另外，CFPS 系统的应用可极大简便下游生产过程，因此该平台为生产高效、低成本的 HuNoV 疫苗提供了可能。

二、囊膜病毒

1. 乙型肝炎病毒

乙型肝炎病毒（HBV）的基因组为单拷贝的不完整双链 DNA，由长度不等的正负两条链构成。长链为负链，长度恒定，由约 3200 个核苷酸构成，拥有完整的、贯穿整个基因组序列的结构。HBV DNA 的长链含有 4 个可读框，分别是 S 区、C 区、P 区和 X 区，编码 HBV 的全部已知蛋白。其中 C 区由前 C 基因和 C 基因组成，分别编码 HBeAg（Hepatitis B e antigen，乙型肝炎 e 抗原）和 HBcAg（Hepatitis B core antigen，乙型肝炎核心抗原）蛋白，HBcAg 是 HBV 核衣壳的重要组成部分。

由于 HBc-VLP 对异源插入基因的高度适应性和有效的自组装能力，因此是外源抗原呈递的极佳平台。然而，在 HBc-VLP 抗原疫苗研制近 30 年后，仍然没有获批疫苗，只有少数进入III期临床试验。限制其发展的主要因素有三个：核心蛋白衣壳组装不稳定、核心蛋白/抗原融合蛋白的 VLP 组装效率低和存在自身免疫原性。为了解决这些问题，分析乙型肝炎病毒核心蛋白（HBc）衣壳如何天然合成是有必要的。多功能的 VLP 疫苗和输送载体需要满足：①进行独立自我组装；②提供与天然病毒相似的有序和一致的抗原；③提供选择性免疫共刺激；④在修饰、配制、贮存、给药和运往淋巴结的过程中分散良好，在溶液中稳定。

为了满足 VLP 疫苗这些功能属性要求，促进 HBc-VLP 抗原疫苗的开发，Lingappa 等（2005）利用大肠杆菌 CFPS 探索了 HBc-VLP 氨基酸序列的可塑性。该研究为阐明结构与功能的关系，将 240 个多肽亚基组装成直径为 35 nm 的中空纳米颗粒，进而为开发疫苗和给药应用的多功能载体奠定了理论基础。研究人员首先利用大肠杆菌 CFPS 表达 HBc-VLP 纳米颗粒。为了提高纳米颗粒的稳定性，对 HBc-VLP 进行了广泛的修饰，在 D29-R127 位点引入半胱氨酸，交联了五聚体和六聚体连接与组装，增加了二聚体的二硫化物，以对抗 SDS 介导的分解来提升稳定性。引入的二聚体二硫键将在疫苗的生产、储存和管理等过程中提升 VLP 稳定性。此外，这种化学键只能提供条件稳定性，因此 VLP 可在相对较少的细胞质环境中分解以释放药物。

为了使 VLP 更接近天然病毒，该研究通过使用点击化学方法引入了非天然氨基酸。为了减少电荷并改善共轭作用，Ludgate 等（2016）对 HBc-VLP 做了更为彻底的突变：用天然突变体 Q8B6N7 替换整个表面刺突，这种替换使 VLP 的组装基本上没有表面电荷，并且具有符合预期的低抗原性和免疫原性的刺突。经修饰的新 HBc-VLP 在小鼠中确实表现出低免疫原性，而不能被常见的抗 HBc 抗体识别，还可被具有正电荷密度或负电荷密度的试剂有效地附着在表面，此经过高度精细设计的新型 VLP 在疫苗、载体和成像剂等医疗试剂领域都具有巨大前景。

2. 人类免疫缺陷病毒

人类免疫缺陷病毒Ⅰ型（HIV-Ⅰ）的蛋白质外壳称为 HIV 衣壳或核心蛋白，由约 1500 份 Pr55 Gag 结构蛋白前体组成。为使衣壳正确组装，Pr55 链必须进行肉豆蔻酰化修饰，这是一种 N 端修饰。肉豆蔻酰化的 Pr55 链靶向宿主质膜，在质膜上衣壳组装并伴随着 RNA 衣壳化。当形成衣壳时，它们出芽进入质膜，从而形成囊膜，随后从细胞释放病毒颗粒。

目前对 HIV 衣壳组装的认识主要来自培养细胞感染病毒，然后对形成的病毒粒子进行研究。电镜研究表明，质膜是衣壳装配的部位，对 Pr55 的各种突变体的分析则揭示了有效的衣壳组装和靶向质膜所需的关键结构域。但是，尚未阐明由 1500 份 Pr55 Gag 单体形成 HIV 衣壳的具体机制。关于 HIV 衣壳组装的许多重要问题仍未知，包括组装是否是能量依赖的过程，组装是否需要宿主蛋白，以及组装是否通过不连续的中间体进行等。目前研究这些问题的主要障碍是在细胞系统中研究衣壳装配的固有限制。在细胞中，各种生理过程发生迅速，并且不易调控，从而难以识别组装所需的因子和能量底物。建立衣壳生物发生的无细胞系统将极大地促进衣壳形成的机制研究。

Lingappa 等（1997）开发了一个用于组装未成熟 HIV 衣壳的 CFPS，并利用该系统在体外重现了衣壳结构和生物发生的过程，包括各种具有装配能力和装配缺陷的 Gag 突变体的表型。研究表明，衣壳形成可以分解为共翻译阶段和翻译后阶段，每个阶段都有不同的要求。在翻译后阶段发生的反应主要取决于 ATP 和至少两个独立的宿主因子。另外，翻译后阶段似乎是通过先前无法识别的组装中间体进行的。组装缺陷的 Gag 突变体的表达导致这些组装中间体在 CFPS 中积累。最终该研究证明了 HIV 衣壳的形成是有规律的、依赖能量的多步骤过程，需要多种反式作用宿主因子参与。

3. 噬菌体

由于存在交联的二硫键，Qβ 噬菌体是最稳定的病毒之一。与未交联的衣壳相比，Qβ 噬菌体衣壳中的二硫键可将其热稳定性提高至 50℃ 以上，这使其成为开展 VLP 应用研究的有力候选物。Qβ 噬菌体仅需外壳蛋白（CP）即可组装成二十面体 VLP。Qβ 病毒体含有一种独特的蛋白质，即 A2 蛋白，其以表面暴露的方式嵌入病毒衣壳中，主要包含两个功能：首先，其可通过与大肠杆菌 F 菌毛结合而促进感染；其次，其可竞争性抑制 MurA（细胞壁合成必需的酶），导致被感染的大肠杆菌裂解而使得子代病毒释放。目前，关于 A2 嵌入衣壳的机理及其与 CP、衣壳化的基因组之间的相互作用机制尚不清楚。此外，其低溶解度及存在的细胞毒性使得 A2 的可溶性表达和纯化受到限制。

Smith 等（2012）采用大肠杆菌 CFPS 表达具细胞毒性的 A2 蛋白，其产量（410 μg/ml）相比之前体内产量（0.2~0.3 μg/ml）显著提高，这证明 CFPS 对细胞毒性蛋白生产的有效性，而 CP 的共表达并没有影响 A2 的溶解度。研究进一步发现，A2 和 CP 的相互作用使 A2 嵌入自组装 Qβ VLP 中，没有 A1 蛋白和基因组 RNA 的参与；通过将纯化的 VLP 的系列稀释液进行 SDS-PAGE、放射自显影和光密度测定，确定了 A2 嵌入 Qβ VLP 的效率。结果显示，在质粒 A2 : CP 等于 1 : 5 时嵌入效率最高。通过改变 A2-CP 质粒的比例、优化 A2 和 CP 的相对表达水平以产生嵌入 A2 的 Qβ VLP，并达到每个 VLP 嵌入一个 A2 的理论最大效率。Qβ VLP 的 CP 之间形成二硫键会显著增加其稳定性。然而，A2 对 VLP 稳定性的影响尚未可知。研究人员分别以 0 : 1 和 1 : 5 的质粒比率（A2 : CP 质粒）在大肠杆菌 CFPS 中制备、组装、纯化和浓缩得到 VLP；后将 VLP 与 7 mmol/L H_2O_2 或 50 mmol/L DTT 孵育以刺激二硫键的形成或溶解，并在琼脂糖凝胶电泳之前分别于 40℃、56.8℃ 和 70℃ 下放置 5 min，结果显示嵌入 A2 不会显著改变 VLP 的热稳定性。该研究首次从头开始制备出基于 CP 的嵌入有 A2 蛋白的 Qβ VLP，这为优化 VLP 的工程化制备以适应日益增长的各种应用需求提供了研究基础。

无细胞蛋白质合成系统在 VLP 制备中的研究进展如表 8-2 所示。

表 8-2 无细胞蛋白质合成系统在 VLP 制备中的研究

病毒类型	病毒	科	抗原	表达系统	VLP 类型	参考文献
无囊膜病毒	人乳头状瘤病毒	乳多空病毒科	L1	兔网织红细胞 CFPS	单层	Iyengar et al., 1996
			L1	酵母 CFPS	单层	Wang et al., 2008
	诺如病毒	杯状病毒科	VP1	大肠杆菌 CFPS	单层	Sheng et al., 2017
囊膜病毒	乙型肝炎病毒	嗜肝 DNA 病毒科	HBcAg	大肠杆菌 CFPS	单层	Lingappa et al., 2005
						Ludgate et al., 2016
	人类免疫缺陷病毒	逆转录病毒科	Gag	麦胚 CFPS	单层	Lingappa et al., 1997
	Qβ 噬菌体	光滑噬菌体科	A2、CP	大肠杆菌 CFPS	单层	Smith et al., 2012

第六节 展 望

相较于基于细胞的生物合成系统，CFPS 不依赖于细胞结构，突破了细胞系统的不足，在蛋白质合成领域具有独特的优势。目前诸多学者的研究为 CFPS 的发展奠定了坚实的理论和实践基础，使我们对 CFPS 有了更深入的认识，尤其是为 CFPS 工业化进行了一系列成功的探索。但 CFPS 的真正应用之路还很遥远，目前 CFPS 主要用来表达蛋白质从而为实验室制备原材料或试剂盒，且存在成本高、批次间蛋白质活性差异大等问题。此外，CFPS 的作用机制还没有完全研究清楚，仍需要众多学者对其进行基础理论方面的研究。真核 CFPS 表达量较低，如某些人源蛋白质的产量低于体内重组合成产量，且成本较高，而真核 CFPS 内部调控机制高度复杂，其产业化之路尚且遥远。当前 CFPS 的研究主要集中在对单一蛋白质的合成，而功能性表达多种基因的融合蛋白、研究蛋白质间相互作用、构建药物靶点高通量筛选模型等领域的研究尚处于初探阶段。

在我国，CFPS 的研究起步较晚，但鉴于其在蛋白质药物合成领域的潜力，我们可借机会大力发展，使其成为驱动我国生物制药行业发展或变革的高新生物技术。

参 考 文 献

Anastasina M, Terenin I, Butcher S J, et al. 2014. A technique to increase protein yield in a rabbit reticulocyte lysate transation system. Biotechniques, 56: 36-39.

Biyani M, Husimi Y, Nemoto N. 2006. Solid-phase translation and RNA-protein fusion: a novel approach for folding quality control and direct immobilization of proteins using nchored mRNA. Nucleic Acids Res, 34: 20.

Calhoun K A, Swartz J R. 2005. Energizing cell-free protein synthesis with glucose mtabolism. Biotechnol Bioeng, 90: 606-610.

Chong S. 2014. Overview of cell-free protein synthesis: historic landmarks, commercial systems, and expanding appications. Curr Protoc Mol Biol, 108: 1.

Clair D K S. Rybak S M, Riordan J F. 1987. Angiogenin abolishes cell-free proteinsynthesis by specific ribonucleolytic inactvation of ribosomes. PNAS, 84: 8330-8334.

Endo Y, Sawasaki T. 2004. High-throughput, genome-scale protein production method based on the wheat germ cell-free expression system. J Struct Funct Genomics, 5: 45-47.

Ezure T, Suzuki T, Shikata M, et al. 2010. A cell-free protein synthesis system fro insect cells. Methods Mol Biol, 607: 3-42.

Goshima N, Kawamura Y, Fukumoto A, et al. 2008. Human protein factory for converting the transcriptome into an *in vitro*-expressed proteome. Nat Methods, 5: 1011-1017.

Guarino C, de Lisa M P. 2012. A prokaryote-based cell-free translation system that efficiently syntheizes glycoproteins. Glycobiology, 22: 596-601.

Harbers M. 2014. Wheat germ systems for cell-free protein expression. FEBS Lett, 588: 2772-2773.

Hartman M C, Josephson K, Lin C W, et al. 2007. An expanded set of amino acid analogs for the ribosomal translation of unnatural peptides. PLoS One, 2: e972.

Hoagland B, Stephenson M L, Jesse F, et al. 1958. A soluble ribonucleic acid intermediate in protein synthesis. J Med Biochem, 231(1): 241-257.

Hunter A R, Farrell P J, Jackson R J. 1977. The Role of polyamines in cell-free protein synthesis in the wheat-germ system. FEBS J, 75: 149-157.

Iyengar S, Shah K V, Kotloff K L. 1996. Self-assembly of *in vitro*-translated human papillomavirus type 16

L1 capsid protein into virus-like particles and antigenic reactivit of the protein. Clin Diagn Lab Immunol, 36(6): 733-739.

Jia H, Heymann M, Bernhard F, et al. 2017. Cell-free protein synthesis in micro compartments: building a minmal cell from biobricks. Nat Biotechnol, 9: 199-205.

Kairat M, Sawasaki T, Tatsuya O. 2000. A highly efficient and robust cell-free protein synthesis system prepared from wheat ebryos. PNAS, 97: 559-564.

Kang S H, Kim D M, Kim H J. 2005. Cell-Free production of aggregation-prone proteins in soluble and active forms. Biotechnol Progr, 1: 1412-1419.

Katzen F, Chang G, Kudlicki W. 2005. The past, present and future of cell-free protein synthesis. Trends Biotechnol, 23: 150-156.

Kim D M, Swartz J R. 2000. Prolonging cell-free protein synthesis by selective reagent additions. Biotechnol Progr, 16: 385-390.

Kim D M, Swartz J R. 2001. Regeneration of adenosine triphosphate from glycolytic intermediates for cell-free protein synthesis. Biotechnol Bioen, 74: 309-316.

Kim T W, Keum J W, Oh I S, et al. 2007. An economical and highly productive cell-free protein synthesis system utilizing fructose-1, 6-bisphosphate as an energy source. J Biotechnl, 130: 389-393.

Kim T W, Keum J W, Oh I S. 2006. Simple procedures for the construction of a robust and cost-effective cell-free protein synthesis system. J Biotechno, 126: 554-561.

Kim T W, Oh I S, Keum J W, et al. 2007. Prolonged cell-free protein synthesis using dual energy sources: combined use of creatine phosphate and glucose for the efficient supply of ATP and retarde accumulation of phosphate. Biotechnol Bioeg, 97: 1510-1515.

Li J Y, Liu X P, Man Y H, et al. 2019. Cell-free expression, purification and characterization of *Drosophila melanogaster* odorant receptor OR42a and its co-receptor. Protein Expres Purif, 159: 27-33.

Lim H J, Park Y J, Jang Y J, et al. 2016. Cell-free synthesis of functional phospholipase A1 from *Serratia* sp. Biotechno Biofuels, 9: 159.

Lingappa J R, Newman M A, Klein K C, et al. 2005. Comparing capsid assembly of primate lentiviruses and hepatitis B virus using cell-free systems. Virlogy, 333: 114-123.

Lingappa J R, Rebecca L H, Mei L W, et al. 1997. A multistep, ATP-dependent pathway for assembly of human immunodeficiency virus capsids in a cell-free system. J Cel Biol, 136: 567-581.

Liu D V, Zawada J F, Swartz J R. 2005. Streamlining *Escherichia Coli* S30 extract preparation for economicl cell‐free protein synthesis. Biotechnl Progr, 21: 460-465.

Liu Y, Guo X, Geng J, et al. 2017. synthetic biology: cell-free protein synthesis. Chinese Si Bull, 62: 3851-3860.

Lu Y, Welsh J P, Chan W, et al. 2013. Escherichia coli-based cell free production of flagellin and ordered flagellin display on virus-like particles. Biotechnol Bioeng, 110: 2073-2085.

Ludgate L, Liu K, Luckenbaugh L, et al. 2016. Cell-free hepatitis B virus capsid assembly dependent on the core protein C-termina domain and regulated by phosphorylation. J Virol, 90: 5830-5844.

Matsumoto K, Tomikawa C, Toyooka T, et al. 2008. Production of yeast tRNA (m7G46) methyltransferase (Trm8-Trm82 complex) ina wheat germ cell-free translation system. Biotechnol, 133: 453-460.

Mikami S, Kobayashi T, Yokoyama S, et al. 2006. A hybridoma-based in vitro translation system that efficiently synthesizes glycoprotein. J Biotechnol, 127: 65-78.

Minakuchi C, Nakagawa Y, Soya Y. 2004. Preparation of functional ecdysteroid receptor proteins (EcR and USP) using a heat germ cell-free protein synthesis syste. J Pestic Sci, 29: 189-194.

Nirenberg M, Matthaei J H. 1961. The dependence of cell-free protein synthesis in *E. coli* uponnaturally occurring or synthetic polyribonuleotides. PNAS, 47: 1588-1602.

Nirenberg M. 1966. The RA code and protein synthesis. Cold Spring Harbor Symp Quant Biol, 31: 11.

Pelham H R, Jackson R J. 1976. An efficient mRNA-dependent translation system from reticulocyte lysates. Eur J Biochem, 67: 247-256.

Pepinsky R B, Lepage D J, Gill A, et al. 2001. Improved pharmacokinetic properties of a polyethylene glycol-modified form of interferon-beta-1a with preserved *in vitro* bioactivity. J Pharmacol Exp Ther,

297(3): 1059-1066.

Roberts B E, Paterson B M. 1973. Efficient translation of tobacco mosaic virus RNA and rabbit globin S RNA in a cell-free system from commercial wheat germ. PNAS, 70: 2330-2334.

Sawasaki T, Ogasawara T, Morishita R. 2002. A cell-free protein synthesis system for high-throughput proteomics. PNAS, 99: 14652-14657.

Schweet R, Allen L E. 1958. The synthesis of hemoglobin in a cell-free system. PNAS, 44: 1029-1035.

Shen X C, Yao S, Fukano H, et al. 2000. Ribosomal RNA supplementation highly reinforced cell-free translation activity of whet germ. J Biosci Bioeng, 89: 68-72.

Sheng J, Lei S, Yuan L, et al. 2017. Cell-free protein synthesis of norovirus viruslike particles. RSC Adv, 7: 28837-28840.

Shimizu Y, Inoue A, Tomari Y. 2001. Cell-free translation reconstituted with purified components. Nat Biotechnol, 19: 751-755.

Shimizu Y, Kanamori T, Ueda T. 2005. Protein synthesis by pure translation systems. Methods, 36: 299-304.

Smith M T, Varner C T, Bush D B, et al. 2012. The incorporation of the A2 protein to produce novel Qbeta virus-like particles using cell-free protein synthesis. Biotechnol Prog, 28: 549-555.

Spirin A, Baranov V, Ryabova L, et al. 1988. A continuous cell-free translation system capable of producing polypeptide in high yield. Science, 242: 1162-1164.

Tarui H, Imanishi S, Hara T. 2000. A novel cell-free translation/glycosylation system prepared from insect cells. Jurnal of Bioscience and Bioengineering, 90(5): 508-514.

Tarui H, Murata M, Tani I, et al. 2001. Establishment and characterization of cell-free translation/ glycosylation in insect cell (*Spodoptera frugiperda* 21) extract prepared with high pressure treatmet. Appl Microbiol Biotechnol, 55: 446-453.

Tarui S I H, Hara T. 2000. A novel cell-free translation/glycosylation system prepare from insect cells. J Biosci Bioeng, 90: 508-514.

Tsuboi T, Takeo S, Arumugam T U. 2010. The wheat germ cell-free protein synthesis system: a key tool for novel malaria vaccine candidate discovery. Acta Tropica, 114(3): 171-176.

Wang X, Liu J, Zheng Y, et al. 2008. An optimized yeast cell-free system: sufficient for translation of human paillomavirus 58 L1 mRNA and assembly of viru-like particles. J Biosci Bioeng, 106: 8-15.

Wang Y P, Xu W T, Kou X H, et al. 2012. Establishment and optimization of a wheat germ cell-free protein synthesis system and its application in venom kallikrein. Protein Expr Purif, 84: 173-180.

Yabuki T, Motoda Y, Hanada K, et al. 2007. A robust two-step PCR method of template DNA production for high-throughput cell-free protein synthesis. J Struct Funct Genomics, 8: 173-191.

Yang D Y, Peng S M, Hartman M R, et al. 2013. Enhanced transcription and translation in clay hydrogel and implications for early life evolution. Sci Rep, 3: 3165.

Ying B W, Taguchi H, Ueda H. 2004. Chaperone-assisted folding of a single-chain antibody in a reconstituted translation system. Biochm Biophys Res Commun, 320(4): 1359-1364.

Zubay G. 1973. *In vitro* synthesis of protein in microial systems. Annu Rev Genet, 7: 267-287.

第九章　病毒样颗粒的表征技术

第一节　概　　述

在 VLP 疫苗开发过程中，对纯化的 VLP 进行表征是至关重要的。对 VLP 候选疫苗的特性缺乏了解，会造成对免疫学数据错误解读，从而影响 VLP 的设计及生产工艺的开发。此外，对 VLP 亚基聚集体和 VLP 进行表征分析还是提升生产工艺和确保疫苗批次间一致性的重要手段。VLP 表位的功能及物理特性（如大小和多分散性）都对 VLP 疫苗的效力和安全性有重要的影响（Lua et al.，2014）。

VLP 表征以生物制药行业中的标准技术为起点，如分析氨基酸组成、分子量和 VLP 纯度等。质谱（mass spectrometry，MS）技术是分析蛋白质序列的一种不可或缺的工具，通过该技术可确定蛋白质的分子量及其氨基酸组成。该技术可用于蛋白质水解和翻译后修饰研究，如马铃薯病毒 Y 样颗粒和 HBV 核心蛋白 VLP（Freivalds et al.，2011；Kalnciema et al.，2012）；研究人员还经常使用十二烷基硫酸钠-聚丙烯酰胺凝胶电泳（sodium dodecyl sulfate polyacrylamide gel electrophoresis，SDS-PAGE）和反相高效液相色谱（reversed phase high performance liquid chromatography，RP-HPLC）对变性和还原的 VLP 进行蛋白质纯度分析；SDS-PAGE 结合蛋白质印迹法（Western blotting，WB）可用于分析多衣壳蛋白的 VLP（Bright et al.，2007；Crawford et al.，1994；Latham and Galarza，2001；Galarza et al.，2005）；天然琼脂糖凝胶电泳可用于分析 VLP 内包裹的核酸（Birnbaum and Nassal，1990；Ibañez et al.，2013；Phelps et al.，2007），以检测 RNA 存在条件下的 VLP 组装（Caldeira and Peabody，2007），并且可以比较分析未修饰的 VLP 与表面修饰的 VLP 的差异（Sainsbury et al.，2011；Steinmetz et al.，2007）。

除上述详细的成分分析技术外，还可以通过标准化实验室技术获得有关 VLP 形态和状态的基本信息，如分析超离心（analytical ultracentrifugation，AUC）、密度梯度超速离心（density gradient ultracentrifugation，DGU）和透射电子显微术（transmission electron microscopy，TEM）（Kosukegawa et al.，1996；Crawford et al.，1994；Deschuyteneer et al.，2010；Freivalds et al.，2006；Gleiter and Lilie，2001；Li et al.，2003；Mulder et al.，2012；Pease et al.，2009；Rasmussen et al.，1990；Salunke et al.，1986）。AUC 可以确定样品的分子量、构象和异质性，而 DGU 可确定 VLP 样品的密度，同时这两种技术均可辅以 TEM 来进行 VLP 样品结构的确定。虽然 TEM 样品制备相对简单，但会引起 VLP 的变形和伪影，成像时可能由于观察者之间的差异而造成非量化的结构误差。冷冻电子显微术（cryo-electron microscopy，Cryo-EM）和原子力显微术（atomic force microscopy，AFM）作为可视化替代技术，由于这些技术在样品处理和溶液分析过程中，样品被迅速冷冻而具有结构变形可能性小等优

点，已广泛用于人类 BK 病毒、HPV 和 HBsAg 等 VLP 的表征分析（Li et al.，2003；Milhiet et al.，2011；Mulder et al.，2012；Zhao et al.，2012）。

研究人员通过动态光散射（dynamic light scattering，DLS）、圆盘离心技术、电喷雾微分迁移率分析（electrospray differential mobility analysis，ES-DMA）、非对称流场分离技术与多角度激光散射检测器的偶联使用（asymmetric flow field-flow fractionation coupled with multiple-angle laser light scattering，AF4-MALLS）等实现了对 VLP 生物物理表征的定量输出（Hu et al.，2011；Kissmann et al.，2011；Deschuyteneer et al.，2010；Pease et al.，2009；Chuan et al.，2008；Citkowicz et al.，2008；Lang et al.，2009，2010；Mohr et al.，2013）。DLS 是最简单的方法，可以快速、准确地确定单分散样品的粒径。然而，DLS 对大的散射颗粒高度敏感，无法很好地解析多分散样品。此外，圆盘离心粒度分析、ES-DMA 和 AF4-MALLS 在粒径测量之前将不同尺寸的颗粒先进行分离，因此粒径分析的分辨率和精确度都很高。研究人员通过透射电镜验证了 ES-DMA 和 AF4 正交研究方法，证明了这些新方法的可靠性和优越性（Pease et al.，2009）。

通过分析 VLP 与已知抗体的结合可进行 VLP 的生物学表征。酶联免疫吸附试验（enzyme-linked immunosorbent assay，ELISA）、斑点杂交、免疫沉淀或免疫扩散试验等方法通常用于分析 VLP 与抗体的结合情况（Deschuyteneer et al.，2010；Freivalds et al.，2006；Li et al.，2003；White et al.，1997）。

在研发和生产过程中，可根据 VLP 的生物化学、生物物理和生物学等特性，利用上文提及的生物化学、生物物理学及免疫生物学等分析技术对 VLP 进行表征（图 9-1）。具体的表征技术及相关的仪器和分析工具将在本章各节中逐一进行阐述。

第二节　生物化学分析技术

一、MS 技术

1. 技术原理

MS 技术是一种物质鉴定技术，可以快速、准确地测定生物大分子的分子量，鉴定蛋白质，进行蛋白质的高级结构研究和蛋白质之间的相互作用研究。MS 的工作原理：在离子源的电离室中，待测化合物分子吸收能量后发生电离，生成分子离子；由于分子离子具有的能量较高，会按化合物自身特有的碎裂规律进一步分裂，生成一系列组成确定的碎片离子，按质荷比记录所有不同质量的离子和各离子的数量，就获得一张质谱图；由于每种化合物在相同实验条件下都有其确定的质谱图，因此将已知谱图与所得谱图对照，就可确定待测化合物（Király et al.，2016）。

2. 技术的优缺点

MS 技术具有特异性好、灵敏度高、单次分析速度快、检测信息丰富和对复杂生物基质分析具有很高的耐受性等优点。除了以上优点，该技术也存在以下不足：①MS 技

VLP 表征工具

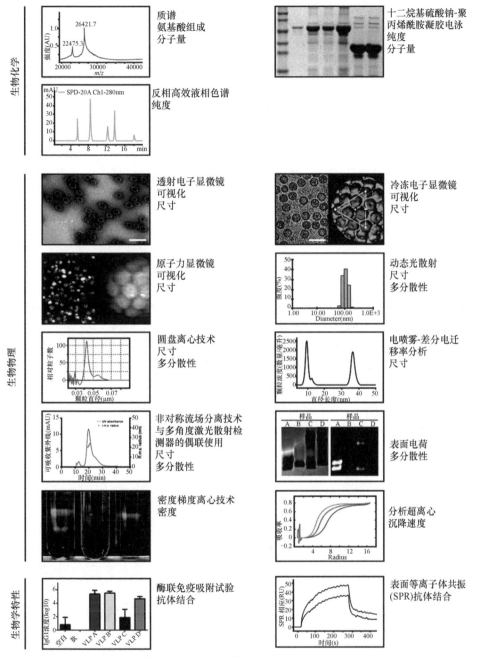

图 9-1 用于 VLP 表征分析的工具（Lua et al.，2014）

术使用成本高，仪器、标准物质、试剂、耗材、维修维护等价格昂贵；②操作难度大，应用门槛高，对操作人员知识、技术和经验的要求高，相关技术人才匮乏；③标准化程度低，相关应用标准和检测方法尚未完成标准化和规范化，同时技术服务的质量和价格不一；④某些情况下结果易受干扰；⑤未实现数据处理和报告发放的自动化。

3. 技术的应用

当前，MS 技术在化合物定性分析时具有有效性，但分析较为复杂的有机化合物时则优势不足，而且质谱定量分析前需要对有机物进行一系列的分离、纯化等前处理操作（La et al.，2020）。MS 技术与其他技术（如色谱法及计算机）的联用已广泛应用于有机化学、生物化学、药物代谢、临床、毒物学、环境保护、石油化学、地球化学、食品化学、植物化学、宇宙化学和国防化学等领域。

用 MS 技术检测离子，可对离子进行定性分析。例如，在药理生物学研究中，通过气相色谱-质谱联用能以药物及其代谢产物在气相色谱图上的保留时间和相应质量碎片图为基础，确定药物和代谢产物的存在情况（Hansen et al.，2020）；其次，质谱技术也可用于定量分析，在检测过程中，基于质谱的固体材料中高电离能元素的直接量化技术，会取得更准确的结果（Gubal et al.，2020）。

二、SDS-PAGE 技术

1. 技术原理

SDS-PAGE 是在 PAGE 系统中加入蛋白变性剂 SDS（十二烷基硫酸钠）。SDS 可破坏蛋白质的疏水作用从而使多肽变性，并使其带负电荷（高艳利等，2007）。由于多肽结合 SDS 的量几乎与其序列无关，而总是与其分子量成正比，因此，在 PAGE 中 SDS 多肽复合物的迁移率只与多肽的大小有关。在饱和状态下，每克多肽能够与 1.4 g SDS 去污剂结合。当蛋白质分子量在 15～200 kDa 时，其迁移率和分子质量的对数呈线性关系，符合下式数量关系：logMw=k–bX, Mw 为分子量，k、b 均为常数，X 为迁移率。如果将已知分子量的标准蛋白质的迁移率对其分子量进行对数作图，则可获得一条标准曲线。在相同条件下对未知蛋白质进行电泳，根据其电泳迁移率即可在标准曲线上求得分子量（Hébert et al.，2000）。

2. 技术的优缺点

SDS-PAGE 技术具有如下优点：①可以按分子量大小把目标蛋白分开；②可以通过调整聚丙烯酰胺凝胶浓度来调整迁移速率；③染色、转印、干胶保存操作方便；④设备分辨率和灵敏度高，操作简单、快速，特别适用于寡聚蛋白及其亚基的分析鉴定和分子量的测定。

尽管 SDS-PAGE 有很多优点，但也存在以下不足：①有许多蛋白质，如血红蛋白、胰凝乳蛋白酶等是由亚基或两条以上肽链组成的，在变性剂和强还原剂的作用下，它们会解离成亚基或单条肽链，因此，在测定过程中对于这一类蛋白质，SDS-PAGE 测定的只是它们的单条肽链或亚基的分子量，而非完整蛋白质的分子量；②一些构象特殊或电荷异常的蛋白质（如组蛋白 F1）、含有二硫键较多的蛋白质或含有较大辅基的糖蛋白和一些结构蛋白（如胶原蛋白）等，它们在进行 SDS-PAGE 时，其电泳迁移率与分子量的对数不呈线性关系。因此，为了测得真实和完整的蛋白质分子量，通常需要采用多种方法进行测定并相互验证。

3. 技术的应用

SDS-PAGE 因易于操作且用途广泛，是许多研究领域重要的分析技术，在检测蛋白质表达方面具有重要作用。其应用主要包括如下几个方面：①蛋白质分子量的测定，即根据迁移率大小测定蛋白质亚基的分子量；②蛋白质浓度的测定；③蛋白质纯度分析；④蛋白质水解产物分析；⑤免疫印迹的第一步处理；⑥免疫沉淀蛋白的鉴定；⑦蛋白质修饰的鉴定；⑧分离放射性标记的蛋白质；⑨分离和浓缩用于产生抗体的抗原；⑩显示小分子多肽。

在用于检测疫苗方面，SDS-PAGE 能够鉴定 VLP 疫苗，并且能对 VLP 纯度进行检测。例如，利用 SDS-PAGE 能够检测 FPV、BTV 等病毒 VLP 的组装情况（Jiao et al.，2020；Mokoena et al.，2019）。

三、RP-HPLC 技术

1. 技术原理

溶质在固定相上的保留主要依靠疏水作用，在高效液相色谱中又被称为疏溶剂作用。根据疏溶剂理论，当溶质分子进入极性流动相后，即占据流动相中相应的空间，而排挤一部分溶剂分子。当溶质分子被流动相推动而与固定相接触时，溶质分子的非极性部分或非极性因子会将非极性固定相上附着的溶剂膜排挤开，而直接与非极性固定相上的烷基官能团相结合（吸附）形成缔合络合物，构成单分子吸附层。这种疏溶剂的吸附作用是可逆的：当流动相极性减小时，这种疏溶剂斥力下降，会发生解缔，并将溶质分子解放而被洗脱下来（刘桂洋等，2008）。

2. 技术的优缺点

RP-HPLC 是一种比较常用的分析技术，因为它分析速度快、色谱柱性能稳定并具有分离多种化合物的能力。其优点主要有：①几乎可用于所有能溶于极性或弱极性溶剂中的有机物的分离，RP-HPLC 适于分离非极性、极性或离子型化合物，大部分的分析任务皆由该技术完成；②柱效高、使用寿命长、重现性好，几乎对各种类型的有机化合物都具有良好的选择性，可用于梯度洗脱操作；③应用广泛，技术也比较成熟，可以与大多数检测器相匹配。RP-HPLC 的缺点：分析成本高，液相色谱仪价格及日常维护费用贵，分析时间一般比气相色谱长（靳东月，2002）。

3. 技术的应用

采用 RP-HPLC 技术对生物制品中残留的原料、中间体、副产物及可能的降解产物进行检测，是质量控制的重要环节。根据残留物质性质的不同，检测方法有所差异。例如，RP-HPLC 能够制备和分析多肽，检测疫苗中的残留物等，是一种较为常用的技术手段，在制药企业中也经常被用于检测化合物含量、蛋白质类药物含量等（孟飞和宋学立，2020；万均辉，2012）。

第三节　生物物理学分析技术

一、TEM

1. 技术原理

透射电子显微镜是一种具有高分辨率、高放大倍率的电子光学仪器，其使用波长非常短的电子束作为照明源，并使用电磁透镜进行聚焦成像。透射电子显微镜由三部分组成：电子光学系统、电源和控制系统、真空系统。透射电子显微镜的核心是电子光学系统，通常称为镜筒，该部分也分为三个部分：照明系统、成像系统、观察与记录系统。

在透射电子显微镜中，位于照明系统中的电子枪能够激发电子束，该电子束通过多级电磁透镜的聚焦，可在样品平面上得到 $2\sim10$ nm 的电子束斑。电子束聚焦位于透射电子显微镜主体的中部，能够被高电压加速，然后照射到试样上，入射的电子束与试样之间发生互作。当照射试样非常薄时，电子不能与试样发生相互作用，而会穿过试样，这种电子称为透射电子。除了这些透射电子外，其余的电子与试样之间发生相互作用，但是在试样表面会发生散射现象；试样越厚，散射的可能性就越大。根据物质对电子散射方式的不同，可以将散射分为弹性散射和非弹性散射两类。对于弹性散射，在试样表面的被散射电子方向会发生变化，但是被散射电子的速度和能量不变。与弹性散射电子不同，当散射电子的速度和能量都发生变化时这些电子就属于非弹性散射电子。透射电子显微镜中的明场像和暗场像等都是利用透射电子与弹性散射电子成像的（贾志宏等，2015）

2. 技术的优缺点

该技术有以下几方面的优点：①具有较高的分辨率，通常情况下，光学显微镜的分辨率为 0.2 μm，然而透射电子显微镜的分辨率为 0.2 nm，说明透射电子显微镜比光学显微镜的放大倍数高 1000 倍；②透射电子显微镜可用于观察普通显微镜所不能分辨的细微物质结构。

该技术也有不足之处：①样本必须在真空中观察，因此观察活样本是非常困难的；②在观察之前，需要处理样本，这可能会改变样本本身的结构，且增加了数据分析的难度；③由于电子的散射能力极强，容易发生二次衍射；④样品通常是三维物体，而得到的结果是二维平面投影像，所以有时成像不唯一，需要进一步分析；⑤由于透射电子显微镜只能观察非常薄的样本，而物质表面的结构与物质内部的结构有可能是不同的，这就可能造成试验失败；⑥超薄样品（厚度在 100 nm 以下）上机前的制样过程过于复杂，可能会损伤样本；⑦电子束本身与样本之间的碰撞会产生加热的现象，此现象可能破坏样本；⑧电子显微镜购买和维护的成本都比较高。

3. 技术的应用

在表征 VLP 疫苗方面，TEM 可分析并显示 VLP 固有的几何形状及晶体结构本身，但并不一定显示样本的真实尺寸或形状。例如，尽管已知多瘤病毒中衣壳蛋白保留了二十面体的表面晶格，但 TEM 显示该病毒 VLP 主要呈球形（Finch，1974）。对 TEM 显微照片的仔细检查进一步表明，某些颗粒更类似于椭圆体（Gillock et al.，1997；Gleiter et al.，1999；Pawlita et al.，1996）。

二、Cryo-EM

1. 技术原理

利用 Cryo-EM 解析生物大分子及细胞结构的主要核心技术是透射电镜成像，其基本步骤包括样品制备、透射电镜成像、图像处理及结构解析。在透射电镜成像中，电子枪产生的电子会经过电场的加速，在高压电场中被加速至亚光速的电子在高真空的显微镜内部运动。在磁场中，高速运动的电子会发生偏转，而位于透射电镜中一系列的电磁透镜能够对电子产生汇聚的作用。在电子穿透样品的过程中，与样品发生相互作用的电子会被聚焦成像及放大信号，最后在记录介质上形成放大几千倍至几十万倍的样品图像，利用计算机对这些放大的图像进行处理分析即可获得样品的精细结构。

透射电镜成像过程中，样品被电子束穿透后，样品的三维电势密度分布函数会在电子束的传播方向上进行投影，该投影位于与传播方向垂直的二维平面上。根据这一原理，利用透射电镜可获得生物样品多个角度的放大电子显微图像，即有可能在计算机中绘制出它的三维空间结构。

在冷冻电子显微术分析生物样品结构的具体实践中，主要是根据不同生物样品的性质及特点，采取不同的显微镜成像及三维重构方法。目前主要使用的几种冷冻电子显微术结构解析方法包括：电子晶体学、单颗粒重构技术、电子断层扫描成像技术等，它们可分别针对不同的生物大分子复合体及亚细胞结构进行解析。

1）电子晶体学

利用电子显微术得到生物大分子在一维、二维甚至三维空间中形成的高度有序、重复排列的结构（晶体）衍射图样，进而解析这些生物大分子的结构，这种方法称为电子晶体学技术。合适的样品分子量范围为 10～500 kDa，最高分辨率约 0.19 nm。这种方法类似于 X 射线晶体学，因为它们都需要获得生物大分子高度均匀的周期排列。不同的是，用电子晶体学技术可以得到晶体的电子衍射图像，也可用得到的晶体图像进行结构分析。

2）单颗粒重构技术

该技术基于分子结构一致性的假设，对多幅图像进行统计分析。通过对正、相加、平均等图像处理方法，提高图像的信噪比。进一步确定二维图像之间的空间投影关系后，通过三维重建得到生物大分子的三维结构。样品的适宜分子量为 50～80 kDa，最高分辨率约为 0.3 nm。基于单颗粒重构技术的三维重建方法主要有等效线法、随机圆锥重建法和随机初始模型迭代收敛重建法。单颗粒重构技术的基本目标是获得二维图像之间正确的空间投影关系，从而进行三维重建（陈礼强和黄承志，2012）。

3）电子断层扫描成像技术

该技术通过在显微镜下倾斜样品从而收集样品的电子显微镜图像，然后根据倾斜几何结构进行重构。该技术主要应用于细胞、亚细胞器及无固定结构的生物大分子复合物成像（分子量<800 kDa），最大分辨率约为 2 nm（黄晓星等，2010）。

2. 技术的优缺点

自建立以来，Cryo-EM 在结构测定方面取得了迅速的进展，这也预示着对整个细胞和细胞器的空间结构的描述可能会很快成为一种常规方法。冷冻电镜单颗粒重构技术可用于研究具对称结构和不规则结构的大分子，没有分子量的上限。理论上，在成像技术可以保证的情况下，>100 kDa 的分子可以形成足够的对比度而进行图像校正，而太小的分子则不容易进行图像分析。

该技术不需要对样品进行结晶，快速水冷冻制备样品的过程并不复杂，这同时也保持了样品的瞬时自然结构，有利于复合材料性能的研究。图像的自动筛选功能是提高分辨率的关键。电子晶体学在对称样品的三维重建方面有很大的优势，如二十面体病毒、螺旋对称结构等。该技术特别适用于膜蛋白的三维结构解析，是电子显微镜中唯一能达到原子级分辨率的方法。此外，低分辨率三维重建模型可以用来解析病毒或大分子的晶体结构。结合 X 射线晶体学的精细结构解析和冷冻电镜的重建模型，可构建生物大分子复合物在生物功能过程中的结构变化模型，这对我们理解复杂分子机制有很大帮助。电子显微镜技术、成像技术、计算机技术、生物信息技术等技术的结合将为我们研究生命现象和本质提供强有力的手段。

3. 技术的应用

随着生物成像技术的不断发展，电子显微技术已不再局限于形态结构的研究，而已应用于不同层次上的综合研究。同时，显微技术与细胞生物学、分子生物学等生命科学技术的结合与应用也成为研究热点。例如，免疫细胞化学和电镜技术的结合，使原位杂交技术从理论走向实践，并得到了广泛的应用。同时，这些技术已被广泛应用于鉴定 BK 病毒、HPV 和 HBsAg 的 VLP（Li et al.，2003；Milhi et al.，2011；Mulder et al.，2012；Zhao et al.，2012）。因此，冷冻电子显微术在分析材料的精细结构和功能方面将极大地促进生物医学的发展。

三、AFM

1. 技术原理

微悬臂对微弱力非常敏感，其将一端固定，另一端有微小的探针，探针与样品表面轻微接触。由于探针尖端的原子与样品表面的原子之间存在非常微弱的斥力，通过控制扫描过程中的恒定力，带尖端的微悬臂梁将垂直于尖端与样品表面原子间作用力的等位面，使其波动于样品的表面。微悬臂梁的位置变化可以通过光学检测法或隧道电流检测法来测量，从而获得样品表面形貌信息。如图 9-2 所示，激光二极管发射的激光束通过光学系统聚焦在微悬臂梁（cantilever）的背面，从微悬臂梁的背面反射到由光电二极管组成的光斑位置检测器（detector）。扫描样品时，由于样品表面原子与微悬臂探针尖端原子之间的相互作用，微悬臂梁会随着样品表面形貌发生弯曲和波动，反射光束也会随之移动。因此，可通过光电二极管检测光斑位置的变化，从而获得样品表面形貌的信息。

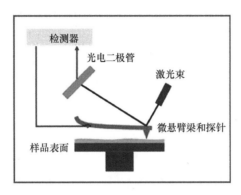

图 9-2　原子力显微镜的工作原理图

在整个系统检测和成像过程中，探针与样品的距离始终保持在纳米（10^{-9} m）的量级。如果距离过大，则无法获得样品表面的信息；如果距离太小，则会损坏探针和样品。反馈回路（feedback loop）用于在工作过程中从探针处获取探针-样品相互作用的强度，从而改变样品的扫描方向，利用垂直方向上的电压使样品拉伸，调整探针与样品之间的距离以控制探针-样品相互作用的强度从而实现反馈控制，因此，反馈控制是该系统的核心工作机制。系统采用数字反馈控制回路，用户可以通过在控制软件的参数工具栏中设置参考电流、积分增益和比例增益等参数来控制反馈回路的特性。

2. 技术的优缺点

原子力显微镜扫描可以提供各种样品表面状态的信息，与其他显微镜相比具有以下优点：①与传统显微镜相比，原子力显微镜的一大优点是可以在常压条件下高倍率地观察样品表面，几乎可以用于所有样品（对表面光洁度有一定要求），无须其他的样品制备处理，并且可以得到样品表面的三维形貌图像；②该技术可以对扫描的三维地形图像进行粗糙度计算，以及厚度、步长、方块图或粒度分析；③分辨率高，远超扫描电子显微镜（SEM）和光学粗糙度仪，样品表面的三维数据满足研究、生产和质量检验日益微观化的要求；④非破坏性，探针与样品表面的相互作用力小于 10^{-8} N，比以前的针式粗糙度仪小得多，不会对样品造成损伤（扫描电子显微镜也没有电子束损伤样品的问题）；⑤扫描电子显微镜需要非导电样品的涂层，而原子力显微镜则不需要。

3. 技术的应用

原子力显微镜是由格德·宾尼（Gerd Binning）等开发的。从 1986 年起，它就成为揭示生物样品结构和性能的有力工具。与传统的电子显微镜相比，原子力显微镜具有更高的放大倍数和更高的分辨率。它可以实现从分子到原子尺度的三维成像和结构测量，可以在生理条件下实时进行，甚至可以通过纳米操作操纵生物样品。原子力显微镜越来越多地应用于生物领域的各个方面，如生物样品的形态结构、动态观察、力学性能、纳米操作等研究，并取得了许多令人鼓舞的成果。

AFM 是一种可以在纳米范围内确定生物样品横向和垂直分辨率形貌的技术。它已被广泛用于探测生物膜的形貌（Frederix et al.，2009；Giocondi et al.，2010）、微生物细胞囊膜的空间组织（Scheuring and Dufrêne，2010）及纯化病毒的结构（Malkin et al.，2005）。该技术已成功用于探测萝卜花叶病毒（Kuznetsov and McPherson，2006）和甲型流感病毒囊膜（Giocondi et al.，2010）的结构。与结构生物学中使用的常规技术相比，AFM 的一个优势是其具有在液体中工作的能力。

四、DLS 技术

1. 技术原理

DLS 技术是通过测量散射光强度的起伏来获得颗粒尺寸信息的技术。之所以称之为"动态"，是因为样品中的分子不断地做布朗运动，使散射光呈多普勒频移。

当光传播时，如果遇到粒子，一部分光会被吸收，一部分会被散射。如果分子静止不动，散射光将被弹性散射，能量频率不会改变。但是，因为分子总是在做随机运动，即布朗运动。当散射光的分子向探测器方向移动时，相当于将散射光子发送到探测器一定距离，使得光子比分子静止时产生的散射光更早到达探测器。因此，监视器中散射光的频率似乎增加了；相反，如果分子向探测器的相反方向移动，监视器获得的散射光的频率将降低。类似根据声音频率的变化速度，我们可以判断列车的速度。

DLS 的工作原理可以简述为：首先根据散射光的变化，即多普勒频移测得溶液中分子的扩散系数 D，再由 $D=KT/6\pi\eta r$（K 是波尔兹曼常数，T 是绝对温度，η 是溶液的粘度系数），求出分子的流体力学半径 r，根据已有的分子半径-分子量模型，就可以算出待测分子量的大小了。

DLS 技术是基于多普勒频移这种微小的频率变化来测量分子在溶液中的扩散速率的。根据 $D=KT/6\pi\eta r$，溶液的粘度系数是固定的，当温度确定时，扩散速率只与流体动力学有关，且与分子半径是相关的。大颗粒运动缓慢，小颗粒运动迅速。如果测量大粒子，散射光点的强度会因为它们的缓慢运动而缓慢波动。类似地，如果测量小颗粒，散射光点的强度将因其快速移动而迅速波动。蛋白质颗粒的许多性质与其大小直接相关。因此，动态光散射被广泛应用于蛋白质等大分子粒子的物理化学性质研究。

2. 技术的优缺点

该技术基于动态光散射的工作原理，具有样品制备简单、无需对样品进行特殊处理、对样品本身性质无干扰等优点，能反映溶液中样品分子的真实状态；检测过程快速，样品可回收利用；检测灵敏度高，分子量为 10 kDa 的蛋白质仅需 0.1 mg/ml、样品体积仅需 20～50 µl 即可完成检测，并能实时监测样品的动态变化。

3. 技术的应用

生物大分子、高分子等溶液中颗粒大小的变化可以反映某些性质的变化。实际上，光散射可以用来测量大分子物质的扩散系数，进而计算其他参数。因此，光散射不仅可以用于静态测量，还可以用于测量动态过程变化。

目前，光散射技术在生物领域的应用主要包括以下几个方面：①蛋白质样品均匀性的测定。蛋白质样品的均匀性是晶体生长的首要条件，当无法直接观察溶液中蛋白质的状态时，需要一些经验和运气才能获得蛋白质晶体，但是，如果采用光散射技术，就可以在几分钟内测定蛋白质在溶液中的均匀性，从而确定是否有生长晶体，并可以比较研究哪种溶液最适合晶体生长。②蛋白质分子的 pH 稳定性和热稳定性的测定。一些蛋白质在不同的 pH 条件下会有不同的性质，如产生不同的构型、形成聚合状态或变性等，胰岛素在 pH 为 2.0 时以单体的形式存在，在 pH 为 3.0 时以二聚体的形式存在，在 pH 为 7.0 时以六聚体的形式存在。由于这种变化表现为蛋白质粒径的变化，因此光散射技术可以间接测定蛋白质分子的 pH 稳定性，同样，对于有些热不稳定的蛋白质，温度的变化会导致蛋白质分子的变性和聚合，使粒子半径变化，因此，光散射技术也可以用来研究蛋白质分子的热稳定性。③蛋白质变性、复性和折叠研究。蛋白质变性通常以聚合或松散的形式存在，复性后，它会折叠成自然构象，在这个过程中，蛋白质结构会发生变化，从而改变分子的流体动力学半径，因此，光散射技术可以用来检测蛋白质的这种动态变化过程。

五、圆盘离心技术

1. 技术原理

圆盘离心（disc centrifugation）技术的原理是，悬浮在样品转台空腔中的颗粒可以通过重力进行沉降或离心。大颗粒的运动比小颗粒的运动快。随着时间的不断延长，大颗粒和小颗粒被自然地分级，依次通过靠近旋转腔内部的探测器。

2. 技术的优缺点

圆盘离心技术具有较高的分辨率。这种具有高分辨率的技术在真实粒径分布（particle size distribution，PSD）表征方面具有明显的优势。一方面，这种高分辨率技术可以用来分析复杂的多组分粒度系统，而没有必要做任何假设；但另一方面，这种高分辨率技术设备的操作通常比 Ensemble 粒度分析更复杂。

Ensemble 粒度分析技术可以提供平均粒度和标准偏差。从无限大的 PSD 曲线可以得到任意的平均粒径。这一原则的缺陷：当爆炸量很小时，原始数据计算的 PSD 值会发生很大的变化。这就迫使大多数 Ensemble 粒度分析设备预先假定 PSD 的形状。尽管存在这些问题，Ensemble 粒度分析设备往往比圆盘离心技术这种高分辨率技术的应用更广泛，主要有两个原因：Ensemble 粒度分析仪更易于使用，同时更广泛地适用于不同类型的分散/胶体样品。

六、ES-DMA 技术

1. 技术原理

　　ES-DMA 技术是一种将电喷雾电离和差分电迁移分析相结合的新技术，它是离子迁移率分析技术之一。自 1996 年以来，它被广泛应用于蛋白质、病毒和低聚物等生物纳米颗粒等生物大分子的表征。ES-DMA 技术的分离与表征主要基于颗粒的大小和形状。不同粒径和形状的颗粒的表面积与体积比也不同。在电场中，由于电阻和静电力的不同，会产生不同的速度漂移。通过测量平均漂移速度，可以得到颗粒的运动直径，并将其转化为颗粒尺寸进行颗粒表征。

　　完整的 ES-DMA 由三部分主要仪器组成，包括气溶胶颗粒发生器、粒子分选器（DMA）和凝结核粒子计数器（CPC）。另外，通常在气溶胶颗粒发生器和 DMA 之间加入电荷中和剂（如 Po-210），以平衡粒子的电荷分布而使 90%以上的液滴只携带一个电荷，这样粒子在 DMA 中的迁移就只取决于粒子的大小。

　　ES-DMA 技术的分离和表征过程主要包括两个连续步骤（图 9-3）：首先，样品溶液在电喷雾离子源的作用下形成气溶胶粒子。在干气的作用下，带电液滴不断蒸发，体积越来越小。根据电荷残积机制，当溶剂完全蒸发时，剩余的溶质即待分析样品和电荷最终形成的气相离子。其次，带电粒子依次进入 DMA 和 CPC，最终得到颗粒尺寸分布。DMA 是根据颗粒粒径与电荷的比值来获得颗粒电迁移分布的重要工具，它相当于颗粒分选机，由两个轴对称圆柱组成。在内柱上施加负电压，干气从上到下在内柱和外柱之间流动。当带电的气溶胶粒子从靠近外柱的入口进入时，由于电场和静电的作用，气溶胶颗粒将通过内外柱之间的间隙迁移，然后从内柱的下端口进入内柱。由于颗粒大小不同，迁移率也不同，通过从低到高扫描柱内压力可以得到一系列单分散的气溶胶粒子。整个过程只需几分钟，可在常压下操作而无须真空。CPC 是一种高灵敏度的粒子计数器，

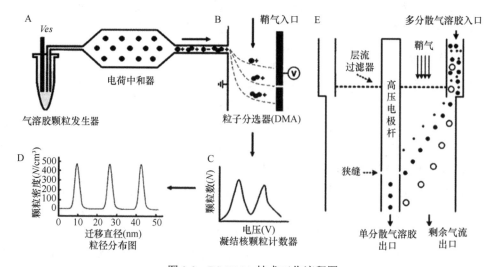

图 9-3　ES-DMA 技术工作流程图

它可以检测直径大于 2.5 nm 的粒子。CPC 测量气相颗粒的密度（即每立方厘米所含颗粒的总数），并将所测得的 DMA 中颗粒的平均迁移率转化为颗粒尺寸分布（陈琰等，2019）。

2. 技术的优缺点

ES-DMA 技术可以快速获得蛋白质或其他生物纳米颗粒在 1～500 nm 的粒径分布信息。它与电喷雾电离质谱的区别在于，质谱是基于质荷比，而 ES-DMA 技术分离主要基于颗粒的大小和形状。当不同大小和形状的粒子置于电场中时，它们将以不同的速度迁移。通过测量气溶胶粒子的平均迁移速度，最终实现粒子尺寸的转换。作为一种新的表征和定量方法，ES-DMA 技术促进了生物纳米颗粒的定性和定量研究（陈琰等，2019）。

3. 技术的应用

ES-DMA 技术可用于病毒粒子分析。ES-DMA 技术能够快速、准确地对生物环境中的病毒及其衍生物进行表征，有利于疫苗的研制、基因治疗、大肠杆菌等致病菌的检测，从而确保生物制品的安全性，预防癌症和减少传染病的传播（Middelberg et al.，2011；Pease et al.，2009；Yim et al.，2009）。ES-DMA 技术可在 1h 内获得纳米级的多峰粒径分布，并对应于衣壳蛋白、完整病毒粒子、病毒聚合物和病毒纳米粒子结合物，同时获得其粒径和浓度。这对病毒颗粒的鉴定、感染率的测定和病毒组装机制的评价具有重要意义（Pease et al.，2011；Guha et al.，2011）。

目前为止，通过 ES-DMA 技术鉴定和分析了 21 种禽流感病毒的完整病毒及一种表达 17 个氨基酸残基的病毒样颗粒，它们的衣壳直径在 22.5～200 nm（Middelberg et al.，2011；Pease et al.，2012）。此外，用 ES-DMA 技术定量分析了 3 种小型病毒（噬菌体 MS2、PP7 和 ΦX174）的浓度，结果与定量氨基酸分析结果一致；同时还测定了病毒样品中聚集物的大小和聚集程度（陈琰等，2019）。

七、AF4 技术

1. 技术原理

在 1986 年，AF4 技术首次被提出，该技术所用仪器的腔室上壁是一块透明的玻璃板。在实验过程中，通过玻璃板可以观察到有色样品在腔室内的聚集和流动。下壁由多孔熔块支撑，它被一层可渗透溶剂的半透膜覆盖。进入腔体的液体流动分为两种形式，一种是沿腔体主体的流动，另一种是垂直于主体的横向流动。根据仪器本身的不同，分离范围一般在 1～50 μm。通道中使用的半透膜的截止分子量决定了分离的下限。现在最常用材料是再生纤维素膜，截止分子量为 10 kDa。通道厚度决定了分离的上限，理论上分析物的大小不应超过通道厚度的 20%（梁启慧等，2017）。

AF4 通道的分离过程是在一个没有固定相的、空心的、扁平的分离通道中进行的。主流相沿腔体轴线方向，样品颗粒在腔体中形成抛物线形的流速分布，如图 9-4 所示。在垂直于主流的方向上有一个横向流，它穿过腔室累积壁的半透膜。在垂直流场的作用下，样品颗粒向堆积壁迁移。当迁移与粒子的分子扩散平衡时，样品粒子在累积壁上方一定距离上处于平衡位置。由于样品粒子主体速度在腔体流动截面上呈抛物线形分布，在累积壁面上一定距离处的颗粒有相应的主体速度，它们随主体流动而相继离开腔体，从而实现分离。

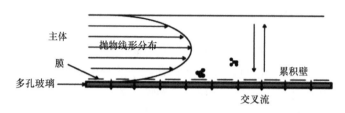

图 9-4　非对称流场分离技术的原理

2. 技术的优缺点

经过多年的发展及优化，AF4 系统成为流场分离家族中应用最广的分支，基本上取代了对称流场分离系统。目前，该技术广泛应用于生物、工业、食品和农产品、药学和纳米技术领域。除传统型 AF4 系统外，还发展出熔块入口型非对称流场分离系统（frit inlet asymmetric flow field-flow fractionation，FI-AF4）和小型化／芯片化非对称流场分离系统（miniaturized asymmetrical flow field- flow fraction，mAF4/chip-type asymmetrical flow field-flow fractionation，cAF4）（梁启慧等，2017）。

FI-AF4 在传统的 AF4 通道上壁入口附近嵌入一个可渗透的多孔熔块。从多孔熔块中流出的液体能均匀地将样品推到累积壁上，达到动态平衡。然而，在传统的非对称流动装置中，迁移流需要停止一段时间，以完成聚焦松弛过程而阻止迁移流（Moon et al.，1997）。

mAF4/cAF4 将传统型的非对称流场通道尺寸缩小化（Prestel et al.，2006），它可以缩短分离时间，节省样品，减少液体消耗。与纳流液相色谱-电喷雾离子源-串联质谱联合使用还具有无分流分离和在线脱盐的优点（Kang et al.，2008）。

3. 技术的应用

AF4 技术在纳米颗粒的分离和表征方面具有许多独特的优势。AF4 技术与多角度激光散射检测器（AF4-MALLS）的结合是一种非常有效的分离、鉴定病毒和 VLP 的方法（Roda et al.，2009）。AF4 表征不会引起病毒或 VLP 的明显聚集，并能获得准确的粒径分布。在 VLP 疫苗的生产中，AF4-MALLS 也已成为一个重要的分析和表征工具（Chuan et al.，2008）。除 MALLS 外，AF4 技术还可以与许多其他表征方法相结合，包括荧光、动态光散射等（Citkowicz et al.，2008），以便对生物粒子中间体和最终产物的性质进行表征，如分子量、半径、样品组成、纯度等。

除此之外，AF4 技术也是表征多种生物分子的一种实用方法。AF4-MALLS 可以很好地表征不同分子大小、形状和分子量的蛋白质与蛋白质聚合物，并将单体从蛋白质聚合物中分离出来（Hoppe et al.，2008）。该技术还广泛应用于核酸、多糖等的表征，研究 DNA、脂类、壳聚糖等复合物的性质，以及基因治疗、疫苗和药物的研发。

八、Native-PAGE 技术

1. 技术原理

非变性聚丙烯酰胺凝胶电泳（native polyacrylamide gel electrophoresis，Native-PAGE）是一种在不添加 SDS 变性剂（如巯基乙醇）的情况下保持蛋白质活性的聚丙烯酰胺凝胶电泳，通常用于同工酶的鉴定和纯化。在电泳过程中，不含 SDS 的聚丙烯酰胺凝胶可以使生物大分子保持其自然形态和所带电荷。其分离原理是基于大分子不同的电泳迁移率和凝胶的分子筛功能，从而可获得更高的分辨率。特别是电泳分离后，该技术还能保持蛋白质和酶等生物大分子的生物活性，对生物大分子的鉴定具有重要意义（Nowakowski et al.，2014）。该技术可在凝胶上对两个完全相同的样品进行电泳；电泳后，将凝胶切成两半，一半用于活性染料染色，识别并鉴定特定的生物大分子，另一半用于所有样品的染色，以分析样品中各种生物大分子的类型和含量。

2. 技术的优缺点

Native-PAGE 与 SDS-PAGE 相比，存在以下差异：①SDS-PAGE 是一种以聚丙烯酰胺凝胶为载体、添加蛋白质变性剂 SDS 的常用电泳技术，而 Native-PAGE 是在不添加 SDS 和巯基乙醇变性剂的情况下，对保持活性的蛋白质进行聚丙烯酰胺凝胶电泳；②SDS-PAGE 常用于蛋白质和寡核苷酸的分离，而 Native-PAGE 多用于酶鉴定、同工酶分析和纯化；③SDS-PAGE 会打破分子内和分子间的氢键，使分子展开，破坏蛋白质分子的二级或三级结构，而 Native-PAGE 是不含 SDS 的天然聚丙烯酰胺凝胶电泳，能使生物大分子在电泳过程中保持其自然的形状和电荷，并能基于生物大分子的电泳迁移率差异和凝胶的分子筛功能进行分离，从而具有高分辨率。

3. 技术的应用

天然凝胶电泳是根据蛋白质自然结构所带净电荷、大小和形状来分离蛋白质的。因为大多数蛋白质在碱性电泳缓冲液中带有净负电荷，所以在电泳时会发生迁移现象。负电荷密度越高（单位分子量负电荷越多），蛋白质迁移越快。同时，蛋白质分子与凝胶基质之间的摩擦会引起分子筛效应，并根据蛋白质的大小和形状调整其运动。小蛋白质会遇到较小的摩擦，而大蛋白质会遇到更大的摩擦。

由于天然凝胶电泳中不使用变性剂，因此通常保留着多亚基蛋白质中的亚基相互作用，并且可以获得蛋白质四级结构的相关信息。此外，某些蛋白质在通过 Native-PAGE分离后仍保留其酶活性（功能），因此，该技术可用于分离和纯化这些活性蛋白。

九、密度梯度离心技术

1. 技术原理

由于不同生物颗粒之间沉降系数有差异，在一定离心力的作用下，特定生物颗粒将以一定速度沉降。当在相应的密度梯度区域达到平衡时，该颗粒将不再继续沉降，从而形成特定的生物颗粒聚集区（图9-5）。

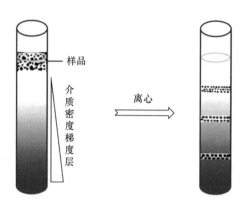

图 9-5　密度梯度离心技术示意图

密度梯度离心技术（简称区域离心技术）：将样品加入惰性梯度介质中进行离心沉降或沉降平衡，在一定的离心力作用下，颗粒分布在梯度上的特定位置，形成不同的颗粒聚集区域。

样品中每种成分在密度梯度液中的沉降速度可以用公式表达为

$$V=d^2÷18×（σ-s）÷η×ω2r \tag{9-1}$$

式中，V 表示某一时刻样品的沉降速度（cm/s）；d 表示样品颗粒的直径（cm），我们在初步计算时假设样品颗粒为球体，对于非球形颗粒样品，可以该式为基础进行修正；$σ$ 表示样品颗粒的密度（g/cm^3）；s 表示密度梯度液的密度（g/cm^3）；$η$ 表示密度梯度液的黏性系数（g/cm）；$ω$ 表示离心机中轴的旋转角速度（1/s），$ω= 2πN÷60$，N：r/min；r 表示颗粒所在位置与旋转轴心之间的距离，即离心半径（cm）。

当 $σ>s$ 时，$V>0$，即样品顺离心力方向沉降；

当 $σ<s$ 时，$V<0$，即样品逆离心力方向上浮；

当 $σ=s$ 时，$V=0$，即样品停止沉降或上浮，"稳定"在这一位置。

该公式可用于解释密度梯度离心过程中特定时刻某个样品颗粒的沉降（或漂浮）行为。根据不同的分离目的和方法，密度梯度离心技术可分为两种：速率-区带（R-Z）离心和等密度沉降。

1）速率-区带离心

速率-区带（rate-zonal，R-Z）离心主要用于分离密度相近但大小不同的细胞或细胞器。这种离心技术使用低密度介质，介质的最大密度应小于分离出的生物颗粒（细胞和细胞器）的最小密度。该技术是基于不同生物颗粒具有独特的沉降系数，在非常平缓的密度梯度介质中能以不同的速度沉降这一规律，达到分离生物颗粒的目的。当用密度梯度介质进行 R-Z 离心时，样品进入梯度介质后会以不同组分分层。这样，不同组分的试样在不同的密度层中都会产生窄区沉降，且不同组分的沉降速率不同。同时，梯度液体粘度系数的提高会增加介质密度，从而有利于压缩样品带和分离不同组分。

由于 R-Z 离心是依靠不同组分在不同梯度介质中具有不同的沉降速率来分离样品成分的，因此，样品在沉降过程中，要尽可能延长离心管的长度，以利于提高组分的分离程度。根据式 9-1，其他参数相等时，d 越大，V 越大，沉降越快。如图 9-6 所示，梯度离心分离 A1、A2 或 B1、B2 时，由于它们的密度相同，但分子大小不同，因此最终的平衡层相同；由于沉降速度不同，所以可以利用 R-Z 离心技术进行分离。

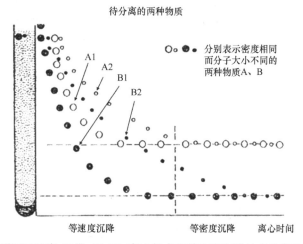

图 9-6 适用于速率-区带（R-Z）离心技术和等密度沉降技术分离的颗粒特征

2）等密度沉降

等密度沉降（isopycnic sedimentation）适用于分离不同密度的生物颗粒（细胞、细胞器、病毒颗粒）或其他生物分子。该装置中的介质存在连续梯度。经过一段时间的离心处理后，生物分子将停留在与自身密度相同的介质层中，从而形成相应的分离层。参照式（9-1），试样的"稳定层"最终由 σ 值确定，当 $\sigma=s$ 时，样品停止沉降。需要注意的是，首先，介质的最大密度必须大于分离组分的最大密度，而且介质的密度梯度也应大不相同。其次，这种技术所需的力场通常比速率沉降技术大 10～100 倍，因此，往往需要高速或超速离心，离心的时间也较长。如图 9-6 所示，分离 A、B 物料时，由于其密度不同，沉降平衡层不同，可以进行等密度沉降分离，但离心时间较长。该方法适用于细胞器、病毒颗粒、生物大分子等的分离，但不适用于细胞的分离纯化。如图 9-7 所示，

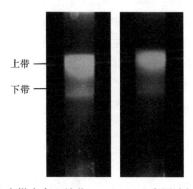

上带

下带

图 9-7 蔗糖密度梯度离心纯化 CPV-VLP（彩图请扫封底二维码）

经蔗糖密度梯度离心纯化的犬细小病毒颗粒层的蔗糖密度梯度范围为 10%～40%。离心后，CPV-VLP 分布在上层、中层。左图显示可见光下的色带，右图显示了在 UV 下用 OG-488 染料标记的 VLP 的色带（Singh et al.，2006）。

2. 技术的优缺点

该技术的优点如下：①分离效果好，可一次获得较纯的颗粒；②可用于分离存在沉降系数差的颗粒和具有一定浮力密度差的颗粒；③不会存在颗粒被挤压变形等现象，即这种方法可以保持颗粒的活性，并防止形成的区域因对流而混合。

其缺点是：①需要较长的离心时间；②需要配制具有密度梯度的惰性介质溶液；③需要严格的操作流程；④该技术难度较高。

3. 技术的应用

密度梯度离心技术广泛应用于核酸、蛋白质、酶、生物膜、细胞颗粒和亚细胞颗粒等生物大分子的分离、纯化和分析。由于当时可用技术的局限性，20 世纪 70 年代的分子生物学研究主要依靠这一技术，但也取得了许多有意义的成果。如上所述，这种离心技术主要利用不同生物大分子或亚细胞颗粒具有不同的沉降常数，在离心后分布在不同的预铺层介质密度区，从而达到分离纯化的目的。离心密度介质主要用蔗糖，也可用甘露糖、甘油、多糖、中性硅胶油等（张正福和纪来升，1981）。

十、AUC 技术

1. 技术原理

AUC 系统的主要部分为分析性超速离心机，其主要部件有：一个椭圆形的转子、一套真空系统和一套光学系统。该机器的转子通过一个柔性的轴连接成一个高速的驱动装置，此轴可使转子在旋转时形成自己的轴。在一个冷冻的真空腔中旋转的转子包括两个部分：分析室和配衡室。其中，配衡室是经过精密加工的金属块，用作分析室的平衡用。分析室的容量通常为 1 ml，布置在转子的一个扇区中，其工作原理与通用水平转子相同。分析室有两个上下平面石英窗口。离心机中安装的光学系统可以确保在整个离心过程中都能观察到腔室内物质的沉积，它可以通过观察紫外线吸收（如蛋白质和 DNA）或折射率的差异来监控沉淀。后一种观察方法的原理是：当穿过透明液体（具有不同密度区域）时，光在这些区域的界面处发生光折射。当物质沉积在分析室中时，重粒子和轻粒子之间形成的界面与折射透镜类似，光束会在检测系统的照相底盘上出现"峰值"。随着沉降的继续和界面的前进，"峰值"也在移动。从"峰值"运动的速度等参数，可以获得材料沉降速度的指标（图 9-8）。

2. 技术的优缺点

目前，AUC 技术是唯一使用物理学原理研究模拟生理条件下溶液中蛋白质状态的经典技术。该技术具有许多优点，因此引起了越来越多研究者的关注。该技术基于热力

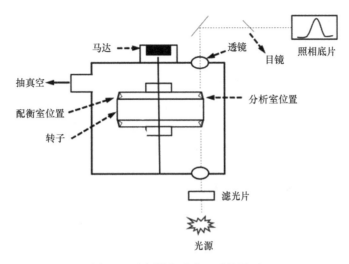

图 9-8　分析性超速离心系统图示

学和流体动力学的第一定律，因此不需要任何标准或校正。样品不需要添加任何化学物质，试验不会破坏样品的聚集状态和构象，并且所有经测试的样品都可以回收再利用。在沉淀试验中，蛋白质以相互作用而不是分离的状态被研究，因此在测试蛋白质聚集（区域相互作用系统）、化学计量（解离状态）和蛋白质构象（折叠或拉伸）的可逆性与异质性（聚合状态）时，样品状态更接近蛋白质的真实状态。研究蛋白质相互作用的另一种方法是尺寸排阻色谱（SEC）法，该法由于缓冲液的限制，需要将样品溶解在高盐或有机溶剂中以消除蛋白质与培养基之间的非特异性结合。相比之下，AUC 技术则可以在不同的条件（如 pH、离子浓度、温度等）下检测样品，其优势是显而易见的。此外，这项技术与新一代仪器硬件相结合，可以实现实时检测和收集数据，同时可通过不断更新的程序分析大量数据，从而使获得的结果更加可靠。

当然，AUC 技术也具有局限性。其一，对样品纯化有较高要求；其二，因为现有检测仪器的局限性，该技术无法满足当前的功能蛋白质组学和基因组学的发展需要。尽管这些问题迫切需要优化和解决，但它们并没有影响越来越多的研究人员将该技术用于定量表征构成生物过程中生物大分子相互作用的兴趣。实际上，由于其独特的优势，随着仪器硬件和分析软件的不断创新与发展，AUC 技术已成为定量表征生物大分子相互作用的一项主流技术和首选技术，并已广泛用于生物制药、生命科学和高分子科学等研究领域 （周芳等，2016）。

3. 技术的应用

一是用于确定生物大分子的相对分子量。主要方法有三种：沉降速度法、沉降平衡法和接近沉降平衡法。其中最广泛使用的是沉降速度法。超速离心是高速进行的，高速使随机分布的粒子从旋转中心通过溶剂径向向外移动。在除去颗粒的部分中，溶剂和仍含有沉淀物的部分导致溶剂之间形成明显的界面，该界面随时间的流逝而移动，这是颗粒沉降速度指标中的一个。另外，还可以通过照相记录来获得颗粒的沉降系数。

二是用于估算生物大分子的纯度。静态分析超速离心已广泛用于测定 DNA 制剂、病毒和蛋白质的纯度。使用沉降速度法分析沉降界面是确定制剂均匀性的最常用方法之一。通常认为单一物质的界面分布是均匀的，如果存在杂质，则在主峰的一侧或两侧会出现小峰。

三是用于分析生物大分子的构象变化。AUC 已成功用于检测大分子的构象变化。DNA 可以以单链或双链形式出现，并且每条链本质上可以是线性的，也可能是圆形的，而如果遇到某些不利因素（温度或有机溶剂），DNA 分子的构象可能会发生可逆的或不可逆的某些变化，这些构象变化可以通过检查样品沉降速率的差异来得到确认。

第四节　免疫生物学分析技术

一、ELISA 技术

1. 技术原理

ELISA 技术基础是抗原或抗体的固相化及抗原或抗体的酶标记。结合在固相载体表面的抗原或抗体仍具有免疫学活性，并且酶标记的抗原或抗体既保留其免疫学活性，又保留酶的活性。在测定时，待检测样本（测定其中的抗体或抗原）与固相载体表面的抗原或抗体起反应，相互识别后用洗涤的方法可分离固相载体上形成的抗原抗体复合物与液体中的其他物质。然后加入相应的酶标记抗原或抗体，通过一段时间的反应而使其结合在固相载体上，此时，固相载体上的酶量与待检测样本的物质的量呈一定的比例关系。当酶促反应的底物被加入后，酶可催化底物生成有色的产物，并且产物的量与标本中待检测样本物质的量直接相关，故可根据呈色的深浅程度进行定性或定量分析。由于酶的催化作用，该过程具有很高的检出效率，并且间接地放大了免疫反应的结果，使测定方法具有高敏感度。

2. 技术的优缺点

ELISA 技术现已成为临床免疫检验中的主导技术，该技术具有特异性和灵敏度高、操作简便及试剂稳定等优点；还有很重要的一点是，其试剂对环境没有污染风险。然而，作为一项免疫学检验技术，该技术还是有局限性的。该技术所检测的生物体液样本（如血清）中有可能存在各种干扰结果的因素，而且在试验过程中，影响结果的其他因素也很多，尤其是手工进行 ELISA 时。此外，在定性 ELISA 中，确定阳性判定值（CUT-OFF）是建立在一定的统计学基础上的，相对于某个具体的测定样本来说，其有可能并不具备相应的符合性。例如，使用 ELISA 方法检测抗 HCV 抗体及抗 HIV 抗体或 HBsAg，有时候会出现假阳性，因而需要使用其他方法如重组免疫印迹（recombinant immunoblot assay，RIBA）、蛋白质印迹法（Western blotting，WB）或中和试验来进一步确认，才能证实数据的有效性。现在抗 HCV 和抗 HIV 检测均使用病毒的基因工程抗原，其他一些病毒（如流感病毒、腮腺炎病毒和水痘病毒等）感染人体后，亦会产生一些自身的抗体，这些情况下都有可能会产生假阳性结果。

3. 技术的应用

ELISA 技术是一种新的免疫诊断技术，已成功应用于诊断各种病原微生物引起的传染病、寄生虫病和非传染病，也已用于定量测定大分子抗原和小分子抗原。根据得到的结果，ELISA 被认为是灵敏、特异、简单、快速、稳定且易于自动化的。该技术不仅适用于临床标本的检测，且其在一天之内可以检查成百上千份标本，因此也适合于血清流行病学调查。该技术不仅可以用来确定抗体的存在，而且也可用于测定体液中的循环抗原，是一种早期诊断的良好方法。

综上，ELISA 在生物医学各领域的应用范围日益扩大，可概括为 5 个方面：①解析各种细胞内成分的组成；②合成抗酶抗体的研制；③微量免疫沉淀反应的显现；④体液中抗原/抗体成分的定量、定性检测；⑤在检测疫苗方面也具有重要作用，如可以通过分析 VLP 与已知抗体的结合，从而得到 VLP 表征的相关数据（Freivalds et al.，2006；Li et al.，2003）。

二、SPR 技术

1. 技术原理

当由特定的光源发出的 P 偏振光（电磁波）以一定的角度入射到棱镜后，该 P 偏振光（电磁波）会在棱镜与金属的界面处发生反射和折射。当入射角大于临界角时，光线发生的反射叫作全内反射。当发生全内反射时，电场不会立即在金属和棱镜之间的界面处消失，而是将呈指数衰减的消逝波传播到金属介质中，同时，金属中的自由电子会产生表面等离子波。当金属表面的等离子波与消逝波发生共振时，所检测到的反射光的强度将大大降低。此时，能量会从光子传递到表面等离子体，并且绝大部分入射光的能量被金属表面的等离子波吸收，从而使反射光的能量锐减。当入射光的波长被固定时，反射光强度是入射角的函数。其中，与最低反射光强度相对应的入射角是共振角（resonance angle）。表面等离子体共振（surface plasmon resonance，SPR）技术能够非常灵敏地检测附着在金属膜表面的介质的折射率，当表面介质的性质改变或附着量发生改变时，所产生的共振角也是不相同的（图 9-9）。因此，SPR 光谱（共振角相对时间的变化）可以反映与金属膜表面接触的系统变化。

图 9-9 显示了 SPR 芯片的工作原理。此处的 SPR 芯片是指一种带有葡聚糖（dextran）的金属表面（mental surface），该配体蛋白（ligandin）的氨基末端可以与葡聚糖相互作用，因此该配体蛋白能够被固定在金属表面上。来自下部光源的单波长激光束进入棱镜（prism）中，导致多个角度的入射光进入金属表面，并且几乎所有入射光都会被反射。但是有一个例外，即当入射角达到一定角度时，金属能够吸收光子的能量并将其转化为表面等离子体波。在该角度下，没有光被反射，但是检测器会检测到这种较小的强度，该角度被称为共振角。由于等离子体波在金属表面上的传播，耦合到金属表面的配体蛋白与任何物质的相互作用都会引起共振角发生变化。

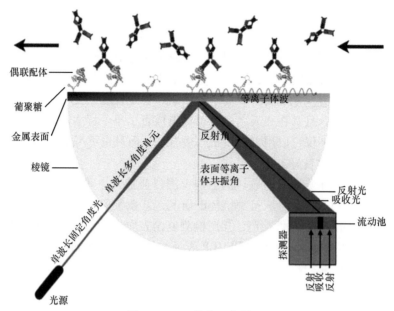

图 9-9　SPR 芯片工作原理

图 9-10 是对 SPR 芯片工作原理的进一步解释：图 9-10A 中有一个与抗原偶联的芯片，当样品流过芯片时，抗体会与抗原发生结合，这就导致了样品通道 2（sample channel 2）的共振角发生变化，而参考组通道 1（reference channel 1，即没有偶联抗原的对照表面）未发生与抗原耦合的现象，所以共振角不变。此时，利用两个通道共振角（channel resonance angle）之间的时间差绘制共振单元（resonance units，RU）的曲线，这种曲线是向上的曲线。在样品被处理，并且抗体开始从抗原结合点解离之后，此时出现的感应曲线是向下的曲线。图 9-10B 中显示了结合多种蛋白质的情况：抗体结合抗原时出现的感应曲线是向上的曲线，另一个包含抗体受体的样品流过芯片时，该样品产生的曲线会在上一个曲线的上方（吴世康，2017）。

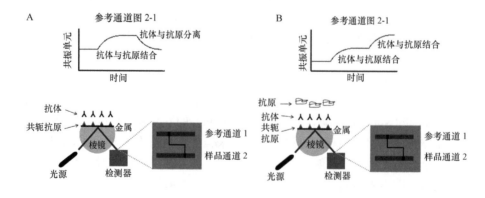

图 9-10　SPR 芯片工作的具体原理

2. 技术的优缺点

SPR 技术具有以下几个优点：①可以实时、连续地对反应的动态过程进行在线监测；

②检测快捷方便；③应用范围较广；④不需要标记待测物；⑤适用于浑浊、不透明或者有色溶液。

但是，SPR 技术也有以下缺点：①它对于干扰因素（样品组成、温度等）比较敏感；②比较难区分非特异性吸附。

3. 技术的应用

SPR 技术是一种新兴的生化检测技术，基于表面等离子体共振原理所研制的生物传感器，因其能实时监测生物分子间相互作用，且具有无须标记、分析快捷、灵敏度高、前处理简单、样品用量少等优点，已被广泛应用于材料科学、蛋白质组学、药物研发、临床诊断、食品安全和环境监测等领域，并且显示出广阔的应用前景。

传感芯片是仪器应用的核心部件，但芯片表面经过多个循环以后，偶联的分子容易失去生物活性或脱落，使芯片报废。目前，在众多的 SPR 生物传感器中，GE Biacore 系列仪器是经常被使用的，占有最大的市场份额，其传感芯片的使用也最为广泛。但 GE Healthcare 公司出售的此类芯片价格较为昂贵，致使实验成本过高，所以很多单位的 GE Biacore 仪器处于闲置状态。芯片成本若能降低，将大大有利于促进 SPR 技术在各个领域的应用（欧惠超等，2009）。

参 考 文 献

陈礼强, 黄承志. 2012. 单颗粒光散射成像与示踪分析技术//中国化学会第 28 届学术年会. 成都: 中国化学会: 111.

陈琰, 胡志上, 米薇, 等. 2019. 电喷雾差分电迁移率分析技术在生物研究中的应用.分析试验室, 38(5): 632-636.

高艳利, 杨思文, 樊凯奇, 等. 2007. SDS-PAGE 电泳技术分析蛋白质的研究.辽宁化工, 7: 460-463.

黄晓星, 宋晓伟, 朱平. 2010. 冷冻电子断层成像技术及其在生物研究领域的应用. 生物物理学报, 26(7): 570-578.

贾志宏, 丁立鹏, 陈厚文. 2015. 高分辨扫描透射电子显微镜原理及其应用. 物理, 44(7): 446-452.

靳东月. 2002. 反相色谱在环境分析中的应用. 中山大学学报论丛, 22(5): 1.

梁启慧, 吴迪, 邱百灵, 等. 2017. 非对称流场流分离技术的现状及发展趋势. 色谱, 35(9): 918-926.

刘桂洋, 毛香菊, 陈晋阳. 2008. 反相高效液相色谱的基本原理及其应用. 宁波化工, 3: 22-25.

孟飞, 宋学立. 2020. 白蔹药材中大黄素含量的反相高效液相色谱法测定. 药学实践杂志, 38(3): 264-267.

欧惠超, 姜浩, 周宏敏, 等. 2009. 五种 SPR 传感芯片的再生制备及其应用. 中国生物工程杂志, 29(1): 44-49.

万均辉. 2012. 反相液相色谱快速分离珠蛋白肽链及其应用研究. 广州: 南方医科大学硕士学位论文.

吴世康. 2017. 表面等离子共振传感器的原理与进展. 影像科学与光化学, 35(1): 15-25.

吴伟彬. Native-PAGE(非变性聚丙烯酰胺凝胶电泳). https://wap.sciencenet.cn/blog-40637-237806.html?mobile=1[2009-06-12].

小轩窗. 2014. 静(动)态光散射仪的工作原理. https://wenku.baidu.com/view/5f3577354a7302768e9939ff.html[2012-01-09].

张涛. 原子力显微镜的原理及应用. https://zhuanlan.zhihu.com/p/82860401 [2019-09-17].

张正福, 纪来升. 1981. 密度梯度离心技术在分子生物学研究中的应用. 植物生理学通讯, 6: 60-64.

周芳, 肖媛, 左艳霞, 等. 2016. 分析超速离心技术及其在分子生物学中的应用. 生命科学研究, 20(1): 63-69.

Adrian M, Dubochet J, Lepault J, et al. 1984. Cryo-electron microscopy of viruses. Nature, 308(5954): 32-36.

Birnbaum F, Nassal M. 1990. Hepatitis B virus nucleocapsid assembly: primary structure requirements in the core protein. Journal of Virology, 64(7): 3319-3330.

Bright R A, Carter D M, Daniluk S, et al. 2007. Influenza virus-like particles elicit broader immune responses than whole virion inactivated influenza virus or recombinant hemagglutinin. Vaccine, 25: 3871-3878.

Caldeira J C, Peabody D S. 2007. Stability and assembly *in vitro* of bacteriophage PP7 virus-like particles. Journal of Nanobiotechnology, 5(1): 1-10.

Chuan Y P, Fan Y, Lua L, et al. 2008. Quantitative analysis of virus-like particle size and distribution by field‑flow fractionation. Biotechnology and Bioengineering, 99(6): 1425-1433.

Citkowicz A, Petry H, Harkins R N, et al. 2008. Characterization of virus-like particle assembly for DNA delivery using asymmetrical flow field-flow fractionation and light scattering. Analytical Biochemistry, 376(2): 163-172.

Crawford S E, Labbe M, Cohen J, et al. 1994. Characterization of virus-like particles produced by the expression of rotavirus capsid proteins in insect cells. Journal of Virology, 68(9): 5945-5952.

Deschuyteneer M, Elouahabi A, Plainchamp D, et al. 2010, Molecular and structural characterization of the L1 virus-like particles that are used as vaccine antigens in Cervarix™, the AS04-adjuvanted HPV-16 and-18 cervical cancer vaccine. Human Vaccines, 6(5): 407-419.

DosRamos J G. Recent developments on resolution and applicability of capillary hydrodynamic fractionation (CHDF). https: //zhuanlan.zhihu.com/p/114471428[2020-03-19].

Finch J T. 1974. The surface structure of polyoma virus. Journal of General Virology, 24(2): 359-364.

Frederix P L T M, Bosshart P D, Engel A. 2009. Atomic force microscopy of biological membranes. Biophysical Journal, 96(2): 329-338.

Freivalds J, Dislers A, Ose V, et al. 2006. Assembly of bacteriophage Qβ virus-like particles in yeast *Saccharomyces cerevisiae* and *Pichia pastoris*. Journal of Biotechnology, 123(3): 297-303.

Freivalds J, Dislers A, Ose V, et al. 2011. Highly efficient production of phosphorylated hepatitis B core particles in yeast *Pichia pastoris*. Protein Expression and Purification, 75(2): 218-224.

Galarza J M, Latham T, Cupo A. 2005. Virus-like particle (VLP) vaccine conferred complete protection against a lethal influenza virus challenge. Viral Immunology, 18(1): 244-251.

Gillock E T, Rottinghaus S, Chang D, et al. 1997. Polyomavirus major capsid protein VP1 is capable of packaging cellular DNA when expressed in the baculovirus system. Journal of Virology, 71(4): 2857-2865.

Giocondi M C, Ronzon F, Nicolai M C, et al. 2010. Organization of influenza A virus envelope at neutral and low pH. Journal of General Virology, 91(2): 329-338.

Giocondi M C, Yamamoto D, Lesniewska E, et al. 2010. Surface topography of membrane domains. Biochimica et Biophysica Acta (BBA)-Biomembranes, 1798(4): 703-718.

Gleiter S, Lilie H. 2001. Coupling of antibodies via protein Z on modified polyoma virus-like particles. Protein Science, 10(2): 434-444.

Gleiter S, Stubenrauch K, Lilie H. 1999. Changing the surface of a virus shell fusion of an enzyme to polyoma VP1. Protein Science, 8(12): 2562-2569.

Gubal A, Chuchina V, Sorokina A, et al. 2020. Mass spectrometry-based techniques for direct quantification of high ionization energy elements in soild materials-challenges and perspectives. Mass Spectrometry Reviews, 40(4): 359-380.

Guha S, Pease L F, Brorson K A, et al. 2011. Evaluation of electrospray differential mobility analysis for virus particle analysis: potential applications for biomanufacturing. Journal of Virological Methods, 178(1-2): 201-208.

Hansen F, Øiestad E L, Pedersen-Bjergaard S. 2020. Bioanalysis of pharmaceuticals using liquid-phase microextraction combined with liquid chromatography-mass spectrometry. Journal of Pharmaceutical and Biomedical Analysis, 189: 113446.

Hébert E M, Raya R, de Giori G S. 2000. Use of SDS-PAGE of cell-wall proteins for rapid differentiation of *Lactobacillus delbrueckii* subsp. lactis and *Lactobacillus helveticus*. Biotechnology Letters, 22(12): 1003-1006.

Hoppe C, Nguyen L T, Kirsch L E, et al. 2008. Characterization of seed nuclei in glucagon aggregation using light scattering methods and field-flow fractionation. Journal of Biological Engineering, 2(1): 1-11.

Hu L, Trefethen J M, Zeng Y, et al. 2011. Biophysical characterization and conformational stability of Ebola and Marburg virus-like particles. Journal of Pharmaceutical Sciences, 100(12): 5156-5173.

Ibañez L I, Roose K, de Filette M, et al. 2013. M2e-displaying virus-like particles with associated RNA promote T helper 1 type adaptive immunity against influenza A. PLoS One, 8(3): e59081.

Jiao C, Zhang H, Liu W, et al. 2020. Construction and immunogenicity of virus-like particles of feline parvovirus from the tiger. Viruses, 12(3): 315.

Kalnciema I, Skrastina D, Ose V, et al. 2012. Potato virus Y-like particles as a new carrier for the presentation of foreign protein stretches. Molecular Biotechnology, 52(2): 129-139.

Kang D, Oh S, Ahn S M, et al. 2008. Proteomic analysis of exosomes from human neural stem cells by flow field-flow fractionation and nanoflow liquid chromatography-tandem mass spectrometry. Journal of Proteome Research, 7(8): 3475-3480.

Király M, Vékey K, Antal I, et al. 2016. Mass spectrometry: past and present. Acta Pharmaceutica Hungarica, 86(1): 3-11.

Kissmann J, Ausar S F, Foubert T R, et al. 2008. Physical stabilization of norwalk virus-like particles. Journal of Pharmaceutical Sciences, 97(10): 4208-4218.

Kissmann J, Joshi S B, Haynes J R, et al. 2011. H1N1 influenza virus-like particles: physical degradation pathways and identification of stabilizers. Journal of Pharmaceutical Sciences, 100(2): 634-645.

Kosukegawa A, Arisaka F, Takayama M, et al. 1996. Purification and characterization of virus-like particles and pentamers produced by the expression of SV40 capsid proteins in insect cells. Biochimica et Biophysica Acta (BBA)-General Subjects, 1290(1): 37-45.

Kuznetsov Y G, McPherson A. 2006. Atomic force microscopy investigation of Turnip Yellow Mosaic Virus capsid disruption and RNA extrusion. Virology, 352(2): 329-337.

Kuznetsov Y G, McPherson A. 2011. Atomic force microscopy in imaging of viruses and virus-infected cells. Microbiology and Molecular Biology Reviews, 75(2): 268-285.

La Nasa J, Modugno F, Degano I. 2021. Liquid chromatography and mass spectrometry for the analysis of acylglycerols in art and archeology. Mass Spectrometry Reviews, 4(4): 381-407.

Lang R, Vogt L, Zuercher A, et al. 2010. Virus-like particle characterization using AF4 channel technology. American Laboratory, 42(5): 13-15.

Lang R, Winter G, Vogt L, et al. 2009. Rational design of a stable, freeze-dried virus-like particle-based vaccine formulation. Drug Development and Industrial Pharmacy, 35(1): 83-97.

Latham T, Galarza J M. 2001. Formation of wild-type and chimeric influenza virus-like particles following simultaneous expression of only four structural proteins. Journal of Virology, 75(13): 6154-6165.

Li T C, Takeda N, Kato K, et al. 2003. Characterization of self-assembled virus-like particles of human polyomavirus BK generated by recombinant baculoviruses. Virology, 311(1): 115-124.

Lua L H L, Connors N K, Sainsbury F, et al. 2014. Bioengineering virus-like particles as vaccines. Biotechnology and Bioengineering, 111(3): 425-440.

Malkin A J, Plomp M, McPherson A. 2005. Unraveling the architecture of viruses by high-resolution atomic force microscopy. Methods Mol Biol, 292: 85-108.

Middelberg A P J, Rivera-Hernandez T, Wibowo N, et al. 2011. A microbial platform for rapid and low-cost virus-like particle and capsomere vaccines. Vaccine, 29(41): 7154-7162.

Milhiet P E, Dosset P, Godefroy C, et al. 2011. Nanoscale topography of hepatitis B antigen particles by atomic force microscopy. Biochimie, 93(2): 254-259.

Mohr J, Chuan Y P, Wu Y, et al. 2013. Virus-like particle formulation optimization by miniaturized high-throughput screening. Methods, 60(3): 248-256.

Mokoena N B, Moetlhoa B, Rutkowska D A, et al. 2019. Plant-produced bluetongue chimaeric VLP vaccine candidates elicit serotype-specific immunity in sheep. Vaccine, 37(41): 6068-6075.

Moon M H, Kwon H, Park I. 1997. Stopless flow injection in asymmetrical flow field-flow fractionation using a frit inlet. Analytical Chemistry, 69(7): 1436-1440.

Mulder A M, Carragher B, Towne V, et al. 2012. Toolbox for non-intrusive structural and functional analysis of recombinant VLP based vaccines: a case study with hepatitis B vaccine. PLoS One, 7(4): e33235.

Nowakowski A B, Wobig W J, Petering D H. 2014. Native SDS-PAGE: high resolution electrophoretic separation of proteins with retention of native properties including bound metal ions. Metallomics, 6(5): 1068-1078.

Pawlita M, Müller M, Oppenländer M, et al. 1996. DNA encapsidation by viruslike particles assembled in insect cells from the major capsid protein VP1 of B-lymphotropic papovavirus. Journal of Virology, 70(11): 7517-7526.

Pease L F, Lipin D I, Tsai D H, et al. 2009. Quantitative characterization of virus-like particles by asymmetrical flow field flow fractionation, electrospray differential mobility analysis, and transmission electron microscopy. Biotechnology and Bioengineering, 102(3): 845-855.

Pease L F, Tsai D H, Brorson K A, et al. 2011. Physical characterization of icosahedral virus ultra structure, stability, and integrity using electrospray differential mobility analysis. Analytical Chemistry, 83(5): 1753-1759.

Pease L F. 2012. Physical analysis of virus particles using electrospray differential mobility analysis. Trends in Biotechnology, 30(4): 216-224.

Phelps J P, Dao P, Jin H, et al. 2007. Expression and self-assembly of cowpea chlorotic mottle virus-like particles in *Pseudomonas fluorescens*. Journal of Biotechnology, 128(2): 290-296.

Prestel H, Niessner R, Panne U. 2006. Increasing the sensitivity of asymmetrical flow field-flow fractionation: slot outlet technique. Analytical Chemistry, 78(18): 6664-6669.

Rasmussen L, Battles J K, Ennis W H, et al. 1990. Characterization of virus-like particles produced by a recombinant baculovirus containing the gag gene of the bovine immunodeficiency-like virus. Virology, 178(2): 435-451.

Roda B, Zattoni A, Reschiglian P, et al. 2009. Field-flow fractionation in bioanalysis: a review of recent trends. Analytica Chimica Acta, 635(2): 132-143.

Sainsbury F, Saunders K, Aljabali A, et al. 2011. Peptide‐controlled access to the interior surface of empty virus nanoparticles. Chembiochem, 12(16): 2435-2440.

Salunke D M, Caspar D L D, Garcea R L. 1986. Self-assembly of purified polyomavirus capsid protein VP1. Cell, 46(6): 895-904.

Scheuring S, Dufrêne Y F. 2010. Atomic force microscopy: probing the spatial organization, interactions and elasticity of microbial cell envelopes at molecular resolution. Molecular Microbiology, 75(6): 1327-1336.

Singh P, Destito G, Schneemann A, et al. 2006. Canine parvovirus-like particles, a novel nanomaterial for tumor targeting. Journal of Nanobiotechnology, 4(1): 1-11.

Steinmetz N F, Evans D J, Lomonossoff G P. 2007. Chemical introduction of reactive thiols into a viral nanoscaffold: a method that avoids virus aggregation. ChemBioChem, 8(10): 1131-1136.

White L J, Hardy M E, Estes M K. 1997. Biochemical characterization of a smaller form of recombinant Norwalk virus capsids assembled in insect cells. Journal of Virology, 71(10): 8066-8072.

Yim P B, Clarke M L, McKinstry M, et al. 2009. Quantitative characterization of quantum dot-labeled lambda phage for *Escherichia coli* detection. Biotechnology and Bioengineering, 104(6): 1059-1067.

Zhao Q, Allen M J, Wang Y, et al. 2012. Disassembly and reassembly improves morphology and thermal stability of human papillomavirus type 16 virus-like particles. Nanomedicine: Nanotechnology, Biology and Medicine, 8(7): 1182-1189.

第十章 动物病毒样颗粒疫苗

第一节 VLP 疫苗概述

病毒样颗粒（VLP）是一种蛋白质复合物的超分子结构，免疫原性足以与完整病毒粒子相媲美。多种病毒的结构蛋白都具备自组装成 VLP 的能力，这些病毒的基因在宿主细胞（细菌、酵母、植物、昆虫及哺乳动物细胞等）中重组、表达，产生的蛋白质自组装成 VLP。VLP 在大小、形态和抗原表位方面模拟亲本病毒，类似于缺乏遗传物质的病毒，因此，它们不能复制或引起疾病，却具有与亲本病原相似的细胞摄取和免疫加工途径，具有很强的免疫原性。重组的 VLP 具有多价性，能够交联 B 细胞受体，诱导强烈的体液免疫反应；VLP 纳米级粒径（25～100 nm）适宜于树突状细胞的摄取，并呈递给淋巴细胞诱导细胞免疫反应。有些 VLP 免疫原性相当高，甚至不需要额外添加佐剂就可作为疫苗（Hume et al., 2019）。更有甚者，某些 VLP 本身就是免疫刺激剂，能够在不使用特定抗原的情况下介导机体对某些疾病的免疫。

一、VLP 疫苗的优势

1. 安全性高

目前，临床上使用的弱毒活疫苗存在毒力返强的缺点，安全性低，灭活疫苗在生产过程中也存在病毒逃逸的风险。而 VLP 是由病毒的结构蛋白在宿主细胞内表达组装而成的，不含病毒遗传物质，不能自主复制，不存在散毒或与宿主基因整合的风险，因此在临床应用上具有良好的安全性（Quan et al., 2020）。

2. 免疫原性强

VLP 可以在其表面呈现重复且高密度排列的抗原表位，因此具有良好的免疫原性，可刺激机体产生强大的免疫反应（体液免疫和细胞免疫）（Tao et al., 2019）。通过动物实验已证实，多种 VLP（包括戊型肝炎病毒 VLP、乳头状瘤病毒 VLP 和流感病毒 VLP 等）都可以诱导机体产生保护性免疫应答。另外，免疫佐剂可以增强 VLP 的免疫原性，如常用的经典铝佐剂（Gardasil®中的羟基磷酸铝）和一些新型佐剂，如脂质体、细胞因子、细菌毒素、模式识别受体（PRR）激动剂（如 CpG）及主要组织相容性复合体（MHC）的组分（包括 MHC I 类分子的 β2 微球蛋白、MHC II 类分子不变链 Ii）等都可用于提高 VLP 的免疫刺激能力（Jain et al., 2015；Cimica and Galarza, 2017；Fougeroux et al., 2019）。

3. 稳定性好

维持组装的 VLP 结构稳定非常重要，因为这决定其免疫效果。一般来说 VLP 具有良好的稳定性，在体内不易失活。研究发现，用 HPV VLP 经口免疫小鼠，可诱导全身性抗体反应，这表明 HPV VLP 抗原在胃肠道环境中是稳定的，可以抵御消化道中的酸碱性环境及蛋白水解酶的分解作用。此外，相关研究表明，额外添加佐剂或 6 组氨酸肽（6×His）会提高 VLP 的稳定性（Schumacher et al.，2018）。有研究表明，对 VLP 进行生物矿化能够提高其稳定性，延长保存时间，解除 VLP 疫苗产品对冷链的依赖，同时大幅降低了 VLP 疫苗储存、运输的成本（Du et al.，2019）。南美洲和欧洲的研究者发现，融合表达蓝氏贾第鞭毛虫的变异特异表面蛋白（variant-specific surface protein，VSP）的假型 VLP-HA/VSP-G 疫苗（直径约 165 nm）可以保护小鼠免受流感病毒的攻击（口服免疫）。而且，VLP-HA/VSP-G 颗粒可耐受反复冻融，即使在不同温度下存放超过一个月，依然保持稳定，不会影响其免疫效果（Serradell et al.，2019）。

4. 可操作性强

VLP 适合进行广泛的修饰，包括内部装载（TLR 配体等）或外部加载抗原或免疫刺激物（Hume et al.，2019）。将异源抗原（模块化）插入无囊膜 VLP 主要通过遗传融合或化学缀合实现（Hu et al.，2016）。AviTag 和 SpyTag/SpyCatcher 平台允许通过生物素-链霉亲和素反应（AviTag）或自发形成不可逆的异肽键（SpyTag/SpyCatcher）在 VLP 组装后缀合抗原（Brune and Howarth，2018）。随着合成生物学的发展和计算机辅助疫苗设计的进步，已允许人们在原子级别的精确度上，对病毒衣壳的组成和组装进行精细化的结构设计。Marcandalli 等（2019）描述了一个双组分、多功能的蛋白质纳米颗粒平台 DS-Cav1-I53-50，预防和治疗呼吸道合胞病毒（RSV）感染，用于呈现复杂的多价抗原。研究者发现，用这种抗原免疫小鼠和非人灵长类动物，不仅诱导机体产生高水平的中和抗体与三聚体 DS-Cav1（一种处于临床阶段的 RSV 疫苗候选物）相比，高出约 10倍，而且抗原的稳定性也大幅度提升。这种基于原子尺度的精细抗原设计方法有助于提高疫苗的免疫效果、实用性和使用广度。

5. 符合动物疫病净化目标

VLP 由一种或多种蛋白质自组装而形成，不含基因组、没有传染性。因此可以通过 RT-PCR、某些结构蛋白抗体或非结构蛋白特异性抗体，很容易地将 VLP 疫苗免疫动物与自然感染的动物区分开来。有了鉴别诊断技术，逐步实施动物疫病的扑灭就有了可能。因此，研发和推广 VLP 疫苗符合动物疫病净化目标。

二、VLP 疫苗的多样性

VLP 疫苗具有明显的多样性，这体现在其大小各异、形态有别、结构不同、亲本病原千差万别，针对的疾病更是纷繁复杂，就连免疫的方式也是五花八门。

1. 大小各异

VLP 结构涵盖了各种尺寸和形态，兔出血症病毒（RHDV）VLP 直径只有 25～30 nm，HPV VLP 直径约 60 nm，而新城疫病毒 VLP 直径可达 100～200 nm。众所周知，以噬菌体 VLP 为基础载体的研究很多，而噬菌体 VLP 的尺寸和形态变化很大，如 Qβ 噬菌体 28 nm、MS2 噬菌体 26 nm、T7 噬菌体 56 nm、λ 噬菌体 60 nm、而 T4 噬菌体达 86～122 nm（Tao et al.，2019）。

2. 结构不同

不同的 VLP 其结构复杂度也不同，大体可分为两大类，即无囊膜 VLP 和有囊膜 VLP。无囊膜 VLP 包括：①由单一蛋白质组装而成的单层 VLP，如乙型肝炎病毒（HBV）表面抗原（HBsAg）或 HBV 核心抗原（HBcAg）形成的单层 VLP；②由几种蛋白质组装而成的单层 VLP，如口蹄疫病毒 VLP 由 4 种蛋白质组装而成（Guo et al.，2013）；③由几种蛋白质组装而成的双层或多层 VLP，如蓝舌病毒 BTV-10 或 BTV-1 VLP 由 4 种结构蛋白组装为双层 VLP（Stewart et al.，2013），轮状病毒的 VLP 是由 4 种衣壳蛋白组装而成的三层结构（Fernandez et al.，1996）。而某些病毒的 VLP 需要囊膜包裹，如流感病毒的基质蛋白 M1、血凝素（HA）和神经氨酸酶（NA）形成的 VLP（Pushko et al.，2005）。

3. 亲本病原的多样性

以病毒为例，根据国际病毒分类委员会（The International Committee on Taxonomy of Viruses，ICTV）2020 年公布的病毒分类目录，将已知的病毒分为 4 域 9 界 16 门 2 亚门 36 纲 55 目 8 亚目 168 科 103 亚科 1421 属 68 亚属 6950 种，具体根据病毒基因的核酸性质，分为 DNA 病毒和 RNA 病毒两大类，再在此基础上，根据衣壳的对称性、囊膜有无、生物学特性细节近一步划分为科（亚科）、属、科、型等。因此，病原种类繁多，与之对应的 VLP 疫苗也丰富多样。

4. 针对的疾病多种多样

各类 VLP 疫苗是为了预防、诊断和/或治疗疾病而开发的，而人类和动物的疾病形形色色、复杂多样，相应的 VLP 疫苗也是数不胜数，包括用于预防鱼类（鲑鳟幼鱼和成年鱼）传染性胰脏坏死病的 IPNV-VP2 和 Norvax® Minova-6（Dhar et al.，2014），用于蓝舌病且带荧光标记的 BTV-VLP（Thuenemann et al.，2018），用于利什曼原虫感染（黑热病）的 Qβ-VLP 疫苗（Moura et al.，2017），预防戊型肝炎的益可宁®（Hecolin®）（郑亚等，2018），治疗乙型肝炎的嵌合型核心抗原病毒样颗粒 6His-HBcAg-VLP 疫苗（Schumacher et al.，2018），可帮助戒烟的 NicQb-VLP 疫苗（Zhao et al.，2019）等。

5. 免疫方式多样

不同的 VLP 疫苗免疫方式不同，有皮下注射的、有肌肉注射的、有皮肤递送的、有口服免疫的、有鼻腔免疫的、有喷雾免疫的，各式各样、不一而足。

1）皮下注射

利什曼病在全球 80 多个国家流行，它通过一种微小的昆虫——沙蝇传播，可以感染犬、猫、牛、熊、啮齿动物、猴和人类等脊椎动物。人感染后皮肤局部溃疡、增生，久久不愈。病原利什曼原虫主要攻击巨噬细胞，能扩散到内脏器官，引起脾肿大、肝肿大、淋巴结肿大和贫血，患者非常痛苦，如果治疗不及时，则可能丧命。

利什曼原虫前鞭毛上的 α-半乳糖基转移酶（α-galactosyltransferase，α-GalT）具有免疫原性，而在所有哺乳动物中，只有人类和高等灵长类没有 α-GalT，但可以用 *α-GalT* 基因敲除（*αGalT*-KO）小鼠作为利什曼病的小鼠模型（模仿人类免疫系统），进行疫苗研究。Moura 等（2017）用嵌合有 500 多个拷贝的 α-Gal 表位的病毒样颗粒 Qβ-α-Gal 免疫 *αGalT*-KO 鼠（雌性）。皮下注射 10 μg 的 VLP 疫苗（Qβ-α-Gal 或未修饰的 Qβ），相同剂量加强免疫两次（间隔 1 周），第三次免疫 1 周后进行虫体攻击试验（10^7 利什曼原虫/鼠，皮肤型的 10 μl 体积注射到足垫，内脏型的 200 μl 体积腹膜内注射）。结果发现 Qβ-α-Gal 免疫组的基因敲除小鼠肝和脾的寄生虫载量（qPCR 检测）显著降低，检测不到肝和脾寄生虫的感染和增殖。因此 Qβ-α-Gal 疫苗可作为阻断人类皮肤型和内脏型利什曼病的候选疫苗。

2）肌肉注射

大多数 VLP 疫苗以肌肉注射进行免疫（参看本章第三节）。对婴幼儿来说，肌肉注射比皮下注射更容易增强免疫原性。1998 年马来西亚出现的尼帕病毒（nipah virus，NiV）是一种副黏病毒，可引起高度致死的人畜共患病。果蝠及其污染物、被感染猪可将该病传染给易感人群，从而引发严重的脑炎和呼吸系统疾病，人的病死率约为 40%。研究者生产了由哺乳动物细胞衍生的尼帕病毒 G 蛋白、F 蛋白和 M 蛋白组成的 NiV VLP 疫苗，单倍剂量或三倍剂量免疫（30 μg VLP，单次免疫的于免疫后 28 d 攻毒，三倍剂量的 0 d、21 d、42 d 免疫，58 d 攻毒），单独免疫或加入佐剂（单磷酰脂质 A（MPLA）/铝佐剂、CpG/铝佐剂），通过肌肉注射接种叙利亚仓鼠。研究发现，尼帕病毒 VLP 疫苗可诱导仓鼠产生中和抗体（7 d 为 NiV 特异性 IgM 抗体，14 d 转变为 IgG 抗体），并保护所有免疫动物抵抗病毒攻击（腹膜内 16 000 PFU）。就添加的佐剂而言，NiV VLP 加入 CpG/铝佐剂免疫效果优于 VLP 与 MPLA/铝佐剂免疫组（Walpita et al.，2017）。

3）皮肤递送

通过无痛方式进行疫苗免疫值得研究者深入探索。有人开发了一种微创微针（microneedle，MN）贴片，它是含有流感病毒异源 M2 胞外（M2 extracellular，M2e）结构域的病毒样颗粒（M2e5x-VLP），并且不含佐剂，可通过皮肤实施免疫。M2e5x-VLP 包被的微针具有良好的稳定性，在室温下存放 8 周不丧失其抗原性和免疫原性。此 MN 贴片粘在皮肤上，可诱导强烈的体液和黏膜 M2e 抗体应答，并诱导产生对异源亚型 H1N1、H3N2 和 H5N1 流感病毒攻击的交叉免疫保护。此外，MN 贴片诱导 Th1 型的免疫应答激发 IgG2a 同种型抗体和 IFN-γ 的产生，且后两者的分泌量高于常规肌内注射（Kim et al.，2015）。另外，针对鱼类神经坏死病毒（NNV）的 NNV VLP 疫苗，多采用浸泡免疫或口服免疫进行幼小鱼苗的群体接种（Wi et al.，2015）。

4）口服免疫

口服免疫是一种非常方便的黏膜免疫方式，很受欢迎。然而，口服免疫对疫苗抗原要求很高，抗原必须耐受胃酸、胆汁乳化因子，以及肠道和胰腺分泌物中水解酶的作用而仍保持免疫原性。

研究者发现蓝氏贾第鞭毛虫的滋养体上覆盖一层致密的变异特异表面蛋白（VSP，属于富含半胱氨酸的蛋白质家族），它不仅对蛋白水解酶类、极端 pH 和温度有抵抗力，而且以 Toll 样受体 4（TLR-4）依赖的方式刺激宿主的天然免疫反应。研究者构建了含水疱性口炎病毒的融合性外壳 G 糖蛋白（VSV-G）的假型 VLP，其跨膜结构域和 G 蛋白尾部融合有 VSP、流感抗原血凝素（HA）和神经氨酸酶（NA）蛋白和小鼠白血病病毒（MLV）衣壳蛋白 Gag。口服这些 VLP 疫苗（4 周剂量为 100 μg）可以保护小鼠免受流感病毒的攻击并阻止肿瘤的发展。此外，与普通 HA-VLP 相比，VSP 假型 VLP 增强了骨髓源性树突状细胞（BMDC）对 VLP 的结合和摄取，并触发 CD40 和 CD86 的表达，增加了 TNF-α、IL-10 和 IL-6 的释放。当使用 *TLR-4*-KO 小鼠的树突状细胞时，这些效应被消除，表明包含有流感抗原的 VSP 假型 VLP 是以 TLR-4 依赖的方式提高 VLP 疫苗的免疫原性的。另外，假型 VLP-HA/VSP-G 颗粒放置在不同的温度下，均具有很好的稳定性（Serradell et al.，2019）。

另外，研究者还评估了不同给药途径对 VSP 假型 VLP 免疫效果的影响。与口服类似，皮下注射普通 HA-VLP 可诱导特异性 HA 血清抗体（皮下免疫：每周给药 10 μg VLP）。然而，皮下注射假型 HA-VLP/VSP-G 激发的 HA-IgG 水平高于皮下注射普通 VLP 激发的 HA-IgG 水平。这表明，VLP 上存在的 VSP 不仅激发了保护作用，而且还增强了其免疫原性。但是，只有口服 HA-VLP/VSP-G 疫苗才能在粪便中观察到大量 HA-IgA 抗体。值得大家注意的是，VSP 假型 HA- VLP/VSP-G 诱导了对流感病毒攻击的完全保护，而普通 VLP 却没有达到完全保护的效果。研究者还用表达 HA 的 AB1 小鼠恶性间皮瘤细胞攻击小鼠，观察到 VSP 假型 VLP 几乎完全控制了肿瘤的生长。进一步的分析证实，VSP 假型 VLP 诱导了强大的 IFN-γ T 细胞反应和对肿瘤细胞的细胞毒性反应（Serradell et al.，2019）。该研究为研发安全、稳定和高效口服疫苗提供了新的设计思路。另外，植物系统表达的 VLP 疫苗特别适合口服给药，如在马铃薯和番茄植株中表达的乙型肝炎病毒 VLP 和诺如病毒 VLP。

5）鼻腔免疫

鼻腔免疫是一种很有吸引力的黏膜免疫途径。鼻腔有一个相对较大的吸收表面，仅覆盖着一层薄薄的黏膜，并且高度血管化，易于给药。英国有人对犊牛进行了牛副流感病毒 3 型疫苗 PLGA-BPI3V-NPs 的鼻内喷雾免疫，发现它可诱导强大的局部黏膜免疫（鼻黏膜 IgA）（Mansoor et al.，2015）。有人用重组杆状病毒来产生流感病毒 H1、H3、H5 和 H7 VLP 混合物（含 HA 和 M1；各 1.5 μg，共 6 μg），经鼻腔免疫 BALB/c 小鼠（雌性），21 天加强免疫一次，50 天后用致死剂量流感病毒攻击。结果发现：对同源流感病毒和亚型内异源病毒的攻击，多价 VLP 疫苗组获得完全保护；对异源亚型甲型流感病毒的攻击，多价 VLP 疫苗组的保护效果也颇佳（Schwarz and Douglas，2015）。当然，也有关于鼻内免疫的负面报道，有人用 PRRSV-VLP 加 2',3'-cGAMP™佐剂鼻内免疫猪，不仅没有诱导保护性应答，还加重了攻毒时的病毒血症（Noort et al.，2017）。

三、VLP 疫苗的应用

病毒样颗粒疫苗不仅在人类和动物的传染性疫病的预防、治疗方面大有可为，也有望在治疗慢性普通病方面一展身手，减轻患者因癌症、糖尿病、高血压、过敏、风湿性关节炎引起的病痛。另外，VLP 疫苗也有助于研发新的诊断方法。

1. 作为预防性疫苗

VLP 具有高度重复性的高密度蛋白质组分、刚性的颗粒结构和高度免疫原性，某些 VLP 甚至具有佐剂效应，可有效引发 T 细胞和 B 细胞免疫应答，是预防性疫苗产品的成功范例。本章的第三节对批准上市的 VLP 疫苗和进入临床期或更早阶段的 VLP 疫苗有更为详细的介绍，其中绝大部分都是预防性疫苗：如以乙型肝炎病毒（HBV）VLP 疫苗、人乳头状瘤病毒（HPV）VLP 疫苗和戊型肝炎病毒（HEV）VLP 疫苗等为代表的人用疫苗；以猪圆环病毒 VLP 疫苗、新城疫病毒 VLP 疫苗、口蹄疫病毒 VLP 疫苗等为代表的动物用新型疫苗。

最近，针对流感病毒、人呼吸道合胞病毒等呼吸道病毒的 VLP 疫苗的临床前和临床研究表明，在不远的未来，VLP 疫苗有望成为疫病防控主力军中的一员（Quan et al.，2020）。图 10-1 是 HBV VLP 疫苗、HPV VLP 疫苗，以及 HEV VLP 疫苗等已经成功上市的预防性疫苗研制的里程（Lua et al.，2014）。

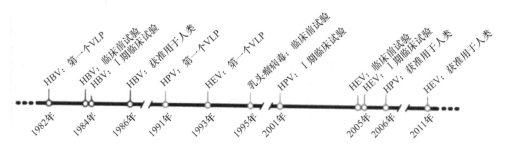

图 10-1　HBV VLP 疫苗、HPV VLP 疫苗和 HEV VLP 疫苗研制的里程（Lua et al.，2014）

2. 作为治疗性疫苗

疫苗接种仍然是预防传染病最有效的手段，但它们的使用已经延展到另一个同样重要的领域——治疗慢性疾病（包括传染病和非传染病）。设计巧妙的新型 VLP 疫苗有可能帮助人类控制现代“新瘟疫”的威胁，像高血压、糖尿病（Roesti et al.，2020）、癌症、尼古丁成瘾（Zhao et al.，2019）、过敏（Martina et al.，2018）和阿尔茨海默病等（大多以噬菌体 VLP 为基础载体）（Caldeira et al.，2020）。其中有些已进入 I 期或 II 期临床试验。

2 型糖尿病（type 2 diabetes mellitus，T2DM）是一种以胰岛素抵抗、胰岛 β 细胞衰竭、胰岛素分泌不足以维持正常血糖为特征的慢性进行性疾病。当前，全球约有 4.25 亿人患有糖尿病，其中 90% 为 2 型糖尿病。T2DM 患者的典型临床症状为“三多一少”，即食多、饮多、尿多、体重减少。大多数患者胰岛内淀粉样沉积主要由胰岛淀粉多肽（islet

amyloid polypeptide，IAPP）组成。IAPP 最初由胰岛 β 细胞分泌，在生理条件下，它以可溶的单体形式存在，并负责诱导中枢饱腹感，控制胃排空，维持葡萄糖稳态，抑制胰高血糖素释放。IAPP 一旦成为细胞外聚集物便会对生成胰岛素的胰岛 β 细胞产生毒性，并与 T2DM 晚期的胰岛 β 细胞衰竭、减少和炎症有关。

目前还没有针对 2 型糖尿病的预防性药物。瑞士学者研制了基于 VLP 的 T2DM 疫苗，将不同修饰的 IAPP 与 Qβ-VLP 偶联，包括 Qβ-N-term（与不含二硫键的 N 端肽偶联，H-KCNTATCAT-OH）、Qβ-N-term(S-S)［与含二硫键的 N 端(S-S)肽偶联，H-KCNTATCATGGK(Aoa)-NH$_2$]、Qβ-C-term（与 C 端肽偶联，H-CGGTNVGSNTY-OH）和 Qβ-Cterm-Pro（与 C 端前肽偶联，H-CGGREPLNYLPL-OH）。用 10 μg 上述疫苗分别皮下免疫 6 周龄 C57BL/6JRccHsd 小鼠，并在两周和四周加强免疫。结果表明，这些与 IAPP 偶联的 VLP 可诱导特异性抗体，对抗聚集性 IAPP[以 Qβ-N-term(S-S)效果最好]。以胰岛淀粉样变性的 hIAPP 转基因小鼠 RHFSoel/J 为模型［FVB/N-Tg（Ins2-IAPP）]，Qβ-N-term(S-S)疫苗诱导了针对聚集性 IAPP 的有效抗体反应，显著防止了 IAPP 的沉积，延缓了高血糖的发生，并阻止了淀粉样蛋白诱导的促炎细胞因子 IL-1β 的上调，但不影响单体 IAPP 正常的生理功能（Roesti et al.，2020）。这是近些年在 2 型糖尿病疫苗方面取得的突破性进展，影响深远。

众所周知，预防性乙型肝炎病毒（HBV）病毒样颗粒疫苗面世已有 30 多年（Remobivax HB$^®$和 Engerix-B$^®$）。但它们对慢性感染患者无效，全球约有 2.4 亿人是乙型肝炎病毒携带者，他们迫切需要新型治疗性疫苗（与抗病毒药物联用）。慢性乙型肝炎患者的特征是 CD4$^+$T/CD8$^+$T 细胞反应不佳、细胞因子分泌不足、中和抗体（NAb）水平较低，以及对乙肝疫苗接种反应性差。为此，多国学者合作，将 8 个中和性 B 细胞表位（HBsAg 囊膜 PreS 1 区）整合到土拨鼠肝炎病毒核心抗原（WHcAg）上。由于 WHcAg 和 HBcAg 在 B 细胞水平上没有交叉反应，在 CD4$^+$T/CD8$^+$T 细胞水平上只有部分交叉反应，因此针对 WHcAg 独特的 T 细胞位点的 CD4$^+$ T 细胞可以提供同源的 T-B 细胞帮助，产生不受免疫耐受限制的抗 PreS1 抗体。用 PreS1-WHc-VLP 免疫耐受性乙型肝炎病毒转基因（Tg）小鼠，可获得相当于野生型小鼠的高滴度抗 PreS1 中和抗体，将该中和抗体被动免疫人肝嵌合小鼠，不仅成功预防了 HBV 的急性感染，而且清除了慢性乙型肝炎模型小鼠血清中的病毒。在细胞免疫方面，用 PreS1-WHc-VLP 进行首免，再以 WHc/HBc 杂合 DNA 进行加强免疫，可诱导 HBcAg 特异性 CD4$^+$Th 反应和 CD8$^+$ CTL 反应（Whitacre et al.，2020）。

吸烟是全世界最常见的成瘾习惯。全球约有 12 亿烟民，每年有约 500 万人为此命丧黄泉。烟草烟雾含有多种化学物质，其中 40 多种是已知的致癌物质，成瘾是由尼古丁引起的（刺激中脑边缘奖赏系统）。现在有了一种新的方法——免疫戒烟法帮烟民戒烟。将尼古丁共价偶联至 Qβ 噬菌体 VLP 表面（通过琥珀酸酯键），对吸烟者进行免疫，诱导产生抗尼古丁抗体。因尼古丁-抗体复合物太大而无法穿过血脑屏障，流向大脑的尼古丁通量变小，吸烟者获得的奖励减少，吸烟的乐趣被消除。研发者将这种 VLP 疫苗命名为 NicQb。Ⅱ期临床研究显示，产生高滴度的抗尼古丁 IgG 有助于受试者戒烟（与安慰剂组比有高度统计学意义，53 名高反应者中有 30 名持续戒烟，而安慰剂组为 31%，

P=0.004)（Shen et al.，2012）（Ilyinskii and Johnston，2016）。还有人制备了一系列基于纳米粒子的混合尼古丁疫苗，以研究佐剂释放速率对其免疫功效的影响（Zhao et al.，2019）。

3. 作为靶向给药载体

目前，对癌症和遗传类疾病还缺乏有效的治疗手段。癌变组织具有高度的侵袭性，外科手术治疗常常因此失败；化疗药物（全身给药）不但副作用大，而且到达肿瘤部位的有效药量太少。VLP 凭借最佳尺寸优势、较为简单的化学修饰、稳定的结构及选择性靶向递送能力，已然成为靶向给药领域的前沿和热点。

戊型肝炎病毒 ORF2 编码的衣壳蛋白（nucleocapsid protein，NP）能自组装形成中空的、非常稳定的二十面体衣壳。研究者将 HEV NP 衣壳（杆状病毒表达）表面突出结构域上的 5 种氨基酸用半胱氨酸取代，即 Y485C、T489C、S533C、N573C 和 T586C，筛选出 HEV NP-573C 作为乳腺癌细胞靶向的纳米载体的基础 VLP。之后用点击化学缀合分次将乳腺癌肿瘤靶向肽 LXY30 与 *N*-羟基琥珀酰亚胺（NHS）-Cy5.5 缀合至 HEV NP 上，这样就得到了 LXY30-HEV NP-Cy5.5，它具有向乳腺癌细胞靶向运送药物的功能，并可以以其实现对运送过程的实时观察。由于和乳腺中正常细胞不同，癌变细胞膜表面过表达整联蛋白 $\alpha_3\beta_1$，而 LXY30 对 $\alpha_3\beta_1$ 有很强的特异性亲和力，所以 LXY30-HEV NP-Cy5.5 会选择性与癌变细胞结合，从而达到"点特异性运送"效果（Chen et al.，2018）。

4. 在诊断中的应用

VLP 由一种或多种结构蛋白组成，不含病原基因组，既可作为疫苗使用，又可作为诊断产品中的关键成分使用。例如，猪水疱病（SVD）和口蹄疫（FMD）都是具有高度传染性的 A 类病毒病，可引起动物的水疱性病变，一旦暴发会直接阻碍相关动物及其产品的国际贸易。用竞争酶联免疫吸附测定（cELISA）检测二者的特异性抗体是疾病监测和出入境检疫中最常用的方法，也是世界动物卫生组织（WOAH）认可的方法。灭活病毒是 ELISA 中常用的组分，但在病毒的分离、增殖、灭活的环节中，存在病毒逃逸的风险，而用 VLP 将其取代，就无此顾虑。试验发现，在 cELISA 中 VLP 与灭活抗原的诊断特异性相当，且在同种型特异性 ELISA 中，二者也显示出相似的结果。因此，在血清学诊断中，可以用 SVD-VLP（杆状病毒表达系统产生）替代传统用的灭活抗原（Xu et al.，2017）。还可用 VLP 作为免疫原接种动物，制备单克隆抗体（monoclonal antibody，McAb）或单域抗体，进而建立其他的 ELISA 方法（杨志元等，2020）和免疫层析试纸条法等。

另外，还可以根据病毒血清型来设计带有特定标记物的 VLP 单价抗原或多价抗原，免疫动物后就可实时监测抗原摄取、加工、呈递的情况。当然，如何有效区分疫苗免疫动物和野毒感染动物，以及用功能性单克隆抗体（Mab）来评估不同 VLP 的抗原性也是新方法研发的关注点。此外，VLP 还可以作为分子成像造影剂输送系统，提高顺磁性造影剂钆离子（gadolinium ion）的有效载荷及受控分布，降低其金属毒性，提升磁共振成像（magnetic resonance imaging，MRI）的对比度和成像效果，使得基于影像的医学诊断更为准确、可靠（Schwarz and Douglas，2015）。

四、VLP 疫苗的分类

VLP 具有天然病毒粒子的结构和抗原表位，作为疫苗具有良好的免疫原性，能激发机体体液免疫、细胞免疫和黏膜免疫（Quan et al.，2020）。根据 VLP 疫苗是否连接有外源抗原，以及如何连接可将其分为以下 4 类：常规 VLP 疫苗、嵌合 VLP 疫苗、VLP 类病毒疫苗（即包装异源 DNA 或 RNA 的 VLP 疫苗）和 VLP 偶联疫苗（图 10-2）（Hume et al.，2019）。

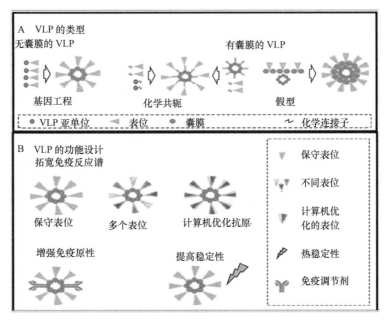

图 10-2　VLP 疫苗的种类（Hume et al.，2019）（彩图请扫封底二维码）
A. VLP 的类型；B. VLP 的功能设计：拓宽免疫反应谱、增强免疫原性、提高稳定性

1. 常规 VLP 疫苗

多种病毒的衣壳蛋白或囊膜成分都能形成 VLP（已知有 100 多种病毒的组分可以形成 VLP），如用大肠杆菌表达戊型肝炎病毒基因 1 型 ORF2 的部分氨基酸序列（aa368～606），纯化后可组装成 HEV-VLP。它与野生病毒类似，也拥有许多免疫优势表位，接种人体后可以诱导机体产生高水平的特异性抗体，从而阻断戊肝病毒的入侵。另外，HBV 和 HPV 的 VLP 也属于此类 VLP，已经被成功地制备成疫苗并已投放市场（本章第三节有详细描述）。

2. 嵌合 VLP 疫苗

通过基因融合可将异源抗原插入 VLP，插入物的大小对 VLP 正确组装和抗原呈递有影响。一般来说,通过遗传融合将 T 细胞表位或 B 细胞表位插入 VLP 的适当位置可不影响其组装(Guo et al.,2019)。Hu 等将猪繁殖与呼吸综合征病毒(PRRSV)的 GP5 表位 B 插入到 PCV2 帽的 CD 环中,发现 PCV2 嵌合 VLP 可诱导小鼠产生较强的体液免疫反应(抗 PCV2 和 PRRSV 的中和抗体)和细胞免疫反应。因此在 PCV2 帽中确定的插入位点具有开发基于 PCV2 VLP 的双价或多价疫苗的巨大潜力(Hu et al.,2016)。有德国学者将 6 组氨酸肽(6×His)嵌合于乙型肝炎核心抗原病毒样颗粒(HBcAg-VLP)的羧基端(C 端),提高了嵌合型颗粒(6×His-VLP)的机械和化学稳定性(包括热处理、反复冻融、振荡和变性剂处理等)(Schumacher et al.,2018)。Liu 等(2020)将截短型鞭毛蛋白 Flc(TFlg:aa85~111)与 PCV2 衣壳蛋白(Cap)融合,结果非但没有影响 VLP 的形成,还能显著增强小鼠的体液免疫和细胞免疫应答。

嵌合 VLP 还用于非传染性疾病的治疗,包括癌症、动脉粥样硬化、2 型糖尿病(Roesti et al.,2020)和尼古丁成瘾(Zhao et al.,2019)。

3. VLP 类病毒疫苗

Forstova 等(1995)用体外制备的异源 DNA 和 VLP 转染真核细胞,证明 VLP 可将异源 DNA 包装入自身衣壳内,即 VLP 可作为载体携带异源 DNA。Takamura 等(2004)用戊型肝炎病毒 VLP 体外包装编码 HIV env DNA 的质粒,经口免疫小鼠,该 VLP 可将异源 DNA 运载到小肠黏膜细胞中。用免疫组化方法检测到 HIV env gp 120 蛋白的表达,在血清及粪便提取物中可检测到高滴度抗 HIV env 的 IgG、IgA 抗体,且小鼠脾细胞、集合淋巴结和肠系膜淋巴结都产生了针对 HIV env 的特异性 CTL 应答。携带外源抑癌基因 *p53* 的 HPV 16 VLP 可成功转染宫颈癌细胞株(HeLa 细胞);鼠多瘤病毒的 VP1 VLP 携带外源 DNA 经鼻免疫小鼠,体内产生较强的针对外源 DNA 及 VLP 本身的体液免疫和细胞免疫。以上研究表明 VLP 作为载体在肿瘤的基因治疗中应用前景很广,已成为联合疫苗防治多种病原感染的一种新途径。另外,有人发现虽然包装的细菌 RNA VLP 疫苗[Qβ(RNA)]也诱导抗原特异性 T 细胞应答和细胞因子产生,但与包装的 CpG(1668)相比,反应强度要小许多(Gomes et al.,2019)。

4. VLP 偶联疫苗

VLP 自身的结构特点非常适合引入外源抗原,但插入长度较大的抗原常会干扰正确的 VLP 形成。将外源性抗原偶联到 VLP 上则可以保证外源抗原以重复的方式展示在载体表面而不影响正常 VLP 的形成。通常做法是在 VLP 的免疫反应区中添加一个或多个赖氨酸,在外源抗原上引入一个半胱氨酸连接物,通过双功能交联剂将外源抗原共价连接到 VLP 载体上。特异性吸附位点(载体上的赖氨酸和抗原上单个游离的半胱氨酸)和双功能交联剂的应用保证了所连接的抗原能够以正确的构象与 VLP 交联,即使在没有佐剂存在的情况下,偶联疫苗也能够诱导强烈持久的 B 细胞和 T 细胞反应。此外,VLP 表面游离的羧基也可用于化合物的偶联。Aljabali 等通过碳二亚胺化法将豇豆花叶病毒(CMPV)与抗癌药物阿霉素(DOX)偶联,形成的 CPMV-DOX 偶联物中有 80 个 DOX 分子共价结合到病毒纳米颗粒(VNP)的外表面羧酸盐上;CPMV-DOX 结合物靶向于细胞的溶酶体内室，在此处，蛋白质类药物载体被降解并释放药物。该实验也首次证明了 CPMV 作为药物载体的实用性（Aljabali et al. 2013）。

五、展望

总之，对 VLP 疫苗的研究方兴未艾。目前，已有针对 5 种疾病的十多种 VLP 疫苗成功商品化，包括人乙型肝炎病毒 VLP 疫苗（4 种）、人乳头状瘤病毒 VLP 疫苗（4 种）、戊型肝炎病毒 VLP 疫苗益可宁®（Hecolin®）、猪圆环病毒 VLP 疫苗（2 种），以及（鱼类）传染性胰脏坏死病毒 VLP 疫苗（3 种）。一种流感病毒 VLP 疫苗 Cadiflu-S 已经完成了Ⅲ期临床试验（印度 CPL Biologicals Pvt.Ltd.）。还有很多 VLP 疫苗处于临床试验阶段（http://cadilapharma.com）。

对 VLP 进行各种修饰，增强其靶向性后，它就是很好的药物递送工具，可精确地将药物运送到目的细胞或细胞区室后发挥靶向治疗作用。另外，新型的 VLP 疫苗或许可以进行冻干处理或雾化干燥，使稳定性大幅度提高而不必依赖冷链，节约疫苗储存、运输时的开支。当然 VLP 疫苗不仅在传染性疾病的防控中深受人们的青睐，在治疗慢性非传染性疾病方面也逐渐得到重视。或许在将来，靶向的、个性化的疫苗治疗可以帮人类解除肿瘤、高血压、糖尿病等疾病的困扰，也可以让大家享用到更为绿色的、安全的动物源性食品。

第二节　VLP 的免疫机制

一、抗原呈递细胞的种类、功能

病毒样颗粒疫苗进入机体后可引发一系列的免疫反应，涉及多种组织、多种细胞，并按照某种先后次序逐步展开,在免疫的启动阶段抗原呈递细胞（antigen-presenting cell，APC）扮演着举足轻重的作用（图 10-3）（Tao et al.，2019）。

APC 是指能够摄取、加工处理抗原并将相关抗原信息呈递给 T 淋巴细胞的一类免疫细胞。根据其细胞表面分子及功能的差异，APC 可分为专职性 APC 和非专职性 APC。专职性 APC 组成性表达主要组织相容性复合体（MHC）Ⅱ类分子和 T 细胞活化所需的共刺激分子及黏附分子，具有显著的抗原摄取、加工、处理与呈递功能，如树突状细胞（dendritic cell，DC）、单核细胞、巨噬细胞和 B 淋巴细胞属于此类。而非专职性 APC 可诱导性表达 MHCⅡ类分子（在炎症或某些细胞因子刺激下），参与诱导 Th2 型细胞免疫反应或诱导免疫耐受的形成。非专职性 APC 包括嗜碱性粒细胞、肥大细胞、嗜酸性粒细胞和 2 型先天性淋巴细胞等。下文主要对专职性 APC 进行介绍。

1. 树突状细胞

在机体中，树突状细胞（DC）充当控制免疫应答的中心调节器、感知危险的探测器，以及连接天然免疫和特异性免疫的桥梁。这种细胞在成熟时伸出许多树突样伪足，故得此名。拉尔夫·斯坦曼（Ralph Steinman，加拿大免疫学家，细胞生物学家）于 1973 年

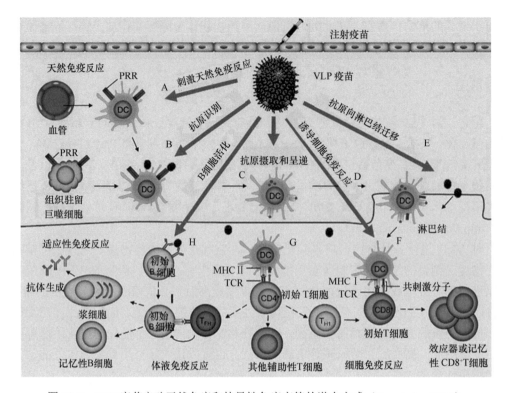

图 10-3　VLP 疫苗启动天然免疫和特异性免疫应答的潜在方式（Tao et al.，2019）

DC：树突状细胞，PRR：模式识别受体，CD4$^+$T：CD4 阳性 T 细胞，CD8$^+$T 细胞：CD8 阳性 T 细胞，T_{H1}：1 型辅助性 T 细胞，TCR：T 细胞受体，MHC I：主要组织相容性复合体 I 类分子，MHC II：主要组织相容性复合体 II 类分子，T_{FH}：滤泡辅助性 T 细胞

发现它的存在。DC 定位于体内的所有组织中，具有高度的异质性，由淋巴器官和非淋巴器官中的多种细胞亚群组成。DC 巡逻组织，识别抗原，并且进行抗原的摄取、加工和呈递。DC 在遇到抗原时经历成熟过程并迁移至淋巴结（Mildner and Jung，2014）。一旦进入淋巴结，它们就通过所谓的免疫突触与初始 T 细胞相互作用，该过程就是抗原呈递，进而激活 T 淋巴细胞。如果这个过程成功，它会触发特定的免疫反应（Ugur and Mueller，2019）。

一般情况下，未成熟 DC 分布于黏膜和外周组织中，具有很强的内吞活性，而 MHC I、MHC II 类蛋白的表达量较低，共刺激分子的表达也较低，分泌细胞因子的能力较弱，但却具有很强的迁移能力，充当抗原采集者的角色，选择性地呈递抗原。这种选择性由 DC 表面的模式识别受体（PRR）所决定，包括 Toll 样受体（TLR）、NOD 样受体（NLR）、C 型凝集素型受体（CLR）、RIG-1 样受体（RLR）等。

DC 对抗原的加工以溶酶体裂解为主：首先在溶酶体将抗原裂解为 10～35 aa 的片段，与其他摆渡分子结合，再将抗原从溶酶体迁移到细胞表面，发出报警信号。在局部炎症因子和抗原的刺激下，树突状细胞逐渐成熟，上调趋化因子受体 CCR7 的表达，在淋巴结基质细胞分泌的趋化因子 CCL19/CCL21 的作用下，DC 向次级淋巴器官的 T 细胞区迁移。在此过程中，DC 摄取、加工抗原的功能减弱，呈递抗原的功能增强，表达共刺激分子（CD80/B7-1、CD86/B7-2、CD40 等）和黏附因子（ICAM-1、ICAM-2、ICAM-3、

LFA-1、LFA-3 等）的水平升高，继而参与特异性免疫的启动。成熟 DC 能有效激活初始型 T 细胞增殖，处于启动、调控及维持免疫应答的中心环节。

此外，DC 可对病原体进行早期识别并快速产生多种细胞因子（如 IL-2、IL-7、IL-12、IL-18、IL-23 和 IL-27 等）以激活天然免疫细胞，包括自然杀伤细胞（NK）和先天淋巴细胞（innate lymphoid cell，ILC），以限制病原体传播，直到特异性免疫启动。DC 也分泌趋化因子，调节 T 淋巴细胞的趋化作用，参与调控 T 淋巴细胞的发育。

DC 起源于骨髓多能造血干细胞。根据其位置、表型、功能和生长因子依赖性，DC 细分为不同的谱系和亚群，即经典树突状细胞（cDC）和浆细胞样树突状细胞（pDC）。cDC 在次级淋巴器官完成发育，包括两大子集：cDC1（依赖于转录因子 Batf3）和 cDC2（依赖于转录因子 IRF4）。cDC 的主要功能是抗原呈递，其中 cDC1（XCR1$^+$ CD172$^-$）启动和激活 CD8$^+$ T 细胞反应，而 cDC2（XCR1$^-$ CD172$^+$）更擅长刺激 CD4$^+$ 辅助性 T 细胞和体液免疫。pDC 先在骨髓中完成发育（依赖于转录因子 E2-2），再迁移到次级淋巴器官和外周组织。pDC 的主要功能：①制造高水平的 I 型干扰素和促炎性细胞因子，激活 NK 细胞，控制病毒感染（使后者产生细胞毒性和 IFN-γ）；②参与抗原呈递，与 cDC 相比，pDC 表达 MHC II 类分子和共刺激分子的水平较低，其呈递抗原的效率也远低于 cDC；③诱导 CD4$^+$CD25$^+$ 调节性 T 细胞的发育；④DC 各亚群可塑性很高，在适当情况下，cDC2（XCR1$^-$CD172$^+$）和 pDC 具有交叉呈递抗原的能力，也能激活 CD8$^+$ T 细胞。pDC 在 T 细胞启动中需要 cDC 协助来完成，特别是在启动交叉呈递时（Brewitz et al.，2017；Theisen et al.，2018）。

2. 单核细胞和巨噬细胞

单核细胞和巨噬细胞（Mø）是天然免疫系统的重要组成部分，是抵御病原体的第一道防线。它们都具有一定的吞噬能力，并且在免疫调节、抗感染和抗肿瘤等方面起重要作用。

所有脊椎动物都具有单核细胞，此类细胞形态特点是大且具有典型的豆状核。单核细胞在骨髓中发育，是血液中单核吞噬细胞的主要类型。长期以来，单核细胞被认为是组织巨噬细胞的来源，但最近的研究表明，单核细胞在循环中及迁移到组织和淋巴器官后的作用更为复杂。单核细胞似乎需要与 DC 一样的特性来促进 T 淋巴细胞的活化、克隆扩增和效应器功能的获得。

单核细胞是一种抗原呈递细胞，它将抗原装载在 MHC I 类分子或 MHC II 类分子上，并诱导 CD8$^+$T 淋巴细胞或 CD4$^+$T 淋巴细胞增殖、分化为效应细胞。初始 T 淋巴细胞激活时需要三种信号，以促进其活化、克隆扩增和获得效应器功能。APC 表面的抗原肽-MHC 复合物和 T 淋巴细胞表面的 TCR 相互作用，提供第一信号；APC 表面的共刺激分子（如 CD80、CD86）和 T 淋巴细胞上的 CD28 结合，提供第二信号；第三信号由 APC 衍生的介质（如 IL-27、IL-1 或 IL-2 等）提供。仅有第一信号和第二信号时，APC 促进初始 T 淋巴细胞活化、增殖，但无法使其获得效应器功能。这三种信号都需要来自同一个 APC，以诱导效应 T 淋巴细胞的分化（cis 激活）。研究表明，LY6C$^+$单核细胞参与 Th1 型、Th2 型和 Th 17 型免疫反应（Jakubzick et al.，2017）。

巨噬细胞是生物体发育过程中最先出现的免疫细胞，具有极强的可塑性和对微环境的适应能力。它们不仅在免疫（稳态和炎症）中发挥关键作用，而且有助于调节器官的发育和功能。组织器官中存在多种来源的巨噬细胞，包括胚胎期卵黄囊衍生的组织巨噬细胞和成年后单核细胞衍生的循环巨噬细胞。组织特异性巨噬细胞通过自我更新维持周围内环境稳态，循环巨噬细胞则主要在炎症状态下被招募至病变部位，并参与疾病进程。Mø 具有强大的吞噬功能、较强的抗原处理和呈递能力，并产生细胞因子，以警告细胞正在发生损伤，促进损伤组织愈合。在不同的微环境或因子的作用下，Mø 表现为不同的极化类型，可分为经典激活的 M1 型及替代激活的 M2 型。M1 巨噬细胞通过 ROS 的产生、诱导型一氧化氮合酶的表达和促炎性细胞因子的释放，吞噬和破坏微生物，清除肿瘤细胞，向 T 细胞提供抗原，从而促进 Th1 反应。而 M2 巨噬细胞表现出免疫抑制表型，其特征是使 T 细胞抗原呈递减少，产生刺激 Th2 反应的细胞因子。这些调节细胞参与组织修复、促进肿瘤生长并发挥抗寄生虫作用。

3. B 淋巴细胞

B 淋巴细胞包括 B-1 细胞和 B-2 细胞，B-1 细胞自发分泌天然 IgM，主要分布于胸膜腔和腹膜腔，B-2 细胞介导大多数 T 细胞依赖性抗体反应，也就是通常意义上的 B 细胞（本书中的 B 细胞也指 B-2 细胞）。除分泌抗体外，B 细胞还表达 MHC II 类分子，并作为 CD4$^+$ T 细胞的 APC。研究者用 B 细胞特异性 MHC II 类分子条件性基因敲除小鼠（CD19^{cre}-MHC II $^{fl/fl}$）证实了 B 细胞的 APC 功能（Giles et al.，2015）。

作为 MHC II 类限制性 APC 中的一员，B 细胞非常特别，因为它表达的 B 细胞受体（BCR）是一种抗原特异性的受体，BCR 与抗原结合可促进抗原特异性 B 细胞的克隆选择。此外，BCR 介导的抗原加工处理和呈递比非 BCR 介导的抗原加工处理更为高效（高 100～1000 倍）。另外，通过 BCR 介导的抗原处理形成的抗原肽-MHC II 类复合物具有独特的 B 细胞激活特性。

二、抗原呈递细胞在 VLP 疫苗免疫中的作用

1. 树突状细胞在 VLP 疫苗免疫中的作用

DC 作为抗原呈递细胞，能够启动和引导天然免疫和特异性免疫。在受到 VLP 疫苗刺激后，树突状细胞逐渐成熟并迁移到淋巴器官，诱导细胞免疫应答（T 细胞）和体液免疫应答（B 细胞）。VLP 靶向 DC 疫苗也可以通过激活自然杀伤细胞和自然杀伤 T 细胞来诱导天然免疫应答。DC 还可通过产生保护性细胞因子如 IL-12、IL-6 和 I 型干扰素而发挥作用。有学者探讨了 DC 和巨噬细胞对不同粒径的（包括 VLP）颗粒抗原的摄取和转运，发现 VLP（30 nm）和小颗粒抗原（20～200 nm）可自由引流至淋巴结，而大颗粒抗原（500～2000 nm）从注射部位向引流淋巴结的运输则必须借助于 DC（Manolova et al.，2008）。绝大多数 VLP 疫苗的颗粒大小处于 DC 最容易摄取的颗粒抗原的尺寸范围内（直径<500 nm），更易启动和诱发免疫反应。

新城疫病毒样颗粒（NDV VLP）由基质蛋白、表面糖蛋白和/或核蛋白组成，形状

和大小与野生型病毒相近（100～200 nm）。NDV VLP 通过上调表面 MHCⅡ和共刺激分子表达来诱导 DC 成熟，MHCⅡ、CD80、CD86 和 CD40 表达上调，TNF-α、IFN-γ、IL-6 和 IL-12p70 表达增加。研究者发现这种成熟由 TLR4/NF-κB 依赖性途径触发，而 DC 的迁移则是由 CCR7-CCL19/CCL21 轴促成的（Qian et al. 2017）。CCR7 是一种趋化因子受体，由 DC 表达，未成熟 DC 在成熟过程中会上调 CCR7 的表达；而 CCL19/CCL21 是趋化因子，由淋巴结基质细胞分泌，可特异作用于 CCR7 受体。DC 有序、适度的迁移对引发有益于机体的免疫反应非常重要，但其迁移紊乱则会导致自身免疫性疾病。

2. 单核细胞和巨噬细胞在 VLP 疫苗免疫中的作用

抗原呈递细胞对抗原的摄取和加工影响抗原的免疫效果。不同的疫苗进入 APC 的途径并不完全相同，同一种 VLP 疫苗也可通过多种方式进入 APC。以流感病毒血凝素（HA）蛋白疫苗（A/California/07/2009 H1N1）为例，研究者追踪了可溶性的 HA 与颗粒化的 VLP 疫苗（农杆菌介导、在烟草中表达）在人类巨噬细胞（衍生于单核细胞）内的不同命运，发现可溶性 HA 几乎完全由网格蛋白介导的内吞方式内化，主要转运到高降解性晚期内体区室进行加工处理。相比之下，颗粒化的 H1 VLP 疫苗则可利用多种方式内化入巨噬细胞，这些方式包括网格蛋白介导的内吞作用、非网格蛋白介导的内吞作用及胞饮作用和吞噬作用，且内化的 H1 VLP 大部分保留在低降解的早期内体或再循环内体中，其中部分 HA 蛋白与 MHC Ⅰ类蛋白共定位。巨噬细胞对颗粒化的 VLP 拥有多样性的内化机制，这些机制增加了 VLP 经历不同的酸化和降解环境的可能性。这也就解释了在临床试验中，为什么这种流感 VLP 疫苗可在人体引起双重体液和 CD4⁺T 细胞反应并交叉呈递给 CD8⁺T 细胞（Makarkov et al.，2019）。

3. 作为 APC 的 B 细胞在 VLP 疫苗免疫中的作用

树突状细胞能高效激活初始 CD4⁺T 细胞,而抗原特异性 B 细胞同样具有这种功能。但是免疫前，与丰富的树突状细胞相比，抗原特异性 B 细胞极为罕见，并且 B 细胞在未经树突状细胞刺激 CD4⁺T 细胞之前不会与 CD4⁺T 细胞相互作用，所以，一般认为 B 细胞对 CD4⁺T 细胞的初始激活贡献极小。但是 T 细胞的激活不仅取决于 APC 的数量，还取决于 APC 提供的 TCR 信号强度（van Panhuys，2016）。由于 DC 是通过非特异性结合来捕获抗原的，因此需要高浓度的抗原来装载大剂量的 DC。而 B 细胞通过特异性BCR 结合捕获抗原，即使在抗原浓度较低的情况下，抗原特异性 B 细胞仍然可以通过高亲和力结合捕获相对大量的抗原。因此，在这种情况下，B 细胞可以取代 DC 进行抗原呈递。研究发现，抗原特异性 B 细胞的"稀缺性"并不会限制它们在体内对 Qβ-VLP和流感病毒的反应中充当主要 APC 的角色。

三、B 细胞及 VLP 诱导的 B 细胞免疫应答

1. B 细胞识别的抗原

B 细胞是分泌抗体的浆细胞的前体，在防止细胞外病原体侵袭的体液免疫应答中起

重要作用。B 细胞通过 B 细胞受体（BCR，即膜表面免疫球蛋白）识别抗原，BCR 能识别的抗原可以分为两类，一类是 T 细胞非依赖性抗原（TI 抗原），另一类是 T 细胞依赖性抗原（TD 抗原，绝大多数抗原属于此类）。TI 抗原可以直接与 BCR 结合而激活 B 细胞，产生抗体；TD 抗原需要抗原特异性的辅助性 T（Th）细胞的协助才能使 B 细胞活化，进而使 B 细胞分化为浆细胞而产生抗体。

2. B 细胞识别的活化

B 细胞和 T 细胞分别位于淋巴组织的不同区域。进入淋巴组织的循环初始 T 细胞通过识别活化 DC 呈递的抗原肽而分化成 Th 细胞并被捕获在 T 细胞区。循环的初始 B 细胞也进入 T 细胞区，在那里它们被 Th 细胞激活，然后迁移到 B 细胞区。通常，B 细胞的活化需要两个信号，一个来自病原体抗原，另一个来自 Th 细胞。B 细胞通过 BCR 直接与病原体抗原结合，这导致病原体抗原肽在 B 细胞表面通过 MHC II 类分子内化、降解和呈递（第一信号）。Th 细胞识别肽-MHC II 类分子复合体（第二信号），被 B 细胞上的 CD40 与 Th 细胞上的 CD40L 和 Th 细胞分泌的细胞因子的相互作用活化。活化的 B 细胞迁移到淋巴滤泡并形成生发中心，在此处 B 细胞经历体细胞超突变和亲和力选择。经历亲和力选择后的 B 细胞离开生发中心并分化成在外周循环的长寿记忆 B 细胞或分泌抗体的浆细胞。

3. VLP 诱导的 B 细胞的免疫应答

1）VLP 疫苗本身的结构特点适宜于诱导 B 细胞免疫应答

自然界中大多数的病原微生物表面由高度重复的、有组织的蛋白质组成，天然免疫系统可以对其进行准确的识别。众所周知，VLP 疫苗恰好拥有此类结构，可在有限的纳米尺度上显示数以百计的肽，故能够激发最佳的 B 细胞免疫反应，另外，这种重复的结构模式可以有效地交联 BCR，向 B 细胞传递强烈的大大超过活化阈值的激活信号，并绕过 T 细胞辅助的初始需要。另外，在 BCR 介导的 VLP 内吞作用中，通常包装在 VLP 内的核酸被运送到内吞区室，在那里它们可以相互作用并激活内体 TLR，导致 IgG 的同型转换，使其具有更高的效应功能（Mohsen et al.，2018）。通过 BCR 摄取 VLP 疫苗后，B 细胞还需与 Th 细胞相互作用以获得后者的辅助。辅助性 CD4$^+$ T 细胞和 B 细胞间的相互作用对浆细胞（产生抗体）和记忆 B 细胞的产生是必需的，VLP 疫苗诱导 B 细胞活化为浆细胞的关键效应分子就是抗体。此外，VLP 疫苗的多价性也可能降低抗原被 B 细胞摄取、呈递的阈值；在外周对于多价抗原的刺激，B 细胞反应强烈，导致产生分泌大量抗体的长寿浆细胞。失能 B 细胞对低价抗原刺激无反应，但可被多价抗原激活（Chackerian and Peabody，2020；图 10-4）。

2）将 TLR 配体装载于 VLP 疫苗中，以诱导 B 细胞免疫应答

鞭毛蛋白是细菌鞭毛的一种成分，是 TLR5 和 NLRC4 的配体，它能激活树突状细胞及其他抗原呈递细胞，并促进 B 细胞和 T 细胞向淋巴结募集，可以增加抗体滴度，具有佐剂效应。研究者将鞭毛蛋白分子锚定于流感病毒 VLP 的表面（FliC-VLP），用其免

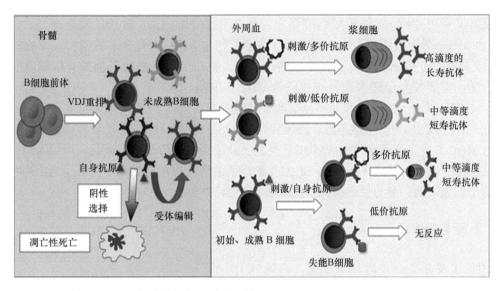

图 10-4 B 细胞的发育及耐受机制（Chackerian and Peabody，2020）

疫野生型小鼠和不同的基因敲除小鼠（包括敲除 *CD4* 的、敲除 *TLR5* 的、敲除 *NLRC4* 的及 *TLR5/NLRC4* 双敲除的）。结果显示，FliC-VLP 组诱导野生型小鼠产生 IgG1 和 IgG2c 同型抗体，呈 Th1 偏向型免疫反应，可有效增强保护性 IgG 抗体应答和持久的 IgG 抗体应答（维持 9 个月），并且 FliC-VLP 的佐剂作用对 CD4$^+$ T 细胞和鞭毛蛋白介导的天然免疫信号传导途径的依赖性相对较少（部分依赖性）。与野生型小鼠相比，尽管 FliC-VLP 免疫的 *CD4-ko* 小鼠生成的抗体量较低，但在致死性流感病毒感染时，也呈现出很好的保护性免疫反应。相反，可溶性鞭毛蛋白免疫组诱导 Th2 偏向型的反应，并且需要辅助性 CD4$^+$ T 细胞的参与（Ko et al.，2019）。

四、主要组织相容性复合体

主要组织相容性复合体（major histocompatibility complex，MHC）是由一组与免疫应答密切相关的、紧密连锁的基因群，具有高度多态性。它广泛存在于人类和其他脊椎动物中。MHC 参与 T 淋巴细胞的分化和成熟，参与抗原加工和呈递，诱导和调节免疫应答，同时它也与许多自身免疫性疾病和慢性疾病的发生、发展关系密切。此外，它对配偶选择、繁殖性能、健康状况、器官移植、接种疫苗等方面也有影响。

MHC Ⅰ 类分子和 MHC Ⅱ 类分子参与特异性免疫反应，通过呈递抗原肽而激活 T 淋巴细胞，这决定了 T 细胞识别抗原的 MHC 限制性，即 MHC Ⅰ 类分子被 CD8$^+$ T 淋巴细胞所识别，而 MHC Ⅱ 类分子被 CD4$^+$ T 淋巴细胞所识别。MHC Ⅲ 类基因主要编码包括某些补体成分在内的一些可溶性蛋白。

MHC Ⅰ 类分子是由重链 α 链和轻链 β$_2$-微球蛋白（β2M）以非共价键组成的多态性糖蛋白。α 链有 5 个主要的结构域：α1、α2、α3、跨膜区和胞质区。α1 和 α2 结构域构成肽结合槽（由 4 个反平行的 β 链和螺旋区组成，结合槽两端呈封闭状），识别内源性抗原（约 8~10 aa），故而此区域决定了 MHC Ⅰ 类分子的多态性和可以由其呈递的抗原肽及其亲和力；而 α3 结构域高度保守，是 T 细胞表面 CD8 分子的结合部位。β2M（不由 MHC 基因座编码）与 α3 结构域结合能稳定 MHC I 类分子的结构，并促进新合成的 MHC I 类分子向细胞表面运输。MHC I 类分子广泛表达于全身有核细胞的细胞表面，主要参与呈递内源性抗原肽给 $CD8^+T$ 细胞。

MHC II 类分子由 α 链和 β 链以非共价键组成异二聚体，α 链和 β 链有 4 个主要的结构域：α1（或 β1）、α2（或 β2）、跨膜区和胞质区。由 α1 和 β1 结构域构成肽结合槽，但与 MHC I 类分子不同的是，MHC II 类分子肽结合槽的两端呈开放状，所识别的外源性抗原相应较长（约 11～28 aa）。MHC II 类分子主要分布在 B 细胞、抗原呈递细胞和激活的 T 细胞表面，参与呈递外源性抗原肽给 $CD4^+$ T 细胞。

五、抗原呈递途径

1. MHC I 类分子介导的抗原呈递（内源性）

MHC I 类分子限制性抗原主要来源于内源性新合成蛋白。病毒（或结核杆菌等胞内菌）感染机体后，会利用宿主的细胞机制来制造它们增殖所需的蛋白质（即内源性抗原）。这些胞内抗原（还包括机体自身的垂死细胞）被蛋白酶体加工成短肽（11～28 aa），再被抗原加工相关转运体（transporter associated with antigen processing，TAP）转运蛋白转运到内质网（ER）的管腔中，在那里它们可以被装载到新合成的 MHC I 类分子上（需要钙联蛋白、ERP57、钙网蛋白、TAPassin 等多种分子伴侣的动态协助）。然后，载有肽的 MHC I 类复合物会沿着分泌途径到达高尔基体进行进一步的加工、修饰；之后绝大部分肽-MHC I 类复合物从那里直接被转运到细胞膜表面；另外有少数被运送到特定的分选内体，此时就有可能经交叉途径呈递。被激活的 APC 呈递肽- MHC I 类复合物给初始 $CD8^+T$ 细胞，并促进其增殖和分化。这些循环的 CTL 通过细胞表面的 TCR 持续监测 MHC I 类分子呈递的肽，载有宿主自身正常肽的 MHC I 类分子被忽略，但那些载有病毒抗原肽等异常表位的 MHC I 类分子会被识别出来，由此触发 CTL 发挥细胞毒作用，释放穿孔素、颗粒酶等物质，以杀死被感染的细胞（或变异的细胞）限制疾病的传播。

另外，短肽被 TAP 转运到内质网的管腔中，在那里它们会优先与 MHC I 类分子结合，而不是先与 MHC II 类分子结合，因为新合成的 MHC II 类分子的抗原肽结合槽被不变链伴侣 Ii 保护。

2. MHC II 类分子介导的抗原呈递（外源性）

一般而言，注射的灭活抗原或大部分的病毒样颗粒疫苗均经此途径呈递。APC 通过受体介导的内吞作用、吞噬作用或巨胞饮作用等途径捕获细胞外抗原（即内化），内化的抗原形成吞噬体并被迅速传递到内体，后者经历快速酸化并与溶酶体融合形成吞噬溶酶体和次级溶酶体。此处，抗原被蛋白降解酶加工为长度 13～25 aa 的抗原肽。另外，在内质网的管腔中，新合成的 MHC II 类分子装配成二聚体，其抗原肽结合槽被不变链 Ii 保护。之后，二者一起被运送至 MHC II 区室（MHC class II compartment，M II C）；

在此处，MHC II 类分子上负载的 Ii 被专门的组织蛋白酶加工为 II 类相关恒定链多肽（Class II -associated invariant chain peptide，CLIP）；接下来，HLA-DM（人）或 H2-DM（小鼠）（充当肽转换器）通过诱导 MHC II 类分子-CLIP 复合物的构象发生变化，导致 CLIP 的释放并诱导产生肽接受型 MHC II 类分子；后者可以快速捕获源自灭活抗原或 VLP 的衍生肽，其中结构适宜的、高亲和力的抗原肽与之结合（人的 HLA-DO 或小鼠的 H-2O 参与）。然后将载有抗原肽的 MHC II 类复合物转运至细胞膜，供 CD4$^+$ Th 淋巴细胞识别，导致 CD4$^+$ T 细胞活化。在 DC 中，微生物产物或炎性细胞因子的激活改变了 MHC II 类分子和共刺激分子的表达量，从而增强了 DC 对 CD4$^+$T 细胞的刺激能力。

但有研究者通过"无细胞极简体系"发现：MHC II 类分子的抗原肽结合槽是开放性的，支持"先结合，后加工"的模型，外源性抗原（不包括自身抗原）是以全长而不是短肽形式被 MHC II 类分子捕获的（Sadegh-Nasseri and Kim，2015）。

3. 抗原的交叉呈递

研究发现，MHC 分子的限制性并不是绝对的，MHC I 类分子可以在交叉呈递的过程中呈递外源性抗原，而 MHC II 类分子也可以呈递内源性抗原。交叉呈递多见于 XCR1$^+$ DC 亚型中，并受到微生物或 I 型干扰素依赖性激活的支持。比如，脾中 CD8α$^+$CD24$^+$ DC、迁移组织的 CD103$^+$ DC 和朗格汉斯细胞（存在于小鼠和人类表皮中）等都具有交叉呈递能力。向 MHC I 类分子传递外源性抗原涉及两个主要途径。其一是细胞吞噬途径，其中吞噬的蛋白质通过不确定的分子机制转运到细胞质，由蛋白酶体介导加工成肽，然后将其转运到 ER 并加载到 MHC I 类分子上。其二是液泡途径，此途径允许来自溶酶体的抗原肽直接负载于某些 MHC I 类分子上，而这些 MHC I 类分子存在于再循环内体的特定内体区室中。但对 MHC II 类分子呈递内源性抗原的机制研究较少，目前仅知自噬参与了这一过程。

正如前文所述，巨噬细胞对颗粒化的 VLP 拥有多样性的内化机制，增加了 VLP 经历不同的酸化和降解环境的可能性，从而拓宽了 VLP 衍生抗原肽的呈递途径（Makarkov et al.，2019）。

六、T 细胞及 VLP 诱导的 T 细胞免疫应答

1. T 细胞及其功能

T 细胞不能识别结构完整的抗原，只能识别加工过的抗原肽，即与 MHC I 类或 MHC II 类分子结合的短肽序列。这种识别由 T 细胞受体（T-cell receptor，TCR）和 MHC-肽复合物之间的相互作用来完成。

CD4$^+$T 细胞（辅助性 T 细胞，Th 细胞）通过分泌多种细胞因子（包括 IFN-γ、TNF-α、IL-2、IL-4 和 IL-17 等）而起作用：一是促进 B 细胞分化成熟为浆细胞并产生抗体，辅助抗体类型的转换及亲和力成熟；二是促进 CD8$^+$T 细胞的增殖，辅助记忆性 CD8$^+$T 细胞的形成；辅助 T 细胞分为几个亚类，各亚类的功能不同。总之，CD4$^+$T 细胞可以协调调度其他免疫反应的参与者，使免疫反应达到最优状态。

CD8$^+$T 细胞（细胞毒性 T 淋巴细胞，CTL）是免疫应答的主要效应细胞，可直接发挥细胞介导的细胞毒作用而特异性杀伤靶细胞，在抗病毒或抗肿瘤免疫中发挥重要作用。

T 淋巴细胞的活化是由 APC 表面抗原衍生肽和 MHC 分子的复合物的识别所驱动的。细胞毒性 CD8$^+$T 细胞识别抗原肽-MHC Ⅰ类复合物，通常杀死 APC，而辅助性 CD4$^+$T 细胞识别抗原肽-MHC Ⅱ类复合物，进而协助或激活 APC。

2. VLP 诱导的 T 细胞免疫应答

1）将抗原与 MHC Ⅱ类分子的不变链伴侣 Ii 融合，可以诱导全面的 T 细胞免疫应答

众所周知，所有的有核细胞（包括肿瘤细胞）都表达 MHC Ⅰ类分子，而 MHC Ⅱ类分子仅表达于 APC，因此，人们一直认为仅刺激细胞毒性 CD8$^+$T 细胞就足以诱导抗肿瘤反应，对肿瘤疫苗的研究也一直集中在 MHC Ⅰ类限制性肽上。然而，有研究表明，辅助性 CD4$^+$T 细胞在促进和维持记忆性 CD8$^+$T 细胞及肿瘤控制中起着关键作用，提示抗肿瘤需要激发全面的 T 细胞免疫应答。不变链伴侣 Ii（CD74）充当 MHC Ⅱ分子的伴侣并介导抗原向内体途径的运输。Mensali 等（2019）使用长肽证明，APC 可以在 MHC Ⅰ类分子和 MHC Ⅱ类分子上呈现来自同一 Ii 分子的肽，证实了表达 Ii 的树突状细胞可以从首免人群中启动 CD4$^+$T 细胞和 CD8$^+$T 细胞，激发全面的 T 细胞免疫应答。此外，研究者还发现，Ii 装载后抗原呈递优于内质网靶向的基因构建体，这表明 ER 定位不足以获得有效的 MHC-Ii 装载。

艾滋病的全球防控形势十分严峻，每年约有 200 多万人感染、100 多万人死亡。HIV 疫苗的研发非常有挑战性，仍属世界难题，尚无突破性进展。如何拓宽免疫反应谱，激发保护性免疫应答，达到功能性治愈是大家的努力目标。国外有人用编码 Gag 和 Env 的病毒样颗粒疫苗接种远交系 CD1 小鼠[以人腺病毒 5 型（Ad）用作初免，再用修饰的痘苗病毒（MVA）作为加强载体]，另外构建了病毒进行对比：Ad-Ii-SIVCErvv，其中融合有小鼠不变链 Ii 的 C 端（1～75 aa）与 SIV p27 CE 及 SIVmac239 的 Rev、Vif 和 Vpr（其中 Rev 是病毒粒子蛋白表达调节因子、Vif 是病毒感染因子、Vpr 是病毒蛋白 R）；选择这些基因是为了避开免疫显性抗原。为了增加这些抗原的免疫原性，研究者将具有 T 细胞佐剂效应的 MHC Ⅱ类分子的不变链 Ii 与之融合。用重组腺病毒感染 Vero 细胞（50 IFU/细胞），48h 后从细胞培养上清液中纯化出 VLP。分别免疫小鼠，结果发现包含有 Ad-Ii-SIVCErvv 的异源免疫方案激发了更强、更广泛的 Gag/CE 特异性 CD8$^+$T 和 CD4$^+$T 细胞应答。用 Ad-Ii-SIVCErvv 接种 10 只 CD1 小鼠，全部都显示出明显的 Vif-和 Vpr-特异性 CD8$^+$T 细胞应答，而在大多数动物中诱导 Vif 特异性 CD4$^+$T 细胞应答，仅有少数小鼠表现出对 Rev 的 CD4$^+$T 细胞应答（Schwerdtfeger et al.，2019）。

2）将抗原与 MHC Ⅰ类分子的 β2-微球蛋白融合，以诱导强大的 CD8$^+$T 细胞免疫应答

Holst 等（2007）比较了用腺病毒载体编码的淋巴细胞性脉络丛脑膜炎病毒（lymphocytic choriomeningitis virus，LCMV）全长病毒蛋白和腺病毒编码的与人 MHC Ⅰ类分子 β2-微球蛋白（hβ2m）共价连接的抗原肽诱导的免疫应答。该研究发现，连接有 hβ2m 的抗

原肽诱导了更快、更强的 CD8$^+$T 细胞反应（推测目标抗原肽很可能显示在 MHC Ⅰ 类分子的抗原结合槽内），并且后者激发的免疫功能是长期性的，具有保护效果，能抵抗高剂量的 LCMV 的二次攻击。与全长蛋白相比，β2-微球蛋白连接的 LCMV 衍生抗原肽诱导的 CD8$^+$T 细胞反应并不依赖于 CD4$^+$T 细胞，因为即使在 MHCⅡ类缺陷型小鼠（MHCⅡ$^{-/-}$ mice，B6.129-H2Ab1tm1Glm N12）中也能够诱导 CD8$^+$T 细胞应答。这一发现对于 CD4$^+$T 细胞缺陷的患者（如 HIV 感染者及慢性病患者）尤为重要，对研发新型 HIV 疫苗或其他慢性疾病疫苗具有启发意义。

3）将 TLR 配体装载于 VLP 疫苗中，以诱导保护性 T 细胞免疫应答

模式识别受体（pattern recognition receptor，PRR）可识别病毒中病原体相关分子模式（pathogen associated molecular pattern，PAMP），发挥抗病毒和促炎性免疫反应作用。Toll 样受体（Toll-like receptor，TLR）即是其中的一类，如 TLR5 可以识别鞭毛蛋白（鞭毛蛋白是 TLR5 的配体），TLR9 可识别细菌的 CpG-DNA，TLR7 和 TLR8 可识别单链 RNA，后三者在病毒核酸的刺激下，诱导机体产生 Ⅰ 型干扰素，从而发挥抗病毒作用。

使用异双功能交联剂琥珀酰亚胺基 -6- 己酸酯将免疫显性肽 p33（序列 KAVYNFATMGGC）和 Qβ VLP 进行化学交联，并分别包裹 CpG 1668，TLR9 配体和细菌 RNA（TLR7 配体）来制备 VLP 疫苗。免疫小鼠（50 μg）并观察，结果发现：第一，将 CpG 包装到 VLP 中会改变它们的内体运输，包装有 CpG 的 Qβ VLP 在到达溶酶体之前，在内体区室中保留较长时间，它和 LysoTrack 染料的共定位时间延迟；这可能影响免疫应答，因为游离 CpG 和 Qβ VLP 包装 CpG 诱导的细胞因子有差异。第二，Qβ VLP 包装的 CpG 1668 不仅增加了抗原特异性 CD8$^+$T 细胞的增殖（通过四聚体染色证明），而且关键细胞因子（如 IFN-γ 和 TNF-α）的分泌量也增加。虽然包装的细菌 RNA VLP 疫苗（Qβ RNA）也诱导抗原特异性 T 细胞应答和细胞因子产生，但与 Qβ 1668 相比，反应强度要小许多。第三，免疫后 24 h 对小鼠脾 DC 聚类分析显示各自的基因表达谱（主要针对参与免疫应答、TLR 信号传导和控制细胞稳态的基因），如编码衔接分子 Myd88、警报分子 S100A8/9、鸟苷酸结合蛋白家族成员的基因，还有负责细胞信号传导和代谢的几种基因也被不同程度地表达。值得注意的是，DC 在 TLR 参与时经历的转录变化均与代谢或免疫应答有关。第四，转录特征的功能分析揭示了含有 Qβ VLP 的 TLR 配体参与的重要途径，Qβ 1668 免疫组差异性表达基因主要在免疫途径，如趋化因子信号传导途径和细胞因子-细胞因子受体相互作用途径。此外，涉及细胞因子和趋化因子信号传导途经与 NOD 样受体途径的基因被显著上调，如 TNF-α、IL-17、NLRP12、p38、GBP、CCL2 和 CCL12。数据显示 CpG 1668 诱导的免疫反应偏向 Th1 型（Gomes et al.，2019）。

第三节 VLP 疫苗的研究

VLP 的诸多优势和特点表明它在疫苗应用领域有良好的前景。20 世纪 80 年代初，人乙肝病毒 VLP 疫苗作为首个商业化 VLP 疫苗问世。研究人员发现感染者免疫血清中有一种无感染性的颗粒，这种颗粒是一种无规则的脂蛋白结构，而不是高度重复、有序的蛋白复合物，但具有与天然病毒相似的免疫原性和诱导中和抗天然病毒抗体的能力。

紧接着人乳头状瘤病毒四价VLP疫苗获得美国食品药物监督管理局（Food and Drug Administration，FDA）批准而上市。大量临床试验证明，人乳头状瘤病毒 VLP 疫苗具有很强的免疫原性，对人乳头状瘤病毒引起的女性生殖道疾病的防控非常有效。随后，人乳头状瘤病毒二价 VLP 疫苗相继被欧盟药品管理局和 FDA 批准，至此掀起了 VLP 疫苗的研究热潮。

2012 年中国科学家夏宁邵和张军团队成功研发出全球第一个商品化的戊型肝炎 VLP疫苗益可宁®（Hecolin®），这是全世界戊型肝炎防控领域的一个重大突破。各国科研人员相继对人流感病毒、细小病毒、诺瓦克病毒、免疫缺陷病毒等进行了 VLP 疫苗的研发，但大多处在临床试验或临床前试验阶段。

动物病毒 VLP 疫苗的研究相对人用 VLP 疫苗进展较为缓慢。在兽医研究领域，猪圆环病毒 VLP 疫苗成功商品化，另外还有鱼的三种传染性胰脏坏死病毒 VLP 疫苗商品化。VLP 作为候选动物疫苗正受到越来越多的关注。

一、人类与人畜共患病 VLP 疫苗

1. 乙型肝炎病毒

VLP 的研发可以追溯至 20 世纪 80 年代，始于乙型肝炎病毒（HBV）第二代疫苗研发。20 世纪 80 年代初，从 HBV 患者的血清中分离、纯化后的 HBsAg 颗粒，灭活后制成预防人乙型肝炎的疫苗。于 1981~1982 年，这种血浆衍生疫苗 HeptavaxB®［美国默克（Merck）公司］和 HevacB®（法国巴斯德研究所）获得许可，含有 20 μg/ml 的 HBsAg 亚病毒颗粒。然而基于对血液产品安全性和供体血浆可用性的担忧，亟待开发下一代乙型肝炎疫苗。1982 年美国加利福尼亚大学 Rutter 团队利用酿酒酵母表达了 HBsAg，纯化的 HBsAg 在电镜下呈现与 HBV 大小相近的病毒样颗粒结构，直径约 20 nm（平均直径为 17 nm），表达产物可以与 HBsAg 蛋白反应（Valenzuela et al.，1982）。之后，美国默克（Merck）公司与 Rutter 团队合作，在酿酒酵母中表达 HBsAg-VLP、纯化后产物添加铝佐剂，免疫小鼠、绿猴和黑猩猩。免疫后，所有动物都诱导了抗体反应；同时对免疫后的黑猩猩经静脉注射人血清来源的同源或异源 HBV。实验结果证实，HBsAg-VLP 免疫可以提供完全保护（McAleer et al.，1984）。随后，该疫苗在成人体内进行安全性和免疫原性测试（Scolnick，1984）。基于 HBsAg-VLP 的新一代疫苗于 1986 年注册（RECOMBIVAX HB. Merck），并得到了 FDA 的批准。随后，数十个基于 HBsAg-VLP 的乙型肝炎疫苗在全世界范围内注册并进行商业化生产、销售（Kushnir et al.，2012），见表 10-1。

表 10-1 乙型肝炎病毒 VLP 主要研究进展

囊膜病毒/无囊膜病毒	病毒	科	抗原	表达宿主（胞内型/分泌型）	VLP 类型	参考文献
囊膜病毒	乙型肝炎病毒	嗜肝 DNA 病毒科	HBsAg	酿酒酵母（分泌型）	单层	Valenzuela et al.，1982
			HBsAg	酿酒酵母（胞内型）	单层	McAleer et al.，1984

2. 人类免疫缺陷病毒

1989 年，葛兰素史克公司 Delchambre 等利用杆状病毒-昆虫细胞系统表达了猴免疫缺陷病毒（SIV）GAG 前体多聚蛋白 Pr57^{gag}。表达的重组蛋白 Pr57^{gag} 通过出芽的方式释放至培养上清中，且 Pr57^{gag} 可以装配成直径 100～120 nm 的 VLP 结构（Delchambre et al.，1989）。同年该公司的 Gheysen 等同样也是利用杆状病毒-昆虫细胞系统表达了人类免疫缺陷病毒（HIV）GAG 前体多聚蛋白，结果与 SIV GAG 前体多聚蛋白几乎相同（Gheysen et al.，1989），见表 10-2。

表 10-2 人类免疫缺陷病毒 VLP 主要研究进展

囊膜病毒/无囊膜病毒	病毒	科	抗原	表达宿主（胞内型/分泌型）	VLP类型	参考文献
囊膜病毒	人类免疫缺陷病毒	逆转录病毒科	Pr57^{gag}	昆虫细胞（分泌型）	单层	Delchambre et al.，1989
			GAG1	昆虫细胞（胞内型）	单层	Gheysen et al.，1989

3. 轮状病毒

轮状病毒（rotavirus）是导致人与多种动物腹泻的重要病原之一，病毒具有三层衣壳结构。为了研究轮状病毒结构和装配机制，VLP 平台是有效的研究手段之一。有关轮状病毒 VLP 的研究始于 20 世纪 80 年代，1987 年，Estes 利用杆状病毒-昆虫细胞表达系统表达 SA11 株轮状病毒 VP6 蛋白，证明 VP6 蛋白可以装配成长管状结构，纯化蛋白所制备的免疫血清不能中和病毒，但是可以与同源或异源病毒发生反应（Estes et al. 1987）。1991 年，Labbé 等利用杆状病毒-昆虫细胞系统表达了轮状病毒 VP2 蛋白，其可以形成核心衣壳样结构；同时与同源或者异源 VP6 蛋白共表达可以装配成 VLP（Labbé et al.，1991）。另外，通过杆状病毒-昆虫细胞系统表达轮状病毒 VP6 蛋白，在没有核心衣壳蛋白 VP2 的参与下，也可以装配成直径约 60 nm 的 VLP 结构，并且此 VLP 具有偶联外源合成肽的能力，可以作为递送外源合成肽的载体（Frenchick et al. 1992）；同样利用杆状病毒-昆虫细胞系统证明 VP6 与 VP4 和/或 VP7 的共表达，也可以装配成 VLP 结构，并且具有较好的免疫原性，对于同源和异源轮状病毒攻击，提供一定的保护（Redmond et al.，1993），见表 10-3。总体而言，轮状病毒 VLP 的制备多采用杆状病毒-昆虫细胞表达系统或草地夜蛾幼虫（Molinari et al.，2008），但是后来国内外的研究学者也利用酿酒酵母（Rodríguez-Limas et al.，2011）、转基因植物（Yang et al.，2011）、重组病毒（Nilsson et al.，1998）、大肠杆菌表达系统（Li et al.，2014）进行病毒装配和疫苗评价等工作。但是，令人遗憾的是，时至今日基于 VLP 的疫苗研发工作还仅是局限于实验室评测阶段，尚无该类疫苗进入商品化开发。

表 10-3 轮状病毒 VLP 主要研究进展

囊膜病毒/无囊膜病毒	病毒	科	抗原	表达宿主（胞内型/分泌型）	VLP类型	参考文献
无囊膜病毒	轮状病毒	呼肠孤病毒科	VP2、VP6	昆虫细胞（分泌型）	多层	Labbé et al.，1991
			VP4、VP6、VP7	昆虫细胞（胞内型）	多层	Redmond et al.，1993

4. 人乳头状瘤病毒

宫颈癌由人乳头状瘤病毒（HPV）引起，是全球妇女癌症死亡的第二大常见原因。在发展中国家，它是女性癌症死亡的主要原因。每年全球新增约 50 万宫颈癌病例，约 25 万人死亡。据估计，在已知的 15 种导致宫颈癌的病毒中，HPV-16 和 HPV-18 亚型约占全世界病例总数的 70%（Dürst et al.，1983），除此之外，还包括 HPV-31、HPV-33、HPV-35、HPV-45、HPV-52 和 HPV-58，以及 4 种较少见的亚型（HPV-39、HPV-51、HPV-56 和 HPV-59）。HPV 无法实现体外细胞培养，同时，在自然感染组织中也无 HPV 完整病毒粒子，这给 HPV 疫苗研发造成了极大障碍。无法通过传统疫苗制备方法来生产 HPV 疫苗，但是 VLP 系统给 HPV 疫苗的创制提供了可能。1991 年，Zhou 等在 CV-1 细胞上通过痘病毒共表达 HPV L1 蛋白和 L2 蛋白，发现可以装配成约 40 nm 的 VLP；若缺少 L1 蛋白或 L2 蛋白，则不能装配成 VLP（Zhou et al.，1991）。随后，其他小组也利用重组痘病毒在 BSC-1 细胞上，单独表达 HPV-1 L1 蛋白或共表达 L1 蛋白和 L2 蛋白均可以装配成 VLP，不过单独表达 L1 蛋白所形成 VLP 的数量较少，同时其直径和形状也是有所差异的（Hagensee et al.，1993）。另发现在昆虫细胞内单独表达 HPV-16 和牛乳头状瘤病毒的 L1 蛋白即可以装配成 VLP，同时可以诱导高滴度的中和抗体（Kirnbauer et al.，1992）；随后，HPV-11、HPV-16 和 HPV-6 L1 蛋白也证实均可以在昆虫细胞内装配成 VLP（Kirnbauer et al.，1993；Rose et al.，1993；Touze et al.，1998）。Cook 等（1999）在酿酒酵母中单独表达 HPV-11 L1 蛋白即可以装配成 VLP，VLP 平均直径 49 nm，见表 10-4。

表 10-4 人乳头状瘤病毒 VLP 主要研究进展

囊膜病毒/无囊膜病毒	病毒	科	抗原	表达宿主（胞内型/分泌型）	VLP 类型	参考文献
无囊膜病毒	人乳头状瘤病毒	乳多空病毒科	L1、L2	CV-1 细胞（分泌型）	多层	Zhou et al.，1991
			L1	昆虫细胞（分泌型）	单层	Kirnbauer et al.，1992
			L1、L2/L1	BSC-1 细胞（胞内型）	多层/单层	Hagensee et al.，1993
			L1	酿酒酵母（胞内型）	单层	Cook et al.，1999

默克（Merck）公司基于 HBV 疫苗（Recombivax HB®）的成功经验，利用酿酒酵母分别表达 HPV 6、HPV -11、HPV -16 和 HPV -18 型的 L1 蛋白，纯化后，混合制备四价 VLP 疫苗，命名为 Gardasil，于 2006 年获得 FDA 批准，这是第一个获批的 HPV 疫苗。另外一个 HPV 是由葛兰素史克公司（GSK）基于杆状病毒-昆虫细胞系统开发的二价（HPV 16 和 HPV-18 型）VLP 疫苗（Cervarix）（Crosbie and Kitchener，2006），于 2009 年获得 FDA 批准。Gardasil 和 Cervarix HPV 疫苗均已通过世界动物卫生组织（WOAH）的资格预审，2009 年，WOAH 建议其所有 193 个成员国引进 HPV 疫苗。

5. 丙型肝炎病毒

丙型肝炎病毒（HCV）也是世界范围内导致人慢性肝炎的主要病原体之一，但是由于感染患者的低病毒载量、缺乏合适的细胞培养系统和动物模型，HCV 的相关研究严重滞后。1998 年，美国国立卫生研究院（NIH）肝病课题组 Baumert 等利用杆状病毒-昆虫细胞系统共表达了 HCV core、E1 和 E2 结构蛋白，可以装配成直径 40～60 nm 的 VLP，经 CsCl 和蔗糖梯度离心后，纯化的 VLP 与天然病毒粒子表现出相似的形态和理化特性（Baumert et al.，1998）。为研究 HCV 装配、基因组包装，以及病毒与宿主相互作用等方面提供了主要工具。该 HCV-VLP 同样具有疫苗应用前景（Baumert et al.，1999）。2000 年，Baumert 等利用该 HCV-VLP 建立了抗原捕获酶联免疫吸附试验来测定急性和慢性丙型肝炎病人的抗体与病毒滴度（Baumert et al.，2000）。2001 年，Lechmann 等证明，HCV-VLP 可以在小鼠体内诱导高滴度的 E2 蛋白特异性抗体、病毒特异性的 CTL 及 IFN-γ 应答（Lechmann et al.，2001），见表 10-5。

表 10-5　丙型肝炎病毒 VLP 主要研究进展

囊膜病毒/无囊膜病毒	病毒	科	抗原	表达宿主（胞内型/分泌型）	VLP 类型	参考文献
囊膜病毒	丙型肝炎病毒	黄病毒科	core、E1、E2	昆虫细胞（胞内型）	多层	Baumert et al.，1998
			E2	昆虫细胞（胞内型）	单层	Lechmann et al.，2001

6. 登革病毒

1994 年，Fonseca 等利用重组痘病毒表达登革病毒（dengue virus，DENV）结构蛋白 M、E 及非结构蛋白 NS1、NS2A 和 NS2B，尽管表达 M 蛋白和 E 蛋白的重组痘病毒可以在小鼠体内诱导中和抗体，但是其并没有分析 M 蛋白和 E 蛋白的共表达是否可以装配成 VLP（Fonseca et al.，1994）。1997 年，Sugrue 等利用毕赤酵母共表达 DENV M 和 E 结构蛋白，证明二者可以装配成直径约 30 nm，分子量约为 65 kDa 的 VLP（Sugrue et al.，1997）；同时证明该 VLP 可以诱导中和抗体。此后，证明了酵母来源的 DENV-VLP 可以诱导与灭活疫苗相似的中和抗体滴度及抗体持续期，具有较好的疫苗应用前景（Liu et al.，2010）。中山大学医学院利用毕赤酵母表达 DENV（1-4 型）VLP，在小鼠模型上证明其具有较好的免疫原性，并可以提供较好的同型保护力（Liu et al.，2014），见表 10-6。此外，在 COS-1 细胞上共转染编码 M 蛋白和 E 蛋白或截短 E 蛋白的质粒，也可以形成 DENV-VLP（Velez et al.，2008）。除了酵母和昆虫细胞之外，很多学者也利用杆状病毒-昆虫细胞表达系统表达和制备了 DENV-VLP（Charoensri et al.，2014；Kuwahara and Konishi，2010）。

表 10-6　登革病毒 VLP 主要研究进展

囊膜病毒/无囊膜病毒	病毒	科	抗原	表达宿主（胞内型/分泌型）	VLP 类型	参考文献
囊膜病毒	登革病毒	黄病毒科	M、E	毕赤酵母（胞内型）	多层	Sugrue et al.，1997
			M、E/截短 E	COS-1 细胞（分泌型）	多层/单层	Velez et al.，2008
			M、E	毕赤酵母（胞内型）	多层	Liu et al.，2014

7. 埃博拉病毒和马尔堡病毒

基于埃博拉病毒（Ebola virus，EBoV）的高致死性，防控局部地区该病毒所造成的严重危害及可能爆发的生物战，疫苗免疫是防控的重要手段。因生物安全要求，传统的疫苗研发策略对于高等级生物安全实验室具有严格的要求。但是 VLP 平台对于这类高致死性病原的疫苗研发提供了可能。2002 年，Noda 等报道在 293 细胞上单独表达 VP40 蛋白，即可以形成直径约 65 nm 的颗粒，并可以在细胞质膜上出芽；当 VP40 蛋白与 GP 蛋白共表达时，可以形成丝状颗粒（Noda et al.，2002）。在小鼠模型中证明 eVLP 具有较好的免疫原性，可诱导小鼠产生细胞免疫和体液免疫应答，并且可以对致死性病毒攻击提供 100%的保护（Warfield et al.，2003）。不久之后，Swenson 等（2004）报道在 293T 细胞上共表达马尔堡病毒（Marburg virus）的 VP40 和 GP 蛋白也可以形成与天然病毒相似的丝状颗粒，并具有较好的免疫原性。2004 年，Swenson 等报道利用豚鼠模型也证明了马尔堡病毒 VLP 可以诱导高滴度的中和抗体，并且对于致死性病毒攻击提供完全保护（Swenson et al.，2004），见表 10-7。此后，也有其他学者利用植物、重组病毒或果蝇细胞表达 eVLP（Domi et al.，2018；Park et al.，2014；Phoolcharoen et al.，2011；Schweneker et al.，2017）。

表 10-7　埃博拉病毒和马尔堡病毒 VLP 主要研究进展

囊膜病毒/无囊膜病毒	病毒	科	抗原	表达宿主 （胞内型/分泌型）	VLP 类型	参考文献
囊膜病毒	埃博拉病毒	丝状病毒科	VP40	293T 细胞（分泌型）	单层	Noda et al.，2002
	马尔堡病毒	丝状病毒科	VP40、GP	293T 细胞（分泌型）	多层	Swenson et al.，2004

8. 流感病毒

流感病毒（influenza virus，IV）是正黏病毒科成员，基因组为 7 个或 8 个节段的单股负链 RNA 分子，有囊膜。该病毒粒子一般呈球状，大小在 80～120 nm，而近些年发现的丝状病毒粒子，长短不一，最长的可达到微米级别。IV 含有 8 种结构蛋白，包括囊膜外侧的血凝素（HA）、神经氨酸酶（NA）两个糖蛋白，囊膜内侧的基质蛋白（M1、M2），结合在基因组上的核蛋白（NP）、RNA 聚合酶（PA、PB1、PB2）。根据 M 和 NP 的抗原性不同将 IV 分为甲、乙、丙三型，其中甲型危害最大。甲型 IV 易变异，根据 HA 和 NA 的不同进一步分成亚型，HA 共 16 个亚型（H1～H16），NA 共 9 个亚型（N1～N9）。来自禽流感的 H5、H7 亚型和来自猪流感的 H1N1、H3N2 亚型对人和多种动物都有高致病性。

早在 2000 年就有研究发现在昆虫 Sf-9 细胞内单独表达 M1 就能组装 VLP，并分泌到胞外（Latham and Galarza，2001）。利用 Sf-9 细胞共同表达 M1 和 HA、NA 都能在细胞培养液中收集到 IV-VLP。共表达 H9N2 亚型的 HA、NA、M1 能使小鼠产生相应抗体并阻止病毒的复制（Pushko et al.，2005）。使用非磷脂质体微粒 Novasome 作为疫苗佐剂还能提高该种 VLP 疫苗的保护效果（Pushko et al.，2007）。共表达 H3N2 亚型的 HA、NA、M1 也能组装 VLP，相对于该亚型的 HA 亚单位疫苗和灭活疫苗，VLP 能引起小鼠更广泛的免疫反应，并诱导高滴度的抗体（Bright et al.，2007）。共表达 H3N2

亚型的 HA、M1 可以得到 VLP，并证明不管是否以 IL-12 作为佐剂，通过皮下注射和肌肉注射都能给小鼠提供 90% 以上的免疫保护（Galarza et al.，2005）。共表达 H1N1 亚型的 HA、M1，得到的 VLP 用于免疫小鼠，后者在 5 个月后依然能起到良好的免疫保护，进一步证明 HA 抗体对于敏感动物抵御感染至关重要（Quan et al.，2007）。有研究者通过优化 HA（H5N1 亚型）的抗原位点，在 HEK 239T 细胞表达 HA、NA、M1 得到 VLP，可以使小鼠和雪貂得到完全的免疫保护（Giles et al.，2011）。此外，还能通过植物细胞表达系统得到 IV-VLP。在烟草细胞中单独表达的 HA 组装而成的 VLP 在细胞膜与细胞壁之间蓄积，该 VLP 比天然粒子小但含有脂双分子层，HA 以三聚体的形式插入脂双分子层（D'Aoust. et al.，2010）。利用烟草细胞表达 H1 和 H5 亚型的 HA 可以得到平圆形和卵形两种 IV-VLP（Lindsay et al.，2018），并且与 H1 灭活苗相比，可以在小鼠体内诱导更高的 IgG 水平和更强的 $CD4^+T$、$CD8^+T$ 细胞反应（Hodgins et al.，2019），见表 10-8。

表 10-8 流感病毒 VLP 主要研究进展

囊膜病毒/无囊膜病毒	病毒	科	抗原	表达宿主（胞内型/分泌型）	VLP 类型	参考文献
囊膜病毒	流感病毒	正黏病毒科	M1	昆虫细胞 Sf-9（分泌型）	单层	Latham et al.，2001
			HA、M1（H3N2）	昆虫细胞 Sf-9（分泌型）	多层	Galarza et al.，2005
			HA、NA、M1（H9N2）	昆虫细胞 Sf-9（分泌型）	多层	Pushko et al.，2005
			HA、NA、M1（H9N2）	昆虫细胞 Sf-9（分泌型）	多层	Pushko et al.，2007
			HA、NA、M1（H3N2）	昆虫细胞 Sf-9（分泌型）	多层	Bright et al.，2007
			HA、M1（H1N1）	昆虫细胞 Sf-9（分泌型）	多层	Quan et al.，2007
			HA（H1、H5）	烟草细胞（胞内型）	单层	D'Aoust. et al.，2010
			HA、NA、M1（H5N1）	HEK293T 细胞（分泌型）	多层	Giles et al.，2011
			HA（H1、H5）	烟草细胞（胞内型）	单层	Lindsay et al.，2018
			HA（H1）	烟草细胞（胞内型）	单层	Hodgins et al.，2019

9. 基孔肯雅病毒

基孔肯雅病毒（Chikungunya virus，CHIKV）于 1952 年首次分离于坦桑尼亚，为披膜病毒科成员，可以导致人出现较为严重的皮疹、高热以及严重的关节疼痛，研究者将免疫血清注射给免疫缺陷小鼠，可以对于致死性病毒攻击提供保护（Akahata et al.，2010）。此外，Noranate 等通过重组真核表达质粒转染 293 细胞表达病毒 C-E3-E2-6K-E1 蛋白，可以在细胞培养上清中检测到直径 50～60 nm 的 VLP，并且该 VLP 具有与天然病毒相似的抗原性和免疫原性（Noranate et al.，2014）。此外，Metz 等报道通过杆状病毒-昆虫细胞系统表达 CHIKV S27 结构蛋白，可以装配成 VLP，并且 1 μg 的 VLP 在无佐剂情况下，可以在成年鼠模型上诱导高滴度的中和抗体，对强毒攻击提供保护，无病毒血症及关节炎症状（Metz et al.，2013），见表 10-9。

表 10-9　基孔肯雅病毒 VLP 主要研究进展

囊膜病毒/无囊膜病毒	病毒	科	抗原	表达宿主（胞内型/分泌型）	VLP类型	参考文献
囊膜病毒	基孔肯雅病毒	披膜病毒科	S27	昆虫细胞（分泌型）	单层	Metz et al.，2013
			C-E3-E2-6K-E1	293T 细胞（分泌型）	多层	Noranate et al.，2014

10. 诺如病毒

诺如病毒（norovirus，NV）既可以感染人类，也可以感染动物，是全世界急性非细菌性胃肠炎的主要病原，也是仅次于轮状病毒引起婴幼儿急性腹泻的常见病原之一。NV是无囊膜病毒，基因组为 7.5～7.7 kb 的单股正链 RNA，人类 NV 的基因组由三个可读框（ORF）组成，即 ORF1、ORF2 和 ORF3。ORF2 编码病毒的主要结构蛋白，即衣壳蛋白 VP1，用于构建病毒的衣壳。ORF3 编码一个次要结构蛋白 VP2。根据 VP1 的核苷酸序列，NV 至少可以分为 6 个基因型，其中 GⅠ、GⅡ和 GⅣ感染人类，其他基因型可感染牛、鼠等。

NV 疫苗的开发也是一个重点，Huo 等（2015）将完整或者缺失突变（N 端分别缺失 26、38 个氨基酸）的 VP1 序列插入到原核表达载体 pCold Ⅲ和 pCold Ⅳ中，并在大肠杆菌中进行表达。诱导后检测两种载体对应的蛋白表达，发现构建的 pCold Ⅲ-N26 和 pCold Ⅲ-N38 蛋白表达水平较高。透射电镜观察表明：两种 VLP 在体内的组装与在 Sf-9 细胞中观察到的一致。Diamos 和 Mason（2018）在植物表达系统中表达 NV VLP，GⅡ.4 型诺如病毒的 VLP 可以以大于 1 mg/g 叶片鲜重生产，这是迄今在植物性系统中报道的最高水平的三倍多，同时，该试验也以 2.3 mg/g 叶片鲜重生产了 NV GⅠ VLP。Tomé-Amat 等（2014）在毕赤酵母中表达 NV VP1 蛋白，这些颗粒在大小、形态和结合能力上都和 NV 粒子很相似，该研究提高了其作为疫苗平台的候选资格，见表 10-10。

表 10-10　诺如病毒 VLP 主要研究进展

囊膜病毒/无囊膜病毒	病毒	科	抗原	表达宿主（胞内型/分泌型）	VLP类型	参考文献
无囊膜病毒	诺如病毒	杯状病毒科	VP1	毕赤酵母（分泌型）	单层	Tomé-Amat et al.，2014
			VP1	大肠杆菌（胞内型）	单层	Huo et al.，2015
			VP1	烟草	单层	Diamos and Mason，2018

11. 严重急性呼吸综合征冠状病毒

严重急性呼吸综合征冠状病毒（severe acute respiratory syndrome coronavirus，SARS）是 2003 年全球非典型肺炎大流行的病原，在 8 个月内感染了 8000 多人。它会引起流感样症状，包括高烧、咳嗽、呼吸困难和肺炎，并可通过咳嗽或打喷嚏产生的呼吸道飞沫在人与人之间传播。因为 SARS 的高传染性、高致病性和对人类的高危害性，迫切需要一种安全且高效的疫苗进行该疾病的预防（Hsieh et al.，2005；Lu et al.，2007）。

因重组 VLP 疫苗比灭活或减毒病毒疫苗更安全、比亚单位疫苗或 DNA 疫苗更具免疫原性等优点而受到越来越多的关注。SARS-CoV-VLP 是由共同表达 S 蛋白、M 蛋白和 E 蛋白的细胞产生的；但后两种蛋白的表达足以产生 VLP（Ujike et al.，2016）。例如，将含有 M 和 E 基因的 vAcME 和含有 S 基因的 vAcS，这两种病毒共同感染 Sf-21 细胞，产生 VLP（Siu et al.，2008）。SARS-CoV-VLP 在小鼠中可诱导细胞免疫，增强 IFN-c 和 IL-4 的产生，而且通过用假病毒（SARS-CoV）攻击 VeroE6 细胞检测其具有中和活性，在 1∶8 的抗体稀释液中可中和 90%的假病毒（SARS-CoV），而对照小鼠的血清没有显示任何显著的中和活性（Siu et al.，2008）。

其次重组嵌合 SARS-CoV-S-VLP 是一种新型的 VLP 疫苗，具有提高产量和保护率的特性。例如，将含有 SARS-CoV-S 和小鼠肝炎病毒 M、E、N 的嵌合 VLP 在哺乳动物细胞中表达时，其产量比野生型 VLP 高。此外在小鼠攻毒保护模型中，用这些 VLP 免疫可降低肺病毒的滴度（Lokugamage et al.，2008）。而一种嵌合流感血凝素（HA），禽流感 Matrix 1（M1）和 SARS-CoV-S 蛋白的 SARS-VLP 疫苗可以对免疫的小鼠具有完全的保护作用，而单纯用重组纯化的 SARS-CoV-S 蛋白免疫小鼠只产生部分保护作用（Liu et al.，2011），见表 10-11。

表 10-11　严重急性呼吸综合征冠状病毒 VLP 主要研究进展

囊膜病毒/无囊膜病毒	病毒	科	抗原	表达宿主（胞内型/分泌型）	VLP 类型	参考文献
囊膜病毒	严重急性呼吸综合征冠状病毒	冠状病毒科	M、E、S	昆虫细胞（分泌型）	多层	Siu et al.，2008
			S	哺乳动物细胞（分泌型）	多层	Lokugamage et al.，2008；Liu et al.，2011

12. 肠道病毒

肠道病毒（enterovirus，EV）是一种无包膜、单股正链 RNA 病毒，属于小 RNA 病毒科、肠道病毒属。100 多种人类肠道病毒已被鉴定并分为 4 种（肠道病毒 A~D），包括脊髓灰质炎病毒、柯萨奇病毒 A 组（CV-A，1-22.24 型）、柯萨奇病毒 B 组（CV-B，1-6）、肠病毒（EV，68-71 型）和埃可病毒（Fang and Liu，2018；Lin et al.，2019；Yee and Poh，2015）。手足口病（HFMD）是一种常见的儿童疾病，主要由 EV A 引起，有时也由 EV B 引起。我们以 EV-A71 病毒样颗粒为例进行介绍。在毕赤酵母中实现了 EV-A71 重组 VLP 的大批量生产（约 150 mg VLP/L 酵母培养物），同时用表达 EV-A71 P1 和 3CD 蛋白的重组 VLP 免疫新生小鼠可以免受 EV-A71 的攻击。在优化条件下，毕赤酵母比杆状病毒-昆虫细胞表达系统产生的 VLP 多，后者仅产生 64.3 mg/L（Zhang et al.，2015）。昆虫细胞培养的总体成本相对较高，且存在被杆状病毒颗粒污染的潜在风险。杆状病毒经佐剂配制后产生的重组病毒样颗粒，中和效价为 1∶160，明显低于明矾灭活 EV-A71 的中和效价（1∶640）（Chou et al.，2012），见表 10-12。

表 10-12　肠道病毒 VLP 主要研究进展

囊膜病毒/无囊膜病毒	病毒	科	抗原	表达宿主（胞内型/分泌型）	VLP 类型	参考文献
无囊膜病毒	肠道病毒 A 71 型	微小 RNA 病毒科	P1-3D	昆虫细胞（分泌型）	多层	Chou et al.，2012
			P1-3D	巴斯德毕赤酵母（胞内型）	多层	Zhang et al.，2015

13. 戊型肝炎病毒

全球每年约有 2000 万人感染戊型肝炎病毒（hepatitis E virus，HEV），其中约 300 万人呈急性感染，约 7 万人死亡，发展中国家的疫情形势尤为严峻。该病主要通过消化道感染，临床症状与甲型肝炎相似，但病死率更高。病原 HEV 基因组长约 7.6 kb，有 3 个可读框（ORF），其中 ORF2 和 ORF3 编码结构蛋白（位于 3′端），而 ORF2 编码的衣壳蛋白能自组装。我国科学家历经 14 年探索，成功研发出世界第一个商品化的戊型肝炎 VLP 疫苗——HEV 239 疫苗（商品名：益可宁®，Hecolin®）。

厦门大学以大肠杆菌为表达系统，表达了高活性的 HEV 基因 I 型 ORF2（368～606 aa）；将经过纯化的蛋白质组装成具有高度复杂结构的 VLP。该 VLP 与天然病毒结构高度类似，也拥有大量的免疫优势表位。以氢氧化铝为佐剂，按抗原 30 μg/剂免疫机体后可以产生高水平的 HEV 特异性抗体，后者可成功阻断 HEV 入侵。有近 12 万人参与了 III 期临床试验，结果显示，用 HEV 239 进行 3 次免疫后，其保护率达 100%，且长期保护效果也颇佳。该 VLP 疫苗是中国科学家夏宁邵和张军团队自主创新研制的（郑亚等，2018），于 2011 年获得国家一类新药证书，2012 年 10 月上市，2016 年走出国门，2019 年获 FDA 批准在美国开展临床试验，见表 10-13。

表 10-13　戊型肝炎病毒 VLP 主要研究进展

囊膜病毒/无囊膜病毒	病毒	科	抗原	表达宿主（胞内型/分泌型）	VLP 类型	参考文献
无囊膜病毒	戊型肝炎病毒	小 RNA 病毒科	NP	大肠杆菌（胞内型）	单层	郑亚等，2018

14. 寨卡病毒

寨卡热是由寨卡病毒（Zika virus，ZIKV）感染人引起的一种蚊媒传染病，也可通过性接触和体液传播。目前尚无针对该病的商用疫苗或特异性治疗方法。该病近期的暴发和流行始于 2015 年的南美（巴西和加勒比海群岛），如今已蔓延至全球 70 多个国家。大多数情况下该病为无症状或轻症感染，然而，妇女怀孕期间感染此病会生出有缺陷的婴儿，主要表现为大脑发育缺陷（小头畸形）、视力和听力缺陷，从而给家庭和公共卫生带来了巨大的负担。

ZIKV 是黄病毒科黄病毒属的一员，病毒 RNA 含一个可读框（ORF），编码的多聚蛋白被切割成 3 种结构蛋白（C、M 和 P）、囊膜蛋白（E）和 7 种非结构蛋白（NS1、NS2A、NS2B、NS3、NS4A、NS4B、NS5）。细胞衍生的脂质双层形成囊膜包裹 C 蛋白

（其中包装有病毒 RNA 基因组），其外镶嵌有 180 个拷贝的 E 蛋白和 M 蛋白。E 蛋白含主要抗原决定簇，是疫苗开发的主要靶标（介导病毒与宿主受体融合）。美国学者找到了一种新的策略来组装 ZIKV VLP，即通过在哺乳动物细胞中共表达结构蛋白（CprME）和非结构蛋白（NS2B/NS3）来组装 VLP（用电子显微镜观察到病毒样颗粒）。此 VLP 能保持天然抗原表位的结构，若将其作为疫苗免疫小鼠（1 μg），可诱导高滴度的血清中和抗体（明显高于 ZIKV 灭活疫苗组）。倘若免疫剂量更高（4 μg）或使用佐剂（角鲨烯水包油纳米乳液），则此 VLP 疫苗可激发更强的免疫应答，产生的中和抗体效价甚至高于 2015 年巴西 ZIKV 感染患者（血清）的抗体效价（Boigard et al.，2017）。此结果让大家对 ZIKV VLP 疫苗充满期待。还有学者利用免疫原性很强的噬菌体（Qβ）病毒样颗粒展示 ZIKV 囊膜的 B 细胞表位，并评估其在小鼠体内的免疫原性。结果发现免疫小鼠产生的血清抗体水平较低，不足以抵抗高剂量的 ZIKV 的攻击，而用显示多个 B 细胞表位的 VLP 混合免疫动物效果比单一 B 细胞表位的要好（Basu et al.，2018），见表 10-14。

表 10-14　寨卡病毒 VLP 疫苗研究进展

囊膜病毒/无囊膜病毒	病毒	科	抗原	表达宿主（胞内型/分泌型）	VLP类型	参考文献
囊膜病毒	寨卡病毒	黄病毒科	CprME NS2B/NS3	大肠杆菌（胞内型）	多层	Boigard et al.，2017

15. 日本脑炎病毒

日本脑炎病毒（Japanese encephalitis virus，JEV）为黄病毒属成员，基因组为单股正链 RNA，全长约 11 kb，含有 3 个结构蛋白，即衣壳蛋白（C）、膜前体蛋白（prM）和囊膜糖蛋白（E）。其中 prM 蛋白成熟后被剪切成 M 蛋白，与病毒感染能力相关，是病毒诱发保护性免疫的重要协同成分，可刺激机体产生微弱的中和抗体反应。E 蛋白为糖蛋白，是诱导产生中和抗体的主要抗原成分，可介导膜融合，引起血凝反应。

流行性乙型脑炎（epidemic encephalitis B）是由流行性乙型脑炎病毒引起的一种人、畜、禽共患的虫媒（库蚊）传染病。该病首次发现于日本，故也称日本脑炎（Japanese encephalitis，JE）。亚洲是该病的重灾区（尤其是东南亚），JEV 主要在三带喙库蚊和猪、水鸟等动物之间循环传播，通过蚊虫叮咬感染人，每年感染病例有 5 万～17.5 万，其中 20%～30% 病例会死亡，而幸存者中 30%～50% 的人可能在以后的数年内遗留严重的并发症（包括神经、认知或精神方面）。猪感染后表现为高热、流产、产死胎及发生在公猪中的睾丸炎，给养猪业带来了巨大的损失，急需高效、安全的疫苗防止病毒感染。

Hua 等将乙型脑炎病毒 prME 及其信号肽基因片段克隆到穿梭载体 AcBacmid 中，构建重组穿梭载体 AcBac-prME，以其转染 Sf-9 细胞，获得重组杆状病毒 Ac-prME。蛋白质印迹法（Western blotting）、间接免疫荧光试验及电镜观察证实，Ac-prME 介导 prME 在 Sf-9 细胞中高效表达，且形成了病毒样颗粒。小鼠免疫和攻毒试验表明，该病毒样颗粒免疫可以使小鼠获得有效抵抗乙型脑炎病毒强毒株攻击的能力，保护率高达 100%（Hua et al.，2014）。

Matsuda 等利用人工合成的密码子优化的 *prM* 和 *E* 基因成功制备了 JEV-中山病毒样颗粒（Nakayama VLP，NVLP）疫苗。用该病毒样颗粒感染家蚕 BM-N 细胞后，通过蛋白质印迹法和荧光检测均可检测到在感染家蚕中表达的重组 JEV-Nakayama-BmNPV（JEV-Nnpv）病毒。将重组质粒接种到蚕蛹中，NVLP 的产量在 3 d 后达到高峰。NVLP 经不连续蔗糖密度梯度离心纯化后，在无 Mg^{2+}、Ca^{2+} 的磷酸盐缓冲溶液（PBS）中用鸡红细胞测试，表现出较强的血凝活性。NVLP 株免疫抗血清能有效中和 Nakayama 株、Beijing-1 株和 Muar 株（神经毒性强）的空斑形成，与异源 Muar 株的反应性明显高于同源 Nakayama 株。研究表明，JEV-NVLP 作为一种广泛有效且价格低廉的乙脑疫苗，可在亚洲国家的许多乙脑流行地区用于疫情控制（Matsuda et al.，2017）。

同样，Nerome 等对编码 JEV 囊膜 E 蛋白的基因进行密码子优化，构建了高效表达 JEV Muar 株病毒样颗粒（MVLP）的家蚕核型多角体病毒重组质粒。定量分析表明，每个蚕蛹产生的 E 蛋白可达 724.85 μg。电镜观察纯化的 MVLP，它具有典型的病毒样颗粒的形态外观。用 MVLP 抗原免疫小鼠和家兔（两次），对同源 Muar 株和异源 Nakayama 株病毒的抑制作用强，而对 Beijing-1 株的抑制作用较弱。另外，由 MVLP 和 NVLP 及其免疫小鼠血清组成的二价 JEV 疫苗可显著提高对 Muar 株、Nakayama 株和 Beijing-1 株的病毒斑抑制滴度。此研究表明，用蚕蛹制备的 MVLP 疫苗适合同时保护个体免受不同 JEV 毒株的感染；另外，该疫苗成本低，即使发展中国家也可承受（Nerome et al.，2018）。

相关研究表明，JEV 分为 5 个独特基因型（GⅠ~GⅤ），GⅢ病毒是历史上 JEV 流行区的主要基因型，虽然 JEV GⅢ 免疫计划确有成效，但新兴的 GⅠ 病毒逐渐取代 GⅢ 病毒成为优势毒株，疫苗保护效果变差，急需改进疫苗以控制 JEV。而基于 VLP 的疫苗研究有望解决以上问题。Fan 等开发了一个表达 JEV GⅠ VLP 的系统，并评估 GⅠ 候选疫苗在小鼠和 SPF 猪体内的免疫原性和免疫保护作用；同时选择了一个 CHO-HS（−）（CHO-硫酸盐缺陷）细胞克隆，命名为 51-10（对于 JEV 的感染，该细胞系属低敏感细胞系），它可持续稳定表达并分泌 GⅠ VLP，形成均匀的空粒子（30~40 nm，较野生型略小），且 GⅠ VLP 表现出与 GⅠ 病毒相似的抗原活性。给猪接种 2 剂 GⅠ VLP 疫苗（5 μg/剂）后用 JEV GⅠ 和 GⅢ 攻毒，未出现发热和病毒血症现象，而且在扁桃体、淋巴结和脑中均未检测到病毒核酸。这意味着 GⅠ VLP 不仅能保护猪免于流产，而且可阻断 JEV 的传播（Fan et al.，2018），见表 10-15。我们知道现有疫苗接种只能防止母猪流产，而不能阻止病毒传播，所以这一结果非常令人鼓舞。

表 10-15 日本脑炎病毒 VLP 研究进展

囊膜病毒/无囊膜病毒	病毒	科	抗原	表达宿主（胞内型/分泌型）	VLP类型	参考文献
囊膜病毒	日本脑炎病毒	黄病毒科	prM、E 蛋白	昆虫细胞（胞内型）	多层	Hua et al.，2014
			prM、E 蛋白	家蚕 BM-N 细胞（胞内型）	多层	Matsuda et al.，2017
			E 蛋白	蚕幼虫生物反应器（胞内型）	多层	Nerome et al.，2018
			prM、E 蛋白	CHO-HS（−）低敏感细胞系（分泌型）	多层	Fan et al.，2018

16. 裂谷热病毒

裂谷热病毒（Rift valley fever virus，RVFV）引起的裂谷热是一种人畜共患病，属于布尼亚病毒科，有囊膜。其基因组为 3 个负链 RNA 片段，分别被命名为大（L）、中（M）、小（S）片段，共编码 6 个病毒蛋白，除了 NSs 蛋白以正向形式（5′端至 3′端）编码，其他蛋白均以反向形式（3′端至 5′端）编码。L 片段编码病毒 RNA 聚合酶（Pol），M 片段编码糖蛋白 Gn、Gc 及非结构蛋白 m（NSm），S 片段编码核蛋白（N）和非结构蛋白 s（NSs）（Hartman，2017）。

RVFV 可以感染牛、羊等多种家畜和多种野生动物，给畜牧业造成严重威胁，可导致感染羊群 90% 的死亡率。蚊子是重要的传播媒介。此外，RVFV 可以通过黏膜和气溶胶感染人类，导致人产生流感样症状甚至更严重的临床后果。因此，通过疫苗接种预防RVFV 感染是重要的防控手段。目前已经有 3 款人用疫苗，即福尔马林灭活苗 NDBR 103、TSI GSD 200 和删除 *NSm* 基因的重组弱毒苗 MP-12。然而，目前尚无针对养殖业的兽用疫苗。因此研发有效的、可大规模生产使用的 RVFV 疫苗是必要的（Hartman，2017）。

RVFV VLP 疫苗近二十年来取得了较大进展，这得益于 RVFV 基础研究的进步。研究发现，Gn 膜外结构域（Gne）是中和 RVFV 的位点，Gn、Gc 在内质网中形成异源二聚体转运至高尔基体中组装成病毒粒子并在高尔基体释放（Gerrard and Nichol，2002）。共表达 Gn、Gc、N 蛋白在昆虫细胞中能产生 VLP（Liu et al.，2008），也能在贴壁或悬浮的 HEK293 细胞中组装成 VLP（Mandell et al.，2010）。在果蝇细胞中共表达 Gn、Gc 而不表达 N 蛋白也得到 VLP，并对免疫小鼠提供完全的保护力（de Boer et al.，2010）。这表明 N 蛋白的表达与否可能不影响 Gn 的天然构象。有研究者利用反向遗传操作系统建立表达复制缺陷型的 VLP（Habjan et al.，2009），以 VLP 的滴度为 1.2×10^6 mL 的剂量免疫小鼠 3 次可保护 90% 的小鼠免受致死剂量 RVFV 的攻击（Näslund et al.，2009）。还有关于嵌合 RVFV 疫苗的报道，包含 Gn、Gc、N 蛋白及 MoMLV gag 蛋白的嵌合 VLP（Mandell et al.，2010）和包含 Gne-禽流感病毒 HA 的嵌合 VLP（Mbewana et al.，2019）都具有良好的免疫原性。此外，利用杆状病毒-昆虫细胞系统共表达 Gn、Gc、N 蛋白（Li et al.，2016），得到的 VLP 可以有效激活小鼠的体液免疫和细胞免疫（Li et al.，2020），见表 10-16。

表 10-16　裂谷热病毒 VLP 研究进展

囊膜病毒/无囊膜病毒	病毒	科	抗原	表达宿主（胞内型/分泌型）	VLP类型	参考文献
囊膜病毒	裂谷热病毒	布尼亚病毒科	Gn、Gc、N	昆虫细胞（分泌型）	多层	Liu et al.，2008
			Gn、Gc、N	293T 细胞（分泌型）	多层	Habjan et al.，2009
			Gn、Gc、N	HEK293 细胞（分泌型）	多层	Mandell et al.，2010
			Gn、Gc	果蝇细胞（分泌型）	多层	de Boer et al.，2010
			Gn、Gc、N	HEK293 细胞（分泌型）	多层	Mandell et al.，2010
			Gn、Gc、N	昆虫细胞（分泌型）	多层	Li et al.，2016
			Gne	本式烟草（分泌型）	多层	Mbewana et al.，2019

二、猪的 VLP 疫苗

1. 口蹄疫病毒

口蹄疫病毒（foot-and-mouth disease virus，FMDV）是第一个被确认的动物病毒，其属于小 RNA 病毒科，口疮病毒属（King et al.，2016），基因组为单股正链 RNA，具有一个编码多聚蛋白的可读框，由 L^{pro} 蛋白、P1 蛋白、P2 蛋白及 P3 蛋白编码区组成，其中 P1 蛋白编码区编码 4 种结构蛋白，分别为 VP4、VP2，VP3 和 VP1，这些蛋白组成病毒衣壳。FMDV 能够感染猪、牛、羊、骆驼及许多偶蹄类动物，引起口蹄疫（foot-and-mouth disease，FMD），导致感染动物精神沉郁、跛行、流涎，口腔黏膜、蹄部及乳房皮肤等无毛部位出现水疱、溃烂，并因其在全球范围内广泛存在，又具有高发病率和高传染性，给国内外畜牧养殖业带来沉重的打击和持续的影响（Brito et al.，2017）。目前，接种灭活疫苗仍然是预防 FMD 的主要手段，但由于灭活疫苗中可能残留活病毒，且成本高，因此急需安全经济的新型疫苗以预防病毒感染，而病毒样颗粒疫苗是克服上述缺点的可行办法。

近年来，研究人员对 FMDV VLP 疫苗开展了大量的研究工作并取得了显著成绩。Guo 等通过大肠杆菌 SUMO 融合蛋白表达系统在 pSMA（AmpR）、pSMK（KanR）和 pSMC（Ch1R）载体中分别插入 FMDV VP0、VP1 及 VP3 基因序列，在大肠杆菌宿主 BL21 中表达这三种结构蛋白，这些蛋白在切除标签后可组装成 VLP，在不使用佐剂的情况下，通过肌肉接种 FMDV VLP，使豚鼠、猪和牛均能够抵抗 FMDV 的感染（Guo et al.，2013）。除了大肠杆菌表达系统，Li 等利用杆状病毒在蚕蛹中成功表达衣壳前体蛋白和蛋白酶 3C，经过蛋白酶 3C 对 P1 进行蛋白水解后，生成的结构蛋白 VP0，VP1 和 VP3 自组装成 FMDV VLP，与适当佐剂混合后免疫牛，可诱导高滴度特异性抗体，并可抵抗 FMDV 攻击（Li et al.，2012）。此外，Mohana 等利用杆状病毒-昆虫细胞表达系统在体外成功表达并组装的 O 型 FMDV VLP，与 ISA 206 佐剂混合后，能够刺激动物产生特异性中和抗体（Subramanian et al.，2012），见表 10-17。

表 10-17　口蹄疫病毒 VLP 研究进展

囊膜病毒/无囊膜病毒	病毒	科	抗原	表达宿主（胞内型/分泌型）	VLP 类型	参考文献
无囊膜病毒	口蹄疫病毒	小 RNA 病毒科	VP0、VP1、VP3	昆虫细胞（胞内型）	多层	Subramanian et al.，2012
			VP0、VP1、VP3	蚕幼虫生物反应器（胞内型）	多层	Li et al.，2012
			VP0、VP1、VP3	大肠杆菌（胞内型）	多层	Guo et al.，2013

2. 猪圆环病毒

猪圆环病毒（porcine circovirus，PCV）是一种环形单链 DNA 病毒，属于圆环病毒科、圆环病毒属成员。PCV 是无囊膜病毒，呈球状的二十面体对称结构，由衣壳蛋白（Cap）和基因组组成，Cap 蛋白是 PCV 的唯一结构蛋白。PCV 基因组大小约

1.7 kb，至少含 11 个可读框。目前，猪圆环病毒在分类上，包括三类病毒。无致病性的 PCV 被命名为 PCV1，而与断奶仔猪多系统衰竭综合征相关的 PCV 被命名为 PCV2。2015 年美国学者从猪群中检测到一种能引起母猪皮炎肾病综合征与繁殖障碍的 PCV3（Phan et al.，2016）。

　　Yin 等（2010）首次利用 SUMO 融合技术在大肠杆菌中表达 PCV2 Cap 蛋白，该蛋白可以组装为 VLP，并作为一种猪圆环病毒病的候选疫苗。目前，PCV3 不能从细胞系中分离出来，这给研究带来了很大的困难。然而，通过构建基于基因工程技术的 VLP 来揭示病毒的特性仍在进行中，这可以在没有病毒的情况下实现。PCV3 Cap 蛋白是诊断和疫苗开发的重要抗原，Wang 等（2020）利用大肠杆菌表达系统表达了 PCV3 Cap 蛋白并体外组装形成了 VLP，形成后将 VLP 作为包被抗原，建立间接 ELISA 方法，可检测猪血清中 PCV3 特异性抗体。Duan 等（2018）通过密码子优化，使用一种非传统酵母（马克斯克鲁维酵母）来提高 PCV2 VLP 的产量，PCV2 Cap 蛋白在该酵母中得到表达，并自发组装成 VLP。Chen 等（2018）利用酿酒酵母表达 PCV2 Cap，电镜观察表明，酿酒酵母来源的 PCV2 Cap 蛋白可以自组装成 18 nm 直径的 VLP。Wu 等（2016）通过可溶性表达在不改变氨基酸的前提条件下，构建了含有全长密码子优化的 *Cap*（ORF2）基因重组质粒，以提高重组 Cap 蛋白在大肠杆菌中的高水平表达。rCap 蛋白自组装成直径 25～30 nm 的 VLP，通过小鼠分析 PCV2 VLP 的免疫原性，VLP 免疫小鼠对 PCV2 产生了特异性免疫应答。Masuda 等（2018）使用杆状病毒表达系统对重组 Cap 蛋白进行表达，用于大规模生产 PCV2 VLP，透射电镜观察表明，纯化的重组 Cap 蛋白形成了与病毒形态相似的 VLP。Gunter 等（2019）在本氏烟草植株中瞬时表达 PCV2 Cap 蛋白，试验结果表明，该蛋白可以自组装成类似于天然病毒粒子的 VLP，且从 1 kg 的叶片湿重中可纯化 6.5 mg VLP，见表 10-18。

表 10-18　猪圆环病毒 VLP 主要研究进展

囊膜病毒/无囊膜病毒	病毒	科	抗原	表达宿主（胞内型/分泌型）	VLP 类型	参考文献
			Cap	大肠杆菌（胞内型）	单层	Yin et al.，2010
			Cap	大肠杆菌（胞内型）	单层	Wu et al.，2016
			Cap	马克斯克鲁维酵母（胞内型）	单层	Duan et al.，2018
无囊膜病毒	圆环病毒	圆环病毒科	Cap	酿酒酵母（分泌型）	单层	Chen et al.，2018
			Cap	昆虫细胞（胞内型）	单层	Masuda et al.，2018
			Cap	本氏烟草（胞内型）	单层	Gunter et al.，2019
			Cap	大肠杆菌（胞内型）	单层	Wang et al.，2020

3. 猪繁殖与呼吸综合征

　　猪繁殖与呼吸综合征（porcine reproductive and respiratory syndrome，PRRS）是 20 世纪 80 年代末出现的一种灾难性疾病，1987 年在美国首次发现，1990 年在欧洲首次发现。仅对美国养猪业来说，这种疫病每年就造成 6 亿多美元的损失（Noort et al.，2017）。

它会导致严重的生殖问题，如产仔率低、早产、母猪死胎增加，以及呼吸窘迫，如仔猪和育肥猪的肺炎（García-Durán et al.，2016）。在病毒基因组编码的所有蛋白质中，已知PRRS 病毒（PRRSV）的几种结构蛋白能诱导中和抗体，但 GP5 诱导的中和抗体在防止感染方面起着重要作用（Wang et al.，2012）。因而 PRRSV VLP 的构建策略主要是围绕GP5 蛋白形成不同的嵌合策略（García-Durán et al.，2016；Hu et al.，2016；Murthy et al.，2015；Nam et al.，2013；Wang et al.，2012；Xue et al.，2014）。

一种嵌合 VLP 的构建策略主要以乙肝病毒，流感病毒和 PCV2 为载体，通过插入到 HBcAg 核心颗粒表面，并感染昆虫细胞（SF-9），表达 M1 蛋白和 Cap 蛋白的不同区域，随后自组装产生 VLP。例如，将 GP5 的保护性表位融合在 HBcAg 核心颗粒表面峰尖的一个区域，这种杂交的 HBcAg-VLP 蛋白可自组装形成 VLP，在 Marc145 细胞上进行中和抗体测试时，这些 VLP 可以阻断病毒感染敏感细胞（Murthy et al.，2015）。或者将 GP5 融合蛋白插入 H1N1 病毒的 M1 蛋白形成融合蛋白。形成的 VLP 通过肌肉免疫BALB/C 小鼠 10 d 后，可刺激 GP5 蛋白抗体反应，诱导细胞免疫应答（Xue et al.，2014）。而且可以将 GP5 表位 B 插入 PCV2 的 Cap 蛋白处，进而形成 VLP。PCV2 嵌合 VLP 诱导小鼠产生强烈的体液（抗 PCV2 和 PRRSV 的中和抗体）和细胞免疫反应（Hu et al.，2016）。另一种策略是直接表达其核心的衣壳蛋白，通过杆状病毒表达系统表达 PRRSVGP5 和 M 蛋白，并自组装形成 VLP。而且用不同剂量（0.5 μg、1.0 μg、2.0 μg 和 4.0 μg）的 VLP 疫苗对 BALB/C 小鼠进行 3 次免疫，在接种了 2.0 μg 和 4.0 μg VLP 的小鼠中检测到中和抗体（Nam et al.，2013）。经动物试验验证，一种由 PRRSV 的 GP5 蛋白、M蛋白、N3 蛋白构成的 VLP 加入或不加入佐剂而制备的注射剂型、滴鼻剂型、饮水剂型，免疫不同年龄段的猪群都能够安全有效地预防 PRRSV 感染。Nam 等（2013）利用杆状病毒表达载体，在 Sf-9 昆虫细胞中同时表达 GP5 蛋白和 M 蛋白，成功制备 PRRSV-VLP，用蔗糖梯度离心方法对其进行纯化，并用不同量的（0.5 μg、1.0 μg、2.0 μg、4.0 μg）纯化蛋白混合弗氏佐剂免疫小鼠（肌肉注射，免疫三次），检测血清抗体效价和细胞因子IL-4、IL-10、IFN-γ 水平。结果显示，该疫苗可以有效引起机体的细胞免疫和体液免疫，其中 GP5 抗体效价显著高于阴性对照，免疫 4.0 μg 剂量诱导的 IFN-γ 水平显著高于灭活疫苗组，但灭活疫苗组诱导的 IL-4、IL-10 细胞因子水平高于 VLP 疫苗组；同时只在免疫 2.0 μg 和 4.0 μg VLP 的小鼠体内检测到中和抗体。

Basavaraj 等利用杆状病毒表达系统构建了含有 PRRSV 表面蛋白 GP5-GP4-GP3-GP2a-M 或 GP5-M 的 PRRSV-VLP。为了提高它们在猪上的免疫原性，将 PRRSV-VLP包裹在聚乳酸-羟基乙酸共聚物（PLGA）纳米颗粒中，并将它们与佐剂一起通过鼻腔免疫猪。结果表明 PRRSV-VLP 能够诱导免疫猪产生高水平的 IgG 和 IFN-γ，免疫猪攻毒后体内 IgG 和 IFN-γ 水平会再次显著上升，且在 PRRSV-VLP 疫苗接种动物中检测到的肺部病毒载量较对照组低了 2 个数量级，表明 PRRSV-VLP 不仅能够诱导记忆性免疫反应，还具有很好的免疫保护效果（Basavaraj et al.，2016）。但也有报道称 PRRSV-VLP疫苗与 2′,3′-cGAMP™ 佐剂（2′,3′-环鸟苷单磷酸-腺苷单磷酸，是 STING 激动剂，它可激活 STING，并通过上调 I 型干扰素通路，激活机体免疫机制而发挥抗病毒作用）对猪进行鼻内免疫，保护效果不佳，反而加剧了病毒血症（Noort et al.，2017），见表 10-19。

表 10-19　猪繁殖与呼吸综合征病毒 VLP 主要研究进展

囊膜病毒/无囊膜病毒	病毒	科	抗原	表达宿主（胞内型/分泌型）	VLP 类型	参考文献
囊膜病毒	猪繁殖与呼吸综合征病毒	动脉炎病毒科	GP5	大肠杆菌（胞内型）	单层	Wang et al.，2012
			GP5、M	大肠杆菌（胞内型）	多层	Nam et al.，2013
			GP5	昆虫细胞（分泌型）	单层	Xue et al.，2014
			GP5	大肠杆菌（胞内型）	单层	Hu et al.，2016
			GP5、M、N3	Sf9 昆虫细胞（分泌型）	多层	Nam et al.，2013
			GP5-GP4-GP3-GP2a-M GP5-M	杆状病毒（分泌型）	多层	Basavaraj et al.，2016 Noort et al.，2017

4. 细小病毒

细小病毒（paravirus，PV）是一类单股负链 DNA 病毒，无包膜，其基因组两端均有特殊的发夹结构。在人类中鉴定的第一个 PV 是腺相关病毒，其并不具有致病性（Samulski and Muzyczka，2014），随后鉴定出的人类细小病毒 B19 具有高感染性，可引起患者免疫功能低下、再生障碍性贫血及胎儿水肿。

目前，人类 PV B19 已开发出一种临床级重组 VLP 疫苗，利用杆状病毒-昆虫细胞表达系统分别表达病毒蛋白 VP1 和 VP2，这些蛋白质会自组装成 VLP，通过 I 期临床研究发现，使用 MF59c.1 佐剂配制的 VLP 在人体内产生了出色的中和抗体反应（Roldão et al.，2010）。除了人类致病性 PV，研究人员也做了关于动物 PV VLP 的研究。国内外多篇研究报道表示，可利用多种表达系统成功表达猪细小病毒（porcine parvovirus，PPV）VP2 蛋白，并组装成 VLP，如原核细胞系统（大肠杆菌）和真核细胞系统（酵母细胞、昆虫细胞、植物细胞）。Qi 和 Cui（2009）将 VP2 基因融合到聚组氨酸标签上，插入质粒 pET-32a (+)中，然后转入大肠杆菌 Rosetta 表达的可溶性重组 VP2 蛋白可装配成 VLP。此外，还有利用 pCodⅡ原核表达载体，在 15℃低温条件下，于大肠杆菌 Transetta（DE3）细胞中表达 VP2 蛋白，也可装配成 VLP，并且适当佐剂混合的 PPV VLP，在参考模型豚鼠和猪上均能诱发出较高的血凝抑制抗体和中和抗体效价（Hua et al.，2020）。此外，Wang 等（2020）还通过优化 PPV VP2 基因，提高了大肠杆菌 VP2 蛋白的表达量。除了原核细胞表达系统，Martínez 等（1992）在杆状病毒-昆虫细胞表达系统中成功表达 PPV VP2 蛋白，并可装配成 VLP。此外，因酵母表达系统不需要额外污染物消除程序，已开发巴斯德毕赤酵母表达系统生产 PPV VP2 蛋白，VP2 蛋白高水平最高表达量为 595.76 mg/L（Guo et al.，2014）。另外，可利用低生物碱转基因烟草叶片表达猪 PPV 的 VP2 衣壳蛋白，通过电子显微镜在植物体内观察到自组装的病毒样颗粒（Rymerson et al.，2003）。近年来，研究学者还发现猫细小病毒（CPV）VP2 蛋白也能装配成具有免疫原性的 VLP（Jiao et al.，2020），Xu 等以大肠杆菌为表达宿主，使用 SUMO 融合蛋白表达系统表达重组犬细小病毒 VP2 蛋白，切除 SUMO 融合蛋白后，CPV VP2 蛋白可自组装成 VLP（Xu et al.，2014），见表 10-20。总的来说，PV VLP 的制备可采用多种表达系统，但令人遗憾的是，PV VLP 疫苗的研发工作仍局限于实验评测阶段，至今尚无商品化疫苗。

表 10-20　细小病毒 VLP 主要研究进展

囊膜病毒/无囊膜病毒	病毒	科	抗原	表达宿主（胞内型/分泌型）	VLP 类型	参考文献
无囊膜病毒	猪细小病毒	细小病毒科	VP2	昆虫细胞（胞内型）	单层	Martínez et al.，1992
	猪细小病毒	细小病毒科	VP2	烟草细胞（胞内型）	单层	Rymerson et al.，2003
	猪细小病毒	细小病毒科	VP2	大肠杆菌（胞内型）	单层	Qi and Cui，2009
	人类细小病毒 B19	细小病毒科	VP1、VP2	昆虫细胞（胞内型）	多层	Roldão et al.，2010
	猪细小病毒	细小病毒科	VP2	巴斯德毕赤酵母（胞内型）	单层	Guo et al.，2014
	猪细小病毒	细小病毒科	VP2	大肠杆菌（胞内型）	单层	Wang et al.，2020
	猪细小病毒	细小病毒科	VP2	大肠杆菌（胞内型）	单层	Hua et al.，2020
	猫细小病毒	细小病毒科	VP2	昆虫细胞（胞内型）	单层	Jiao et al.，2020

5. 脑心肌炎病毒

脑心肌炎病毒（encephalomyocarditis virus，EMCV）为单股正链 RNA 病毒，是小 RNA 病毒科（Picornaviridae）心病毒属（*Cardiovirus*）的成员。猪感染 EMCV 后，断奶仔猪表现为急性心肌炎、猝死，母猪则以严重繁殖障碍为特征，给养猪产业造成严重的经济损失。

通过克隆构建包含猪 EMCV 衣壳前体多肽基因 *P1*、非结构蛋白 *2A* 基因及 *3C* 蛋白酶基因的 P12A3C-pCI 表达载体，转染 293T 细胞，表达、纯化出 EMCV-VLP，直径在 $30 \sim 40$ nm，其抗原表位及形态与天然病毒相似。体内试验证明该 VLP 诱导小鼠体内分泌的 1 型辅助性 T 淋巴细胞因子 IL-2、TNF-α、GM-CSF 及 2 型辅助性 T 淋巴细胞因子 IL-4 和 IL-10 明显增加，诱导产生的中和抗体水平增加了 $128 \sim 258$ 倍；对免疫动物用 EMCV 攻毒后，90% 小鼠获得免疫保护。VLP 免疫小鼠安全并产生免疫反应，且发现用较低剂量 VLP（0.2 μg）免疫小鼠或猪也不会出现临床症状，其抗体水平与商业疫苗免疫水平接近，二次免疫猪后观察到中和抗体滴度明显增加，且在监测期间观察到中和抗体维持在较高水平（Jeoung et al.，2011，2012），见表 10-21。

表 10-21　猪脑心肌炎病毒 VLP 疫苗研究进展

囊膜病毒/无囊膜病毒	病毒	科	抗原	表达宿主（胞内型/分泌型）	VLP 类型	参考文献
无囊膜病毒	猪脑心肌炎病毒	小 RNA 病毒科	EMCV	293T 细胞（分泌型）	多层	Jeoung et al.，2011，2012

6. 猪传染性胃肠炎

猪传染性胃肠炎（swine transmissible gastroenteritis，TGE）是由猪传染性胃肠炎病

毒（TGEV）引起的一种以急性水样腹泻、呕吐、脱水为主要特征的高度传染性疾病，尽管不同品种和月龄的猪都能感染，但以哺乳仔猪受到的危害最为严重，死亡率可高达100%。

TGEV 是冠状病毒科（Coronaviridae）冠状病毒属（*Coronavirus*）的一种单股正链RNA 病毒，有囊膜；基因组全长 28.5 kb，是目前已知 RNA 病毒中基因组最大的病毒。病毒基因组编码 3 种结构蛋白，包括棘突蛋白（S）、膜蛋白（M）和囊膜蛋白（E），以及其他 5 种非结构蛋白。目前认为 M 蛋白和 E 蛋白参与 VLP 的形成。作为 TGEV 颗粒的重要结构蛋白，M 蛋白位于脂质囊膜中并可与细胞中的高尔基复合体结合，表明 M 蛋白在病毒组装和出芽中起关键作用。将编码 TGEV M 蛋白、E 蛋白和 S 蛋白的质粒（pCG1）共转染 BHK-21 细胞，24 h 后 VLP 分泌到培养基，通过超速离心即可获得纯化的 TGEV-VLP。研究发现 TGEV E 蛋白和 M 蛋白的共表达是形成 VLP 的最低要求。如果 S 蛋白与 M 蛋白和 E 蛋白共表达，它将被掺入到 VLP 中，而且 S 蛋白的棕榈酰化对于子代病毒粒子的产生是必需的（Gelhaus et al.，2014），见表 10-22。

表 10-22　猪传染性胃肠炎病毒 VLP 疫苗研究进展

囊膜病毒/无囊膜病毒	病毒	科	抗原	表达宿主（胞内型/分泌型）	VLP 类型	参考文献
囊膜病毒	猪传染性胃肠炎病毒	冠状病毒科	S、M、E	BHK-21 细胞（分泌型）	多层	Gelhaus et al.，2014

三、反刍动物的 VLP 疫苗

1. 牛副流感病毒 3 型

牛副流感病毒 3 型（bovine parainfluenza virus type 3，BPIV3）为不分节段的单股负链 RNA 病毒，有囊膜，属于副黏病毒科呼吸道病毒属成员。BPIV3 单纯感染及隐性感染症状轻微，常见咳嗽、发热与出现鼻分泌物，是引起牛呼吸道疾病的常见病原之一。

BPIV3 基因组全长的结构为 3′-leader-NP-P-M-F-NH-L-trailer-5′，分别是核蛋白（NP）、磷蛋白（P）、基质蛋白（M）、融合蛋白（F）、血凝素神经氨酸酶蛋白（HN）及聚合酶亚单位（L）。结构蛋白中 NP 蛋白与人副流感病毒 3 型（HPIV3）的 NP 蛋白相似度达到了 86%，HN 蛋白和 F 蛋白的相似度达到 80%。BPI3V 保守的 N 蛋白、P 蛋白和 L 蛋白与病毒的基因组结合在一起组成了病毒的核衣壳结构。

在 6 月龄前，母源抗体的存在会干扰和抑制犊牛对疫苗的免疫反应；另外，犊牛的免疫系统尚未发育成熟，且受高水平的孕酮（母源）影响，因而犊牛的免疫系统偏向于Th2 型。英国有研究者对断乳 83 d 的犊牛（仍然有抗 BPIV3 的母源抗体存在）进行了纳米颗粒疫苗 PLGA-BPIV3-NP 的免疫试验（鼻内喷雾）。与商品化温敏型活病毒疫苗和纯化的 BPIV3 及阴性对照（PLGA NP）相比，尽管 PLGA-BPIV3-NP 诱导的体液免疫（血清 IgG）水平不及温敏型活病毒疫苗，但它诱导的鼻腔局部黏膜免疫却是 4 组中最强大的（鼻黏膜 IgA），其余三组间无显著差异。这表明若想尽早使用疫苗，可将病毒样颗粒疫苗直接递送到鼻黏膜上，以有效减少母源抗体的影响，这也是 VLP 疫苗的优势之一（Mansoor et al.，2015），见表 10-23。这对研究幼畜呼吸道疾病预防疫苗的组成及免疫方式具有指导意义。

表 10-23　牛副流感病毒 3 型 VLP 疫苗研究进展

囊膜病毒/无囊膜病毒	病毒	科	抗原	表达宿主（胞内型/分泌型）	VLP类型	参考文献
囊膜病毒	牛副流感病毒 3 型	副黏病毒科	N、P、L	293T 细胞（分泌型）	多层	Mansoor et al.，2015

2. 牛乳头状瘤病毒

乳头状瘤病毒（papilloma virus，PV）是一大类具有高度多样性的病毒，引起天然宿主的上皮增生性病变，几乎所有的脊椎动物（包括人、猴、马、牛、山羊、绵羊、鹿、兔、仓鼠、禽类和爬行动物等）均可被感染，但具有严格的宿主特异性，如人乳头状瘤病毒仅感染人。乳头状瘤病毒是乳多空病毒科乳头状瘤病毒属的一种环状双链 DNA 病毒，其基因组 DNA 长 7.3～8.0 kb，无囊膜，核衣壳呈二十面体对称，直径为 55～60 nm。病毒的可读框分为 E（early）和 L（late）两类，前者编码的产物参与细胞转化，后者编码结构蛋白。

牛乳头状瘤病毒（bovine papilloma virus，BPV）感染可导致组织变形，使奶牛难以哺乳，影响全球奶牛业的健康发展。迄今为止，已发现了 14 种 BPV 基因型，可引起乳头发生乳头状瘤的基因型包括 3 型、6 型、9 型、10 型、11 型及 7 型，其中以 6 型（BPV6）最为常见，而 9 型（BPV9）引起的病症最为严重，且预后不良。当然，临床病例中也有混合感染病例，而 10 型（BPV10）在此类感染中较为常见。

鉴于目前尚未建立有效的 BPV 培养方法，因此通过基因工程技术，开发病毒样颗粒预防 BPV 感染非常有吸引力。研究者利用杆状病毒、毕赤酵母、蚕蛹等异源表达系统表达了 BPV 4、BPV 1、BPV 2、BPV 6 和 BPV 9 的衣壳蛋白 L1（或 L1-L2），蔗糖和氯化铯离心纯化后，组装成 L1 VLP（或 L1-L2 VLP），这些 VLP（直径约 46 nm）虽然较野生的病毒粒子（直径 50～55 nm）略小，但具有很强的免疫原性；用其免疫犊牛或小鼠后，诱导产生型特异性抗体和细胞免疫应答，免疫后对高剂量型特异性 BPV 的试验性攻毒有一定的保护性，大多数 VLP 疫苗免疫组动物不会发生乳头状瘤，保护性明显优于对照组动物。迄今为止，此类 BPV 疫苗的预防性效果明显，但治疗性效果有待提高（Mansoor et al.，2015；Watanabe et al.，2020），见表 10-24。

表 10-24　牛乳头状瘤病毒 VLP 疫苗研究进展

囊膜病毒/无囊膜病毒	病毒	科	抗原	表达宿主（胞内型/分泌型）	VLP类型	参考文献
无囊膜病毒	牛乳头状瘤病毒	乳多空病毒科	BPV、BPV1、BPV2、BPV6 L1	杆状病毒、毕赤酵母、蚕蛹（分泌型）	多层	Mansoor et al.，2015；Watanabe et al.，2020

3. 牛细小病毒

牛细小病毒（bovine parvovirus，BPV）最早是由阿比南丹（Abinanti）和华菲德

（Warfield）于 1961 年从腹泻犊牛的胃肠道中分离出来的。其感染主要导致胃肠道和呼吸道疾病、胎儿感染和生殖障碍，还引起犊牛腹泻、呕吐、呼吸困难、病毒血症和心肌感染。

BPV 为细小病毒科博卡病毒属的一员，粒子大小约为 25 nm，无囊膜，基因组为单股 DNA，具有 3 个可读框，分别编码非结构蛋白 NS1、NS2 和 NP1，编码结构蛋白 VP1、VP2 和 VP3。而 VP2 是病毒衣壳主要的结构蛋白，约占衣壳蛋白的 80%，并且有研究表明部分细小病毒的 VP2 可以自组装形成 VLP。

Chang 等利用杆状病毒表达系统在昆虫细胞中表达 BPV-1 型毒株 VP2，并证实其可自组装成 VLP，电子显微镜显示这些 VLP 与天然 BPV 病毒粒子相似，免疫小鼠后可以诱导机体产生针对 BPV 的特异性体液免疫和细胞免疫（Chang et al.，2019），见表 10-25。

表 10-25　牛细小病毒 VLP 研究进展

囊膜病毒/无囊膜病毒	病毒	科	抗原	表达宿主（胞内型/分泌型）	VLP 类型	参考文献
无囊膜病毒	牛细小病毒	细小病毒科	VP2	昆虫细胞（胞内型）	多层	Chang et al.，2019

4. 蓝舌病毒

蓝舌病是由蓝舌病毒（bluetongue virus，BTV）引起反刍动物感染的一种严重的传染病。该病是一种虫媒病，只能经库蠓和伊蚊叮咬传播，主要侵害绵羊和牛；以口腔、鼻腔和胃肠道黏膜发生溃疡性病变为特征，患畜会出现面部肿胀、跛行、不育、甚至死亡等。蓝舌病毒是呼肠孤病毒科（Reoviridae）环状病毒属（Orbivirus）的一种双链 RNA 病毒，构造上相对复杂。BTV 含两个衣壳：外壳和内壳。外壳由衣壳蛋白 VP2 和 VP5 组成，内壳是由 VP3 和 VP7 蛋白形成的亚壳包被 RNA 聚合酶相关蛋白（VP1、VP4、VP6）组成的。病毒衣壳最内层是由 60 个 VP3 二聚体形成的直径为 55 nm 的骨架，其外层包裹着 780 个 VP7 单体蛋白并最终形成病毒的内壳。

杆状病毒-昆虫细胞表达系统共表达 BTV 的 VP3、VP7 结构蛋白并成功组装出病毒的核心样颗粒（core-like particle，CLP），虽然组装的 CLP 能够诱导山羊产生特异性抗体，但不能诱导机体产生中和抗体反应，且加强免疫之后其免疫保护期不超过 11 周。VP3 和 VP7 蛋白包含细胞毒性 T 淋巴细胞表位，因此 CLP 作为疫苗诱导产生的特异性免疫保护水平较低且免疫保护期较短。VP5 蛋白决定病毒是否能进入细胞，VP2 蛋白是 BTV 主要的免疫蛋白，180 个 VP2 单体和 360 个 VP5 单体形成外壳包裹在内壳外层，最终形成 VLP，其中 VP2 蛋白形成的三曲臂型三聚体突出在 BTV 衣壳最外层表面，决定病毒的免疫原性（Huismans et al.，1987）。

杆状病毒-昆虫细胞表达系统共表达包含 BTV-10 或 BTV-1 4 种结构蛋白的（VP3、VP7、VP5、VP2）重组杆状病毒后成功组装出 BTV-VLP。该 VLP 作为疫苗免疫山羊能够诱导产生中和抗体，且同型活毒攻毒时山羊获得了免疫保护（Stewart et al.，2013）。BTV-VLP 疫苗因此被作为安全、有效的候选疫苗。

植物表达系统具有高效、无污染（指无动物病原体）及口服免疫方便（降低注射免疫引发的免疫抑制风险）等优势，受到越来越多的青睐。应用植物瞬时表达载体 pEAQ

在烟草中表达 BTV-8 的 4 种结构蛋白，成功组装出 BTV-VLP。该系统制备的 BTV-VLP 以 50 μg（佐剂为 Montanide ISA70 VG）皮下免疫美利奴羊，接种 2 次后检测到高水平的中和抗体，并在第 63 天成功抵抗了 BTV-8 血毒的攻击（静脉注射）。攻毒后，VLP 疫苗免疫美利奴羊既没有出现体温升高，又没有出现蓝舌病的临床症状，展现出与商品化的 BTV-8 单价弱毒疫苗相近的保护效力，此结果实在令人兴奋（Thuenemann et al.，2013）。研究者进一步将荧光蛋白与 VP3 融合，组装成了带荧光标记的 BTV-VLP（Thuenemann et al.，2018），见表 10-26。

表 10-26 蓝舌病毒 VLP 疫苗研究进展

囊膜病毒/无囊膜病毒	病毒	科	抗原	表达宿主（胞内型/分泌型）	VLP类型	参考文献
囊膜病毒	蓝舌病毒	呼肠孤病毒科	VP3、VP7	昆虫细胞（分泌型）	多层	Huismans et al.，1987
			VP3、VP7、VP2、VP5	昆虫细胞（分泌型）	多层	Stewart et al.，2013
			BTV-8	烟草（分泌型）	多层	Thuenemann et al.，2013，2018

5. 绵羊痘病毒

绵羊痘病毒（sheep pox virus，SPPV）属于痘病毒科（Poxviridae）脊索动物痘病毒亚科（Chordopoxrinae）山羊痘病毒属（*Capripoxvirus*）成员（吴海燕和孙秀峰，2011）。绵羊痘是一种接触性的传染病，SPPV 是一种线性双链 DNA 病毒，长度可达 150 bp，有 147 个可读框，病毒颗粒的形态通常为卵圆形或砖形。

在感染 SPPV 后，绵羊的尾部、腹股沟等裸露皮肤会出现豌豆大小的圆形红斑，同时伴有体温升高，之后，眼结膜会出现潮红，10 d 左右，尾部出现水疱破烂，没有破烂的地方会结痂。

卡姆（Cam）等建立了用 CPV 抗原重组 P32 蛋白测定绵羊痘病毒抗体的 ELISA 方法。但国内外其他研究者利用原核表达系统表达的部分或全部 P32 蛋白，表达水平不稳定，表达水平低导致之后的实验困难。在我国 ORF 117 和 ORF 118 的 SPPV 已经通过原核表达系统进行了表达。具有良好的免疫原性，并给 ORF 117 诊断提供了基础。

Mangana-Vougiouka 等（1999）以 SPPV 的基因组末端反向重复序列为基础来设计引物，鉴定了细胞培养的 T6 株 SPPV。目前，接种弱毒疫苗最为常见，但是为了获得更加优质的疫苗，以 NDV VLP 为载体，将 SPPV 主要保护性抗原蛋白嵌合到囊膜表面，构建 cVLP P32，利用透射电镜观察其形态，通过 PAGE 及免疫印迹鉴定蛋白质组分，为新型疫苗的研制奠定了基础。

四、禽类的 VLP 疫苗

1. 新城疫病毒

新城疫病毒（Newcastle disease virus，NDV）是副黏病毒科成员，为单股负链的 RNA 病毒，有囊膜。含有 6 个结构蛋白，包括位于囊膜外侧的 HN 蛋白、F 蛋白，位于囊膜内侧的 M 蛋白，位于核衣壳内的 NP 蛋白、L 蛋白、P 蛋白。其中，HN 蛋白和 F 蛋白是保护性抗原。新城疫（ND）对家禽具有高致死率，鸡最为敏感，主要通过呼吸道和消化道传播，引起家禽的神经、呼吸、消化和生殖系统的症状。ND 在世界范围内流行，给家禽养殖业造成严重危害。NDV 分为 I 类和 II 类，II 类进化出 18 个亚型，且强毒株在世界范围内分布不均，而目前大范围使用的 I 亚型和 II 亚型弱毒苗或灭活苗不能满足 ND 防控的需求（Dimitrov et al.，2017）。传统弱毒苗有毒力返强的可能，而生产灭活苗需要将强毒株完全灭活。相比而言，NDV VLP 疫苗不含病毒核酸，在生产过程中也不需要灭活，因而具有更高的安全性。此外，NDV VLP 疫苗具有病毒衣壳的天然构象可以保证其有效性。因此，NDV VLP 疫苗具有较大的应用前景。

由于 NDV 的保护性抗原位于囊膜且需要糖基化修饰，因此表达其 VLP 须在真核细胞里进行。利用重组杆状病毒载体在昆虫细胞内表达 NDV 的 M 蛋白和 HN 蛋白可以组装 VLP，并促进树突状细胞的成熟，增强特定的体液免疫和细胞免疫（Qian et al.，2017）。表达 NDV 的 M 蛋白、F 蛋白、HN 蛋白也能组装 VLP，与 NDV 弱毒苗 LaSota 株相比，VLP 表面具有更密集的抗原和更长时间的保护期（Xu et al.，2018）。利用重组杆状病毒载体在昆虫细胞内共表达禽流感病毒（avian influenza virus，AIV）的 M1 蛋白和 NDV 的 HN 蛋白可以组装 VLP，并可以像 NDV 灭活苗一样对鸡提供完全的保护力（Shen et al.，2013）。共表达 NDV 的 F 蛋白和 AIV 的 M1 蛋白组成的 VLP 在 2 µg 的免疫剂量下不能提供保护，而在 10 µg 的免疫剂量下可以提供完全的免疫保护（Park et al.，2014）。在昆虫细胞 Sf-9 内共表达 AIV 的 HA 蛋白、M1 蛋白和 NDV 的 F 蛋白也能组装 VLP，免疫鸡可以产生高水平的抗 NDV 抗体并且可以抵抗 NDV 强毒株的攻击（Noh et al.，2016）。共表达传染性支气管炎病毒的 S 蛋白、M 蛋白和 NDV 的 F 蛋白组装的 VLP 可以给鸡提供 100% 的 NDV 保护力（Wu et al.，2019）。此外，NDV 的 VLP 还能作为载体共表达其他病原的抗原，如呼吸道合胞病毒（Cullen et al.，2015）、脊髓灰质炎病毒（Viktorova et al.，2018），见表 10-27。

表 10-27　新城疫病毒 VLP 研究进展

囊膜病毒/无囊膜病毒	病毒	科	抗原	表达宿主（胞内型/分泌型）	VLP 类型	参考文献
囊膜病毒	新城疫病毒	副黏病毒科	HN	昆虫细胞 Sf-9（分泌型）	单层	Shen et al.，2013
			F	昆虫细胞 Sf-9（分泌型）	单层	Park et al.，2014
			F	昆虫细胞 Sf-9（分泌型）	单层	Noh et al.，2016
			M、HN	昆虫细胞 Sf-9（分泌型）	多层	Qian et al.，2017
			M、F、HN	昆虫细胞 Sf-9（分泌型）	多层	Xu et al.，2018
			F	昆虫细胞 Sf-9（分泌型）	单层	Wu et al.，2019

2. 传染性法氏囊病毒

传染性法氏囊病毒（infectious bursal disease virus，IBDV）是双链 RNA 病毒科的成员，无囊膜。基因组包括 A、B 两个线状 RNA 分子，B 部分编码 VP1，A 部分编码 VP5

和前体多聚蛋白（pp），后者裂解为 VP2、VP3 和 VP4，其中 VP2 是主要的保护性抗原。IBDV 分为 Ⅰ 型和 Ⅱ 型两个血清型，其中 Ⅰ 型对家禽有致病性，对鸡危害性最大，且以 3~6 周龄鸡最为敏感。IBDV 可引起鸡的法氏囊损害，破坏其体液免疫系统，进而引起疫苗接种失败和二次感染。IBDV 的传播方式有直接接触传播、经口传播和垂直传播，且在外界环境中十分稳定，可存活数月。

目前上市的 IBDV 疫苗有弱毒苗、灭活苗和重组 VP2 亚单位疫苗，IBDV VLP 疫苗具有巨大的应用前景。利用重组杆状病毒-昆虫细胞表达 A 部分基因组可在细胞中观察到的 VLP 具有与感染性病毒颗粒相似的大小和形状，但是未明确 VLP 的蛋白质组成（Kibenge et al.，1999）。后来的研究发现 VP2 可以自组装成三聚体从而形成 VP2-VLP，并且不同的表达策略可以得到不同大小的 VP2-VLP。在大肠杆菌表达的 VLP 具有 25 nm（Jiang et al.，2016）和 14~17 nm（Li et al.，2020）两种类型的粒径，虽然利用相同的表达系统，但是不同的组装环境、融合标签序列、VP2 基因序列都可能影响 VP2 的组装效率和 VP2 VLP 的大小。利用毕赤酵母细胞表达出 23 nm 的 VP2 VLP，可以诱导 SPF 鸡产生高水平的抗体并提供良好的免疫保护，通过滴鼻和注射的方式都能取得较好的免疫效果（Taghavian et al.，2013；Wang et al.，2016）。在重组杆状病毒-昆虫细胞系统共表达 pp 和 VP4 得到 60 nm 的完整的 VLP（包含 VP2、VP3）并且可为 SPF 鸡提供完全的免疫保护（Lee et al.，2015），见表 10-28。

表 10-28　传染性法氏囊病毒 VLP 研究进展

囊膜病毒/无囊膜病毒	病毒	科	抗原	表达宿主（胞内型/分泌型）	VLP类型	参考文献
无囊膜病毒	传染性法氏囊病毒	双链 RNA病毒科	VP2	巴斯德毕赤酵母（胞内型）	单层	Taghavian et al.，2013
			VP2、VP3	昆虫细胞 Sf-9（胞内型）	多层	Lee et al.，2015
			VP2	大肠杆菌（胞内型）	单层	Jiang et al.，2016
			VP2	巴斯德毕赤酵母（胞内型）	单层	Wang et al.，2016
			VP2	大肠杆菌（胞内型）	单层	Li et al.，2020

3. 鸡贫血病病毒

鸡贫血病病毒（chicken anemia virus，CAV）属于圆环病毒科，环状病毒属，其没有囊膜，为二十面体对称颗粒，基因组为单股负链 DNA，呈闭合圆环状，由三个部分重叠的可读框组成，分别编码 VP1 蛋白、VP2 蛋白和 VP3 蛋白（Rosario et al.，2017）。VP1 蛋白是唯一组装到 CAV 衣壳中的结构蛋白，是中和抗原位点的组成部分（Todd et al.，1990）。CAV 是引起鸡传染性贫血病的重要致病因子，该病是一种免疫抑制性疾病，主要症状为皮肤病变、出血，免疫抑制，广泛性淋巴萎缩及再生障碍性贫血（Smyth et al.，2006），在全球家禽业中造成严重的经济损失。目前，接种减毒鸡传染性贫血活疫苗仍然是预防鸡传染性贫血病的主要手段，其来源于野生株，虽经过连续传代减毒，但是在生产中，仍有部分疫苗并未完全减毒，它们可能垂直传播或水平传播，从而引起雏鸡的临床感染，甚至毒力返强（Vaziry et al.，2011）。

因此，为了避免减毒不完全的问题，需要开发安全、高质量和经济的新型疫苗以提高鸡的产量，CAV VLP 疫苗应运而生。

利用三种重组质粒在大肠杆菌中表达 CAV VP1、VP2 和 VP3 蛋白，尽管 3 种蛋白均可在鸡体内诱导相应抗体的产生，但是并不清楚这些蛋白是否可以装配成 VLP。Tseng 等通过杆状病毒-草地贪夜蛾（Sf-9）细胞系统表达的 CAV VP1 结构蛋白，可以装配成直径约 25 nm 的颗粒，大小与 CAV 颗粒一致，这是第一份通过透射电镜证实的使用体外蛋白表达系统产生 CAV 的 VLP 的报告。并且 35 μg 的 VLP 与适当佐剂混合后免疫鸡，可以产生与商业疫苗 Circomune®（Ceva Animal Health，USA）相似的抗体效价，并引起细胞免疫，证明该疫苗可诱导全身免疫。将来，这种 CAV 疫苗将针对大规模生产和现场使用进行优化（Tseng et al.，2019），见表 10-29。

表 10-29　鸡贫血病病毒 VLP 研究进展

囊膜病毒/无囊膜病毒	病毒	科	抗原	表达宿主（胞内型/分泌型）	VLP类型	参考文献
无囊膜病毒	鸡贫血病病毒	圆环病毒科	VP1	昆虫细胞（胞内型）	单层	Tseng et al.，2019

4. 传染性支气管炎病毒

传染性支气管炎病毒（infectious bronchitis virus. IBV）是冠状病毒科的成员，有囊膜。其基因组为单股正链 RNA，长度 27.6 kb，编码 4 个结构蛋白（S、E、M、N）和多个非结构蛋白（nsp）。位于囊膜外侧的刺突蛋白（spike protein，S 蛋白）是病毒侵染宿主细胞的关键蛋白，S 蛋白的变异性导致不同 IBV 血清型之间难以产生交叉保护（Lai and Cavanagh，1997）。

IBV 可以感染鸡的多种上皮细胞，如呼吸道上皮、肾上皮和性腺上皮。除了上呼吸道症状以外，感染鸡可能出现肾炎和尿酸盐沉积。雏鸡病死率较高，产蛋鸡产蛋减少、产劣质蛋，因此 IBV 感染给禽养殖业带来重大的经济损失，目前预防 IBV 主要通过接种弱毒苗和灭活苗（Cavanagh，2007）。

2013 年首次报道利用杆状病毒-昆虫细胞系统共表达 IBV 的 S 蛋白、M 蛋白能组装成 VLP，诱导的体液免疫与灭活疫苗相当，但能诱导更高的细胞免疫（Liu et al.，2013）。最近，有团队构建了 GX-YL15 株 SME-VLP、ME-VLP、SM-VLP 三种 VLP，并比较了它们和灭活疫苗、弱毒苗的免疫效果（Zhang et al.，2021）。在抗体反应方面，SME-VLP 与油佐剂灭活疫苗效果相当，比 ME-VLP、SM-VLP 强；在 T 细胞反应方面，SME-VLP 免疫鸡产生更高的 CD4$^+$T 细胞和 CD8$^+$T 细胞比例；SME-VLP 的黏膜免疫效果与 H120 株弱毒苗相似。S 蛋白的 S1 亚单位介导 IBV 吸附于宿主细胞，因此阻断 S1 介导的吸附过程就能阻止大部分病毒进入细胞。共表达截短的 rS（含 S1）、M、E 蛋白产生的 VLP 与相应的灭活疫苗产生相似水平的中和抗体（Xu et al.，2016）。将 S1 蛋白融合到流感病毒 H5N1 NA 蛋白的胞内区和跨膜区，共表达 H5N1 M1 蛋白成功组装嵌合型 VLP，并且该 VLP 诱导的中和抗体水平比灭活苗高（Lv et al.，2014）。将 S1 蛋白和 NDV 的 F 蛋白胞外区分别连接 S 蛋白的跨膜-胞尾区构建 rS 和 rF，共表达 IBV M 蛋白后产生嵌合型 VLP，足够的剂量可以给 SPF 鸡提供完全的免疫保护（Wu et al.，2019）。以上研究采用了多种策略成功表达和组装免疫效果良好的 IBV-VLP，表明了 IBV-VLP 疫苗的可行性和有效性，然而优化生产工艺也是极其重要的，见表 10-30。

表 10-30　传染性支气管炎病毒 VLP 研究进展

囊膜病毒/无囊膜病毒	病毒	科	抗原	表达宿主（胞内型/分泌型）	VLP类型	参考文献
囊膜病毒	传染性支气管炎病毒	冠状病毒科	S、M	昆虫细胞（分泌型）	多层	Liu et al.，2013
			S1	昆虫细胞（分泌型）	多层	Lv et al.，2014
			rS、M、E	昆虫细胞（分泌型）	多层	Xu et al.，2016
			rS、M	昆虫细胞（分泌型）	多层	Wu et al.，2019
			S、M、E	昆虫细胞（分泌型）	多层	Zhang et al.，2021

5. 番鸭细小病毒

番鸭细小病毒病是番鸭的一种急性传染性病毒病，该病是由番鸭细小病毒（muscovy duck parvovirus，MDPV）引起的，1～3 周龄番鸭易感。该病发病急、病程短，以呼吸困难、腹泻、胰坏死、渗出性肠炎等为主要临床症状，发病率和死亡率都很高。

MDPV 属于细小病毒科细小病毒亚科依赖病毒属。有两种类型的病毒粒子，分别为正链 DNA 型和负链 DNA 型。基因组有两个可读框，分别编码结构蛋白 VP1、VP2 和 VP3，其中 VP2 是重要免疫原性蛋白。

通过 NDPV 89384 株衣壳蛋白 *VP2* 和 *VP3* 基因，利用杆状病毒表达系统在昆虫细胞中进行表达。免疫荧光检测表明重组蛋白定位于昆虫细胞的细胞核内，且可与 MDPV 特异性抗血清反应。免疫 3 周龄番鸭可诱导产生抗 DPV 抗体；其中和抗体效价与商业灭活疫苗的滴度一致（Gall-Reculé et al.，1996），见表 10-31。

表 10-31　番鸭细小病毒 VLP 研究进展

囊膜病毒/无囊膜病毒	病毒	科	抗原	表达宿主（胞内型/分泌型）	VLP类型	参考文献
无囊膜病毒	番鸭细小病毒	细小病毒科	VP2、VP3	昆虫细胞（胞内型）	多层	Gall-Reculé et al.，1996

6. 鹅细小病毒

鹅细小病毒（goose parvovirus，GPV）是细小病毒家族的一员，病毒小而无包膜，基因组为单股正链 DNA 或单股负链 DNA，两者数目基本相等。由一个重叠的核苷酸序列编码 VP1、VP2 和 VP3 三种衣壳蛋白。

GPV 感染可引起雏鹅和番鸭的德兹西氏病，该病又称为鹅肝炎或小鹅瘟，其特征是食欲减退和虚弱，多在 2～5 d 内死亡。1956 年，中国报告了世界第一例 GPV 感染病例，随后该病在世界蔓延开来，在欧亚等国家甚为流行，其高度传染性和致死性给全球造成了巨大的经济损失，而有效的预防性接种是控制 GPV 感染损失的潜在途径。

Ju 等利用杆状病毒表达系统在昆虫细胞中表达 VP2，该重组蛋白自组装成 VLP，其大小和外观与天然纯化的 GPV 病毒粒子相似。此外，该 VLP 在体外可诱导较高的抗体滴度，并能有效中和不同毒株。其免疫原性远优于商业灭活疫苗和减毒活疫苗（Ju et al.，2011）。Chen 等利用杆状病毒表达系统表达 GPV VP2，产生稳定且高质量的 VLP。在免疫易感鹅后，可诱导高水平的中和抗体，并能保护其免受致死性 GPV 攻击（Chen et al.，2012），见表 10-32。

表 10-32　鹅细小病毒 VLP 研究进展

囊膜病毒/无囊膜病毒	病毒	科	抗原	表达宿主（胞内型/分泌型）	VLP 类型	参考文献
无囊膜病毒	鹅细小病毒	细小病毒科	VP2	昆虫细胞（胞内型）	多层	Ju et al.，2011
			VP2	昆虫细胞（胞内型）	多层	Chen et al.，2012

7. 鸭坦布苏病毒

鸭坦布苏病毒（duck Tembusu virus，DTMUV）是一种蚊媒病毒，属于黄病毒科黄病毒属，单股正链 RNA，基因组约为 11 kb，具有编码多聚蛋白的可读框，包括三种结构蛋白，分别为衣壳蛋白（C）、膜蛋白（M）和包膜蛋白（E），E 蛋白作为病毒的主要抗原，在疫苗研发中起到了靶蛋白的作用。

作为一种新出现的禽黄病毒，DTMUV 可感染鸭、鹅、鸡和鸽子等禽类物种，引起卵巢出血、变性和淋巴细胞浸润，导致蛋鸭突然落蛋、肉鸭高死亡率和生长迟缓等症状。自 2010 年 4 月在中国首次报告以来，该病毒给家禽养殖业造成了重大经济损失。虽然我国已经使用了 DTMUV 灭活疫苗和减毒活疫苗，但这种高传染性疾病在家禽中仍时有暴发。如今，VLP 已被证明是一种安全有效的候选疫苗，已被用于预防甲型肝炎病毒（HAV）、戊型肝炎病毒（HEV）的感染。急需开发基于 VLP 的 DTMUV 疫苗用于防控。

研究人员构建了含有重组 DTMUV *E* 基因、流感病毒 H3N2 *HA2* 和 *M1* 基因的杆状病毒转移载体，通过在 sf-9 细胞中表达，自组装成直径为 80～100 nm 的嵌合 VLP。其 E 蛋白、HA2 蛋白和 M1 蛋白共存于 VLP 表面，与灭活株分别免疫 BALB/c 小鼠和 SPF 母鸭，两者 E 特异性抗体应答水平无显著差异，有望成为 DTMUV 的候选疫苗（Li et al.，2019），见表 10-33。

表 10-33　鸭坦布苏病毒 VLP 研究进展

囊膜病毒/无囊膜病毒	病毒	科	抗原	表达宿主（胞内型/分泌型）	VLP 类型	参考文献
囊膜病毒	鸭坦布苏病毒	黄病毒科	E、HA2、M1	昆虫细胞（胞内型）	多层	Li et al.，2019

五、兔、鱼、犬、貂和猫的 VLP 疫苗

1. 兔病毒性出血症病毒

兔病毒性出血症病毒（rabbit viral hemorrhagic disease virus，RHDV）是一种在野生

兔和家兔中引起高度传染性疾病的病原体，于 1984 年 12 月在中国首次报道（Laurent et al.，1994）。感染的兔子通常在坏死性肝炎和出血后 48～72 h 死亡。自 1980 年以来，该病在兔子生产中造成了巨大的经济损失（Fernández et al.，2013）。该病毒粒子直径为 40 nm，显示出典型的规则排列杯状凹陷的结构表面。病毒衣壳是由一个 VP60 蛋白的 180 个拷贝的多聚体形成的，据报道，VP60 的单独表达导致 RHDV 样颗粒的形成，并且这些颗粒显示出良好的免疫原性（Guo et al.，2016）。单独使用 VP60 主动免疫和通过注射含有抗 VP60 抗体的抗血清进行被动免疫都能提供对病毒攻击的保护（Farnos et al.，2005）。

而其 VLP 在原核和真核表达系统中均可形成，如细菌、酵母、杆状病毒-昆虫细胞（家蚕蛹）等表达系统。在大肠杆菌表达系统中，通过使用含有 SUMO 标签的原核表达载体促进可溶性表达，成功地在大肠杆菌中表达了水溶性 RHDV VP60 蛋白。在用蛋白酶切割 SUMO-tag 后，RHDV 的 VLP 进行自组装，而且实验结果表明家兔对 RHDV 有明显的特异性反应，VLP 组均存活，阴性对照组在感染后 72 h 内死亡（Guo et al.，2016）。在毕赤酵母表达系统中，用弗氏不完全佐剂接种 VP60 的动物产生了显著的（$P<0.01$）病毒特异性抗体反应，而安慰剂组的血清抗体仍为阴性。初步结果表明，在转化酵母细胞碎片部分内注射抗原可保护经口服途径免疫的家兔，使其免受 100 LD_{50}（16 000 血凝单位）同源病毒的肌肉内攻击（Farnos et al.，2005）。在杆状病毒-昆虫细胞（家蚕蛹）表达系统中，重组 VP60 释放于受感染昆虫细胞的上清液中，无须任何其他病毒成分即可组装成 VLP，在结构和免疫学上与兔病毒性出血症病毒离子无明显区别。用 VLP 肌肉接种家兔，15 d 内可获得完全保护；这种保护从注射 VLP 后第 5 天起有效，并伴有强烈的体液反应（Zheng et al.，2016），见表 10-34。

表 10-34　兔出血症病毒 VLP 主要研究进展

囊膜病毒/无囊膜病毒	病毒	科	抗原	表达宿主（胞内型/分泌型）	VLP 类型	参考文献
无囊膜病毒	兔出血症病毒	小 RNA 病毒科	VP60	昆虫细胞（家蚕蛹）（分泌性）	单层	Zheng et al.，2016；Laurent et al.，1994
			VP60	巴斯德毕赤酵母（胞内型）	单层	Farnos et al.，2005
			VP60	大肠杆菌（胞内型）	单层	Guo et al.，2016

2. 神经坏死病毒

神经坏死病毒（nervous necrosis virus，NNV）属于野田村病毒科（Nodaviridae）乙型野田村病毒属（*Betanodavirus*）的成员，包含 4 个基因型，可感染 120 多种鱼类（包括欧洲鲈鱼、石斑鱼、星鲽等）。病毒主要侵害鱼的神经系统，包括脑神经细胞、视网膜细胞、脊髓神经细胞等，导致鱼（苗）无法正常游动，亦无法正常摄食。该病传染性强、传播途径多，主要影响仔鱼和幼鱼，严重者一周内死亡率可达 100%。

NNV 为正义单链 RNA 病毒，无囊膜；基因组含两节 RNA：RNA1 编码病毒 RNA 聚合酶，RNA2 编码衣壳蛋白。另外，在病毒复制过程中，另一个亚基因组 RNA3 从 RNA1 的 3'端合成，并编码非结构蛋白 B1 和 B2。研究者发现 NNV 衣壳蛋白的组装似

乎不受表达系统的影响，因此已在大肠杆菌、昆虫细胞和酿酒酵母等系统中表达产生
NNV VLP。用昆虫细胞衍生的 NNV VLP 疫苗免疫欧洲鲈，活病毒攻击后 27 天，VLP
疫苗免疫组 91.5% 的欧洲鲈存活，而未免疫组欧洲鲈的累计死亡率高达 80.5%。酿酒酵
母中产生的 NNV VLP 也对病毒的攻击提供了强大的保护性免疫力，在病毒攻击后，接
受 VLP 疫苗免疫者 100% 存活，而对照组的存活率仅有 37%（Wi et al.，2015），见表 10-35。
当然，疫苗免疫方式也很重要，尤其是在鱼苗很小时，群体口服免疫和浸泡免疫较注射
免疫更为有利。预计不久的将来会有性能良好的 NNV VLP 疫苗面世。

表 10-35　神经坏死病毒 VLP 疫苗研究进展

囊膜病毒/无囊膜病毒	病毒	科	抗原	表达宿主（胞内型/分泌型）	VLP 类型	参考文献
无囊膜病毒	神经坏死病毒	诺达病毒科	NNV	酵母细胞（分泌型）	单层	Wi et al.，2015

3. 传染性胰脏坏死病毒

传染性胰脏坏死病是鱼类的一种急性传染病，病鱼以胰腺坏死、肾肿大、肝和鳃上
皮组织出血为特征，主要危害鲑鳟幼鱼，也可造成成年鲑鳟和其他多种鱼类的重度急性
感染。该病在欧洲、亚洲和美洲均有流行。

传染性胰脏坏死病毒（infectious pancreatic necrosis virus，IPNV）是双 RNA 病毒科
（Birnaviridae）水生双 RNA 病毒属（*Aquabirnavirus*）的成员，病毒颗粒直径约为 65 nm。
IPNV 基因组包含 A 和 B 两个线性双链 RNA 分子，A 链含两个 ORF，较小的编码非结
构蛋白，较大的编码一个由 VP2、VP3 和 VP4 组成的结构蛋白；B 链编码 RNA 聚合酶。
研究发现，VP2 和 VP3 是 IPNV 主要的免疫原性蛋白，已在大肠杆菌、酵母和昆虫细胞
中表达；可将 VP2 单独或 VP2 与 VP3 联合用作疫苗抗原，其可诱导鱼体的特异性免疫
应答，进而抵抗病毒的攻击。例如，酵母衍生的 VP2 VLP 免疫虹鳟鱼，可诱导与活病
毒疫苗一样强烈、有效的免疫反应，并在病毒攻击时显著降低鱼体病毒载量。

目前，已有三种以 VP2 为靶标的 IPNV 亚病毒颗粒疫苗商品化，包括 Centrovet 公
司的 IPNV-VP2，Microtek International Inc. 的 SRS/IPNV/Vibrio 和 Intervet International
BV 的 Norvax® Minova-6（Dhar et al.，2014），见表 10-36。

表 10-36　传染性胰脏坏死病毒 VLP 疫苗研究进展

囊膜病毒/无囊膜病毒	病毒	科	抗原	表达宿主（胞内型/分泌型）	VLP 类型	参考文献
无囊膜病毒	传染性胰脏坏死病毒	双 RNA 病毒科	VP2	酵母（分泌型）	单层	Dhar et al.，2014

4. 犬瘟热病毒

犬瘟热病毒（canine distemper virus，CDV）是副黏病毒科麻疹病毒属的成员，
具有囊膜。其基因组为不分节段的副链 RNA，编码 6 个病毒蛋白（M、H、F、P、L、
N），其中囊膜糖蛋白血凝素（H）通过特异性结合细胞膜上的 SLAM 受体侵染细胞。
根据编码 H 蛋白基因的变异性，将 CDV 分为美国 I 型、美国 II 型、欧洲型、北极型、

亚洲 Ⅰ 型、亚洲 Ⅱ 型 6 个主要基因型（Maganga et al.，2018）。

CDV 可以感染包括犬科、鼬科、熊科、灵猫科的多种哺乳动物。犬是 CDV 最常见的宿主，感染后的犬可发生呼吸、消化、神经多系统症状。目前预防 CDV 主要采用的减毒疫苗具有良好的安全性和有效性。虽然其他疫苗的研究主要集中于重组疫苗（Martella et al.，2008），近些年（虞一聪，2015）报道了利用重组杆状病毒在昆虫细胞中共表达 M 蛋白、F 蛋白、H 蛋白形成 VLP，并且这 3 个蛋白都具有天然构象，为后期 CDV VLP 研究奠定了基础，见表 10-37。

表 10-37　犬瘟热病毒 VLP 研究进展

囊膜病毒/无囊膜病毒	病毒	科	抗原	表达宿主（胞内型/分泌型）	VLP 类型	参考文献
囊膜病毒	犬瘟热病毒	副黏病毒科	M、F、H	昆虫细胞（分泌型）	多层	虞一聪，2015

5. 犬细小病毒

犬细小病毒（canine parvovirus disease，CPV）是细小病毒科细小病毒属的一员，基因组为单股负链 DNA，约 5.2 kb。病毒为二十面体粒子，直径 26 nm，无囊膜。衣壳主要由 VP1、VP2 和 VP3 三种结构蛋白组成。VP2 作为病毒衣壳的主要成分，体外表达后可自发组装成 VLP，具有良好的免疫原性。

犬细小病毒病是由 CPV 引起的一种高度接触性传染病，感染后的各年龄段犬均患有严重出血性肠炎，幼犬还出现心肌炎，导致高发病率和高死亡率，造成严重的经济损失。而接种疫苗在预防这种疾病中起着重要作用，CPV-2 减毒疫苗是一种有效且应用广泛的疫苗，但减毒株可能发生变异或毒力回归，从而引起疾病暴发，且该疫苗大规模生产成本高；而 CPV 灭活疫苗效果又比较差。因此，发展替代疫苗，如基于 VLP 的疫苗具有重要意义。

Xu 等（2014）通过 SUMO 修饰的大肠杆菌表达体系，产生水溶性 CPV VP2，在去除 SUMO 部分后，VP2 可自组装成 VLP，大小和形状类似天然 CPV。

Nan 等（2018）通过 VP2 与伴侣蛋白 Tf16 在大肠杆菌中共表达，获得较高产量的可溶性 VP2，并自组装成 VLP，其颗粒在透射电镜下，与真实病毒衣壳相似，免疫豚鼠可诱导出高滴度血凝抑制和中和抗体，有望成为 CPV 的候选疫苗，见表 10-38。

表 10-38　犬细小病毒 VLP 研究进展

囊膜病毒/无囊膜病毒	病毒	科	抗原	表达宿主（胞内型/分泌型）	VLP 类型	参考文献
无囊膜病毒	犬细小病毒	细小病毒科	VP2	大肠杆菌（胞内型）	多层	Xu et al.，2014
			VP2	大肠杆菌（胞内型）	多层	Nan et al.，2018

6. 猫杯状病毒

猫杯状病毒（feline calicivirus，FCV）是杯状病毒科成员，无囊膜。其基因组为正链 RNA，包含 3 个可读框（ORF），共编码 8 个病毒蛋白。ORF1 编码 Hel、VPg、Pro、

Pol，ORF2 编码 L、VP1、T，ORF3 单独编码 VP2。在生产生活中，FCV 最常感染猫，导致猫出现消化道和上呼吸道症状及跛行，还能导致幼猫发生肺炎。FCV 的预防基于有效疫苗的使用。目前有许多类型的商用疫苗，包括单克隆疫苗、二价苗、灭活苗、减毒活疫苗，以及没有商用的病毒样颗粒（VLP）疫苗（Radford et al.，2007）。

近二十年来，研究人员在 FCV VLP 疫苗研制上取得了一些进展。共转染含 T7 启动子、ORF2 和部分 ORF3 的质粒且编码牛痘病毒、T7 RNA 聚合酶的质粒在猫肾细胞中可以形成 32~34 nm 的 VLP（Geissler et al.，1999），在非感染细胞（鼠 L929 细胞、Vero 细胞）中也能形成与天然病毒粒子粒径相似的 VLP（Geissler et al.，1999）。利用杆状病毒-昆虫细胞系统表达 VP1 能自组装成 VLP，虽然它们缺乏典型的杯状凹陷结构，但是能够诱导兔子产生针对多种 FCV 分离株的中和抗体（di Martino et al.，2007）。次要结构蛋白 VP2 对病毒粒子的形成很重要，利用杆状病毒-昆虫细胞系统共表达 VP1 和 VP2，形成的 VLP 具有杯状凹陷的外观（di Martino and Marsilio，2010）。VP1-VLP 和 VP1-VP2-VLP 的免疫原性有待比较，见表 10-39。

表 10-39 猫杯状病毒 VLP 研究进展

囊膜病毒/无囊膜病毒	病毒	科	抗原	表达宿主（胞内型/分泌型）	VLP 类型	参考文献
无囊膜病毒	猫杯状病毒	杯状病毒科	ORF2、部分 ORF3	猫肾细胞（胞内型）	多层	Geissler et al.，1999
			ORF2、部分 ORF3	鼠 L929 细胞（胞内型）	多层	Geissler et al.，1999
			ORF2、部分 ORF3	Vero（胞内型）	多层	Geissler et al.，1999
			VP1	昆虫细胞（胞内型）	单层	di Martino et al.，2007
			VP1、VP2	昆虫细胞（胞内型）	多层	di Martino and Marsilio，2010

7. 猫免疫缺陷病毒

猫免疫缺陷病毒（feline immunodeficiency virus，FIV）是感染全世界的猫科动物中的一种重要的病毒。FIV 的感染具有终生的持久性。属于反转录病毒科慢病毒属。同时，FIV 也是猫中最突出的一种逆转录病毒。

该病毒会通过咬伤的伤口进行传播，猫在感染病毒后，体温升高，中性粒细胞减少，细菌感染会反复发作，通常流行于 5 岁或更大年龄的猫中，是一种慢性疾病，垂直传播罕见。

FIV 的病毒株种类繁多，与 HIV 类似，因此很难开发出有效的疫苗，2002 年，佩塔卢马（Petaluma）和史佐卡（Shizuoka）发布的 Fel-O-Vax 的双亚型疫苗使猫免疫变得更具可能性。

8. 水貂阿留申病病毒

水貂阿留申病病毒（Aleutian mink disease virus，AMDV）隶属于细小病毒科阿留申病毒属。病毒粒子呈二十面体，直径为 22~25 nm，无囊膜。基因组为单股负链 DNA，有两个可读框，分别编码非结构蛋白 NS1、NS2 和 NS3，以及结构蛋白 VPI 和 VP2。

阿留申病是一种由 AMDV 引起的常见传染病。自 20 世纪 80 年代以来，在所有水貂养殖场都可以发现 AMDV，该病导致水貂产量下降、繁殖数量减少和低质量毛皮，而这种感染通常是持续性的、致命的，它给养殖户造成了巨大的经济损失。目前，没有有效的疫苗或治疗方法来对抗这种疾病，而基于 VLP 的疫苗研发为该病的防控带来了希望。

Clemens 等（1992）将结构蛋白 VP1 和 VP2 编码序列的 cDNA 克隆插入重组痘苗病毒，在猫肾细胞裂解物中发现自组装的成熟 VLP，免疫小鼠后，在血清中检测出 AMDV 特异性抗体，具有良好免疫原性和中和活性。

Christensen 等（1993）通过杆状病毒系统在昆虫细胞中表达 AMDV VP2，并自组装成 VLP，其具有与实际病毒体相似的超微结构，重组 AMDV VP2 VLP 具有良好抗原性，有望成为候选疫苗，见表 10-40。

表 10-40　水貂阿留申病毒 VLP 研究进展

囊膜病毒/无囊膜病毒	病毒	科	抗原	表达宿主（胞内型/分泌型）	VLP 类型	参考文献
无囊膜病毒	水貂阿留申病病毒	细小病毒科	VP1、VP2	猫肾细胞（胞内型）	多层	Clemens et al., 1992
			VP2	昆虫细胞（胞内型）	多层	Christensen et al., 1993

参 考 文 献

陈新诺, 张斌. 2017. 牛病毒性腹泻病毒的分子生物学研究进展. 中国畜牧兽医, 44: 31-42.

吴海燕, 孙秀峰. 2011. 山羊痘和绵羊痘研究进展. 动物医学进展, 32: 104-109.

杨志元, 白满元, 张韵, 等. 2020. O 型口蹄疫病毒血清抗体竞争 ELISA 检测方法的建立及验证. 中国生物制品学杂志, 33: 438-443.

虞一聪. 2015. 犬瘟热病毒 M、F、H 基因重组杆状病毒的构建、鉴定与表达研究. 长春: 吉林农业大学硕士学位论文.

郑亚, 李亚飞, 姚星妹, 等. 2018. 戊型肝炎疫苗临床研究进展. 病毒学报, 34(6): 951-958.

Agnandji S T, Lell B, Fernandes J F, et al. 2012. A phase 3 trial of RTS.S/AS01 malaria vaccine in African infants. N Engl J Med, 367: 2284-2295.

Akahata W, Yang Z Y, Andersen H, et al. 2010. A virus-like particle vaccine for epidemic Chikungunya virus protects nonhuman primates against infection. Nature Medicine, 16(3): 334-338.

Alan D R, Karen P C, Susan D, et al. 2007. Feline calicivirus. Vet Res, 38: 319-335.

Aljabali A A, Shukla S, Lomonossoff G P, et al. 2013. CPMV-DOX delivers. Mol Pharm, 10: 3-10.

Antonis A F, Bruschke C J, Rueda P, et al. 2006. A novel recombinant virus-like particle vaccine for prevention of porcine parvovirus-induced reproductive failure. Vaccine, 24: 5481-5490.

Ashley C E, Carnes E C, Phillips G K, et al. 2011. Cell-specific delivery of diverse cargos by bacteriophage MS2 virus-like particles. ACS Nano, 5(7): 5729-5745.

Basavaraj B, Yashavanth S L, Zhu L C, et al. 2011. Development of a porcine reproductive and respiratory syndrome Virus-like-particle-based vaccine and evaluation of its immunogenicity in pigs. Archives of

Virology, 161(6): 1579-1589.

Basu R, Zhai L, Contreras A, et al. 2018. Immunization with phage virus-like particles displaying Zika virus potential B-cell epitopes neutralizes Zika virus infection of monkey kidney cells. Vaccine, 36: 1256-1264.

Baumert T F, Ito S, Wong D T, et al. 1998. Hepatitis C virus structural proteins assemble into viruslike particles in insect cells. J Virol, 72: 3827-3836.

Baumert T F, Vergalla J, Satoi J, et al. 1999. Hepatitis C virus-like particles synthesized in insect cells as a potential vaccine candidate. Gastroenterology, 117(6): 1397-1407.

Baumert T F, Wellnitz S, Aono S, et al. 2000. Antibodies against hepatitis C virus-like particles and viral clearance in acute and chronic hepatitis C. Hepatology, 32(3): 610-617.

Bejon P, White M T, Olotu A, et al. 2013. Efficacy of RTS.S malaria vaccines: individual-participant pooled analysis of phase 2 data. The Lancet Infectious Diseases, 13: 319-327.

Binjawadagi B, Lakshmanappa Y S, Longchao Z, et al. 2016. Development of a porcine reproductive and respiratory syndrome virus-like-particle-based vaccine and evaluation of its immunogenicity in pigs. Archives of Virology, 161: 1579-1589.

Boigard H, Alimova A, Martin G R, et al. 2017. Zika virus-like particle (VLP) based vaccine. PLos Neglected Tropical Diseases, 11: e0005608.

Brewitz A, Eickhoff S, Dähling S, et al. 2017. CD8(+) T cells orchestrate pDC-XCR1(+)dendritic cell spatial and functional cooperativity to optimize priming. Immunity, 46: 205-219.

Bright R A, Carter D M, Daniluk S, et al. 2007. Influenza virus-like particles elicit broader immune responses than whole virion inactivated influenza virus or recombinant hemagglutinin. Vaccine, 25: 3871-3878.

Brito B P, Rodriguez L L, Hammond J M, et al. 2017. Review of the global distribution of foot-and-mouth disease virus from 2007 to 2014. Transboundary and Emerging Diseases, 64(2): 316-332.

Brune K D, Howarth M. 2018. New Routes and opportunities for modular construction of particulate vaccines: stick, click, and glue. Front Immunol, 26(9): 1432.

Bucarey S A, Pujol M, Poblete J, et al. 2014. Chitosan microparticles loaded with yeast-derived PCV2 virus-like particles elicit antigen-specific cellular immune response in mice after oral administration. Virology Journal, 11: 149.

Buonaguro L, Tagliamonte M, Visciano M L, et al. 2013. Developments in virus-like particle-based vaccines for HIV. Expert Review of Vaccines, 12(2): 119-127.

Caldeira J C, Perrine M, Pericle F, et al. 2020. Virus-like particles as an immunogenic platform for cancer vaccines. Viruses, 12(5): 488.

Cao Y, Sun P, Fu Y, et al. 2010. Formation of virus-like particles from O-type foot-and-mouth disease virus in insect cells using codon-optimized synthetic genes. Biotechnology Letters, 32: 1223-1229.

Cavanagh D. 2007. Coronavirus avian infectious bronchitis virus. Vet Res, 38: 281-297.

Chackerian B, Peabody D S. 2020. Factors that govern the induction of long-lived antibody responses. Viruses, 12(1): 74.

Chang J, Zhang Y, Yang D, et al. 2019. Potent neutralization activity against type O foot-and-mouth disease virus elicited by a conserved type O neutralizing epitope displayed on bovine parvovirus virus-like particles. Journal of General Virology, 100: 187-198.

Charoensri N, Suphatrakul A, Sriburi R, et al. 2014. An optimized expression vector for improving the yield of dengue virus-like particles from transfected insect cells. J Virol Methods, 205: 116-123.

Chen C C, Stark M, Baikoghli M, et al. 2018. Surface functionalization of hepatitis E virus nanoparticles using chemical conjugation methods. Journal of Visualized Experiments, (135): 57020.

Chen P, Zhang L, Chang N, et al. 2018. Preparation of virus-like particles for porcine circovirus type 2 by YeastFab assembly. Virus Genes, 54: 246-255.

Chen Z, Li C, Zhu Y, et al. 2012. Immunogenicity of virus-like particles containing modified goose parvovirus VP2 protein. Virus Research, 169: 306-309.

Chhour P, Naha P C, O'Neill S M, et al. 2016. Labeling monocytes with gold nanoparticles to track their recruitment in atherosclerosis with computed tomography. Biomaterials, 87: 93-103.

Chou A H, Liu C C, Chang J Y, et al. 2012. Immunological evaluation and comparison of different EV71 vaccine candidates. Clin Dev Immunol, 2012: 831282.

Christensen J, Storgaard T, Bloch B, et al. 1993. Expression of Aleutian mink disease parvovirus proteins in a baculovirus vector system. J Virol, 67: 229-238.

Cifuentes-Muñoz N, Sun W, Ray G, et al. 2017. Mutations in the transmembrane domain and cytoplasmic tail of hendra virus fusion protein disrupt virus-like-particle assembly. Journal of Virology, 91(14): e00152-17.

Cimica V, Galarza J M. 2017. Adjuvant formulations for virus-like particle (VLP) based vaccines. Clinical Immunology, 183: 99-108.

Clemens D L, Wolfinbarger J B, Mori S, et al. 1992. Expression of Aleutian mink disease parvovirus capsid proteins by a recombinant vaccinia virus: self-assembly of capsid proteins into particles. J Virol, 66: 3077-3085.

Collins K A, Snaith R, Cottingham M G, et al. 2017. Enhancing protective immunity to malaria with a highly immunogenic virus-like particle vaccine. Sci Rep, 7: 46621.

Cook J C, Joyce J G, George H A, et al. 1999. Purification of virus-like particles of recombinant human papillomavirus type 11 major capsid protein L1 from *Saccharomyces cerevisiae*. Protein Expression and Purification, 17: 477-484.

Crosbie E J, Kitchener H C. 2006. Human papillomavirus in cervical screening and vaccination. Clin Sci, 110(5): 543-552.

Cullen L M, Schmidt M R, Kenward S A, et al. 2015. Murine immune responses to virus-like particle-associated pre- and postfusion forms of the respiratory syncytial virus F protein. Journal of Virology, 89(13): 6835-6847.

D'Aoust M A, Couture M M, Charland N, et al. 2010. The production of hemagglutinin-based virus-like particles in plants: a rapid, efficient and safe response to pandemic influenza. Plant Biotechnology Journal, 8(5): 607-619.

de Boer S M, Kortekaas J, Antonis A F, et al. 2010. Rift Valley fever virus subunit vaccines confer complete protection against a lethal virus challenge. Vaccine, 28: 2330-2339.

de Ruiter M V, Putri R M, Cornelissen J. 2018. CCMV-based enzymatic nanoreactors. Methods in Molecular Biology, 1776: 237-247.

Delchambre M, Gheysen D, Thines D, et al. 1989. The GAG precursor of simian immunodeficiency virus assembles into virus-like particles. EMBO J, 8: 2653-2660.

Desselberger U. 2002. Virus taxonomy: classification and nomenclature of viruses. seventh report of the international committee on taxonomy of viruses.*In*: van Regenmortel C M, Fauquet D H L, Bishop E B, et al. Virology division. International Union of Microbiological Societies. San Diego: Academic Press: 1162.

Dhar A K, Manna S K, Thomas A F C. 2014. Viral vaccines for farmed finfish. Virusdisease, 25(1): 1-17.

di Martino B, Marsilio F, Roy P. 2007. Assembly of feline calicivirus-like particle and its immunogenicity. Vet Microbiol, 120: 173-178.

di Martino D B, Marsilio F. 2010. Feline calicivirus VP2 is involved in the self-assembly of the capsid protein into virus-like particles. Res Vet Sci, 89: 279-281.

Diamos A G, Mason H S. 2018. High-level expression and enrichment of norovirus virus-like particles in plants using modified geminiviral vectors. Protein Expression and Purification, 151: 86-92.

Dimitrov K M, Afonso C L, Yu Q, et al. 2017. Newcastle disease vaccines-A solved problem or a continuous challenge? Veterinary Microbiology, 206: 126-136.

Domi A, Feldmann F, Basu R, et al. 2018. A single dose of modified vaccinia Ankara expressing Ebola virus like particles protects nonhuman Primates from lethal Ebola virus challenge. Sci Rep, 8: 864.

Du P, Liu R, Sun S, et al. 2019. Biomineralization improves the thermostability of foot-and-mouth disease virus-like particles and the protective immune response induced. Nanoscale, 11(47): 22748-22761.

Duan X, Coburn M, Rossaint R, et al. 2018. Efficacy of perioperative dexmedetomidine on postoperative delirium: systematic review and meta-analysis with trial sequential analysis of randomised controlled trials. British Journal of Anaesthesia, 121(2): 384-397.

Dürst M, Gissmann L, Ikenberg H, et al. 1983. A papillomavirus DNA from a cervical carcinoma and its prevalence in cancer biopsy samples from different geographic regions. Proceedings of the National Academy of Sciences of the United States of America, 80(12): 3812-3815.

Estes M K, Crawford S E, Penaranda M E, et al. 1987. Synthesis and immunogenicity of the rotavirus major capsid antigen using a baculovirus expression system. J Virol, 61(5): 1488-1494.

Etzion O, Novack V, Perl Y, et al. 2016. Sci-B-VacTM vs ENGERIX-B vaccines for hepatitis B virus in patients with inflammatory bowel diseases: a randomised controlled trial. Journal of Crohn's & Colitis, 10: 905-912.

Fan Y C, Chen J M, Lin J W, et al. 2018. Genotype I of Japanese encephalitis virus virus-like particles elicit sterilizing immunity against genotype I and III viral challenge in swine. Sci Rep, 8: 7481.

Fang C Y, Liu C C. 2018. Recent development of enterovirus A vaccine candidates for the prevention of hand, foot, and mouth disease. Expert Review of Vaccines, 17(9): 819-831.

Farnos O, Boue O, Parra F, et al. 2005. High-level expression and immunogenic properties of the recombinant rabbit hemorrhagic disease virus VP60 capsid protein obtained in *Pichia pastoris*. J Biotechnol, 117: 215-224.

Fernández E, Toledo J R, Méndez L, et al. 2013. Conformational and thermal stability improvements for the large-scale production of yeast-derived rabbit hemorrhagic disease virus-like particles as multipurpose vaccine. PLoS One, 8(2): e56417.

Fernandez F M, Conner M E, Parwani A V, et al. 1996. Isotype-specific antibody responses to rotavirus and virus proteins in cows inoculated with subunit vaccines composed of recombinant SA11 rotavirus core-like particles (CLP) or virus-like particles (VLP). Vaccine, 14(14): 1303-1312.

Fonseca B A, Pincus S, Shope R E, et al. 1994. Recombinant vaccinia viruses co-expressing dengue-1 glycoproteins prM and E induce neutralizing antibodies in mice. Vaccine, 12(3): 279-285.

Forstová H J, Krauzewicz N, Sandig V, et al. 1995. Polyoma virus pseudocapsids as efficient carriers of heterologous DNA into mammalian cells. Hum Gene Ther, 6(3): 297-306.

Fougeroux C, Turner L, Bojesen A M, et al. 2019. Modified MHC class II -associated invariant chain induces increased antibody responses against *Plasmodium falciparum* antigens after adenoviral vaccination. Journal of Immunology Baltimore, 202(8): 2320-2331.

Frenchick P J, Sabara M I, Ready K F, et al. 1992. Biochemical and immunological characterization of a novel peptide carrier system using rotavirus VP6 particles. Vaccine, 10(11): 783-791.

Galarza J M, Latham T, Cupo A. 2005. Virus-like particle vaccine conferred complete protection against a lethal influenza virus challenge. Viral Immunology, 18(2): 365-372.

Gall-Reculé G L, Jestin V, Chagnaud P, et al. 1996. Expression of muscovy duck parvovirus capsid proteins (VP2 and VP3) in a baculovirus expression system and demonstration of immunity induced by the recombinant proteins. J Gen Virol, 77: 2159-2163.

García-Durán M, Costa S, Sarraseca J, et al. 2016. Generation of porcine reproductive and respiratory syndrome (PRRS) virus-like-particles (VLPs) with different protein composition. Journal of Virological Methods, 236: 77-86.

Geissler K, Parrish C R, Schneider K, et al. 1999. Feline calicivirus capsid protein expression and self-assembly in cultured feline cells. Vet Microbiol, 69: 63-66.

Geissler K, Schneider K, Fleuchaus A, et al. 1999. Feline calicivirus capsid protein expression and capsid assembly in cultured feline cells. J Virol, 73: 834-838.

Gelhaus S, Thaa B, Eschke K, et al. 2014. Palmitoylation of the Alphacoronavirus TGEV spike protein S is essential for incorporation into virus-like particles but dispensable for S-M interaction. Virology, 464-465C(1): 397-405.

Gerrard S R, Nichol S T. 2002. Characterization of the Golgi retention motif of Rift Valley fever virus G(N) glycoprotein. Journal of Virology, 76(23): 12200-12210.

Gheysen D, Jacobs E, de Foresta F, et al. 1989. Assembly and release of HIV-1 precursor Pr55gag virus-like particles from recombinant baculovirus-infected insect cells. Cell, 59: 103-112.

Giles B M, Ross T M. 2011. A computationally optimized broadly reactive antigen (COBRA) based H5N1 VLP vaccine elicits broadly reactive antibodies in mice and ferrets. Vaccine, 29: 3043-3054.

Giles J R, Kashgarian M, Koni P A, et al. 2015. B cell-specific MHC class II deletion reveals multiple nonredundant roles for B cell antigen presentation in murine lupus. Journal of Immunology Baltimore, 195(6): 2571-2579.

Gomes A C, Mohsen M O, Mueller J E, et al. 2019. Early transcriptional signature in dendritic cells and the induction of protective T cell responses upon immunization with VLPs containing TLR ligands-A role for CCL2. Frontiers in Immunology, 10: 1679.

Gunter C J, Regnard G L, Rybicki E P, et al. 2019. Immunogenicity of plant-produced porcine circovirus-like particles in mice. Plant Biotechnology Journal, 17: 1751-1759.

Guo C, Zhong Z, Huang Y. 2014. Production and immunogenicity of VP2 protein of porcine parvovirus expressed in *Pichia pastoris*. Arch Virol, 159: 963-970.

Guo H C, Sun S Q, Jin Y, et al. 2013. Foot-and-mouth disease virus-like particles produced by a SUMO fusion protein system in *Escherichia coli* induce potent protective immune responses in guinea pigs, swine and cattle. Veterinary Research, 44: 48.

Guo H, Zhu J, Tan Y, et al. 2016. Self-assembly of virus-like particles of rabbit hemorrhagic disease virus capsid protein expressed in *Escherichia coli* and their immunogenicity in rabbits. Antiviral Research, 131: 85-91.

Guo J, Zhou A, Sun X, et al. 2019. Immunogenicity of a virus-like-particle vaccine containing multiple antigenic epitopes of *Toxoplasma gondii* against acute and chronic toxoplasmosis in mice. Frontiers in Immunology, 10: 592.

Habjan M, Penski N, Wagner V, et al. 2009. Efficient production of Rift Valley Fever virus-like particles: the antiviral protein M×A can inhibit primary transcription of bunyaviruses. Virology, 385(2): 400-408.

Hagensee M E, Yaegashi N, Galloway D A. 1993. Self-assembly of human papillomavirus type 1 capsids by expression of the L1 protein alone or by coexpression of the L1 and L2 capsid proteins. J Virol, 67: 315-322.

Hao X, Shang X, Wu J, et al. 2011. Single-particle tracking of hepatitis B virus-like vesicle entry into cells. Small, 7(9): 1212-1218.

Hartman A. 2017. Rift Valley fever. Clin Lab Med, 37: 285-301.

Hodgins B, Pillet S, Landry N, et al. 2019. A plant-derived VLP influenza vaccine elicits a balanced immune response even in very old mice with co-morbidities. PLoS One, 14: e0210009.

Holst P J, Bartholdy C, Stryhn A, et al. 2007. Rapid and sustained CD4(+) T-cell-independent immunity from adenovirus-encoded vaccine antigens. The Journal of General Virology, 88: 1708-1716.

Hsieh Y H, King C C, Chen C W, et al. 2005. Quarantine for SARS, Taiwan. Emerging Infectious Diseases, 11(2): 278-282.

Hu G, Wang N, Yu W, et al. 2016. Generation and immunogenicity of porcine circovirus type 2 chimeric virus-like particles displaying porcine reproductive and respiratory syndrome virus GP5 epitope B. Vaccine, 34: 1896-1903.

Hua R H, Li Y N, Chen Z S, et al. 2014. Generation and characterization of a new mammalian cell line continuously expressing virus-like particles of Japanese encephalitis virus for a subunit vaccine candidate. BMC Biotechnol, 14: 62.

Hua T, Zhang D, Tang B, et al. 2020. The immunogenicity of the virus-like particles derived from the VP2 protein of porcine parvovirus. Veterinary Microbiology, 248: 108795.

Huismans H, van der Walt N T, Cloete M, et al. 1987. Isolation of a capsid protein of bluetongue virus that induces a protective immune response in sheep. Virology, 157: 172-179.

Hume H K C, Vidigal J, Carrondo M J T, et al. 2019. Synthetic biology for bioengineering virus-like particle vaccines. Biotechnology and Bioengineering, 116: 919-935.

Ilyinskii P O, Johnston L P M. 2016. Nanoparticle-Based Nicotine Vaccine. *In*: Montoya I D. Biologics to Treat Substance Use Disorders: Vaccines, Monoclonal Antibodies, and Enzymes. New York: Spriger, 249-278.

Jain N K, Sahni N, Kumru O S, et al. 2015. Formulation and stabilization of recombinant protein based virus-like particle vaccines. Advanced Drug Delivery Reviews, 93: 42-55.

Jakubzick C V, Randolph G J, Henson P M. 2017. Monocyte differentiation and antigen-presenting functions. Nat Rev Immunol, 17(6): 349-362.

Jeoung H Y, Lee W H, Jeong W, et al. 2011. Immunogenicity and safety of virus-like particle of the porcine encephalomyocarditis virus in pig. Virology Journal, 8: 170.

Jeoung H Y, Shin B H, Jeong W, et al. 2012. A novel vaccine combined with an alum adjuvant for porcine encephalomyocarditis virus (EMCV)-induced reproductive failure in pregnant sows. Research in Veterinary Science, 93: 1508-1511.

Jiang D, Liu Y, Wang A, et al. 2016. High level soluble expression and one-step purification of IBDV VP2 protein in *Escherichia coli*. Biotechnology Letters, 38: 901-908.

Jiao C, Zhang H, Liu W, et al. 2020. Construction and immunogenicity of virus-like particles of feline parvovirus from the tiger. Viruses, 12: 315.

Ju H, Wei N, Wang Q, et al. 2011. Goose parvovirus structural proteins expressed by recombinant baculoviruses self-assemble into virus-like particles with strong immunogenicity in goose. Biochemical and Biophysical Research Communications, 409: 131-136.

Kanesashi S N, Ishizu K I, Kawano M A, et al. 2003. Simian virus 40 VP1 capsid protein forms polymorphic assemblies *in vitro*. The Journal of General Virology, 84(7): 1899-1905.

Kibenge F S, Qian B, Nagy E, et al. 1999. Formation of virus-like particles when the polyprotein gene (segment A) of infectious bursal disease virus is expressed in insect cells. Canadian Journal of Veterinary Research = Revue Canadienne de Recherche Veterinaire, 63(1): 49-55.

Kim M C, Lee J W, Choi H J, et al. 2015. Microneedle patch delivery to the skin of virus-like particles containing heterologous M2e extracellular domains of influenza virus induces broad heterosubtypic cross-protection. Journal of Controlled Release, 210: 208-216.

King D J, Knowles N J, Freimanis G L, et al. 2016. Genome sequencing of foot-and-mouth disease virus type O isolate GRE/23/94. Genome Announcements, 4(3): e00353-16.

Kirnbauer R, Booy F, Cheng N, et al. 1992. Papillomavirus L1 major capsid protein self-assembles into virus-like particles that are highly immunogenic. Proceedings of the National Academy of Sciences of the United States of America, 89: 12180-12184.

Kirnbauer R, Taub J, Greenstone H, et al. 1993. Efficient self-assembly of human papillomavirus type 16 L1 and L1-L2 into virus-like particles. J Virol, 67(12): 6929-6936.

Ko E J, Lee Y, Lee Y T, et al. 2019. Flagellin-expressing virus-like particles exhibit adjuvant effects on promoting IgG isotype-switched long-lasting antibody induction and protection of influenza vaccines in CD4-deficient mice. Vaccine, 37(26): 3426-3434.

Kushnir N, Streatfield S J, Yusibov V. 2012. Virus-like particles as a highly efficient vaccine platform: diversity of targets and production systems and advances in clinical development. Vaccine, 31(1): 58-83.

Kuwahara M, Konishi E. 2010. Evaluation of extracellular subviral particles of dengue virus type 2 and Japanese encephalitis virus produced by *Spodoptera frugiperda* cells for use as vaccine and diagnostic antigens. Clin Vaccine Immunol, 17(10): 1560-1566.

Labbé M, Charpilienne A, Crawford S E, et al. 1991. Expression of rotavirus VP2 produces empty corelike particles. J Virol, 65(6): 2946-2952.

Lai M M, Cavanagh D. 1997. The molecular biology of coronaviruses. Advances in Virus Research, 48: 1-100.

Latham T, Galarza J M. 2001. Formation of wild-type and chimeric influenza virus-like particles following simultaneous expression of only four structural proteins. J Virol, 75: 6154-6165.

Laurent S, Vautherot J F, Madelaine M F, et al. 1994. Recombinant rabbit hemorrhagic disease virus capsid protein expressed in baculovirus self-assembles into viruslike particles and induces protection. J Virol, 68: 6794-6798.

Lebel M È, Langlois M P, Daudelin J F, et al. 2017. Complement component 3 regulates IFN-αproduction by plasmacytoid dendritic cells following TLR7 activation by a plant virus-like nanoparticle. Journal of

Immunology, 198 (1): 292-299.

Lechmann M, Murata K, Satoi J, et al. 2001. Hepatitis C virus-like particles induce virus-specific humoral and cellular immune responses in mice. Hepatology, 34: 417-423.

Lee C D, Yan Y P, Liang S M, et al. 2009. Production of FMDV virus-like particles by a SUMO fusion protein approach in *Escherichia coli*. Journal of Biomedical Science, 16: 69.

Lee H J, Kim J Y, Kye S J, et al. 2015. Efficient self-assembly and protective efficacy of infectious bursal disease virus-like particles by a recombinant baculovirus co-expressing precursor polyprotein and VP4. Virol J, 12: 177.

Li G, Kuang H, Guo H, et al. 2020. Development of a recombinant VP2 vaccine for the prevention of novel variant strains of infectious bursal disease virus. Avian Pathology, 49(6): 557-571.

Li L, Zhang Y, Dong J, et al. 2019. Development of chimeric virus-like particles containing the E glycoprotein of duck Tembusu virus. Veterinary Microbiology, 238: 108425.

Li T, Lin H, Zhang Y, et al. 2014. Improved characteristics and protective efficacy in an animal model of *E. coli*-derived recombinant double-layered rotavirus virus-like particles. Vaccine, 32(17): 1921-1931.

Li Y T, Han L, Zhao Y K, et al. 2020. Immunogenicity assessment of Rift Valley fever virus virus-like particles in BALB/c mice. Front Vet Sci, 7: 62.

Li Y T, Wang C L, Zheng X X, et al. 2016. Development and characterization of Rift Valley fever virus-like particles. Genet Mol Res, doi: 10.4238/gmr.15017772.

Li Z, Yi Y, Yin X, et al. 2008. Expression of foot-and-mouth disease virus capsid proteins in silkworm-baculovirus expression system and its utilization as a subunit vaccine. PLos One, 3: e2273.

Li Z, Yi Y, Yin X, et al. 2012. Development of a foot-and-mouth disease virus serotype a empty capsid subunit vaccine using silkworm (*Bombyx mori*) pupae. PLoS One, 7: e43849.

Lin J Y, Kung Y A, Shih S R. 2019. Antivirals and vaccines for Enterovirus A71. Journal of Biomedical Science, 26(1): 65.

Lindsay B J, Bonar M M, Costas-Cancelas I N, et al. 2018. Morphological characterization of a plant-made virus-like particle vaccine bearing influenza virus hemagglutinins by electron microscopy. Vaccine, 36: 2147-2154.

Liu G M, Lv L S, Yin L J. et al. 2013. Assembly and immunogenicity of coronavirus-like particles carrying infectious bronchitis virus M and S proteins. Vaccine, 31: 5524-5530.

Liu L J, Suzuki T, Tsunemitsu H, et al. 2008. Efficient production of type 2 porcine circovirus-like particles by a recombinant baculovirus. Archives of Virology, 153: 2291-2295.

Liu L, Celma C C, Roy P. 2008. Rift Valley fever virus structural proteins: expression, characterization and assembly of recombinant proteins. Virology Journal, 5: 82.

Liu W, Jiang H, Zhou J, et al. 2010. Recombinant dengue virus-like particles from *Pichia pastoris*: efficient production and immunological properties. Virus Genes, 40(1): 53-59.

Liu X, Liu Y, Zhang Y, et al. 2020. Incorporation of a truncated form of flagellin (TFlg) into porcine circovirus type 2 virus-like particles enhances immune responses in mice. BMC Veterinary Research, 16: 45.

Liu Y V, Massare M J, Barnard D L, et al. 2011. Chimeric severe acute respiratory syndrome coronavirus (SARS-CoV) S glycoprotein and influenza matrix 1 efficiently form virus-like particles (VLPs) that protect mice against challenge with SARS-CoV. Vaccine, 29(38): 6606-6613.

Liu Y, Zhou J, Yu Z, et al. 2014. Tetravalent recombinant dengue virus-like particles as potential vaccine candidates: immunological properties. BMC Microbiology, 14: 233.

Lokugamage K G, Yoshikawa-Iwata N, Ito N, et al. 2008. Chimeric coronavirus-like particles carrying severe acute respiratory syndrome coronavirus (SCoV) S protein protect mice against challenge with SCoV. Vaccine, 26(6): 797-808.

López-Vidal J, Gómez-Sebastián S, Bárcena J, et al. 2015. Improved production efficiency of virus-like particles by the baculovirus expression vector system. PLos One, 10: e0140039.

Lu X, Chen Y, Bai B, et al. 2007. Immune responses against severe acute respiratory syndrome coronavirus induced by virus-like particles in mice. Immunology, 122(4): 496-502.

Lua L H, Connors N K, Sainsbury F, et al. 2014. Bioengineering virus-like particles as vaccines. Biotechnology and Bioengineering, 111: 425-440.

Lv L H, Li X M, Liu G M, et al. 2014. Production and immunogenicity of chimeric virus-like particles containing the spike glycoprotein of infectious bronchitis virus. J Vet Sci, 15: 209-216.

Maganga G D, Labouba I, Ngoubangoye B, et al. 2018. Molecular characterization of complete genome of a canine distemper virus associated with fatal infection in dogs in Gabon, Central Africa. Virus Research, 247: 21-25.

Makarkov A I, Golizeh M, Ruiz-Lancheros E, et al. 2019. Plant-derived virus-like particle vaccines drive cross-presentation of influenza A hemagglutinin peptides by human monocyte-derived macrophages. NPJ Vaccines, 4: 17.

Mandell R B, Koukuntla R, Mogler L J, et al. 2010. A replication-incompetent Rift Valley fever vaccine: chimeric virus-like particles protect mice and rats against lethal challenge. Virology, 397(1): 187-198.

Mangana-Vougiouka O, Markoulatos P, Koptopoulos G, et al. 1999. Sheep poxvirus identification by PCR in cell cultures. Journal of Virological Methods, 77: 75-79.

Manolova V, Flace A, Bauer M, et al. 2008. Nanoparticles target distinct dendritic cell populations according to their size. European Journal of Immunology, 38: 1404-1413.

Mansoor F, Earley B, Cassidy J P, et al. 2015. Comparing the immune response to a novel intranasal nanoparticle PLGA vaccine and a commercial BPI3V vaccine in dairy calves. BMC Veterinary Research, 11: 220.

Marcandalli J, Fiala B, Ols S, et al. 2019. Induction of potent neutralizing antibody responses by a designed protein nanoparticle vaccine for respiratory syncytial virus. Cell, 176(6): 1420-1431.

Martella V G, Elia G, Buonavoglia C. 2008. Canine distemper virus. Vet Clin North Am Small Anim Pract, 38: 787-797.

Martina A, Stefan S, Stephan S. 2018. Virus-like particles as carrier systems to enhance immunomodulation in allergen immunotherapy. Current Allergy and Asthma Reports, 18: 71.

Martínez C, Dalsgaard K, de Turiso J A L, et al. 1992. Production of porcine parvovirus empty capsids with high immunogenic activity. Vaccine, 10: 684-690.

Masuda A, Lee J M, Miyata T, et al. 2018. Purification and characterization of immunogenic recombinant virus-like particles of porcine circovirus type 2 expressed in silkworm pupae. The Journal of General Virology, 99: 917-926.

Matsuda S, Nerome R, Maegawa K, et al. 2017. Development of a Japanese encephalitis virus-like particle vaccine in silkworms using codon-optimised prM and envelope genes. Heliyon, 3(4): e00286.

Matthias H, Nicola P, Valentina W, et al. 2009. Efficient production of Rift Valley fever virus-like particles: The antiviral protein MxA can inhibit primary transcription of bunyaviruses. Virology, 385: 400-408.

Mbewana S, Meyers A E, Rybicki E P. 2019. Chimaeric Rift Valley fever virus-like particle vaccine candidate production in *Nicotiana benthamiana*. Biotechnology Journal, 14(4): e1800238.

McAleer W J, Buynak E B, Maigetter R Z, et al. 1984. Human hepatitis B vaccine from recombinant yeast. Nature, 307: 178-180.

Mensali N, Grenov A, Pati N B, et al. 2019. Antigen-delivery through invariant chain (CD74) boosts CD8 and CD4 T cell immunity. Oncoimmunology, 8: 1558663.

Metz S W, Gardner J, Geertsema C, et al. 2013. Effective chikungunya virus-like particle vaccine produced in insect cells. PLoS Neglected Tropical Diseases, 7: e2124.

Mildner A, Jung S. 2014. Development and function of dendritic cell subsets. Immunity, 40: 642-656.

Mohsen M O, Gomes A C, Vogel M, et al. 2018. Interaction of viral capsid-derived virus-like particles (VLPs) with the innate immune system. Vaccines, 6: 37.

Molinari P, Peralta A, Taboga O. 2008. Production of rotavirus-like particles in *Spodoptera frugiperda* larvae. J Virol Methods, 147(2): 364-367.

Moura A P V, Santos L C B, Brito C R N, et al. 2017. Virus-like particle display of the α-Gal carbohydrate for vaccination against Leishmania infection. ACS Central Science, 3: 1026-1031.

Murthy A M, Ni Y, Meng X, et al. 2015. Production and evaluation of virus-like particles displaying immunogenic epitopes of porcine reproductive and respiratory syndrome virus (PRRSV). International Journal of Molecular Sciences, 16(4): 8382-8396.

Nam H M, Chae K S, Song Y J, et al. 2013. Immune responses in mice vaccinated with virus-like particles composed of the GP5 and M proteins of porcine reproductive and respiratory syndrome virus. Archives of Virology, 158: 1275-1285.

Nan L, Liu Y, Ji P, et al. 2018. Trigger factor assisted self-assembly of canine parvovirus VP2 protein into virus-like particles in *Escherichia coli* with high immunogenicity. Virology Journal, 15: 103.

Näslund J, Lagerqvist N, Habjan M, et al. 2009. Vaccination with virus-like particles protects mice from lethal infection of Rift Valley fever virus. Virology, 385(2): 409-415.

Nerome K, Yamaguchi R, Fuke N, et al. 2018. Development of a Japanese encephalitis virus genotype V virus-like particle vaccine in silkworms. J Gen Virol, 99: 897-907.

Nilsson M, von Bonsdorff C H, Weclewicz K, et al. 1998. Assembly of viroplasm and virus-like particles of rotavirus by a Semliki Forest virus replicon. Virology, 242: 255-265.

Noda T, Sagara H, Suzuki E, et al. 2002. Ebola virus VP40 drives the formation of virus-like filamentous particles along with GP. J Virol, 76: 4855-4865.

Noh J Y, Park J K, Lee D H, et al. 2016. Chimeric bivalent virus-like particle vaccine for H5N1 HPAI and ND confers protection against a lethal challenge in chickens and allows a strategy of differentiating infected from vaccinated animals (DIVA). PLoS One, 11: e0162946.

Noort A V, Nelsen A, Pillatzki A E, et al. 2017. Intranasal immunization of pigs with porcine reproductive and respiratory syndrome virus-like particles plus 2', 3'-cGAMP VacciGrade™ adjuvant exacerbates viremia after virus challenge. Virology Journal, 14: 76.

Noranate N, Takeda N, Chetanachan P, et al. 2014. Characterization of chikungunya virus-like particles. PLoS One, 9: e108169.

Park J K, Lee D H, Yuk S S, et al. 2014. Virus-like particle vaccine confers protection against a lethal Newcastle disease virus challenge in chickens and allows a strategy of differentiating infected from vaccinated animals. Clinical and Vaccine Immunology CVI, 21: 360-365.

Phan T G, Giannitti F, Rossow S, et al. 2016. Detection of a novel circovirus PCV3 in pigs with cardiac and multi-systemic inflammation. Virology Journal, 13(1): 184.

Phoolcharoen W, Bhoo S H, Lai H, et al. 2011. Expression of an immunogenic Ebola immune complex in *Nicotiana benthamiana*. Plant Biotechnol J, 9(7): 807-816.

Pogan R, Schneider C, Reimer R, et al. 2018. Norovirus-like VP1 particles exhibit isolate dependent stability profiles. Journal of Physics Condensed Matter, 30(6): 64006.

Porta C, Xu X, Loureiro S, et al. 2013. Efficient production of foot-and-mouth disease virus empty capsids in insect cells following down regulation of 3C protease activity. Journal of Virological Methods, 187(2): 406-412.

Pravetoni M. 2016. Biologics to treat substance use disorders: current status and new directions. Human Vaccines & Immunotherapeutics. 12: 3005-3019.

Pushko P, Tumpey T M, Bu F, et al. 2005. Influenza virus-like particles comprised of the HA, NA, and M1 proteins of H9N2 influenza virus induce protective immune responses in BALB/c mice. Vaccine, 23: 5751-5759.

Pushko P, Tumpey T M, Hoeven N V, et al. 2007. Evaluation of influenza virus-like particles and Novasome adjuvant as candidate vaccine for avian influenza. Vaccine, 25: 4283-4290.

Qi T, Cui S. 2009. Expression of porcine parvovirus VP2 gene requires codon optimized E. coli cells. Virus Genes, 39: 217-222.

Qian J, Ding J, Yin R, et al. 2017. Newcastle disease virus-like particles induce dendritic cell maturation and enhance viral-specific immune response. Virus Genes, 53: 555-564.

Qu L H, Peng Z A, Peng X G. 2001. Alternative routes toward high quality CdSe nanocrystals. Nano Lett, 1: 333-337.

Quan F S, Basak S, Chu K B, et al. 2020. Progress in the development of virus-like particle vaccines against respiratory viruses. Expert Review of Vaccines, 19: 11-24.

Quan F S, Huang C, Compans R W, et al. 2007. Virus-like particle vaccine induces protective immunity against homologous and heterologous strains of influenza virus. J Virol, 81: 3514-3524.

Radford A D, Coyne K P, Dawson S, et al. 2007. Feline calicivirus. Veterinary Research, 38(2): 319-335.

Redmond M J, Ijaz M K, Parker M D, et al. 1993. Assembly of recombinant rotavirus proteins into virus-like particles and assessment of vaccine potential. Vaccine, 11: 273-281.

Rodríguez-Limas W A, Tyo K E, Nielsen J, et al. 2011. Molecular and process design for rotavirus-like particle production in *Saccharomyces cerevisiae*. Microb Cell Fact, 10: 33.

Roesti E S, Boyle C N, Zeman D T, et al. 2020. Vaccination against amyloidogenic aggregates in pancreatic islets prevents development of type 2 diabetes mellitus. Vaccines, 8(1): 116.

Roldão A, Mellado M C, Castilho L R, et al. 2010. Virus-like particles in vaccine development. Expert Review of Vaccines, 9(10): 1149-1176.

Rosario K, Breitbart M, Harrach B, et al. 2017. Revisiting the taxonomy of the family Circoviridae: establishment of the genus *Cyclovirus* and removal of the genus *Gyrovirus*. Archives of Virology, 162(5): 1447-1463.

Rose R C, Bonnez W, Reichman R C, et al. 1993. Expression of human papillomavirus type 11 L1 protein in insect cells: *in vivo* and *in vitro* assembly of viruslike particles. J Virol, 67(4): 1936-1944.

Rueda P, Martínez-Torrecuadrada J L, Sarraseca J, et al. 1999. Engineering parvovirus-like particles for the induction of B-cell. CD4(+) and CTL responses. Vaccine, 18: 325-332.

Rymerson R T, Babiuk L, Menassa R, et al. 2003. Immunogenicity of the capsid protein VP2 from porcine parvovirus expressed in low alkaloid transgenic tobacco. Molecular Breeding, 11: 267-276.

Sadegh-Nasseri S, Kim A. 2015. Exogenous antigens bind MHC class II first. and are processed by cathepsins later. Mol Immunol, 68: 81-84.

Samulski R J, Muzyczka N. 2014. AAV-Mediated gene therapy for research and therapeutic purposes. Annual Review of Virology, 1(1): 427-451.

Schumacher J, Bacic T, Staritzbichler R, et al. 2018. Enhanced stability of a chimeric hepatitis B core antigen virus-like-particle (HBcAg-VLP) by a C-terminal linker-hexahistidine-peptide. Journal of Nanobiotechnology, 16: 39.

Schwarz B, Douglas T. 2015. Development of virus-like particles for diagnostic and prophylactic biomedical applications. Wiley Interdiscip Rev Nanomed Nanobiotechnol. 7(5): 722-735.

Schweneker M, Laimbacher A S, Zimmer G, et al. 2017. Recombinant modified vaccinia virus Ankara generating Ebola virus-like particles. J Virol, 91(11): e00343-17.

Schwerdtfeger M, Andersson A C, Neukirch L, et al. 2019. Virus-like vaccines against HIV/SIV synergize with a subdominant antigen T cell vaccine. Journal of Translational Medicine, 17: 175.

Seidlein L V. 2019. The advanced development pathway of the RTS.S/AS01 vaccine. Methods Mol Biol, 2013: 177-187.

Serradell M C, Rupil L L, Martino R A, et al. 2019. Efficient oral vaccination by bioengineering virus-like particles with protozoan surface proteins. Nature Communications, 10: 361.

Shen H, Xue C, Lv L, et al. 2013. Assembly and immunological properties of a bivalent virus-like particle (VLP) for avian influenza and Newcastle disease. Virus Research, 178: 430-436.

Shen X Y, Orson F M, Kosten T R. 2012. Vaccines against drug abuse. Clinical Pharmacology and Therapeutics, 91(1): 60-70.

Shima R, Li T C, Sendai Y, et al. 2016. Production of hepatitis E virus-like particles presenting multiple foreign epitopes by co-infection of recombinant baculoviruses. Scientific Reports, 6: 21638.

Siu Y L, Teoh K T, Lo J, et al. 2008. The M, E, and N structural proteins of the severe acute respiratory syndrome coronavirus are required for efficient assembly, trafficking, and release of virus-like particles. Journal of Virology, 82(22): 11318-11330.

Smyth J A, Moffett D A, Connor T J, et al. 2006. Chicken anaemia virus inoculated by the oral route causes lymphocyte depletion in the thymus in 3-week-old and 6-week-old chickens. Avian Pathology, 35: 254259

Sørensen M A, Kurland C G, Pedersen S. 1989. Codon usage determines translation rate in *Escherichia coli*.

Journal of Molecular Biology, 207: 365-377.

Stewart M, Dubois E, Sailleau C, et al. 2013. Bluetongue virus serotype 8 virus-like particles protect sheep against virulent virus infection as a single or multi-serotype cocktail immunogen. Vaccine, 31: 553-558.

Subramanian B M, Madhanmohan M, Sriraman R, et al. 2012. Development of foot-and-mouth disease virus (FMDV) serotype O virus-like-particles (VLPs) vaccine and evaluation of its potency. Antiviral Research, 96: 288-295.

Sugrue R J, Fu J, Howe J, et al. 1997. Expression of the dengue virus structural proteins in *Pichia pastoris* leads to the generation of virus-like particles. The Journal of General Virology, 78(Pt8): 1861-1866.

Suzuki H, Kurooka M, Hiroaki Y, et al. 2008. Sendai virus F glycoprotein induces IL-6 production in dendritic cells in a fusion-independent manner. FEBS Letters, 582(9): 1325-1329.

Swenson D L, Warfield K L, Kuehl K, et al. 2004. Generation of Marburg virus-like particles by co-expression of glycoprotein and matrix protein. FEMS Immunology and Medical Microbiology, 40: 27-31.

Taghavian O, Spiegel H, Hauck R, et al. 2013. Protective oral vaccination against infectious bursal disease virus using the major viral antigenic protein VP2 produced in *Pichia pastoris*. PLoS One, 8: e83210.

Takamura S, Niikura M, Li T C, et al. 2004. DNA vaccine-encapsulated virus-like particles derived from an orally transmissible virus stimulate mucosal and systemic immune responses by oral administration. Gene Ther, 11(7): 628-635.

Tanabe T, Fukuda Y, Kawashima K, et al. 2021. Transcriptional inhibition of feline immunodeficiency virus by alpha-amanitin. J Vet Med Sci, 83: 156-161.

Tao P, Zhu J, Mahalingam M, et al. 2019. Bacteriophage T4 nanoparticles for vaccine delivery against infectious diseases. Advanced Drug Delivery Reviews, 145: 57-72.

Theisen D J, Davidson J T T, Briseño C G, et al. 2018. WDFY4 is required for cross-presentation in response to viral and tumor antigens. Science, 362: 694-699.

Thuenemann E C, Lomonossoff G P. 2018. Delivering cargo: plant-based production of Bluetongue virus core-like and virus-like particles containing fluorescent proteins. Methods in Molecular Biology, 1776: 319-334.

Thuenemann E C, Meyers A E, Verwey J, et al. 2013. A method for rapid production of heteromultimeric protein complexes in plants: assembly of protective bluetongue virus-like particles. Plant Biotechnology Journal, 11: 839-846.

Todd D, Creelan J L, Mackie D P, et al. 1990. Purification and biochemical characterization of chicken anaemia agent. The Journal of General Virology, 71(Pt 4): 819-823.

Tomé-Amat J, Fleischer L, Parker S A, et al. 2014. Secreted production of assembled Norovirus virus-like particles from *Pichia pastoris*. Microbial Cell Factories, 13: 134.

Touze A, Mehdaoui S E, Sizaret P Y, et al. 1998. The L1 major capsid protein of human papillomavirus type 16 variants affects yield of virus-like particles produced in an insect cell expression system. J Clin Microbiol, 36(7): 2046-2051.

Triyatni M, Vergalla J, Davis A R, et al. 2002. Structural features of envelope proteins on hepatitis C virus-like particles as determined by anti-envelope monoclonal antibodies and CD81 binding. Virology, 298(1): 124-132.

Tscherne D M, Manicassamy B, Garcia-Sastre A. 2010. An enzymatic virus-like particle assay for sensitive detection of virus entry. J Virol Methods, 163(2): 336-343.

Tseng T Y, Liu Y C, Hsu Y C, et al. 2019. Preparation of chicken anemia virus (CAV) virus-like particles and chicken interleukin-12 for vaccine development using a baculovirus expression system. Pathogens, 8: 262.

Ugur M, Mueller S N. 2019. T cell and dendritic cell interactions in lymphoid organs: more than just being in the right place at the right time. Immunological Reviews, 289: 115-128.

Valenzuela P, Medina A, Rutter W J, et al. 1982. Synthesis and assembly of hepatitis B virus surface antigen particles in yeast. Nature, 298: 347-350.

van Panhuys N. 2016. TCR signal strength alters T-DC activation and interaction times and directs the outcome of differentiation. Front Immunol, 7: 6.

Vaziry A, Silim A, Bleau C, et al. 2011. Chicken infectious anaemia vaccinal strain persists in the spleen and thymus of young chicks and induces thymic lymphoid cell disorders. Avian Pathology, 40: 377385.

Velez J O, Russell B J, Hughes H R, et al. 2008. Microcarrier culture of COS-1 cells producing Japanese encephalitis and dengue virus serotype 4 recombinant virus-like particles. J Virol Methods, 151: 230-236.

Viktorova E G, Nchoutmboube J A, Ford-Siltz L A, et al. 2018. Phospholipid synthesis fueled by lipid droplets drives the structural development of poliovirus replication organelles. PLoS Pathogens, 14(8): e1007280.

Walpita P, Cong Y, Jahrling P B, et al. 2017. A VLP-based vaccine provides complete protection against Nipah virus challenge following multiple-dose or single-dose vaccination schedules in a hamster model. NPJ Vaccines, 2: 21.

Wang J, Liu Y, Chen Y, et al. 2020. Large-scale manufacture of VP2 VLP vaccine against porcine parvovirus in *Escherichia coli* with high-density fermentation. Applied Microbiology and Biotechnology, 104: 3847-3857.

Wang M, Pan Q, Lu Z, et al. 2016. An optimized. highly efficient. self-assembled. subvirus-like particle of infectious bursal disease virus (IBDV). Vaccine, 34: 3508-3514.

Wang W, Chen X, Xue C, et al. 2012. Production and immunogenicity of chimeric virus-like particles containing porcine reproductive and respiratory syndrome virus GP5 protein. Vaccine, 30: 7072-7077.

Warfield K L, Bosio C M, Welcher B C, et al. 2003. Ebola virus-like particles protect from lethal Ebola virus infection. Proc Natl Acad Sci USA, 100(26): 15889-15894.

Watanabe S, Shibahara T, Andoh K, et al. 2020. Production of immunogenic recombinant L1 protein of bovine papillomavirus type 9 causing teat papillomatosis. Archives of Virology, 165: 1441-1444.

Whitacre D C, Peters C J, Sureau C, et al. 2020. Designing a therapeutic hepatitis B vaccine to circumvent immune tolerance. Human Vaccines & Immunotherapeutics, 16: 251-268.

Wi G R, Hwang J Y, Kwon M G, et al. 2015. Protective immunity against nervous necrosis virus in convict grouper *Epinephelus septemfasciatus* following vaccination with virus-like particles produced in yeast *Saccharomyces cerevisiae*. Vet Microbiol, 177(1-2): 214-218.

Worbs T, Hammerschmidt S I, Förster R. 2017. Dendritic cell migration in health and disease. Nature Reviews Immunology, 17: 30-48.

Wu P C, Chen T Y, Chi J N, et al. 2016. Efficient expression and purification of porcine circovirus type 2 virus-like particles in *Escherichia coli*. J Biotechnol, 220: 78-85.

Wu X X, Zhai Y, Lai L, et al. 2019. Construction and immunogenicity of novel chimeric virus-like particles bearing antigens of infectious bronchitis virus and Newcastle disease virus. Viruses, 11(3): 254.

Xing L, Li T C, Mayazaki N, et al. 2010. Structure of hepatitis E virion-sized particle reveals an RNA-dependent viral assembly pathway. The Journal of Biological Chemistry, 285(43): 33175-33183.

Xu J, Guo H C, Wei Y Q, et al. 2014. Self-assembly of virus-like particles of canine parvovirus capsid protein expressed from *Escherichia coli* and application as virus-like particle vaccine. Applied Microbiology and Biotechnology, 98: 3529-3538.

Xu P W, Wu X, Wang H N, et al. 2016. Assembly and immunogenicity of baculovirus-derived infectious bronchitis virus-like particles carrying mcmbrane. envelope and the recombinant spike proteins. Biotechnol Lett, 38: 299-304.

Xu W, Goolia M, Salo T, et al. 2017. Generation. characterization. and application in serodiagnosis of recombinant swine vesicular disease virus-like particles. Journal of Veterinary Science, 18: 361-370.

Xu X, Sun Q, Mei Y, et al. 2018. Newcastle disease virus co-expressing interleukin 7 and interleukin 15 modified tumor cells as a vaccine for cancer immunotherapy. Cancer Science, 109(2): 279-288.

Xue C, Wang W, Liu Q, et al. 2014. Chimeric influenza-virus-like particles containing the porcine reproductive and respiratory syndrome virus GP5 protein and the influenza virus HA and M1 proteins. Arch Virol, 159(11): 3043-3051.

Yang Y, Li X, Yang H, et al. 2011. Immunogenicity and virus-like particle formation of rotavirus capsid proteins produced in transgenic plants. Sci China Life Sci, 54(1): 82-89.

Yee P T, Poh C L. 2015. Development of Novel vaccines against Enterovirus-71. Viruses, 8(1): 1.

Yin S, Sun S, Yang S, et al. 2010. Self-assembly of virus-like particles of porcine circovirus type 2 capsid protein expressed from *Escherichia coli*. Virol J, 7: 166.

Zhang C, Ku Z, Liu Q, et al. 2015. High-yield production of recombinant virus-like particles of enterovirus 71 in Pichia pastoris and their protective efficacy against oral viral challenge in mice. Vaccine, 33: 2335-2341.

Zhang Y Y, Yuan L H, Zhang D, et al. 2021. Construction and immunogenicity comparison of three virus-like particles carrying different combinations of structural proteins of avian coronavirus infectious bronchitis virus. Vaccines, 9(2): 146.

Zhao Z, Hu Y, Harmon T, et al. 2019. Effect of adjuvant release rate on the immunogenicity of nanoparticle-based vaccines: a case study with a nanoparticle-based nicotine vaccine. Molecular Pharmaceutics, 16: 2766-2775.

Zheng X, Wang S, Zhang W, et al. 2016. Development of a VLP-based vaccine in silkworm pupae against rabbit hemorrhagic disease virus. Int Immunopharmacol, 40: 164-169.

Zhou H, Guo L, Wang M, et al. 2011. Prime immunization with rotavirus VLP 2/6 followed by boosting with an adenovirus expressing VP6 induces protective immunization against rotavirus in mice. Virology Journal, 8: 3.

Zhou J, Sun X Y, Stenzel D J, et al. 1991. Expression of vaccinia recombinant HPV 16 L1 and L2 ORF proteins in epithelial cells is sufficient for assembly of HPV virion-like particles. Virology, 185: 251-257.

Zivcec M, Metcalfe M G, Albariño C G, et al. 2015. Assessment of inhibitors of pathogenic Crimean-Congo hemorrhagic fever virus strains using virus-like particles. PLoS Neglected Tropical Diseases, 9(12): e0004259.

第十一章 病毒及病毒样颗粒作为纳米药物递送载体

纳米技术作为一个新兴的研究领域，在与生物学、医学、材料学等学科领域不断交叉融合中起到潜在的变革性促进作用。纳米药物递送系统（nano drug delivery system，NDDS）就是纳米技术与生物学、医学、材料学等学科高度交叉融合的产物。近年来，基于病毒的纳米颗粒（virus-based nanoparticles，VNP）作为新型纳米技术平台的研究受到越来越多的关注。一些非致病性的病毒，如植物病毒和噬菌体，因对人和其他哺乳动物不具有感染性和致病性，最先被开发作为新型生物纳米材料。特别是病毒样颗粒（VLP），作为一种天然的蛋白质笼，因其良好的生物安全性和卓越的靶向能力，具有传统合成纳米材料无法比拟的优势，在新型亚单位疫苗研发、药物靶向递送、多功能成像、生物催化等领域的研究受到广泛关注。本章重点介绍纳米药物递送载体相关概念和原理、VNP/VLP 递送药物的原理和机制，以及 VNP/VLP 作为各种药物小分子递送载体的最新研究进展。

第一节 纳米药物递送系统概述

一、纳米药物递送系统

1. 概述

药物递送系统（drug delivery system，DDS）是将药物分子通过载体或佐剂有效地递送到目标部位，从而调节药物的代谢动力学、药效、毒性、免疫原性和生物识别等的一种技术体系。

纳米药物递送系统（NDDS）是以纳米材料作为药物递送载体或佐剂，将药物分子通过物理吸附或共价偶联到载体或佐剂上，在空间、时间及剂量上全面调控药物分子在生物体内分布的新型技术体系。新型纳米药物递送系统通常由三部分构成：①纳米药物递送载体或佐剂，是 NDDS 最基本的组成部分，主要分为生物纳米载体和合成纳米载体，前者包括病毒及病毒样颗粒、转铁蛋白及其他自组装蛋白笼，如热休克蛋白、酶复合物等，后者种类繁多，根据其理化性质的不同，又可以分为无机纳米载体、有机纳米载体、无机有机复合载体等；②承载对象，是 NDDS 中真正起治疗作用的有效成分，包括合成药物小分子、生物活性大分子蛋白、核酸等；③功能基团，包括连接基团、靶向基团、增溶基团、成像基团等。在这三个组分中，承载对象是治疗各种疾病的主要活性成分，但往往存在各种各样的问题。纳米药物递送载体或佐剂主要针对承载对象在药物治疗中存在的问题，依靠其特殊的优势将药物分子的疗效最大化。功能基团的种类和作用较多，具有画龙点睛的作用，如将药物分子和载体共价连接到一起，靶向至特定的细胞或组织，增加药物分子溶解性等。三者相辅相成，都是 NDDS 不可或缺的组分。

理想的纳米药物递送系统是将承载对象（药物分子、蛋白质、基因等）保持在纳米药物递送载体或佐剂内，直到到达特定的细胞或病变组织时才特异性地缓慢释放，从而在无（较低）毒副作用下实现疾病的精准治疗。

2. 纳米药物递送载体的作用

纳米药物递送载体或佐剂在 NDDS 中的作用主要表现在以下几个方面。

1）药物负载与控制释放

负载和释放药物分子是纳米药物递送载体或佐剂最基本的功能。纳米药物递送载体或佐剂由于具有特殊的空间结构及较大的比表面积，可以有效负载各种类型的药物分子、蛋白质、基因等。其与药物分子作用方式主要包括两大类：物理吸附和共价偶联。负载率的高低与纳米药物递送载体的结构与性质有很大的关系。此外，纳米药物递送载体或佐剂能在机体内缓慢释放药物，使血液中或特定部位的药物浓度能够在较长时间内维持在有效浓度范围内，从而改善药物的利用率和治疗效果，减少给药次数，并降低药物的不良反应。

2）药物靶向

纳米药物递送载体或佐剂可以实现药物分子的靶向递送，即通过纳米药物载体或佐剂将药物分子递送至靶区（靶器官、靶组织、靶细胞等）再进行释放。传统的药物分子不能区别正常组织和病变组织，因此对正常组织有着显著不良反应。通过药物靶向，使靶区药物浓度高于其他正常组织，可以减少对正常组织及细胞的伤害。根据靶标的不同，药物靶向可分为组织器官水平、细胞水平及亚细胞水平几个层次。根据靶向机理的不同，药物靶向又可分为被动靶向、主动靶向、物理靶向等几类。

3）增强药物的水溶性、稳定性，调节药物代谢时间

纳米药物递送载体或佐剂通过表面修饰或改性，可以吸附或包埋难溶性药物，改善难溶性药物的溶解度和溶出率；对于一些易降解的药物分子或蛋白质，纳米药物递送载体或佐剂可以提高其稳定性，使药物分子或蛋白质免受体内吞噬细胞的清除及各种酶的攻击，调控其在体内的代谢速率，提高药物利用率。

4）促进药物吸收及通过生物屏障

纳米药物递送载体或佐剂可以提高肠道黏膜、皮肤等对药物的吸收效率；或者通过表面修饰等方式（如修饰转铁蛋白受体、Tat 穿膜肽等）增加药物穿透特定生物屏障（如血脑屏障、细胞膜）的能力，提高药效。

3. 纳米药物递送载体靶向免疫细胞的机制

1）被动靶向

被动靶向是指利用特定组织、器官的生理结构特点，使药物在体内能够产生自然的分布差异，从而实现靶向效应。被动靶向多依赖于药物或其载体的尺寸效应：如大于 7 μm 的微粒通常会被肺部的小毛细管以机械滤过方式截留，被单核细胞摄取进入肺组织或肺气泡；大于 200 nm 的微粒则易被脾和肝的网状内皮系统吞噬。实体瘤中高渗透长滞留效应（enhanced permeability and retention effect，EPR）的发现是纳米药物载体快速发展的最大动力。具体来说，如图 11-1 所示，正常组织中微血管结构与实体瘤是不同的，正常组织的血管内皮间隙致密、有序且结构完整，纳米颗粒难以从血管中渗出。而实体瘤组织中的新生血管较多且血管壁间隙较宽、结构完整性差，淋巴回流缺失。这种差异造成直径在 100 nm 上下的大分子类药物或纳米颗粒更易于聚集在肿瘤组织内部，从而实现靶向效果；除此之外，利用肿瘤部位特殊的 pH、酶环境及细胞内的还原环境等，也可以实现药物在特定部位的释放，达到靶向给药的目的。

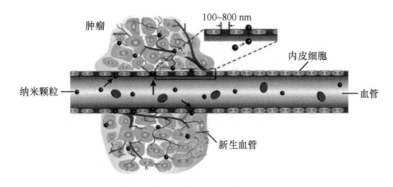

图 11-1　纳米递送载体的 EPR 示意图（Dai et al.，2017）

2）主动靶向

主动靶向主要是指赋予药物或其纳米递送载体主动与靶标结合的能力，主要手段包括将抗体、多肽、糖链、核酸适配体等能够与靶标分子特异性结合的探针分子通过化学或物理方法偶联到药物或其纳米递送载体表面，利用其生物特异性将抗原和抗体结合、供体和受体结合，通过上述方式对药物进行输送，从而实现靶向效果。

3）物理靶向

物理靶向指利用光、热、磁场、电场、超声波等物理信号人为调控药物在体内的分布及释药特性以实现对病变部位的靶向。

4. 影响纳米药物递送系统被免疫系统摄取的因素

1）粒径

纳米药物递送系统（NDDS）的粒径影响着细胞对纳米颗粒的摄取机制和内吞途径。研究表明，小于 100 nm 的纳米颗粒可以轻易地进入引流淋巴结，进而被淋巴结中的树突状细胞（DC）摄取。粒径稍大的纳米颗粒（大于 200 nm）则可通过循环被单核细胞摄取，并随细胞迁移至淋巴结。粒径大于 500 nm 时则更倾向于被一些特殊的细胞通过胞饮或吞噬作用摄取，如巨噬细胞和皮肤中的郎格罕细胞。有报道指出：当 NDDS 的粒径与病毒大小（100 nm 左右）接近时，通常激活细胞免疫，刺激 CTL 和 Th1 的产生，诱发病毒样免疫反应；当 NDDS 的粒径与细菌大小（0.5～1 μm）接近时，通常激活体液免疫，刺激 Th2 分化和抗体的产生，产生细菌样免疫反应。

2）表面电荷

NDDS 所带的电荷不仅会影响到药物分子的负载率，同时也会影响其进入细胞的方式及含量。由于细胞膜表面带有负电荷，因此，带正电荷的 NDDS 对其表现出较高的亲和力，更倾向于通过网格蛋白介导的内吞途径而更快速地被巨噬细胞或 DC 细胞摄取。在细胞内，带负电或中性 NDDS 倾向于定位于溶酶体，带正电的 NDDS 则显示出溶酶体逃逸的能力，主要定位于细胞核周围区域。

3）形状

NDDS 的形状也会对细胞摄取水平和生物分布产生影响。研究表明，杆状的 NDDS 展现出最高的细胞摄取水平，其次是球形，之后依次是圆柱体和立方体的纳米载体。尽管非球形的 NDDS 因能避免非特异性的细胞吞噬而延长其在血液中的循环时间，但与球形纳米载体相比，非球形的 NDDS 被 DC 摄取的水平相对较低。

4）载体性质

NDDS 的性质，如组成、容量和亲疏水性等，都会直接或间接地影响细胞对 NDDS 内吞的量和途径。例如，壳聚糖纳米载体的棕榈基团修饰度越高，细胞摄取的量越多，且随着疏水性的增加，小窝蛋白介导的内吞显著增加。

5. 生物屏障

生物屏障（biological barrier），是生物在长期的进化中发展起来的一整套维持机体正常活动、阻止或抵御外来异物的机制。NDDS 在到达靶细胞之前，需克服生物体内的多重生物屏障。为实现疗效最大化，设计和制备能克服多重生物屏障并具备高效细胞摄取功能的递送载体，成为纳米药物从实验室研究转向临床应用的一个重要挑战。纳米载体在体内递送药物的过程中所遭遇的一系列生物学障碍包括：①肾清除；②血脑屏障；③非特异性蛋白吸附和巨噬细胞清除；④致密的肿瘤基质和较高的瘤内压；⑤细胞膜屏障；⑥内涵体/溶酶体捕获；⑦肿瘤细胞的多药耐药性。

1）肾清除

NDDS 通过静脉给药后进入血液循环，而肾清除是 NDDS 面临的第一个运输障碍。肾清除是生物体有效的自我保护机制，肾过滤过程依次经过肾小球滤过、肾小管分泌，最后通过尿液排出。在进入尿液之前，血浆流需要穿过三层过滤屏障，依次是肾小球内皮细胞窗孔、肾小球基底膜（GBM）及足细胞过滤狭缝。由三个障碍层组成的肾小球毛细血管壁的生理孔径约 6 nm，这意味着小于 6 nm 的颗粒可以迅速从血液循环中清除。因此，纳米载体的粒径是肾清除的最主要影响因素。此外，肾清除也受到纳米载体的形状和电荷性质的影响。如果纳米载体（非圆形纳米载体，如纳米棒）最短维度的尺寸非常小，则同样容易被肾清除。此外，肾清除还具有电荷依赖性，肾小球毛细血管壁的表面带负电，因此带正电荷的纳米载体更容易被捕获和过滤，而中性纳米载体被过滤的机会将显著降低，负电荷颗粒则更少。

2）血脑屏障

血脑屏障是指脑毛细血管壁与神经胶质细胞形成的血浆与脑细胞之间的屏障及由脉络丛形成的血浆和脑脊液之间的屏障，这些屏障能够阻止 NDDS 由血液进入脑组织。血脑屏障为保持中枢神经系统内环境的相对稳定提供了重要的结构基础，但同时也极大限制了药物的入脑转运，成为脑疾病药物治疗亟须突破的瓶颈。

3）非特异性蛋白吸附和巨噬细胞清除

血浆中存在多种类型的蛋白质，未被肾清除的纳米颗粒很容易吸附大量血浆蛋白并形成蛋白日冕。一方面，纳米药物递送载体的靶向基团可能会因被这些血浆蛋白包裹而降低靶向作用；另一方面，这些血浆蛋白的包裹可能在一定程度上降低药物分子到达目标位置后的爆发性释放。此外，被吸附的某些血浆蛋白（如补体因子），更容易被单核吞噬细胞系统（MPS）特异性地识别并清除。

4）致密的肿瘤基质和较高的瘤内压

纳米药物递送载体通过 EPR 效应渗透到肿瘤组织中，然而，致密的细胞外基质（extracellular matric，ECM）和较高的瘤内压阻碍纳米颗粒的扩散与分布。肿瘤内的压力也与肿瘤的大小和位置有关，肿瘤越大，越靠近肿瘤组织的中心，压力越大。致密的肿瘤基质和梯度分布的瘤内压力使得纳米颗粒仅聚集在肿瘤边缘，严重阻碍了其向肿瘤内部的扩散。

5）细胞膜屏障

细胞膜也是 NDDS 内化的主要障碍之一。由于大多数细胞膜带负电，因此表面带正电荷的 NDDS 可以促进细胞摄取。此外，靶向配体和细胞穿透肽都有利于促进纳米颗粒的跨膜转运。然而，这些功能化模块不利于前面提及的纳米载体在血液循环中的稳定性和 EPR 效应。

6）内涵体/溶酶体捕获

大多数治疗药物的作用位点位于细胞质或细胞核中，因此纳米药物递送载体需在保持其负载药物的活性的前提下将药物递送到作用位点。然而，在典型的细胞内吞过程中，纳米药物递送载体进入细胞后很快被内涵体捕获，最后融合到溶酶体中。ATP 依赖的质子泵可以逐渐降低内涵体的 pH，溶酶体 pH 甚至可以降低至 4.5～5.5。此外，溶酶体中存在多种酸性水解酶，较强的酸性条件及大量的水解酶极易降解载体负载的药物，特别是基因药物，进而导致治疗失败。因此，溶酶体捕获是纳米药物递送载体在细胞内递送的最大障碍。

7）肿瘤细胞的多药耐药性

由于肿瘤细胞多药耐药性（MDR）的存在，仅占给药剂量极小部分的药物可以发挥其细胞毒性作用。大多数肿瘤细胞具有多药耐药性，这是肿瘤细胞消除化疗药物治疗作用最重要的防御机制，也是导致化疗失败的主要原因之一。肿瘤细胞的多药耐药机制十分复杂，其中最经典的多药耐药是由 ABC 转运蛋白家族的外排作用介导的。P-糖蛋白是 ABC 转运蛋白家族成员，它是一种能量依赖的药物外排泵。一旦与抗肿瘤药物结合，P-糖蛋白就可以通过 ATP 提供能量将药物泵出细胞，导致细胞中的药物浓度下降。为了保持细胞内药物浓度以达到令人满意的治疗效果，纳米载体必须克服多重耐药性。尽管纳米载体通过配体-受体介导的靶向内吞可以绕过 ABC 转运蛋白的外排效应，但是这种策略不足以克服多重耐药性，因为一旦药物在细胞质中释放，这些游离药物就容易被P-糖蛋白结合并排出。

6. 给药途径

在进行药物治疗时，为了达到安全合理用药的效果，必须根据治疗目的选择适当的给药途径。纳米递送系统可以通过多种方法给药，每种给药途径都有各自的优缺点，科学研究和临床上常用的给药途径主要有以下几种。

1）口服

口服是最常用，也是最安全、最方便、最经济的给药方法。但有些药物因对胃黏膜有刺激作用而可引起呕吐；有些药物分子的活性可能会因消化酶和胃酸的作用而被破坏；当药物与食物同时存在时，可能会影响到药物的吸收。

2）肌肉注射

药物水溶液肌肉注射时吸收十分迅速，肌肉注射适用于油溶液和某些刺激性物质。

3）皮下注射

仅适用于对组织无刺激性的药物，否则可引起剧烈疼痛和组织坏死。皮下注射的吸收速率通常均匀而缓慢，因而作用持久。

4）静脉注射

把药物的水溶液直接注入静脉血流中，可准确而迅速地获得理想的血药浓度，产生的作用迅速且可靠，这是其他给药方法所不能达到的。但由于高浓度的药物迅速到达血浆和组织，增加了发生不良反应的可能性，反复注射还有赖于持续保持静脉通畅。这种方法不适用于油溶液或不溶性物质。通过静脉给药的方式也存在一些问题，由于小分子药物具有很强的弥散性，可在体内非特异地分布，会对健康组织造成严重损害。

5）黏膜给药

将药物用于结膜、鼻咽、口腔、直肠、尿道和膀胱等，主要是利用这些部位的局部吸收作用进入机体，从而达到用药效果。

二、常见纳米药物递送载体的分类及特性

纳米药物递送载体根据其来源主要分为两大类：生物纳米材料和合成纳米材料。生物纳米材料主要是一些蛋白质自组装形成的蛋白质笼，包括病毒及病毒样颗粒、转铁蛋白及其他自组装蛋白质笼，如热休克蛋白、酶复合物等。合成纳米材料种类繁多，根据其理化性质的不同，又可以分为无机纳米载体、有机纳米载体及无机有机复合载体等。根据纳米药物递送载体的形态结构，又可将其分为胶束、脂质体、乳剂、微球以及胶囊等多种类型。下面，将对目前研究最为广泛的纳米药物递送载体做一简要介绍。

1. 生物纳米材料

生物纳米材料是以蛋白质为基础自组装形成的一种特殊的纳米材料，其起始构筑单元（DNA、蛋白质或多肽）通常来自于生物体系而非化学合成。目前，已经被开发用于纳米药物递送载体的生物纳米材料主要有基于病毒的纳米颗粒及病毒样颗粒（VNP/VLP）、转铁蛋白、热休克蛋白、酶复合物等（图 11-2）。

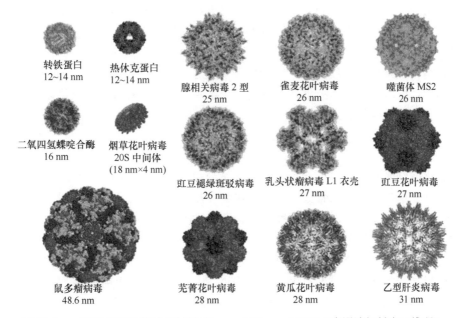

图 11-2　一些常见的生物纳米材料（Lee and Wang，2006）（彩图请扫封底二维码）

与传统合成纳米材料相比，基于蛋白质的生物纳米材料具有更好的生物安全性和生物可降解性，能够通过基因工程技术或化学方法进行进一步改造和修饰，获得更好的靶向性，穿透生物屏障，从而将药物分子递送至特定部位。

2. 脂质体

脂质体是由磷脂双分子层构成的类似于细胞膜结构的球形囊泡，因其良好的生物相容性、可降解性和低免疫原性，已被广泛开发用作药物递送载体。脂质体由亲水头部和疏水尾部通过疏水相互作用自组装而形成纳米结构。亲水性药物可以负载于脂质体的空

腔内,而疏水性药物可以负载于磷脂双分子层之间。它与细胞膜成分相近,因此能和细胞膜很好地融合,进而将药物分子释放于细胞内。目前,已有多种脂质体纳米药物被美国食品药品监督管理局(FDA)批准用于临床,如阿霉素脂质体(Doxil)。此外,紫杉醇、柔红霉素、长春新碱、顺铂等多种抗肿瘤药物的脂质体载药系统也已在国内外上市或正处于临床试验阶段。脂质体存在一些共有的缺陷,如脂质体在长期保存中容易出现聚集和药物渗漏等问题,并且容易受到生物环境的影响,特别是血清蛋白的影响,导致载药能力降低。用 Doxil 治疗的部分患者会出现手足红肿等类似过敏症状。

3. 聚合物纳米载体

聚合物纳米载体凭借其良好的生物可降解性和生物相容性,在小分子药物、蛋白质、基因等生物活性大分子递送方面展示出良好的应用前景。根据其来源,可分为天然高分子材料(如明胶、海藻酸盐、壳聚糖、淀粉、白蛋白等)、半合成高分子材料(如纤维素衍生物)及合成高分子材料(如聚乳酸-羟基乙酸共聚物、聚酯类)。根据其形态结构,又可以分为胶束、囊泡、凝胶、树枝状大分子(dendrimer)等。聚合物胶束是由两亲性的嵌段共聚物在一定条件下自组装形成的柔性球状微粒载药系统,其疏水性内核可以装载疏水性药物,增加难溶性药物的溶解度,而亲水性外壳能够形成一层保护性外壳,避免网状内皮系统的识别和内吞作用,进而延长其在血液里的循环时间。树枝状大分子是一种具有树枝状结构的高度支化且结构精确的大分子,其大小、尺寸、形状和极性等容易进行调控,可以通过物理吸附方式将药物分子装载到它的孔隙中,也可以通过化学交联方式将其与分枝结构相连。

4. 硅纳米材料

二氧化硅纳米材料是目前应用最广泛的纳米材料之一。其中,介孔二氧化硅凭借其生物安全性、稳定和刚性的骨架、良好的化学和热稳定性、较大的孔容量、均匀可调的孔径、较大的比表面积、丰富的活性基团、可调的颗粒尺寸,以及易于合成且成本可控等特性,在纳米医学研究中占据越来越重要的地位。

在过去十多年中,介孔硅纳米材料在生物成像与诊断、生物传感、生物催化、骨修复支架材料和药物递送等方面有大量研究报道,显现出良好的应用前景。和聚合物胶束、脂质体等载体相比,介孔硅纳米颗粒更耐酸碱、温度变化及机械应力,这使得它们在与生物体液接触时保护药物的能力更好。介孔硅纳米颗粒较大的孔容量赋予了它对药物更高的装载效率。和其他无机纳米载体相比,介孔硅内部有规则的介孔结构,比表面积大,对药物有很好的负载能力,表面的羟基使其可被丰富地能化。大量研究表明介孔硅纳米载体对细胞几乎没有毒性,生物相容性良好。作为医用纳米载体,介孔硅的经济性也是其他载体不可比拟的。此外,介孔硅可以和聚合物、脂质体、金纳米粒、Fe_3O_4 等形成复合纳米载体,将多种功能集于一身。

5. 碳纳米材料

碳纳米材料包括石墨烯、碳纳米管、碳量子点、C_{60} 及其衍生物。石墨烯、碳纳米管、碳量子点、C_{60} 都是碳原子以 sp^2 杂化方式形成，都具有高度共轭结构，因此具有极高的电子迁移率和优良的导热率。氧化石墨烯是石墨烯表面因为强氧化作用而生成环氧、羟基、羧基等含氧基团而形成的，这些基团使得氧化石墨烯具有极好的水溶性和可修饰性。然而经过氧化后，原本石墨烯的完整的共轭结构被破坏，形成有缺陷的部分共轭结构，这使得氧化石墨烯的导电率和导热率不如石墨烯。氧化石墨烯在水合肼等作用下可以形成还原氧化石墨烯。还原氧化石墨烯的性能介于石墨烯和氧化石墨烯之间。如果将二维的石墨烯按照一定的空间折叠则可以得到碳纳米管、C_{60} 等。所以氧化石墨烯、还原氧化石墨烯、碳纳米管和 C_{60} 都可以视为石墨烯的衍生物。石墨烯及其衍生物因独特的物理和化学性质，在药物递送、基因递送、光热治疗、体内造影、复合生物材料制备、疾病诊断等领域被广泛研究。

6. 金纳米颗粒

代表性的无机纳米载体中，金纳米颗粒和氧化铁纳米颗粒以其特有的物理化学性质受到广泛关注。与其他金属纳米颗粒相比，金纳米颗粒具有较高的化学稳定性，并且可以通过改变制备参数来调节金颗粒的形状，如球形、棒状、笼状等。此外，精确调控金颗粒的光吸收和光散射性质还可用于光热和光动力治疗。目前已有研究报道，用金纳米颗粒作为载体递送抗肿瘤药物（如阿霉素、喜树碱、5-氟尿嘧啶和伊立替康等）用于肿瘤化疗。Wang 等（2011）构建了基于金纳米颗粒的药物控释系统用于杀伤癌细胞。该系统以金纳米颗粒为载体，将抗癌药物阿霉素通过酸敏感性的腙键偶联到颗粒表面而制备药物控释体系。当该体系经癌细胞内吞进入胞内酸性溶酶体后，腙键连接纽带水解，实现 pH 响应性的阿霉素释放。此外金颗粒凭借其独特的光学性能在药物释放的同时可实现阿霉素荧光的开启，即实现可视化的肿瘤抑制。

7. 氧化铁纳米颗粒

氧化铁纳米颗粒用作药物载体除了负载药物之外，还具有特殊优势，如其具备的磁学性能可以在外加磁场的辅助下实现磁靶向，也可以在外加磁场的作用下通过磁热抑制肿瘤，而且凭借其超顺磁性，还可以用作核磁共振的造影剂。基于氧化铁纳米颗粒可构建一些智能的药物控释体系，Ding 等（2014）以磁性 Fe_3O_4 纳米立方体为基底，通过表面修饰一层可降解的聚甲基丙烯酸甲酯（PMMA）来增加颗粒的亲水性，然后将化疗药物阿霉素通过酸敏感性的腙键偶联到 PMMA 上，制备了 Fe_3O_4-PMMA@DOX 药物控释系统。该系统经鼠尾静脉注射后可在外加磁场的辅助下特异性地聚集在肿瘤部位，然后在胞内酸性条件下释放药物，同时实现了肿瘤部位的磁共振成像。

8. 量子点

量子点因超小的尺寸而在量子限域效应下具有一些特有的电子和光学特性。量子点在被激光照射后，价带上的电子吸收能量而跃迁到不稳定的高能级导带，当其从导带回复到价带的时候，释放的能量会以荧光的方式发射出来；并且荧光的发射波长可以通过能带之间的能量差进行调节，这一特性可以用来调节发射波长，避免发射波长处于紫外波段给人体带来伤害。基于上述特点，量子点在生物医学上被广泛用于体内造影成像。将量子点用于载体时，一般需要在表面键接聚合物，这种载体大多可以在治疗的同时起到成像诊断作用。

三、病毒及病毒样颗粒类纳米药物递送载体

1. VNP 和 VLP

基于病毒的纳米颗粒（virus-based nanoparticle，VNP）作为生物纳米材料的一种，主要包括非致病的病毒和病毒样颗粒（virus-like particle，VLP）。非致病的病毒主要是指对人类和其他哺乳动物不具有感染性与致病性的病毒，如植物病毒和噬菌体。VLP 作为 VNP 的一个亚类，具有特殊的意义。VLP 主要是由病毒的衣壳蛋白或结构蛋白在体外条件下自组装而成的类病毒蛋白结构。与天然病毒粒子相比，VLP 具有与天然病毒粒子相似的形态结构，但不含有病毒基因组，不能自主复制，具有与天然病毒粒子相同或相似的免疫原性。因此 VLP 作为一种新型疫苗抗原，通过与其他疫苗载体或佐剂结合，成为取代传统灭活疫苗的最佳候选疫苗。近年来，由于其突出的穿过生物屏障（如细胞膜和血脑屏障等）的能力和出色的生物相容性与生物安全性，VLP 成为一种极具潜力的药物递送载体，在药物小分子、蛋白质和核酸等客体分子靶向递送方面受到越来越多的关注。

2. VNP/VLP 的几何尺寸

纳米材料通常指的是在三维空间里至少有一维处于纳米尺寸（1～100 nm）范围内或由其作为基本单元构成的材料。绝大部分病毒的直径都在 20～200 nm（图 11-3），因此，病毒是一种天然的纳米材料。

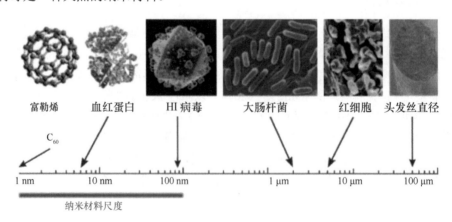

图 11-3　VNP/VLP 的纳米尺度（Goesmann and Feldmann，2010）

不同的 VNP/VLP 具有不同的尺寸。例如，口蹄疫病毒（FMDV）直径约 28 nm，鼠多瘤病毒直径约 48.6 nm。同种 VNP/VLP，因构成其单体数目及组装方式的不同，也可能具有不同的尺寸。例如，HBc VLP 是由 HBc 单体组成的二十面体颗粒，有两种形

态：由 180 个单体组成 $T=3$ 型颗粒，直径约 30 nm；由 240 个单体组成 $T=4$ 型颗粒，直径约 34 nm。T 代表二十面体的一个面可被划分成小型等边三角形的数目。VLP 的尺寸与病毒本身的大小相当，因不含病毒内部核酸等物质，其尺寸比病毒本身略小。

3. VNP/VLP 的形态结构

纳米颗粒的尺寸和形貌对其理化性质及生物学性质有着重要的影响。VNP/VLP 一般具有规则的外形，主要包括以下几种类型：①二十面体，如雀麦花叶病毒（BMV）、豇豆褪绿斑驳病毒（CCMV）、豇豆花叶病毒（CPMV）、木槿褪绿环斑病毒（HCRSV）、红三叶坏死斑驳病毒（RCNMV）、芜菁黄色花叶病毒（TYMV）等植物病毒；HK97、P22、T7、MS2 和 Qβ 等噬菌体（P22 和 T7 是头-尾噬菌体，尾部未显示）；②杆状和丝状病毒，马铃薯 X 病毒（PVX）、烟草花叶病毒（TMV）、噬菌体 M13。二十面体的 VNP/VLP 从宏观上看近似球形，具有很大的体表面积和内部空腔。

4. VNP/VLP 的靶向性

作为纳米药物递送载体，VNP/VLP 最吸引人的特性之一就是其卓越的靶向性。由于病毒已经经过亿万年的自然进化，能够将遗传物质以极高的效率递送至特定的宿主细胞。来自植物和细菌的 VNP，由于具有良好的生物相容性和生物可降解性，特别是对人类与其他哺乳动物是无传染性和无害的 VNP，其作为纳米药物递送载体的研究最先受到关注。不过，植物和细菌的 VNP 相对于动物与人类来说，又是缺乏靶向性的。好在随着分子生物学的发展，目前人类已经可以通过基因工程技术或化学方法对 VNP 进行靶向性改造或修饰。例如，牛忠伟课题组通过化学修饰将靶向肽 cRGD 共价偶联到 TMV 表面，获得具有靶向肿瘤细胞的植物病毒型纳米药物递送载体（Tian et. al.，2016）。

动物 VLP 不含病毒核酸，不能自主复制，因而也被认为对动物和人类来说是安全的。与来自植物和细菌的 VNP 不同的是，动物 VLP 具有天然的靶向性。例如，口蹄疫病毒病毒样颗粒自身含有 RGD 多肽，无须经过任何修饰就可以靶向整合素受体过表达的癌细胞。而且，动物 VLP 大多通过外源表达系统获得，也可以通过基因工程技术将一个或多个靶向肽展示在 VLP 的外表面，获得具有某种特定靶向性的 VLP。例如，任磊课题组将多种模块化功能性多肽（亲脂性 NS5A 肽、6×His-tag 和肿瘤靶向肽 RGD）分别通过基因工程技术插入 HBc VLP 的 C 端和主要免疫优势环区（major immunodominant loop region，MIR），重组 HBc VLP，通过与过度表达的整合素 $\alpha_v\beta_3$ 的相互作用而特异性地靶向癌细胞（Shan et al.，2018b）。VNP/VLP 能够像"特洛伊木马"一样，其内部空腔装载各种类型药物分子，以类似病毒的跨膜方式穿透生物屏障，将药物靶向运送至特定区域，实现"以毒攻毒"效果，这是其他传统合成纳米载体难以实现的。

5. VNP/VLP 作为纳米药物递送载体的特点与优势

VNP/VLP 作为纳米药物递送载体的特点与优势：①VNP/VLP 具有良好的生物相容

性和生物可降解性。植物病毒和噬菌体 VNP 不感染人类和其他哺乳动物，而且 VLP 不含核酸物质，不能自主复制，因此不能像病毒一样对人和动物造成伤害，VNP/VLP 在体内完全可以降解，具有良好的生物可降解性。②复杂而精巧的结构。VNP/VLP 是由蛋白质自组装形成的一种蛋白质笼，其构筑单元是传统合成方法无法获得的，VNP/VLP 具有规则的外形、适当的大小，其内部空腔可以有效装载药物小分子、蛋白质和基因等。③易于进行改造和修饰。VNP/VLP 不仅可以通过基因工程技术进行结构改造，而且可以通过化学方法进行修饰，此外，部分 VNP/VLP 的结构已通过冷冻电镜、单晶衍射仪解析，因此，可以根据其结构对其进行精确地改造或修饰。④具有靶向性及穿透生物屏障的能力。VNP/VLP 具有天然的靶向性，以类似病毒的跨膜方式穿透生物屏障，将药物靶向运送至特定区域，实现"以毒攻毒"效果，这是其他传统合成纳米载体难以实现的。⑤免疫原性。VNP/VLP 具备激发宿主先天和适应性免疫反应的能力，可经 MHC I 类和 II 类分子呈递，激动 CD4$^+$辅助 T 细胞和 CD8$^+$细胞毒性 T 淋巴细胞，激活 B 细胞产生高滴度的抗体。

其中，动物源病毒样颗粒与其他来源病毒样颗粒相比，具有特殊的优势：动物病毒的 VLP 作为纳米级生物载体，由于其形态结构与完整病毒粒子相同或相似，并因具有体表面积大、承载量高、生物相容性好、无副作用、表面功能基团易于修饰等优点而受到广泛关注。另外，与人/动物不易感的植物病毒 VNP/VLP 相比，动物病毒的 VLP 因其识别受体在人及动物细胞上超量表达，无须像植物病毒 VLP 一样额外连接特异受体靶标分子（如叶酸）来修饰，简化了制备步骤、避免了外源物质可能引起的不良反应，能充分发挥 VLP 的自然属性。因此，动物病毒 VLP 作为靶向载体具有非常独特的优势和潜在的应用价值。

第二节　病毒及病毒样颗粒承载药物的机制和原理

一、从材料学与化学的角度看 VNP/VLP

VNP/VLP 作为一类特殊的纳米药物递送载体，其承载药物分子的方式与传统合成纳米载体相似，主要包括两种方式：物理吸附和共价偶联。既然如此，就有必要从材料学和化学的角度对 VNP/VLP 进行重新审视，这将更有助于理解 VNP/VLP 载药的原理和机制。

从材料学的角度来说，病毒可以看作是一种单分散的有机核壳型纳米颗粒，具有良好的均一性和稳定性。这种复杂而精巧的纳米颗粒是以病毒的遗传物质（核酸）为核，外层衣壳蛋白为壳的，而 VLP 则不含核酸，是由病毒的结构蛋白自组装而成的，具有与天然病毒粒子相似的形态结构。因此，VLP 可以被看作是一种中空的有机纳米粒子，其内腔可以装载不同尺寸的药物小分子、成像试剂、生物大分子如蛋白质和核酸，甚至包括尺寸更大的量子点、氧化铁、金等纳米颗粒。其外壳可以通过基因工程技术插入或删除某些序列，获得化学修饰的位点或增加靶向基团，其表面可以通过化学修饰的方法，共价偶联药物小分子、成像试剂、蛋白质等。

二、VNP/VLP 的解离-自组装特性

病毒通常通过一个简单的超分子自组装过程将其遗传物质包装在衣壳内，其控制包装的原理可用于 VNP/VLP 装载其他药物分子。在体外改变缓冲条件、pH 和离子强度后，病毒衣壳蛋白能够分解并释放出核酸物质，而再次适当改变条件后，这些被分解的衣壳蛋白又可以重新组装，成为 VNP/VLP。例如，在生理 pH 或高离子强度（0.1～1 mol/L）下，豇豆褪绿斑驳病毒（CCMV）可分解成 90 个完全相同的衣壳蛋白二聚体，并释放其内部 RNA；当 pH 降至 5，在低离子强度（约 0.1 mol/L）的缓冲溶液中，这些二聚体又可以重新组装形成与原生病毒具有相同大小和几何形状的 VLP（$T=3$）；如果溶液中存在较多阴离子，则在 pH 为 7.5 时可形成粒径较小的 VLP（$T=1$）。Brasch 等（2011）利用这种方法，成功将酞菁锌（ZnPc）封装在其内部并用于光动力治疗（图 11-4）。

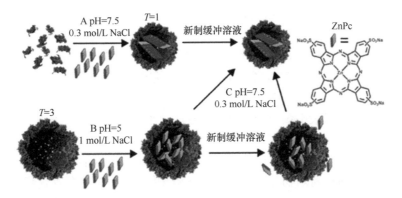

图 11-4　CCMV 的解离自组装过程及包封酞菁锌（Brasch et al.，2011）

三、物理吸附法

VNP/VLP 的衣壳蛋白一直处于不停的解聚-自组装动态平衡中，具有一定的自组装能力。研究表明，在改变 pH 和离子强度的条件下，VNP/VLP 的衣壳蛋白能够从组装状态转变到膨胀状态，再到解体状态。解体后的单体在一定条件下又可以重新组装成VNP/VLP。目前，经探索可通过物理吸附法封装客体分子 VNP/VLP 的主要有：豇豆褪绿斑驳病毒（CCMV）、雀麦花叶病毒（BMV）、猿猴空泡病毒 40（SV40）、红三叶坏死花叶病毒（RCNMV）、人多瘤病毒 JC 病毒（JCV）和木槿褪绿环斑病毒（HCRSV）等。如CCMV 在 pH 为 3～6，低离子强度（约 0.1 mol/L）下稳定；当离子强度较低（<0.1 mol/L）且 pH 高于 7 时，CCMV 会径向膨胀约 10%，表面形成 60 个直径约 2 nm 的开口；当处于高离子强度（约 1 mol/L）和 pH>7 时，CCMV 衣壳蛋白可分解成 90 个完全相同的衣壳蛋白二聚体；去除病毒 RNA 后，如果 pH 降至 5 以下，离子强度降低到 0.1～0.2 mol/L，被拆卸的 CCMV 衣壳蛋白又可以重新组装与天然病毒（$T=3$）具有相同大小和几何形状的空衣壳；如果溶液中存在较多阴离子，在 pH 为 7.5 时也可以重新组装成较小的空衣壳（$T=1$）。

VNP/VLP 从组装状态转变为膨胀状态，其表面孔能够被打开，而在一定条件下，

又能恢复正常状态，这些孔又可以被关闭。利用这一性质可以封装各种客体分子。例如，Loo 等（2008）将 RCNMV 在 pH 为 8 的 EDTA（200 mmol/L）溶液中透析，使其表面孔被打开，然后分别加入三种带不同电荷的染料分子（罗丹明、鲁米诺、荧光素）和药物分子阿霉素（DOX），共同孵育一段时间使染料分子和药物进入衣壳内部，然后在 pH 为 6、包含 Ca^{2+}（200 mmol/L）的溶液中，表面孔再次被关闭，通过这种方式来负载药物分子和染料。研究表明，每个 RCNMV 可以分别封装 4300±1300 个 DOX，83±10 个罗丹明，76±5 个鲁米诺，2±1 个荧光素。与中性或带负电的分子相比，带正电的分子封装效率更高，其中一个重要原因是这些带正电的分子能够与带负电的 RNA 发生静电相互作用。此外，DOX 除了静电相互作用外，它本身也能够插入 RNA 而与其结合，因此 DOX 的负载率远高于同样带正电的罗丹明。

VNP/VLP 的解离-自组装特性可以用来封装各种类型的药物分子。在一定条件下，VNP/VLP 解聚，形成单体；在药物分子存在的情况下，改变组装条件，这些单体又重新组装形成 VNP/VLP 并包封药物分子。当 VNP/VLP 将这些药物分子靶向递送至特定的细胞或组织后，在体内各种酶或酸碱的作用下又可以将这些药物分子释放出来，从而发挥其纳米药物递送载体的作用。例如，CCMV 已被用于包封 DOX、辣根过氧化物酶（HRP）、聚苯乙烯磺酸钠（PSS）、CpG ODNs 等。

药物分子的成功封装不仅与药物分子本身的分子量大小、亲/疏水性、溶解性、表面电荷种类及数量密切相关，也与 VNP/VLP 的颗粒大小、形貌、介孔结构、表面修饰、电荷种类及多少等有很大关系。在某些情况下，重组是基于带正电荷的壳蛋白内表面和模拟负电荷核酸的负电荷药物分子之间的静电相互作用。正电荷有效载荷的封装可以通过与另一个带负电荷的分子混合，提供足够的净负电荷来实现，从而催化衣壳组装。

四、化学修饰法

VNP/VLP 除了可以通过基因工程技术进行改造、插入或删除衣壳蛋白的部分氨基酸序列或改变氨基酸残基的种类外，也可以通过化学方法进行进一步修饰。VNP/VLP 本质上是一种蛋白质，因此，常用的蛋白质表面化学修饰方法也可以用来对其进行进一步改造与修饰（图 11-5），从而进一步调控其理化性质和生物活性。组成 VNP/VLP 的氨基酸可以分为天然氨基酸和非天然氨基酸，后者通常可以通过基因工程技术引入。

1. 天然氨基酸

在组成 VNP/VLP 的 20 种典型天然氨基酸中，一些具有反应性侧链的氨基酸，如赖氨酸、半胱氨酸、谷氨酸、天冬氨酸和酪氨酸等，可通过生物正交反应与各种药物分子、成像试剂、生物活性大分子、纳米材料等以化学键连接。

1）赖氨酸残基和 N 端

由于氨基在蛋白质和多肽中较为常见，因此氨基修饰是生物大分子修饰中最为常见的一种。赖氨酸是最常见的天然氨基酸之一，作为亲水基团常暴露于 VNP/VLP 的表面。VNP/VLP 的赖氨酸残基以伯胺（$R-NH_2$）的形式提供活性反应位点，能够与 N-羟基琥

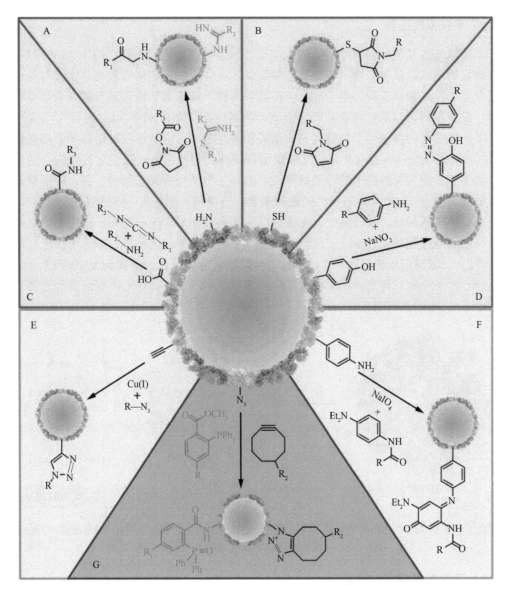

图 11-5　常见的 VNP/VLP 表面修饰方法（Smith et al., 2013）

珀酰亚胺活性酯（NHS-esters）形成酰胺键。该反应产率较高，能够在室温下进行，在水溶液中也能进行，反应后的终产物可以通过透析的方式进行分离提取，因此，N-羟基琥珀酰亚胺活性酯法成为 VNP/VLP 表面修饰最常用的方法。NHS-esters 与氨基反应对 pH 非常敏感，过低或过高的 pH 都会影响反应效果：低 pH 时，氨基是质子化的而无法修饰；高 pH 时 NHS 酯水解过快而修饰效率大大降低；修饰反应的最佳 pH 在 8.3～8.5。

除了 NHS 活性酯法，其他的一些方法也可以用来对 VNP/VLP 表面进行修饰，如异氰酸酯法、咪唑盐法、环氧乙烷衍生物开环反应法等。但 NHS 活性脂使用最普遍，其中一个重要原因是许多 NHS 活性脂已经商业化。

2）半胱氨酸残基

半胱氨酸残基是一种有吸引力的定向交联残基，因为它只出现在约 1.1%的残基上，没有明显的亲水性或疏水性。半胱氨酸中巯基（R-SH）的反应活性较高，能够与马来酰亚胺发生迈克尔加成反应。由于该反应在温和条件下能够高效快速地反应，无须金属催化剂，反应原料可以通过商业获取，因此，常用该反应来对 VNP/VLP 进行化学修饰。

半胱氨酸中的巯基除了能够与马来酰亚胺发生反应，也能够在氧化条件下相互反应形成二硫键。部分 VNP/VLP 依靠二硫键进行正确折叠和组装，以稳定其结构。通过诱变添加半胱氨酸可导致错误的二硫键形成、破坏正确的折叠和自组装。引入外部暴露的半胱氨酸可导致 VNP/VLP 形成二硫键和聚集。当使用半胱氨酸-马来酰亚胺反应时，为了避免二硫键的形成，可以突变衣壳蛋白以在其内表面展示半胱氨酸，这些半胱氨酸只能由马来酰亚胺配体通过小孔扩散到组装的 VNP/VLP 中。这种技术降低了反应过程中 VNP/VLP 二硫键形成的风险，并且荧光团可以这种方式被内部连接到 VNP/VLP 上。例如，Wu 等（2009）利用该反应将改性后的紫杉醇与噬菌体 MS2 内表面共价连接（图 11-6）。

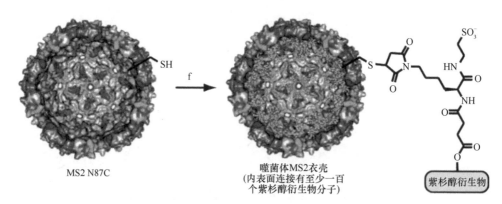

图 11-6　噬菌体 MS2 内表面的巯基与紫杉醇衍生物通过迈克尔加成反应连接（Wu et al.，2009）
（彩图请扫封底二维码）

3）天冬氨酸/谷氨酸残基

虽然赖氨酸和半胱氨酸是 VNP/VLP 化学修饰的主要活性位点，但其他天然氨基酸也能提供一些反应活性位点。比如，天冬氨酸和谷氨酸残基含有羧基（R-COOH），能够与含氨基的化合物在缩合试剂作用下高产率地形成酰胺类化合物。常用的缩合试剂从分子结构上主要分为碳化二亚胺（EDC）类型、磷正离子或磷酸酯类型，以及脲正离子类型，其中，EDC/NHS 是最常用的缩合试剂。EDC/NHS 作为缩合试剂，能够首先与 VNP/VLP 中的羧基反应形成 NHS 活性酯，该活性酯与氨基类化合物进一步反应得到修饰后产物。需要注意的是，NHS 活性酯在水溶液中容易分解，通常半衰期小于 5 h。另外，羧基与 EDC/NHS 的反应通常在 pH 为 4.7～6.0 的 MES 缓冲溶液中进行，而 NHS 活性酯与氨基的反应则是在中性或偏碱性的溶液中进行，因此，对于酸比较敏感的 VNP/VLP 不适合使用这种方法进行偶联。

4）酪氨酸/酚羟基

VNP/VLP 中的酪氨酸能够通过酚羟基（R-ArOH）与芳基重氮衍生物发生偶氮反应。在低温和强酸性水溶液中，芳香族伯胺首先与亚硝酸钠反应得到重氮盐，即重氮化反应。进一步，该芳基重氮盐能够与酪氨酸中的酚羟基反应形成带颜色的化合物。由于该反应条件所限，可能会对 VNP/VLP 结构产生影响，因此，在化学修饰中这种方法使用的频率不高。

2. 非天然氨基酸

尽管 VNP/VLP 结构中分布了多种可供修饰的氨基酸残基，许多反应能够使其在温和的条件下高效偶联，但传统天然氨基酸在偶联时也会遇到一些问题，如有些 VNP/VLP 对酸和氧化还原敏感，在酸性条件下的反应可能会导致 VNP/VLP 解聚或降解，在氧化还原条件下的反应则可能导致蛋白质不能正确折叠和组装。并非所有的氨基酸残基都适合进行偶联，有些氨基酸残基裸露在外表面，有些则深藏于内表面，由于空间位阻的影响难以实现有效的偶联，而某些偶联可能还会影响到 VNP/VLP 的功能。通过基因工程技术引入非天然氨基酸，将为 VNP/VLP 的化学修饰提供更多的选择。

1）炔和叠氮

引入含有炔基或叠氮的非天然氨基酸后，可以通过专一性的化学反应与目标分子共价偶联。目前，常用的方法主要有三种：铜催化叠氮-炔环加成反应（CuAAC）；环张力促进的点击化学反应；施陶丁格连接（Staudinger ligation）法。

铜催化叠氮-炔环加成反应是迄今为止最好的点击化学反应之一。该反应在 Cu（I）催化下，叠氮化合物和端基炔发生（3+2）环加成反应，区域选择性地生成 1,4-二取代1,2,3-三唑。该反应之所以得到广泛的应用，得益于 Cu (I) 作为一种高效、优良的催化剂的发现。与未加催化剂的 1,3-偶极环加成反应相比，Cu (I) 使反应加速 10^8 倍。该反应的显著优势在于：①产率高，反应速度快，原子经济性高达 100%；②反应条件温和，对于溶剂没有特别的要求，在水中也能进行；③产物可以通过简单过滤或提取分离，无须层析或再结晶；④具有很好的官能团选择性，即使底物中含有其他官能团，也仅仅只是炔基与叠氮之间能够发生反应，其他官能团的存在不影响两者之间特定的偶联。

环张力促进的叠氮-炔环加成反应（SPAAC）是点击化学反应的另一经典反应。由于铜催化叠氮-炔环加成反应需要引入金属催化剂，可能会产生一些毒性，因此该方法在生物医药材料方面的应用受到一定限制。而 SPAAC 反应最大的改进在于无须铜离子催化剂，避免了毒性试剂引入的毒性，通过三键的角应变及存在于环烯中的环应变提高了反应速率。SPAAC 反应条件温和，能够在生理条件下进行，具有高效性及反应的专一性，而且偶联形成的三唑衍生物具有良好的生物相容性，因此 SPAAC 反应是生物偶联最佳选择之一。

施陶丁格连接法中，叠氮化物与三芳基磷反应得到亚胺基膦烷中间体，此中间体进一步水解可形成酰胺产物。由于反应终产物中不含残留原子，该反应又被称为无痕施陶丁格连接（traceless Staudinger ligation）。自 2000 年该反应被成功用于细胞膜表面的糖标记以来，该法目前已在多肽合成、生物标记、蛋白质组学研究中被使用，将来有可能成为 VNP/VLP 化学修饰的又一利器。

2）其他

Loscha 等（2012）通过定点引入（site-specific incorporation，SSI）技术引入非天然氨基酸（uAA）——对氨基苯丙氨酸（pAF），并用它将寡核苷酸与 MS2 VNP 外部连接。目前，这种反应的使用受到一定限制，部分原因是连接基团的商业可用性不足，许多使用较少的非天然氨基酸连接策略都面临这种困境。此外，一些蛋白质功能化策略，如腙键连接，目前需要对氨基酸（AA）或 uAA 进行初步反应，因为含有适当官能团的 uAA 尚未被纳入。在不久的将来，uAA 文库可能会越来越多，同时也会有越来越多的反应针对它们各自的部分进行不同的 VNP 功能化。

第三节　病毒及病毒样颗粒作为纳米药物递送载体的研究进展

VNP/VLP 作为一类特殊的纳米药物递送载体，在靶向性和生物相容性方面具有其他传统合成纳米载体无法比拟的优势，因而在纳米药物递送载体中占有一席之地。利用 VNP/VLP 的自组装-解离特性可以在其内部空腔装载合成药物、蛋白质、基因等各种药物分子。通过化学修饰方法，可以在 VNP/VLP 表面共价连接各种目标分子，从小分子到大分子聚合物、多肽、蛋白质甚至纳米颗粒；也可以通过基因工程改造技术，插入或删除部分氨基酸序列，从而进一步提高或改变 VNP/VLP 的靶向性、载药量和包封率。VNP/VLP 纳米载体犹如"特洛伊木马"，可携带合成药物分子、蛋白质、基因等，以类似病毒的跨膜方式将药物靶向运送至特定区域，实现"以毒攻毒"效果，有望在人类疾病的靶向治疗等领域发挥重要作用。本节将结合当前植物 VNP、动物及人类 VLP、噬菌体 VNP 作为纳米药物递送载体的最新研究进展，重点讲述 VNP/VLP 在小分子抗肿瘤药物、光动力治疗药物、光热治疗试剂等小分子药物递送方面的进展。生物活性大分子如核酸等大分子药物递送将在后续章节讲述。

一、植物 VNP/VLP 作为纳米药物递送载体

1. 豇豆花叶病毒

豇豆花叶病毒（CPMV）是一种二十面体植物病毒，属于豇豆花叶病毒科。CPMV 在受感染的黑眼豌豆叶片中产量较高，可达 0.8～1.0 mg/g，其分离和纯化也比较简单、经济。CPMV 直径约 30 nm，无囊膜，包含 60 个由两种不同蛋白质结构亚基组成的不对称单元：一个小的（S）和一个大的（L）亚单位。CPMV 在相当宽的温度范围（高达 60℃）、pH 在 3～9，以及在某些有机溶剂的存在下是稳定的，为其表面化学修饰提供了有利的化学反应条件。CPMV 的突出稳定性使其 VNP 在纳米技术和药物递送领域得到了广泛的研究及应用。

CPMV 作为新型纳米药物递送载体，在小分子抗肿瘤药物靶向递送方面已经取得一些进展。例如，Aljabali 等（2013）将 CPMV 作为纳米递送载体，与化疗药物阿霉素（DOX）通过共价偶联，制备 CPMV-DOX 复合物（图 11-7）。细胞毒性实验表明，CPMV-DOX 复合物与游离的 DOX 相比，在低浓度下，前者具有更高的细胞毒性，而在高浓度下，其毒性作用具有时间延迟性。而且，CPMV 不需要进行任何修饰，可以靶向溶酶体，在低 pH 条件下，CPMV 发生降解，释放出 DOX，进而杀死肿瘤细胞。

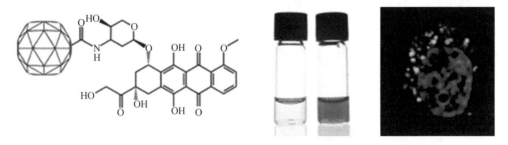

图 11-7　CPMV 作为 DOX 靶向递送载体（Aljabali et al.，2013）

尽管 CPMV 是一种植物病原体，不能在动物细胞中复制，但 CPMV 在体内却能够与多种哺乳动物细胞系和组织相互作用。当静脉注射 CPMV 时，它能够与血管内皮细胞相结合，聚乙二醇（PEG）包覆 CPMV 后，这种特殊的相互作用被阻断。进一步研究表明，在人和小鼠等哺乳动物细胞内 CPMV 的结合与内化是由细胞膜上一种 54 kDa 的蛋白质介导的。荧光标记的 CPMV 可用于观察活体小鼠和鸡胚的血管系统与血流，深度可达 500 μm。此外，使用荧光标记的 CPMV 可在活体内显示人纤维肉瘤介导的肿瘤血管生成，为识别动脉和静脉血管及监测肿瘤微环境的新生血管提供了一种手段。除了 CPMV 自身的作用外，通过基因工程技术或化学修饰方法能够使 CPMV 靶向特定的细胞或组织。

叶酸（FA）是一种靶向肿瘤细胞（如卵巢癌、子宫癌和间皮癌细胞）常用的靶向基团。大多数正常细胞表面叶酸受体（FR）较少，而在肿瘤细胞中叶酸受体往往过表达。因此，通过化学修饰法共价偶联叶酸可以使纳米药物递送载体获得靶向癌细胞的能力。Destito 等（2007）将 FA、PEG 及 PEG-FA 分别共价偶联到 CPMV 表面（图 11-8），考察了 FA 修饰的 CPMV 对肿瘤细胞的靶向能力，以及 PEG 抑制 CPMV 与细胞相互作用的能力。Destito 用两种方式将叶酸共价连接到 CPMV 的表面。一种是通过叶酸的活性亚胺酯（FA-NHS）与 CPMV 直接反应获得 CPMV-FA；另外一种是先在 CPMV 表面修饰炔基，进一步与末端含叠氮并经 PEG 修饰的叶酸（N_3-PEG-FA）通过 CuAAC 与 CPMV 共价偶联得到 CPMV-PEG-FA。研究表明：与未经修饰的 CPMV 相比，CPMV-FA 与叶酸受体过表达的 KB 细胞的结合能力并未有明显增加；而经 PEG 修饰后，CPMV-PEG 与 KB 细胞及 HeLa 细胞的结合能力丧失，表明 PEG 对 CPMV 的天然靶向性具有抑制作用；以 PEG 为连接基团经叶酸修饰的 CPMV（CPMV-PEG-FA）则对这两种细胞表现出显著的靶向性，摄入细胞的含量明显高于未经修饰的 CPMV。以上研究表明，CPMV 纳米颗粒可以通过表面偶联作用有效地重新定向到特定的细胞中，允许肿瘤细胞特异性摄取，同时避免正常细胞非特异性摄取。

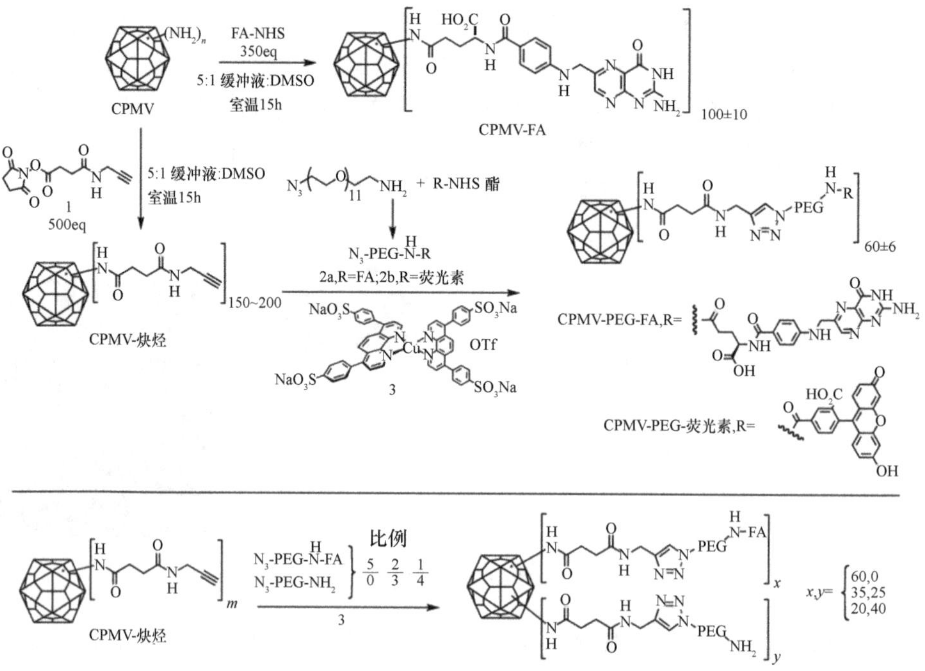

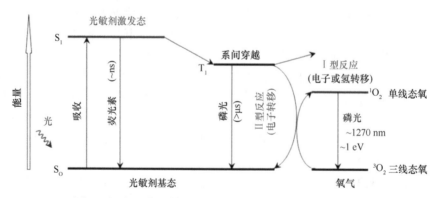

图 11-8　叶酸修饰的 CPMV 对肿瘤细胞的靶向作用（Destito et al.，2007）

光动力疗法（photodynamic therapy，PDT）是一种非侵入式且毒性相对较小的新型癌症治疗方法，该法是利用特定波长的光来激发光敏剂，使氧气转变为对癌细胞具有杀伤力的活性氧类（ROS），如单线态氧，从而达到杀死癌细胞的目的（图 11-9）。卟啉类化合物是一种常用的光敏剂。Wen 等（2016）利用 CPMV 与树枝状分子结合共同作为递送载体将锌乙炔基苯基卟啉（Zn-EpPor）靶向递送至巨噬细胞和肿瘤细胞，用于黑色素瘤的光动力治疗（图 11-10）。

图 11-9　光动力疗法的基本原理（Agostinis et al.，2011）

CPMV 除了可以作为小分子药物、光敏剂的纳米递送载体用于抗肿瘤研究，还可以递送其他类型药物小分子。Wen 等（2015）利用 CPMV 作为抗病毒蛋白酶抑制剂PF-429242 载体在体内和新鲜分离的人细胞中对 APC 具有的靶向性，在模型病原体—砂粒病毒科淋巴细胞脉络丛脑膜炎病毒（LCMV）中抑制了病毒感染的关键宿主蛋白 site-1

蛋白酶（S1P）的生长，展示了 PF-429242 保护宿主免受 LCMV 的感染的能力（图 11-11）；CPMV-PF-429242 有可能控制或消除一些生命周期中需要 S1P 的病毒家族。该项研究为 CPMV 作为纳米药物递送载体治疗慢性病毒感染奠定了基础。

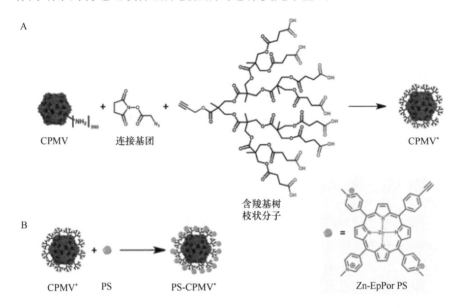

图 11-10　树枝状分子修饰的 CPMV 作为光敏剂（PS）靶向药物递送载体
用于黑色素瘤治疗（Wen et al.，2016）

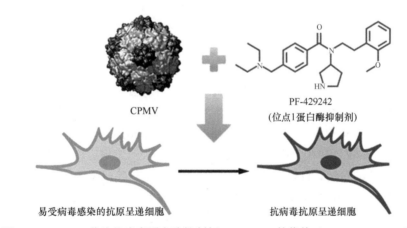

图 11-11　CPMV 作为抗病毒蛋白酶抑制剂 PF-429242 的载体（Wen et al.，2015）

Singh 等（2007）研究了 CPMV 在小鼠体内的分布、毒理和病理学。研究者用稀土金属络合物衍生的 CPMV 粒子测定血浆清除率和组织生物分布。CPMV 颗粒以 1 mg/kg、10 mg/kg 和 100 mg/kg 三种剂量通过静脉注射到小鼠体内，没有观察到明显的症状。CPMV 在 30 min 内迅速从血液循环中清除，血浆中的平均半衰期为 4～7 min。CPMV 颗粒主要集中在肝，其次分布在脾，但在肝和其他组织中并未发现明显的毒副作用。CPMV 给药后未观察到血凝，但观察到轻度白细胞减少，高剂量时发现小鼠体内出现强烈的免疫反应。总体来说，CPMV 是一种安全无毒的纳米药物递送载体。

2. 豇豆褪绿斑驳病毒

豇豆褪绿斑驳病毒（CCMV）是植物病毒雀麦花叶病毒科的一员。CCMV 可以从受感染的植物中（产率约 1~2 mg/g）获得，但基于酵母的表达系统也可用于生产 CCMV 衣壳蛋白，这些蛋白能自组装成缺乏遗传物质的空病毒样颗粒。CCMV 由围绕中心 RNA 的 180 个相同的衣壳蛋白亚基组成。蛋白质亚基排列为 20 个六聚体和 12 个五聚体，形成直径为 28 nm 的二十面体外壳（T=3 对称）。每个 CCMV 衣壳蛋白含有 190 个氨基酸，N 端位于病毒衣壳内部。N 端（氨基酸 1~25）上的残基主要是碱性的，负责与带负电荷的 RNA 相互作用。当 N 端变短时，衣壳蛋白也会组装成 T=1 粒子（直径 18 nm）或伪 T=2 粒子（直径 22 nm），分别由 60 和 120 个衣壳蛋白组成。伪 T=2 粒子不是二十面体形状，而是十二面体。

CCMV 最吸引人的特点就是它具有动态结构。CCMV 经历可逆的 pH 依赖性膨胀，导致在准三重轴上形成 60 个直径为 2 nm 的单独开口。根据 pH 和离子强度，180 个外壳蛋白亚基能够在体外自组装和拆卸。利用这一特性，病毒 RNA 可以从病毒中去除并被药物分子取代。CCMV 的内腔直径为 18 nm，约为铁蛋白直径的两倍。由于精氨酸和赖氨酸残基的存在，内表面携带高密度正电荷，因此 CCMV 特别适用于带负电荷药物的封装。

酞菁是用于光动力治疗癌症的一种常用光敏剂。通过两种方式将水溶性四磺酸基酞菁锌（ZnPc）封装到 CCMV 用于靶向光动力治疗（Brasch et al.，2011）。一种方式是在中性 pH 和高离子强度下，CCMV 衣壳裂解成 90 个完全相同的衣壳蛋白二聚体。去除病毒 RNA 后，将解离后的 CCMV 衣壳蛋白与 ZnPc 在 Tris-HCl 缓冲液（50 mmol/L，0.3 mol/L NaCl，1 mmol/L DTT，pH=7.5）中混合并在 4℃孵育 1 h，形成包含 ZnPc 的 T=1 的 CCMV 纳米颗粒。另一种方式是降低 pH 至 5，先使这些衣壳蛋白二聚体重新组装成与天然病毒（T=3）具有相同大小和几何形状的衣壳。进一步将 ZnPc 和 CCMV 空衣壳在醋酸钠缓冲液（50 mmol/L，1 mol/L NaCl，1 mmol/L NaN$_3$，pH=5）中混合并在 4℃孵育 1 h，使 DOX 穿过 CCMV 表面空隙进入其内腔，实现对药物分子的包封。有趣的是，含 ZnPc 的 T=3 的 CCMV 颗粒在中性 pH 下不稳定，在 Tris-HCl 缓冲液中，T=3 的纳米颗粒可以转化为 T=1 的 CCMV 纳米颗粒。细胞实验表明，T=3 和 T=1 的 CCMV 纳米颗粒均能被巨噬细胞吞噬。在光照下，两种方式制备的纳米颗粒复合物均表现出良好的光动力治疗效果。

Suci 等（2007）通过工程技术和化学修饰方法对 CCMV 衣壳蛋白进行改性，偶联靶向基团并负载含钌光敏剂，用于光动力杀伤致病性金黄色葡萄球菌（图 11-12）。他们通过基因工程技术将 CCMV 衣壳蛋白肽链 42 位的赖氨酸替换成精氨酸，接着采用 PCR 定向突变技术将 102 位和 130 位的丝氨酸替换成半胱氨酸，然后将具有碘乙酰胺基的含钌光敏剂选择性地与 CCMV 外表面的巯基发生反应形成共价连接，最后通过酰化反应把生物素连接到 CCMV 表面。利用静电和互补的生物相互作用，修饰后的 CCMV 展现出良好的靶向性和光动力治疗效果。

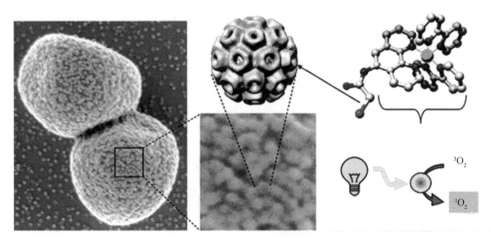

图 11-12 生物素修饰的 CCMV 负载含钌光敏剂用于光动力
杀伤金黄色葡萄球菌（Suci et al., 2007）

Kaiser 等（2007）研究了 CCMV 在小鼠体内的组织分布及清除情况。将德克萨斯红（Texas Red）标记的 CCMV 静脉注射到小鼠体内，在不同时间点取样，通过荧光显微镜评估其体内分布。研究表明，静脉注射 1 h 后，CCMV 在肝和肾中含量较高，24 h 后，其浓度显著降低。通过 ^{125}I 标记的 CCMV 尾静脉注射小鼠，发现 CCMV 自由分散在整个小鼠体内，并未优先分布于任何特定的组织或器官类型。24 h 后，约 57%～73% 的 CCMV 排出体外。这些研究表明 CCMV 在小鼠体内分布受表面修饰影响比较明显，体内清除速率较快，基本无明显的毒性，可以作为安全有效的纳米药物递送载体。

3. 红三叶坏死斑驳病毒

红三叶坏死斑驳病毒（RCNMV）是一种植物病毒，属于番茄丛矮病毒科香石竹病毒属的土壤传播病毒。RCNMV 衣壳蛋白由 180 个相同的蛋白亚基（37 kDa）组成，以 $T=3$ 的二十面体病毒粒子的形式排列，外径 36 nm，内径 17 nm。作为 RCNMV 的一部分，二价金属粒子 Ca^{2+} 和 Mg^{2+} 可以影响衣壳蛋白表面空隙的开口大小和形态。例如，Loo 等（2008）将 RCNMV 溶液在 pH 为 8 的 EDTA（200 mmol/L）溶液中透析，使其表面孔被打开，然后分别加入三种带不同电荷的染料分子（罗丹明、鲁米诺、荧光素）和药物分子 DOX，共同孵育一段时间使染料分子和药物进入衣壳内部，然后在 pH 为 6 的包含 Ca^{2+}（200 mmol/L）的溶液中，表面孔被关闭，因而可以装载染料和药物分子。研究表明，带正电荷和中性电荷的染料分子比带负电荷的染料分子负载率更高，另外，能够与 RCNMV 内部 RNA 相互作用的染料和药物分子，负载率明显高于无相互作用的分子。根据荧光分析结果，每个 RCNMV 可以负载（4300±1300）个 DOX。

Cao 等（2014）进一步研究了 RCNMV 在不同缓冲溶液中负载和释放 DOX。由于静电相互作用，DOX 被吸引到 RCNMV 衣壳的外表面，然后在 RCNMV 衣壳内形成 RCNMV RNA-DOX 插层复合物。当 pH 为 7.5 时，在磷酸盐缓冲液和螯合剂（EDTA）存在时，RCNMV 衣壳的外表面带负电，其外表面能够结合较多带正电的 DOX。而在

Tris-HCl 缓冲液和螯合剂（EDTA）存在时，RCNMV 衣壳的外表面带正电，由于静电排斥作用，其表面结合的 DOX 量较少，但 DOX 本身能够与 RNA 相互作用，因此，其内部能够负载较多的 DOX（图 11-13）。DOX 与 RCNMV 结合位置也会进一步影响其释放速率，表面结合的 DOX 最初快速释放，而病毒衣壳内包裹的 DOX 因具有较强的结合力而缓慢释放。

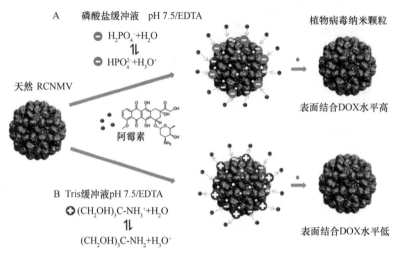

图 11-13　RCNMV 在不同缓冲溶液中负载和释放 DOX（Cao et al.，2014）

Lockney 等（2011）将含有 HAV 序列的线性肽通过与一种水溶性的氨基-巯基交联剂（Sulfo-SMCC）与 RCNMV 共价连接，进一步在其内部封装 DOX，实现了利用 RCNMV 的癌细胞靶向和抗肿瘤药物 DOX 的有效递送。

4. 烟草花叶病毒

烟草花叶病毒（TMV）是发现最早、研究最深和了解最清楚的一种主要侵染烟草及其他茄科植物的植物病毒。TMV 可以从受感染的烟草植物中成公斤级提纯。TMV 由 2130 个相同的外壳蛋白组成，围绕单链 RNA 螺旋组装而成。TMV 具有 300 nm×18 nm 的一维杆状结构，具有直径为 4 nm 的管状空心结构。TMV 的手性结构和固有的不对称性使得螺旋杆一端的化学或物理拆分成为可能。TMV 体外组装体的长径比由 pH、离子强度和蛋白质浓度决定。由于其在广泛的 pH（3.5～9）、高温（高达 90℃）和化学环境下具有高稳定性，因此，可以对 TMV 内部和外部进行很大程度的化学改性。

牛忠伟课题组利用对哺乳动物无毒且主要感染烟草的杆状植物病毒——烟草花叶病毒（TMV）作为 DOX 纳米棒载体，用于肿瘤治疗研究（Tian et al.，2016）。通过己二酸二酰肼（hydra）将 DOX 固定在 TMV 的内腔中，使其具有 pH 敏感的药物释放特性。同时，通过化学修饰将靶向肽 cRGD 共价偶联到 TMV 表面，可以通过整合素介导的内吞途径增强 HeLa 细胞对纳米药物递送载体的摄取（图 11-14）。与游离 DOX 相比，

cRGD-TMV-hydra-DOX 复合物对 HeLa 细胞具有相似的生长抑制作用和更高的凋亡效率。动物实验表明，cRGD-TMV-hydra-DOX 对携带 HeLa 的 Balb/c-nu 小鼠具有相似的抗肿瘤效果，但不良反应要低得多。

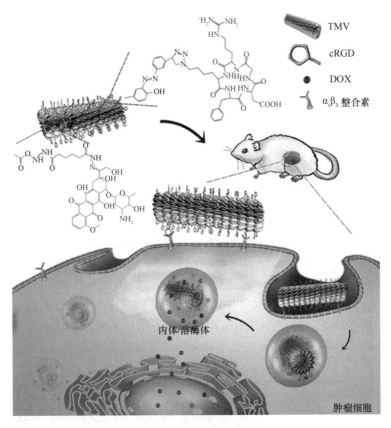

图 11-14　cRGD-TMV-hydra-DOX 及整合素介导的内吞作用示意图（Tian et al.，2016）

自 1967 年美国密歇根州立大学教授 Rosenberg 和 van Camp 等（1967）发现顺铂具有抗癌活性以来，铂类金属抗癌药物的合成及应用研究得到了迅速的发展。目前，顺铂、卡铂、奈达铂、奥沙利铂、乐铂等铂类金属配合物已经用于临床，展现出良好的抗肿瘤效果，成为癌症化疗中不可缺少的药物。由于铂类金属抗癌药物具有较好的抗肿瘤活性，同时也具有较大的毒副作用，如肾毒性和恶心呕吐等，目前科学家仍在继续寻找综合评价优于顺铂和卡铂的新一代药物。

Czapar 等（2016）利用 TMV 作为纳米药物递送载体，在其内表面负载铂类抗癌药物菲哌拉丁{Phenanthriplatin, cis-[Pt(NH$_3$)$_2$Cl (phenanthridine)](NO$_3$)}，通过体外细胞毒性实验和乳腺癌小鼠模型验证了抗肿瘤活性。研究表明，TMV 作为纳米药物递送载体（图 11-15），在酸性环境下，其内腔中的菲哌拉丁能够有效释放出来。在乳腺癌、卵巢癌和胰腺癌细胞系中，PhenPt-TMV 显示出增强的疗效且效果明显优于顺铂。在乳腺癌小鼠模型中，PhenPt-TMV 治疗的肿瘤体积是游离菲哌拉丁或顺铂治疗的肿瘤体积的 1/4，显示出较好的治疗效果。

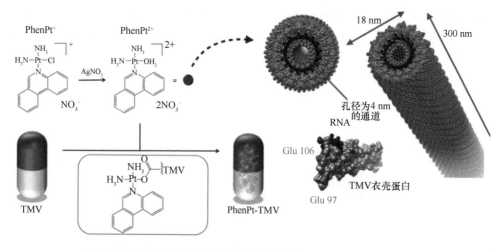

图 11-15　TMV 作为铂类抗癌药物递送载体（Czapar et al.，2016）

　　Lee 等（2016）通过静电作用将阳离子光敏剂锌卟啉（Zn-EpPor）封装在 TMV 的中央孔道中，用于光动力治疗侵袭性黑色素瘤。与球形病毒相比，杆状的 TMV 表现出形状介导的增强的肿瘤归巢和穿透力。通过比较游离 Zn-EpPor 和 Zn-EpPor-TMV 的细胞摄取和细胞杀伤效果，发现与单独使用游离药物相比，B16F10 黑色素瘤细胞确实吸收了游离 Zn-EpPor 和 Zn-EpPor-TMV，并且将其装载到 TMV 载体中可增加细胞对 Zn-EpPor 的吸收（图 11-16）。游离 Zn-EpPor 和 Zn-EpPor-TMV 的 IC_{50} 值分别为 0.54 μmol/L 与 0.24 μmol/L。总的来说，TMV 提高了 Zn-EpPor 的细胞靶向性、摄取和杀伤能力。

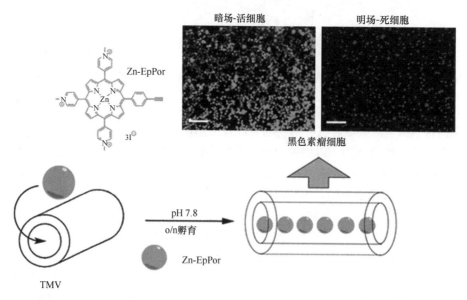

图 11-16　TMV 负载 Zn-EpPor 用于黑色素瘤的光动力治疗（Lee et al.，2016）（彩图请扫封底二维码）

5. 芜菁黄色花叶病毒

　　芜菁黄色花叶病毒（TYMV）是一种直径为 28～30 nm 的二十面体植物病毒，可以从萝卜或大白菜中分离到克级的病毒。它包含 180 个化学上完全相同的蛋白质亚单位，每个亚单位 20 kDa，以 *T*=3 对称的方式自组装。TYMV 的空衣壳可以从宿主植物中自然分离出来，也可以用压力、碱性环境、反复冻融的方式制备。这些方法还可能在衣壳上产生孔洞，从而使将客体分子引入内部成为可能。TYMV 的化学性质（耐受高达 50%的有机溶剂），对 pH（4～10）和温度（4～60℃）稳定，允许生物结合反应。在赖氨酸残基和羧酸基团上，可以很容易地实现对天然 TYMV 的化学选择性修饰。

Barnhill 等（2007）采用传统的 *N*-羟基琥珀酰亚胺介导的酰胺化反应对 TYMV 病毒衣壳进行化学修饰。柔性 N 端 K32 的氨基是 TYMV 对 NHS 反应的主要活性位点。每个 TYMV 大约含有 60 个赖氨酸残基可供修饰。此外，TYMV 含有三个可能的羧基反应位点：Asp-46、Glu-48 和 Asp-57。每个 TYMV 含有 90～120 个羧基可供反修饰。

Kim 等（2018）用腙化学方法将细胞穿透肽 Tat 与 TYMV 表面赖氨酸残基共价偶联，使其能够进入哺乳动物细胞。研究表明，Tat 结合比脂质体介导 TYMV 进入哺乳动物细胞更有效。当对 TYMV 进行冷冻和解冻处理时，该病毒会转化成一个具有 6～8 nm 孔的结构并释放病毒 RNA。当所得到的 VLP 以内部半胱氨酸为反应活性位点与荧光素-5-马来酰亚胺反应时，每个 VLP 大约偶联 145 个荧光素分子。

6. 酸浆斑驳病毒

酸浆斑驳病毒（PhMV）是一种直径为 30 nm 的二十面体植物病毒，由 180 个化学上完全相同的外壳蛋白亚基（21 kDa）包裹一个 6.67 kb 的单链多义 RNA 基因组形成 *T*=3 对称的纳米颗粒。PhMV 具有三种不同的结合模式（A、B 和 C）。A 型亚基在二十面体五倍轴上形成 12 个五聚体（60 个亚基），而 B 型和 C 型亚基则在二十面体三倍轴上形成 20 个六聚体（120 个亚基）。不对称单元的多个拷贝在 PhMV 衣壳的内外表面上提供有规律间隔的附着点。在早期的研究中，在大肠杆菌中表达的 PhMV 外壳蛋白能够自组装成与体内形成的病毒几乎相同的稳定 VLP。这些 VLP 可以大量纯化（50～100 mg/L），并且非常坚固，在 pH 4.2～9.0 及在高达 5 mol/L 的尿素存在下仍保持其完整性。它们是单分散的、对称的和多价的。PhMV 外壳蛋白 N 端氨基酸的缺失或添加都不会阻碍衣壳的组装，因此这是一个理想的修饰位点。PhMV 及其空壳的三维晶体结构已确定为 3.8 Å 和 3.2 Å 分辨率，结构研究表明，空壳与病毒的"膨胀状态"相对应，N 端片段的无序程度增加，内腔中有一些带正电荷的侧链。

当酸浆斑驳病毒（PhMV）外壳蛋白在大肠杆菌中表达时，产生的 VLP 与体内形成的病毒几乎相同。Masarapu 等（2017）从 ClearColi 细胞中分离出 PhMV 衍生的 VLP，并分别使用反应性赖氨酸-*N*-羟基琥珀酰亚胺酯和半胱氨酸-马来酰亚胺化学试剂对其进行内外表面修饰。在一系列癌细胞中检测染料标记粒子的摄取，并通过共焦显微镜和流式细胞术进行监测。在半胱氨酸残基上标记的 VLP 被几种肿瘤细胞系高效地摄取，并在 6 h 内与内溶酶体标记物 LAMP-1 共定位，而在赖氨酸残基上标记的 VLP 的摄取效率较低，可能反映了表面电荷的差异和与细胞表面结合的倾向。将染料和药物分子注入 VLP 腔中，发现光敏剂（PS）、Zn-EpPor，以及药物结晶紫、米托蒽醌（MTX）和 DOX

通过非共价相互作用与载体稳定结合（图 11-17）。研究分别证实了 PS-PhMV 和 DOX-PhMV 颗粒对前列腺癌、卵巢癌和乳腺癌细胞株的细胞毒性。其结果表明，PhMV 衍生的 VLP 可优先进入癌细胞，为显像剂和药物的输送提供了一种新的平台。因此，这些粒子可发展成为癌症诊断和治疗的多功能工具。

7. 木槿褪绿环斑病毒

木槿褪绿环斑病毒（HCRSV）属于香石竹斑驳病毒属成员，是一种直径 28 nm 呈等轴颗粒状的 RNA 病毒，主要感染锦葵科植物，从受感染的植物组织中提取率为 0.3～0.5 mg/g。HCRSV 拥有约 40 000 nt 的 ssRNA 基因组和约 38 kDa 的 180 个衣壳蛋白亚基。Ren 等（2007）发现了从 HCRSV 衣壳中去除天然病毒 RNA 的方法，并在体外将纯化的病毒衣壳蛋白亚基重组成空的 VLP，对其负载外源物质的能力进行了研究。HCRSV 在 pH 为 8 的尿素（8 mol/L）或 Tris 缓冲液中失稳，然后通过超高速离心去除病毒 RNA，在 pH 为 5 的醋酸钠缓冲液中，病毒衣壳蛋白亚基重新组装成 VLP。HCRSV 体外分解后重组形成 VLP，具有与天然 HCRSV 相似的尺寸、形态和表面电荷密度，可以作为潜在的纳米级蛋白笼用于药物输送。

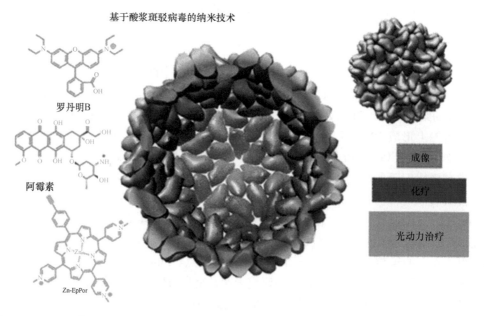

图 11-17　PhMV 作为成像和药物递送多功能平台（Masarapu et al.，2017）（彩图请扫封底二维码）

研究表明，HCRSV VLP 负载外源物质的能力取决于客体分子的大小和电荷。HCRSV VLP 表面孔允许小分子自由进出，较小的客体分子（<13 kDa），容易通过 VLP 表面 S 域之间的孔扩散，保留力较差。因此，要负载的客体分子的相对分子质量要足够大才能有效避免从衣壳蛋白空隙中扩散，同时相对分子质量太大则难以通过表面空隙进入 VLP 内腔。另外，带负电的客体分子负载率较高，因为它能够通过静电相互作用与外壳蛋白结合，并启动二十面体衣壳结构的重组。阴离子型聚酸，如聚苯乙烯磺酸（PSSA）和聚丙烯酸（PAA），能够被成功地负载，但中性电荷葡聚

糖分子不能被负载。

由于 DOX 相对分子质量较小且在生理条件下带正电，因此，很难通过简单的封装将其保留在 HCRSV 内腔中。为了能够实现对 DOX 的有效负载，Ren 等（2007）采用"多酸缔合"的策略，即先用分子量为 200 kDa 的 PSSA 吸附 DOX 形成具有一定尺寸并带负电的复合物（PC-DOX），最终实现了 HCRSV 对该复合物的成功封装，DOX 的包封率达到 7.5%。同时，使叶酸共价结合在 HCRSV 衣壳上，赋予肿瘤靶向能力（图 11-18）。所得纳米药物递送系统提高了 DOX 在卵巢癌细胞 OVCAR-3 中的摄取率和细胞毒性，展现出良好的靶向能力和药物递送能力。

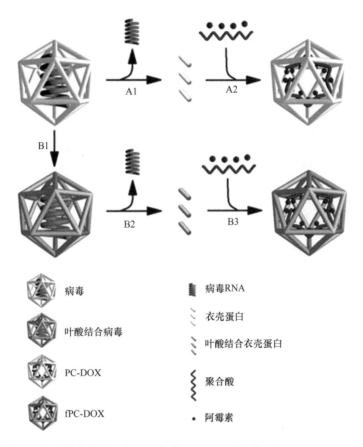

图 11-18 叶酸修饰的 HCRSV 负载 PC-DOX 复合物（Ren et al.，2007）

8. 马铃薯 X 病毒

马铃薯 X 病毒（PVX）是一种丝状病毒（515 nm×13 nm），呈螺旋结构，为马铃薯 X 病毒属模式成员。许多研究表明，与球形纳米材料相比，具有细长结构的纳米材料具有不同的肿瘤归巢特性。这种现象也反映在丝状（如 PVX）或球形（如 CPMV）的植物病毒纳米颗粒上。Shukla 等（2013）研究表明，PVX 和 CPMV 具有不同的生物分布特征，并且在肿瘤归巢和穿透效率方面存在差异。与无机纳米材料类似，PVX 显示增强的肿瘤归巢和组织渗透性。与 CPMV 相比，人肿瘤异种移植对聚乙二醇修饰的丝状 PVX

的摄取效率更高，尤其是在肿瘤核心部位。Le 等（2017）通过疏水相互作用将 DOX 负载到 PVX 表面（图 11-19），并使用透射电子显微镜、凝胶电泳和紫外/可见光谱对纳米颗粒复合物（PVX-DOX）进行了表征。在体外，PVX-DOX 对包括卵巢癌、乳腺癌和宫颈癌在内的一组癌细胞显示出有效性，尽管其疗效低于游离 DOX。由于 PVX 在全身给药时易被单核吞噬细胞系统（MPS）清除，而 PVX 经 PEG 包覆后，可以减少血清蛋白的吸附，从而产生"隐形特性"，即增加循环时间，减少肝和脾的积聚。MDA-MB-231 细胞体外药效实验表明，PEG-PVX-DOX 具有与 PVX-DOX 类似的细胞杀伤能力，其功效略低。而在荷瘤裸鼠模型中，PEG-PVX-DOX 抑制荷瘤裸鼠肿瘤生长的疗效要明显优于游离的 DOX。该研究为进一步开发 PVX 和其他高长径比植物 VNP 在癌症治疗中的应用打开了大门。

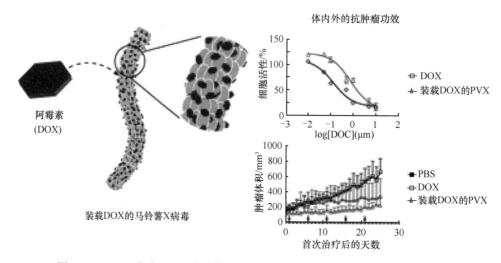

图 11-19　PVX 作为 DOX 递送载体（Le et al.，2017）（彩图请扫封底二维码）

二、人/动物 VNP/VLP 作为纳米药物递送载体

1.乙肝核心抗原病毒样颗粒

乙肝核心抗原（HBcAg）是乙肝病毒的核心蛋白，可以自组装形成乙肝核心抗原病毒样颗粒（HBc VLP），其结构稳定、免疫原性强、易于改造，可以作为抗原或佐剂使用，还可以作为疫苗或药物的载体平台。HBc VLP 由 180 或 240 个 HBcAg 蛋白亚基自组装形成 $T=3$ 或 $T=4$ 的正二十面体结构。HBc VLP 的 C 端富含精氨酸，能够结合 RNA 等带负电荷的物质，N 端 1~144 位氨基酸与颗粒的组装有关。每个 HBc VLP 含有 4 个半胱氨酸残基，对 HBc VLP 的自组装并非必要，但对其颗粒稳定性起了很大的作用。HBc VLP 已在大肠杆菌、沙门氏菌等原核表达系统，以及酿酒酵母、毕赤酵母等真核表达系统等多种表达系统中获得，并实现了正确组装。

近年来，纳米等药物载体的应用为化疗药物临床应用提供了新的前景，其中病毒样颗粒（virus-like particle，VLP）是一种受到广泛关注的生物材料，由于其结构稳定性好、吸收效率高、生物相容性好等优点在生物医学领域得到了广泛的重视。迄今为止，大多数研究都将其应用于疫苗领域，只有少数人尝试将其应用于肿瘤的化疗。VLP 属于纳米结构材料，具有封装或附着蛋白质、核酸或其他小分子的能力，同时，可以通过修饰及附着各种靶向载体，使其可以特异性地靶向到细胞、组织或器官，从而增加了药物的特异性，并减少全身毒副作用。

厦门大学任磊教授、张现忠教授和中国疾病预防控制中心毕胜利研究员合作，利用基因工程技术对乙肝核心抗原病毒样颗粒（HBc VLP）进行靶向基团修饰，将多种模块化功能性多肽（亲脂性 NS5A 肽、6xHis-tag 和肿瘤靶向肽 RGD）基因分别插入 HBc VLP 的 C 端和主要免疫优势环区（major immunodominant loop region，MIR），重组 HBc VLP 通过与过表达的整合素 $\alpha_v\beta_3$ 的相互作用而特异性地靶向癌细胞（Shan et al.，2018b）。而且，重组 HBc VLP 能够与 DOX 在不经任何化学修饰的情况下自组装成直径为 33.6 nm±3.5 nm 的单分散纳米粒子，在弱酸性条件下，该纳米粒子能够自解离，释放出 DOX（图 11-20）。动物实验结果表明与游离 DOX 相比，HBc VLP-DOX 复合物对 B16F10 荷瘤小鼠的肿瘤生长有明显的抑制作用（TGI 为 90.7%），而且心脏毒性较小。

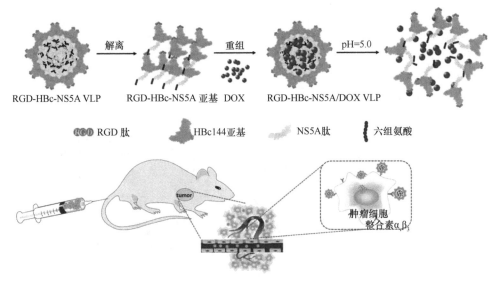

图 11-20　包载 DOX 的肿瘤靶向肽 RGD 修饰的 HBc VLP
在肿瘤治疗中的应用（Shan et al.，2018b）

吲哚菁绿（ICG）是一种常见的近红外荧光染料，也是为数不多的被美国食品药品监督管理局（FDA）批准应用于临床的染料，目前已在眼科血管造影、肝功能研究及心脏输血量测定等临床应用中得到了广泛使用。ICG 具有良好的光学性质，其吸收光谱和荧光光谱位于近红外区域，因此作为一种优良的荧光成像和示踪试剂，其具有光毒性小、组织穿透深度大和无背景荧光干扰等优势。而且，ICG 还能将吸收的光能转变成热量，将氧气转变成活性氧，因此在光热治疗（PTT）和光动力疗法（PDT）等研究中受到极大的关注。尽管 ICG 有很多优点，但其在水溶液中容易聚集，单体稳定性较差，遇光容易分解，而且在血液循环中易被清除，因此，在临床使用中受到一定程度限制。通过选择合适的纳米药物递送载体，可以有效解决上述难题。

病毒样颗粒作为一种优秀的纳米药物递送载体，通过调控病毒样颗粒的自组装过程，可以巧妙地将荧光染料 ICG 装载到带正电的腔体内，从而减少 ICG 的聚集，改善 ICG 的稳定性，延长其在体内的循环时间，提高细胞摄取效率，并有效递送至肿瘤部位。厦门大学任磊教授、聂立铭教授和中国疾病预防控制中心毕胜利研究员合作，通过基因工程技术将肿瘤靶向肽 RGD 插到 HBc 蛋白表面暴露的主要免疫原性环区域，从而制备了 RGD-HBc VLP（Shan et al.，2018a）。进一步，通过解离-自组装策略，将荧光染料 ICG 装载到带正电的腔体内制得 RGD-HBc/ICG VLP。研究结果表明，RGD-HBc/ICG VLP 有较高的细胞摄取效率和良好的生物相容性，并可在小鼠体内实现荧光和光声双模式成像，从而有望对肿瘤进行高灵敏、特异性检测。在 808 nm 近红外激光的照射下，RGD-HBc/ICG VLP 还可产生光热/光动力效应（图 11-21），并显著消融小鼠负荷的肿瘤组织。而且，病毒样颗粒除了能够特异性地进入肿瘤组织，还能在肿瘤细胞内酸性环境下释放药物后被彻底降解为氨基酸，达到了特异抗癌和无毒副作用的治疗效果。

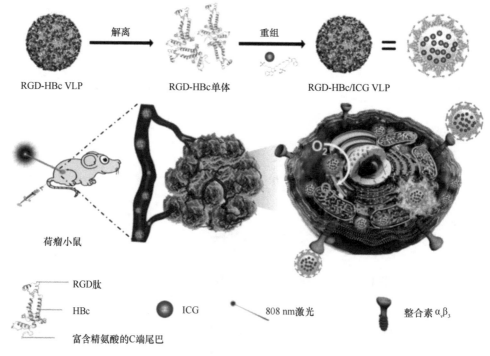

图 11-21　RGD-HBc/ICG VLP 的制备过程和光热/光动力治疗原理（Shan et al.，2018a）

2. 猴病毒 40

猴病毒 40（simian virus 40，SV40）属多瘤病毒科，是最简单的 dsDNA 病毒之一，具有相对清楚的病毒学背景，曾被用作基因治疗载体。SV40 是一种导致细胞产生大量空泡的病毒，1960 年首次在猴子体内发现，后又在用于生产脊髓灰质炎疫苗的恒河猴肾细胞中发现。SV40 病毒颗粒具有 $T=7$ 的正二十面体对称结构，直径 45 nm 左右，无囊膜，衣壳内包装了结合宿主细胞组蛋白（H2A、H2B、H3 和 H4）的病毒基因组 DNA。SV40 由 72 个 VP1 五聚体构成外壳，其中 12 个五聚体位于正二十面体 12 个五次旋转对称轴顶点上，为五价体，其余 60 个五聚体位于面上为六价体。构成五价体的 5 个 VP1 的 C 端采取相同构象与围绕其周围的 5 个六价体相互作用，六价体的 5 个 VP1 的 C 端以不同构象与邻近的 5 个六价体及一个五价体相互作用，保持整个病毒基本骨架的稳定。VP1 中还存在 2 个钙离子结合位点及多处半胱氨酸残基，Ca^{2+} 和二硫键对维持衣壳三维结构也起重要作用。VP2、VP3 包裹在病毒衣壳内腔，通过其 C 端的 VP1 结合结构域与病毒外壳结合，构成 VP1 与基因组之间的桥梁。

SV40 主要衣壳蛋白 VP1 体外自组装可形成病毒纳米颗粒。在一定条件下 VP1 可以处于两种状态：解聚状态（VP1 五聚体）和组装状态（病毒纳米颗粒）。如在二价金属离子螯合剂（EDTA、EGTA）和巯基类还原剂（巯基乙醇、二硫苏糖醇）存在时，主要以五聚体的形式存在，在 Ca^{2+} 及适当盐离子强度条件下，组装形成病毒纳米颗粒。SV40 VP1 自组装形成的病毒纳米颗粒具有多态性。根据 Salunke 等（1986）的报道，VP1 自组装主要形成三种形态的颗粒，包括直径 20 nm 左右的 $T=1$ 的正二十面体、直径 30 nm 左右的正八面体及直径 45 nm 左右 $T=7$ 的正二十面体等。Kanesashi 等（2003）报道了溶液环境对 SV40 VP1 体外自组装的影响，发现在高浓度硫酸铵条件下，VP1 高效自组装形成 45 nm 左右类似野生型病毒的正二十面体颗粒；而在含 1 mol/L NaCl、2 mmol/L $CaCl_2$ 的中性条件下不但形成 45 nm 左右颗粒，还形成直径 20 nm 左右的正二十面体微小颗粒，除去 $CaCl_2$ 则只形成 20 nm 左右的微小颗粒；在 150 mmol/L NaCl、pH=5.0 条件下，可形成长管状结构。

3. JC 病毒

JC 病毒（JCV）是多瘤病毒家族的双链 DNA 病毒，可引起人类进行性多灶性白质脑病。JCV 是一种无囊膜的二十面体 DNA 病毒，直径约 42 nm。

Niikura 等（2013）将环糊精（CD）与人 JC 病毒的病毒样颗粒（JCV VLP）通过二硫键共价连接，依靠 CD 疏水囊装载药物紫杉醇（PTX），实现了细胞内谷胱甘肽刺激响应性释放（图 11-22）。通过 CCK-8 法检测其对 NIH3T3 细胞的杀伤活性。实验结果表明，载 PTX 的 JCV VLP 具有剂量依赖的细胞毒作用，其 IC_{50} 值是溶于二甲基亚砜（DMSO）中的游离 PTX 的 1/20。

Abbing 等（2004）基于 JCV 内核蛋白 VP2 与 VP1 五聚体的特异性相互作用，开发了一种锚定技术，将外源分子（如蛋白质和低分子量药物）有效地包裹在 JCV VLP 中。VP2 是由 49 个氨基酸组成的锚定分子，既可以表达为绿色荧光蛋白（GFP）的融合蛋白，也可以共价连接到甲氨蝶呤（MTX），负载 MTX 的 JCV VLP 在几个月内表现出规则的形态和稳定性。通过检测小鼠成纤维细胞中 GFP 和 VP1 荧光，以及细胞内释放 MTX 对白血病 T 细胞的抑制作用，证实 GFP 和 MTX 能够通过 JCV VLP 递送至细胞中。

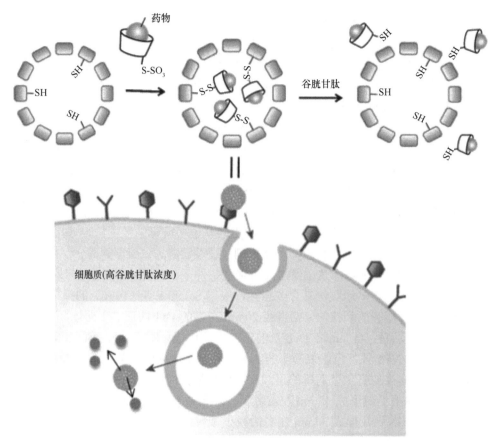

图 11-22　JCV VLP 偶联环糊精作为疏水囊负载紫杉醇及谷胱甘肽
刺激响应性释放（Niikura et al.，2013）

4. 口蹄疫病毒病毒样颗粒

口蹄疫病毒（foot-and-mouth disease virus，FMDV）属于小 RNA 病毒科（Picornaviridae）口疮病毒属（*Aphthovirus*），是偶蹄类动物高度传染性疾病（口蹄疫）的病原。FMDV 是一种无囊膜的正二十面体病毒，直径约 30 nm。病毒的中心为一条单链的正链 RNA，由大约 8000 对碱基组成，是感染和遗传的基础；衣壳由 60 个不对称的亚单位组成，每个亚单位由 VP1、VP2、VP3 和 VP4 4 种结构蛋白组成，决定了病毒的抗原性、免疫性和血清学反应能力。FMD VLP 已通过大肠杆菌等原核表达系统和酵母、重组杆状病毒-昆虫细胞等真核表达系统体外表达并组装成 VLP。

非致病性 VNP 和 VLP 作为 DOX 药物递送载体的研究也受到极大关注。郭慧琛课题组利用原核表达系统制备 FMDV VLP，将 FMDV VLP 羧基与 DOX 氨基通过共价偶联，制备 FMDV VLP-DOX 复合物（Yan et al.，2017）。由于口蹄疫衣壳蛋白 VP1 中的保守序列——RGD 肽能够特异性地识别癌细胞中过表达的整合素受体 $\alpha_v\beta_3$ 和 $\alpha_v\beta_6$，FMDV VLP-DOX 复合物能够特异地靶向癌细胞（图 11-23）。经体外癌细胞及荷瘤小鼠体内实验证实，FMDV VLP-DOX 复合物能够显著抑制小鼠肿瘤的生长，有效减轻 DOX 对正常组织造成的病理损伤程度。

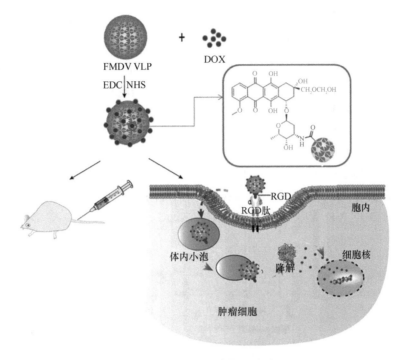

图 11-23　FMDV VLP 作为靶向药物递送载体及递送 DOX（Yan et al.，2017）

5. 猪细小病毒病毒样颗粒

猪细小病毒（PPV）属细小病毒科细小病毒属成员，是引起母猪繁殖障碍的主要病原体之一。PPV 是一种直径为 20～25 nm 的无囊膜二十面体病毒。PPV 衣壳由 60 个衣壳蛋白亚基组成，其中 VP2 是它的主要结构蛋白。目前，VP2 蛋白已通过大肠杆菌、昆虫杆状病毒等多种表达系统在体外获得表达，并组装成 VLP，形态上与天然病毒衣壳相似，能诱导机体产生良好的免疫效果。

Ren 等（2016）利用杆状病毒表达系统通过基因工程技术将靶向肽（TK 肽）基因序列插入到 *VP2* 基因序列的 loop2 和 loop4 区域，获得 TK-VP2 蛋白，并组装成 VLP。将 DOX 与 TK-VLP 通过 EDC/NHS 共价偶联到一起，考察了 TK-VLP-DOX 的靶向作用及抗肿瘤活性（图 11-24）。研究表明，TK-VLP 具有靶向结肠肿瘤细胞和肿瘤新生血管的双重靶向作用，同时，TK-VLP-DOX 具有显著抑制肿瘤细胞生长的作用。

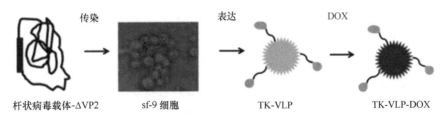

图 11-24　PPV VP2 的靶向性修饰及递送 DOX（Ren et al.，2016）

6. 轮状病毒病毒样颗粒

轮状病毒属呼肠孤病毒科轮状病毒属，是引起包括人类在内的哺乳动物和鸟类腹泻的主要病原体。完整的轮状病毒分为三层结构，VP6 蛋白位于病毒的内壳中间层，由 397 个氨基酸组成，相对分子质量约为 4.48×10^4。VP6 蛋白是轮状病毒中含量最丰富的蛋白，约占病毒总蛋白量的 51%。轮状病毒由 VP6 蛋白构成的 260 个致密的三聚体所形成。

Zhao 等（2011）利用大肠杆菌表达系统获得轮状病毒主要结构蛋白 VP6，通过共价偶联法将 DOX 与 VP6 偶联到一起。在适当的蛋白质浓度和离子强度下，DOX-VP6 复合物在体外自组装获得 VLP。进一步将其与乳酸（LA）连接，使其能够特异性靶向于肝细胞或携带去唾液酸糖蛋白受体（ASGPR）的肝癌细胞（图 11-25）。细胞实验表明，经 LA 修饰的 DOX-VP6 VLP 能够被肝癌细胞 HepG2 特异性内化。

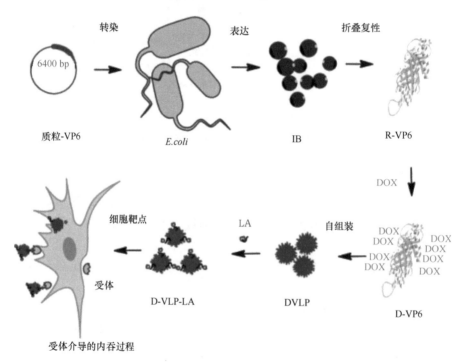

图 11-25　基于 LA 修饰的 VP6 VLP 的 DOX 靶向递送系统（Zhao et al.，2011）

三、噬菌体 VNP/VLP 作为纳米药物递送载体

1. MS2

MS2 是一种含有 RNA 的噬菌体，属于微小噬菌体科微小噬菌体属，能够通过吸附性菌毛感染雄性大肠杆菌。MS2 头部呈二十面体对称，平均直径为 27 nm。MS2 衣壳蛋白包含 180 个化学结构相同的蛋白质亚基，这些亚基可以通过重组方法在细菌中独立表达然后组装成 VLP。此外，在大肠杆菌中，VLP 组装过程中基因组 RNA 很容易被移除而形成空衣壳。空的衣壳包含 32 个孔，每个孔的直径为 1.8 nm，这允许对 MS2 衣壳内

部进行修饰或装载小分子药物。MS2 衣壳在 pH（3～10）、温度（高达 60℃）和周围环境的变化下仍相当稳定。

　　紫杉醇（paclitaxel，PTX，商品名 Taxol）是一种从裸子植物红豆杉的树皮分离提纯的天然次生代谢产物，是已发现的最优秀的天然抗癌药物，在临床上已经广泛用于乳腺癌、卵巢癌、部分头颈癌和肺癌的治疗。Taxol 作为一个具有抗癌活性的二萜生物碱类化合物，其新颖复杂的化学结构、广泛而显著的生物活性、全新独特的作用机制，以及奇缺的自然资源使其受到了植物学家、化学家、药理学家、分子生物学家的极大青睐，并成为 20 世纪下半叶举世瞩目的抗癌明星和研究重点。由于 Taxol 在水中的溶解度极低，目前常用的 Taxol 注射剂采用聚氧乙烯蓖麻油和无水乙醇以 50∶50（V/V）的比例混合溶解。由于聚氧乙烯蓖麻油会引起严重的过敏反应、肾毒性、神经毒性及心脏毒性等不良反应，这在很大程度上限制了 Taxol 的应用。Wu 等（2009）利用不含基因的噬菌体 MS2 衣壳蛋白作为递送 Taxol 的多价载体，将 Taxol 与带电官能团磺酸基相连增加水溶性，进一步通过化学共价偶联与 MS2 内表面相连，获得 MS2-Taxol 复合物（图 11-26）。与 MCF-7 细胞孵育后，改性衣壳仍保持衣壳形态并释放紫杉醇，与溶液中游离 Taxol 具有相似的细胞活力水平抑制效果。

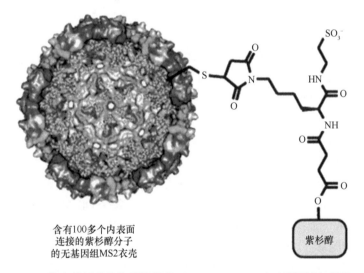

图 11-26　MS2 作为紫杉醇药物递送载体（Wu et al.，2009）（彩图请扫封底二维码）

　　Stephanopoulos 等（2010）构建了一个靶向白血病细胞的多价 MS2 衣壳蛋白载体负载卟啉化合物用于光动力治疗（图 11-27）。通过基因工程技术将 MS2 的对氨基苯丙氨酸天然 N87 残基改为半胱氨酸残基，使其与光敏剂卟啉马来酰亚胺反应，可以获得内表面共价偶联卟啉的 MS2。为了获得对白血病细胞（Jurkat cell）的靶向，通过琥珀密码子抑制方法（amber codon suppression method）引入非天然氨基酸——对氨基苯丙氨酸（pAF），这些侧链的苯胺基与 DNA 适配体衍生物通过高化学选择性氧化偶联方法共价偶联到 MS2 外表面，通过靶向白血病细胞上的蛋白——酪氨酸激酶 7（PTK7）受体，实现白血病细胞靶向能力。

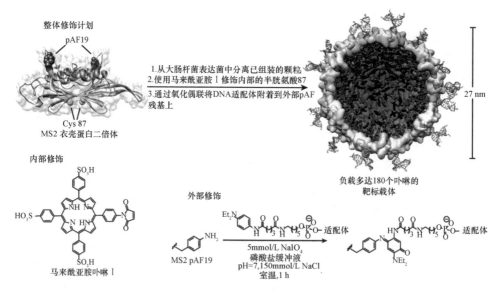

图 11-27　靶向白血病细胞的多价 MS2 衣壳蛋白载体负载卟啉化合物用于光动力治疗
（Stephanopoulos et al.，2010）

2. Qβ

Qβ 噬菌体也是一种有 RNA 的噬菌体，侵染大肠杆菌。Qβ 衣壳蛋白是由 180 个蛋白亚基形成的二十面体，直径约为 28 nm。Qβ VLP 在高达 70℃ 的温度和有机溶剂存在下仍非常稳定。Qβ VLP 的高稳定性对其化学修饰的耐受性非常有利。

Pokorski 等（2011a）用原子转移自由基聚合（ATRP）直接在 Qβ VLP 的外表面聚合甲基丙烯酸寡聚物及其叠氮官能化类似物的聚合物，这样可以显著改变 Qβ 的尺寸和表面性质，同时保持 VLP 的较低的多分散性。进一步研究表明，Qβ VLP 外表面包覆的聚合物末端又可以通过 CuAAC 点击化学反应与荧光成像试剂、磁共振成像试剂及阿霉素衍生物反应，获得多功能纳米材料（图 11-28）。通过这种方法，每个 Qβ VLP 可以共价偶联 150 个 DOX，而且由于腙键连接而具有 pH 依赖刺激响应性：在较低 pH 时，腙键可以发生断裂，释放出 DOX。细胞毒性试验进一步表明，该复合纳米颗粒表现出类似于游离 DOX 的细胞毒性曲线，说明复合纳米颗粒能够被内化并释放其 DOX 来影响细胞生长。

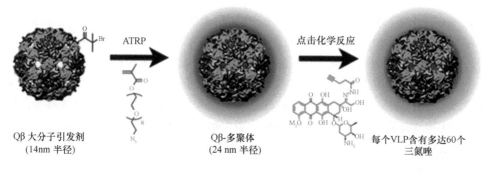

图 11-28　Qβ VLP 外表面修饰及 DOX 偶联（Pokorski et al.，2011a）

Wen 等（2012）将足球烯（C_{60}）与 Qβ 通过多步反应共价连接，用于光动力治疗癌症。首先利用 Qβ 表面的赖氨酸与荧光标记试剂 Oregon Green 488 和叠氮连接基团通过 NHS 活性酯法进行修饰，进一步通过 CuAAC 点击化学反应，与 C_{60} 衍生物相连（图 11-29）。荧光标记的 Qβ-C_{60} 复合物使用人前列腺癌细胞对其进行细胞内吞和 PDT 治疗效果评估。由于前列腺的侵袭性手术会导致各种并发症，化疗则会导致许多不良反应，因此 PDT 是治疗前列腺癌的理想选择。PC-3 细胞是一种高转移性细胞系，也是前列腺癌的典型模型。研究表明，Qβ 作为载体能够增强前列腺癌细胞对 C_{60} 的细胞内吞作用，从而产生更好的治疗效果。

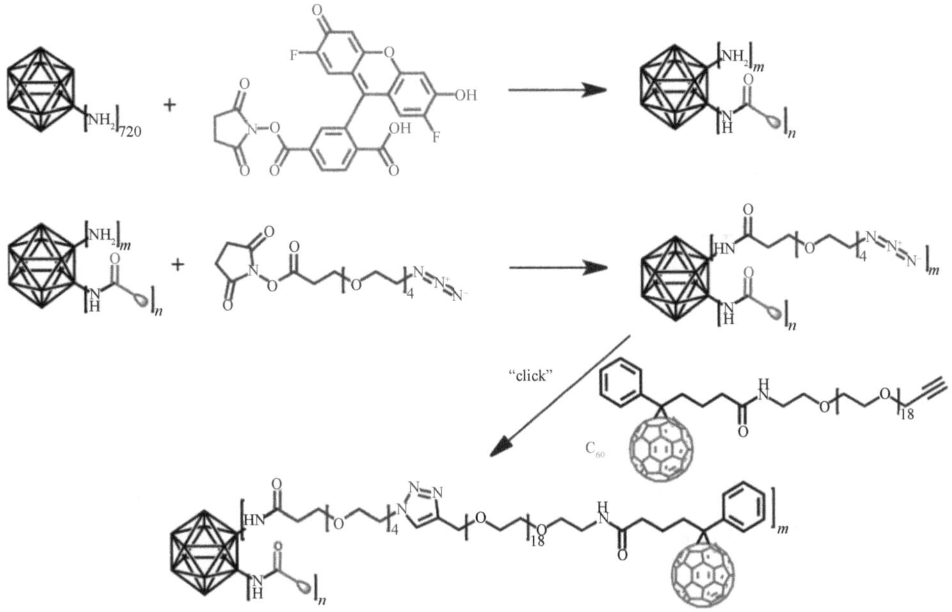

图 11-29　Qβ 与 Oregon Green 488 和 C_{60} 偶联（Pokorski et al.，2011b）

Rhee 等（2012）利用靶向基团修饰的 Qβ VLP 负载卟啉衍生物用于 PDT。通过在 Qβ VLP 外表面修饰叠氮基团，与唾液酸衍生物（Siaα2-6Galβ1-4GlcNAc）通过 CuAAC 点击化学反应共价连接，使其能够特异性靶向携带 CD22 受体的细胞；同时，制备了含叠氮基团和亲水性连接臂的四芳基卟啉锌单元，与 Qβ VLP 共价连接，以 CD22 阴性和阳性的 CHO 细胞为模型，考察了其靶向能力和 PDT 效果（图 11-30）。研究表明，经唾液酸衍生物和卟啉衍生物修饰的 Qβ VLP 对 CD22 阳性的 CHO 细胞具有很强的靶向结合能力，同时，在光照下也表现出较 CD22 阴性 CHO 细胞明显的细胞毒性。

3. M13

M13 噬菌体是一种丝状病毒（野生型变种长 880 nm，宽 6.6 nm），内有一个环状的单链 DNA，只感染 F^+（含 F 质粒，能产生性菌毛）的大肠杆菌。M13 衣壳蛋白由 2700 个 R 螺旋外壳蛋白（P8）组成，末端有 5 个不同的衣壳蛋白（P9、P8、P7、P6 和 P3）封盖。M13 外壳蛋白表面有暴露的 N 端和 Lys 残基，每个 M13 可用于修饰的伯胺数量约为 5400 个。

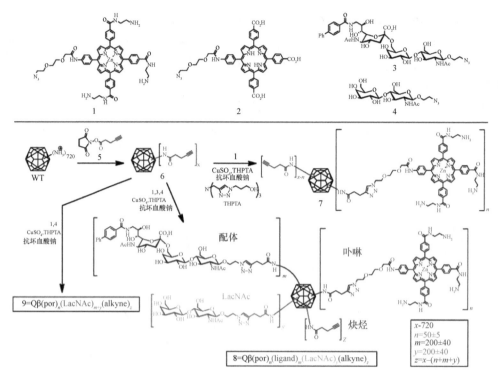

图 11-30　Qβ VLP 与唾液酸衍生物和卟啉衍生物共价偶联（Rhee et al.，2012）

　　Nam 等（2010）利用 M13 作为模板，将锌卟啉（ZPP）通过共价连接用于光捕获天线（图 11-31）。将 M13 与不同比例的 ZPP 结合，得到 ZP-M13-1 和 ZP-M13-2，根据电感耦合等离子体原子发射光谱法的测量，M13 分子分别与大约 1564 个和 2900 个 ZPP 结合。

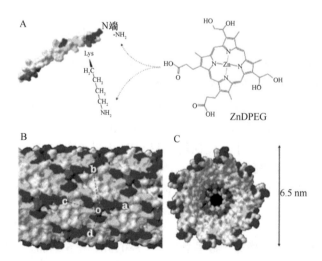

图 11-31　M13 作为锌卟啉（ZnDPEG）载体（Nam et al.，2010）（彩图请扫封底二维码）

四、展望

纳米药物递送载体已成为材料学、生物学、医学等多学科交叉领域的研究热点，是当前药物创新和全球医药产业发展的重要动力。VNP/VLP 由于其独特的结构和固有的生物学特性，不仅可以作为疫苗抗原用于疫苗研发，而且可以作为其他药物分子、蛋白质和核酸等生物活性分子递送载体。尽管目前已发展建立了多种类型的新型药物递送系统，但 VNP/VLP 作为递送载体有其特殊的优势。例如，具有靶向性、可以透过生物屏障、有较低的毒性和良好的生物安全性等。利用病毒样颗粒作为小分子药物、蛋白质和核酸等生物活性分子的递送载体具有广阔的应用前景。当然，在实际应用时，其生物安全性还需要通过动物模型进行进一步研究和临床试验。

参 考 文 献

Abbing A, Blaschke U K, Grein S, et al. 2004. Efficient intracellular delivery of a protein and a low molecular weight substance via recombinant polyomavirus-like particles. Journal of Biological Chemistry, 279: 27410-27421.

Agostinis P, Berg K, Cengel K A, et al. 2011. Photodynamic therapy of cancer: an update. Cancer Journal for Clinicians, 61: 250-281.

Aljabali A A A, Shukla S, Lomonossoff G P, et al. 2013. CPMV-DOX delivers. Molecular Pharmaceutics, 10: 3-10.

Barnhill H N, Reuther R, Ferguson P L, et al. 2007. Turnip yellow mosaic virus as a chemoaddressable bionanoparticle. Bioconjugate Chemistry, 18(3): 852-859.

Brasch M, Escosura A, Ma Y J, et al. 2011. Encapsulation of phthalocyanine supramolecular stacks into virus-like particles. Journal of the American Chemical Society, 133: 6878-6881.

Cao J, Guenther R H, Sit T L, et al. 2014. Loading and release mechanism of red clover necrotic mosaic virus derived plant viral nanoparticles for drug delivery of doxorubicin. Small, 10: 5126-5136.

Czapar A E, Zheng Y R, Riddell I A, et al. 2016. Tobacco mosaic virus delivery of phenanthriplatin for cancer therapy. ACS Nano, 10: 4119-4126.

Dai Y L, Xu C, Sun X L, et al. 2017. Nanoparticle design strategies for enhanced anticancer therapy by exploiting the tumour microenvironment. Chemical Society Reviews, 46: 3830-3852.

Destito G, Yeh R, Rae C S, et al. 2007. Folic acid-mediated targeting of cowpea mosaic virus particles to tumor cells. Chemistry & Biology, 14: 1152-1162.

Ding X, Liu Y, Li J, et al. 2014. Hydrazone-bearing PMMA-functionalized magnetic nanocubes as pH-responsive drug carriers for remotely targeted cancer therapy *in vitro* and *in vivo*. ACS Applied Materials & Interfaces, 6(10): 7395-7407.

Goesmann H, Feldmann C. 2010. Nanoparticulate functional materials. Angewandte Chemie-International Edition, 49: 1362-1395.

Kaiser C R, Flenniken M L, Gillitzer E, et al. 2007. Biodistribution studies of protein cage nanoparticles demonstrate broad tissue distribution and rapid clearance *in vivo*. International Journal of Nanomedicine, 2: 715-733.

Kanesashi S N, Ishiz K I, Kawano M A, et al. 2003. Simian virus 40 VP1 capsid protein forms polymorphic assemblies *in vitro*. The Journal of General Virology, 84(7): 1899-1905.

Kim D, Lee Y, Dreher T W, et al. 2018. Empty turnip yellow mosaic virus capsids as delivery vehicles to mammalian cells. Virus Research, 252: 13-21.

Le D H, Lee K L, Shukla S, et al. 2017. Potato virus X, a filamentous plant viral nanoparticle for doxorubicin delivery in cancer therapy. Nanoscale, 9: 2348-2357.

Lee K L, Carpenter B L, Wen A M, et al. 2016. High aspect ratio nanotubes formed by tobacco mosaic virus for delivery of photodynamic agents targeting melanoma. ACS Biomaterials Science & Engineering, 2: 838-844.

Lee L A, Wang Q. 2006. Adaptations of nanoscale viruses and other protein cages for medical applications. Nanomedicine-Nanotechnology Biology and Medicine, 2: 137-149.

Lockney D M, Guenther R N, Loo L, et al. 2011. The red clover necrotic mosaic virus capsid as a multifunctional cell targeting plant viral nanoparticle. Bioconjugate Chemistry, 22: 67-73.

Loo L, Guenther R H, Lommel S A, et al. 2008. Infusion of dye molecules into red clover necrotic mosaic virus. Chemical Communications, (1): 88-90.

Loscha K V, Herlt A J, Qi R H, et al. 2012. Multiple-site labeling of proteins with unnatural amino acids. Angewandte Chemie-International Edition, 51: 2243-2246.

Masarapu H, Patel B K, Chariou P L, et al. 2017. Physalis mottle virus-like particles as nanocarriers for imaging reagents and drugs. Biomacromolecules, 18: 4141-4153.

Nam Y S, Shin T, Park H, et al. 2010. Virus-templated assembly of porphyrins into light-harvesting nanoantennae. Journal of the American Chemical Society, 132: 1462.

Niikura K, Sugimura N, Musashi Y, et al. 2013. Virus-like particles with removable cyclodextrins enable glutathione-triggered drug release in cells. Molecular Biosystems, 9: 501-507.

Pokorski J K, Breitenkamp K, Liepold L O, et al. 2011a. Functional virus-based polymer-protein nanoparticles by atom transfer radical polymerization. Journal of the American Chemical Society, 133: 9242-9245.

Pokorski J K, Hovlid M L, Finn M G. 2011b. Cell targeting with hybrid Qbeta virus-like particles displaying epidermal growth factor. Chembiochem, 12: 2441-2447.

Ren Y, Mu Y, Jiang L, et al. 2016. Multifunctional TK-VLPs nanocarrier for tumor-targeted delivery. International Journal of Pharmaceutics, 502: 249-257.

Ren Y, Wong S M, Lim L Y, et al. 2007. Folic acid-conjugated protein cages of a plant virus: a novel delivery platform for doxorubicin. Bioconjugate Chemistry, 18: 836-843.

Rhee J K, Baksh M, Nycholat C, et al. 2012. Glycan-targeted virus-like nanoparticles for photodynamic therapy. Biomacromolecules, 13: 2333-2338.

Rosenberg B, van Camp L, Grimley E B, et al. 1967. The inhibition of growth or cell division in *Escherichia coli* by different ionic species of platinum (IV) complexes. Journal of Biological Chemistry, 242(6): 1347-1352.

Salunke D M, Caspar D L D, Garcea R L. 1986. Self-assembly of purified polyomavirus capsid protein VP1. Cell, 46(6): 895-904.

Shan W, Chen R, Zhang Q, et al. 2018a. Improved stable indocyanine green (ICG)- mediated cancer optotheranostics with naturalized hepatitis B core particles. Advanced Materials, 30: e1707567.

Shan W, Zhang D, Wu Y, et al. 2018b. Modularized peptides modified HBc virus-like particles for encapsulation and tumor-targeted delivery of doxorubicin. Nanomedicine, 14: 725-734.

Shukla S, Ablack A L, Wen A M, et al. 2013. Increased tumor homing and tissue penetration of the filamentous plant viral nanoparticle Potato virus X. Molecular Pharmaceutics, 10(1): 33-42.

Singh P, Prasuhn D, Yeh R M, et al. 2007. Bio-distribution, toxicity and pathology of cowpea mosaic virus nanoparticles *in vivo*. Journal of Controlled Release, 120: 41-50.

Smith M T, Hawes A K, Bundy B C. 2013. Reengineering viruses and virus-like particles through chemical functionalization strategies. Current Opinion in Biotechnology, 24: 620-626.

Stephanopoulos N, Tong G J, Hsiao S C, et al. 2010. Dual-surface modified virus capsids for targeted delivery of photodynamic agents to cancer cells. ACS Nano, 4: 6014-6020.

Suci P A, Varpness Z, Gillitzer E, et al. 2007. Targeting and photodynamic killing of a microbial pathogen using protein cage architectures functionalized with a photosensitizer. Langmuir, 23: 12280-12286.

Tian Y, Gao S, Wu M, et al. 2016. Tobacco mosaic virus-based 1D nanorod-drug carrier via the integrin-mediated endocytosis pathway. ACS Applied Materials & Interfaces, 8: 10800-10807.

Wang F, Wang Y C, Dou S, et al. 2011. Doxorubicin-tethered responsive gold nanoparticles facilitate intracellular drug delivery for overcoming multidrug resistance in cancer cells. ACS Nano, 5(5): 3679-3692.

Wen A M, Le N, Zhou X, et al. 2015. Tropism of CPMV to professional antigen presenting cells enables a platform to eliminate chronic infections. ACS Biomaterials Science & Engineering, 1: 1050-1054.

Wen A M, Lee K L, Cao P F, et al. 2016. Utilizing viral nanoparticle/dendron hybrid conjugates in photodynamic therapy for dual delivery to macrophages and cancer cells. Bioconjugate Chemistry, 27: 1227-1235.

Wen A M, Ryan M J, Yang A C, et al. 2012. Photodynamic activity of viral nanoparticles conjugated with C_{60}. Chemical Communications, 48(72): 9044-9046.

Wu W, Hsiao S C, Carrico Z M, et al. 2009. Genome-free viral capsids as multivalent carriers for taxol delivery. Angewandte Chemie-International Edition, 48: 9493-9497.

Yan D, Teng Z D, Sun S Q, et al. 2017. Foot-and-mouth disease virus-like particles as integrin-based drug delivery system achieve targeting anti-tumor efficacy. Nanomedicine-Nanotechnology Biology and Medicine, 13: 1061-1070.

Zhao Q, Chen W, Chen Y, et al. 2011. Self-assembled virus-like particles from rotavirus structural protein VP6 for targeted drug delivery. Bioconjugate Chemistry, 22: 346-352.

第十二章　病毒样颗粒作为核酸的递送载体

核酸类药物是继小分子化药和蛋白质类药物之后的新一代药物，能够在基因水平上发挥作用，由于其能够针对特定的致病基因，因而在中枢神经、泌尿、代谢和心血管等许多方面具有广阔的应用前景，特别是在抗病毒和抗肿瘤方面显示出不可替代的作用。基于病毒的病毒样颗粒（virus-like particle，VLP）作为一种新型生物纳米材料，不仅可以作为小分子药物和蛋白质类药物递送载体，而且可以作为核酸类药物递送载体。本章将简要介绍核酸类药物的研究进展并着重讲述 VLP 作为核酸递送载体的最新研究进展。

第一节　核酸类药物简介

一、核酸类药物与基因治疗

1. 核酸类药物的定义及分类

核酸类药物又称核苷酸类药物，是各种具有不同功能的寡聚核糖核酸（RNA）或寡聚脱氧核糖核酸（DNA），目前已被广泛用于基础研究、疾病的临床诊断和治疗，如肿瘤、感染性疾病、血液病及神经退行性变性疾病等。核酸类药物根据化学结构和药物机理可分为三类：①寡聚核苷酸药物；②核酸适配体药物；③核酸疫苗。

寡聚核苷酸药物的种类很多，包括反义核酸（antisence nucleic acid）、核酶（ribozyme）、脱氧核酶（deoxyribozyme）以及 RNA 干扰剂等。这类药物通常分子量较小，能够较容易透过细胞膜，并在细胞中专一性地降低目标基因表达水平，从而发挥治疗作用。

核酸适配体（aptamer）是一种用指数富集的配体系统进化技术（SELEX）筛选出的寡聚核苷酸序列，作用原理和抗体类似，通过核酸自身形成的三维空间结构和不同靶标，如有机小分子、RNA、DNA 或蛋白质等特异性地识别和结合。与抗体相比，核酸适配体具有免疫原性低、靶分子广、易于体外合成和修饰，以及价格低廉等优点，已在临床疾病的诊断和治疗中显示了广阔的应用前景。

核酸疫苗又称基因疫苗。它是将编码某种抗原蛋白的外源基因（DNA 或 RNA）直接导入动物体细胞内，使外源基因在活体内表达，产生抗原激活机体的免疫反应，诱导免疫应答，从而达到预防和治疗疾病的目的。核酸疫苗具有制备方便、生产周期短、安全性好、可引起体液免疫和细胞免疫双重效果等优点，被认为是继传统疫苗和基因工程亚单位疫苗之后的第三代疫苗。

2. 基因治疗

基因治疗（gene therapy）是指将外源正常基因导入靶细胞，以纠正或补偿缺陷和异常基因引起的疾病，以达到治疗目的。核酸类药物是一种在基因水平上发挥作用的药物，因此可以从源头进行干预，抑制疾病相关基因，使其不能表达为病理性蛋白质；或引入能表达正常蛋白质的基因，弥补功能蛋白质的不足和发挥正向调控作用。随着生物医学技术的不断发展，基因治疗已成为继手术、放射治疗和化学治疗之后发展的一种新型治疗方法。

与传统药物（小分子和蛋白质类药物）相比，基于 RNA 和 DNA 的核酸类药物可选择靶点更为丰富。小分子药物一般通过竞争性结合抑制靶蛋白，而蛋白质类药物（如抗体）可以与多个靶标高度特异性结合，而核酸类药物具有特定的靶点和作用机制，能够特异性地针对致病基因。而且部分核酸类药物可以通过化学方法合成，制备相对简单，能够获得更好的产率和批次间稳定性。因此，核酸类药物有望对传统药物治疗效果不佳的疾病起到良好的治疗效果，特别是难以治疗的遗传疾病、癌症及某些病毒感染。

二、核酸类药物的现状和前景

1. 发展现状

自从 1868 年瑞士青年科学家米歇尔在人体细胞中发现核酸，有关核酸研究的进展日新月异，针对疾病诊断、治疗和预防的核酸类药物也应运而生。寡核苷酸作为药物的研究大约始于 20 世纪 90 年代。截至 2020 年 1 月，已有 10 款寡核苷酸药物获得 FDA 批准上市（表 12-1）。寡核苷酸药物的种类有很多，包括反义寡核苷酸（antisense oligonucleotide，ASO）、干扰小 RNA（small interfering RNA，siRNA）、微 RNA（microRNA，miRNA）、核酸适配体等。

表 12-1 FDA 批准上市的寡核苷酸药物

序号	通用名（商品名）	公司	靶标	适应证	器官	FDA 批准日期
1	福米韦生（Vitravene）	Ionis Pharma（Novartis）	CMV UL123	巨细胞病毒（CMV）视网膜炎	眼（玻璃体内注射）	1998 年 8 月
2	哌加他尼（Macugen）	NeXstar Pharma Eyetech Pharma	VEGF-165	新生血管性年龄相关性黄斑变性	眼（玻璃体内注射）	2004 年 12 月
3	Mipomersen（Kynamro）	Ionis Pharma（Genzyme）Kastle Tx	AP08	纯合子型家族性高胆固醇血症	肝（皮下注射）	2013 年 1 月
4	Defibrotide（Defitelio）	Jazz Pharma	NA	肝静脉闭塞病	肝（静脉注射）	2016 年 3 月
5	Eteplirsen（Exondys 51）	Sarepta Ther apeutics	DMD 基因 51 号外显子	进行性假肥大性肌营养不良（DMD）	骨骼肌（静脉注射）	2016 年 9 月
6	Nusinersen（Spinraza）	Ionis Pharma（Biogen）	SMN2 基因 7 号外显子	脊髓性肌萎缩症	骨骼肌（鞘内注射）	2016 年 12 月
7	伊诺特森（Onpattro）	Alnylam Pharma	TTR（转甲状腺素蛋白）	遗传性甲状腺素介导的淀粉样变性的多发性神经病	肝（静脉注射）	2018 年 8 月
8	Inotersen（Tegsedi）	Ionis Pharma Akcea Pharma	TTR	遗传性甲状腺素介导的淀粉样变性的多发性神经病	肝（皮下注射）	2018 年 10 月
9	Givosiran（Givlaari）	Alnylam Pharma	ALAS1	急性肝卟啉症	肝（皮下注射）	2019 年 11 月
10	戈洛迪森（Vyondys 53）	Sarepta Ther apeutics	DMD 基因 53 号外显子	进行性假肥大性肌营养不良	骨骼肌（静脉注射）	2019 年 12 月

2. 核酸类药物面临的挑战

尽管核酸类药物在基因治疗方面展现了极大的潜力，但核酸类药物分子，无论碱基组成如何，其结构上都与内源性核酸分子无异，很容易被各种核酸酶所降解，而且其核糖-磷酸骨架结构具有负电性，极性大，难以跨越各种生物膜到达指定部位，因此，核酸类药物的成药性和生物体内的转运是其面临的主要挑战。目前，主要有两种策略用于克服核酸类药物存在的问题，一种是核酸类药物的化学修饰方法，另一种是通过药物递送载体转运。

三、核酸类药物递送载体研究现状

由于 DNA 和 siRNA 等核酸类生物活性大分子在细胞内极易被核酸酶降解，造成稳定性差、生物利用率低和靶组织内聚集浓度低等问题，因此需要借助合适的载体才能实现核酸类药物在体内高效递送。核酸类药物的递送载体主要有两大类，分别为病毒类载体和非病毒类载体。它们各有优势，也各有不足，都已应用于多种核酸类药物的研发中。

1. 病毒类核酸类药物递送载体

用于核酸递送系统的病毒类载体主要有慢病毒、痘病毒、腺病毒和逆转录病毒等。病毒类载体作为一种核酸递送系统，因其具有感染细胞的天性及一整套将自身基因导入靶细胞的机制，在临床上得到了广泛的应用，具有转运效率高的优点，是目前体内高效表达外源基因的主要工具之一。

腺病毒及腺相关病毒是两种常见的病毒类载体。腺病毒载体能够容纳较大的外源基因插入，获得高滴度的病毒颗粒，并转导分裂细胞和非分裂细胞，但病毒基因的表达会产生强烈的细胞毒性和免疫反应。改造后的高容量腺病毒载体能够承载 36 kb 的外源DNA 插入，其细胞毒性和免疫反应也大大降低，但这类载体需要利用辅助病毒和特殊的 293T 细胞。综上所述，腺相关病毒的细胞毒性很低，具有感染分裂和非分裂细胞的能力，可将外源 DNA 整合到宿主基因的特异性位点，但该核酸递送系统主要缺点是：转染效率低，需要辅助病毒的参与及包装能力弱等。

痘苗病毒载体与腺病毒载体相似，能够感染分裂和非分裂细胞，可容纳 25 kb 的外源基因插入。该系统能够同时携带多个外源基因并产生协同免疫效果，其低毒性、高包装能力使其成为基因治疗领域的主要载体，临床上运用该载体将外源基因导入肿瘤细胞。

逆转录病毒是 RNA 病毒，很早被应用到外源基因的递送中，可将 9 kb 外源基因导入真核细胞并整合到基因组中，不具备感染非分裂细胞的能力。近年来，一些与条件复制型腺病毒相似的逆转录病毒载体在基因治疗领域被运用，其靶向到新生组织并特异性复制的能力增大了该类载体系统的安全性。

慢病毒载体的转染效率是早期逆转录病毒载体的 10 倍，除能够感染分裂和非分裂细胞以外，还能够感染正常细胞，可将外源基因随机插入到靶细胞中，引起宿主细胞发生基因突变及表达抑制等一系列不良反应。慢病毒应用在细胞转染上的缺陷使其安全性受到质疑。

单纯疱疹病毒家族感染人类的眼、口腔、阴道黏膜，导致可愈的溶解性病变。病毒生命周期中，它们先感染神经末梢、迁移到神经细胞并潜伏其中。这种感染特征被用于将外源基因传递到大脑肿瘤中。单纯疱疹病毒的线性双链基因组（150 kb）是慢病毒基因组大小的 15 倍、腺病毒基因组的 4 倍，能携带 40 kb 大小的外源基因，是包装能力最强的病毒载体，同时，这使其具有在一个载体内传递多个基因的能力。例如，单纯疱疹病毒胸苷激酶（thymidine kinase，TK）基因，是肿瘤基因治疗研究中常用的自杀基因，其和胞嘧啶脱氨酶（cytosine deaminase，CD）自杀基因同时转染，它们分别作用于药物前体更昔洛韦和 5-氟胞嘧啶，在靶细胞内产生协同的细胞毒作用。但是，这种病毒载体的致病力和潜伏感染特性仍然限制了其治疗应用。

虽然病毒类载体在基因治疗及疫苗研究方面被广泛应用，但病毒类载体存在的细胞毒性、免疫原性、制备及生产的难度，以及承载外源基因大小的限制等缺点，是应用病毒类载体面对的主要问题。

2. 非病毒类核酸类药物递送载体

非病毒类核酸类药物递送载体通常是一类阳离子聚合物，包括阳离子脂质体、阳离子多聚复合物及多肽蛋白类递送载体等。该类递送载体由于表面带正电荷，能够与带负电荷的核酸类药物通过静电相互作用结合，从而将核酸类药物递送到靶细胞内，进而发挥作用。

阳离子脂质体是由一到两个脂肪酸链形成的疏水部分、一个连接分子和一个亲水的氨基基团组成的双性分子组成的，是目前研究最广泛、最有效、细胞毒性最小的一类非病毒类载体。常见的阳离子脂质体主要有 Dc-Chol/DOPE（二油酰磷脂酰乙醇胺）、普通阳离子脂质双层、脂质体 DOTAP[（1,2-二油氧基丙基）三甲基氯化铵]、Lipofectine、pH 敏感脂质体等。生理 pH 下，带正电的阳离子脂类与带负电的核酸的磷酸基团相互作用，形成包裹核酸的多个双层包囊样结构的脂质体颗粒。形成的带有正电荷的脂质体颗粒复合物在电荷相互作用力下内吞进入细胞并发生构象改变，最终释放出核酸。脂质体颗粒大小、脂质体/DNA 比例、缓冲液离子强度及细胞系和体内外环境等的不同均对脂质体复合物的形成产生影响。已有研究表明，多价阳离子脂类包裹 DNA 的能力强于单价脂类，且中性脂类可以增强脂质体的转染效率。但是，脂质体和脂质体核酸复合物经过内吞作用释放核酸的效率较低，需要依赖有丝分裂时期核膜的消失才能进入核内。

目前应用最广泛的阳离子多聚复合物包括聚乙烯亚胺（polyethylenimine，PEI）和多聚左旋赖氨酸（poly-L-lysine，PLL）等，主要指在生理 pH 状态下能与带负电荷的核酸发生电荷相互作用并内吞进入细胞的人工合成的阳离子多聚物。因每三个单体有一个质子化的氨基氮原子，PEI 的多聚体形式有"质子海绵"之称，使其具有在任何 pH 下缓冲的能力，能够有效保护核酸不受内吞体酸性环境的影响。在对肿瘤基因治疗的研究中发现，PEI 能够增强 siRNA 的递送，促进 Id1-siRNA 进入靶细胞，进而抑制肿瘤细胞的生长。Rodriguez 等（2018）利用 PEI 递送 Beclin1 的 siRNA 直接进入中枢神经系统，这为 HIV 感染的脑中沉默基因介导的基因治疗提供了有效的手段。

多肽由天然氨基酸组成，肽链较短、易于合成。良好的生物相容性、低毒性及透膜、靶向、内涵体逃逸等多样的功能性使多肽蛋白类成为在基因治疗方面被广泛应用的非病毒类核酸类药物递送载体。多肽蛋白类核酸递送系统主要有透膜肽、膜活性肽和靶向肽等。多肽合成技术可以将多个功能片段集中在一个多肽分子上，达到同时递送多个基因的目的；同时多肽修饰的阳离子聚合物能提高核酸分子的组织靶向性、细胞透膜率及生物活性。

非病毒类载体广泛应用于 DNA、mRNA 和 siRNA 等核酸生物活性分子的递送中，但仍存在复合物理化性质不明确、细胞内外屏障作用、转染效率低等亟待解决的关键问题。

四、病毒样颗粒作为核酸类药物递送载体

病毒类载体和非病毒类载体作为核酸类药物的主要递送工具，仍存在着安全性低、细胞毒性大、免疫反应原性弱、基因容量有限及转染率低等问题。在继续改进这些载体的同时，人们也在寻找其他的核酸递送工具，特别是细菌、噬菌体和病毒样颗粒等非病毒类载体的生物介质。在现有载体研究中，病毒类载体存在着遗传基因可能引起安全性的问题，非病毒类载体具有较高的安全性，但可能受限于转染效率较低的问题，而 VLP 的应用能够同时避免上述两方面的问题。VLP 作为一种自然存在的、来自病毒蛋白质的纳米级生物材料，其独特的生物特性使其在基因递送上展现出较大的潜力，成为近年来被广泛应用的核酸递送工具。

VLP 与天然病毒在结构上具有相似性，能够模拟病毒感染宿主细胞，具有识别宿主细胞、融合及入侵的生物趋向性。研究表明，肝炎病毒、乳头状瘤病毒、鼠多瘤病毒等形成的 VLP 能够适应不同 pH 和温度的变化，具有较好的稳定性。VLP 用作基因递送载体于传统病毒载体的一个优势是其可在不同的细胞体系，如细菌、植物、昆虫、酵母及其他哺乳动物细胞系获得，并可降低大规模生产的成本。

VLP 病毒粒子直径为 20～200 nm，具有较大的表面积，承载能力强，有很多受体细胞结合位点，有利于载体的靶向结合。VLP 表面有很多氨基酸残基，核酸、蛋白质和小分子物质等，能通过基团化学键的作用形成稳定的复合体结构，同时其表面或内部均可进行基因修饰，能够容忍一定数量和大小的外源基因插入，达到运载核酸的效果。因为良好的分散性及其具有的纳米材料的特性，VLP 能够刺激 $CD4^+$ 和 $CD8^+$ 细胞，增强抗原被抗原呈递细胞（antigen presenting cell，APC）捕获的能力，刺激机体免疫系统，产生细胞免疫和体液免疫。VLP 生物相容性好，内部空间较大，可提高生物活性分子在体内的停留时间，增加了生物分子在体内组织中的积累。和病毒类载体一样，临床应用 VLP 也不可避免地存在去除细胞残余成分的过程，但 VLP 自身能够降解和改造。与病毒类载体相比，VLP 更能承受剧烈的纯化条件。表面偶联穿透肽介导的运载方法及 VLP 表面共价修饰细胞受体的配体介导的内吞方法可极大增强病毒样颗粒递送核酸的效率。

总的来说，VLP 在递送核酸类药物方面展现出了其优越的生物特性，加上安全性高、

无细胞毒性、易于合成和生产，是当前核酸类药物递送载体的良好选择，将为基因治疗、疫苗研发及疾病预防等做出重要贡献。

第二节　病毒样颗粒递送核酸的机理和方法

一、病毒样颗粒递送核酸的机理

1. 病毒样颗粒的组装机制

病毒吸附在细胞表面，通过胞吞或者膜融合等方式进入细胞，经解体或脱壳后，运用细胞内物质进行自身基因组复制和编码基因的表达，最后进行病毒颗粒的组装并释放出具有感染性的病毒粒子。病毒在感染细胞中的装配是一个高度复杂的多步骤过程，细胞环境中特定蛋白质间的相互作用确保了病毒颗粒的形成，而细胞中包含数千种这样的蛋白质、核酸、低分子化合物和亚细胞结构。

病毒样颗粒（VLP）是由病毒的一种或多种衣壳蛋白在异源系统内重组表达，并在该系统内或系统外正确折叠组装形成的一种不含病毒遗传物质的空心颗粒。VLP 具有和天然病毒粒子相似的形态及抗原性和免疫原性，但不含遗传物质，是疫苗研发和 DNA、RNA 及小分子物质运输的重要候选载体。

由于 VLP 是受病毒组装过程启发的人工结构，因此病毒结构蛋白在受控条件下自我组装的内在能力是研究的重要基础。病毒结构蛋白自组装能力取决于其氨基酸（AA）组成和三维结构。病毒衣壳蛋白是具有三维结构的分子，包含富精氨酸基序（arginine-rich motif，ARM），具有带正电的结构域，以确保与特定核酸的相互作用。在不同亚基之间通常以疏水性肽链相连接，并通过疏水作用力相互作用，而静电吸力/排斥力及范德华力和氢键相互作用进一步确保形成特异性颗粒。

研究病毒的结构组装对理解病毒及 VLP 的研究有重要的理论指导意义。大多数球状病毒的衣壳具有二十面体对称结构，符合 5∶3∶2 对称。1955 年，美国科学家 Williams 发现，烟草花叶病毒（tobacco mosaic virus，TMV）能够在纯化的基因组和衣壳蛋白组成的二组分溶液中进行可逆自组装（Fraenkel-Conrat and Williams，1955），这种现象后来在许多植物病毒中得到证实。1956 年，基于病毒组装消耗能量最低、基因需求最经济的原则，Crick 和 Watson 提出假设（1956），认为球形病毒应该具有柏拉图体的对称性，并且是理想的多边形，最大骨架应是一个由 60 个蛋白质亚基组成的正二十面体。后来对衣壳结构的研究证实了病毒衣壳二十面体对称的特殊性，同时多组 60 个等价亚基也可以构成二十面体的准对称结构。Caspar 等（1962）提出的"准等价原理"，奠定了球状病毒蛋白衣壳二十面体对称的几何配置原则的基础，主要包括：①衣壳蛋白亚基通常形成各种寡聚体，如六聚体、五聚体、三聚体或二聚体等；②多聚体可以构成病毒衣壳的壳粒，这些壳粒主要是五聚体或六聚体；③正二十面体衣壳表面的蛋白质亚基数量是 $60\,T$，壳粒数为 $10\,T+2$，其中 T 为三角形剖分数，是二十面体的每个等边三角形面划分成较小的单位等边三角形的数目。Berger 等（1994）在衣壳蛋白可以呈现一种或几种不同构象的研究基础之上，提出了"局部规则理论"。该理论假设病毒的衣壳蛋白只有一种，不同病毒的组装都有一套与之对应的局域规则，在这种局域规则的指导下，每个蛋白质亚基会获得足够的局域信息，与相邻的亚基或组装中间体特异识别及连接，最终组装成闭合的二十面体衣壳结构。

除了上述经典的病毒组装理论外，随后还提出了诸如"平衡模型""全五边形包装"理论和"贴瓷"理论等。随着对病毒组装研究的深入，近年来，对病毒结构的研究也从二维表面延伸到了三维空间及基因组水平，从而有了仿射扩展对称（affine-extended symmetry）等模型理论的提出。

对于二十面体病毒，病毒衣壳的组装从形成稳定的二聚体和/或寡聚体开始。VLP已用作阐明衣壳形成机理的模型，如在乙肝病毒核心蛋白（hepatitis B virus core protein，HBc）、MS2噬菌体和大豆褪绿斑驳病毒（soybean chlorotic mottle virus，SbCMV）的实验中所示，衣壳蛋白二聚体组成了病毒颗粒结构的核心，而单体蛋白则不能在天然条件下从病毒中分离。此外，可以通过在衣壳蛋白序列中引入一个突变来使其不能形成病毒颗粒从而获得稳定的二聚体。HBc衣壳蛋白二聚体的解离常数在毫摩尔范围内，表明组成衣壳蛋白二聚体的亚基之间的相互作用力较弱。然而，这些弱的相互作用力最终导致相对稳定的病毒衣壳，且已经形成的病毒颗粒在较低的浓度下比较稳定。

体外衣壳组装试验表明，溶液的离子强度和pH会显著影响衣壳的形成。在不同的盐浓度下（0.77～14 μmol/L），HBc装配体的表观解离常数（KD值）或临界浓度变化可高达20倍。起始衣壳形成的最小寡聚结构也可以是衣壳蛋白的五聚体，如脊髓灰质炎病毒（poliovirus）由72个五聚体或其他衣壳蛋白寡聚体组成，这些寡聚体结构可通过永久性或瞬时性二硫键进一步稳定。另外，许多病毒包含阳离子，可确保颗粒进一步稳定。例如，CCMV结构中来自两个衣壳蛋白分子的5个相邻的酸性氨基酸以相对较低的亲和力结合Ca^{2+}（KD=1.97 mmol/L）。

如果没有病毒衣壳包裹的核酸，许多病毒不会形成病毒样颗粒。对于某些病毒，位于病毒基因组中的核酸二级结构被认为是装配成核的信号。这些信号与衣壳蛋白低聚物带正电荷的片段特异性相互作用，确保病毒基因组的衣壳化。而且，核酸的结合可以引起衣壳蛋白的构象变化，使各亚基之间的接触最大化，这对于颗粒形成是必需的。有关RNA病毒的最新研究表明，病毒基因组不仅可以在每个基因组中包含单一的装配起点$2'$-$5'$寡腺苷酸合成酶（$2'$-$5'$ oligoadenylate synthetase，OAS），甚至可以包含数十个短RNA茎-环结构。这些RNA二级结构在纳摩尔浓度水平以高亲和力结合相应的衣壳蛋白分子。此外，这种茎-环的数量越多，形成颗粒所必需的衣壳蛋白浓度就越低，这与病毒和VLP偏向于包裹更长的核酸这一观点相吻合。另外，RNA二级结构预测表明，病毒基因组RNA的包装比宿主细胞中存在的非病毒RNA的包装更紧密。病毒RNA依赖核苷酸序列的内在特性形成紧凑结构，可将很长的核酸囊括在空间有限的病毒衣壳中。通常，病毒核酸的大小可能会影响二十面体VLP的形状。在CCMV等大部分植物RNA病毒进行的组装模型中，衣壳蛋白-RNA复合物决定了VLP的形成，而且令人惊讶的是，如果RNA大小超过特定病毒RNA的长度，它将刺激多达4个装配中的VLP共享同一12 000 nt长的RNA分子。

研究表明，RNA可以根据两种组装机制被包裹在病毒颗粒中。一种是衣壳组装开始于核酸作用下相对稳定的衣壳蛋白寡聚物形成后，在组装阶段，将衣壳蛋白寡聚物可逆地添加到衣壳中，直到病毒颗粒完全形成为止；另一种是衣壳蛋白亚基随机结合到RNA，在衣壳蛋白-衣壳蛋白的相互作用下重新排列成完整的二十面体颗粒。当衣壳蛋白相互作用占优势并且它们与核酸的相互作用较弱时，第一种机制被认为在高离子强度条件和酸性 pH 下有效；而衣壳蛋白-衣壳蛋白相互作用较弱时，大规模衣壳组装可在低浓度盐条件下进行。

一些病毒在组装过程中涉及被称为支架蛋白的特殊蛋白质，如疱疹病毒和噬菌体。支架蛋白参与前壳体的形成，而病毒 DNA 在前壳体形成后才被包裹。类似于核酸介导的稳定作用，支架蛋白可稳定衣壳蛋白-衣壳蛋白相互作用，这对于以正确的、可以装配的结构形成前壳体至关重要。

2. 病毒样颗粒包裹及释放核酸的机理

VLP 由病毒的结构蛋白自发组装而成，核酸的存在对其形成不是必要条件，但 Feng 等（2002）研究发现，虽然人类免疫缺陷病毒（human immunodeficiency virus，HIV）的 Gag 蛋白能自体组装成 HIV-1 VLP，但其组装所需的缓冲体系盐浓度要比有核酸时高，即便是很短的 15~20 个核苷酸都有利于 HIV-1 VLP 的形成。进一步研究发现，HIV-1 病毒的 NC 蛋白（为 Gag 蛋白的一个区域）和寡核糖核苷酸 $d(TG)_n$ 结合的盐浓度要比 $d(A)_n$ 高，且在含 $d(TG)_n$ 时所组装的 VLP 要比含 $d(A)_n$ 的寡核苷酸所组装的 VLP 更耐盐。核酸的一个可能作用是在反转录病毒组装时中和 Gag 蛋白表面的电荷，特别是中和许多存在于 NC 蛋白表面的正电荷。支撑这一假设的依据是，硫酸乙酰肝素可代替重组反转录病毒 Gag 蛋白组装成 VLP 时的核酸以及核酸分子可能提供一个供 Gag 蛋白吸附组装的表面或支撑点。核酸和 Gag 蛋白之间的作用力主要是 NC 蛋白和 $d(TG)_n$ 之间的疏水作用力，此外是核酸骨架和蛋白质之间的电荷相互作用，故和 $d(TG)_n$ 之间的相互作用力要比 $d(A)_n$ 更耐盐。Feng 等（2002）的深入研究发现，只有 Gag 蛋白结合在寡核苷酸的尾部时才能完成 VLP 的组装，在和(A)10 (TG)20 (A)10 核苷酸链作用时，未见 Gag 蛋白形成 VLP。需要注意的是，在缓冲液里已包裹进入 VLP 的核苷酸可以和外界的核苷酸进行替换，但是替换反应有等级的偏好。Feng 等（2002）的研究结果与体外组装的平衡模式一致，同时也有助于理解细胞内存在大量 mRNA 分子的条件下，Gag 蛋白在体外仍会选择自身 RNA 基因完成病毒粒子组装的原因。

VLP 与天然病毒相似的趋向性及在细胞摄取和细胞运输中的相似性表明其可以作为载体传递系统，这一点在很多研究中得到了证实。VLP 可作为一种保护外壳将核酸及小分子等物质有效地转运到靶向细胞中免受核酸酶的降解。病毒衣壳是由一种或多种衣壳蛋白按不同顺序组装而成的，病毒衣壳蛋白的碱性多肽域朝向病毒粒子内表面，与带负电的核酸的磷酸基团骨架形成一种高亲和性、非特异性的相互作用力。类似地，核酸以外的其他带有合适电荷的小分子物质都能被包裹入 VLP 或结合于其表面。许多研究证实，病毒衣壳蛋白内表面存在一些与核酸作用的位点，这些位点引导病毒核酸包裹进入衣壳，而且，这些位点可能全部或部分位于衣壳蛋白内表面。

二、病毒样颗粒递送核酸的方法

"渗透压休克法""裂解组装法"及"细胞伴侣协助"等方法是目前包裹核酸类生物活性分子进入 VLP 的主要方法。

1. 渗透压休克法

渗透压休克法利用低离子强度缓冲液增大 VLP 表面亚基之间的空间距离，使其能容纳核酸等生物活性分子，随后核酸分子在 VLP 表面产生的负电荷吸力的作用下进入VLP。

多瘤病毒（polyoma virus，PY）DNA 与纯化后的空衣壳在无细胞系统中组装成多瘤病毒样颗粒（polyoma-like particle，PLP）。研究发现形成的 VLP-DNA 复合物能够抵抗胰腺 DNA 酶的降解，同时经蔗糖纯化后的 PLP 沉淀物在高浓度强离子溶液中具有较好的稳定性，病毒粒子在 CsCl 溶液中能够稳定存在 4～5 个月。VLP-DNA 复合物中的DNA 经酚萃取后与多瘤病毒 DNA 分子量相同，同时在对 PLP 进行电镜观察后发现其与多瘤病毒外观相同，表明在形成的复合物中多瘤病毒的 DNA 受到衣壳保护。Touzé等（2001）对该方法进行了改进，将 10 μg 的人乳头状瘤病毒（human papilloma virus，HPV）的 VLP 与 1 μg 的 DNA 在含有 150 mmol/L NaCl、10 mmol/L Tris-HCl（pH=7.5）和 0.01 mmol/L CaCl$_2$ 缓冲液中 37℃下相互作用 10 min，然后将混合物用 350 μl 蒸馏水稀释，37℃作用 20 min，进行热休克包装。研究表明，线性化的 DNA 与 VLP之间的相互作用将 HPV- VLP 的基因转移效率提高了 100 倍，也为转移比 HPV 基因组更大的质粒提供了可能。

2. 裂解组装法

裂解组装法是指用化学试剂裂解 VLP，并利用其衣壳蛋白亚基的自我组装能力与核酸等生物活性分子相互作用形成包裹核酸的 VLP。该方法能够包裹 M_r=4000 的核酸分子，在 VLP 的空间阻隔作用下，其中的核酸能够免受核酸酶的破坏。

猿猴空泡病毒 40（simian vacuolating virus 40，SV40）能够在减弱衣壳蛋白二硫键和去除钙离子等的温和条件下裂解成包括病毒 DNA、组蛋白和病毒衣壳蛋白的复合物。与完整的 SV40 相比，裂解形成的核蛋白复合物的感染性大大降低，但该复合物在重新补充钙离子的情况下能重新折叠成病毒样颗粒，同时在高浓度盐的处理下病毒蛋白与 DNA 分离，随后在降低盐浓度、去除还原剂及加入钙离子等条件下最终形成病毒样颗粒。Colomar 等（1993）将 SV40 病毒粒子在 1 mol/L 盐中完全裂解，并与 Py 病毒的核酸组装成病毒样颗粒，最终成功感染 CV-1 细胞。

将巨细胞病毒启动子控制的含有绿色荧光蛋白的 5 kb 质粒、大肠杆菌半乳糖苷酶基因编码的 7.2 kb 的 pCMV-β 质粒及 10.3 kb 的 pBlueBacIII 质粒 DNA，转入HPV-16 主要衣壳蛋白（L1）组成的 HPV 病毒样颗粒中，外源 DNA 被传递到真核细胞中并表达相关的编码基因。具体来说，将纯化的 5 μg HPV-16 病毒样颗粒在 50 mmol/LTris-HCl 中 37℃孵育 30 min，同时加入含有 1 μg 外源 DNA 质粒的 50 mmol/L

Tris-HCl 及 150 mmol/L NaCl，最终感染 COS 细胞。研究表明，与单独使用脂质体和 DNA 转染相比，病毒样颗粒携带基因的转移效率更高。

3. 细胞伴侣协助

分子伴侣是指在动、植物及细菌体内广泛存在的一类非常保守的蛋白质超家族，首次以热休克蛋白（heat shock protein，HSP）形式被鉴定出来，而 HSP70 家族具有较高的保守性，是非常重要的一种分子伴侣。HSP70 在 DNA 复制、信号转导及微管形成和修复中至关重要，同时能够结合、稳定蛋白质，并在蛋白质的折叠组装过程中发挥重要的作用。SV40 衣壳蛋白重组进入昆虫细胞并在其天然的核溶解产物形成的缓冲体系中完整地进行自组装，这种新的包装系统可将 M_r=17 000 的高度缠绕的质粒 DNA 包裹进入 VLP。猜测 SV40 的核溶解产物中存在某种物质参与了病毒的包装反应。

第三节　病毒样颗粒递送 DNA 的研究进展

VLP 作为一种新出现的被广泛应用的基因递送系统，能够有效地递送 DNA、RNA（siRNA）及短片段［CpG、poly(I∶C)］等，在人和动植物疾病治疗和疫苗研究方面起着重要作用。迄今为止，来自 75 个不同病毒家族的 110 种 VLP 已被构建和研究，其中乙型肝炎病毒（hepatitis B virus，HBV）或乙肝病毒核心蛋白（HBc）、戊型肝炎病毒（hepatitis E virus，HEV）、PY、CCMV、TMV、二十面体噬菌体 MS2 等是目前应用比较广泛的病毒样颗粒。

VLP 包裹核酸分子后成为核酸-VLP 复合体或伪病毒。包入的核酸分子可以是佐剂，也可以是抗原编码基因。这种疫苗形式不仅可使核酸分子得到有效保护，还能充分发挥 VLP 本身的免疫学特性。

Shi 等（2001）用 HPV16-VLP 将编码淋巴细胞性脉络丛脑膜炎病毒（lymphocytic choriomeningitis virus，LCV）的糖蛋白 CTL 表位肽 p33 的质粒 DNA 包裹后得到一种新的伪病毒疫苗。小鼠口服伪病毒疫苗后产生了高水平的抗 p33 细胞免疫，免疫效应优于 p33 质粒 DNA 疫苗，用编码 HPV E7 蛋白的质粒 DNA 替换 p33 后也得到了类似的结果。

王宾和金华利（2006）用乙型肝炎 C 抗原包裹口蹄疫病毒（foot-and-mouth disease virus，FMDV）*VP1* 基因，构建可在真核细胞表达的融合性病毒样颗粒 DNA 疫苗，转染 HeLa 细胞后观察到 *VP1* 基因的表达，且在电镜下观察到病毒样颗粒。免疫对比试验发现，与单纯的 VP1 DNA 疫苗相比，融合性病毒样颗粒 DNA 疫苗免疫动物后诱导产生的抗体水平、激发的 T 细胞反应和保护水平均较前者高。孙艳丽（2013）从 RNA 稳定性差及其传递效率低两方面着手，以 MS2 病毒样颗粒作为 RNA 的递送载体，采用 DNA 重组技术分别制备了内含前列腺酸性磷酸酶 mRNA 或 microRNA 的 MS2 VLP，在酵母中获得了伪病毒颗粒，这种伪病毒颗粒的组装能力、包裹能力及 RNA 稳定性试验均取得了良好效果。肿瘤激发试验结果表明，免疫 3 次 VLP 复合物后，诱导的免疫应答使得接种肿瘤的 C57BL/6 小鼠全部存活，而接种其他疫苗的对照组小鼠相继全部死亡。

一、病毒样颗粒递送 DNA 的研究

1. 病毒样颗粒递送 DNA 在动物上的应用

病毒样颗粒作为基因递送载体在动物病毒上主要应用于多瘤病毒科，包括鼠多瘤病毒（murine polyomavirus，MPyV）、SV40、BK 病毒（BKV）、JC 病毒和小鼠嗜肺病毒（murine pneumotropic virus，MPtV）等，在人类病毒上主要应用于 HPV、HEV、HBV 等。

2. 鼠多瘤病毒 VLP 作为基因递送载体

MPyV 为二十面立体对称（$T=7d$）结构，病毒粒子直径在 45 nm 左右，其遗传物质是无囊膜的闭环双链 DNA，约有 5000 对碱基。该病毒的衣壳由 3 种结构蛋白构成：VP1（45 kDa）、VP2（35 kDa）和 VP3（23 kDa）。其中 VP1 蛋白是最主要的结构蛋白，占病毒总蛋白的 75%，VP2 和 VP3 为次要蛋白，占总蛋白的 20% 左右。Salunke 等（1986）发现 5 个 VP1 可以自发聚集形成五聚体衣壳粒（capsomere，Cap），随后 72 个衣壳粒自组装成 VLP，该过程不需要 VP1 转录后修饰和次要蛋白 VP2 与 VP3 的参与。VP2 和 VP3 的编码基因相同，不过翻译过程中 *VP3* 基因从下游开始翻译，N 端比 VP2 短了一段，因此 VP2 包括 VP3 的全部序列，VP3 约为 VP2 C 端的 2/3。每个 VP1 通过疏水相互作用结合一个次要蛋白，VP2/VP3 的 C 端以一种特殊的发夹结构形态插入到 VP1 五聚体的轴面腔内，通过很强的疏水作用与 VP1 五聚体发生紧密的特异性结合，形成 Cap-VP2/3 复合体。

Stehle 和 Harrison（1996）先后解析了 VP1 的晶体结构，根据其三级结构将它的多肽链分为三部分：①N 端臂是一个反平行的 p-sheet 卷状夹心拓扑结构，起始的 15 个氨基酸伸入病毒内部，与 DNA 连接；②中间部分 p-sheet 上有 4 个突出的环状结构 BC、DE、HI 和 EF，相邻 VP1 间的几个环状结构相互锁定，形成稳定的衣壳粒；③C 端臂伸入相邻的衣壳粒中，并形成二硫键，将各个衣壳粒连接起来形成结构稳定的衣壳。

MPyV 的衣壳结构蛋白 VP1 具有独特的纳米结构，在一定条件下能够进行自我组装，存在很多可修饰位点，这些位点除和自身病毒基因组结合外，还可与其他核酸活性分子结合形成 VLP-DNA 复合物，即 MPyV-VLP。MPyV 是一个理想的模式研究对象，可用于肿瘤生成、免疫，以及 DNA 复制、转录、转化及细胞周期调节机制的研究。MPyV-VLP 可将体外不同来源的 DNA 分子转运至不同的细胞系以完成基因的短暂或稳定表达。目前 MPyV 已作为一种基因载体用于免疫治疗和疫苗研发。

MPyV-VLP 独特的空腔纳米结构和有规律的自组装/解组装特性便于封装包裹多种物质，加上其良好的生物相容性、溶解度、吸收效率及靶向输送的能力，可以作为基因载体。1983 年，研究者发现 MPyV-VLP 可以在体外封装病毒 DNA 并将其转入细胞，从

而表达病毒基因产物（Slilaty and Aposhian，1983）。Forstova 等（1995）利用渗透压休克法及 MPyV-VLP 运载基因的能力将 DNA 负载于 VP1 组成的五聚体衣壳粒上并转染细胞，发现高于磷酸钙介导的转染效率。利用 DNA 酶处理 VLP-DNA 复合物的结果显示，只有小于 3 kb 的 DNA 分子可以处于 VLP 的内部而免受 DNA 酶的消化。PCR 检测 MPyV 通常存在的心脏和骨骼中的 MPyV DNA 分子量，结果显示，接受 MPyV -VLP/DNA 复合物的正常小鼠体内的 DNA 拷贝数/细胞数是接受单独裸露 DNA 的 10～50 倍，而在免疫缺陷小鼠中，相应的差异是 50～100 倍。

为了研究如何提高 MPyV-VLP 递送 DNA 分子的效率和 DNA 分子在体内存活的时间，Heidari 等（2000）比较了 MPyV-VLP 递送的 DNA 分子、单独裸露的 DNA 分子和 MPyV 自然感染递送的 DNA 分子的转染效率，结果表明 MPyV-VLP 和 MPyV 递送的 DNA 分子维持稳定，而在大多数小鼠中，单独裸露的 DNA 分子在一周后就被清除了。

很多研究结果证明，MPyV-VLP 能够在体内将 DNA 分子递送到不同的组织内并成功实现表达。Krauzewicz 等（2000）比较了不同途径（皮下注射、静脉注射、腹腔注射和鼻内注射）递送 MPyV-VLP/DNA 复合物的效率，结果显示，不同途径的递送效率因器官的不同而有所区别。Clark 等（2001）的研究显示，与 MpyV-VLP 一同递送至小鼠体内的 β-半乳糖苷酶基因在 22 周后依然可以表达，而且 β-半乳糖苷酶基因还可引起 T 细胞应答。

总之，MPyV-VLP 是非常有前景的基因治疗载体，MPyV 质粒 DNA 可被 MPyV-VLP 成功递送至体内各种细胞中，并在体内停留数月，这与自然感染的 MPV 病毒粒子寿命类似。同时，在感染 MPyV-VLP 的正常小鼠和 T 细胞免疫缺陷型小鼠体内都观察到了体液免疫反应。

3. MPtV-VLP 作为另一种基因载体

小鼠嗜肺病毒（murine pneumotropic virus，MPtV）是第二个被确定的鼠多瘤病毒，于 1953 年由 Kilham 和 Murphy（1953）发现，起初命名为 Kilham 病毒或 K-病毒。MPtV 可引起出生小鼠高死亡率的肺炎，但仅引起成年动物轻微持续性的肺炎。感染初期，MPtV 增殖主要发生在肺、脾和肝的血管内皮细胞中，而到后期的持续感染阶段，被感染细胞主要在肾。

MPyV 和 MPtV 的主要区别是 MPtV 接种出生小鼠不会诱发肿瘤。MPtV 的基因组包含一个 4756 bp 的双链环状 DNA 分子，主要编码两种早期蛋白（LT 和 ST）和三种晚期蛋白（VP1、VP2 和 VP3）。通过 DNA 克隆分析证实，尽管 MPtV 与 MPyV 的同源性很小，但都属于多瘤病毒科。相比于 MPyV 的大 T 抗原（LT），MPtV 的功能区域与 SV40 的 LT 更相似，氨基酸结构显示，MPtV 与 SV40 的同源性为 44%，而与 MPyV 的同源性只有 36%，而且和 SV40 一样，MPtV 也没有金属硫蛋白 MT 结构。MPtV 的主要衣壳蛋白 VP1 和 MPyV VP1 的同源性超过 45%（有些部分的同源性甚至高达 80%）。由于 MPtV 在体外难以培养并且没有致癌性，所以对其研究不如 MPyV 广泛。

早在 1978 年，Brady 和 Consigli（1978）发现利用色谱法分离纯化得到的 MPtV VP1 蛋白可形成在形态学和生物物理学上类似于天然病毒衣壳蛋白亚单位的五聚体结构。Salunke 等（1986）利用细菌、杆状病毒和酵母细胞表达的重组 VP1 蛋白组装形成与天然病毒粒子相似的 MPtV-VLP。研究显示，重组杆状病毒系统表达的 MPtV VP1 蛋白形成的 MPtV-VLP 可快速进入不同的细胞系并与细胞结合。然而，MPtV-VLP 与细胞的结合既不同于 MPyV 和 MPyV-VLP，也不同于 SV40，前者的结合是神经氨酸酶耐受且不依赖于 MHC I 的表达。此外，MPtV-VLP 与 MPyV-VLP 没有血清学交叉反应，即用 MPtV-VLP 免疫的小鼠并不能保护小鼠免受 MPyV 感染。这表明 MPtV-VLP 和 MPyV-VLP 都可作为 DNA（包括外源 DNA）载体用于基因治疗（Tegerstedt et al.，2003）。

利用不含病毒基因的 VLP 作为载体是一种很有前景的基因治疗手段，因为 VLP 可避免激活病毒致癌基因的潜在风险。目前了解的 VLP 在促进 DNA 疫苗接种、预防病毒感染及病毒诱发性肿瘤中发挥的作用可能是预防癌症的关键。

二、病毒样颗粒递送 DNA 在人类病毒中的应用

1. 人乳头状瘤病毒样颗粒递送核酸

HPV 是一种双链、环状、无囊膜的 DNA 病毒，由核酸、衣壳蛋白组成，具有嗜上皮性；内部的基因组有 7000～8000 个碱基对，仅有 1 条 DNA 链可作为模板，以共价闭合的超螺旋结构、开放的环状结构和线性分子 3 种形式存在，并分为 3 个功能区，即早期蛋白编码区（ER，E 区）、晚期蛋白编码区（LR，L 区）和非编码上游调控区（URR）。E 区编码的早期蛋白（E1、E2、E4、E5、E6 和 E7 等）在 HPV 复制、转录、翻译和细胞转化等过程中具有重要功能，其中 E6 与 E7 是最主要的致癌蛋白。L 区编码的 L1、L2 是参与病毒组装、稳固、增殖的 2 个结构蛋白，在上皮表层附近的分化细胞中发挥功效。位于 E8 和 L1 之间的 LTRR 区为最不稳定区，调控基因的起始表达和复制，也与潜伏感染有关。

HPV 主要有 Alpha、Beta 和 Gamma 3 个属。有证据表明 HPV 存在 200 多种亚型，但仅有一部分存在致癌潜力，而生殖器官、黏膜类 HPV 病毒大都属于种类丰富的 Alpha-属，该属主要有 15 种，约 60 种亚型，是 HPV 最为复杂、种类最多的种属。HPV 病毒引起的增生性病变易诱发癌变，故以高危、低危区分。Alpha-属集中囊括高危型 HPV，尤以种 1、种 5、种 6、种 7 和种 9 最为突出，如 16 型、18 型、31 型、52 型、56 型、58 型、66 型、68 型等。人体皮肤、黏膜等的特异性感染主要是由于持续性 16 型、18 型、52 型、58 型等高危型 HPV 的存在，其很大程度上会引发原位癌和生殖器肿瘤（如外阴癌、阴茎癌和宫颈癌等）。共有 5 种、24 型与疣状表皮异型增生相关的 HPV（EV HPV）统称 Beta-属，潜伏感染是其独特的侵袭属性，即只有在宿主免疫功能低下的情况下才发病，而沉默型病变居多，即良性肿瘤、无不良后果的病变。共有 5 种、7 型的 Gamma-属一般致病能力不显著，肿瘤的发展转移与其基本不存在关联。

HPV-16 主要衣壳蛋白（L1）组成的 HPV VLP 具有在体外包装不相关质粒 DNA 的能力，可将外源基因转入真核细胞中并稳定表达。临床上 HPV-16 VLP 被用作基因治疗及 DNA 免疫，同时以 HPV VLP 为基础的疫苗研究也正在进行。电子显微镜观察显示，

HPV VLP 可与单个 DNA 分子相互作用并结合到线性 DNA 末端，研究发现这种结合可使基因转移效率提高 100 倍，同时为转移更大基因组质粒提供可能。

　　为了提高 HPV VLP 的基因转移效率，将编码萤光素酶的质粒与 HPV VLP 结合，结果显示直接交互作用可以提高病毒样颗粒转移外源基因的能力。有研究者构建并表达靶向 IgA 肾病分泌糖基化缺陷 IgA1 分子 B 细胞（Gd-B）的 HPV-16 L1 重组 VLP 基因载体，成功获得了靶向 IgA 肾病患者异常 Gd-B 细胞的 HPV16L1-PH 嵌合蛋白，为 IgA 肾病的下一步实验研究与靶向性治疗奠定了基础。Cho 等（2001）利用化学偶联 DNA 的方法利用 HPV VLP 将 C-33A 分子转运到 HeLa 细胞中。

　　综上所述，HPV 病毒样颗粒在基因治疗及疾病预防上是一种有效的基因递送载体。

2. 戊型肝炎病毒样颗粒递送核酸

　　戊型肝炎是由 HEV 引起的一种急性病毒性肝炎，该病在亚洲、非洲及中美洲等的发展中国家是一种非常严重的传染病，是导致肝炎发病及病死的重要因素之一。

　　HEV 属于戊型肝炎病毒科（Hepeviridae）戊型肝炎病毒属（*Hepevirus*）成员。HEV 是一种无囊膜的单股正链 RNA 病毒，完整病毒颗粒呈球形，直径 27～34 nm，成熟病毒在细胞质中装配，呈晶格状排列，一定条件下可形成包涵体。HEV 具有两种不同的存在形式：密集型形式是完整病毒颗粒，蔗糖梯度离心沉降系数为 185 S；内部电荷透亮型是发生基因缺失时形成的不完整病毒颗粒，离心沉降系数为 165 S。HEV 密度在不同基质中有所差别，在蔗糖溶液中为 1.3499 g/ml，在酒石酸钾溶液中为 1.189 g/ml。病毒对高盐、氯化铯及氯仿比较敏感，反复冻融后可结成团，进而导致病毒活性降低；病毒在碱性环境中较为稳定，在 Mn^{2+} 和 Mg^{2+} 存在条件下可保持完整形态，经乙醚处理 5 min 或 56℃加热处理 1 h 均不破坏其抗原反应性。

　　HEV 基因组全长约为 7.2 kb，共有 3 个可读框（open reading frame，ORF）。其中，*ORF1* 基因全长约 5 kb，主要编码与病毒基因组复制相关的非结构蛋白，由 7 个片段组成：RNA 依赖性 RNA 聚合酶（RNA dependent RNA polymerase）、RNA 解旋酶（RNA helicase）、甲基转移酶（methyltransferase）、木瓜蛋白酶样半胱氨酸蛋白酶（papain-like cysteine protease）、Y（Y 结构域）及 X（X 结构域）。甲基转移酶的存在提示 HEV 基因组 RNA 具有 5′m7G 帽子结构，是 HEV 保持感染性所必需的结构；此外基因组具有 3′ poly(A)尾结构，该结构对保持病毒基因组的稳定性和完整性具有重要作用。*ORF2* 基因全长约 2 kb，为主要的病毒结构蛋白编码区，可编码分子量为 73 kDa 的病毒衣壳蛋白（pORF2）；HEV 衣壳蛋白为糖基化蛋白，靠近 ORF2 衣壳蛋白 C 端约 200 个氨基酸内含有多个重要的免疫抗原表位。*ORF3* 基因全长约 369 bp，与 *ORF1* 轻度重叠 1 nt，与 *ORF2* 则广泛重叠 328 nt，可编码分子量为 13.5 kDa 的 pORF3 蛋白，可能因充当某些激酶的底物而被磷酸化，从而在促分裂原信号途径的信息转导过程中发挥重要作用，包括 PI3K/Akt 途径、PLCγ/PKC 途径和 Ras/Raf/MAPK/ERK 激酶途径。

　　HEV 病毒先感染小肠上皮细胞，随后通过门静脉到达肝，主要传播途径为粪口传播。作为一种口腔传播方式的病毒，HEV-VLP 的研究为通过口服方式将基因传递到黏膜组织及实现 DNA 疫苗接种和基因治疗开辟了新的途径。

HEV 蛋白主要由病毒的 *ORF2* 基因编码，N 端截短的 *ORF2* 和 N 端缺失 111 个氨基酸的 *ORF2* 均可以自组装成 HEV-VLP，其可将外源基因递送到相应的细胞中，实现外源基因的稳定表达。HEV-VLP 呈递 HIV 的 DNA，通过口服引起黏膜和体液免疫反应，血清中特异性 IgG 和 IgA 增加。重组杆状病毒介导的 Huh7 细胞中，HEV 的 ORF2 自组装成 HEV-VLP，经过连续高密度纯化的病毒样颗粒能够有效地穿透肝源性细胞系和肝组织而将外源基因导入靶细胞中。HEV-VLP 处理的 Huh7 细胞中含有 GFP 基团，其荧光强度高于对照组，表明 HEV-VLP 可以作为外源基因传递工具，将外源基因转运到细胞中并表达。Kalia 等（2009）的研究证实，在昆虫细胞中形成的 HEV-VLP ORF2 可与硫酸乙酰肝素蛋白多糖（HSPG）相互作用，从而阐明了 HSPG 是感染肝细胞所必需的。许多研究表明 HEV-VLP 可作为核酸递送载体，在肝靶向基因治疗领域发挥重要作用。

3. 乙肝病毒样颗粒递送核酸

HBV 属嗜肝 DNA 病毒科，是引起乙型肝炎（简称乙肝）的病原体。完整的病毒粒子在电子显微镜下呈 3 种形态的颗粒结构：①直径约 42 nm 的大球形颗粒（Dane 颗粒），由含表面蛋白（HBsAg）、糖蛋白和细胞脂肪的囊膜及含核心蛋白（HBcAg）、环状双股 HBV-DNA 和 HBV-DNA 多聚酶的核衣壳组成，具有感染性；②直径约 22 nm 的小球形颗粒，只含有 HBV 囊膜，无感染性；③直径约 22 nm 的管型颗粒，由小球形颗粒串联聚合而成，无感染性。

HBV 通过硫酸乙酰肝素蛋白多糖黏附到肝细胞表面，在钠离子-牛磺胆酸供转运多肽（NTCP）受体介导的细胞内吞作用下进入细胞。然后病毒基因组 rcDNA 释放入细胞核并通过细胞的 DNA 复制机制转化成共价闭合环状 DNA（cccDNA）。cccDNA 有高度的稳定性，是乙肝病毒在肝细胞内持续存在的关键因素，也是病毒的复制模板。病毒利用 cccDNA 转录出 3.5 kb、2.4 kb、2.1 kb 及 0.8 kb 的 mRNA，进而 HBV 蛋白被翻译为包含 3 种小、中和大尺寸的乙肝表面蛋白（L-HBsAg、M-HBsAg 和 S-HBsAg）、核心蛋白（HBc）、e 抗原（HBeAg）、X 蛋白（HBx）及病毒聚合酶（Pol）。乙肝病毒样颗粒由 HBV 结构蛋白体外自主装而成，是研究 VLP 的重要模型。

L-HBsAg 由 preS1、preS2 和 S 三部分组成。研究表明，在酵母细胞和哺乳动物细胞中产生的 L-HBsAg 病毒样颗粒可以递送 GFP 及携带 GFP 基因的质粒进入肝细胞。酵母表达得到的 L-HBsAg 形成的 VLP 表面镶嵌在酵母内质网的磷脂衣膜中，pre-S 作为肝细胞受体的特异性配体位于 VLP 的表面，能够引导 VLP 特异性靶向肝细胞。随后的实验证明 L-HBsAg 的 VLP 可将编码 GFP 的基因特异性导入肝细胞中，表明 HBV 可转运外源基因。但 HBV-VLP 的强免疫原性导致其容易引发机体对载体的免疫应答，是 HBV 作为基因递送载体的主要挑战。HBc 的 HBcAg 能够自发形成二十面体的 VLP 结构，HBc 的 N 端、C 端或其内部免疫显性区存在外源基因位点，可将外源基因包裹进入 VLP 并递送到特异细胞，从而诱导机体产生针对外源性抗原的特异性体液免疫和细胞免疫应答。HBc 在大肠杆菌内重组后可自行组装成具有较高免疫原性的 VLP。Gedvilaite 等（2000）将 HBV 的前 S1 抗原插入仓鼠多瘤病毒 VP1 VLP 的 BC 环、DE 环和 HI 环中，结果显示，经过修饰的 VLP 与前 S1 单克隆抗体有强烈的相互作用。由此可以推断，VLP 表面结构域的改变可以调整其组织特异性。Tang 等（2009）将 preS1 区域的 T7 噬菌体及其基因导入到 HepG2 细胞中，结果表明 preS1 区域为靶向肝细胞的配体。由于 preS1 融合的 HBcAg 在大肠杆菌中不能形成 VLP，Lee 等（2012）采用截短的 tHBcAg 与 preS1 形成 VLP，荧光显微镜观察到 preS1 配体可有效地将荧光素标记的 VLP 导入到 HepG2 中，表明 tHBcAg 形成的 VLP 能够有效地运载靶向基因。

4. 人 JC 病毒病毒样颗粒作为基因递送载体

JC 病毒（JC virus，JCV）是一种人类多瘤病毒，属于多瘤病毒科，最初是在进行性多灶性白质脑病（progressive multifocal leukoencephalopathy，PML）患者的脑中发现的。这是一种罕见的、免疫损伤结合的神经脱髓鞘疾病。研究显示，除了脑组织外，还可在人肾组织、造血前体细胞和 B 淋巴细胞（来源于扁桃体和外周血）、胃肠道和肺组织中检测到 JCV。因此，JCV VLP 可以作为载体将特定基因递送至 JCV 天然感染的相关组织中去，并完成基因表达。JC 病毒粒子包含三种衣壳蛋白（VP1、VP2 和 VP3）和一条病毒小染色体。Chang 等（2011）发现，JCV VP1 可以被运输到细胞核中，在没有病毒小衣壳蛋白 VP2 和 VP3 参与的情况下自组装形成与天然空衣壳相似的 VLP，JCV VLP 可通过重组 JCV VP1 蛋白酵母表达产生，重组 VLP 可以将外源 DNA 包装并递送到哺乳动物细胞中。

嗜神经性 JC 多瘤病毒（JC polyomavirus，JCPyV）可感染胶质细胞和少突胶质细胞，并在艾滋病患者中引起致命的进行性多灶性白质脑病。Chao 等（2015）发现 JCPyV VLP 能够将 GFP 报告基因导入肿瘤细胞（U87-MG）进行表达。此外，JCPyV VLP 能够通过血液循环保护并将自杀基因传递给裸鼠皮下移植的 U87 细胞，抑制肿瘤生长。这些发现表明，携带治疗性基因的 JCPyV VLP 可以靶向转移肿瘤，从而证明 JCPyV VLP 有潜力作为治疗高度难治性多形性胶质母细胞瘤（glioblastoma multiforme，GBM）的基因治疗载体。

Lin 等（2019）利用前列腺特异性抗原（prostate specific antigen，PSA）启动子构建了只允许胸苷激酶自杀基因在雄激素受体（androgen receptor，AR）阳性的前列腺癌细胞中表达的质粒（pPSAtk），并以 JCPyV VLP 为载体携带 pPSAtk（PSAtk-VLP）用于前列腺癌细胞的转录靶向。研究表明 PSAtk-VLP 在体外只能杀伤 AR 阳性的 CRPC 22Rv1 细胞，并且在异种小鼠模型中对肿瘤结节的生长有抑制作用。该研究证明了 PSAtk-VLP 有可能成为未来治疗慢性前列腺癌的一种新的选择。

与 JCV VLP 相似，BKV 的结构蛋白 VP1 已成功在酵母和昆虫细胞中表达。血凝抑制试验结果显示，JCV 和 BKV 的 VLP 与天然病毒粒子的免疫原性相似。此外，两种 VLP 感染细胞的能力和病毒粒子相似，可以递送基因至特定的细胞。Touzé 等（2001）利用神经氨酸酶将细胞上的 BKV 识别受体去除，结果 BKV VLP 无法成功感染细胞，这表明 VLP 感染细胞时的识别受体与病毒粒子的相同，因此，JCV 和 BKV 的 VLP 可以递送基因至其自然宿主的器官。BKV VLP 的基因转导效率与 HPV-16 L1 VLP 相似。JCV VLP 递送基因的效率大概是脂质体的 200 倍，其在体外通过渗透压休克法可包裹约

2000 bp 的 DNA 分子，这比在酸性环境下的包裹效率更高，其主要原因可能是 JCV VP1 的 DNA 结合区域由带正电荷的氨基酸组成（Wang et al.，2004）。

尽管多瘤病毒的 VLP 能包裹并递送 DNA 分子至其自然宿主细胞，但是仍然存在的一些问题限制了基因的有效转导。首先，采用体外渗透压休克法时，DNA 分子并不能完全包裹至 VLP 中，这导致部分 DNA 暴露于 VLP 的表面，在递送过程中可能会受到 DNA 核酸酶的影响。其次，因为容易发生聚集反应，所以基因递送效率有所降低。在这种情况下，需要更好的方法来提高 VLP 对 DNA 分子的包裹效率。

在昆虫细胞中成功表达的 B 淋巴细胞乳多空泡病毒的结构蛋白 VP1 能形成 VLP 结构，同时将宿主 DNA 包裹其中。在大肠杆菌中表达的 JCV 的 VP1 蛋白也能自组装成 VLP 结构，同时包裹宿主核酸。因此，细胞中表达的 VP1 蛋白在形成 VLP 的过程中就可能将含有目的基因的 DNA 分子包裹其中。

Chen 等（2010）将表达 JCV VP1 蛋白的质粒 ΔpFlag-C 和报告质粒 pEGFP-N3 同时转导至大肠杆菌（含氨苄青霉素和卡那霉素抗性选择基因）。结果显示 pEGFP-N3 质粒被包裹入 VLP 而形成一个病毒粒子样颗粒，且通过 CsCl 密度梯度离心可以将含有质粒的病毒粒子样颗粒和 VLP 分离，pEGFP-N3 质粒完全被包裹在 VLP 内不受 DNA 酶的影响。这种 DNA 包裹方法和体外渗透压休克法相比，显著提高了基因转导效率。

此外，一种功能性质粒 pUMVC1-tk 也能用相同的方法包裹入 VLP。人结肠癌细胞易受 JCV 的感染，所以 pUMVC1-tk 质粒能被 VLP 递送至人结肠癌细胞并成功表达。JCV 的 LT 可能会引起 β-连环蛋白转移至细胞核，从而导致染色体的不稳定。因此，JCV 的 VLP 可以将基因递送至人结肠癌细胞并表达。Chen 等（2010）将 *GFP* 和 *TK* 基因包裹入 JCV VLP 并递送至人结肠癌细胞，体外检测结果显示，90%以上的被感染结肠癌细胞中可以检测到阳性的 pEGFP 荧光信号，表明这些 JCV VLP 具有很高的基因转导效率。此外，小鼠模型研究结果显示 JCV VLP 也可以在体内将 *GFP* 和 *TK* 基因递送至人结肠腺癌细胞，并且 JCV VLP 表现出特异的靶向性，可以将包裹的基因定向递送至小鼠皮下移植的人类结肠癌肿瘤细胞中。当加入更昔洛韦时，*TK* 基因可以显著地抑制肿瘤细胞的增殖。这些结果表明，无论体内还是体外，JCV VLP 都能高效地递送 DNA 至易感细胞并成功表达。因此，VLP 作为基因载体在未来的人类疾病基因治疗方面将发挥重要的作用。

大肠杆菌表达系统生产 JCV VLP 具有产量高、成本较低的特点，而且 JCV VLP 可以通过 CsCl 密度梯度或蔗糖密度梯度离心纯化获得。另外，通过体内/体外方法包裹 DNA 的 VLP 不含有病毒基因，可以有效避免散毒的风险。DNA 分子与 VLP 的结合与包装是没有 DNA 序列特异性的，这使得 VLP 可以作为载体包装多种不同的 DNA 分子。此外，无论是正在分裂的细胞还是非分裂细胞，VLP 都可以对其完成基因的递送和表达。

用 JCV VLP 作为基因递送载体的一个缺点是大多数人对 JCV 的血清反应都呈阳性，这可能会降低 VLP 的基因递送效率。因此，通过修饰 JCV VLP 以避免免疫消除也许是一种促进 JCV VLP 作为基因递送载体发展的有效措施。另一个需要注意的问题是，如果 DNA 分子的包装直接在大肠杆菌表达系统中进行,则 VLP 易被各种大肠杆菌产物污染,如内毒素和核酸。此外,VLP 的基因定位特异性是一个值得关注的问题,因为大多数人对 JCV 易感。

第四节 病毒样颗粒递送 RNA 的研究进展

基因疫苗分为 DNA 疫苗和 RNA 疫苗,具体原理是将含有编码蛋白质基因序列的质粒经过口服、肌肉注射等方式导入宿主体内,诱导宿主细胞产生免疫应答,从而达到预防和治疗疾病的目的。

20 世纪 90 年代以来,核酸疫苗的研究以 DNA 疫苗为主。DNA 疫苗引起类似减毒活疫苗引起的免疫反应,能在宿主细胞中表达抗原并刺激机体产生细胞免疫和体液免疫。但由于质粒 DNA 的特性,DNA 疫苗存在着将自身基因整合到宿主细胞的风险,导致恶性转化。近年来,使用 mRNA 进行基因传递和疫苗接种成为相关研究的热点,RNA 介导的基因表达保留了 DNA 疫苗的优势,且没有与宿主基因组融合的风险,也没有产生自身免疫性疾病或抗 DNA 抗体等严重不良反应。一些研究已经将 RNA 免疫用于癌症、传染病或过敏性疾病的免疫治疗中。

RNA 干扰(RNAi)转染活细胞是研究基因生物学功能和治疗人类疾病的一项重要技术。相对于目前对系统性自身免疫性疾病,如系统性红斑狼疮(systemic lupus erythematosus,SLE)的抗体治疗,RNAi 具有更高特异性、更低免疫原性和更大疾病修饰的前景。将 RNAi 转化为一种有效治疗策略的主要挑战是传递系统,因为 RNAi 是一种抑制转录后基因表达的强大工具,但其在体内传递仍然是一个问题。

一、病毒样颗粒递送 RNA 在人和动物中的应用

SLE 是一种自身免疫性疾病,患者血清中存在着大量的 IL-10 细胞因子。IL-10 细胞因子是治疗自身免疫疾病的关键因子,也是 SLE 疾病治疗的关键靶点。利用酵母表达系统将 JCpyV VP1 蛋白制备成 JCpyV-VLP,随后利用渗透压冲击法将 IL-10 shRNA 包裹到病毒样颗粒中。结果表明在 RAW264.7 细胞中,包含 IL-10 shRNA 的 VLP 比单一 VLP 中 IL-10 细胞因子含量降低了 85%～89%,且 IL-10 shRNA 与 TNF-α mRNA 不发生交叉反应,同时也不影响 TNF-α 的表达;在 BALB/c 小鼠中,IL-10 shRNA 可减少 95% 的 IL-10 分泌,同时下调了 TNF-α 的表达。研究表明 JCpyV 的 VLP 在哺乳动物巨噬细胞和小鼠中均是递送干扰 RNA 的高效载体,且无细胞毒性,为利用干扰 RNA 进行基因治疗提供了一种有效的手段。

众所周知,JCV 会感染少突胶质细胞,并导致 PML。因此,JCV-VLP 应该可以作为载体通过递送针对 *JCV LT* 基因的干扰 RNA 基因来抑制 JCV 的复制,从而防止其感染少突胶质细胞。此外,JCV 和 BKV 在肾移植患者的肾中复活会引起多瘤病毒相关肾病。所以通过 VLP 可以将针对 JCV 和/或 BKV 的干扰 RNA 或抗病毒药物递送至被感染的肾组织,这样就可以抑制病毒的复制从而维持移植肾的正常功能。

RNA 噬菌体为正义单链 RNA 病毒,病毒粒子呈二十面体结构,其基因组 RNA 具

有 mRNA 的作用。从大肠埃希菌中分离出来的噬菌体可分为 4 类，其典型代表分别是 MS2、GA、Qβ 和 SP，其中 MS2 的应用最为广泛。噬菌体载体由于其遗传修饰的易用性、高稳定性、高生产能力、可廉价生产，以及在哺乳动物细胞中固有的生物安全性，具有用作基因转移载体的潜力。

MS2 作为病毒样颗粒具有较好的稳定性，是一种良好的基因递送载体。HIV-1 gag 是最保守的病毒蛋白之一，被广泛认为是开发抗 HIV 疫苗的相关抗原。Sun 等（2011）在酵母细胞中制备了 MS2-VLP 包装的 HIV-1 gag mRNA 序列，随后将制备好的复合物免疫 BALB/c 小鼠，结果表明 MS2-VLP 介导的 mRNA 传递可有效诱导 BALB/c 小鼠抗原特异性体液免疫应答。

前列腺癌（prostate cancer，PCa）是西方男性诊断最多的癌症，死亡率很高。最近，针对 PCa 的 mRNA 疫苗已显示出治疗前景。然而，mRNA 疫苗存在的 mRNA 不稳定、颗粒成本高、体外 mRNA 转染树突状细胞、生产规模有限等缺点限制了其发展。在此，基于 RNA 适配体与噬菌体外壳蛋白相互作用的重组 MS2-VLP 成功地解决了这些问题。研究发现，包装好的 mRNA 在被巨噬细胞吞噬 12 h 后转化为蛋白质。此外，基于 MS2-VLP 的 mRNA 疫苗接种可诱导强的体液免疫和细胞免疫应答，特别是抗原特异性细胞毒性 T 淋巴细胞（CTL）和 Th1/Th2 应答，同时可完全保护 C57BL/6 小鼠抗 PCa。作为治疗性疫苗，基于 MS2 VLP 的 mRNA 疫苗延缓了肿瘤的生长。结果证明了基于 MS2-VLP 的 mRNA 疫苗的有效性和安全性，这为 mRNA 的传递提供了一种新的途径。

Pan 等（2012）在小鼠上研究了用 MS2 噬菌体的 VLP 递送 miR-146a 对全身性红斑狼疮的治疗效果，并用酶联免疫吸附试验检测了抗双链 DNA 的抗体及抗核心抗原的自身抗体，此外对与红斑狼疮发病相关的细胞因子及 Toll 样受体的信号通路分子也作了检测。结果显示，MS2-miR-146a VLP 对红斑狼疮有很好的治疗作用，且随着剂量的增大，自身抗原和总 IgG 的水平都明显下降，更明显的是与炎症有关的因子（如 IL-1、IL-6 及 IFN-α）水平也大幅度下降。

Ashley（2011）报道用 MS2 噬菌体 VLP 选择性地递送纳米级的化学治疗性药物 siRNA 和蛋白毒素以治疗人肝细胞肝癌（human hepatocellular carcinoma，HCC）。MS2 VLP 经过一种短肽修饰（这种短肽和 HCC 的亲和力要比与肝癌细胞、内皮细胞、单核细胞和淋巴细胞高 10 000 倍）后能够递送高浓度的衣壳化物质进入 HCC 细胞的细胞质。SP94 修饰的 VLP 递送的 5-氟尿嘧啶在浓度小于 1 nmol/L 时能选择性地杀死 HCC 细胞和 Hep3B 细胞，而 SP94 修饰的 VLP 递送的 siRNA 混合物能沉默细胞周期膜蛋白的表达，在浓度小于 150 pmol/L 时能引起 Hep3B 细胞的生长停滞和细胞凋亡。更不可思议的是，当 MS2 VLP 递送 A 链蓖麻毒素及修饰的 SP94 目标肽和富含组氨酸的膜融合肽（H5WYG）时引起了内涵体逃逸，在浓度为 100 fmol/L 时可 100% 杀死 Hep3B 细胞。

Shao 等（2012）利用聚乙烯亚胺（polyethyleneimine，PEI）包裹腺病毒病毒样颗粒，使复合体表面带正电荷，然后将 siRNA 吸附于复合体表面，成功地将干扰小 RNA 送入 MCF-7 乳腺癌细胞，在转染 72 h 内就有 60% 的乳腺癌细胞死亡，且发现带正电荷的

PEI-VLP 对细胞无毒性。

病毒样颗粒承载 RNA 还被用于实时荧光定量 PCR（quantitative real-time PCR，qPCR）检测试剂盒中，禽流感、肠道病毒病等疫病严重影响人类的健康，qPCR 技术已广泛用于这些疫病样品的检测。但 RNA 病毒在 PCR 基础上的定性和定量检测中常会有假阴性出现，实验中必须使用 RNA 标准品和质量控制标准品（以下简称"质控品"）才能准确检测病毒，通常使用病毒颗粒或者由 RNA 逆转录而来的 cDNA 作为标准品和质控品。前者具有传染性且易被核糖核酸酶降解，而后者则不是 RNA，反映不了核酸提取及逆转录过程对检测结果的影响。用 VLP 包裹病毒 RNA 既可抵抗核糖核酸酶的降解，又可模拟完整的病毒颗粒，可切实反应核酸提取和逆转录过程。

目前 VLP 包裹核酸的装甲病毒被广泛用于禽流感、手足口病、肠道病毒病及非洲马瘟等疫病 qPCR 检测试剂盒的内标或外标。其具体操作过程是：克隆大肠杆菌 MS2 噬菌体的外壳蛋白和成熟酶蛋白基因，构建中间表达载体并将目标基因连接到中间载体下游，构建原核表达载体，转化宿主菌诱导表达，进行 qPCR 检测和稳定性实验，纯化蛋白质以获得含有 RNA 的装甲病毒，用其作为 qPCR 检测的质控标准。

二、病毒样颗粒递送 RNA 在植物中的应用

与囊膜动物病毒相比，许多植物病毒的核衣壳对 RNA 的包容性和保护性更强。CCMV 的衣壳蛋白（CP）可以自发高效地包装大范围的单链 RNA 分子。由 CCMV CP 和来自哺乳动物病毒的外源 RNA 在体外组装的混合病毒样颗粒能够在哺乳动物细胞的细胞质中释放 RNA，这一结果为利用植物病毒衣壳作为载体在哺乳动物细胞中进行基因传递和表达奠定了基础。此外，CCMV 衣壳保护被包装的 RNA 不受核酸酶降解，并作为一个强大的外部支架，有许多进一步功能化和细胞靶向的可能性。

Nuñez-Rivera 等（2020）将雀麦花叶病毒（brome mosaic virus，BMV）和 CCMV 分别负载一个荧光团，并在乳腺肿瘤细胞上进行检测，表明 BMV 和 CCMV 可内化进入乳腺肿瘤细胞。两种病毒（BMV 和 CCMV）在体外对肿瘤细胞均无细胞毒作用，但只有 BMV 在体外不能激活巨噬细胞，这表明 BMV 的免疫原性较低，是一种潜在的肿瘤细胞治疗载体。此外，BMV VLP 无须包装信号即可有效携带 siRNA，并且携带 siAkt1 的 BMV VLP 对小鼠肿瘤生长有抑制作用，这些结果显示了植物病毒 VLP 对免疫原性低的肿瘤细胞进行分子治疗的诱人潜力。

Mbewana 等（2019）通过去除糖蛋白（Gn）的胞外结构域（Gne）并将其与禽流感 H5N1 血凝素的跨膜区和胞浆尾部编码区融合，对 *Gn* 基因进行了修饰。透射电子显微镜显示 49～60 nm 的嵌合 RVFV gne-HA 颗粒具有免疫原性，可在不使用佐剂的情况下在免疫小鼠中引发 Gn 特异性抗体反应。

三、病毒样颗粒递送基因短片段的研究

与完整的病毒粒子不同的是 VLP 不含有病毒基因组，但许多 VLP 在宿主中的表达过程中能够包装核酸。这种自然包装的核酸可以从 VLP 的内表面被酶消化，使 VLP 内

表面带正电,然后可以成功地用一系列不同的其他佐剂修饰。现代疫苗研发策略的一个基本特征是添加有效的佐剂以有效激活抗原呈递细胞(APC),主要是树突状细胞(DC)。因此,VLP 的内部可用来包装不同的 DC 激活佐剂,包括 dsRNA、ssRNA 和非甲基化 CpG,从而分别有效地刺激 TLR3、TLR7/8 和 TLR9。将这些佐剂包封在 VLP 中可确保其有效地沉积到 APC 的内体室中,之后 VLP 的蛋白壳被降解,TLR 配体被释放以刺激局部受体。

对 VLP 的内表面研究可以通过以下几种方法实现,通过其孔道或拆卸/重组过程将佐剂简单地扩散到 VLP 中。TLR3 主要表达于传统树突状细胞(cDC),但不表达于浆细胞样树突状细胞(pDC),以及其他细胞类型,包括阴道、子宫、角膜、肠道和胆管上皮细胞。TLR3 能有效识别 dsRNA 及其人工合成形式 [poly(I∶C)] 进而诱导 I 型干扰素(IFN- I)的产生。以 VLP 为基础而设计的 VLP 包裹 [poly(I∶C)] 的疫苗可有效增强 CTL 反应。游离的 ssRNA 在胞外空间受到核糖核酸酶(Rnase)的降解,到达 APC 内体室的概率很低。如果将 ssRNA 封装到 VLP 中就可以保护其免受细胞外 RNase 的降解,并在 VLP 蛋白外壳降解后实现 TLR7/8 的有效活化。将人工合成的不同类型的 TLR9 配体(寡核苷酸)包装进 VLP,都可以有效刺激先天免疫细胞。A 类 CpG 的特征是 5'端和 3'端有规则的磷酸二酯键和 poly-G 序列,中心部分有一个内部回文序列,能够诱导表达大量的 I 型干扰素。B 类 CpG 具有硫代磷酸酯骨架,可诱导 I 型干扰素的产生,其程度低于 A 类,但可刺激 IL-12 等促炎症细胞因子。

研究表明,在 VLP 中包装非甲基化 CpG 相比以自由形式给药有几个优点。例如,可以消除小鼠脾肿大等全身性副作用——由于 VLP 外壳保护 CpG 在体内不被脱氧核糖核酸酶 I(DNase I)消化,从而改善 CpG 的药效。此外,将 B 类 CpG 包埋在 HBcAg-VLP 或 Qβ-VLP 中可有效诱导特异性 CD8$^+$T 细胞。A 类 CpG 包装在 Qβ-VLP 中,可以诱导产生显著水平的 TNF-α、IFN-γ 和 IL-2。

1. 病毒样颗粒承载 CpG 的研究

CpG 是一种发现于细菌基因组中的未被甲基化且具有免疫刺激作用的特定碱基序列。含有 CpG 基序的寡核苷酸又被称为 CpG ODN。CpG 基序是活性 CpG ODN 的结构基础,其必须具备以下结构特征:必须含有未甲基化的 CpG 双核苷酸,若 CpG 基序缺失或胞嘧啶发生甲基化,则活性丧失;CpG 二核苷酸两侧序列须为 2 个 5'端嘌呤和 2 个 3'端嘧啶,且在 5'端为 GpA、3'端为 TpC 或 TpT 时,活性最强。CpG 基序的 5'端是细胞内受体识别和结合位点,5'端形成"发夹"或二聚体结构则会阻碍受体的识别和结合,使信号传导通路受阻,CpG ODN 不能发挥免疫激活作用。另外,CpG ODN 需有一定长度,少于 8 个碱基则无免疫刺激。CpG ODN 既存在于细菌等原核生物和病毒中,也存在于脊椎动物中,但是该序列在病毒和原核生物基因组中出现的频率远高于脊椎动物,且脊椎动物中 60%~90% 的胞嘧啶通常是甲基化的,这种差异使脊椎动物的免疫系统把未甲基化的 CpG ODN 作为一种免疫原,并通过特定受体诱导增强免疫反应。

研究表明 CpG ODN 通过 TLR9 可以直接激活 B 细胞和树突状细胞而引起直接的

Th1 免疫反应，通过细胞因子、IFN-α 等间接引起 Th2 免疫反应。因此 CpG ODN 可作为良好的免疫佐剂用于抗感染和肿瘤的辅助治疗。然而，人工合成的 CpG ODN 通常难以进入细胞，如何寻找稳定、高活性和生物相容性好的运载体系是 CpG 药物应用的关键。

　　VLP 是由病毒的单一或多个结构蛋白自行装配而成的高度结构化的纳米级病毒样颗粒，在形态结构上与天然的病毒颗粒相似，具有很强的免疫原性和生物学活性，是承载 CpG 进入细胞的绝佳材料。CpG ODN 作为良好的免疫佐剂，可与抗原表位一并整合在 VLP 上而触发强有力的特异性免疫应答。例如，可通过基因工程重组或化学交联的方式，将 LCV 的 CTL 表位肽 p33 连接在 HBC 抗原或噬菌体 Qβ 蛋白非 DNA 结合位点上，制备得到嵌合 VLP 后，再将 CpG ODN 包裹进嵌合 VLP 中，形成一种既携带抗原表位多肽，又含强力佐剂的嵌合病毒样颗粒。用它免疫小鼠后，可诱导 p33 特异性 CD8$^+$T 细胞免疫应答，能有效保护小鼠免于致死量 LCV 攻击。此外，研究表明将 CpG 包裹进 VLP 的免疫保护作用强于简单地用 CpG ODN 和 VLP 混合免疫，其原因可能是 VLP 对 CpG ODN 存在保护作用，尤令人感兴趣的是，由于 CpG ODN 被包在 VLP 内，还有效地减轻了 CpG ODN 所致的脾肿大的不良反应（Storni et al.，2004）。含酵母双链 RNA 的人工 VLP 本身是强烈的免疫刺激剂，它能非特异性诱导机体产生 IFN-γ。Liu 等（2020）为了提高 PCV2 疫苗的效力，将截短的鞭毛蛋白 FliC（TFlg：85-111aa）与 PCV2 衣壳蛋白（Cap）融合，产生了 PCV2 的重组 VLP。结果表明，TFlg 插入 Cap C 端不影响 VLP 的形成，并能增强小鼠的体液免疫和细胞免疫反应。

　　不同大小的核酸被人工包裹进入 VLP 不断获得成功，但将病毒本身的基因组装入 VLP 仍是人类奋斗的目标。病毒样颗粒包裹核酸的本质是 VLP 表面具有和核酸相互作用的位点，确定不同病毒衣壳蛋白和自身核酸间的作用位点是决定包装核酸效率的关键。病毒在宿主细胞组装过程中如何做到准确无误地装载自己的遗传信息更是值得深究。如果能明确病毒包裹自身核酸的机理，现在所面临的 VLP 的组装能力、包裹能力、核酸稳定性及穿膜效率等问题会迎刃而解。

2. 病毒样颗粒承载 poly(I：C)的研究

　　poly(I：C)是一种人工合成的双链 RNA，是很强的干扰素诱导剂，可增加自然杀伤细胞（NK cell）的杀伤作用并可激活巨噬细胞。poly(I：C)具有明显的抗病毒，以及抗肿瘤等多种生物学活性，据报道，poly(I：C)在治疗肾癌和乳腺癌的过程中可增加白介素的抗肿瘤作用。

　　poly(I：C)不仅可以诱生激活干扰素，并且还具有协调免疫细胞的功能。poly(I：C)可结合细胞表面识别受体 TLR3 和固有免疫模式识别受体 MDA-5，通过下游信号途径激活 NF-κB 和 IRF-3 等转录因子，从而调节机体先天免疫反应。当 NF-κB 和 IRF-3 活化后，能够引起细胞内各种炎性因子和趋化因子的表达增加，其中最重要的是 IFN-α/β，此外还有 TNF-α、IL-6、IL-8、IL-10 等。但是在不同的细胞内，poly(I：C)刺激细胞产生的细胞因子有差别，且具有种属特异性。体外实验表明，poly(I：C)能够刺激人的非骨髓样细胞如内皮细胞和滑膜成纤维细胞（RA-SF）产生 IL-6 和 TNF-α 等炎性因子。但在正常人 DC 和巨噬细胞中，poly(I∶C)不能够通过 TLR-3 活化 NF-κB、IRF-3 和 MAPKs，因此不能使正常的这两类细胞产生 TNF-α、IL-6 和 IL-8，而 poly(I∶C)却能够刺激小鼠的 DC 产生 TNF-α 和 IL-6。这种现象可能是由于不同细胞中信号转导通路中含有不同的信号分子，或者是不同细胞中的表达调控分子不同，而且每种细胞在免疫反应中的作用也不一样。

poly(I∶C)结合骨髓样树突状细胞（myeloid DC，mDC）膜上的 TRL3 识别受体后产生 I 型干扰素，通过 IFN-α/β 所介导的信号途径促进 mDC 的成熟，提高其抗原呈递能力。另外，poly(I∶C)与 TLR3 结合后，可以通过以下三条途径激活 NK 细胞：①经 TICAM-1 途径活化 mDC 细胞表面的分子（如 IFN-γ、IL-12 或 TNF-α 等），通过 mDC 与 NK 细胞的直接接触而活化 NK 细胞，这可能是 mDC 活化 NK 细胞的主要途径；②mDC 不与 NK 细胞直接接触，而是通过向细胞外释放 I 型干扰素或其他细胞因子而激活周围的 NK 细胞，这两条途径表明，TICAM-1 是 poly(I∶C)诱导 NK 细胞杀伤肿瘤的重要因子；③poly(I∶C)不通过 TLR3-TICAM-1 途径，而是可能通过启动细胞质中的 dsRNA 受体 MDA5，启动 RIG-I/MDA5 信号途径转录 I 型干扰素而激活 NK 细胞。因为在 TICAM-1 小鼠接受 poly(I∶C)刺激后，仍然可以观察到 NK 细胞被激活。

先天免疫在抗病毒过程中具有重要的作用。poly(I∶C)作为先天免疫的刺激剂，激发抗病毒因子作用迅速，且能够避免化学药物和疫苗因病毒变异而产生的耐药性，对于抗病毒治疗具有一定的优势，目前在临床上可用于慢性乙型肝炎、流行性出血热、流行性乙型脑炎、病毒性角膜炎、带状疱疹、各种疣类和呼吸道感染等的治疗。但 poly(I∶C)对机体也存在一定的毒副作用，因此还需要进行改进：一是进一步对 poly(I∶C)进行改造或修饰，使之更加容易被细胞上的受体所识别，发挥更大的免疫刺激作用，降低对机体的毒副作用；二是由于合成技术的限制，这类药物的合成及脂质体包被的成本较高，价格比较昂贵，因此需要研究更加经济的合成工艺和剂型设计，提高缓释效果，降低其毒副作用，增加其临床应用价值。VLP 是由病毒的单一或多个结构蛋白自行装配而成的高度结构化的纳米级病毒样颗粒，在形态结构上与天然的病毒颗粒相似，具有很强的免疫原性和生物学活性，是承载 poly(I∶C)进入机体的绝佳材料。

3. 病毒样颗粒承载荧光分子的研究

VLP 是比表面积很大、结构对称的中空颗粒，可以作为良好的运载体搭载荧光分子，通过体外包被或化学偶联方法，将成像分子封装到 VLP 内部或连接在外表面，在一定程度上能够避免荧光分子的淬灭。VLP 用于核磁共振成像（MRI）和正电子发射断层成像（PET）的造影剂使其生物相容性得到了提高。VLP 在构象和性质上与自然病毒极其相似，其结构蛋白含有病毒与细胞表面的受体结合的蛋白序列，减少了非特异性结合，提高了靶向成像功能。还可以通过体外融合表达的方法制备，如将 GFP 蛋白插入到犬细小病毒（CPV）的 VP2 蛋白的 N 端，并在体外形成 VLP，其可作为一种探针用来示踪 CPV 和宿主细胞的相互作用。

第五节　展望与不足

探索研制新型纳米科技生物材料是比较活跃的领域之一,VLP 正是这种纳米级生物材料,来源于自然病毒蛋白的 VLP,在运载方面更具极大的应用潜力:第一,已有的表达系统能够快速、大量地生产多种 VLP;第二,VLP 可以在基因水平或者蛋白质层面(化学偶联)进行修饰,在 VLP 表面能够展示相应细胞受体的配体而用于靶向运输;第三,存在异源核酸物质时,VLP 的体外组装效率会大大提高,具有运输核酸的潜力;第四,VLP 体表面积大,表面有许多氨基酸残基,所以运载能力大;第五,VLP 是由病毒的结构蛋白基因表达并自组装的,由于没有核酸而更像一个蛋白质笼,可以包裹许多生物分子,提高生物分子停留时间,避免被酶类过早分解;第六,VLP 一般呈十二面体或者二十面体,这种结构具有较好的热稳定性。基于以上特点,VLP 在材料科学、药物载体、基因治疗等方面具有巨大的发展潜力。

药物治疗,尤其是在癌症治疗方面,化学治疗最大的弊端在于化学药物的毒性,这严重限制了抗癌药物在治疗中的应用。利用 VLP 表面的氨基酸残基可将抗癌药物搭载在其表面。尤其是来自二十面体病毒的 VLP,如乙肝病毒、MS2 噬菌体和 Qβ 噬菌体、腺病毒等,都具有热力学稳定性,在柔和的化学偶联试剂作用下,其表面的氨基酸残基可以和药物如阿霉素等反应形成腙键,从而将抗癌药物装载在表面;或者利用其自组装和解离可逆过程,通过改变钙离子浓度等外界条件,将药物分子封装在其内部,从而使 VLP 装载药物分子。

VLP 粒径大小适中,一般在 20~200 nm,有良好的分散性和生物相容性,同时 VLP 表面含有该病毒入侵所需的相关配体(常见的配体有 RGD 基序、转铁素等),能够和细胞表面受体相结合。这样,不同的 VLP 就可以特异性地运送药物到不同的靶细胞,或者将针对某些癌细胞的糖蛋白抗体多变区锚定在 VLP 的表面,来靶向指引 VLP 将药物运输到癌细胞,提高靶向运输能力,增加药物在靶细胞内的积累,提高药物的利用率。

向特定细胞运载基因最大的局限在于运送效率低,只能针对某几种细胞类型,且在运输过程中可能对细胞完整性造成损伤,易被内体小泡吞噬而发生降解,从而降低了其应用价值。逆转录病毒载体和脂质体是基因运载方面常见的载体,但是其自身的不足限制了其用于临床试验。对逆转录病毒载体而言,其可能将运载的外源基因插入宿主细胞的基因组中,虽然已经有一些改进的技术可以控制插入的位点,但是仍难以避免插入到原癌基因附近而诱发癌症;同时逆转录病毒载体会含有病毒蛋白酶、逆转录酶和整合酶,这些酶的存在极有可能将 RNA 逆转录成 DNA 而整合到宿主染色体上,成为潜在的风险。所以,逆转录病毒载体不适合用于人的基因治疗。脂质体基因运输载体没有靶向性,无法起到靶向运输的作用,而且在入侵过程中还会造成细胞结构的损伤。在自然病毒中,病毒的基因组一般都是由外壳蛋白包裹的,两者之间的相互作用使它们能够稳定存在,在侵染宿主细胞时,能够避免核酸酶的降解。利用这一原理,外源核酸分子借助自身的电荷,通过热休克或者化学偶联方法也能被封装到 VLP 内部或者附着在其表面。

VLP 与天然病毒在结构上具有相似性，能够模拟病毒感染宿主细胞，具有识别宿主细胞、融合及入侵的生物趋向性。VLP 在递送核酸方面展现出了自身的生物特性，加上其安全性高、无细胞毒性、易于合成和生产，是当前基因递送系统的良好选择，可为基因治疗、疫苗研发及疾病预防等做出重要贡献。但组装 VLP 有时需要几种蛋白质，表达不同蛋白质的重组载体进入同一细胞的概率较小，降低了各蛋白质之间的相互作用机会和 VLP 组装概率。而构建多基因共表达载体难度较大，且同一载体上各基因的表达比例不易控制。某些蛋白质可能对表达细胞具有毒性，不利于表达，从而降低 VLP 的形成。如何有效提高工艺水平、提高 VLP 组装效率，以及降低成本等方面仍面临许多挑战。

鉴于 VLP 与天然病毒结构的相似性、不感染宿主的安全性、良好的结构稳定性、出色的免疫原性，以及良好的结构可塑性、独特的承载 DNA 与其他分子的能力，VLP 相关技术在生物医学基础研究、新型疫苗开发、新型药物递送载体开发及基因治疗中具有广阔的开发应用前景。

参 考 文 献

孙士鹏. 2011. 内含 HIV-1gag 编码 mRNA 的 MS2 病毒样颗粒构建及体外表达和体内免疫应答研究. 北京: 北京协和医学院博士学位论文.

孙艳丽. 2013. 基于重级 MS2 病毒样颗粒的前列腺癌 RNA 疫苗的研究. 北京: 北京协和医学院博士学位论文.

王宾, 金华利. 2006. 融合性病毒样颗粒口蹄疫 DNA 疫苗增强免疫效果的研究//2006 中国微生物学会第九次全国会员代表大会暨学术年会. 武汉: 湖北省微生物学会.

Ashley C E, Carnes E C, Phillips G K, et al. 2011. Cell-specific delivery of diverse cargos by bacteriophage MS2 virus-like particles. ACS Nano, 5(7): 5729-5745.

Berger B, Shor P W, Tucker-Kellogg L, et al. 1994. Local rule-based theory of virus shell assembly. Proceedings of the National Academy of Sciences of the United States of America, 91: 7732-7736.

Brady J N, Consigli R A. 1978. Chromatographic separation of the polyoma virus proteins and renaturation of the isolated VP1 major capsid protein. Journal of Virology, 27: 436-442.

Caspar D L, Dulbecco R, Klug A, et al. 1962. Proposals. Cold Spring Harbor Symposia on Quantitative Biology, 27: 49-50.

Chang C F, Wang M, Ou W C, et al. 2011. Human JC virus-like particles as a gene delivery vector. Expert Opinion on Therapeutic Targets, 11: 1169-1175.

Chao C N, Huang Y L, Lin M C F, et al. 2015. Inhibition of human diffuse large B-cell lymphoma growth by JC polyomavirus-like particles delivering a suicide gene. Journal of Translational Medicine, 13: 29.

Chen L S, Wang M, Ou W C, et al. 2010. Efficient gene transfer using the human JC virus-like particle that inhibits human colon adenocarcinoma growth in a nude mouse model. Gene Therapy, 17: 1033-1041.

Cho C W, Cho Y S, Kang B T, et al. 2001. Improvement of gene transfer to cervical cancer cell lines using non-viral agents. Cancer Letters, 162: 75-85.

Clark B, Caparrós-Wanderley W, Musselwhite G, et al. 2001. Immunity against both polyomavirus VP1 and a transgene product induced following intranasal delivery of VP1 pseudocapsid-DNA complexes. Journal of General Virology, 82: 2791-2797.

Colomar M C, Degoumois-Sahli C, Beard P. 1993. Opening and refolding of simian virus 40 and in vitro packaging of foreign DNA. Journal of Virology, 67: 2779-2786.

Crick F H, Watson J D. 1956. Structure of small viruses. Nature, 177: 473-475.

Feng Y X, Tong L, Stephen C, et al. 2002. Reversible binding of recombinant human immunodeficiency virus type 1 gag protein to nucleic acids in virus-like particle assembly *in vitro*. Journal of Virology, 76(22): 11757-11762.

Forstová J, Krauzewicz N, Sandig V, et al. 1995. Polyoma virus pseudocapsids as efficient carriers of heterologous DNA into mammalian cells. Human Gene Therapy, 6: 297-306.

Fraenkel-Conrat H, Williams R C. 1955. Reconstitution of active tobacco mosaic virus from its inactive protein and nucleic acid components. Proceedings of the National Academy of Sciences of the United States of America, 41: 690-698.

Gedvilaite A, Frömmel C, Sasnauskas K, et al. 2000. Formation of immunogenic virus-like particles by inserting epitopes into surface-exposed regions of hamster polyomavirus major capsid protein. Virology, 273: 21-35.

Heidari S, Krauzewicz N, Kalantari M, et al. 2000. Persistence and tissue distribution of DNA in normal and immunodeficient mice inoculated with polyomavirus VP1 pseudocapsid complexes or polyomavirus. Journal of Virology, 74: 11963-11965.

Kalia M, Chandra V, Rahman S A, et al. 2009. Heparan sulfate proteoglycans are required for cellular binding of the hepatitis E virus ORF2 capsid protein and for viral infection. Journal of Virology, 83: 12714-12724.

Kilham L, Murphy H W. A pneumotropic virus isolated from C3H mice carrying the bittner milk agent. Proc Soc Exp Biol Med, 1953, 82(1): 133-137.

Krauzewicz N, Cox C, Soeda E, et al. 2000. Sustained *ex vivo* and *in vivo* transfer of a reporter gene using polyoma virus pseudocapsids. Gene Therapy, 7: 1094-1102.

Lee K W, Tey B T, Ho K L, et al. 2012. Delivery of chimeric hepatitis B core particles into liver cells. Journal of Applied Microbiology, 112: 119-131.

Lin M C, Wang M, Chou M C, et al. 2019. Gene therapy for castration-resistant prostate cancer cells using JC polyomavirus-like particles packaged with a PSA promoter driven-suicide gene. Cancer Gene Therapy, 26: 208-215.

Liu X, Liu Y, Zhang Y, et al. 2020. Incorporation of a truncated form of flagellin (TFlg) into porcine circovirus type 2 virus-like particles enhances immune responses in mice. BMC Vet Res, 16: 45.

Mbewana S, Meyers A E, Rybicki E P. 2019. Chimaeric Rift Valley fever virus-like particle vaccine candidate production in *Nicotiana benthamiana*. Biotechnology Journal, 14: e1800238.

Nuñez-Rivera A, Fournier P G J, Arellano D L, et al. 2020. Brome mosaic virus-like particles as siRNA nanocarriers for biomedical purposes. Beilstein Journal of Nanotechnology, 11: 372-382.

Pan Y, Jia T, Zhang Y, et al. 2012. MS2 VLP-based delivery of microRNA-146a inhibits autoantibody production in lupus-prone mice. International Journal of Nanomedicine, 7: 5957-5967.

Rodriguez M, Lapierre J, Ojha C R, et al. 2018. Author correction: intranasal drug delivery of small interfering RNA targeting Beclin1 encapsulated with polyethylenimine (PEI) in mouse brain to achieve HIV attenuation. Scientific Reports, 8: 4778.

Salunke D M, Caspar D L, Garcea R L, 1986. Self-assembly of purified polyomavirus capsid protein VP1. Cell, 46: 895-904.

Shao W, Paul A, Abbasi S, et al. 2012. A novel polyethyleneimine-coated adeno-associated virus-like particle formulation for efficient siRNA delivery in breast cancer therapy: preparation and *in vitro* analysis. International Journal of Nanomedicine, 7: 1575-1586.

Shi W, Liu J, Huang Y, et al. 2001. Papillomavirus pseudovirus: a novel vaccine to induce mucosal and systemic cytotoxic T-lymphocyte responses. Journal of Virology, 75: 10139-10148.

Slilaty S N, Aposhian H V. 1983. Gene transfer by polyoma-like particles assembled in a cell-free system. Science, 220: 725-727.

Stehle T, Harrison S C. 1996. Crystal structures of murine polyomavirus in complex with straight-chain and branched-chain sialyloligosaccharide receptor fragments. Structure, 4: 183-194.

Storni T, Ruedl C, Schwarz K, et al. 2004. Nonmethylated CG motifs packaged into virus-like particles induce protective cytotoxic T cell responses in the absence of systemic side effects. Journal of Immunology, 172: 1777-1785.

Sun S, Li W, Sun Y, et al. 2011. A new RNA vaccine platform based on MS2 virus-like particles produced in *Saccharomyces cerevisiae*. Biochemical and Biophysical Research Communications, 407: 124-128.

Tang K H, Yusoff K, Tan W S. 2009. Display of hepatitis B virus PreS1 peptide on bacteriophage T7 and its potential in gene delivery into HepG2 cells. Journal of Virological Methods, 159: 194-199.

Tegerstedt K, Andreasson K, Vlastos A, et al. 2003. Murine pneumotropic virus VP1 virus-like particles (VLPs) bind to several cell types independent of sialic acid residues and do not serologically cross react with murine polyomavirus VP1 VLPs. Journal of General Virology, 84: 3443-3452.

Touzé A, Bousarghin L, Ster C, et al. 2001. Gene transfer using human polyomavirus BK virus-like particles expressed in insect cells. Journal of General Virology, 82: 3005-3009.

Wang M, Tsou T H, Chen L S, et al. 2004. Inhibition of simian virus 40 large tumor antigen expression in human fetal glial cells by an antisense oligodeoxynucleotide delivered by the JC virus-like particle. Human Gene Therapy, 15: 1077-1090.

第十三章 病毒及病毒样颗粒作为新型功能纳米元/器件

纳米材料凭借其独特的小尺寸效应、表面效应、量子尺寸效应和宏观量子隧道效应，在光学、磁学、电学等方面展现出不同于传统块体材料的特殊性质，被广泛用于生物、医学、环境等领域，其研究已成为 21 世纪前沿科学技术领域的代表之一。病毒及病毒样颗粒（VNP/VLP）作为一种天然的生物纳米材料，与传统合成的纳米材料具有相同的空间尺度，两者相互结合可组装或耦合出新的纳米元/器件。一方面，借助传统合成纳米材料固有的理化特性，可以赋予 VNP/VLP 新的功能，使其在生物成像、传感、药物递送等方面展现出良好的应用前景；另一方面，VNP/VLP 对传统合成纳米材料的生物相容性、靶向性、体内分布、代谢降解等多种生物学效应可能会产生重要影响。本章着重讲述病毒或病毒样颗粒与金纳米颗粒、量子点、磁性纳米材料等各种不同的功能元件组合，及其在超分子自组装、纳米材料合成、生物成像等领域的应用。

第一节 病毒及病毒样颗粒与量子点

一、量子点概述

1. 概念及化学组成

量子点（quantum dot，QD）又可称为半导体纳米晶体（semiconductor nanocrystal），是一种由少量原子所构成的准零维的荧光纳米材料。QD 的三个维度尺寸均小于或者接近于波尔半径（一般直径不超过 10 nm）。按照其元素组成，QD 可以分为 II-VI 族量子点（如 CdS、CdSe、CdTe 等）、IV-VI 族量子点（如 PbSe 等）及 III-V 族量子点（如 InP、GaN 等）等。其中 II-VI 族量子点具有合成方法简便和光学性质优异等特点，因而更受到研究者的青睐。

2. QD 的光学特性

QD 具有独特的光学性质，展现出许多不同于宏观材料的光学性质，成为近年来最受关注的纳米材料之一。QD 的粒径一般为 1～10 nm；当 QD 的粒径尺寸小于或者接近于激子波尔半径时会产生明显的量子限域效应，电子和空穴在三个维度上都被约束，从而使连续的能带结构变成具有分子特性的分立能级结构，吸收光子后，价带上的电子被激发到导带上，最终以辐射跃迁的方式回到价带上，从而发出荧光。这一特殊的发光机理使 QD 具有良好的荧光特性，包括以下几个方面。

1）荧光发射波长可调

QD 的荧光发射波长可以通过改变其粒径大小和化学组成来调节。简单地说，QD 的粒径大小决定其发光波长，而 QD 的化学组成决定了其波长可调节的范围。根据其发光原理，其发射波长取决于价带和导带之间的能隙大小，而能隙大小与 QD 的尺寸密切相关。QD 的尺寸越小，限域效应越强，能级分裂越大，其发射光谱向高能方向移动，即向短波长方向移动（蓝移）；相反，QD 的尺寸越大，其发射光谱向低能方向移动，即向长波长方向移动（红移）。例如，用同一波长的光照射不同粒径的 CdSe/ZnS 量子点，即可获得从蓝色到红色几乎所有波长的光。同样道理，QD 的化学组成不同，其荧光发射波长可调节的范围也不同，如 CdSe 量子点的荧光发射波长在 430~660 nm 可调，CdTe 量子点在 490~750 nm 可调，而 InP 量子点的调节范围为 620~720 nm。

2）激发光谱宽而连续

传统有机荧光染料的激发波长范围较窄，不同的荧光染料需要用特定波长的激发光源才能激发，而 QD 的激发光谱宽且连续分布，任何小于其发射波长 10 nm 的激发光源均能够激发，这样就可以用单一光源激发多色荧光，适合多元分析。

3）荧光发射峰窄而对称

传统有机荧光染料的荧光发射峰通常较宽，半峰宽通常在 100 nm 左右，而 QD 的荧光发射峰较窄，且峰型呈完美对称分布，半峰宽最窄可达 30 nm。这一特性使得多种不同发射波长的 QD 可以同时被激发，且发射峰之间很少重叠，容易进行区分和识别，允许对分析物进行多色标记，在多组分同时检测中具有明显的优势。

4）斯托克斯位移较大

传统有机荧光染料的斯托克斯位移（Stokes shift）较小，激发光谱与发射光谱之间会存在很大程度的重叠，而 QD 斯托克斯位移较大，可以有效避免激发峰与发射峰的重叠，从而降低背景荧光及激发光散射光的干扰。

5）高荧光量子产率及较长荧光寿命

QD 具有很高的荧光量子产率，因此其荧光强度非常高，是传统有机荧光染料的几十倍乃至几百倍。例如，粒径为 4 nm 的 CdSe 量子点的发光强度相当于罗丹明 6G 的 20 倍，而它的荧光漂白速率比罗丹明 6G 低 99%，在生物标记和传感中具有很高的灵敏度。而且，相对于传统的荧光染料只有几个纳秒的荧光寿命，QD 的荧光寿命相对较长，可以达到几十纳秒（一般为 20~50 ns），通过时间分辨光致发光技术，可以有效消除背景荧光及散射光的干扰。

6）光稳定性强

QD 作为一种无机纳米颗粒，不仅能够有效抵抗有机溶剂、酸碱、温度等外界环境因素影响，而且光稳定性良好，可以经受反复多次激发而不发生光漂白现象，在激发光下长时间照射，也不会出现光漂白现象。

3. QD 的合成

QD 的合成方法主要分为有机相合成法、水相合成法及生物合成法三类。

1）有机相合成法

有机相合成法是合成高质量 QD 最常用的方法。该方法的早期研究主要是以金属有机化合物作为前驱体在无水无氧及高温（250～300℃）条件下热解、成核并生长，最终获得均一性良好、发光效率较高的 QD。但这种方法需要严格的无水无氧操作，且这些金属有机试剂毒性较大，限制了其进一步应用。彭笑刚（Qu et al., 2001）改进了合成手段，提出绿色有机化学法，用一些毒性较小的前驱体及溶剂进行反应，不需要严格的无水无氧条件，且反应温度较低，为 QD 的合成开辟了一条新的途径。尽管采用有机相合成法能得到高质量的 QD（荧光量子产率 60%～85%，荧光光谱半峰宽 25～40 nm），但所得到的 QD 是油溶性的，仅能分散在非极性或极性较弱的有机溶剂中，需要通过表面修饰或配体交换形成水溶性和生物相容性的 QD。

2）水相合成法

水相合成法以水作为反应介质，具有反应条件温和、毒性小、成本低、更加符合绿色化学标准等特点，无须进一步的表面亲水修饰即可得到表面官能团化的水溶性 QD。但该方法合成的 QD 也存在晶型较差、粒径分布较宽及量子产率较低等缺点。随着高温水热法、微波辐射法、连续离子层吸附反应法等新的合成方法的出现及反应条件的优化，水相合成法合成的 QD 质量也不断提高。

3）生物合成法

近年来，利用生物体进行 QD 的合成，展示出了诱人的前景和魅力。生物合成法是先将反应前驱体导入酵母细胞、大肠杆菌等活生物体中，然后利用活生物体作为反应容器，谷胱甘肽或基因编码的多肽作为配体来调节 QD 在活生物体中的形成。由于合成的 QD 具有很强的水溶性和生物相容性，因此，生物合成法虽然刚刚起步，但受到极大的关注。

4. QD 的表面修饰

尽管 QD 优异的光学性质在生物、医学、分析和检测等研究中备受关注，但目前大多数 QD 都含有镉，而镉元素作为一种最常见的重金属，对环境和生物体均有很大的危害。此外，不论采用何种方式，QD 在自身生长的过程中总是不可避免地存在缺陷，严重影响了其发光量子产率。再者，由于目前大多数的 QD 是在具有配位性质的有机溶剂体系中合成的，因生物相容性差而无法直接应用于生物体系。因此，无论是为了降低毒性、提高稳定性、改善水溶性，还是为了进一步提高荧光量子产率，都需要对 QD 进行表面功能化修饰，从而使 QD 能够更好地用于生物体系。

QD 的表面修饰方法主要有配体交换法、聚合物包覆法、硅烷包覆法三类。

1）配体交换法

配体交换法是用亲水性的巯基或其他极性取代基替换油溶性 QD 表面的疏水基团，使其变为水溶性 QD。常见的亲水性交换配体包括巯基乙酸（MAA）、巯基丙酸（MPA）、巯基十一烷酸（MUA）等含巯基有机分子及谷胱甘肽（GSH）、半胱氨酸（Cys）和组氨酸（His）等含巯基生物分子。虽然配体交换法可以得到双功能巯基分子包覆的水溶性 QD，但是配体交换后 QD 表面缺陷增加，会使荧光量子产率降低。

2）聚合物包覆法

聚合物包覆法是修饰 QD 最常用的方法，包括共价连接法和两亲性聚合物包覆法两种方法。共价连接法主要是利用高分子链末端的官能团与 QD 表面的官能团通过特定的化学反应共价连接，如氨基官能团化 PEG 能够与 QD 表面的二氢硫辛酸（DHLA）通过 NHS 活性酯法共价连接，不仅可以进一步增加 QD 在水溶液中的胶体稳定性，同时还可以抑制 QD 的非特异吸附；两亲性聚合物包覆法是利用两亲性聚合物的疏水基团与 QD 表面的疏水基团通过疏水作用相互结合，而亲水侧链向溶液中伸展，形成胶束，从而实现对 QD 的包覆和改性。

3）硅烷包覆法

目前，常用的二氧化硅包覆方法有两种：一种是采用含巯基的硅烷取代 QD 表面原来的油溶性配体，由于取代了原先表面的配体，这种方法对 QD 的光学性质有一定的影响；另一种方法是在原有 QD 表面直接包覆二氧化硅，利用两性的表面活性剂得到含有 QD 的胶束，然后通过将有机硅烷分子吸附到 QD 表面而在 QD 外形成二氧化硅壳层，这样 QD 就分散在了水中，这种包覆二氧化硅的方法由于没有破坏 QD 表面原有的配体而较好地保持了 QD 原来的发光性能。

二、病毒及病毒样颗粒-量子点复合物

前文已述及，QD 具有优良的光学性质，但其生物医学应用还需进一步修饰才能克服 QD 本身固有的一些缺陷。使用 VNP/VLP 对 QD 进行表面修饰和改性是近年来逐渐发展起来的一种新的修饰方法。VNP/VLP 包被 QD 形成的复合材料，不仅有助于降低 QD 自身的毒性、提高生物相容性、增加稳定性、改善水溶性及提高荧光量子产率，而且赋予 QD 新的结构与功能。例如，利用 VNP/VLP 固有的靶向性或通过基因工程技术或化学修饰方法修饰靶向基团，可以使 QD-VNP/VLP 复合纳米粒子具有特定的靶向性；利用 VNP/VLP 具有大小确定的内部空腔，可以作为反应容器装载不同大小的 QD 或限制性合成新型纳米材料；利用 VNP/VLP 结构的对称性，可以实现 QD 在其内腔和外表面的有序排列，获得特定结构的多级纳米复合材料。

另外，VNP/VLP 替代活病毒进行生物体内分布及致病机制研究是 VNP/VLP 的重要应用之一。使用 QD 对 VNP/VLP 进行标记，可以利用 QD 的高亮度、高稳定性等荧光特性模拟病毒粒子实现超灵敏、长时间的标记和示踪，对于研究病毒在活细胞中的侵染、转移和定位及在生物体内的分布和代谢具有重要意义。

此外，QD 与 VNP/VLP 都可以作为纳米元件，通过自组装形成新奇的结构，甚至成为纳米器件，在生物医学及光催化中扮演重要角色。大部分 VNP/VLP 的尺寸分布在 20～200 nm，而 QD 的尺寸分布在 1～10 nm，因此，QD 与 VNP/VLP 的组装形式主要是 VNP/VLP 包覆 QD。由于 VNP/VLP 具有空壳结构，QD 可以在其内表面或外表面进行组装，获得不同结构的 QD-VNP/VLP 复合纳米材料。

三、病毒及病毒样颗粒-量子点复合物的研究进展

1. SV40- QD 复合物

猴病毒 40（simian virus 40，SV40）属多瘤病毒科，是最简单的 dsDNA 病毒之一，具有相对清楚的病毒学背景，曾被用作基因治疗载体。SV40 是能够导致细胞产生大量空泡的病毒，1960 年首次在猴子体内发现，后又在用于生产脊髓灰质炎疫苗的恒河猴肾细胞中发现。

SV40 病毒颗粒具有 $T=7$ 的正二十面体对称结构，直径 45 nm 左右，无囊膜，衣壳内包装了结合宿主细胞组蛋白（H2A、H2B、H3 和 H4）的病毒基因组 DNA。SV40 由 72 个 VP1 五聚体构成外壳，其中 12 个五聚体位于正二十面体 12 个五次旋转对称轴顶点上，为五价体，其余 60 个五聚体位于面上为六价体。构成五价体的 5 个 VP1 的 C 端采取相同构象与围绕其周围的 5 个六价体相互作用，六价体的 5 个 VP1 的 C 端以不同构象与邻近的 5 个六价体及一个五价体相互作用，保持整个病毒基本骨架的稳定。VP1 中还存在 2 个钙离子结合位点及多处半胱氨酸残基，Ca^{2+}和二硫键对维持衣壳三维结构也起重要作用。VP2、VP3 包裹在病毒衣壳内腔，通过其 C 端的 VP1 结合结构域与病毒外壳结合，构成 VP1 与基因组之间的桥梁。

SV40 主要衣壳蛋白 VP1 在体外可自组装形成 VLP。当在二价金属离子螯合剂（EDTA、EGTA）和巯基类还原剂（巯基乙醇、二硫苏糖醇）存在时，主要以解聚状态（VP1 五聚体）的形式存在，而当在 Ca^{2+}及适当盐离子强度条件下，可组装形成 VLP。SV40 VP1 自组装形成的 VLP 具有多态性，如直径 20 nm 左右 $T=1$ 的正二十面体、直径 30 nm 左右的正八面体、直径 45 nm 左右 $T=7$ 的正二十面体及杆状结构等多种形态。Kanesashi 等（2003）报道了溶液环境对 SV40 VP1 体外自组装的影响，发现在高浓度硫酸铵条件下，VP1 高效自组装形成 45 nm 左右类似野生型病毒的正二十面体颗粒；而在含 1 mol/L NaCl、2 mmol/L $CaCl_2$ 的中性条件下不但形成 45 nm 左右颗粒，还形成直径 20 nm 左右的正二十面体微小颗粒，而除去 $CaCl_2$ 则只形成 20 nm 左右的微小颗粒；在 150 mmol/L NaCl 和 pH=5.0 条件下，可形成长管状结构。

SV40 VNP 在封装不同组分、形状、尺寸和表面性质的纳米材料方面表现出良好的相容性。一系列纳米颗粒包括 CdSe@ZnS QD、Ag_2S QD、AuNP，以及磁性纳米颗粒（magnetic NP，MNP）通过自组装被 SV40 VNP 封装。通过对纳米颗粒诱导的 SV40 VNP 组装机制的探索发现，QD 与 SV40 VP1 五聚体之间有很强的亲和力（$K_D=2.19\,E{-}10$ mol/L），这在推动 SV40 VNP 中 QD 的封装过程中起着重要作用，SV40 VP1 中位于第 9 位和第 104 位的半胱氨酸形成的二硫键对 SV40 VNP 的稳定性至关重要。

中国科学院生物物理研究所张先恩研究员和中国科学院武汉病毒研究所李峰研究员等自 2005 年以来在 SV40 VNP 和 QD 复合物方面开展了一系列研究（Gao et al.，2013；Li et al.，2009；Zhang et al.，2018）。他们研究了 SV40 VNP 包装 QD 的机制，发现 QD 能够诱导和促进病毒衣壳蛋白 VP1 组装成 VLP。透射电子显微镜、蔗糖密度梯度离心、动态光散射等技术表征均证实了 QD 对病毒组装的诱导作用。分子间相互作用研究发现 QD 与衣壳蛋白有直接相互作用，可能是病毒衣壳组装的驱动力。进一步通过冷冻电镜技术将组装的颗粒进行单颗粒三维结构重构分析，得到分辨率为 2.5 nm 的正二十面体对称模型，说明 SV40 包装 QD 形成类似 T=1 的病毒样颗粒，而不是衣壳蛋白无规则吸附在量子点上。之后，利用所构建的 SV40-QD 颗粒，示踪了单个 SV40-QD 颗粒侵染活细胞的动态行为。通过单颗粒示踪技术，观察表征了单颗粒 SV40-QD 从胞外到胞内、经过细胞质、直到内质网的一系列过程和行为，并利用双荧光标记的方法观察到 SV40-QD 的"脱壳"过程，发现 QD 从病毒衣壳中释放（即"脱壳"过程）是在小窝体中进行的，这与野生 SV40 基因组在内质网中"脱壳"有所不同。

Li 等（2010）利用 SV40 VNP 包封了 4 种具有相同核壳结构但表面修饰不同的 CdSe@ZnS QD。研究表明，巯基丙酸、DNA、带甲氧基末端的 PEG、带氨基末端的 PEG 修饰的 CdSe@ZnS QD 均可被 SV40 VNP 有效封装，并且封装效率与量子点的表面电荷之间没有相关性。所有封装不同修饰的量子点的 SV40 VNP 显示出相似的结构、荧光性质和进入活细胞的能力。这些结果证明了 SV40 主要衣壳蛋白 VP1 在纳米颗粒（nanoparticle，NP）封装中的流动性，并为病毒外壳包装 NP 的机制提供了新的线索（图 13-1）。

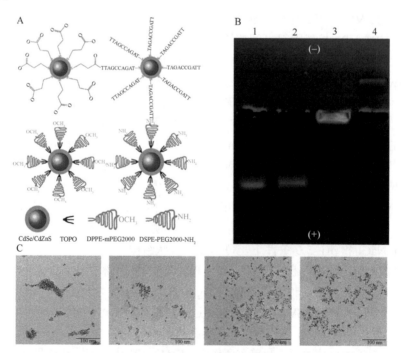

图 13-1　SV40 VNP 包封具有相同核壳结构但不同表面修饰的 CdSe@ZnS QD（Li et al.，2010）

（彩图请扫封底二维码）

Li 等系统地研究了 SV40 衣壳蛋白五聚体间的二硫键在包封 QD 中的作用。他们通过构建一系列从半胱氨酸到丝氨酸的 VP1 突变体,研究了半胱氨酸之间的五聚体间二硫键在含 QD 的 VNP(VNP-QD)稳定化中的重要性(Li et al., 2014)。尽管 QD 核的存在可以极大地提高 SV40 量子点的组装效率和稳定性,但二硫键对量子点的稳定性至关重要。第 9 位(C9)和第 104 位(C104)的半胱氨酸贡献了大部分二硫键,并在决定 SV40 VNP 作为模板指导复杂纳米结构组装的稳定性方面发挥了重要作用。这一结果强调了共价连接(如二硫键)在实现稳定的蛋白质/无机纳米复合物上的重要性(图 13-2)。

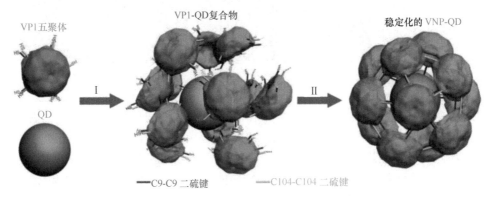

图 13-2 SV40 衣壳蛋白五聚体间的二硫键在包封 QD 中的作用(Li et al., 2014)
(彩图请扫封底二维码)

中国科学院苏州纳米技术与纳米仿生研究所王强斌课题组利用 SV40 VNP 将具有近红外二区发射特性的 Ag_2S 近红外量子点包覆于其内腔,避免了常规外部标记引起的表面结构破坏(Li et al., 2015)。通过静脉注射并利用近红外二区成像系统,实现了高组织穿透深度、高时空分辨率活体荧光成像,并且首次观察到 SV40 在肝、脾及骨髓富集的分布特性。进一步,通过表面 PEG 功能化修饰,引入两种不同分子量(750 和 5000)的 PEG 链,显著延长了 SV40 的血液滞留时间,抑制了单核巨噬细胞系统对 SV40 的体内清除,从而有效改变了其在体内的时空分布。这种 Ag_2S QD 包覆策略可作为一种通用方法适用于其他笼状结构蛋白的研究,用以深入了解外源性 VNP 与生物体相互作用的机制,进一步理性指导生物材料的设计和优化(图 13-3)。

2. CPV-QD 复合物

犬细小病毒(canine parvovirus, CPV)为细小病毒科细小病毒属,是危害犬类的最主要的烈性传染病,细小病毒主要攻击肠上皮细胞、心肌细胞,表现症状为胃肠道疾病、心肌炎等,发病率和死亡率较高。CPV 是一类结构简单的线状单链 DNA 病毒,无囊膜,直径约 20 nm,呈等轴对称的二十面体。VP2 蛋白是构成 CPV 病毒衣壳的主要结构蛋白。CPV VLP 通常是由表达系统表达衣壳蛋白 VP2 后体外组装而制备的,目前已通过酵母表达系统、昆虫表达系统、大肠杆菌表达系统等多种表达系统体外表达并成功组装 CPV VLP,其大小和形态与天然病毒粒子相似。

中国农业科学院兰州兽医研究所郭慧琛课题组利用大肠杆菌表达系统在体外高效表达 CPV 的 VP2 结构蛋白,将其与 3-巯基丙酸(MPA)修饰后的 QD 在组

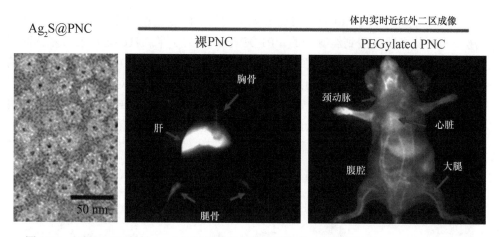

图 13-3 SV40 VNP 包封 Ag₂S 近红外量子点用于近红外二区成像系统（Li et al.，2015）

装缓冲溶液中共孵育，成功构建了生物相容性好、细胞毒性弱、荧光亮度高、环境稳定性好的 CPV VLP-QD 复合物（Yan et al.，2015）。该荧光标记的 CPV VLP-QD 复合物能够模拟天然 CPV 感染途径，因 CPV 具有识别并附着于细胞膜上的转铁蛋白受体的特性，对转铁蛋白受体呈阳性的细胞具有特定的靶向能力。此外，与单独的 QD 相比，CPV VLP-QD 细胞毒性显著降低（图 13-4）。

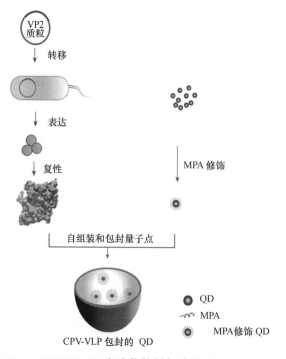

图 13-4 CPV VLP-QD 复合物的制备过程（Yan et al.，2015）

3. P22- QD 复合物

P22 噬菌体病毒衣壳由 420 个完全相同的外壳蛋白（CP）和大约 300 个支架蛋白（SP）

组装而成，直径约为 60 nm。P22 噬菌体主要感染沙门氏菌属细菌，可能感染变形杆菌属细菌，在适宜条件下，有很高（大于 1000 个）的释放数量。

Zhou 等（2014）研究了 P22 VLP 内腔中限制性生长半导体 CdS 纳米晶的形成机理和生长动力学。他们通过基因工程技术，在 P22 VLP 内腔的支架蛋白上插入 CdS 亲和肽，并以此为成核位点；加入 $CdCl_2$ 和硫代乙酰胺，在 P22 VLP 内腔中合成 CdS QD，通过控制反应时间，可以获得不同大小的 CdS QD（图 13-5）。

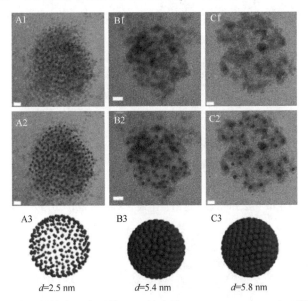

图 13-5 P22 VLP 内腔中限制性生长半导体 CdS 纳米晶（Zhou et al.，2014）（彩图请扫封底二维码）

Kale 等（2013）报道了 5 nm 左右的 CdS QD 在野生型 P22 外壳上的定向自组装。他们以谷胱甘肽四甲基铵盐（gluathione tetramethylammonium salt，GTMA）为配体，将 CdS 量子点上的疏水油酸帽置换成亲水羧酸盐帽。这些带负电的 CdS QD 与 P22 病毒纳米颗粒表面的正电基团相互作用，在 P22 壳层上显示了相应的六聚体和五聚体组装模式，实现了 CdS QD 在 P22 病毒纳米颗粒外表面的模式化分布（图 13-6）。

Zhou 等（2015）以基因工程噬菌体 P22 为纳米平台，在温和条件下（室温水溶液）制备了金-病毒样颗粒-硫化镉（Au-VLP-CdS）等离子体光催化纳米材料。他们将 CdS 亲和肽插入 P22 支架蛋白，与 CdS QD 自组装形成 VLP-CdS 复合物。通过在 VLP-CdS 外壳上控制沉积 AuNP，获得 P22 内腔负载 CdS QD、外壳包围 AuNP 的 Au-VLP-CdS 复合材料，该复合材料可以显著提高 CdS 光催化降解亚甲基蓝的能力（图 13-7）。

4. BMV-QD 复合物

Dixit 等（2006）研究了用 BMV VLP 包封各种不同表面修饰的 QD 及其复合物的光化学稳定性。结果表明，与磷脂、DNA 或 DHLA 包覆的 QD 相比，HS-PEG-COOH 包覆的 QD 是唯一能够产生稳定且均匀的 QD@VLP 的体系，并且多个 QD 可被同时包装在一个 BMV VLP 内腔中。此外，HS-PEG-COOH 修饰的 QD 被整合到 BMV VLP 中后，其光化学稳定性也得到了进一步提高。

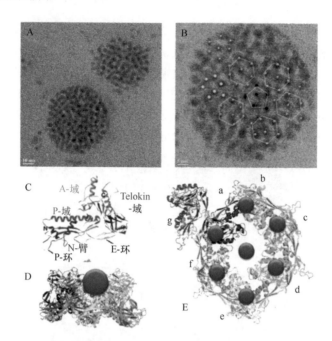

图 13-6　CdS QD 在野生型 P22 外壳上的定向自组装（Kale et al.，2013）（彩图请扫封底二维码）

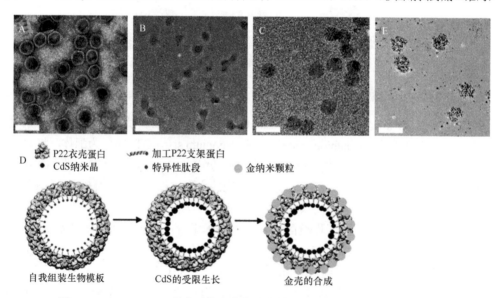

图 13-7　Au-VLP-CdS 等离子体光催化纳米材料的合成（Zhou et al.，2015）

5. RCNMV- QD 复合物

Loo 等（2007）开发了一种用 RCNMV 包装纳米颗粒的方法。他们以纳米材料表面修饰 DNA-RNA 复合体作为组装起始位点（OAS）招募 RCNMV 衣壳蛋白进行组装，形成 NP@RCNMV 复合物。用这种策略，不同组成（AuNP、$CoFe_2O_4$ 和 CdSe QD）及不同大小（3～15 nm）的纳米颗粒被成功包装，但所包装纳米材料粒径最大不超过 RCNMV 病毒衣壳的内腔直径（17 nm）（图 13-8）。

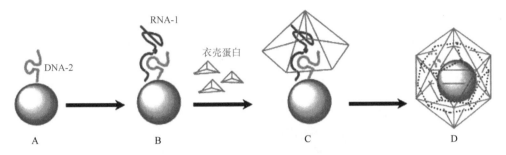

图 13-8　RCNMV 衣壳蛋白包装纳米颗粒示意图（Loo et al.，2007）

第二节　病毒及病毒样颗粒与金纳米颗粒

一、金纳米颗粒概述

金纳米颗粒（AuNP）作为一种重要的贵金属纳米材料，由于其表面效应和小尺寸效应而具有独特的化学、光学、电学性能，被广泛应用于生物标记、医学诊断、催化、精细化工、燃料电池等领域。特别是，AuNP 因其良好的生物相容性、优异的表面等离子体共振（SPR）性质和优良的催化性等在生物医学领域备受关注。

根据制备工艺的不同，AuNP 可被制备成多种形貌和尺寸，这种尺寸和形貌上的差异赋予了 AuNP 多种不同特性，可根据需求加以开发和应用。目前，最常见的 AuNP 主要有三种形貌，即球形、棒状和立方体。球形 AuNP 可通过"化学还原法"进行制备，制备工艺相对简单，可控性好，形貌均一。棒状和立方体形貌的 AuNP 主要通过"种子媒介法"进行制备，相较于球形 AuNP，其制备工艺较复杂，但其各向异性的特点可赋予其独特的光学、物理和化学性质，使其在检测及影像学等领域具有广泛的应用价值。基于现有的制备工艺，AuNP 的粒径大多分布在 10～100 nm，其表面可被含有巯基的生物小分子，如氨基酸、多肽、寡聚核苷酸等以"Au-S 键"共价偶联，为其作为载体提供了分子基础。

AuNP 拥有很强的表面修饰能力，其表面可以通过"Au-S 键"将生物分子修饰到其表面，如核酸、肽段、蛋白质等，也可以将荧光基团修饰到其表面，使其拥有荧光性质。这一特性可以使其在生物体内拥有很好的靶向能力，也可以使其为生物成像助力。同时纳米材料的表面修饰影响着细胞的内吞和外排作用。

AuNP 与 VNP 的复合物不但具备 AuNP 量子尺寸效应、表面效应等固有的光、热、电学性质，而且能够呈现 VNP 特殊的靶向性能，获得具有独特光学特征、电子特性和催化特性的 AuNP@VNP 复合纳米材料。

二、病毒及病毒样颗粒-金纳米颗粒复合物的研究进展

1. SV40- AuNP 复合物

Wang 等（2011）研究了 AuNP 的粒径和表面配体（mPEG 和 DNA）对其被 SV40 VNP 包封的影响。研究表明，AuNP 的粒径和表面修饰在 SV40 包封 AuNP 中起着复杂的作用。AuNP≥15 nm（当涂有 mPEG750 而不是 mPEG2000）或 ≥ 10 nm（当涂有 10T 或

50T 的 DNA 时）可以被封装。随着 AuNP 粒径从 10 nm 增加到 30 nm，包封效率提高。另外，当 AuNP 直径较小（10 nm 和 15 nm）时，表面带负电荷的 DNA 配体产生的静电相互作用促进了 AuNP 的包封。此外，SV40 衣壳能够携带 mPEG750 修饰的 15 nm AuNP 进入活 Vero 细胞，而 mPEG750 修饰的 15 nm AuNP 则不能单独进入细胞（图 13-9）。

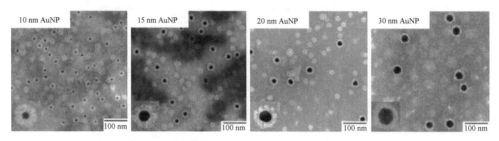

图 13-9 SV40 VNP 包封不同粒径和表面修饰的 AuNP（Wang et al.，2011）

李峰课题组与张先恩课题组合作，建立了一种普适性的蛋白质笼内生物矿化的策略，即先在 VNP 内腔包装一个预先合成的无机纳米颗粒核心，再以该核心为种子，可控地生长厚度可精细调控的同质或异质无机纳米外层（Zhang et al.，2017）。应用该策略成功地在野生型 SV40 VNP 内矿化了一系列粒径（≤10 nm）均一的 AuNP 及 Au@Ag 核壳型异质纳米颗粒。该策略克服了传统方法在蛋白质笼内直接矿化的主要局限——种子材料生成条件苛刻情况下造成蛋白质笼破坏，大大丰富了生物矿化种子材料的种类。该研究所构建的病毒纳米颗粒-贵金属杂化纳米结构可用于发展多功能纳米器件（图 13-10）。

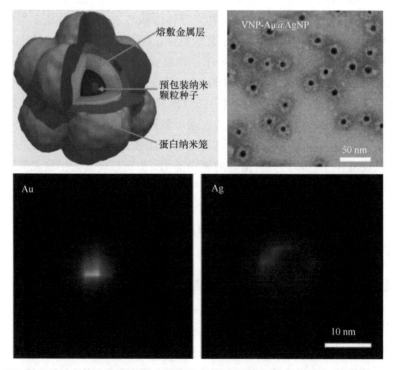

图 13-10 SV40 蛋白质纳米笼内通过生物矿化可控制备蛋白质-无机杂化纳米结构（Zhang et al.，2017）
（彩图请扫封底二维码）

Li 等以 SV40 VNP 为模板，将其与 QD 和 AuNP 整合在一起形成 Au/QD-VNP 复合材料。他们在 SV40 VNP 表面引入暴露的半胱氨酸残基，包封 QD 形成 QD-VNP，柠檬酸包被的 AuNP 通过"Au-S 键"与 VNP 表面的半胱氨酸残基结合（Li et al.，2011b）。通过控制 QD-VNP 与 AuNP 的加入摩尔比，可获得一系列一个 QD 核心围绕不同数目 AuNP（1、3、5、6、8、10、12）的复合材料（图 13-11）。

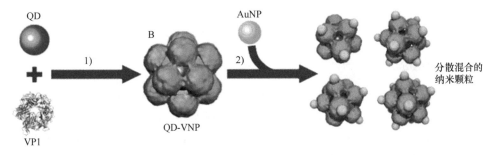

图 13-11　Au/QD-VNP 复合材料的组装过程（Li et al.，2011b）

为了精确控制 VNP 上结合的 AuNP 数量，Li 等建立了一种获得单功能化蛋白质纳米笼的方法。通过基因工程技术，将一种功能形式（半胱氨酸）和一种纯化形式（组氨酸标签）整合到 SV40 VNP 的构建块（5hc VP1）中（Li et al.，2011a）。当存在 CdSe@ZnS QD 时，在功能型 VP1 和纯化型 VP1 以最佳比例组合后，借助于组氨酸标签的纯化形式，通过常规亲和层析容易获得单功能化纳米笼（QD-mf VNP）。在该体系中，11 个纯化型 VP1 五聚体与一个功能型 VP1 五聚体自组装形成 SV40 VNP，在其内部包封一个 CdSe@ZnS QD，同时通过半胱氨酸，可与一个 AuNP 相结合，形成一个 QD 和一个 AuNP 组成的异质结（图 13-12）。

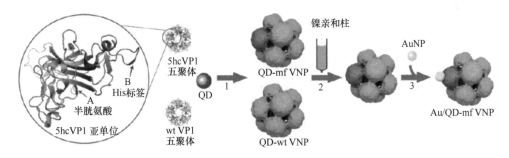

图 13-12　Au/QD-mf VNP 的组装过程（Li et al.，2011a）

Li 等进一步研究了 Au/QD-VNP 复合材料的组成与结构，发现复合材料的核心可以是 AuNP，也可以是 CdSe@ZnS、Ag_2S 等其他纳米颗粒，即 VNP 核心所包装的纳米材料具有种类可调性。通过双（对-磺酰苯基）苯基膦化二钾盐[Bis-p-（slufonatophenyl）phenylphosphine，BSPP]表面修饰的 AuNP 能够与野生型 SV40 VNP 更好地结合，通过调节带负电的 AuNP 与 SV40 VNP 外表面带正电荷氨基酸之间的静电相互作用，可以很容易地将 SV40 VNP 外表面的 AuNP 数目从 17 个调整到 27 个（Li et al.，2012）（图 13-13）。

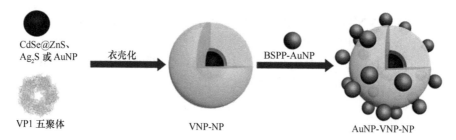

图 13-13　SV40 VNP 核心纳米材料种类可调性及表面 AuNP 数目的可调性（Li et al.，2012）

2. Alphavirus-AuNP 复合物

α 病毒（Alphavirus）是小的二十面体囊膜病毒，可导致人类和家畜发病。由于其高效的体外自组装特性，核心样 α 病毒颗粒成为生物纳米技术应用的良好候选物。Goicochea 等（2007）利用 α 病毒核衣壳包封不同表面修饰的 AuNP。研究表明，功能化的 AuNP 可以用作模板来促进动物病毒衣壳蛋白的自组装。对于直径为 18.7 nm 的核心纳米粒子，已获得 62% 的最大包封率。α 病毒核衣壳包封的 AuNP 纳米颗粒形成的复合物在储存时比单独的 α 病毒核衣壳更稳定。电荷中和是必要的，但不足以驱动 AuNP-VNP 的组装，这与之前研究的未转化植物病毒不同（图 13-14）。

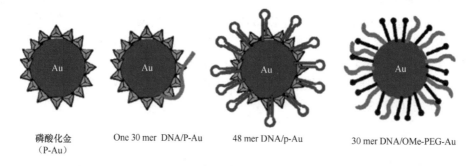

磷酸化金　　　One 30 mer DNA/P-Au　　　48 mer DNA/p-Au　　　30 mer DNA/OMe-PEG-Au
（P-Au）

图 13-14　α 病毒核衣壳蛋白包封不同表面修饰的 AuNP（Goicochea et al.，2007）

3. MS2-AuNP 复合物

Capehart 等（2013）在 MS2 VNP 内部包装一个 10 nm AuNP，外表面连接荧光染料，研究染料与 AuNP 之间的荧光共振能量转移。通过使用不同长度的 DNA（3 bp、12 bp、24 bp 核苷酸）调节染料分子与蛋白质笼内腔 AuNP 表面之间的距离，发现荧光强度分别增加了 2.2 倍、1.2 倍、1.0 倍，展示出距离依赖的荧光强度增强效应。这些工作表明，蛋白质笼是理想的合成多模块杂化纳米材料的模板，并可以很好地探索功能模块之间的纳米光子学特性（图 13-15）。

4. BMV-AuNP 复合物

Dragnea 等（2003）开发了 BMV 衣壳蛋白包封 AuNP 的方法：先在体外环境下使 BMV 解离，释放内部 RNA，得到 BMV 衣壳蛋白单体，之后通过使用柠檬酸和单宁酸的方法获得带负电的 AuNP，再用带负电的 AuNP（2.5～4.5 nm）与 BMV 衣壳蛋白进行重组，获得 AuNP@BMV VLP。只是通过这种方法包封效率较低，仅 2%。

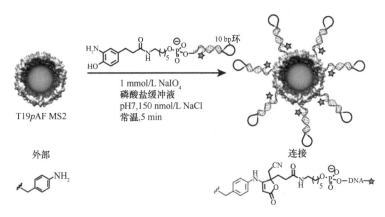

图 13-15　内部包封 AuNP 的 MS2 VNP 与外表面荧光染料
之间的荧光共振能量转移（Capehart et al.，2013）

Chen 等（2006）利用表面功能化的 AuNP 模拟天然病毒核酸成分，通过静电相互作用启动 BMV VLP 的组装，将 AuNP 封装在 BMV VLP 中。研究表明，与柠檬酸盐包覆的 AuNP 相比，TEG 包覆的 AuNP 诱导 BMV 衣壳蛋白自组装形成 AuNP@VLP 复合物的效率更高，包封率高达 95%。而且，AuNP@VLP 复合物具有与天然病毒衣壳相似的 pH 介导的膨胀转变特性（图 13-16）。

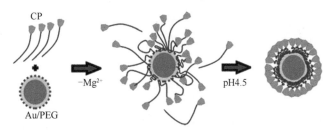

图 13-16　TEG 包覆的 AuNP 诱导 BMV 衣壳蛋白自组装形成
AuNP@VLP 复合物（Chen et al.，2006）

Sun 等（2007）利用电子显微镜和图像重建技术，对从 BMV 衣壳蛋白和 AuNP 中获得的 VLP 的结构进行了研究。通过改变 AuNP 的直径，BMV 衣壳蛋白可以包封 AuNP 组装形成 $T=1$、$T=2$、$T=3$ 的正二十面体结构，与细胞中发现的三类病毒颗粒相似。研究还发现，一个完整的衣壳所需的亚基数量随着核心直径的增加而增加，包封效率与 AuNP 及衣壳蛋白亚基的数量有很大关系（图 13-17）。

Daniel 等（2010）研究了表面电荷对 BMV 衣壳蛋白包装 AuNP 的影响。通过将两种巯基化的配体（TEG-COOH 和 TEG-OH）以不同的比例与 AuNP 混合，可以连续地改变 AuNP 表面的电荷密度。BMV VLP 对这样的 AuNP 包装时，展现出表面电荷密度低于临界值的纳米材料不能被包装的现象，即存在一个临界电荷密度，在这个临界电荷密度下，VNP 的组装效率接近于零，即使总电荷足以完全中和完整衣壳的氨基端尾（图 13-18）。

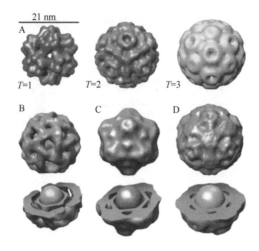

图 13-17　BMV 衣壳蛋白包封 AuNP 形成 T=1、T=2、T=3 的正二十面体结构（Sun et al.，2007）

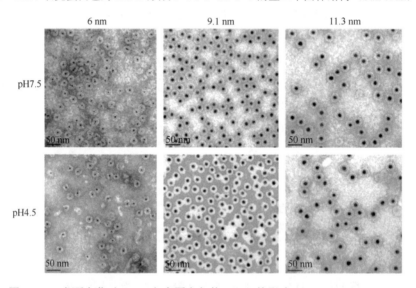

图 13-18　表面电荷对 BMV 衣壳蛋白包装 AuNP 的影响（Daniel et al.，2010）

　　Tsvetkova 等（2012）研究了外界条件对 BMV 衣壳蛋白包封 AuNP 的影响。研究表明，BMV 衣壳蛋白对 AuNP 的包封具有缓冲液条件依赖的特性，在高 pH、低离子强度缓冲液中，BMV 衣壳蛋白在 AuNP 表面表现为简单的朗缪尔吸附；在低 pH、低离子强度时，衣壳蛋白重新排列在 AuNP 上，形成有序的衣壳结构（图 13-19）。

5. CCMV- AuNP 复合物

　　Liu 等（2016）利用 CCMV 衣壳蛋白实现了对不同粒径不同表面修饰的 AuNP 的包装，根据所包装颗粒——AuNP 的粒径，可形成 T=1、T=2、T=3 的正二十面体结构。研究表明，粒径为 7 nm 的 AuNP 与 T=1 的 CCMV 衣壳较匹配，包封效率较高，而粒径为 12 nm 的 AuNP 与 T=2 的 CCMV 衣壳蛋白组装效率较高，进一步将 AuNP 尺寸增加

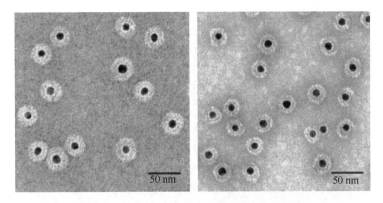

图 13-19　BMV 衣壳蛋白对 AuNP 的包封具有缓冲液条件依赖的特性（Tsvetkova et al.，2012）

到 17 nm，可形成 T=3 的粒子并提高了封装效率。此外，与柠檬酸和单宁酸修饰的 AuNP 相比，BSPP 修饰的 AuNP 几乎不显示任何没有金核的蛋白质笼，表明 BSPP 是一种将 AuNP 更有效地稳定在 CCMV 蛋白质笼中的模板（图 13-20）。

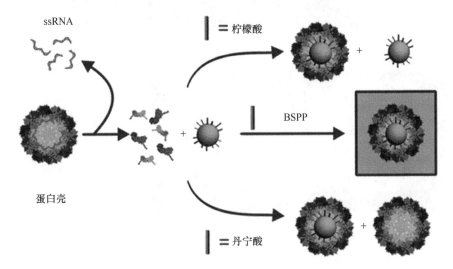

图 13-20　CCMV 对不同表面修饰的 AuNP 的包装（Liu et al.，2016）

6. CPMV- AuNP 复合物

Wang 等（2002）在 CPMV 纳米颗粒外表面进行了一系列的位点特异性修饰，他们利用直径为 1.4 nm 的单马来酰亚胺基团修饰的 AuNP 与 CPMV 表面的半胱氨酸残基通过巯烯点击化学反应相结合，使 AuNP 在 CPMV 表面均匀分布（图 13-21）。

Chatterji 等（2005）通过基因工程手段在 CPMV 衣壳蛋白上不同部位的 6 个组氨酸残基引入 His 标签，获得了 5 个不同的 His 标签的突变体。这些突变体对镍的结合表现出不同的亲和力，CPMV 表面的带电情况可以通过调节表面 His 标签的质子化状态改变。同时在 AuNP 表面修饰上 Ni-NTA，使其与 CPMV 表面的 His 标签相互作用而形成 AuNP 的三维模式化分布（图 13-22）。

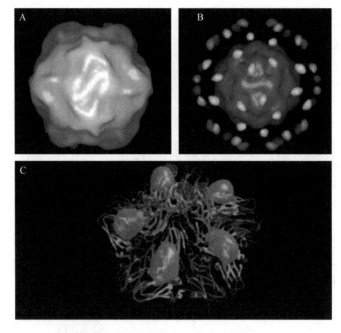

图 13-21　AuNP 在 CPMV 表面均匀分布（Wang et al.，2002）（彩图请扫封底二维码）

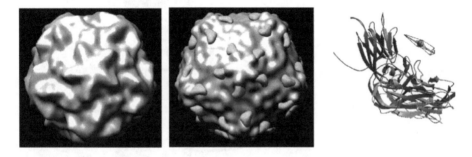

图 13-22　CPMV 表面的 His 标签与 Ni-NTA 修饰的 AuNP 相结合（Chatterji et al.，2005）
（彩图请扫封底二维码）

　　Blum 等（2004）利用 CPMV 三种不同的半胱氨酸突变体（BC、EF 和 DM）作为
支架，通过在 CPMV 上特定位置的"Au-S 键"结合 2 nm 和 5 nm 的 AuNP，产生特定
的粒间距离结构。在 BC 突变体中（图 13-23A），一个单一的半胱氨酸被添加到每个亚
基上，这样插入的残基非常接近二十面体的五倍对称轴。基于半胱氨酸之间距离的简单
几何考虑表明，每个轴上只有一到两个 5 nm 的粒子可以结合，从而限制了结合粒子的
最大数量。在 EF 突变体（图 13-23B）中，在半胱氨酸间隔 7～8 nm 的位置处添加一个
单一的半胱氨酸，允许 5 nm 的金纳米颗粒进入所有 60 个位点，并产生不同的结合模式。
在 DM 突变体（图 13-23C）中，向每个亚基添加两个半胱氨酸，使得半胱氨酸再次均
匀分布在衣壳上，但其近邻距离比 EF 突变体短，允许 120 个直径为 2 nm 的金纳米颗粒
结合。这三个突变体证明，可以最终控制与病毒结合的 AuNP 的数量：既可以通过多重
突变改变表面上可用的硫醇基团的数量（就像 DM 突变体一样），也可以通过改变表面
巯基之间的距离来控制病毒结合的 AuNP 的数量（如 BC 突变体）。

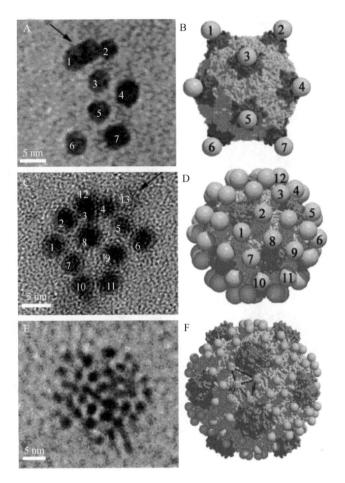

图 13-23　CPMV 特定位置通过"Au-S 键"结合 2 nm 和 5 nm 的 AuNP（Blum et al.，2004）

（彩图请扫封底二维码）

进一步，他们研究了两种不同的 CPMV 突变体（EF 和 DM），EF 突变体有一个单一的半胱氨酸（图 13-24B）作为 GGCGG 环插入到蛋白质亚基中，而 DM 突变体（图 13-24C）在每个亚基上插入两个半胱氨酸，分别取代了 235 与 2319 位的丙氨酸和谷氨酸残基（Blum et al.，2005）。用 5 nm 的 AuNP 与 EF 突变体相结合，而用 2 nm 的 AuNP 与 DM 突变体相结合。进一步，用两个含有巯基的线性分子 1,4-C_6H_4[*trans*-(4-$AcSC_6H_4C\equiv CPt$-(PBu_3)$_2C\equiv C$)$_2$（di-Pt）和寡聚亚苯基亚乙烯（oligo phenylene vinylene，OPV）将 CPMV 表面的 AuNP 连接到一起，形成传导网络，用于构建纳米级高密度存储装置（图 13-24）。

7. RCNMV-AuNP 复合物

Loo 等（2006）开创了利用 RCNMV 基因组序列作为组装起始位点包封 AuNP 的研究。在 AuNP 表面修饰上一段编码 20 个碱基的 DNA 序列，再用一段短 RNA 序列与 DNA 特异性结合，将其作为组装起始位点，招募 RCNMV 衣壳蛋白进行组装，形成 AuNP@RCNMV 复合物。此外，AuNP 的封装还与其尺寸有关。冷冻重建结果表明，

RCNMV 的内笼直径为 17 nm。通过这种策略,用 5 nm、15 nm 和 20 nm AuNP 与 RCNMV 进行组装,只有 5 nm 和 15 nm 的 AuNP 被成功包封,而尺寸大于内笼直径的 AuNP 则不能被有效包封(图 13-25)。

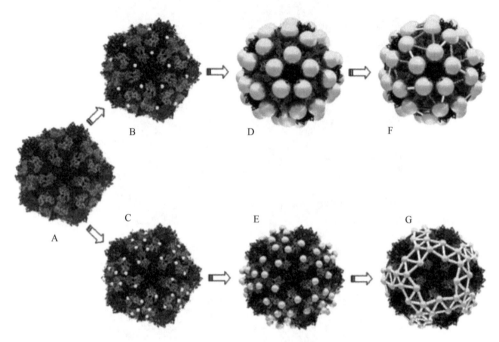

图 13-24　CPMV 表面的 AuNP 与分子导线连接构建高密度存储装置(Blum et al.,2005)
(彩图请扫封底二维码)

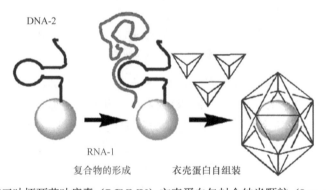

图 13-25　红三叶坏死花叶病毒(RCNMV)衣壳蛋白包封金纳米颗粒(Loo et al.,2006)

第三节　病毒及病毒样颗粒在磁共振成像中的应用

一、磁共振成像概述

磁共振成像(magnetic resonance imaging,MRI)作为一种较新的医学成像技术,是利用生物体不同组织中水分子质子在外加磁场影响下产生不同的共振信号进行成像的,目前已广泛应用于医学领域,成为临床诊断的重要工具之一。

1. 磁共振成像概念

MRI 是断层成像的一种，它利用原子核自旋运动的特点，在外加磁场内经射频脉冲激发后产生信号，用探测器捕捉电磁信号，经计算机处理转换后获得生物体解剖结构信息和生理信息。

2. 磁共振成像的优势

MRI 作为一种非侵入性成像手段，具有较高的软组织对比度与空间分辨率，对直肠、骨、关节、肌肉等部分的成像效果比 CT 成像效果好，可以清晰分辨出皮质和髓质。MRI 使用非电离辐射，照射能量低，对人体没有辐射的伤害，副作用较小。通过调节磁场自由选择所需剖面，如对于脊髓可以得到横断面、矢状面和冠状面成像，CT 只能获得横断面成像，因此 MRI 能得到其他成像技术不能接近或难以接近部位的图像。原则上所有自旋量子数不为零的核元素都可以用以成像，如氢（H）、碳（C）、氮（N）、磷（P）等。在单一检查中，MRI 具有其他成像技术无法比拟的优势，其不仅能够获得解剖结构的信息图像，而且可以获得各种生理参数信息。尽管 MRI 具有诸多优点，但也存在灵敏度较低的问题。

3. 磁共振成像的基本原理

磁共振成像利用外加磁场使原子磁矩具有相同的极化方向，接着引入磁场脉冲观察原子磁矩对磁场的反应。在无外加磁场的情况下，氢核本身会有一个电磁动量（ω_0），会与中心轴线偏斜一个角度。当有外加磁场作用时，氢核会吸收能量，而磁化强度的方向会开始转变为与磁场方向相同；当外加磁场消失后，氢核释放出能量，磁化强度的方向又会慢慢恢复到原来的位置，这个过程的变化可透过信号收集器并转换成影像呈现。

在 MRI 中，正常的对比度主要取决于质子自旋密度和纵向（T_1）及横向（T_2 与 T_2^*）的弛豫时间（relaxation time）。信号的强弱取决于组织内水的含量和水质子的弛豫时间。磁共振成像因为信号不同而有强弱之分，其中与弛豫速率的关系最为密切。一般来说，处于平衡状态的系统在受到外界刺激或压力时，都会产生系统响应。但当刺激消失后，系统都要恢复到原始平衡状态，系统从激化状态恢复到平衡状态的过程就叫弛豫过程（relaxation process）。通常将纵向磁化强度（M_z）的恢复称为纵向弛豫（longitudinal relaxation），它是自旋-晶格弛豫的反映，因此又称之为 T_1 弛豫。横向磁化强度（M_{xy}）的消失过程就是横向弛豫（transverse relaxation），它是自旋-自旋弛豫的反映，因而又称之为 T_2 弛豫。

不管是 T_1 弛豫时间还是 T_2 弛豫时间，其本身的倒数称为弛豫率（relaxivity），分别以 r_1 和 r_2 表示。T_1 弛豫时间与 T_2 弛豫时间的单位是 s，而 r_1 与 r_2 的单位通常以摩尔浓度与秒乘积的倒数（L/mol·s）表示。由于浓度不同时会得到不同的 T_1 弛豫时间和 T_2 弛豫时间，因此，要将浓度因素的影响考虑进来。

磁共振成像用于生物医学的诊断和治疗时，一般使用加权成像（weighted image）将磁共振信号可视化输出。由于 T_1 与 T_2 是时间参数，从数字辨别信号的差异不够方便和直观，透过影像可以比辨别时间参数更容易判断疾病等的状况，因此，将 T_1 与 T_2 转换成影像参数就变得非常有必要。磁共振成像的图像加权分为 T_1 加权成像（T_1-WI）和 T_2 加权成像（T_2-WI）两种，如主要突出各组织成分中 T_1 之间差异的图像，即 T_1 加权图像，突出 T_2 权重的图像，即 T_2 加权图像。

在 T_1 加权图像中，由回波信号强度表达式 Sec（TE，TR）$=k \cdot N$（H）$\cdot$（$1-e^{-TR/T_1}$）可知，如果组织或器官的 T_1 短，则磁共振信号强度强，图像会变得白亮；如果组织器官 T_1 长，则磁共振信号强度弱，图像就会变得黑暗；而在 T_2 加权图像中，由回波信号强度表达式 Sec（TE，TR）$= k \cdot N$（H）$\cdot e^{-TE/T_2}$ 可知，如果组织或器官 T_2 长则磁共振信号强度强，图像就变得白亮；如果组织或器官 T_2 短，则磁共振信号强度弱，图像则变得黑暗。综上可以得出结论：生物体内部凡是有水分子存在的空间，就能通过磁共振成像形成加权图像；由于生物体内组织的结构不同，弛豫时间及释放的能量也就不同，从而加权拟合后形成黑白灰阶度不同的磁共振图像。

4. 磁共振成像造影剂

磁共振成像造影剂（contrast agent，CA）借由本身的磁学性质改变特定组织内水分子的弛豫时间、增加与其他组织间弛豫时间的差异性、增加信号强度的差别、增加不同组织和结构间的明暗对比，可以使得病变组织与其外围环境间的对比更明显，以达到突显组织间界限的目的。适合生物医学应用的磁共振成像造影剂需要满足以下条件：①无毒性或者副作用很小；②具有顺磁性或超顺磁性，低剂量即可有效增加影像对比；③在体内能够稳定存在，不易分解；④在体内有适当的循环时间并且在一定时间后能排出体外。

根据显像特点，可以将磁共振成像造影剂分为正相造影剂和反相造影剂。前者会使影像对比比正常状态更为明亮，而后者则使影像变灰暗。由于正相造影剂主要影响 T_1 值的变化，而反相造影剂主要影响 T_2 值的变化，因此，正相造影剂也称为 T_1 造影剂，反相造影剂又称为 T_2 造影剂。

1）常见的 T_1 造影剂

T_1 造影剂大多数为具有顺磁性的过渡金属或镧系金属离子的配合物，如 Gd（Ⅲ）配合物、Dy（Ⅲ）配合物和 Mn（Ⅱ）配合物等。目前临床上获得批准的造影剂分别为 Magnevist、Multi Hance、Omniscan、Opti MARK、Pro Hance、Gadovist、Dotarem，均为 Gd（Ⅲ）配合物。虽然 Gd^{3+} 具有 7 个未成对电子，具有很高的顺磁性和相对较长的弛豫时间，但 Gd^{3+} 是重金属离子，毒性较大。与有机配体形成热动力学稳定性很高的配合物可以有效避免 Gd^{3+} 游离出来，进而降低其毒性。以 DOTA 和 DTPA 为基本骨架进行化学修饰的 Gd（Ⅲ）配合物造影剂成为 T_1 造影剂发展的主流。含有 Gd 的造影剂可以缩短相邻水分子中质子的 T_1（纵向）和 T_2（横向）弛豫时间，这些效应增强了 T_1 加权图像的信号强度，并减弱了 T_2 加权图像的信号强度。

2）常见的 T_2 造影剂

T_2 造影剂主要是氧化铁（Fe_3O_4、γ-Fe_2O_3）纳米粒子。氧化铁类核磁共振造影剂有两种类型：超顺磁性氧化铁（SPIO）和超小超顺磁性氧化铁（USPIO）。超顺磁性氧化铁（粒径小于 30nm）作为 T_2 造影剂的典型代表，已经临床使用多年，如进行肝造影、追踪成像等的 Feridex IV、Resovist、Lumirem。尺寸效应是影响磁性纳米粒子弛豫率、组织分布和体内循环时间的重要因素。相同情况下，粒径越大的磁性纳米粒子的磁矩就越大，成像效果就越明显。SPIO 在体内主要分布在肝和脾等组织，易被巨噬细胞吞噬。

二、VNP/VLP 与 T_1 造影剂

1. CCMV-Gd^{3+} 复合物

基于 Gd^{3+} 的磁共振成像造影剂近年来吸引了大量研究者的兴趣。多种多样的大分子（聚合物、树枝状分子、脂质体等）被用来装载 Gd^{3+}，期望在单个分子中装载尽可能多的 Gd^{3+}，以增加成像的弛豫率。蛋白质笼结构由于其可控的自组装、庞大的载物内腔、修饰位点空间可寻址性等，成为装载 Gd^{3+} 的理想载体。

Allen 等（2005）利用 CCMV VNP 内腔固有的 Ca^{2+} 结合位点捕获 Gd^{3+}，获得 CCMV-Gd^{3+} 复合物。CCMV 晶体结构数据表明，在病毒离子的伪三倍轴的亚基之间的界面上存在 180 个金属结合位点，Ca^{2+} 的存在对于 CCMV VNP 的组装和稳定具有重要作用。在接近中性的 pH 下，从这些部位去除 Ca^{2+} 会引起结构转变，导致病毒粒子膨胀（门控），使蛋白质笼的直径增加约 10%。他们利用这一特性，用 Gd^{3+} 代替 Ca^{2+}，测得 Gd^{3+} 与 CCMV 的解离常数（Kd）为 31 μmol/L。CCMV-Gd^{3+} 复合物在 61 MHz 拉莫尔频率下，T_1 和 T_2 弛豫效率分别为 202 L/(mmol·s) 和 376 L/(mmol·s)。这一结果有助于进一步研究如何利用病毒纳米颗粒作为磁共振成像造影剂。

2. P22-Gd^{3+} 复合物

P22 噬菌体在大肠杆菌中的重组表达需要外壳蛋白和支架蛋白的共表达以进行自组装。这种 P22 VLP 能够转化成一系列不同的形态，包括含有支架蛋白的前壳形态（PC）、除去支架蛋白的空壳形态（ES）、膨胀形态（EX）和除去所有 12 个五聚体的威浮球（Wiffleball）结构。EX 形态最接近于含有 DNA 遗传物质的形态。可通过使用盐酸胍从 PC 形态去除支架蛋白，然后在 65℃加热，产生 P22 外壳的 EX 形态。

Qazi 等利用基因修饰的 P22 "威浮球" 颗粒（P22 WB VNP）装载 Gd-DTPA 配合物作为 T_1 磁共振成像造影剂。P22 WB VNP 上有 10 nm 左右的孔，有利于 VNP 内外进行物质交换，且整个颗粒直径达 64 nm，每个 P22 VNP 内腔可装载高达 1900 个 Gd^{3+} 配合物，在 298 K 28MH_2 T 下，弛豫率达 41 300 L/(mmol·s)（图 13-26）。

Lucon 等（2012）利用 EX 形式的 P22 噬菌体，通过原子转移自由基聚合反应（atom transfer radical polymerization，ATRP）将聚合物限制在 P22 VNP 内，形成一种新的高密度递送载体。进一步，通过 NHS 活性酯法与 Gd-DTPA 配合物结合，构建了基于 P22 的 T_1 磁共振成像造影剂（图 13-27）。

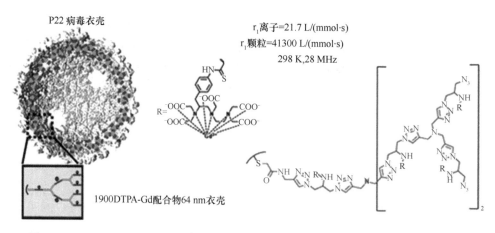

图 13-26　P22 WB VNP 装载 Gd³⁺配合物作为 T_1 磁共振成像造影剂（Qazi et al.，2013）

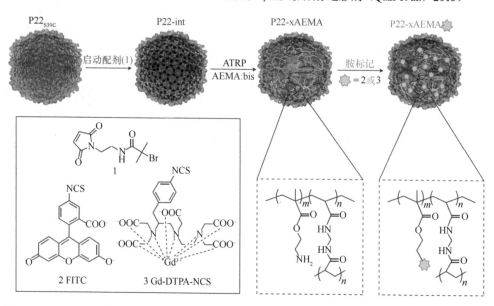

图 13-27　P22 VNP 内腔表面通过 ATRP 反应高密度负载 Gd-DTPA 配合物（Lucon et al.，2012）

Min 等（2013）利用 P22 病毒衣壳和铁蛋白分别与 Gd 配合物结合作为 T_1 磁共振成像造影剂，系统地研究了蛋白质笼的大小和 Gd 配合物的结合位置对磁共振弛豫性能的影响。与游离的 Gd 配合物和 Gd 配合物与铁蛋白（外径 12 nm）的复合物相比，Gd 配合物与 P22 病毒衣壳（外径 64 nm）结合后弛豫率显著增加，表明大尺寸的 P22 病毒衣壳表现出高得多的弛豫率，导致更高的 T_1 弛豫率。此外，当 Gd 配合物附着在 P22 病毒衣壳的内表面或外表面，测得弛豫率相似，表明结合位置对弛豫率没有太大的影响。通过体外磁共振成像，Gd(III)-DTPA 结合的 P22 K118C WB 在短时间内显示出最亮的图像。进一步通过对小鼠的血管（包括颈动脉、乳腺动脉、颈静脉和头部的浅表血管）成像，证明了 Gd 配合物结合的 P22 病毒衣壳可以作为潜在的体外或体内磁共振成像造影剂（图 13-28）。

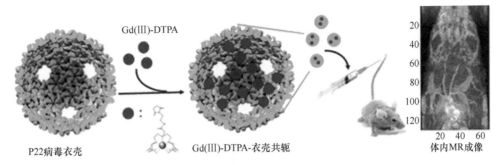

图 13-28　P22 病毒衣壳和铁蛋白分别与 Gd 配合物结合作为 T_1
磁共振成像造影剂（Min et al.，2013）

3. MS2-Gd^{3+}复合物

Datta 等（2008）在不含核酸的 MS2 噬菌体内表面和外表面分别共价连接羟基吡啶钆配合物（Gd-HOPO），制备高弛豫率的病毒纳米磁共振成像造影剂。他们利用 MS2 外表面赖氨酸残基与 Gd-HOPO 共价连接，而内部修饰则是通过与相对刚性的酪氨酸残基共价偶联 Gd-HOPO 来实现。研究表明，与外表面修饰相比，内表面修饰 Gd-HOPO 的 MS2 病毒纳米颗粒具有更高的弛豫率（高达 41.6 L/(mmol·s)，60 MHz，25℃）（图 13-29）。

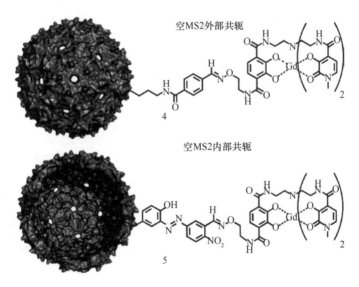

图 13-29　MS2 噬菌体内表面和外表面共价连接羟基吡啶钆配合物（Datta et al.，2008）

为了进一步提高 Gd-MS2 纳米复合材料的弛豫率，Garimella 等（2011）开发了一种新的连接方法，通过柔性和刚性连接基团将 Gd-HOPO 连接到 MS2 内表面的半胱氨酸残基上，研究表明，与柔性连接基团相比，通过刚性连接基团制备的 Gd-MS2 纳米复合材料具有更高的弛豫率（图 13-30）。

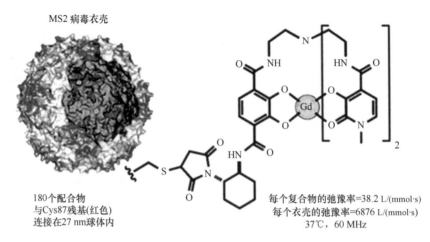

MS2 病毒衣壳

180个配合物
与Cys87残基(红色)
连接在27 nm球体内

每个复合物的弛豫率=38.2 L/(mmol·s)
每个衣壳的弛豫率=6876 L/(mmol·s)
37℃，60 MHz

图 13-30　MS2 噬菌体内表面通过柔性和刚性连接基团共价连接羟基吡啶钆配合物
（Garimella et al.，2011）（彩图请扫封底二维码）

4. TMV- Gd³⁺复合物

Bruckman 等（2013）利用 TMV 的内表面和外表面共价连接顺磁性钆配合物，制备了基于植物病毒纳米颗粒的 MRI 造影剂。他们利用棒状 TMV 纳米颗粒（300 nm×18 nm）在内表面（iGd-TMV）和外表面（eGd-TMV）分别选择性地装载 3500 个和 2000 个 Gd（DOTA）。内外表面特定的修饰是通过 TMV 表面上的酪氨酸或羧酸侧链来实现的。研究表明，相对于单独的 Gd（DOTA），Gd-TMV 复合纳米材料弛豫率明显提高，而且内表面修饰的 iGd-TMV 比外表面修饰的 eGd-TMV 具有更高的弛豫率。此外，内表面标记 Gd（DOTA）的 TMV 棒状纳米颗粒可以发生热转变，形成 170 nm 大小的球形纳米颗粒，每个球形纳米颗粒包含大约 25 000 个 Gd 配合物，其弛豫率也比杆状结构 iGd-TMV 更高。该工作为 TMV 作为 MRI 造影剂的应用奠定了基础（图 13-31）。

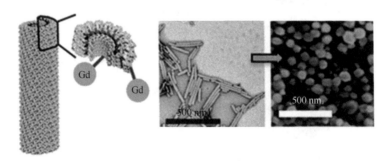

图 13-31　利用 TMV 的内表面和外表面共价连接顺磁性钆配合物（Bruckman et al.，2013）

三、VNP/VLP 与 T_2 造影剂

1. SV40- MNP 复合物

Enomoto 等（2013）利用 SV40 衣壳蛋白 VP1 包裹 MNP，成功将 8 nm、20 nm 和

27 nm 的 MNP 封装在 SV40 VNP 中。进一步，将表皮生长因子（EGF）与 MNP@ SV40 VNP 复合物通过含 N-羟基琥珀酰亚胺酯和马来酰亚胺基团的异双功能交联剂 SM(PEG)$_2$ 共价连接到一起，获得体液中具有良好单分散性的多功能纳米颗粒。研究表明，该纳米材料复合物对 EGF 受体过表达的肿瘤细胞具有良好的靶向性，有望进一步用于磁共振成像。

2.VP4- MNP 复合物

张智军课题组利用轮状病毒蛋白 VP4 修饰 Fe$_3$O$_4$ 纳米粒子，制备了集磁共振成像/荧光成像和药物输送为一体的多功能纳米平台（Chen et al.，2012）。他们首先通过大肠杆菌表达系统获得了 VP4 蛋白，并将其修饰到羧基化的 Fe$_3$O$_4$ 磁性纳米粒子上，形成功能蛋白 VP4 包覆的 Fe$_3$O$_4$ 复合纳米粒子（VP4-Fe$_3$O$_4$）。进一步，他们利用 VP4 表面的羧基将抗癌药物阿霉素（DOX）共价偶联到 VP4-Fe$_3$O$_4$ 上，成为集生物成像、靶向输运及治疗为一体的新型纳米载药系统。根据普鲁士蓝染色及磁共振成像结果，与常见的葡聚糖或白蛋白修饰的 Fe$_3$O$_4$ 磁性纳米粒子相比，VP4-Fe$_3$O$_4$ 可以更有效地进入 MA104 和 HepG2 细胞中，显示出优异的细胞磁共振标记能力。他们研究还发现，装载 DOX 的 VP4-Fe$_3$O$_4$ 纳米载体对肿瘤细胞 HepG2 具有更强的杀伤效果（与正常细胞 MA104 相比）。该研究制备的多功能纳米药物载体具有良好的生物相容性和生物可降解性，而且集多模式成像、药物输运与治疗于一体，在生物医学领域具有广泛的应用前景（图 13-32）。

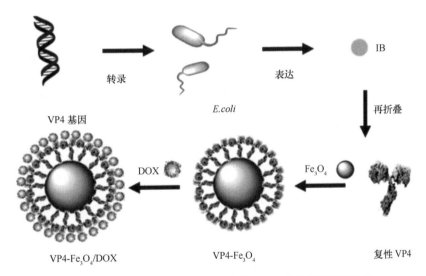

图 13-32　轮状病毒外壳蛋白 VP4 修饰 Fe$_3$O$_4$ 纳米粒子用于生物成像及药物输运的研究（Chen et al.，2012）

3. CPV VP2- MNP 复合物

超顺磁性氧化铁纳米材料由于其比表面积较大，在生理条件下极不稳定，容易聚集。为提高其稳定性，实现磁性纳米材料的临床应用，需要对其进行表面修饰。中国农业科学院兰州兽医研究所郭慧琛课题组与中国科学院苏州纳米技术与纳米仿生研究所张智军课题组合作, 开展了 CPV VLP 包裹 MNP 用于靶向性和磁共振成像的研究 (Ma et al., 2016)。他们开发了一种以石墨烯量子点 (GQD) 为载体的氧化铁纳米粒子的制备方法, 一步法合成 FeGQD。利用大肠杆菌表达系统制备可溶性的 CPV VP2 衣壳蛋白, 并在体外自组装过程中加入 FeGQD, 获得一种集磁共振成像、靶向运输功能于一体的新型磁性复合材料——FeGQD@VP2。研究表明, 与裸 FeGQD 相比, FeGQD@VP2 纳米复合物的胶体稳定性和生物相容性显著提高。由于 CPV VP2 与宿主细胞转铁蛋白受体 (TfR) 具有相互识别的特异性, FeGQD@VP2 复合物可以很好地进入高表达 TfR 的细胞, 并具有很好的成像效果。与 FeGQD 或大多数氧化铁纳米粒子靶向肝不同, FeGQD@VP2 复合物能够特异性地靶向脾组织, 而且不会在动物体内长时间潴留, 安全性较高。经 VP2 修饰后, FeGQD@VP2 复合物不仅生物相容性提高, 弛豫率也有较大提高。结合高分辨率的磁共振成像技术, 实现了 FeGQD@VP2 在体内外的靶向性及靶细胞的可视化 (图 13-33)。

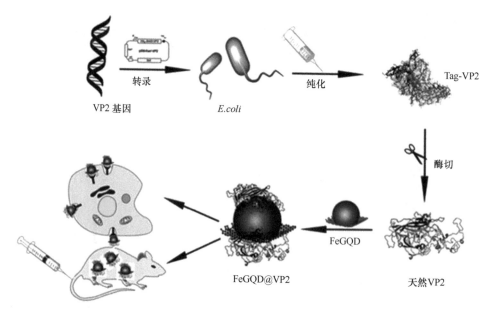

图 13-33 FeGQD@VP2 复合物的组装过程及靶向磁共振成像研究 (Ma et al., 2016)

4. P22- MNP 复合物

Reichhardt 等 (2011) 在 P22 衣壳蛋白内腔的支架蛋白上插入 ELEAE 序列, 模拟铁蛋白中 Fe_2O_3 的成核位点, 在 P22 衣壳蛋白内腔矿化形成均一的 Fe_2O_3 纳米颗粒。由于成核序列位于支架蛋白, 不影响 VNP 表面的性质与形态。

5. BMV- MNP 复合物

Huang 等 (2007) 开展了利用 BMV VLP 包封不同大小氧化铁 MNP 的研究。将 20.1 nm、10.6 nm 和 8.5 nm 球形 MNP 用端羧基聚乙二醇磷脂 (HOOC-PEG-PL) 进行修饰, 进一步用 BMV 衣壳蛋白与这些 MNP 自组装形成 BMV@MNP 复合物。直径为

10.6 nm 和 8.5 nm 的 MNP 小于 BMV 内腔的直径（18 nm），而直径为 20.1 nm 的 MNP 则大于 BMV 内腔直径。有趣的是，BMV VLP 不仅可以包封粒径小于 BMV 内腔直径的 MNP，而且可以包封粒径大于 BMV 内腔直径的 MNP，形成比天然 BMV（$T=3$）还大的颗粒结构（图 13-34）。

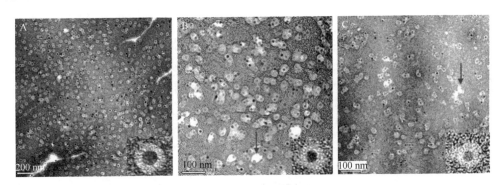

图 13-34　BMV VLP 包封不同大小氧化铁 MNP（Huang et al.，2007）

Malyutin 等（2015）利用 AuNP 包裹的 $\gamma\text{-Fe}_2\text{O}_3$ 纳米粒子作为核心，BMV 的衣壳蛋白作为外壳，制备了病毒纳米颗粒与磁性材料复合物。他们选择与病毒内腔相称的 $\gamma\text{-Fe}_2\text{O}_3$ 纳米粒子（11 nm）作为磁核，用超薄金层覆盖 $\gamma\text{-Fe}_2\text{O}_3$，实现 $\gamma\text{-Fe}_2\text{O}_3$@Au 与蛋白质之间适当的相互作用，进一步通过配体 SH-PEG-COOH 修饰在 AuNP 表面获得适当的电荷密度，最后与病毒衣壳蛋白共组装形成病毒纳米颗粒与磁性材料复合物。根据冷冻电镜和单颗粒示踪技术，在纳米材料外表面组装的 BMV 外壳与天然病毒粒子结构非常相似。磁共振成像研究表明，用 BMV 衣壳蛋白包覆 $\gamma\text{-Fe}_2\text{O}_3$@Au 后，$r_2/r_1$ 值几乎增加了两倍，达到 115.8，显示出增强的磁共振成像效果。该策略也进一步在 HBV 衣壳蛋白上取得类似的结果（图 13-35）。

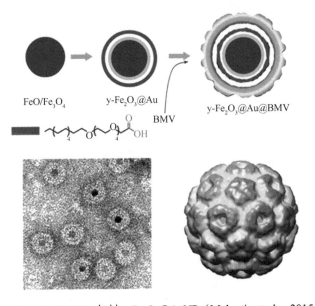

图 13-35　BMV VNP 包封 $\gamma\text{-Fe}_2\text{O}_3$@AuNP（Malyutin et al.，2015）

第四节　病毒样颗粒与多模态成像

一、多模态成像概述

1. 分子影像学

分子影像学是运用影像学方法显示组织水平、细胞水平和亚细胞水平的特定分子，反映活体状态下分子水平的变化的一门学科，并对其生物学行为在影像方面进行定性和定量研究。分子影像学是一个新兴的跨学科领域，融合了分子生物学、物理学、化学、放射医学、核医学、计算机医学等多个学科。

2. 分子影像学主要的成像方法

分子影像技术利用特异性的分子探针对活体状态下的生物过程进行细胞与分子水平的定性和定量研究，开启了影像学研究的新局面。其主要成像方法包括 5 类：①光学成像（optical imaging），包括生物发光成像、荧光成像（fluorescence imaging，FI）、光声成像（photoacoustic imaging，PAI）和光学层析成像；②放射性核素成像（radionuclide imaging，RNI），包括单光子发射计算机断层成像（singlephoton emission computed tomography，SPECT）和正电子发射断层成像（positron-emission tomography，PET）；③计算机断层成像（computed tomography，CT）；④MRI；⑤超声成像（ultrasonic imaging）。每种成像方法都有其各自的优势和不足。

1）光学成像

光学成像是一种能在亚细胞水平观察生物学过程的可视化方法，具有非电离低能量辐射、高敏感性、成像速度快、高通量、可连续实时监测等优势。随着用于标记各种生物分子和离子的荧光探针的研发，以及激光扫描共聚焦荧光显微技术的出现，研究人员可以对活细胞进行三维成像，实现对细胞内微细结构和分子的动态变化进行定性、定量、定时和定位分析，光学成像技术已经成为生物医学领域的重要研究手段。此外，光学镜头、滤光片、激光器制造技术的提高，光纤技术的发展，以及成像软件的进步使光学成像技术已从传统的显微成像发展到活体成像。

活体动物光学成像主要采用生物发光和荧光成像技术两种方式。生物发光是用萤光素酶基因标记细胞或 DNA，而荧光成像技术则采用荧光探针对观察对象进行标记。荧光成像的优点是方便、直观、标记靶点多样，易于被大多数研究人员接受，因此使用范围非常广泛。然而，由于生物体内存在大量的内源性荧光物质，它们受激发也会发出荧光，即产生非特异性荧光。因此，虽然荧光成像中的信号强度远远高于生物发光的信号强度，但非特异性荧光产生的背景噪音使活体荧光成像的信噪比远远低于生物发光，而采用不同技术对背景荧光进行分离也很难完全消除背景噪音。因此，如何消除背景荧光干扰，提高活体荧光成像的灵敏度成为亟待解决的问题。近年来发展起来的近红外荧光成像具有更强的组织穿透能力，可有效地避免生物组织的吸光和自发荧光的干扰，是当前研究的热点之一。

2）磁共振成像

MRI 具有分辨率高、软组织对比度和信噪比高的优点，患者无须暴露在电离辐射中，适用于易损斑块的诊断和斑块稳定性的评估。最常见的 MRI 造影剂是基于氧化铁纳米颗粒（T_1、T_2 加权成像）和含钆（Gd）的配合物（T_1 加权成像）。为了更好地利用其超顺磁性，氧化铁纳米颗粒的尺寸保持在 20 nm 以下。这种超顺磁氧化铁纳米颗粒（SPION）表面经葡聚糖包被可展示靶向斑块各种成分的多肽、抗体、蛋白质等。

3）放射性核素成像

核素成像中，PET 和 SPECT 与 CT 相比，可用更少量的造影剂实现更高灵敏度的成像，因此，放射性 NP 造影剂应具有循环周期长且灵敏度高的特点，以提高多模态成像分辨率。PET/MRI 是表征易损斑块的常用方法，通常需要用 ^{64}Cu 或 ^{89}Zr 标记的葡聚糖包裹氧化铁纳米颗粒。

4）计算机断层成像

CT 可实现整个心脏、冠状动脉和钙化斑块的快速、高分辨率图像采集。碘化聚合物胶束是用于脉管系统可视化的主流造影剂，它比自由分子在体内循环时间长。近年来报道的金纳米颗粒靶向动脉粥样硬化斑块中，Chhour 等（2016）并没有将 AuNP 直接注入血液中，而是用 AuNP 标记原代单核细胞，然后将这些 AuNP 标记的单核细胞转移到 $ApoE^{-/-}$ 小鼠中追踪它们向斑块的迁移率。结果显示金标记的单核细胞募集到斑块中，实现了将纳米颗粒注射到 $ApoE^{-/-}$ 小鼠中完成 CT；Damiano 等（2013）研发的金纳米颗粒-重组高密度脂蛋白（Au-rHDL）造影剂，可通过光谱 CT 系统检测 $ApoE^{-/-}$ 小鼠斑块的巨噬细胞负荷，斑块的钙化和狭窄。

5）超声成像

传统的二维超声检查可快速测量颈动脉斑块的大小、内中膜厚度、甚至斑块表面的溃疡和出血，但仍缺乏对斑块成分定性和定量的分析，并且检查结果易受到操作者经验及熟练度等因素影响。由于超声造影剂微泡的大小类似于人体红细胞，具有红细胞的血流动力学特征，它可顺利进入颈动脉斑块微血管内使其快速显像。超声成像的目的是将这些微泡特异性附着到相关靶标上，从而实现分子水平的超声成像。

3. 多模态成像的优势

理想的分子影像技术应该能够同时提供生物过程的解剖结构水平、功能代谢水平、生理病理水平和分子细胞水平的信息，但目前还没有一种成像技术能够同时具备上述功能。单一的显像方法往往存在局限性，难以同时满足对灵敏度、特异性、靶向性等的要求。多模态分子影像中的分子探针能同时进行多种方式的显像，克服了单一成像方式的不足，实现了优势互补，拓宽了分子影像技术的应用范围。多模态分子成像分为直接成像和间接成像，均需构建相应的分子探针。直接成像指标记探针直接与目标靶特异性结合达到成像的目的，直接成像的多模态探针需要针对一个目标靶向蛋白连接不同的成像功能基团，此方法需要对每一个靶构建相应的探针，且受到偶联位点数目的限制。间接成像指通过报告探针对报告基因表达产物进行特异性的捕获而成像。整合多种分子影像技术优势，发展多模态融合的分子影像技术已成为当前分子影像领域研究的热点和发展趋势。

二、VNP/VLP 在多模态成像中的应用

随着纳米探针的设计和成像技术的不断进步，分子影像技术在心血管疾病的诊断与精准治疗方面展现出巨大的发展潜力，定能为心血管病的诊断与治疗开辟新的领域。各种无创影像技术成像原理不同、成像方法不同，每种技术的敏感性和特异性不同，因此，多种方法可以灵活地加以联合应用，这将大大提高对斑块诊断的准确率，具有很好的发展前景。

具有多功能性质的荧光磁性纳米材料由于其特殊的耦合特性近年来引起了人们的关注。单个纳米颗粒结合了高灵敏度的荧光和超高分辨率磁共振成像，将适用于从细胞水平到全身水平的多尺度扫描。Hu 等（2017）利用 TMV 纳米颗粒的内腔中负载镝（Dy^{3+}）配合物和近红外荧光（NIRF）染料 Cy7.5，而在外表面共价偶联靶向前列腺癌细胞的 DGEA 肽，制备具有荧光、磁性和靶向性的多功能纳米材料（Dy-Cy7.5-TMV-DGEA）。研究表明，Dy-Cy7.5-TMV-DGEA 具有良好的稳定性和较低的细胞毒性，通过近红外荧光成像和超高场磁共振成像证实了 Dy-Cy7.5-TMV-DGEA 在体外和体内能够靶向 PC-3 前列腺癌细胞。在超高强度磁场下（7 T 和 9.4 T），该多功能纳米材料具有较高的横向弛豫率，分别为 326 L/(mmol·s)和 399 L/(mmol·s)（图 13-36）。

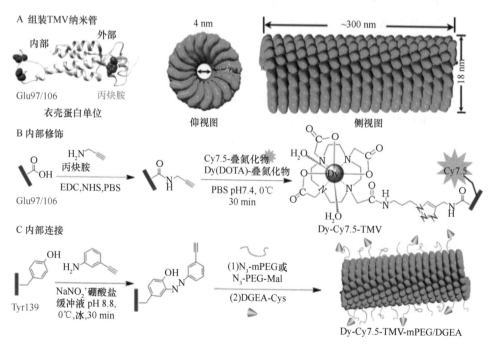

图 13-36　具有荧光、磁性和靶向性的多功能纳米材料（Dy-Cy7.5-TMV-DGEA）（Hu et al.，2017）

Qazi 等（2014）构建了基于 P22 噬菌体的荧光-磁性纳米颗粒。他们利用原子转移自由基聚合反应在 P22 内表面修饰交联聚合物（xAEMA），制备 P22-xAEMA 复合物。进一步，通过 NHS 活性酯法与顺磁性 Mn(III)原卟啉配合物（MnPP）共价偶联，获得具有荧光-磁性双功能的病毒纳米颗粒。研究表明。每个 P22 衣壳蛋白可以负载 3646 个 MnPP 分子。在 2.1 T（90 MHz）和 298 K 下，P22-xAEMA-MnPP 的 $r_1 = 7098$ L/(mmol·s)（图 13-37）。

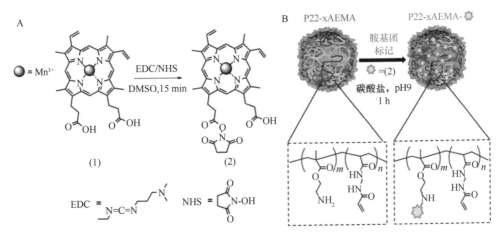

图 13-37　基于 P22 的荧光-磁性双功能的病毒纳米颗粒（Qazi et al., 2014）

心血管疾病（如心肌梗死和中风）的根本原因是动脉粥样硬化。Bruckman 等（2014）开发了一种基于 TMV 的具有荧光、磁性和靶向性的多功能纳米材料，用于动脉粥样硬化斑块的靶向和成像。他们利用在动脉粥样硬化斑块活化内皮细胞上高度表达的血管细胞黏附分子（VCAM）-1 作为靶向基团，TMV 外表面酪氨酸残基（TYR139）通过 CuAAC 反应与寡肽[VHPKQHRAEEA-Lys(PEG7-N$_3$)-NH$_2$]共价偶联，实现了对动脉粥样硬化斑块的靶向性。同时，他们利用 TMV 内表面谷氨酸残基（Glu97/106），与近红外荧光染料（sulfo-Cy5-azide）和 Gd（DOTA）配合物通过 CuAAC 反应共价偶联，获得具有荧光和磁共振成像性能的纳米材料复合物，在动脉粥样硬化 $ApoE^{-/-}$ 小鼠模型中实现光学和磁共振双模式成像。研究表明，具有靶向性的 TMV 多功能纳米材料显著提高了磁共振成像的检测限，与建议的临床应用相比，Gd 离子的注射剂量大约可进一步减少到原来的 1/400（图 13-38）。

Hu 等（2019）利用 PhMV 纳米颗粒构建了具有近红外荧光成像和磁共振成像性能的多功能纳米材料。由于 PhMV 衣壳蛋白内表面含有半胱氨酸残基，而外表面含有赖氨酸残基，可将近红外荧光染料 Cy5.5 和顺磁性 Gd(III)配合物通过巯烯点击化学反应结合到 PhMV 纳米颗粒的内表面，并通过 NHS 活性酯法将针对 PC-3 前列腺癌细胞的 DGEA 肽（Asp-Gly-Glu-Ala）标记到 PhMV 纳米颗粒的外表面，获得具有荧光成像和磁共振成像双重功能的造影剂。通过近红外荧光和磁共振成像对人体前列腺癌模型进行长达 10 d 的监测，注射剂量剩余高达 6%，表明该复合物具有循环时间长、特异靶向性等优势（图 13-39）。

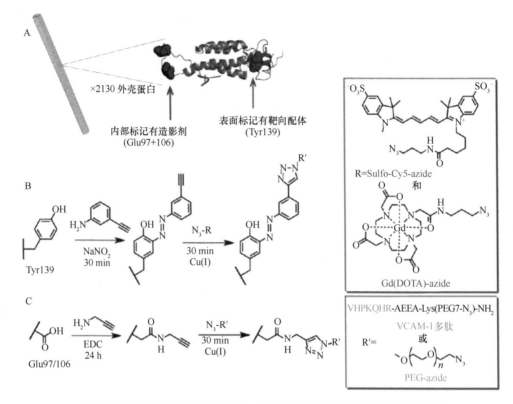

图 13-38　基于 TMV 的具有荧光、磁性和靶向性的多功能纳米材料用于
心血管疾病诊断（Bruckman et al.，2014）

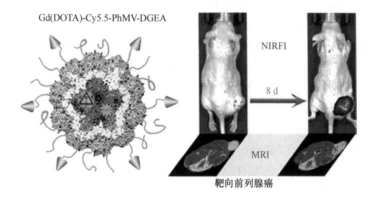

图 13-39　具有近红外荧光成像和磁共振成像性能的 PhMV 多功能纳米材料（Hu et al.，2019）

Sun 等（2016）基于 SV40 主要衣壳蛋白 VP1 的自组装原理，通过基因工程技术在 VP1 中插入针对动脉粥样硬化斑块不同时期的靶向肽，同时融合动脉粥样硬化斑块的治疗药物水蛭素，并使其与荧光 QD 可控组装，成功构建内部包装近红外 QD（QD800）、表面展示靶向分子、并装载有治疗药物的"荧光-靶向-药物"三功能 VLP。利用该多功能纳米颗粒，首次在 *ApoE*⁻/⁻ 小鼠活体内实现动脉粥样硬化斑块荧光成像检测。基于动脉粥样硬化斑块不同发展时期的靶向肽，进一步实现了早期、中期和晚期的动脉粥样硬化斑块的活体内成像检测。同时，多功能 VNP 把多肽药物水蛭素靶向运输至动脉粥样

硬化斑块，显著提高了药物在病变区域的浓度和功能。该研究为动脉粥样硬化斑块体内成像和药物靶向运送提供了新的技术手段。与传统的 CT、PET 等检测技术相比，该研究建立的荧光靶向成像方法无放射性且可获得更高的时间和空间分辨率，所创建的多功能病毒纳米器件也为其他疾病诊断与治疗提供了新思路和操作平台（图 13-40）。

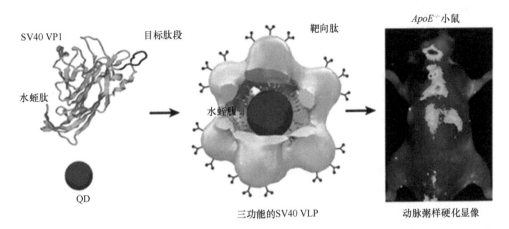

图 13-40　SV40 VNP-QD 复合纳米材料实现动脉粥样硬化斑块
体内成像和药物靶向运送（Sun et al.，2016）

　　Farkas 等（2013）利用放射性核素 ^{64}Cu 标记的 MS2 噬菌体作为 PET-CT 成像造影剂，研究了 PEG 修饰和未修饰的 MS2 对细胞的靶向性及其在小鼠体内的分布。他们使用 T19paF-N87C-MS2 噬菌体突变体，利用其内表面的半胱氨酸残基与马来酰亚胺基修饰的 ^{64}Cu（DOTA）共价连接，以及外表面的对氨基苯丙氨酸（N87C）与 PEG 链连接来调节和改善纳米颗粒剂的特性，获得 ^{64}Cu-DOTA-MS2 和 ^{64}Cu-DOTA-MS2-PEG 两种复合纳米材料。研究表明，无论 PEG 修饰与否，MS2 噬菌体均不能与肿瘤细胞结合。将这两种纳米材料复合物通过静脉注射到具有肿瘤移植的小鼠体内，与 CCMV、CPMV 和 Qβ 噬菌体等其他 VNP 不同，该复合材料在给药 24 h 后仍有大量 MS2 在血液中循环。无论 PEG 修饰与否，这两种复合材料在体内都显示出相似的生物分布特性，只是脾对 DOTA-MS2-PEG 的摄取减少（图 13-41）。

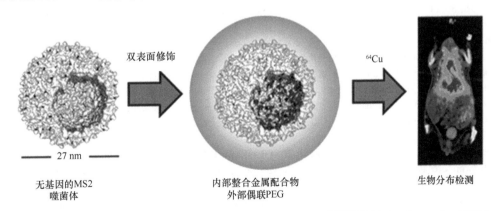

图 13-41　放射性核素 ^{64}Cu 标记的 MS2 噬菌体作为 PET-CT 成像造影剂（Farkas et al.，2013）

　　Aljabali 等（2019）利用 Au 纳米颗粒包裹 CPMV，同时在金外壳表面修饰荧光染料标记的抗体和 PEG 链，实现了荧光成像和 CT 成像。他们通过将带正电荷的聚合物吸附在 CPMV 病毒衣壳上，随后将金离子还原到病毒衣壳上，合成 Au-CPMV 胶体溶液。进一步，使含巯基和羧基双官能团的 PEG5000 修饰在金外壳表面，通过 NHS 活性酯法分别与 anti-VCAM1 和 IgG 抗体连接。共聚焦荧光显微镜成像表明，VCAM1-PEG5000 标记的 Au-CPMV 能够进入 RAW 264.7 细胞，而 IgG 标记的 Au-CPMV 则不能被细胞摄取。此外，他们研究了不同大小的 Au-CPMV 对 CT 成像信号的影响。对于 50 nm、70 nm 和 100 nm 的 Au-CPMV 颗粒，三次扫描的平均 CT 信号强度分别为 183 Hu、133 Hu 和 115 Hu，表现出颗粒大小依赖的对比度增强。

三、展望

　　基于病毒或病毒样颗粒发展新型功能纳米元/器件，是纳米生物学领域的一个研究热点，受到越来越多的关注。病毒或病毒样颗粒不仅可以作为疫苗抗原及纳米药物递送载体，在与其他纳米材料通过自组装、共价及非共价连接的方法进行整合后，还能够形成具有新奇结构和特性的纳米元/器件。通过化学修饰或超分子自组装可连接各种功能分子，如荧光染料、磁性钆配合物、放射性核素、各种纳米材料等，进而用于荧光成像、磁共振成像、正电子发射断层成像、单光子发射计算机断层成像和 CT 等，特别是结合多种成像技术的多模态成像具有不同影像相互纠错和补偿的优点，可进一步提高诊断的准确性。另外，纳米结构的造影剂在体内有着存留时间长、性质较稳定等优势，利用病毒或病毒样颗粒的靶向特性，可以发展具有靶向性的多功能纳米材料，在药物递送、生物成像、诊断等生物医学领域具有广阔的应用前景和重要意义。

参 考 文 献

Aljabali A A A, Zoubi M S A, Al-Batanyeh K M, et al. 2019. Gold-coated plant virus as computed tomography imaging contrast agent. Beilstein Journal of Nanotechnology, 10: 1983-1993.

Allen M, Bulte J W, Liepold L, et al. 2005. Paramagnetic viral nanoparticles as potential high-relaxivity magnetic resonance contrast agents. Magnetic Resonance in Medicine, 54: 807-812.

Blum A S, Soto C M, Wilson C D, et al. 2004. Cowpea mosaic virus as a scaffold for 3-D patterning of gold nanoparticles. Nano Letters, 4: 867-870.

Blum A S, Soto C M, Wilson C D, et al. 2005. An engineered virus as a scaffold for three-dimensional self-assembly on the nanoscale. Small, 1: 702-706.

Bruckman M A, Hern S, Jiang K, et al. 2013. Tobacco mosaic virus rods and spheres as supramolecular high-relaxivity MRI contrast agents. Journal of Materials Chemistry B, 1: 1482-1490.

Bruckman M A, Jiang K, Simpson E J, et al. 2014. Dual-modal magnetic resonance and fluorescence imaging of atherosclerotic plaques *in vivo* using VCAM-1 targeted tobacco mosaic virus. Nano Letters, 14: 1551-1558.

Capehart S L, Coyle M P, Glasgow J E, et al. 2013. Controlled integration of gold nanoparticles and organic fluorophores using synthetically modified MS2 viral capsids. Journal of the American Chemical Society, 135: 3011-3016.

Chatterji A, Ochoa W F, Ueno T, et al. 2005. A virus-based nanoblock with tunable electrostatic properties. Nano Letters, 5: 597-602.

Chen C, Daniel M C, Quinkert Z T, et al. 2006. Nanoparticle-templated assembly of viral protein cages. Nano Letters, 6: 611-615.

Chen W H, Cao Y H, Liu M, et al. 2012. Rotavirus capsid surface protein VP4-coated Fe_3O_4 nanoparticles as a theranostic platform for cellular imaging and drug delivery. Biomaterials, 33: 7895-7902.

Chhour P, Naha P C, O'Neill S M, et al. 2016. Labeling monocytes with gold nanoparticles to track their recruitment in atherosclerosis with computed tomography. Biomaterials, 87: 93-103.

Damiano M G, Mutharasan R K, Tripathy S, et al. 2013. Templated high density lipoprotein nanoparticles as potential therapies and for molecular delivery. Advanced Drug Delivery Reviews, 65: 649-662.

Daniel M C, Tsvetkova I B, Quinkert Z T, et al. 2010. Role of surface charge density in nanoparticle-templated assembly of bromovirus protein cages. ACS Nano, 4: 3853-3860.

Datta A, Hooker J M, Botta M, et al. 2008. High relaxivity gadolinium hydroxypyridonate-viral capsid conjugates: nanosized MRI contrast agents. Journal of the American Chemical Society, 130: 2546-2552.

Dixit S K, Goicochea N L, Daniel M C, et al. 2006. Quantum dot encapsulation in viral capsids. Nano Letters, 6: 1993-1999.

Dragnea B, Chen C, Kwak E S, et al. 2003. Gold nanoparticles as spectroscopic enhancers for *in vitro* studies on single viruses. Journal of the American Chemical Society, 125: 6374-6375.

Enomoto T, Kawano M, Fukuda H, et al. 2013. Viral protein-coating of magnetic nanoparticles using simian virus 40 VP1. Journal of Biotechnology, 167: 8-15.

Farkas M E, Aanei I L, Behrens C R, et al. 2013. PET imaging and biodistribution of chemically modified bacteriophage MS2. Molecular Pharmaceutics, 10: 69-76.

Gao D, Zhang Z P, Li F, et al. 2013. Quantum dot-induced viral capsid assembling in dissociation buffer. International Journal of Nanomedicine, 8: 2119-2128.

Garimella P D, Datta A, Romanini D W, et al. 2011. Multivalent, high-relaxivity MRI contrast agents using rigid cysteine-reactive gadolinium complexes. Journal of the American Chemical Society, 133: 14704-14709.

Goicochea N L, De M, Rotello V M, et al. 2007. Core-like particles of an enveloped animal virus can self-assemble efficiently on artificial templates. Nano Letters, 7: 2281-2290.

Hu H, Masarapu H, Gu Y, et al. 2019. Physalis mottle virus-like nanoparticles for targeted cancer imaging. ACS Applied Materials & Interfaces, 11: 18213-18223.

Hu H, Zhang Y F, Shukla S, et al. 2017. Dysprosium-modified tobacco mosaic virus nanoparticles for ultra-high-field magnetic resonance and near-infrared fluorescence imaging of prostate cancer. ACS Nano, 11: 9249-9258.

Huang X, Bronstein L M, Retrum J, et al. 2007. Self-assembled virus-like particles with magnetic cores. Nano Letters, 7: 2407-2416.

Kale A, Bao Y P, Zhou Z Y, et al. 2013. Directed self-assembly of CdS quantum dots on bacteriophage P22 coat protein templates. Nanotechnology, 24 (4): 45603-45608.

Kanesashi S N, Ishizu K I, Kawano M A, et al. 2003. Simian virus 40 VP1 capsid protein forms polymorphic assemblies *in vitro*. The Journal of General Virology, 84(7): 1899-1905.

Li C Y, Li F, Zhang Y J, et al. 2015. Real-time monitoring surface chemistry-dependent *in vivo* behaviors of protein nanocages via encapsulating an NIR-II Ag_2S quantum dot. ACS Nano, 9: 12255-12263.

Li F, Chen H L, Ma L Z, et al. 2014. Insights into stabilization of a viral protein cage in templating complex nanoarchitectures: roles of disulfide bonds. Small, 10: 536-543.

Li F, Chen H L, Zhang Y J, et al. 2012. Three-dimensional gold nanoparticle clusters with tunable cores templated by a viral protein scaffold. Small, 8: 3832-3838.

Li F, Chen Y H, Chen H L, et al. 2011a. Monofunctionalization of protein nanocages. Journal of the American Chemical Society, 133: 20040-20043.

Li F, Gao D, Zhai X M, et al. 2011b. Tunable, discrete, three-dimensional hybrid nanoarchitectures. Angewandte Chemie-International Edition, 50: 4202-4205.

Li F, Li K, Cui Z Q, et al. 2010. Viral coat proteins as flexible nano-building-blocks for nanoparticle encapsulation. Small, 6: 2301-2308.

Li F, Zhang Z P, Peng J, et al. 2009. Imaging viral behavior in mammalian cells with self-assembled capsid-quantum-dot hybrid particles. Small, 5: 718-726.

Liu A J, Verwegen M, de Ruiter M V, et al. 2016. Protein cages as containers for gold nanoparticles. Journal of Physical Chemistry B, 120: 6352-6357.

Loo L, Guenther R H, Basnayake V R, et al. 2006. Controlled encapsidation of gold nanoparticles by a viral protein shell. Journal of the American Chemical Society, 128: 4502-4503.

Loo L, Guenther R H, Lommel S A, et al. 2007. Encapsidation of nanoparticles by red clover necrotic mosaic virus. Journal of the American Chemical Society, 129: 11111-11117.

Lucon J, Qazi S, Uchida M, et al. 2012. Use of the interior cavity of the P22 capsid for site-specific initiation of atom-transfer radical polymerization with high-density cargo loading. Nature Chemistry, 4: 781-788.

Ma Y F, Wang H M, Yan D, et al. 2016. Magnetic resonance imaging revealed splenic targeting of canine parvovirus capsid protein VP2. Scientific Reports, 6: 23392.

Malyutin A G, Easterday R, Lozovyy Y, et al. 2015. Viruslike nano particles with maghemite cores allow for enhanced MRI contrast agents. Chemistry of Materials, 27: 327-335.

Min J, Jung H, Shin H H, et al. 2013. Implementation of P22 viral capsids as intravascular magnetic resonance T-1 contrast conjugates via site-selective attachment of Gd(Ⅲ)- chelating agents. Biomacromolecules, 14: 2332-2339.

Qazi S, Liepold L O, Abedin M J, et al. 2013. P22 viral capsids as nanocomposite high-relaxivity MRI contrast agents. Molecular Pharmaceutics, 10(1): 11-17.

Qazi S, Uchida M, Usselman R, et al. 2014. Manganese(Ⅲ) porphyrins complexed with P22 virus-like particles as T-1-enhanced contrast agents for magnetic resonance imaging. Journal of Biological Inorganic Chemistry, 19: 237-246.

Qu L H, Peng Z A, Peng X G. 2001. Alternative routes toward high quality CdSe nanocrystals. Nano Letters, 1: 333-337.

Reichhardt C, Uchida M, O'Neil A, et al. 2011. Templated assembly of organic-inorganic materials using the core shell structure of the P22 bacteriophage. Chemical Communications, 47: 6326-6328.

Sun J, DuFort C, Daniel M C, et al. 2007. Core-controlled polymorphism in virus-like particles. Proc Natl Acad Sci USA, 104: 1354-1359.

Sun X X, Li W, Zhang X W, et al. 2016. In vivo targeting and imaging of atherosclerosis using multifunctional virus-like particles of simian virus 40. Nano Letters, 16: 6164-6171.

Tsvetkova I, Chen C, Rana S, et al. 2012. Pathway switching in templated virus-like particle assembly. Soft Matter, 8: 4571-4577.

Wang Q, Lin T W, Tang L, et al. 2002. Icosahedral virus particles as addressable nanoscale building blocks. Angewandte Chemie-International Edition, 41: 459-462.

Wang T J, Zhang Z P, Gao D, et al. 2011. Encapsulation of gold nanoparticles by simian virus 40 capsids. Nanoscale, 3: 4275-4282.

Yan D, Wang B, Sun S Q, et al. 2015. Quantum dots encapsulated with canine parvovirus-like particles improving the cellular targeted labeling. PLoS One, 10(9): e0138883.

Zhang W J, Zhang X E, Li F. 2018. Virus-based nanoparticles of simian virus 40 in the field of nanobiotechnology. Biotechnology Journal, 13: 1700619.

Zhang W J, Zhang Z P, Zhang X E, et al. 2017. Reaction inside a viral protein nanocage: Mineralization on a nanoparticle seed after encapsulation via self-assembly. Nano Research, 10: 3285-3294.

Zhou Z Y, Bedwell G J, Li R, et al. 2014. Formation mechanism of chalcogenide nanocrystals confined inside genetically engineered virus-like particles. Scientific Reports, 4: 3832.

Zhou Z Y, Bedwell G J, Li R, et al. 2015. P22 virus-like particles constructed Au/CdS plasmonic photocatalytic nanostructures for enhanced photoactivity. Chemical Communications, 51: 1062-1065.

第十四章 病毒样颗粒在基础研究中的应用

第一节 病毒样颗粒的结构解析

病毒样颗粒（VLP）作为一种不含病毒遗传物质的"伪病毒"，是由一种或多种病毒结构蛋白自组装形成的空心纳米颗粒。鉴于其具有与天然病毒相似的大小和形态结构，且在触发先天性和获得性免疫反应方面具有较高的免疫原性、较好的安全性等优势，VLP 已经成为当代新型疫苗的研究热点。然而 VLP 如何模拟病毒衣壳蛋白构象，以及如何将中和抗原表位保留在其表面以诱发更高的免疫反应是有效设计和开发疫苗的关键问题。因此，解析 VLP 的结构特征和主要抗原表位有助于我们更加全面地了解病毒装配、入侵宿主细胞，以及逃避和对抗宿主抗病毒免疫的分子机制，从而为抗病毒药物的设计和预防性疫苗的研发提供结构基础与理论依据。

一、戊型肝炎病毒样颗粒的结构

戊型肝炎病毒（HEV）是一种急性肝炎的病原体，是戊型肝炎病毒科（Hepeviridae）戊型肝炎病毒属（*Hepevirus*）的一种无囊膜单股正链 RNA 病毒，其基因组有三个可读框（ORF1、ORF2 和 ORF3）。目前认识到的 HEV 只有一种血清型，但有 4 种主要基因型，其中基因 Ⅰ 型和基因 Ⅱ 型只感染人和非人灵长类动物，具有严格的宿主特异性；基因Ⅲ型和基因Ⅳ型的宿主范围较广，除感染人类和其他灵长类动物外，还可以感染众多非灵长类动物，如猪、牛、羊、鸡、鹿、兔、大鼠、蝙蝠和雪豹等。

据世界卫生组织（WHO）报道，全球每年大约有 2000 万新发戊型肝炎病例，其中 330 万例为急性病例，566 万例死亡，这给人类的公共卫生安全及生命安全造成巨大威胁（Rein et al.，2012）。然而截至 2020 年，对 HEV 依然缺乏高效的体外培养模型，并且 HEV 与其他结构特征明确的病毒又没有密切关联，最终导致人们对 HEV 的分子生物学特征、病毒结构、生命周期和复制策略及其致病机制知之甚少。

HEV ORF2 编码唯一的结构蛋白，该蛋白质组装成病毒衣壳蛋白。由于 HEV 无囊膜，暴露在最外层的衣壳蛋白直接参与病毒的吸附、入侵、致病及病毒的宿主嗜性决定，并多与诱导宿主免疫应答反应相关，是 HEV 及 HEV-VLP 相关研究的理想对象。重组杆状病毒-昆虫细胞表达系统为 HEV-VLP 的成功获得提供了理论指导和技术支撑。HEV-VLP 由不含 HEV RNA 分子的衣壳蛋白组成，其抗原性、衣壳成分都与 HEV 高度相似，所以可作为研究 HEV 结构的替代模型在体外大量表达（Guu et al.，2009）。

HEV-VLP 结构研究经历了不同阶段。研究人员首先是利用昆虫细胞 Tn5 成功表达了 ORF2 片段（112~660 aa），获得了能自发组装成 VLP 的 50 kDa 的蛋白质分子，借助冷冻电镜三维重构技术获得了分辨率为 22 Å、由 60 个单体构成的 *T*=1 的三维对称结构，其中有 30 个亚基突出在二倍轴的表面，其他的亚基凹陷于三倍轴、五倍轴。在五倍轴中，288 位的酪氨酸对 HEV-VLP 的装配起着关键作用，其产生的疏水作用力可以保持病毒之间的距离和病毒的形态（图 14-1）（Yamashita et al.，2009）。

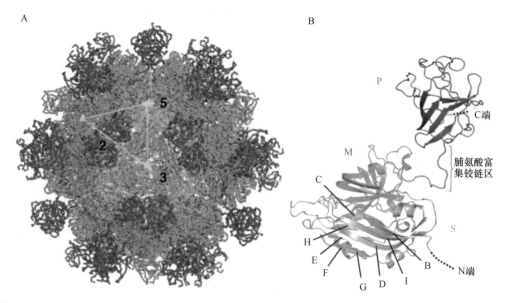

图 14-1　HEV-VLP 的晶体结构和衣壳蛋白二聚体结构（Yamashita et al.，2009）（彩图请扫封底二维码）
A. HEV-VLP 是由 60 个亚基组成的二十面体对称结构，可形成二倍轴（2）、三倍轴（3）、五倍轴（5），T=1；B. HEV-VLP 衣壳蛋白的结构图显示 P 结构域、M 结构域、S 结构域分别在顶部、中间、底部。虚线代表无序的区域；在 S 结构域显示了一些在病毒中比较保守的无规卷曲结构。B~I 结构域是保守的反向平行 β-折叠

Xing 等（2010）解析了 HEV-VLP 复合物 35 Å 的晶体结构，结构显示每个衣壳蛋白含有 3 个独特的线性结构域：S 结构域（118~313 aa）、M 结构域（314~453 aa）和 P 结构域（454 aa~end）。S 结构域主要构成整个颗粒的内壳，包含 8 个反平行果冻卷样的 β 折叠和 4 个短的 α 螺旋，其中 Tyr-288 对五倍轴的形成至关重要。M 结构域包含 4 个扭曲的 β 折叠和 4 个短的 α 螺旋，能够与 S 结构域紧密地相互作用，位于空间对称的三倍轴位置。P 结构域主要包含扭曲的反平行 β 折叠，该区域以二聚体的形式存在，位于空间对称的二倍轴位置。

上述每个结构域均有可能在细胞-受体结合中发挥作用的潜在多糖结合位点，多糖结合到衣壳蛋白的 M 结构域可能会导致衣壳蛋白构象改变，最终导致细胞膜的渗透和病毒基因组释放到被感染细胞中（Guu et al.，2009）。但根据"近似等体"的几何学三角形选取原理推算，T=1 的重组 VLP 中心空间大小不足以容纳 72 kb 的 HEV 病毒基因组。后续的研究将 ORF2 片段的 N 端往前延长至第 14 位氨基酸后，组装成 T=3 的分辨率为 106 Å、能结合核酸的正二十面体对称结构；对结构的进一步分析显示，颗粒的表面存在 90 个刺突，对应 180 个单体，与 T=3 的病毒结构粒子构成形式一致。结构分析表明，HEV 病毒颗粒的所有单体被分为三种类型（A、B 和 C），在五倍轴位置形成角度较大的 A-B 二聚体弯曲构象，在二倍轴位置形成 C-C 二聚体，两种二聚体的差别在于 P 结构域与 S 结构域、M 结构域结合的角度及两个 S 结构域和 M 结构域结合所形成

的缺刻结构的角度大小。进一步的研究发现，正是由于 C-C 二聚体的平面结构扩大了 VLP 的内部空间，使其有足够的空间容纳 HEV 基因组 RNA，最后通过 30 个 C-C 二聚体和 12 个 A-B 十聚体的整合形成完整的 $T=3$ 的二十面体衣壳结构。另外，通过电子密度分析显示，$T=3$ 和 $T=1$ 的十聚体结构是一致的，说明 $T=3$ 和 $T=1$ 的差别仅在于 C-C 二聚体，同时也说明 $T=3$ 的 VLP 的组装有赖于 C-C 二聚体的形成。这些结果表明，高分辨率 HEV-VLP 三维结构研究提供的信息不仅有助于阐明 HEV 的结构基础、侵入和组装机制，同时也为戊型肝炎的预防、诊断、疫苗的研发和治疗提供了科学信息和理论依据。

二、尼帕病毒样颗粒的结构

尼帕病毒（Nipah virus，NiV）属于副黏病毒科成员，是一种新兴的人畜共患病病原体，在人和动物上可引起一系列严重的病理变化和症状，包括急性呼吸系统疾病和致命性脑炎等，给人类公共卫生及养殖业造成重大损失。近几年，NiV 在东南亚的暴发引起了 40%～90% 的死亡率。

研究发现，NiV 主要是通过两种囊膜糖蛋白的协同作用感染宿主细胞，其中黏附糖蛋白（G 蛋白）附着于细胞受体上，进而触发融合糖蛋白（F 蛋白）发生膜融合。然而目前对于 NiV-细胞融合机制知之甚少。为了探究多少拷贝的 F 蛋白参与 NiV-细胞融合，Zivcec 等（2015）构建了尼帕病毒样颗粒（Nip-VLP）模型，用电子显微镜和生物化学方法发现 F 蛋白在高浓度溶液中会以六聚体的形式存在。在细胞-细胞融合系统和病毒-细胞融合系统中，发现 6 个三聚体组装过程中形成重要的融合孔，这为 NiV-VLP 的组装及 NiV-细胞融合机制的阐明提供了科学资料（图 14-2）。同时，Cifuentes 等（2017）利用电镜和蛋白质印迹法（Western blotting，WB）对副黏病毒的研究显示，基质蛋白可以将核衣壳和糖蛋白招募到组装位点。但是，目前无论是电镜技术还是蛋白质印迹法都无法运用于完整的细胞研究来证实这一关键科学问题。

此外，研究囊膜病毒组装的一个重要问题是病毒粒子的关键组分在质膜上是如何被协调和组装的。目前的研究结果表明，NiV 的基质蛋白（MP）可通过直接相互作用或共定位相同结构域的方式招募 G 蛋白和 F 蛋白至组装位点，但还无法证明这种相互作用是随机的还是有序进行的。

Liu 等（2018）利用单分子定位显微镜（single-molecule localization microscopy，SMLM）对 NiV-VLP 组装进行研究发现了一种全新的 NiV 的组装模型。该研究显示，F 蛋白和 G 蛋白簇在质膜上的随机分布与 M 蛋白没有直接关系，NiV-VLP 的组装和 F 蛋白或 G 蛋白与 M 蛋白簇共定位的浓度也没有相关性，而且 F 蛋白和 G 蛋白是在早期随机参与到 M 蛋白组装形成 NiV-VLP 的组装过程的。这种模型揭示了 F 蛋白和 G 蛋白在 VLP 中的含量是可以通过控制其表达水平来实现调控的。另外 Liu 等（2018）通过在不同时间分析 10 000 个同时表达 F 蛋白和 G 蛋白的 VLP，确认了 VLP 结构中的 F 蛋白和 G 蛋白含量的增加只与其表达水平有关，而与 M 蛋白的数量无关。总而言之，这种模型只是基于 NiV-VLP 的组装机制提出来的，但是否可以应用于真实病毒

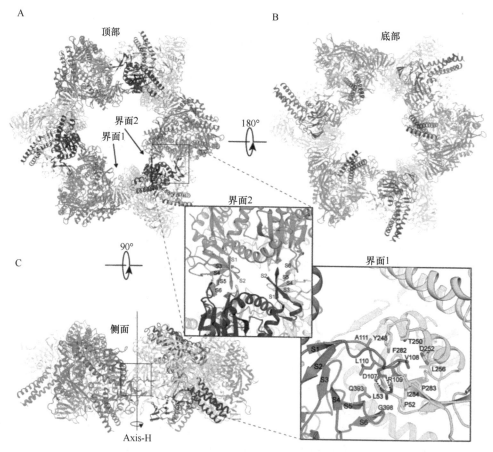

图 14-2 NiV-F 蛋白三聚体的六聚体组装体（Xu et al.，2015）（彩图请扫封底二维码）

6 个 NiV-F 拷贝分别以蓝色、绿色、粉红色、黄色、灰色和紫色着色。NiV-F 三聚体的 C 端螺旋束以红色着色。6 个 NiV-F 三聚体围绕三倍晶体对称轴组装成六边形环。NiV-F 的六聚体组装体从顶部（A），底部（B）和侧面（C）以卡通方式显示。C 图中的插图显示了两个相邻的 NiV-F 三聚体（界面 1）之间的六聚体界面的疏水补丁。具体来讲，一个 F 三聚体的包含组织蛋白酶-L 切割位点的环插入相邻的 F 三聚体的疏水口袋中。残基 R109 嵌入由 P52、L53、Y248、T250、L256、F282、P283 和 I284 组成的疏水口袋中。周围的残基 V108、A111、Q393 和 G398 也有助于相互作用。在两个界面插入物中，蓝色，绿色，粉红色和紫色标记了相应颜色的单体中的残基

仍是一个悬而未决的问题。同时该研究也暗示，可能一些囊膜病毒的组装过程比以前设想的要简单得多。

三、β-诺达病毒样颗粒的结构

诺达病毒（nodavirus）因首次分离于日本的野田村（Nodamura）而得名，过去也将其称为 β-野田村病毒。本属内其他病毒的命名也大多根据病毒分离的地点或宿主动物而命名，包括黑甲虫病毒（black beetle virus）、布拉拉罗病毒（boolarra virus）、禽兽棚病毒（flock house virus）、舞毒蛾病毒（gypsy moth virus）、马拉瓦土病毒（Manawatu virus）、石斑鱼神经坏死病毒（grouper nervous necrosis virus，GNNV）等。其中石斑鱼神经坏死病毒会引起鱼类病毒性神经坏死，导致海洋鱼类大量死亡。近年来，Chen 等（2015）利用原核表达系统成功构建了石斑鱼神经坏死病毒的衣壳蛋白相关载体，并在体外成功

组装了石斑鱼神经坏死病毒样颗粒（GNNV-VLP）。研究发现，GNNV-VLP 是 $T=3$ 的二十面体结构，平均非晶体对称性为 36 Å 分辨率，其中每个衣壳蛋白包含三个主要结构域：①N 端的手臂，内表面亚基延伸的区域；②衣壳蛋白结构域（CP），其形状为果冻卷样结构；③突起区域（P 区），拥有两个钙离子结合的 DxD 基序，在诱导 GNNV CP 折叠形成三聚体和 VLP 组装中起关键作用（图 14-3）。同时研究还发现在晶体形成过程中，一旦 P 区掺入聚乙二醇就能够显著增强 GNNV 感染力（Chen et al.，2015）。总之通过对 GNNV-VLP 高分辨率结构细节和生物特性的研究，加深了我们对 GNNV 病毒装配及病毒感染时 P 区的作用机制的理解程度，并为研究诺达病毒科病毒的进化提供结构基础。

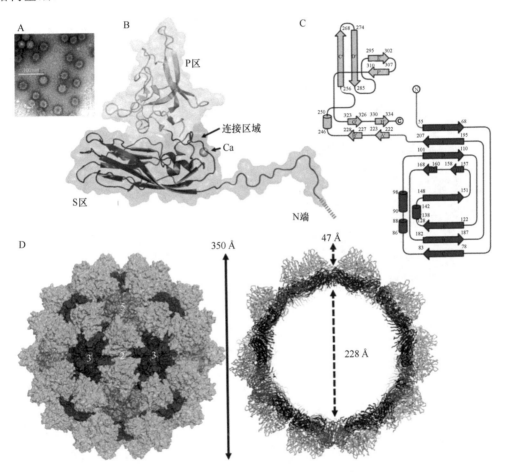

图 14-3　GNNV-VLP 整体结构图（Chen et al.，2015）（彩图请扫封底二维码）

A. 纯化的 GNNV-VLP 组装的负染色电镜图像。B. GNNV-VLP 亚基 C 的飘带图。无序的 N 端手臂（氨基酸残基 1～33、灰色），N 端手臂（氨基酸残基 34～51，洋红），S 区（氨基酸残基 52～213，蓝色），连接区域（氨基酸残基 214～220，蓝色），P 区（氨基酸残基 221～338，青色）和钙离子（黄色球体）在图中显示。C. 分别用圆柱和箭头表示 CP（衣壳蛋白）的拓扑图。亚单位 C 的 1D 拓扑结构颜色标识同 B。D. 表面区域色图（左）和 $T=3$ 的 GNNV-VLP 中央腔（右）。展开的直径为 350 Å，中央腔直径为 228 Å，核衣壳表面突起的直径为 47 Å。S 区的亚基 A、B、C 分别显示为橙色、蓝色和红色。P 区显示为青色。GNNV-VLP 结构沿着二倍轴、三倍轴和五倍轴伸展

四、猪圆环病毒样颗粒的结构

猪圆环病毒（porcine circovirus，PCV）在分类学上属圆环病毒科圆环病毒属，为已知最小的动物病毒之一。病毒粒子直径 14～17 nm，呈二十面体对称，无囊膜，含有共价闭合的单股环状负链 DNA，基因组大小约为 176 kb。现已知 PCV 有两个血清型，即 PCV1 和 PCV2。

PCV1 为非致病性的病毒，PCV2 为致病性的病毒。PCV2 是断奶仔猪多系统衰竭综合征（postweaning multisystemic wasting syndrome，PMWS），猪皮炎肾病综合征（porcine dermatitis and nephropathy syndrome，PNDS）的主要病原体，给养猪业造成了重大的经济损失。一直以来，对于 PCV2 的防控主要通过疫苗接种。目前使用的疫苗可大致分为全病毒灭活疫苗、嵌合病毒疫苗、重组亚单位疫苗三大类。近年来研究发现由 PCV2 可读框 2（ORF2）编码的 PCV2 衣壳蛋白（233/234 个氨基酸）能够自组装成 T=1 二十面体形态的 VLP，类似于天然 PCV2 病毒粒子（图 14-4）。

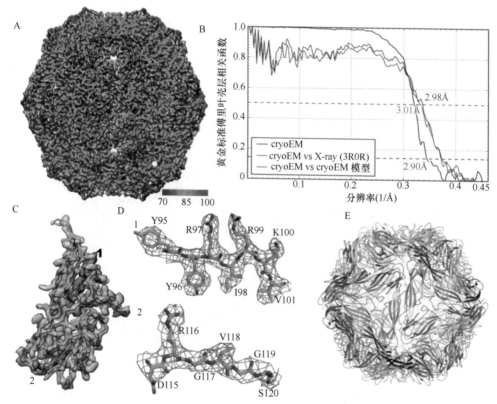

图 14-4　PCV2 的 3D 重建和原子模型（Liu et al.，2016）（彩图请扫封底二维码）

A. 29 Å 分辨率下的 PCV2 密度径向彩色表面视图。非对称单位以蓝色突出显示。B. 傅里叶壳层关联函数（FSC）。蓝色曲线是两次完全独立的冷冻-EM 重建之间的 FSC，使用 FSC=0143 黄金准则代表 29 Å 分辨率。绿色曲线是整个数据集的低温电磁重构与从 X 射线晶体学模型（PDB ID：3R0R）生成的电子密度图之间的 FSC，表明使用 05 准则作为 301Å 的分辨率。红色曲线是冷冻电磁重建和从该图得出的原子模型之间的 FSC，表明使用 05 准则为 298Å 的分辨率。C. 突出显示 A. 中一单体的 cryo-EM 密度图（蓝色）与其重叠的原子模型（为了清晰地显示仅仅展示其骨架）。D. 代表 C. 中两个突出区域的 cryo-EM 密度（洋红网格）与原子模型叠加图（绿色、蓝色和红色棒状）。E. 整个 PCV2 VLP 的原子模型

PCV2 VLP 是由 60 个拷贝的 PCV2 衣壳蛋白和位于病毒表面的可引发中和抗体免疫显性表位的多个裸露环组装而成，具有二十面体对称性（Liu et al.，2016）。尽管这些结构为理解 PCV2 VLP 组装和中和表位鉴定的结构原理提供了一个起点，但两个关键问题仍未得到回答：①包括含有核定位信号（NLS）的 PCV2 衣壳蛋白 N 端片段在病毒组装中的作用如何？②如何区分 PCV1 和 PCV2 基因型的结构表位？为了解决这些关键问题，Mo 等（2019）利用原核表达系统分别表达了不含标签的 PCV2 全长衣壳蛋白和带有 His 标签的 N 端的 NLS 片段截断体（PCV2-His-ΔN45）。Cryo-EM 技术和理化特性分析表明，PCV2 衣壳蛋白的 N 端片段在 PCV2 VLP 的稳定组装中起着重要作用。此外，解析 PCV2 VLP 与其特异性结合的中和单克隆抗体（mAb-3H11）的 Fab 片段复合物的结果表明，mAb-3H11 单克隆抗体 Fab 的 CDR 区与 PCV2 VLP 表面突起的 EF 环区（[134] KATALT [139]）紧密结合（Mo et al.，2019）。这些高分辨率的三维结构研究结果为我们今后更好地研究病毒-宿主相互作用，以及开发下一代 PCV2 疫苗和特定类型诊断试剂盒提供了充足的信息。

五、柯萨奇 B3 病毒样颗粒的结构

柯萨奇 B3 病毒（CVB3）是一种小 RNA 病毒，属于小 RNA 病毒科（Picornaviridae）肠道病毒属（*Enterovirus*）成员。CVB3 属于无包膜病毒，病毒衣壳为二十面体对称结构，其基因组为约 7.5 kb 的单股正链 RNA，包含一个 5′非编码区、可读框和 3′非编码区。CVB3 编码的 1 条多肽链能被病毒编码的蛋白酶切割成 11 个蛋白质，包括 4 个结构蛋白（VP1、VP2、VP3 和 VP4）和 7 个非结构蛋白（2A、2B、2C、3A、3B、3C 和 3D）。根据病毒的致病性特征和病毒抗原性的不同，柯萨奇病毒被分为 A 和 B 两种类型，其中 B 类病毒有 6 个血清型，而 B3 型，即 CVB3 是人类病毒性心肌炎的常见病原，并且经常引起急性和慢性心肌炎、扩张型心肌病和心脏衰竭（Peischard et al.，2019）。尽管当前的传统灭活疫苗和减毒活疫苗在预防肠道病毒疾病方面发挥重要作用，但新型疫苗-VLP 在生产和表位工程方面具有绝对优势。因此，成功解析 CVB3-VLP 结构对提高 VLP 的产量、改进纯化技术和进一步优化 VLP 及研发广谱性抗肠道病毒 VLP 至关重要。

尽管前期研制的 CVB3-VLP 疫苗能诱导显著的中和抗体反应，然而这一结果是在弗氏佐剂的诱导下获得的。因此，为了获得非佐剂的 CVB3-VLP 疫苗，Hankaniemi 等（2020）对 CVB3-VLP 的分子结构和纯化方式进行了优化。从冷冻电镜电子密度图中可以清楚地分辨出 CVB3-VLP 五倍轴处的星形"台地"和周围的"峡谷"及三倍轴处的螺旋桨状特征，在 Cryo-EM 下呈球形颗粒且平均粒径为 31 nm。CVB3-VLP 在 Cryo-EM 下呈现的三维结构与 CVA6-VLP 和 EV-A71-VLP 是相似的，但比成熟的病毒粒子和 CVB3 的晶体 X 射线结构大 2 nm（图 14-5）。同时用无佐剂 CVB3-VLP 疫苗免疫 C57BL/6 小鼠，检测到了高水平的中和抗体和总 IgG 抗体水平，其中后者主要为 Th2 型（IgG1）表型（Hankaniemi et al.，2020）。这一技术为未来进一步研发和生产高免疫原性肠病毒 VLP 和无佐剂小 RNA 病毒 VLP 疫苗奠定了基础。

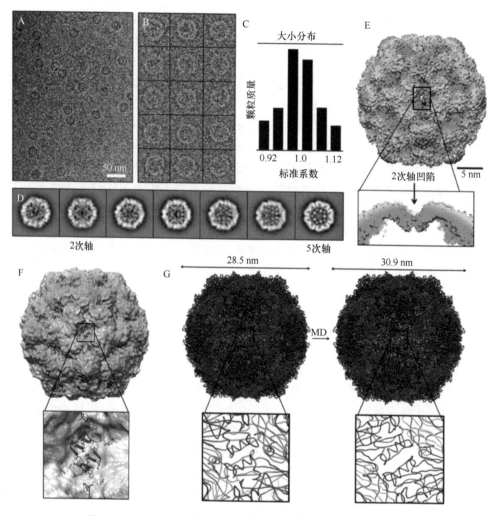

图 14-5　CVB3 病毒样颗粒的结构分析（彩图请扫封底二维码）

A. 冷冻水合 CVB3-VLP 的低温 EM 显微照片的视野。B. 用于确定结构的一组选定的颗粒（倒置的）。C. 使用极傅里叶变换方法按比例系数对颗粒进行分选。D. 平均值±3%以内的粒子用于计算 2D 无参考等级平均值。E. 按从冷到热的径向距离对 3D 表面透视的 CVB3-VLP 的 2 倍视图进行着色。放大的为 2 倍轴上的一个凹陷。F、G. CVA6-VLP 的刚体和动态柔性拟合至冷冻电子密度，揭示了由于 2 倍轴内陷而导致尺寸扩大

六、展望

在过去的近几十年里，VLP 作为一种有效的表位展示载体及新型亚单位疫苗，具有免疫原性好、安全性高等优势，作为展示载体能与其他病毒重组成多价苗或联苗，成为新型疫苗的研究热点和开发方向。然而，人们对相应病毒 VLP 的结构及特性并不清楚。众所周知，结构决定功能，而功能决定价值。病毒及病毒样颗粒的精细结构决定了不同病毒的宿主嗜性及致病机理。

目前，许多人类和动物病毒都可以形成 VLP，如细小病毒 VLP、人乳头状瘤病毒 VLP、鼠多瘤病毒 VLP 等。解析病毒样颗粒的三维结构对理解病毒进入靶细胞的结构基础和功能特征，以及对发现和优化阻断病毒进入细胞的抑制剂有重要作用，同时为我们

更好地理解病毒的抗体中和机制、受体识别机制、脱衣壳构象变化机制和组装、成熟机制等提供帮助，也为基于结构的抗病毒药物和疫苗设计提供了结构生物学基础。

第二节　病毒样颗粒的组装机制研究

病毒样颗粒是一种在结构和性质上与活病毒粒子极为相似但又不含病毒基因组的空衣壳，具有很强的免疫原性和生物活性，特别适合进行相关疫苗的研发。如能够抵御丙型肝炎病毒（HCV）、人乳头状瘤病毒（HPV）和猪圆环病毒（PCV）的 VLP 已经分别成功地应用于临床。VLP 还可以作为载体平台，通过化学偶联和基因融合的方式形成嵌合型 VLP，包裹核酸或者递送小分子物质进入细胞而发挥功能。因此 VLP 在生物医学、材料科学、药物载体、疫苗、基因治疗等方面有着非常广阔的应用前景（Mohsen et al.，2017）。

尽管大多数病毒的结构蛋白都能在体外自组装成含有病毒特异性抗原表位的 VLP，但组装效率和稳定性一直是 VLP 疫苗研究中亟待解决的关键科学问题。例如，口蹄疫病毒 VLP，由于不含遗传物质，很容易受外界因素影响而裂解为五聚体，甚至是单体，引起蛋白质发生聚集和沉淀，进而破坏 VLP 的构象稳定性并最终导致 VLP 疫苗抗原丧失免疫活性。因此，迫切需要寻找一个适当的条件来稳定这些相对脆弱的蛋白质分子，以抵抗开发过程中疫苗遇到的外界压力。众所周知，不同蛋白质具有不同的氨基酸序列和空间结构，但蛋白质均由氨基酸组成，有着相似的折叠规律和稳定性条件，这为研究和优化 VLP 体外组装条件提供了借鉴和理论基础。

一、静电作用力

静电作用力在病毒和 VLP 的形成与稳定过程中起着重要作用，涉及自然生成或添加的酸/碱性氨基酸或多价离子（Javidpour et al.，2019）。通常情况下，VLP 自组装的本质是，病毒衣壳蛋白亚基内、亚基间和衣壳粒间通过疏水作用及氢键或范德华力等相互作用与协调效应组装成衣壳亚基，然后通过弱的静电作用力自发组装为较为稳定的、具有一定空间构象和生物学功能的衣壳粒子。近年的研究发现，对衣壳蛋白中某些酸/碱性氨基酸进行突变将降低衣壳蛋白间的静电排斥力和衣壳组装状态的自由能，最终导致 VLP 在一定温度条件下解离速率降低而处于动力学稳定状态。

例如，Porta 等（2013）对 A 型 FMDV 的重组疫苗株 A22 进行了氨基酸替换，将 VP2 的 93 号位点的组氨酸替换为半胱氨酸，在五聚体相互作用面生成了二硫键，达到了提高 FMDV 空衣壳蛋白酸、热稳定性的目的。HEV-M 的二聚体结构与新城疫病毒（Newcastle disease virus，NDV）的 M 蛋白相似，是维持蛋白质稳定性和有效 VLP 组装的基础。基于结构生物学实验分析表明，相邻的 HEV-M 二聚体的 α1 和 α2 螺旋之间有明显的界面，且关键残基在 HEV-M 蛋白间共享保守序列，主要是来自 α1 螺旋的 Arg57 残基和来自 α2 螺旋的 Asp105 与 Glu108 残基的静电作用力主导着 α1-α2 间的相互作用。当通过基因工程技术将 α1-α2 之间相互作用的电荷反转取代（如 R57E、R57D 和 E108R）就会破坏盐桥和二硫键，最终导致 VLP 产量大幅减少或废止（Liu et al.，2018）。

　　蛋白质的特殊空间结构是由不同化学键和作用力来维持的，其中二硫键是维系蛋白质高级结构的重要共价键。二硫键（disulfide bond）即 S-S 键，是 2 个巯基被氧化而形成的二硫键形式的硫原子间共价键。肽链上的 2 个半胱氨酸（Cys）残基的巯基基团可发生氧化反应形成二硫键。二硫键的形成迫使同一或不同肽链的不同区域的氨基酸残基靠拢集合，由此肽链迅速折叠并形成稳定的空间拓扑结构，该区域的氨基酸残基是高度密集的。二硫键很容易被还原而断裂，但断裂后可以再次氧化重新形成二硫键。二硫键错误配对或被打开都会引起蛋白质高级结构的变化，进而影响生物活性。许多蛋白质都需要二硫键维持其特定的高级结构和生物学功能。

　　另外，在多数蛋白质的体外复性过程中，辅助因子的加入必不可少。为了抑制聚集，通常会使用小分子添加剂，原因是其成本低，且在再折叠过程后容易将其去除。许多研究结果表明，精氨酸对提高蛋白质的再折叠产率是有效的。小分子物质促进蛋白质折叠的作用机制不尽相同，需要进一步的研究和探索。

　　除了影响蛋白质分子的构象，电荷还会左右蛋白质分子间的静电作用。当 VLP 的蛋白质有强电荷性时，蛋白质分子间的排斥作用有利于稳定蛋白质的胶体性质，使得组装过程（如聚集）在能量上是不利的。但病毒及 VLP 是由许多亚基组成的，数量可达上百，且可能是由几种不同的结构蛋白组成，亚基之间的静电排斥可能造成颗粒的组装结构的不稳定，甚至解聚。当病毒或 VLP 的蛋白质同时有带正电荷与负电荷的基团时（如 pH 在等电点附近），表面各向异性的电荷分布使得蛋白质间引力增强，能量上倾向于聚集。此外，对于有脂类囊膜的病毒或 VLP，静电作用力导致的蛋白质折叠可能影响脂类与蛋白质的相互作用。

　　除了替换酸/碱性氨基酸外，研究人员还通过基因工程手段将三种能有效富集钙离子的矿化肽分别插入 FMDV 结构蛋白 VP1 的 loop 环中。结果表明，嵌合矿化肽的 VP1 能够与 FMDV 结构蛋白 VP0 和 VP3 在大肠杆菌中大量表达并成功组装成完整的 VLP。随后用钙矿化剂不但成功实现了对 FMDV-VLP 的矿化，而且显著性提高了 FMDV-VLP 的组装效率（Du et al.，2019）。这一发现不仅加速了蛋白质类疫苗由冷链疫苗运输向常温疫苗运输转变的步伐，也为常温疫苗的发展提供了新的技术手段。

二、渗透压

　　渗透压对蛋白质结构稳定性的影响是很复杂的，这是因为盐离子和蛋白质中完全暴露的表面，以及部分或完全埋藏的内核之间的离子相互作用是非常复杂的。

　　盐离子能与蛋白质结合，与蛋白质表面未配对的带电基团作用。多价离子与这些侧链基团的结合能交联表面的带电基团，从而起到稳定蛋白质的作用。氨基基团的部分正电荷及羧基基团的部分负电荷使得肽键有大的偶极矩。盐离子也能与肽键结合，有可能使蛋白质不稳定。如果盐离子与去折叠态的蛋白质结合比与折叠态的结合更强，也会造成蛋白质不稳定。

　　盐离子还能调节蛋白质分子内部及分子之间带电基团间静电作用的强度。在低盐浓度下，盐离子的主要作用是电荷屏蔽，减弱静电作用；在某些高盐浓度条件下，除了电荷屏蔽外，盐离子会优先结合到蛋白质表面，从而降低天然构象的热力学稳定性。盐对蛋白质结构稳定性的净作用是盐与蛋白质直接作用，以及对蛋白质分子间作用影响的综合结果。HPV-VLP 在低盐浓度时会严重聚集，而高盐浓度（如 125 mol/L 的氯化钠）则能有效地抑制其聚集；然而仅 0.2 mol/L 的硫酸铵就会造成乙肝病毒表面抗原病毒样颗粒（HBsAg-VLP）的聚集，且盐浓度越高，聚集速度越快。由于 pH 影响蛋白质的电荷类型、总量及分布，因此盐的作用可能受 pH 的影响。另外，在 HEV-VLP 中，研究人员发现，金属离子在 HEV-VLP 结构稳定性维持方面扮演着重要角色。当溶液中的金属离子被移除以后，HEV-VLP 中的二硫键将遭受破坏，最终导致 HEV-VLP 结构解聚；但是当再次向溶液中添加二价离子（如 Ca^{2+}）时，HEV-VLP 将发生重新组装并形成完整的空衣壳。

在探究 FMDV VLP 体外组装条件时发现，盐离子浓度对 VLP 组装的影响最大。其中低浓度的盐离子不利于 VLP 的组装，而过高的盐离子浓度又很容易使 VLP 发生聚集，形成一些棒状的聚合物。研究发现 NaCl 为 150 mmol/L 时组装形成的 VLP 的粒径较小或者没有形成 VLP，浓度为 300 mmol/L 的 NaCl 缓冲液中形成的 VLP 的粒径比较理想，大小与口蹄疫病毒粒子相似，而高于 500 mmol/L 时也不利于 VLP 的形成。这初步说明了组装缓冲溶液中盐离子浓度对 VLP 有一个最佳组装范围，过高或者过低都不利于 VLP 的体外组装。

在蛋白质的复性过程中，往往会出现许多结构相似的中间体，这些中间体表面存在疏水基团，这些疏水基团对聚集十分敏感，容易形成疏水聚集物。蛋白质复性的实质即在正确折叠和错误折叠两种行为的竞争中前者占据足够的优势。研究发现，蛋白质在非生理环境或暴露于物理化学压力下时，结构会发生变化，继而发生聚集或沉淀。造成蛋白质结构变化的外界因素包括温度、振荡、表面活性剂、防腐剂、盐、pH 等。蛋白质在体外折叠时，对环境理化条件有着较高的要求，因此有必要对 pH、离子强度等进行研究。根据盐离子的浓度和类型及蛋白质中的带电残基的不同，盐对蛋白质可能起到稳定或破坏稳定的作用，也可能毫无影响。研究发现，盐离子影响蛋白质稳定性和复性行为，主要机理为盐离子通过改变蛋白质分子间的相互作用，诱导发生不同的折叠行为。在研究蛋白质复性条件时，可通过选择合适的盐离子浓度作为蛋白质复性的添加剂，提高蛋白质的稳定性和溶解度。综上所述，研究渗透压对病毒与 VLP 的稳定性及纯化都有指导作用，尤其对可能需要较高盐浓度的疏水作用层析而言，但目前这类研究比较少且不成体系。

三、核酸片段

在小 RNA 病毒的研究中发现，某些小 RNA 病毒的 VLP 在植物表达系统或真核表达系统中的组装效率比较理想，同时它们的组装工艺趋向多样化。例如，植物病毒（CCMV、CPMV）（de Ruiter et al.，2018；Verwegen and Cornelissen，2015）、多瘤病毒（SV40）（van Rosmalen et al.，2018）、Qβ 噬菌体（Galaway and Stockley，2013）的衣壳蛋白能够利用自身的核酸片段或者体外合成的具有特殊功能结构的核酸片段作为支架去诱导 VLP 的体外组装，并有效提高 VLP 的体外组装效率（Garmann et al.，2014）。尤其植物病毒（CCMV）的 VLP 已经是一个非常成熟的模式病毒组装体系，其 VLP 组装工艺多样化，可以通过利用不同长度的自身核酸片段和病毒的衣壳蛋白共组装；研究发现不同长度的核酸片段用于组装后形成的 VLP 的粒径略有差异，但都有利于 VLP 的组装（Cadena-Nava et al.，2012）。在脊髓灰质炎病毒和爱知病毒的复制与组装机制研究中发现，这两种病毒基因组的 5′-UTR 参与病毒的复制和衣壳化，即 5′-UTR 与其结构蛋白有连接，因此小 RNA 病毒科的病毒的核酸片段 5′-UTR 可能在体外组装中能起到积极的作用。

口蹄疫病毒自身核酸片段 5′-UTR 和 IRES 具有广泛的生物学二级、三级结构，有利于结构蛋白的缠绕。另外，在确定 VLP 组装条件的基础上，有研究选择口蹄疫自身核酸片段 5′-UTR 和 IRES 作为支架诱导 FMDV VLP 的体外组装，以期提高 VLP 的体外组装效率。通过对 FMDV VLP 和口蹄疫自身核酸片段 5′-UTR 及 IRES 共组装后的组装产物的粒径、电位进行测定并结合凝胶阻滞试验和核酸酶消化试验，初步鉴定 FMDV VLP 和口蹄疫自身核酸片段 5′-UTR 与 IRES 是否共组装；之后利用尺寸排阻分离纯化组装产物，将分离纯化后的峰产物（75S、12S）进一步通过圆二色光谱、透射电镜、峰面积统计学分析等方法进行鉴定并分析其核酸片段对 VLP 体外组装的影响。通过统计学分析发现，VLP-5′-UTR 的 75S 颗粒的峰面积极显著高于单纯 VLP 组（$P<0.001$），显著高于 VLP-IRES（$P<0.01$）；而 VLP-IRES 的 12S 颗粒的峰面积极其显著高于 VLP-5′-UTR（$P<0.0001$）和单纯 VLP 组（$P<0.0001$）（郭慧琛等，2020）。这项研究表明口蹄疫病毒自身核酸片段 5′-UTR 有利于口蹄疫病毒病毒样颗粒的组装。

除了诱导 VLP 的组装外，研究报道某些核酸片段可以作为基因佐剂增强机体的免疫反应。当前的基因佐剂研究较多的主要有 CpG 寡核苷酸链和人工合成的双链 RNA 聚合物-聚肌胞苷酸[polyinosinic：polycytidylic acid copolymer，缩写为 poly(I：C)]。CpG 序列是动物体内 9 型 Toll 样受体（Toll-like receptor 9，TLR-9）的配体。TLR-9 识别 CpG 后通过一系列的信号转导能够刺激免疫细胞（B 淋巴细胞、T 淋巴细胞、自然杀伤细胞、单核细胞、巨噬细胞和树突状细胞）成熟、分化和增殖，并分泌 IL-1、IL-6、IL-18 和肿瘤坏死因子 α 等多种细胞因子和化学物质。poly(I：C)是一种人工合成的干扰素强诱生剂，其发挥免疫调节作用与模式识别受体 Toll-3 有着密切关系。TLR-3 识别 poly(I：C)后能刺激干扰素调节因子 IRF3、NF-κB 和 AP-1 等的转录，诱导产生 I 型干扰素和促炎细胞因子，进而刺激机体的免疫细胞成熟、增殖并分泌多种细胞因子，对机体的先天免疫应答和获得性免疫应答均有良好的增强作用（Martins et al.，2015）。基于核酸片段作为支架去诱导 VLP 的组装和作为基因佐剂增强机体的免疫反应，本团队选择了具有免疫佐剂功能的核酸片段 CpG 和 poly(I：C)作为诱导 VLP 组装的支架，如预期一样，CpG 和 poly(I：C)不仅能起到提高 FMDV VLP 体外组装效率的支架作用，还能在 VLP 保护性的递送下更好地发挥其免疫佐剂功能。因此，某些核酸片段既可以促进 VLP 的组装，同时 VLP 作为分子载体也可以将核酸，甚至佐剂通过偶联作用挂载或负载在其表面或内部（Deng et al.，2015），从而克服其各自存在的不足。

四、温度和 pH

蛋白质天然构象的热力学稳定性由去折叠的吉布斯自由能（Gibbs free energy）决定，通常随温度呈抛物线形分布。由于蛋白质结构的复杂性，找不到一个能描述温度和蛋白质结构功能之间关系的普遍性机制。但一般来说，温度越高，蛋白质越不稳定。将蛋白质溶液在高温下放置会导致其物理降解。尽管部分蛋白质热诱导的变性是可逆的，但高温通常导致蛋白质聚集发生不可逆变性，对病毒与 VLP 也是如此。例如，高温下甲型流感病毒（influenza A virus，IAV）H1N1 VLP、人类细小病毒（human parvovirus，HPV）B19 VLP、诺瓦克病毒衣壳 NV-VLP、丙型肝炎病毒囊膜蛋白 E1 VLP，以及埃博拉病毒（Ebola virus）与马尔堡病毒（Marburg virus）的 VLP 均会发生聚集。同时，温度升高伴随的囊膜脂类流动性增强也很可能导致抗原活性的降低。例如，CHO-HBsAg 在不同温度下储存后活性下降程度不一：4℃下储存 6 到 7 个月后活性稍微下降，25℃储存 6 到 7 个月后造成抗原活性 10% 的减少，而 37℃储存 3 个月后会损失 80% 的抗原活性。此外，影响蛋白质理化性质稳定性的另一个重要因素就是 pH，其对于稳定蛋白质的天然构象非常重要。pH 可以通过影响氨基酸残基的离子化状态、静电自由能状态、电荷相互作用等来平衡蛋白质分子内部氨基酸残基间的相互作用力及与外部溶液的相互作用。

溶液 pH 决定了蛋白质的电荷性，因此会影响静电作用。静电作用可通过两种途径影响蛋白质稳定性。首先，当 pH 远离蛋白质的等电点时，随着溶液酸性或碱性的增强，带电荷的基团数目增多，折叠态上的电荷密度高于去折叠态，使得蛋白质折叠态不稳定，此时 pH 诱导的去折叠态有更低的静电自由能；但去折叠造成的疏水区域的暴露，可能导致蛋白质的聚集甚至沉淀。其次，极端 pH 对特异性的静电作用（如盐桥作用）的降低，同样会影响蛋白质构象的稳定性。

除了影响蛋白质分子的构象，电荷也会增强蛋白质分子间的静电作用。病毒及 VLP 由许多蛋白质组成，数量繁多，结构复杂，蛋白质亚基之间的静电排斥力可能造成颗粒空间结构的不稳定，出现解聚。当病毒或 VLP 的蛋白质同时有带正电荷与负电荷基团时（如 pH 在等电点附近），异种电荷的分布使得蛋白质间静电引力增强，能量上倾向于聚集。研究人员在对重组人尿激酶进行复性时，发现强碱和强酸条件均不利于蛋白质复性，而低温（如 4℃条件）有利于蛋白质复性。但对于特定的一种蛋白质，何种 pH 条件下最稳定可能是几个因素的综合结果。例如，NV-VLP 的等电点为 5.6，在等电点附近从 pH=3 至 pH=7 稳定，pH=8.0 时解聚；而等电点为 6.9 的戊肝病毒衣壳的 VLP 在酸性条件，即 pH≤3.0 时最稳定（Ausar et al.，2006）。

在针对 pH 对 HPV-VLP 组装影响的研究中，通过动态光散射、透射电镜、分析超速离心技术等发现，pH 是在还原环境下依赖于分子动力学及离子强度从而影响组装的。将高浓度解离的 VLP（即五聚体）分别置于 pH=5.2、pH=6.2、pH=7.2、pH=8.2 的环境中重新组装。从动态光散射结果得知，在低浓度的还原剂条件下随着溶液 pH 升高 VLP 组装速率不断降低。其中，pH=5.2 时在短时间内五聚体聚集速度极快，但后期长时间处于平衡饱和的状态；通过透射电镜对组装后的 VLP 进行 24 h 观察，从组装的形态方面比较后发现在 pH=6.2、pH=7.2、pH=8.2 时重新组装的 VLP 均呈现出直径 45 nm 左右粗糙球形结构，其中 pH=6.2 时的 VLP 直径略小，而 pH=5.2 时却出现了五聚体聚集现象，没有发现 VLP 的存在，与动态光散射研究的结果一致。猜测可能是因为溶液中 pH 的差异导致构象上的相互作用不同（Mukherjee et al.，2008）。然而 pH 只是作为五聚体重新组装的必要条件。另外，在 FMDV VLP 体外组装条件的 pH 的摸索中发现，必须确定组装缓冲液的 pH 不能等于或者过于接近于用于组装蛋白质的等电点，因此可以选择高于或者低于其等电点的 pH 范围。口蹄疫病毒结构蛋白的等电点分别是：VP0 为 5.53、VP3 为 5.01、VP1 为 9.34，我们选择高于 VP0 和 VP3 而低于 VP1 的等电点的 pH（7.5、8.0、8.5）进行口蹄疫病毒病毒样颗粒的体外组装。根据组装产物的粒径分析，pH=8.0 的组装环境更适合 FMDV VLP 的体外组装。最后确定了 FMDV VLP 体外组装的缓冲液条件是 300 mmol/L NaCl 和 pH =8.0，这为后续研究奠定了基础。

五、热休克蛋白

热休克蛋白（heat shock protein，HSP）指在热应激条件下为保护机体自身而合成的蛋白质，具备分子伴侣功能。根据相对分子质量的大小 HSP 被分为 HSP110、HSP90、HSP70、HSP60、HSP40 及小分子 HSP 家族。近年来越来越多的研究表明，HSP 家族多个成员与病毒感染、复制密切相关，特别是能与病毒蛋白质相互作用来促进病毒复制和组装，也可与其他蛋白质相互作用来发挥功能。

HSP90 家族是高度保守、普遍存在于生物体的分子伴侣蛋白，其分子量约为 90 kDa，存在于除古生菌以外的所有生物中。在正常细胞环境中，HSP90 占哺乳动物细胞总蛋白的 1%～2%，在生命活动中具有复杂的生物功能。研究表明，HSP90 的抑制剂能够阻碍 FMDV 衣壳前体加工和随后的五聚体形成，降低随后病毒粒子的组装效率，但不影响 FMDV 的翻译和复制（Newman et al.，2018）。同样，在小鼠脑脊髓炎病毒（Theiler's murine encephalomyelitis virus，TMEV）中 HSP90 和 VP1 蛋白共定位，表明在 TMEV 衣壳组装的早期阶段需要 HSP90，即 HSP90 可能参与了小 RNA 病毒衣壳的组装（Ross et al.，2016）。

此外也有研究报道 HSP90 是乙型肝炎病毒（HBV）衣壳形成和病毒生命周期中基因组复制的重要因子，可有效促成 HBV 衣壳的组装。HSP90 还会与 HSP70 协同，同时与核心蛋白质相互作用，促进 HBV 衣壳的形成（Kim et al.，2015）。另一项研究中，活性氧（reactive oxygen species，ROS）会通过诱导 HSP90 构象改变而促进 HSP90 介导的 HBV 衣壳组装（Liu et al.，2016）。因此研究 HSP90 与病毒衣壳亚基或参与病毒组装的宿主细胞因子间的相互作用，不仅可以了解衣壳组装过程，还可以更好地了解 RNA 病毒感染细胞早期阶段所涉及的病毒组装机制。基于热休克蛋白在病毒衣壳组装中的重要作用，我们有理由相信，热休克蛋白也能促进病毒样颗粒的组装，但目前还没有关于热休克蛋白在病毒样颗粒组装中的研究报道。

六、谷胱甘肽

谷胱甘肽（glutathione，GSH）是细胞内最主要的抗氧化物质之一。它是细胞内一种含巯基的小分子抗氧化剂，是由谷氨酸、半胱氨酸、甘氨酸组成的天然小分子三肽，是体内氧化还原缓冲系统的重要成分。GSH 直接或间接参与许多重要的细胞生理功能和活动，如蛋白质和 DNA 的合成、酶活性的维持、细胞内物质的代谢和转运，以及保护细胞免受氧自由基的损害等。研究表明，GSH 作为体内主要的生物抗氧化剂和自由基清除剂，在维持体内正常的氧化还原状态和抗氧化防御机制中起着重要的作用。

最新的研究表明，病毒感染诱导细胞处于氧化应激状态，如肠道病毒（enterovirus）、1 型单纯疱疹病毒（herpes simplex virus type 1，HSV-1）、仙台病毒（Sendai virus，SV）、甲型肝炎病毒（hepatitis A virus，HAV）和人类免疫缺陷病毒（HIV）。它们的感染导致细胞内的 GSH 水平降低，活性氧类增多并氧化细胞内的还原性 GSH。在 1 型脊髓灰质炎病毒（poliovirus type 1，PV1）和柯萨奇病毒 A20（coxsackie virus A20，CVA20）的组装研究中，PV1 和 CVA20 的生长都会受到 GSH 生物合成抑制剂丁胱亚磺酰亚胺（L-buthionine sulfoximine，BSO）的强烈抑制，而添加 GSH 又会逆转这种抑制效果。进一步的研究发现，BSO 对病毒蛋白的合成或 RNA 复制没有影响，但可以显著减少感染细胞中 14S 五聚体的积累。另外，通过 GSH pull-down 实验证明，GSH 可以与病毒的衣壳前体蛋白和成熟病毒粒子直接相互作用，而 GSH 的耗竭会破坏 14S 五聚体的稳定性，最终导致病毒无法组装成成熟的病毒粒子。该结果提示我们，肠道病毒形态发生过程中，GSH 的作用是通过在成熟颗粒形成期间和之后与衣壳蛋白直接相互作用来稳定病毒衣壳结构（Ma et al.，2014；Thibaut et al.，2014），这也为今后研究 GSH 在病毒样颗粒组装过程中的作用机制奠定了基础。

七、展望

VLP 是由一种或多种衣壳蛋白通过自组装而形成的空心纳米颗粒，不仅在新型疫苗研发中占有重要地位，而且在异源抗原呈递、药物载体和运载小分子等方面具有广阔的应用前景。然而 VLP 的组装效率一直是相关研究急需解决的关键问题。目前的研究发现，VLP 的组装受外部环境的影响，如静电作用力、渗透压、温度、pH、表面活性剂和尿素等；特别是静电作用力，其不仅决定 VLP 的自组装形态，而且在 VLP 体外自组装研究中的病毒疫苗分子设计方面具有重要意义。

将这些研究成果综合应用于 VLP 的组装能够获得纯度高、颗粒均一、稳定性好的 VLP，从而提高 VLP 的免疫原性和反应性，为疫苗的研发和后期质控奠定了良好的基础，同时也将为真病毒的组装和感染机制的深入研究提供更加充分的科学数据，还能够指导未来研发颗粒特性更优、保护性更加广谱、效果更强的 VLP 疫苗。

第三节　病毒样颗粒模拟病毒的研究

某些烈性易传染病毒（如艾滋病病毒、口蹄疫病毒、埃博拉病毒、流感病毒、甲肝病毒、乙肝病毒）具有强烈的感染性及致病性，对它们的研究需要具备良好安全的实验条件，通常须在指定的生物安全三级或四级实验室（Bio-Safety Level 4 Lab）完成实验操作，而普通实验室难以进行相关研究。另外，许多病毒都尚未建立模式动物，也没有较好的体外培养体系进行传代培养，亟需相应的与病毒结构相似且没有传染性、同时能够代替病毒完成在宿主体内的很多信号转导及相关免疫反应的病毒模型。

VLP 由病毒衣壳蛋白组装而成，不仅没有病毒核酸，而且在形态和抗原性上与自然病毒极为相似，没有生物安全隐患，是普通实验室研究烈性病毒较为理想的替代模型。再者，VLP 在形成过程中保留了病毒衣壳蛋白的构象，具有与病毒入侵宿主细胞相同的天然配体，从而使 VLP 具有模拟病毒粒子的能力。VLP 模拟病毒的研究可为进一步深入研究病毒的抗体中和机制、受体识别机制、脱衣壳构象变化机制和组装、成熟机制提供实验材料，也能为基于结构的抗病毒药物和疫苗设计提供结构生物学理论基础。

一、病毒样颗粒模拟病毒的生命周期

病毒作为一种专性细胞内寄生物，因缺乏完整的自身生命系统，必须借助或劫持宿主因子来完成自身的生命周期。病毒的生命周期主要包括病毒入侵、脱壳、融合、复制、翻译、装配和出芽等循环过程，阻断其中的任何一个环节，都将对病毒的生长和传播构成威胁。VLP 是病毒的替代模型，因此以 VLP 模拟烈性易传染病毒的生命周期在抗病毒药物筛选、疫苗研究和诊断试剂盒研发中具有至关重要的作用。

人类免疫缺陷病毒（HIV）即艾滋病（AIDS，获得性免疫缺陷综合征）病毒，是引起人类免疫系统缺陷的头号病原体，给人类的生命安全及公共卫生造成巨大威胁。为规避 HIV 的高致病性和高传染性等生物安全风险，Buonaguro 等（2013）应用稳定的双转染昆虫细胞系构建 HIVPr55gag-VLP 模拟 HIV 对宿主细胞的感染和其在细胞内运动机制。研究人员在 VLP 上插入一种只在细胞发生内化作用和在细胞酯酶作用发生裂解时被激活显色的 CFSE 荧光标签（即 CFSE-VLP），并使其成为研究病毒-细胞相互作用和内化机制最有效的工具。

此外，Hao 等（2011）利用单粒子成像与示踪方法研究乙型肝炎病毒表面抗原（HBsAg）作为模型的单个囊膜 VLP 入侵细胞的机制。研究利用荧光指示剂来监测 HbsAg VLP，研究了 VLP 进入细胞的途径和细胞内运动；观测了单个 HBsAg 病毒样粒子进入细胞的过程。通过各种抑制剂研究表明，HbsAg VLP 入侵细胞是通过小窝蛋白介导的内吞途径，而不是通过细胞表面进行膜融合；通过示踪活细胞中的单个 VLP，发现 HBsAg 在细胞中的运动依赖微丝而不是微管，同时定量研究了 VLP 在细胞内运动的速度。荧光示踪方法也用来研究人乳头状瘤病毒 16 型（HPV16）：用荧光素底物标记 HPV16 的衣壳蛋白 L1 或 L1-L2，当衣壳蛋白 L1 或 L1-L2 进入细胞后在胞内酯酶的作用下激发荧光进而达到追踪病毒侵袭细胞的行为及发现相应细胞受体的目的。Triyatni 等（2002）将丙型肝炎病毒（HCV）H77 株通过重组杆状病毒表达系统稳定构建的 HCV-VLP 用作研究 HCV 感染早期阶段中吸附和进入细胞过程的一种模型。研究发现 HCV-VLP 能够不依赖 CD81 和低密度脂蛋白（LDL）受体进入敏感细胞。以上研究表明，VLP 可以作为研究病毒如何感染和进入宿主细胞的强有力工具，对我们更好地理解和确定真实病毒粒子运动与相关蛋白质之间作用的分子机制具有重要意义。

近年来埃博拉病毒在非洲广泛传播,染病患者表现急性发热及脏器组织大量出血,死亡率高达 90%,给人类生命健康和安全带来了严重威胁。此病毒感染的过程可分为三个步骤:入侵和膜融合、转录和复制、装配和释放。其中入侵和膜融合是病毒感染的第一步,也是抗病毒干预的重要靶点。虽然已知细胞必须通过胞吞完成吞噬病毒的过程,但我们不知道病毒是如何触发这个事件的。经人工改造的 Tetracistronic 微型基因组包括埃博拉病毒的非编码区、报告基因和参与埃博拉病毒形态发生、出芽和入侵细胞的三个埃博拉病毒基因(VP40、糖蛋白 GP 1/2 和 VP24)。这个包含埃博拉病毒基因的微型人工改造病毒能够产生具有埃博拉病毒转录和复制能力的无致病性病毒样颗粒(trVLP),它可以在生物安全二级实验室中模拟埃博拉病毒侵入宿主细胞、扩散疾病的过程。其中最为重要的是,埃博拉病毒的 trVLP 成分完全来自埃博拉病毒,并不含其他病毒或宿主等外源性部件,使得它非常适合于研究病毒的形态发生、出芽和入侵机制。因此 Tetracistronic trVLP 代表了可用于埃博拉病毒生命周期研究的最全面的建模系统,在探究埃博拉病毒的生物学机制方面具有广阔的应用前景(Hoenen et al.,2014)。

已有研究表明,在埃博拉病毒的生命周期中,埃博拉病毒的糖蛋白 GP 对于病毒的入侵、脱膜和融合过程至关重要,而 VP40 在埃博拉病毒的组装和出芽中也起着至关重要的作用,并且这两种蛋白都与宿主细胞和质膜发生重要的相互作用。Yu 等(2018)也通过构建埃博拉病毒转录和复制型病毒样颗粒(trVLP),从 65 种被认为与病毒生命周期和分泌途径相关的宿主蛋白中通过 RNAi 沉默途径鉴定了 11 种候选宿主蛋白。随后用 Co-IP 和 Ch-IP 实验证实了候选宿主蛋白与埃博拉病毒的相互作用,结果显示,FLT4、GRP78、HSPA1A、HSP90AB1、HSPA8、MAPK11、MEK2、NTRK1 和 YWHAZ 与埃博拉病毒 trVLP 糖蛋白 GP 相互作用;ANXA5、GRP78、HSPA1A 和 HSP90AB1 与 trVLP VP40 相互作用;ANXA5、ARFGAP1、FLT4、GRP78、HSPA1A、HSP90AB1、MAPK11、MEK2 和 NTRK1 与 trVLP RNA 相互作用。尽管该研究是基于 trVLP 而不是病原埃博拉病毒,特别是不能简单认为 trVLP RNA 和宿主之间的相互作用与活病毒中的相互作用是相同的,但是实验结果仍然提供了值得进一步研究的宝贵信息,这也将加深我们对埃博拉病毒生命周期中涉及的基本宿主因素的理解(Yu et al.,2018)。

二、病毒样颗粒模拟病毒的组织嗜性

病毒的组织嗜性高度依赖于病毒与其宿主细胞表面多种病毒受体和协同受体之间精密且有序的相互作用;基于上述相互作用,病毒进而攻击靶细胞,使感染细胞产生相应的病变反应。例如,日本脑炎病毒和西尼罗病毒是嗜神经细胞的;ZIKV 趋向于霍夫鲍尔细胞、胚胎滋养层细胞和神经元细胞;HBV、HCV 和 HEV 属于嗜肝 DNA 病毒;传染性非典型性肺炎(SARS)病毒能够引起急性严重性呼吸系统综合征,对呼吸道上皮细胞和肺泡细胞具有明显嗜性,其 S 蛋白是突出在病毒表面的糖蛋白,对病毒侵入宿主细胞至关重要。另外,研究发现不同冠状病毒株 S 蛋白的变异可导致其宿主范围和组织趋向性发生变异。因此根据不同病毒的组织嗜性和趋向性来设计特异的药物可能是抗病毒治疗的趋势。

近年来越来越多研究报道，有些病毒的 VLP 可以模拟亲本病毒的组织嗜性。如乙型肝炎病毒（HBV）是一种会感染肝细胞的小型病毒，由 HBV 组装的 VLP 就可以成为靶向肝细胞的载体；同样轮状病毒对肠道也有明显的趋向性，因此肠道病毒的 VLP 也可以作为特异性肠道药物运输载体（Zdanowicz and Chroboczek，2016）。另外，Shima 等（2016）通过将构建的重组杆状病毒 HEV-VLP 相关基因转导到哺乳动物细胞生产系统中，并通过体外分离/重组系统包封外源基因或治疗性药物。最终实验结果表明，HEV-VLP 不仅可以通过分解/重组系统封装遗传物质，而且能够特异性地将其转运到肝源性细胞中。因此，将 HEV-VLP 作为一种肝特异性基因或治疗药物传递工具具有巨大的应用潜能，特别是在新型肝癌相关治疗研究中。

VLP 能够作为靶向性药物递送载体，除了源于病毒自然嗜性以外，VLP 更特异的靶向功能通常是在药物载体上附加受体识别域来实现的。如嵌合型 VLP 的靶向结构域可以通过化学偶联的方式附加在 VLP 的表面，也可以通过插入该受体的基因结构域序列，然后表达在 VLP 复合物的外端/环中区域。如 FMDV-VLP-DOX 复合物可显著抑制肿瘤的增殖，并减小 DOX 对非靶向组织的病理损伤。犬细小病毒样颗粒（CPV-VLP）对转铁蛋白受体有天然吸附趋势，因此可能通过其与癌细胞表面过量表达的转铁素受体结合达到靶向性治疗癌症的作用。

要获得靶向载体，就必须知道特定 VLP 的细胞受体，通常是亲本病毒受体。病毒受体是靶细胞的表面蛋白，可与病毒的囊膜蛋白相互作用，使其附着并内化到宿主细胞中，在基础研究和应用免疫学研究中扮演着重要角色。要检测受体，通常将病毒的表面抗原与易于检测的标记物联系起来。例如，乙型肝炎病毒（HBV）的表面抗原可以与麦芽糖结合蛋白（MBP）通过融合的形式表达，然后使用流式细胞术检测抗 MBP 抗体与细胞受体的结合情况。通过这种方法，可以成功检测出负责 HBV 抗原表面结合抗体和 HBV 进入宿主细胞的受体（Zdanowicz and Chroboczek，2016）。另外，研究人员发现，可以利用荧光标记 VLP 作为新型多功能传感器去可视化受体-配体间的相互作用。为了能更好地追踪病毒受体，将荧光蛋白粒子（GFP、eGFP、mRFP、mCherry）装饰在不同病毒的 VLP 上，称为氟小体（fluorosomes，FS）。通过突变病毒样颗粒上的某些结合位点并结合流式细胞术检测 VLP 特定位点与细胞受体的相互作用，特别是免疫细胞相关受体，以监测受体-配体相互作用（Wojta-Stremayr and Pickl，2013）。这为研究 VLP 作为靶向性药物载体奠定了基础。

三、病毒样颗粒模拟病毒活化免疫应答

VLP 因能模拟天然病毒的构象表位而保持了完整病毒颗粒所具有的免疫原性，可诱导机体产生广泛而强大的抗病毒免疫反应，进而阻止病毒入侵机体，在抗病毒性疾病的预防或治疗性疫苗及诊断试剂的研究开发方面具有巨大的应用前景。VLP 作为一种新型疫苗，拥有灭活疫苗和减毒疫苗不具备的独特优势：①由于 VLP 不含病毒核酸，在科学研究和实际生产和应用中具有更高的生物安全性；②VLP 表面重复排列的构象表位，

与野生病毒极为相似,即使在没有佐剂的情况下,也可以轻松诱导强烈的 B 细胞免疫应答;③在流行性病毒暴发期间,VLP 可以在很短时间内被快速设计并表达,如当流感病毒暴发以后,仅需要 8 周就可以生产出流感病毒的 VLP 疫苗,而减毒疫苗的研发则需要 5 个月左右时间;④VLP 可以作为病原体相关分子模式(pathogen-associated molecular pattern,PAMP),能够快速识别模式识别受体(pattern recognition receptor,PRR),如 Toll 样受体(Toll-like receptor,TLR)和被抗原呈递细胞捕获、摄取并加工,最后经由 MHC Ⅰ 类分子激活 CD8[+]T 细胞,进而清除掉细胞内的病原体——病毒。

另外 VLP 表面能够以高密度的方式展示病毒的主要抗原表位,有利于其被抗原呈递细胞(尤其是树突状细胞)作为外源性抗原而捕获,并通过 MHC Ⅱ 类分子加工和抗原呈递,最终促进 DC 细胞的成熟和迁移,从而刺激机体产生高效的体液免疫应答和细胞免疫应答。这一过程与自然病毒感染的机制相类似(图 14-6)。相比于常规的亚单位重组蛋白,VLP 可刺激机体引发更高效、更持久、更广泛的体液免疫反应和细胞免疫反应。基于 VLP 独有的免疫特性,其作为一种理想的疫苗开发形式受到广泛关注(Yan et al.,2015)。

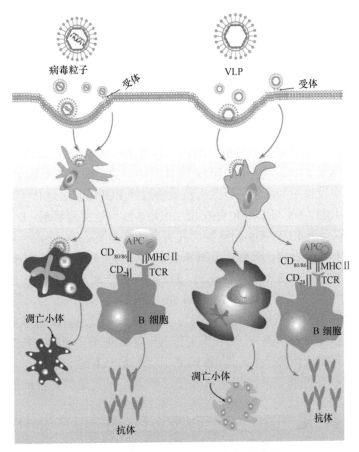

图 14-6 VLP 模拟病毒活化免疫反应

病毒样颗粒(VLP)模仿病毒颗粒的整体结构,易于被免疫系统识别,并以与真实构象相似的途径呈递病毒抗原,从而诱导强烈的免疫反应(Yan et al.,2015)

　　A 型流感病毒是负链单股 RNA 病毒，属于正黏病毒科的成员。它的基因组含有 3 个脂双层完整的膜蛋白：①血凝素（HA）提供病毒的受体结合和融合功能；②神经氨酸酶（NA）有助于新生的病毒粒子的释放，具有水解唾液酸的活性；③基质蛋白（M2）寡聚形成离子通道，有助于病毒的脱壳。Tscherne 等（2010）将 β-内酰胺酶耐药基因（*Bla*）标记到 M1，形成 BlaM1，同时将 HA 和 NA 共同制备成 A 型流感病毒的病毒样颗粒。*Bla* 这种报告基因标记在 A 型流感病毒的病毒样颗粒上，作用于靶细胞；通过流式细胞术、显微镜观察、荧光检测等方法高效筛选、检测，以获知病毒入侵的途径和各个阶段情况。

　　乙型肝炎病毒（HBV）是引起乙型肝炎的病原体，属于一种嗜肝性 DNA 病毒，感染后会引发各类急性或慢性乙型肝炎。乙肝病毒核心蛋白（HBc）是 HBV 的主要结构蛋白，在细菌、酵母菌及哺乳动物细胞内均能高效表达、自动装配成球形颗粒，并可在插入外源短肽的同时保持外源肽或表位正确构象，有较强免疫原性。HBc-VLP 形成的核心颗粒具有显著刺激 B 细胞、T 辅助细胞及细胞毒性 T 细胞产生免疫反应的能力，而且 HBc-VLP 颗粒在人体内没有细胞毒性作用；此外，HBc-VLP 容许插入外源片段并可保持或增强外源蛋白的免疫活性，基因表达的杂合蛋白质在多种表达体系中都具备颗粒形成能力，且形成的颗粒易于纯化制备。利用流式细胞仪和激光共聚焦显微镜观察证实，从小鼠体内分离的骨髓来源树突状细胞（BMDC）可在体外有效摄取 HBc-VLP，摄取后的 BMDC 进一步成熟与活化，细胞表面标志分子 CD86、CD80、MHC-Ⅱ 表达增加，抗原提呈能力增强，进而诱导机体产生抗原特异性 T 细胞免疫应答（Ding et al，2010）。

　　VLP 是鉴定病毒与细胞受体相互作用的有效工具。研究人员利用 IBDV-VLP 开展了野生 IBDV 细胞受体的鉴定工作。通过 IBDV-VLP 和 B 淋巴细胞系 DT40 膜蛋白的病毒样铺覆实验（VOPBA）结合质谱分析，筛选了一系列疑似与 IBDV-Gx 互作的蛋白。经 KEGG 和 Ami GO 2 在线数据库分析，筛选出候选蛋白质 30 个。通过 siRNA 结合流式细胞术，进一步确定了 8 种潜在的 IBDV 受体分子。鉴于表皮生长因子受体（EGFR）在细胞内吞过程中发挥重要功能，研究人员最终选择 EGFR 蛋白进行了系统的鉴定。免疫沉淀试验表明 IBDV-Gx 与 EGFR 存在相互作用。过表达实验显示，DT40 细胞膜表面 EGFR 过表达可以促进 IBDV-Gx 的复制，其病毒滴度提高了 16 倍。一系列的抑制试验结果表明，下调 EGFR 表达、孵育抗 EGFR 蛋白抗体均可以显著抑制 IBDV-Gx 的复制，并呈现出剂量依赖性。病毒入侵实验表明，DT40 细胞表面 EGFR 蛋白被抗体封闭后，IBDV 侵入 DT40 细胞被完全抑制（Wang et al.，2016）。

　　另外，VLP 保存了天然病毒的空间构型和抗原表位，能被 B 细胞识别并有效刺激抗体产生糖蛋白和其他表面成分。这种识别作用使得 B 细胞信号和 MHC Ⅱ 类分子上调，有利于高滴度特异性抗体的产生。同时 VLP 作为一种颗粒性抗原很好地模拟了天然病毒的体内感染过程，能够很好地活化抗原呈递细胞，尤其是树突状细胞（DC），通过 MHC Ⅰ 类分子的识别，活化 T 细胞从而诱导强效的细胞免疫反应。

　　除此之外，鉴于 VLP 自身的特点，大多数 VLP 无须佐剂就可以很好地被 DC 细胞呈递并进入 MHC Ⅰ 和 MHC Ⅱ 途径，这一机制被形象地描述为"自体佐剂"型免疫呈递系统。不过，并非所有的 VLP 都拥有这样的特点，为了使一些 VLP 疫苗更好地激发免疫应答，需要配合佐剂一同使用。这也说明 VLP 激发免疫应答的能力也受 VLP 自身特点影响。

综上所述，多种病毒的衣壳蛋白或囊膜成分都能通过自组装形成 VLP，并且免疫宿主后都可以激发强烈的 B 细胞介导的免疫应答，增强 CD4$^+$T 细胞的增殖和细胞毒性 T 细胞反应，这为开发疫苗相关的研究奠定了基础。特别是随着对病毒生物学特性研究的深入和技术手段的不断进步，不仅可凭借 VLP 自身优越的免疫原性来研发新型疫苗，还可依据其特殊的纳米结构和易于修饰的特性开发抗原和药物的新型递送平台，具有广阔的应用前景（Shirbaghaee and Bolhassani，2016）。

四、展望

随着对 VLP 的不断深入研究和相关技术手段的进一步发展成熟，VLP 在生物学和医药领域得到了广泛的应用。由于 VLP 在形态结构上与天然的病毒粒子有极高相似度，与其他类型的亚单位疫苗相比，更容易被抗原呈递细胞捕捉并呈递给免疫系统，且其不含病毒基因组，在宿主细胞内无复制增殖能力，完全避免了灭活苗和弱毒苗在动物机体内潜在的返祖、变异或散毒等风险，具有更高的安全性。VLP 还可模拟亲本病毒应用于基础研究中，特别是在模拟亲本病毒生命周期、组织嗜性和活化免疫反应等方面具有重要应用前景。

在基础研究中，对烈性易传染病毒的研究需要具备良好的生物安全实验条件，通常需要在指定的生物安全四级实验室完成实验操作，而普通实验室被禁止相关研究，同时，某些病毒（如 HCV、HIV 等）不易于体外培养，很多实验室或无相关种毒，VLP 的出现为降低相关研究门槛，研究病毒的组装、感染及鉴定病毒受体等方面提供了相当大的便利。另外，VLP 作为一种新型疫苗不仅克服了传统疫苗的不足，还弥补了基因工程疫苗的缺陷，是目前最具有发展前景的预防和治疗病毒性传染病、肿瘤及慢性非传染性疾病的候选疫苗。

大量研究表明，尽管 VLP 可刺激机体产生高滴度的中和抗体，是预防性疫苗的理想形式，但在实际应用中，VLP 与活病毒之间依然存在一定差距，如 VLP 无法在体外完成抗原表位的糖基化，有些病毒如 HIVI-1 和 HCV 等能够直接影响免疫细胞从而逃避机体免疫系统的监视等。因此，针对这些疫苗的 VLP 研究将具有重大挑战。

总体来说，虽然 VLP 的研究和发展仍存在一些缺陷，但因其具有与天然病毒相似的稳定结构、更高的安全性、显著的免疫原性，以及良好的结构可塑性等其他类型疫苗无法比拟的优势，已逐渐表现出可观的学术意义、工业和商业价值。随着 VLP 进一步的应用发展，必将为相关科学研究开辟新的道路。

参 考 文 献

郭慧琛, 孙世琪, 柳海云, 等. 2020. 一种口蹄疫病毒样颗粒体外组装的方法及其应用: 中国, 202010116531.2. 2021-07-30.

Ausar S, Foubert T, Hudson M, et al. 2006. Conformational stability and disassembly of Norwalk virus-like particles effect of pH and temperature. J Biol Chem, 281: 19478-19488.

Buonaguro L, Tagliamonte M, Visciano M L, et al. 2013. Developments in virus-like particle-based vaccines for HIV. Expert Review of Vaccines, 12(2): 119-127.

Cadena-Nava R, Comas-Garcia M, Garmann R, et al. 2012. Self-assembly of viral capsid protein and RNA molecules of different sizes: requirement for a specific high protein/RNA mass ratio. J Virol, 86: 3318-3326.

Chen N, Yoshimura M, Guan H, et al. 2015. Crystal structures of a piscine betanodavirus: mechanisms of capsid assembly and viral infection. PLoS Pathog, 11: e1005203.

Cifuentes-Muñoz N, Sun W, Ray G, et al. 2017. Mutations in the transmembrane domain and cytoplasmic tail of Hendra virus fusion protein disrupt virus-like-particle assembly. Journal of Virology, 91(14): e00152-17.

de Ruiter M V, Putri R M, Cornelissen J. 2018. CCMV-based enzymatic nanoreactors. Methods in Molecular Biology, 1776: 237-247.

Deng Y, Zeng J, Su H, et al. 2015. Recombinant VLP-Z of JC polyomavirus: a novel vector for targeting gene delivery. Intervirology, 58: 363-368.

Ding F, Xian X, Guo Y, et al. 2010. A preliminary study on the activation and antigen presentation of hepatitis B virus core protein virus-like particle-pulsed bone marrow-derived dendritic cells. Mol Biosyst, 6: 2192-2199.

Du P, Liu R, Sun S, et al. 2019. Biomineralization improves the thermostability of foot-and-mouth disease virus-like particles and the protective immune response induced. Nanoscale, 11: 22748-22761.

Galaway F, Stockley P. 2013. MS2 viruslike particles: a robust, semisynthetic targeted drug delivery platform. Mol Pharm, 10: 59-68.

Garmann R, Comas-Garcia M, Gopal A, et al. 2014. The assembly pathway of an icosahedral single-stranded RNA virus depends on the strength of inter-subunit attractions. J Mol Biol, 426: 1050-1060.

Guu T S, Liu Z, Ye Q, et al. 2009. Structure of the hepatitis E virus-like particle suggests mechanisms for virus assembly and receptor binding. Proc Natl Acad Sci USA, 106: 12992-12997.

Hankaniemi M M, Baikoghli M A, Stone V M, et al. 2020. Structural insight into CVB3-VLP non-adjuvanted vaccine. Microorganisms, 8(9): 1287.

Hao X, Shang X, Wu J, et al. 2011. Single-particle tracking of hepatitis B virus-like vesicle entry into cells. Small, 7(9): 1212-1218.

Hoenen T, Watt A, Mora A, et al. 2014. Modeling the lifecycle of Ebola virus under biosafety level 2 conditions with virus-like particles containing tetracistronic minigenomes. J Vis Exp, (91): 52381.

Javidpour L, Losdorfer B A, Podgornik R, et al. 2019. Role of metallic core for the stability of virus-like particles in strongly coupled electrostatics. Sci Rep, 9: 3884.

Kim Y, Seo H, Jung G. 2015. Reactive oxygen species promote heat shock protein 90-mediated HBV capsid assembly. Biochem Biophys Res Commun, 457: 328-333.

Liu J, Zhang X, Ma C, et al. 2016. Heat shock protein 90 is essential for replication of porcine circovirus type 2 in PK-15 cells. Virus Res, 224: 29-37.

Liu Q, Chen L, Aguilar H, et al. 2018. A stochastic assembly model for Nipah virus revealed by super-resolution microscopy. Nat Commun, 9: 3050.

Liu Y, Grusovin J, Adams T. 2018. Electrostatic interactions between Hendra virus matrix proteins are required for efficient virus-like-particle assembly. J Virol, 92(13): e00143-18.

Liu Z, Guo F, Wang F, et al. 2016. A resolution Cryo-EM 3D reconstruction of close-packed virus particles. Structure, 24: 319-328.

Ma H, Liu Y, Wang C, et al. 2014. An interaction between glutathione and the capsid is required for the morphogenesis of C-cluster enteroviruses. PLoS Pathog, 10: e1004052.

Martins K, Bavari S, Salazar A. 2015. Vaccine adjuvant uses of poly-IC and derivatives. Expert Rev Vaccines, 14: 447-459.

Mo X, Li X, Yin B, et al. 2019. Structural roles of PCV2 capsid protein N-terminus in PCV2 particle assembly and identification of PCV2 type-specific neutralizing epitope. PLoS Pathog, 15: e1007562.

Mohsen M, Zha L, Cabral-Miranda G, et al. 2017. Major findings and recent advances in virus-like particle (VLP)-based vaccines. Semin Immunol, 34: 123-132.

Mukherjee S, Thorsteinsson M, Johnston L, et al. 2008. A quantitative description of *in vitro* assembly of human papillomavirus 16 virus-like particles. J Mol Biol, 381: 229-237.

Newman J, Asfor A, Berryman S, et al. 2018. The cellular chaperone heat shock protein 90 is required for foot-and-mouth disease virus capsid precursor processing and assembly of capsid pentamers. J Virol, 92 (5): e01415-17.

Peischard S, Ho H, Theiss C, et al. 2019. A kidnapping story: how Coxsackievirus B3 and its host cell interact. Cell Physiol Biochem, 53: 121-140.

Porta C, Xu X, Loureiro S, et al. 2013. Efficient production of foot-and-mouth disease virus empty capsids in insect cells following down regulation of 3C protease activity. Journal of Virological Methods, 187(2): 406-412.

Rein D, Stevens G, Theaker J, et al. 2012. The global burden of hepatitis E virus genotypes 1 and 2 in 2005. Hepatology, 55: 988-997.

Ross C, Upfold N, Luke G, et al. 2016. Subcellular localisation of Theiler's murine encephalomyelitis virus (TMEV) capsid subunit VP1 vis-a-vis host protein Hsp90. Virus Res, 222: 53-63.

Ruiter M, Driessen A, Keurhorst E, et al. 2019. Polymorphic assembly of virus-capsid proteins around DNA and the cellular uptake of the resulting particles. J Control Release, 307: 342-354.

Shima R, Li T C, Sendai Y, et al. 2016. Production of hepatitis E virus-like particles presenting multiple foreign epitopes by co-infection of recombinant baculoviruses. Scientific Reports, 6: 21638.

Shirbaghaee Z, Bolhassani A. 2016. Different applications of virus-like particles in biology and medicine: vaccination and delivery systems. Biopolymers, 105: 113-132.

Thibaut H J, van der Linden L, Jiang P, et al. 2014. Binding of glutathione to enterovirus capsids is essential for virion morphogenesis. PLoS Pathog, 10: e1004039.

Triyatni M, Vergalla J, Davis A R, et al. 2002. Structural features of envelope proteins on hepatitis C virus-like particles as determined by anti-envelope monoclonal antibodies and CD81 binding. Virology, 298(1): 124-132.

Tscherne D M, Manicassamy B, Garcia-Sastre A. 2010. An enzymatic virus-like particle assay for sensitive detection of virus entry. J Virol Methods, 163(2): 336-343.

van Rosmalen M, Li C, Zlotnick A, et al. 2018. Effect of dsDNA on the assembly pathway and mechanical strength of SV40 VP1 virus-like particles. Biophys J, 115: 1656-1665.

Verwegen M, Cornelissen J. 2015. Clustered nanocarriers: the effect of size on the clustering of CCMV virus-like particles with soft macromolecules. Macromol Biosci, 15: 98-110.

Wang M, Pan Q, Lu Z, et al. 2016. An optimized, highly efficient, self-assembled, subvirus-like particle of infectious bursal disease virus (IBDV). Vaccine, 34: 3508-3514.

Wojta-Stremayr D, Pickl W. 2013. Fluorosomes: fluorescent virus-like nanoparticles that represent a convenient tool to visualize receptor-ligand interactions. Sensors, 13: 8722-8749.

Xing L, Li T C, Mayazaki N, et al. 2010. Structure of hepatitis E virion-sized particle reveals an RNA-dependent viral assembly pathway. The Journal of Biological Chemistry, 285(43): 33175-33183.

Xu K, Chan Y, Bradel-Tretheway B, et al. 2015. Crystal structure of the pre-fusion Nipah virus fusion glycoprotein reveals a novel hexamer-of-trimers assembly. PLoS Pathog, 11: e1005322.

Yamashita T, Mori Y, Miyazaki N, et al. 2009. Biological and immunological characteristics of hepatitis E virus-like particles based on the crystal structure. Proc Natl Acad Sci USA, 106: 12986-12991.

Yan D, Wei Y, Guo H, et al. 2015. The application of virus-like particles as vaccines and biological vehicles. Appl Microbiol Biotechno, l99: 10415-10432.

Yu D, Weng T, Hu C, et al. 2018. Chaperones, membrane trafficking and signal transduction proteins regulate Zaire Ebola virus trVLPs and interact with trVLP elements. Front Microbio, l9: 2724.

Zdanowicz M, Chroboczek J. 2016. Virus-like particles as drug delivery vectors. Acta Biochim Pol, 63: 469-473.

Zivcec M, Metcalfe M G, Albariño C G, et al. 2015. Assessment of inhibitors of pathogenic Crimean-Congo hemorrhagic fever virus strains using virus-like particles. PLoS Neglected Tropical Diseases, 9(12): e0004259.